变形铝合金及其合金相的电子显微分析

肖晓玲　著

北　京
冶　金　工　业　出　版　社
2021

内 容 简 介

本书应用透射电子显微术系统而详细地阐述 2×××系、3×××系、5×××系、6×××系和 7×××系变形铝合金在不同加工状态下 α-Al 基体及其合金相的组织形貌特征，以及 α-Al 基体与合金相之间位向关系等，并归纳总结不同系列变形铝合金中不同合金相的电子衍射花样图谱和不同加工过程中常用变形铝合金的电子金相图谱。

本书可供从事有色金属材料与加工的科研、设计、生产和应用的技术人员阅读，也可作为相关专业院校师生的参考书。

图书在版编目(CIP)数据

变形铝合金及其合金相的电子显微分析/肖晓玲著．—北京：冶金工业出版社，2021.10

ISBN 978-7-5024-8934-2

Ⅰ.①变…　Ⅱ.①肖…　Ⅲ.①变形铝合金—电子显微镜分析　Ⅳ.①TF821

中国版本图书馆 CIP 数据核字（2021）第 193037 号

出 版 人　苏长永
地　　址　北京市东城区嵩祝院北巷 39 号　邮编　100009　电话　(010)64027926
网　　址　www.cnmip.com.cn　电子信箱　yjcbs@cnmip.com.cn
责任编辑　郭雅欣　美术编辑　吕欣童　版式设计　郑小利
责任校对　石　静　责任印制　李玉山
ISBN 978-7-5024-8934-2
冶金工业出版社出版发行；各地新华书店经销；北京捷迅佳彩印刷有限公司印刷
2021 年 10 月第 1 版，2021 年 10 月第 1 次印刷
787mm×1092mm　1/16；20.5 印张；493 千字；315 页
238.00 元

冶金工业出版社　投稿电话　(010)64027932　投稿信箱　tougao@cnmip.com.cn
冶金工业出版社营销中心　电话　(010)64044283　传真　(010)64027893
冶金工业出版社天猫旗舰店　yjgycbs.tmall.com

（本书如有印装质量问题，本社营销中心负责退换）

序

铝合金是仅次于钢铁的第二大金属结构材料，也是使用最多的轻金属结构材料。21 世纪以来，随着我国经济的快速增长，我国铝合金材料的生产和加工产业也得到迅猛发展，其产能和产量等都居世界第一位，应用领域由传统的建筑用门窗和幕墙为主，开始向交通运输、电子电器、舰船、航空航天等特种高性能工业铝材转变，国内铝合金材料产业正处在蓬勃发展期。

我国虽然是铝合金材料加工大国，但还不是强国，铝合金材料的加工技术和工业铝材质量等与欧美发达国家相比差距较大，这主要是国内铝合金材料的基础研究水平落后欧美，尖端技术领域所需的大规格高性能铝合金材料还处在攻关时期，高端铝合金依赖进口，高端铝合金技术被封锁。因此加强铝合金材料的基础研究，提升材料加工制备技术水平，推动铝合金材料高性能化，解决高性能铝合金材料“卡脖子”技术已刻不容缓。

肖晓玲教授级高级工程师，留学澳大利亚 Monash 大学和 RMIT 大学，获材料加工工程和应用物理学双博士学位，长期从事轻金属合金的结构与性能研究工作，并取得系列高水平的研究成果。她编著的《变形铝合金及其合金相的电子显微分析》一书，利用透射电子显微术技术和分析手段，详细阐述了不同系列变形铝合金及其合金相的形貌、微观组织缺陷以及合金相与 α-Al 基体之间位向关系，揭示了铝合金材料微观结构与性能之间的规律，并归纳收集了丰富的不同铝合金相的电子衍射花样图谱和常用变形铝合金不同加工状态的电子金相图谱。

该书图文并茂，理论性强，对铝合金材料的基础研究和加工制备技术研发具有很强的指导性，是从事铝合金材料基础研究和加工制备技术研发的科技工作者不可或缺的专业论著，对推动我国铝合金材料产业的创新发展具有巨大的应用价值。

廖岳

国际欧亚科学院 院士

广东省科学院 院长

2021年8月18日

前　言

自20世纪中期开始，人们采用各种检测方法测定铝合金中强化相的结构和成分，以理解其加工硬化特性和演变规律，并在此基础上优化合金成分、改善热处理和加工成型工艺。而凭借光学显微镜对铝合金中的一些强化相和第二相粒子的研究，只能处于猜测和模糊的阶段，甚至可能出现一些矛盾的观点。近年来，随着微观组织结构测量技术的快速发展，如高分辨电子显微镜和分析型电子显微镜新技术的发展（放大倍数可达1500000，分辨率达10^{-10}m数量级）可使从原子尺度研究铝合金中强化相的演变规律变得可行；再者透射电镜具有电子衍射和微区能谱分析的功能，在微观尺度的区域内能同时取得形貌、成分和晶体结构等方面的信息，解决光学显微镜不能解决的问题，目前透射电子显微镜技术在材料研究的各个领域得到广泛应用。

近30年来我国铝合金及其加工技术有了很大的变化，技术和设备日新月异，变形铝合金牌号和状态也修改了几次，因此原有的光学金相图谱已不能满足铝加工行业的发展需要。变形铝合金每一步加工环节都直接影响铝合金微观组织的变化，这些显微组织的变化对铝合金的后续加工和铝合金的最终性能产生重要影响，因此对其合金的化学成分、元素分布、合金相的形貌（包括形状、大小和分布）、晶体结构、合金相与母相之间的位向关系和界面状态以及合金相晶体缺陷状况等，必须有一个正确和全面的了解，这对于新型铝合金的研制和开发、新型铝合金性能的改进以及可靠性评价十分重要。

本书是一部应用透射电子显微镜，采用明暗场、选区电子衍射、扫描透射和微区成分分析等技术系统而详细地介绍不同系列变形铝合金在不同加工状态下α-Al基体及其合金相的组织形貌特征的工具书。该书阐述了不同系列变形铝合金中合金相的形貌、微观缺陷以及与α-Al基体之间位向关系，并归纳总结了不同合金相的电子衍射花样图谱，不同加工过程中常用变形铝合金的电子金相图谱，为铝合金实际生产工艺的制定和进一步开发应用铝合金提供理论依据和生产数据。

本书在编著过程中，得到了广东省科学院工业分析检测中心领导和同事的大力支持，尤其是该中心的陈文龙博士、孙大翔博士、林义民博士、石常亮博士、詹浩高级工程师、邝宏聪和周明俊工程师等，他们在变形铝合金的样品收集、热加工处理和透射电镜试样制备等方面鼎力相助；刘宏伟博士提供了修正后的Stereographic projection-version 2.2计算软件以及在物相鉴定和衍射花样标定中提出了宝贵建议，极大地简化作者的工作。本书还得到了广东省自然科学基金项目的资助（2020A1515010023），在此一并表示衷心的感谢！

最后特别感谢作者的导师华南理工大学罗承萍教授在本书编著过程中自始至终给予的鼓励和谆谆教诲！

由于作者水平所限，书中不足之处，敬请广大读者批评指正。

作　者

2021年3月于广州

目　录

1 绪　　论

铝合金是最常用和最重要的轻质结构材料，质量轻、可塑性好、比强度高；铝合金的导热性和化学稳定性好，易于回收再生；与其他有色金属、钢铁、塑料等材料相比，铝合金具有更优良的综合性能，已广泛应用汽车、航空、航天、建筑、舰船、桥梁、机械设备、家用电器和包装等行业。

1.1 变形铝合金的分类及编号

铝合金的种类丰富，常划分为铸造铝合金与变形铝合金两大类。前者是直接用铸造方法浇注或压铸成零件或毛坯的铝合金，具有良好的铸造性能；后者是经熔炼并浇注成铸锭后，再经不同的压力加工方式如冲压、弯曲、轧、挤压等工艺使其组织和形状发生变化的铝合金，这类铝合金具有优异的塑性变形能力，应用广泛。变形铝合金又分为热处理可强化铝合金与不可强化铝合金两类。热处理可强化的铝合金可通过均匀化、固溶、淬火和时效等热处理手段来提高其力学性能，属于这一类的合金有锻铝、硬铝和超硬铝等，包括Al-Cu-Mg 系合金、Al-Mg-Si 系合金和 Al-Zn-Mg-Cu 系合金；不可热处理强化的铝合金其合金元素含量少，这类铝合金具备良好的抗蚀性，它的强化途径通过冷加工变形实现，属于这一种的铝合金有工业纯铝和防锈铝，包括 Al-Mn 系合金和 Al-Mg 系合金。

变形铝合金按合金系可分为以下几个系列。

1.1.1 1×××系铝合金

1×××系铝合金属工业纯铝，铝含量不小于 99.0%，该系铝合金具有密度小、导电性好、导热性高、光反射系数大、热中子吸收截面积较小和外观色泽美观等特性。铝在空气中其表面能生成致密而坚固的氧化膜，防止氧的侵入，因而该系铝合金具有较好的抗蚀性。

1.1.2 2×××系铝合金

2×××系铝合金是在 Al-Cu 二元合金基础上添加一定量的镁、铁、镍、锰等元素形成的，其中以铜元素含量最高，包括铝-铜-镁系及铝-铜-锰系合金，属于热处理可强化铝合金。该系铝合金耐热性好，具有强烈的时效硬化能力，热处理后强度最高可达 490MPa，又称硬铝，但抗蚀性及焊接性较差。2×××系铝合金是目前航空工业中应用最广泛的一类变形铝合金，用以制作飞行器的各种受力构件，如蒙皮、壁板等。2×××系铝合金的旧牌号由 LY 字头及合金顺序号组成。常用的有 2024（或 LY12）、2A10（或 LY10）、2519（或 LY17）等铝合金。

1.1.3 3×××系铝合金

3×××系铝合金是以锰为主要合金元素的铝合金，属于热处理不可强化铝合金，其特点是塑形高，加工性能好，强度比1×××系铝合金高，耐蚀性接近纯铝，且易于焊接，适用于制作要求抗腐蚀及受力不大的零件，如油管、油箱等。在民用工业中可加工成生活器皿及装饰品。这类铝合金的旧牌号以LF为字头，属于防锈铝合金。常用的有3003（或LF21）铝合金。

1.1.4 5×××系铝合金

5×××系铝合金是以镁为主要合金元素的铝合金，并添加少量锰、铬和钛，具有较高的抗蚀性、良好的焊接性和较好的塑形，可加工成板材、棒材、线材、管材和锻件等半制品。该系铝合金不能进行热处理强化，但可进行加工强化，强度比1×××系和3×××系铝合金高。这类铝合金的旧牌号也由LF字头及合金顺序号组成，属于防锈铝合金。常用的有5083（或LF4）、5052（或LF2）和5056（或LF6）等铝合金。

1.1.5 6×××系铝合金

6×××系铝合金是以铝-镁-硅系为主的铝合金，包括铝-镁-硅-铜系和铝-镁-硅-铜-锰系合金等，属于热处理可强化铝合金。该系铝合金具有中等强度，加工成型性好、焊接性能好、耐腐蚀性高等性能，广泛用作建筑型材。这类铝合金的旧牌号以LD为字头，属于锻铝。常用的有6061（或LD30）、6063（或LD31）和6082等铝合金。

1.1.6 7×××系铝合金

7×××系铝合金是以锌为主要合金元素的铝合金，有铝-锌-镁-铜系合金，属于热处理可强化铝合金，热处理后强度可达700MPa以上，是变形铝合金中强度最高的一类，也称超强铝合金，在航空航天领域中占有非常重要的地位，是航空航天领域最重要的结构材料之一。这类合金的缺点是有应力腐蚀倾向、热稳定性较差、对应力集中比较敏感。7×××系铝合金的旧牌号由LC字头及合金顺序号组成。常见的合金有7050（或LC5）、7055（或LC6）和7075（或LC9）等。

1.2 变形铝合金的加工

在工业生产中，变形铝合金的加工包括铸造、均匀化、变形加工（热挤压或热轧）、固溶和时效处理等加工过程。

变形铝合金的铸造主要有半连续铸造、铸轧和连铸连轧3种铸造工艺。铝合金熔铸凝固时溶质原子的扩散会受到阻碍，从而使结晶过程偏离平衡状态产生非平衡结晶，使得铸锭中晶粒之间以及晶粒内部元素出现分布不均匀的现象。铝合金铸锭在一定温度下进行长时间保温处理后，合金中枝晶偏析现象消失，非平衡相溶解，合金内溶质浓度达到均匀化。

均匀化处理的铝合金铸锭通过塑性变形，如挤压、轧制、锻造、拉伸等，产生加工硬化，可使合金获得较高的强度。铝合金经变形加工后，残留的铸态枝晶网状化合物、粗大强化相和一些脆性相被破碎，沿变形方向延伸成条带分布，晶粒沿压延方向伸长，具有明显的方向性，另外在变形过程中常发生动态回复和动态再结晶现象。变形速度、变形温度以及变形程度是变形过程中需要控制的3个参数，这3个参数严重影响铝合金材料的显微组织和力学性能。

热处理工艺对变形铝合金性能也有很大影响。变形铝合金经不同的热处理，如固溶+时效处理，会引起组织变化，从而具有不同的性能。固溶处理是将材料或工件加热至适当温度并保温足够时间，使铝合金中一个或几个可溶相充分溶解，形成均匀固溶体，然后快速冷却到室温以获得过饱和固溶体。固溶处理的温度、时间，加热速度及冷却速度（淬火）共同影响固溶处理的效果。时效过程对铝合金性能影响很大，时效过程中微观组织发生变化，特别是细小弥散分布的析出相能有效地强化合金，使铝合金达到所需要的性能。时效通常分为自然时效和人工时效两种。自然时效是将铸件在室温下放置半年以上，期间原子团簇的缓慢析出使合金产生硬化，同时铸件也会发生微量形变释放残余应力。人工时效是将铸件加热到160~250℃保温一段时间，从而加速增强相的析出和演变，并进行去应力退火。

变形铝合金的加工和热处理代号见表1.1，这些代号常附在铝合金牌号之后。

表1.1 变形铝合金的加工和热处理代号

名　称	旧代号	新代号
退火	M	O
固溶处理态		W
自然时效	CZ	T4
淬火+人工时效	CS	T6
淬火+变形+人工时效		T8
加工硬化态	R	H112、H116

1.3 变形铝合金的强化机制

金属与合金的强化有应变强化、合金化强化和热处理强化等3种手段，其强化机制可分为位错强化（加工硬化）、晶界强化、固溶强化和第二相强化等方式。在实际应用的铝合金系统中，往往是几种强化机制同时作用，共同影响铝合金材料的力学性能，但通常由某一种强化机制起主导作用。

1.3.1 加工硬化

通过一定的塑性变形，包括冷轧、热轧、锻造和拉伸等，使合金获得高强度的方法称为加工硬化。合金经过强烈的塑性变形后，位错密度由最初的10^6根/cm^2可增至10^{12}根/cm^2以上。随着合金中位错密度的增加，继续变形时位错相互交割的机会越多，位错缠结严重，抵抗持续变形的能力就越大，加工硬化效果也就越明显。加工硬化在常温是十分有效的强化方法，但在高温下却因回复和再结晶的作用而对合金强度的贡献并不明显。

1.3.2 晶界强化

合金中晶粒越细，晶界就越多。由于晶界对位错运动阻力大于晶内，因而合金的变形抗力增加，引起合金强化。晶界自身的强度取决于合金元素在晶界处的存在形式和分布形态，不连续、细小弥散点状时所构成的晶界强化效果最好。另外晶界强化对合金的塑性损失较小，但高温下晶界滑移是重要的形变方式，合金趋于沿晶断裂，高温下不宜采用晶界强化。

1.3.3 固溶强化

溶质原子溶入基体中提高了金属的变形抗力，称为固溶强化，几乎所有的可溶性合金化元素甚至一些杂质元素都能够产生固溶强化作用。然而，通过这种强化方法并不能获得特别高的强度，但它所引起的塑性损失比较小。

固溶强化的本质实际上来源溶质原子对位错的钉扎以及位错运动时产生摩擦阻力，一般包括了位错与溶质原子间的长程交互作用和短程交互作用。固溶强化作用的大小取决于溶质原子的浓度、原子的相对尺寸、固溶体类型以及电子因素。其中，溶质原子与基体原子的价电子数相差越大，固溶强化作用也越明显。

1.3.4 异相强化

几乎所有的铝合金甚至是普通纯铝中，除 α-Al 固溶体外均存在一些第二相组元，这些第二相组元可引起第二相强化。通常将铝合金中的第二相分为三类：第一类质点是结晶时生成的尺寸在 0.1~30μm 之间的结晶相；第二类质点是在再结晶终了温度和时效温度以上所产生的尺寸在 0.01~5μm 之间的非共格弥散质点；而第三类质点是时效温度下析出的尺寸在 0.001~0.1μm 之间的共格或半共格析出相。其中，第二类质点引起弥散强化，第三类质点引起沉淀强化，而第一类质点中的难溶相则引起异相强化。异相强化中的第二相质点往往较硬、脆且粗大，故对合金塑性影响较大，因此常温下不宜大量采用异相强化方式，但在高温下其强化效果却十分满意。

1.3.5 弥散强化

非共格硬颗粒弥散物所引起的强化称为弥散强化。通常为取得良好的强化效果，要求这些弥散物在基体中具有低的溶解度和扩散速率以及高硬度和小尺寸。

作为不可变形质点，当运动位错受这些弥散质点阻碍后，必须越过它们才能产生强化。其中弥散物越密集，强化效果越好。另外，弥散质点还会影响最终热处理时半成品的再结晶进程，可以部分或完全抑制再结晶，从而提高合金强度。弥散强化在常温或高温下均可适用，特别是通过粉末冶金法生产的烧结铝合金，工作温度可达到 350℃。而采用熔铸法生产的铝合金常采用高温析出处理，通过沉淀而获得一些弥散质点使合金强化，这一方法越来越得到人们的关注。此外，在铝合金中添加一些具有非常低溶解度和慢扩散速率的过渡族金属和稀土金属元素，在其铸造时快速冷却，使这些元素保留在 α-Al 固溶体中，并随高温加热弥散析出，也可使合金获得良好的弥散强化效果。

1.3.6　析出强化

对于通过析出强化的铝合金而言，析出相的类型（化学成分、结构以及与基体的界面关系）、尺寸、体积分数和数量密度与它的力学性能直接相关。通过添加少量的合金元素，经过适当的热处理工艺，这些添加的合金元素被固溶到基体当中，再快冷到室温，随后在适当的温度下保持一定的时间，合金中就会形成一些纳米级的析出相。这些纳米级析出相可以有效阻碍位错运动从而实现材料的强化，这种现象称为析出强化或时效强化。再者，这些析出相往往和基体具有一定的位向关系，因而它们之间存在一定的应变场。这些应变场也会成为位错运动的障碍，从而引起合金强化。析出相通常在基体中均匀分布，合金变形均匀，引起的塑性损失比要加工硬化、弥散强化以及异相强化都小。比如 2×××系合金的 Al-Cu-Mg 合金和 Al-Cu-Mg-Si 合金中能够析出 S 系列相、θ 系列相和 Ω 系列相，在峰值时候主要为 S′相和 θ′相；6×××系合金的 Al-Mg-Si 合金和 Al-Mg-Si-Cu 合金中能够析出 β 系列相和 Q 系列相，在峰值时候其强度主要来源于 β″相和 Q′相，而 7×××系合金中的 Al-Zn-Mg 合金和 Al-Zn-Mg-Cu 合金在 T6 处理后能够形成 η 系列相，在峰值时效状态下，主要的强化相为 GP 区和 η′相。

1.4　变形铝合金的微观组织

变形铝合金微观组织依据尺寸范围从大到小分为晶粒组织、组分相、弥散相和析出相及其微观缺陷等。晶粒组织的尺寸通常为微米级，包括晶粒的尺寸与形状、晶界情况（涉及晶粒取向差、有无晶界析出物以及晶界无沉淀析出带等）；组分相和弥散相的尺寸为几十纳米到几十微米；而析出相的尺寸一般则为几纳米到几十纳米。

晶粒组织是在铸造、轧制或均匀化退火等高温或塑形变形处理过程中形成，在固溶时效处理过程中不会发生变化。通常合金中的晶粒越细小，合金强度就越高，塑形越好。晶界上若存在析出相会降低合金晶界抗腐蚀性。

大多数铝合金中都含有高密度的第二相颗粒。变形铝合金的各种性能很大程度上取决于这些第二相的种类、大小、数量和分布。根据形成的温度范围及其功能和特征可以将变形铝合金中的第二相颗粒分为 3 类。

1.4.1　结晶相

在合金凝固过程中发生固-液共晶反应时产生的粗大金属间化合物即第一类质点，称为结晶相。该相尺寸从几百纳米到几十微米，在后续的热处理过程中仍会继续发生相变。按照加热时的溶解能力，结晶相又分为难溶相和易溶相。含有 Fe、Si、Mn、Cr、Ti、Zr 等元素，如 Al_7Cu_2Fe、$Al_3(Cu,Fe,Mn)$、$Al_{12}Fe_3Si$ 等为难溶相，含有 Zn、Cu、Mg 等的相如 S-Al_2CuMg 和 $MgZn_2$ 为易溶相。结晶相非常脆，在低应力下即可开裂，产生孔穴，因此结晶相不利于合金的性能，尤其对合金的断裂性能影响非常大。所以在合金熔炼和凝固过程中应该尽量避免结晶相的产生或者降低其尺寸和数量。按结晶时反应类型，结晶相又分为 4 类：（1）初晶相：从液体中直接生成的单一固相，结晶温度最高，颗粒粗大，一般很少出现在铝合金正常组织中；（2）共晶相；（3）包共晶生成物；（4）包晶生成物。

1.4.2 沉淀相或弥散相

沉淀相或弥散相通常是在长时间热处理或均匀化过程中发生固-固相变而产生。弥散相的主要作用是在高温热处理和热加工过程中，用以控制晶粒大小和抑制再结晶的发生，其尺寸在0.02~0.5μm，一般比结晶相小。弥散相的主要元素包括Cr、Ti、Zr、Mn等，这些元素的固溶度非常小，因此已形成的弥散相在后续的热处理过程中比较稳定，只有在高温加热和高温强烈变形时才会发生分解。在均匀化过程中，一些Mn原子会扩散到结晶相$Al_{12}Fe_3Si$中，形成$Al_{12}(Fe,Mn)_3Si$相。在2×××系铝合金中，主要的弥散相是$Al_{20}Cu_2Mn_3$，简称T相。众所周知，合金中析出的弥散相，对合金的再结晶行为、织构、晶粒尺寸以及合金的力学性能都有着强烈的影响。第二相粒子的存在可以增大变形储能，增大再结晶驱动力，且大尺寸粒子（大于1μm）可作为再结晶形核点而促进再结晶形核，但密排、细小弥散相对大角晶界及小角晶界都有很强的钉扎作用，从而抑制再结晶过程。

1.4.3 析出相

析出相是时效过程中从过饱和固溶体中析出的相，尺寸小，几十纳米到几百纳米。形状多样，有球状、针状、片状、板条状等，这些析出相可以有效阻碍位错的运动，提高铝合金的性能，是时效态铝合金的主要强化相。Cu、Mg、Si、Zn、Li等为形成这类析出相的主要元素。

1.5 变形铝合金的电子显微分析

电子显微学就是用电子显微镜研究物质的显微组织、成分和晶体结构的一门科学技术。电子显微镜则是用一束聚焦电子照射到样品上，与样品物质相互作用激发表征材料微观组织结构特征的各种信息，检测并处理这些信息从而放大成像给出组织形貌、成分和结构细节的显微镜。目前使用最广泛的电子显微镜主要有扫描电子显微镜（SEM）和透射电子显微镜（TEM）两种。

TEM利用平行的高能电子束照射到一个能透过电子的薄膜样品上，由于试样对电子的散射作用，散射波在物镜后方将产生两种信息，一是在物镜的后焦面上形成含有结晶学或晶体结构信息的电子衍射花样（EDP），二是在物镜像平面上形成高放大倍率的形貌像或是高分辨率的反映样品内部结构的晶格像。

变形铝合金微观组织表征手段采用常规TEM分析技术，包括高分辨透射电镜（HR-TEM）、选区电子衍射（SAED）、明场（BF）、暗场（DF）、扫描透射（STEM）等图像观察技术和能量色散谱（EDS）分析技术，对铝合金中合金相的形态、结构、缺陷、晶体学参数及其微区成分进行观察与测量；并对合金相的电子衍射花样以及合金相与基体的位向关系（orientation relationship，OR）进行描述。

所谓晶体间的位向关系是描述晶体相变时原子转移的几何特征，借此可以进一步推测相变过程原子转移的细节。一般晶体位向关系的表示方法有3种：平行关系表示法、极射投影图描述法和矩阵表达式法。矩阵表达式法本书未涉及，不作简单介绍。

两相之间的位向关系通常用母相和生成相中一对平行晶面和平行晶面中一对平行晶向来描述，即平行关系表示法。如面心立方晶体和体心立方晶体间常见的K-S关系和N-W关系：

（1）K-S 关系：$[111]_{fcc} /\!/ [011]_{bcc}$，$(10\bar{1})_{fcc} /\!/ (11\bar{1})_{bcc}$，$(\bar{1}2\bar{1})_{fcc} /\!/ (\bar{2}1\bar{1})_{bcc}$；

（2）N-W 关系：$[0\bar{1}1]_{fcc} /\!/ [001]_{bcc}$，$(\bar{1}11)_{fcc} /\!/ (\bar{1}10)_{bcc}$，$(211)_{fcc} /\!/ (110)_{bcc}$。
其中 fcc 表示具有面心立方晶体，bcc 表示具有体心立方晶体。

极图是极射赤面投影图的简称，主要用来表示线、面的方位及其相互之间的角距关系和运动轨迹。作图时，它是以一个球体作为投影工具（称投影球），将物体的几何要素置于球心。由球心发射射线将所有的点、直线和平面自球心开始投影于球面上，就得到了点、直线和平面的球面投影。由于球面上点、直线、平面的方向和它们之间的角距既不容易观测，又不容易表示；于是，再以投影球的南极或北极为发射点，将点、直线、平面的球面投影（点和线）再投影于赤道平面上。这种投影就称为极射赤面投影，由此得到的点、直线和平面在赤道平面上的投影图就称为极射赤面投影图。事实上，极图是将三维空间的晶面和晶向按一定规则投影到二维平面并表示出来。在极图中可直接测出三维空间中两个平面间的夹角、两个晶向间的夹角以及晶向与晶面间的夹角。特点是直观形象、一目了然、空间感强；同时还可以画出特定平面，如孪晶面。

图 1.1 是用极射投影图法描述体心和面心立方晶体间的 K-S 位向关系。极图中红色数字和红色实心小圆表示体心立方（bcc）的晶向（或晶面）指数及其在极图中的位置；蓝色数字和蓝色实心小圆表示面心立方（fcc）的晶向（或晶面）指数及其在极图中的位置，较粗的小圆表示二者互相平行的晶向（或晶面）。

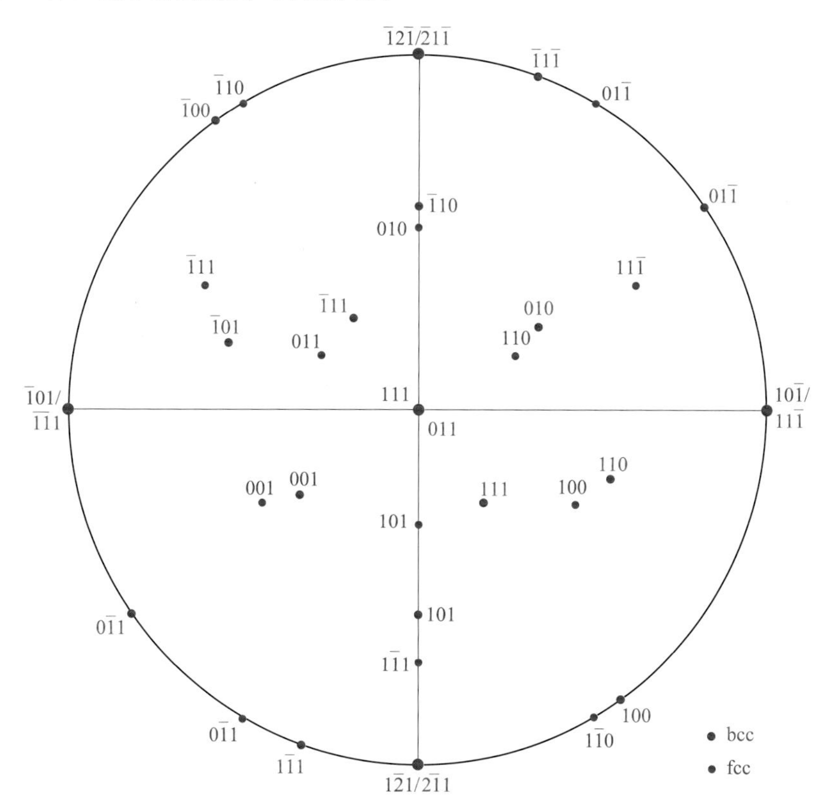

图 1.1　极射投影图法描述体心和面心立方晶体间的 K-S 位向关系
［引自 Andrews，et al（1971）］

2　2×××系铝合金

2×××系铝合金是在 Al-Cu 二元合金基础上添加一定量的 Mg、Fe、Ni、Mn 等元素形成的，其中以 Cu 元素含量最高，包括 Al-Cu-Mg 系及 Al-Cu-Mn 系合金，属于热处理可强化铝合金，热处理后强度最高可达 490MPa，又称硬铝。2×××系铝合金的热稳定性和耐疲劳性能较好，但抗蚀性及焊接性较差。2×××系铝合金是目前航空工业中应用最广泛的一类变形铝合金，用以制作飞行器各种受力构件，如蒙皮、壁板等。

2.1　Al-Cu-Mg 系铝合金

Al-Cu-Mg 系合金是使用较早用途很广的硬铝合金。该系铝合金主要用在 100℃以下的工作环境，它具有良好的力学性能和加工性能，可加工成板、棒、管、线、型材和锻件等半成品。由于该系铝合金是典型的可热处理强化铝合金，其性能与时效过程中析出的沉淀相种类、数量、形貌、尺寸、分布等微观特征密切相关。

一般情况下，Al-Cu-Mg 系合金依照合金强度和耐热性，可分为以下 4 种类型[1]：（1）低强度硬铝，如 2A01、2A10 合金；（2）中强度硬铝，如 2A11 合金；（3）高强度硬铝，如 2A12 或 2024 合金；（4）具有耐热性的硬铝，如 2A02 合金。

2.1.1　合金元素的作用

在 Al-Cu-Mg 系合金中，Cu 和 Mg 是该系铝合金最主要的组成元素。随着含铜量的提高，热处理后合金的强度迅速增加；合金中的含镁量也有类似效果，当含镁量较低时，铜与铝形成化合物 $CuAl_2$，它是低强度硬铝与中强度硬铝中的主要强化相；当含镁量提高时，特别是在高强度硬铝中，镁、铜、铝互相结合形成 Al_2CuMg 相，它的强化效果比 $CuAl_2$ 更高，同时还使合金具有一定的耐热性。

合金中加入少量的锰，其作用是改善合金的抗蚀性，中和铁的有害影响，锰同时可在基体中部分固溶，提高热处理后的合金强度，而且对提高合金的耐热性也有一定作用，锰的添加量应限制在 0.8%~1.0%，锰量过高，会形成粗大的脆性化合物 $Al_6(Mn, Fe)$，降低合金的工艺性能。

合金中加入少量钛，可以细化晶粒，降低合金形成热裂纹的倾向性。铁和硅是合金中的杂质元素，铁与铜能形成 Cu_2FeAl_7 难溶化合物，合金中的强化相 $CuAl_2$ 和 Al_2CuMg 相减少，降低了合金的时效强化效果。铁还能与硅、锰等元素形成粗大的 $Al_6(Fe,Mn,Si)$、$Al_6(Fe,Mn)$ 等脆性化合物，使工艺性能变坏。镍也是硬铝合金中的有害杂质，合金中的镍能与铜形成 AlCuNi 不溶化合物，从而减少了强化相 $CuAl_2$ 和 Al_2CuMg 相的数量，使力学性能降低，因此合金中含镍量必须加以限制。杂质锌对合金的室温性能虽然没有影响，但使合金的热强性大大降低。

2.1.2 合金中的相组成

图 2.1 所示为 Al-Cu 系二元相图[1]，图 2.2 所示为 Al-Cu-Mg 系三元合金平衡相图的富铝端部分[1]，表明 Al-Cu-Mg 系合金中除了产生 θ-$CuAl_2$ 和 β-Mg_2Al_3 二元相外，还有 S-Al_2CuMg 和 T-$Al_{20}Cu_2Mn_3$ 两个三元相。在 507℃（780K）发生三元共晶反应：L→α-Al + θ-$CuAl_2$+ S-Al_2CuMg，共晶成分为 33.1%Cu、6.25%Mg。

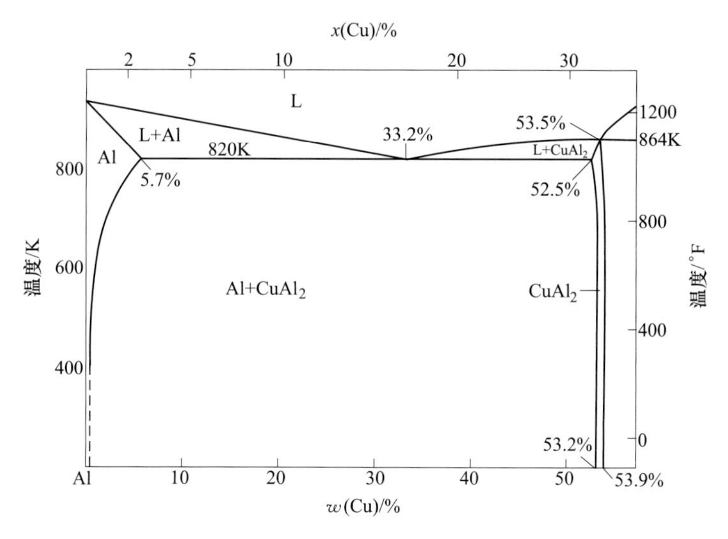

图 2.1 Al-Cu 系二元相图

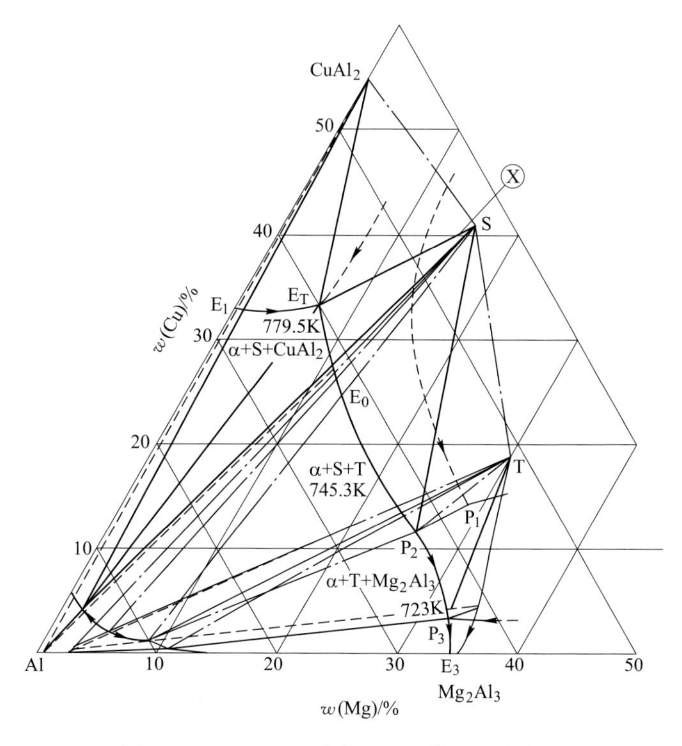

图 2.2 Al-Cu-Mg 系合金相图靠近铝角部分

工程化应用研究的 Al-Cu-Mg 系合金析出强化相主要为 θ 相和 S 相的亚稳相：θ′-$CuAl_2$ 和 S′相，但以何种相为主要强化相，视合金中 Cu 元素与 Mg 元素的相对质量比来决定，即 m(Cu)/m(Mg)比，如图 2.3 所示。当合金的 m(Cu)/m(Mg) 比超过 8 时，合金的主要强化相为 θ′相；当 m(Cu)/m(Mg) 在 4～8 之间，θ′相和 S′相同时为强化相；当 m(Cu)/m(Mg) 在 1.5～4 时，强化相主要为 S′相。随着铜含量的增加和镁含量的减少，比值加大，主要强化相逐渐由 S′相过渡到 θ′相。

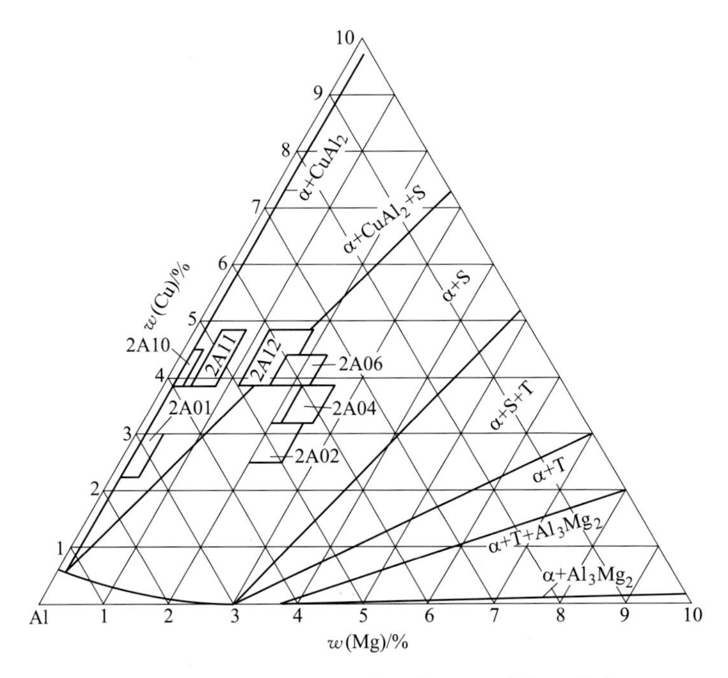

图 2.3 Al-Cu-Mg 系工业合金在 200℃的相区分布

常用 2×××系铝合金有：2A02、2A04、2A10、2A11 和 2A12（或 2024）等，它们的成分见表 2.1。这些硬铝合金处于 Al-Cu-Mg 相图中的不同相区，如图 2.3 所示，因而具有不同的相组成和时效硬化能力。其中 2A10(LY10) 和 2A01(LY1) 属于低 Mg 含量的合金，主要析出相为 θ′相，同时会有较少量的 S 相生成；2A12(LY12) 或 2024 属于中等 Mg 含量（质量分数）的合金（1.2%～1.8%），合金中的主要析出相为 θ′+S，随着 Mg 含量的增加，基体中的 S 相增多；2A02(LY2) 属于高 Mg 含量（1.7%～2.6%）的合金，θ′相已不存在，析出相只有 S 相。表 2.2 为该系铝合金可能出现的相及相结构。

表 2.1 Al-Cu-Mg 系铝合金的化学成分（质量分数） （%）

合金牌号	Cu	Mg	Mn	Cr	Ti	Fe	Si	Zn
2A02	2.91	2.30	0.58	0.0063	0.022	0.19	0.17	0.0037
2A04	3.52	2.34	0.68	0.0014	0.012	0.12	0.18	0.0035
2A10	4.22	0.24	0.37	0.0017	0.008	0.13	0.20	0.0017
2A11	3.82	0.57	0.48	0.0098	0.035	0.26	0.58	0.033
2A12	4.52	1.57	0.62	0.0091	0.036	0.32	0.19	0.076

注：Al 为余量。

表 2.2 Al-Cu-Mg 系铝合金中可能出现的相及相结构

合金牌号	可能相	结构	杂质相	结构
2A02（LY2）	α-Al、S-Al_2CuMg	正交	Mg_2Si、$Al_6(Mn,Fe)$、Al_7Cu_2Fe	面心立方、正交、正方
2A04（LY4）	α-Al、S-Al_2CuMg	正交	Mg_2Si、$Al_6(Mn,Fe)$、Al_7Cu_2Fe	面心立方、正交、正方
2A10（LY10）	α-Al、θ-$CuAl_2$、S-Al_2CuMg	体心四方、正交	Mg_2Si、$Al_6(Mn,Fe)$、$Al_{12}(FeMn)_3Si$	面心立方、正交、体心立方
2A11（LY11）	α-Al、θ-$CuAl_2$、S-Al_2CuMg	体心四方、正交	Mg_2Si、$Al_{12}(FeMn)_3Si$	面心立方、体心立方
2A12（LY12）	α-Al、θ-$CuAl_2$、S-Al_2CuMg、Al_6Mn	体心四方、正交	Mg_2Si、$Al_{12}(FeMn)_3Si$	面心立方、体心立方

2.1.3 热加工工艺

Al-Cu-Mg 系铝合金是典型的可热处理强化合金，固溶+时效处理后具有较好的综合性能。常用 2×××系铝合金的热加工工艺[2]如下：

（1）2A02（或 LY2）合金加工工艺：均匀化退火温度 480℃；模锻温度 400~470℃；自由锻温度 380~450℃；固溶处理温度 500℃±5℃；时效规范 165~175℃，时间 16h。

（2）2A04（或 LY4）合金加工工艺：挤压温度 440~460℃；轧制温度 390~430℃；固溶处理温度 503~508℃，过烧温度 512℃；时效规范：室温下时效 120~240h。

（3）2A10（或 LY10）合金加工工艺：均匀化退火温度 490℃；挤压温度 320~450℃；最佳退火温度 380℃；淬火温度 525℃±5℃；时效规范：自然时效：室温下时效不小于 96h，人工时效：温度 75℃±5℃，时间 24h。

（4）2A11（或 LY11）合金加工工艺：均匀化退火温度 490℃；热轧温度 390~440℃（最佳 420℃）；挤压温度 400~460℃；锻造温度 350~470℃；典型退火温度 415℃；淬火温度约 500℃；一般采用自然时效。

（5）2A12（或 2024 或 LY12）合金加工工艺：均匀化退火温度 490℃；热轧温度 390~440℃（最佳 420℃）；挤压温度 380~450℃；锻造温度 380~470℃；淬火温度 485~498℃；时效规范：自然时效：在室温下时效不小于 96h，人工时效：温度 180~195℃，时间 6~12h。

2.2 Al-Cu-Mn 系铝合金

Al-Cu-Mn 系铝合金是 20 世纪 50 年代初发展起来的一种耐热变形铝合金，在该系合金中，常用的有 LY16（或 2219）和 LY17（或 2519）两种牌号，它们可加工成板材、棒材、型材和模锻件等半制品。挤压和模锻的半制品用来制造在 200~300℃下工作的零件；板材用以制造在常温和高温下工作的焊接件。

2.2.1 化学成分及相组成

在 Al-Cu-Mn 系铝合金中，Cu 和 Mn 是最主要的组成元素。当含铜量为 6.0%～6.5%时，合金具有高的再结晶温度，对合金的耐热性有利；而且铜的加入，使合金产生强化相 θ-$CuAl_2$ 相，淬火+人工时效处理后，可使合金的强度提高。

这类合金中的锰是保证合金耐热性的主要元素。因锰在铝中扩散系数小，能降低铜在铝中的扩散系数，结果不但使 α-Al 的分解倾向减少，而且还降低了 θ-$CuAl_2$ 相在高温下聚集的倾向。当锰含量在 0.4%～0.5%时，合金中形成 T-$Al_{20}Cu_2Mn_3$ 相。弥散细小的 T-$Al_{20}Cu_2Mn_3$ 相对合金的耐热性有良好影响。随着合金中锰含量的增加，T-$Al_{20}Cu_2Mn_3$ 相不但增多，而且也变得粗大；当锰含量为 1.2%时，由于 T-$Al_{20}Cu_2Mn_3$ 相的增多，使相界面增加，加速了扩散作用，使合金耐热性降低，因此这类合金含锰量定为 0.4%～0.8%。另外，锰的加入使合金焊接时产生裂纹的倾向降低。

合金中加入钛不但在铸造时能细化晶粒，而且还能提高合金的再结晶温度；此外，还可以降低有应力和无应力时过饱和固溶体分解的倾向，使合金在高温下组织稳定。当钛的含量为 0.2%时，生成高熔点化合物 $TiAl_3$；当钛含量为 0.3%时，$TiAl_3$ 呈粗大针状，此时合金的耐热性有所下降，因此这类合金钛含量定为 0.1%～0.2%。

图 2.4 所示为 Al-Cu-Mn 系三元合金相图富铝角的液相面和平衡相图[1]，表明 Al-Cu-Mn 系合金在平衡态中，主要的第二相有 θ-$CuAl_2$、T-$Al_{20}Cu_2Mn_3$ 和 Al_6Mn 等相。

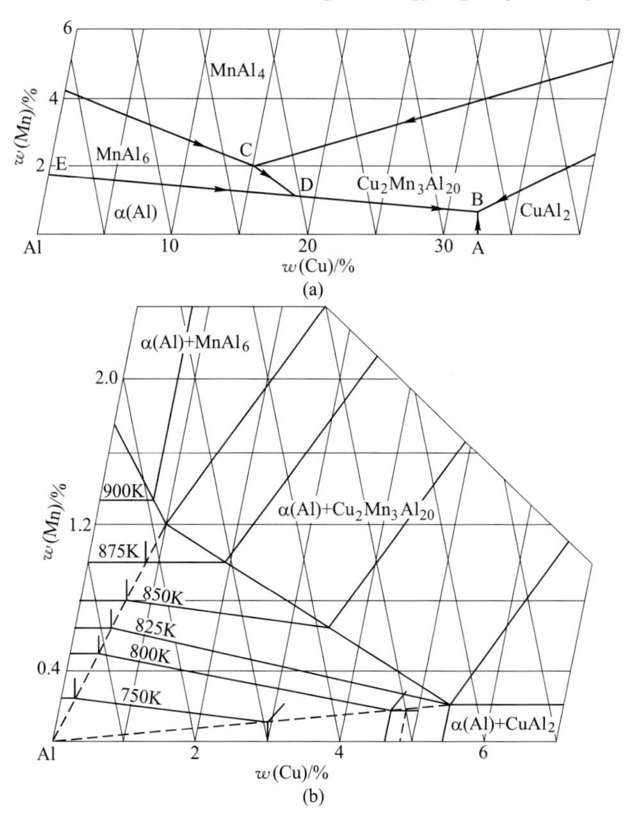

图 2.4　Al-Cu-Mn 系相图富铝角的液相面(a)和平衡相(b)图

这个系列常用的铝合金有2219（或LY16）和2519（或LY17），它们的成分见表2.3，可知2219合金和2519合金处于Al-Cu-Mn系相图的α-Al+θ+T三相内。表2.4为这些系铝合金可能出现的相及相结构。

表2.3　Al-Cu-Mn系铝合金的化学成分（质量分数）　（%）

合金牌号	Cu	Mg	Mn	Cr	Ti	Fe	Si	Zn	Zr
2219	5.95	0.02	0.57	0.0054	0.14	0.14	0.11	0.0041	—
2519	5.46	0.23	0.28	0.0029	0.068	0.16	0.037	0.015	0.14

注：Al为余量。

表2.4　Al-Cu-Mn系铝合金中可能出现的相及相结构

合金牌号	可能相	结构	杂质相	结构
2219	α-Al、θ-$CuAl_2$、T-$Al_{20}Cu_2Mn_3$	四方、正交	Al_6Mn、$Al_{12}(Mn,Fe)_3Si$	正交、体心立方
2519	α-Al、θ-$CuAl_2$、T-$Al_{20}Cu_2Mn_3$、S-Al_2CuMg	体心正方、正交	Mg_2Si、$Al_{12}(Mn,Fe)_3Si$	面心立方、体心立方

2.2.2　热处理特性

Al-Cu-Mn系铝合金自然时效效果很小，人工时效效果显著。在人工时效状态下，它不仅具有较高的强度，还具有较高的耐热性。

2219合金的加工工艺[2]：均匀化退火温度525℃；热轧温度390～440℃（最佳420℃）；挤压温度420～460℃；锻造温度400～460℃；退火温度415℃；固溶处理温度525℃±5℃，过烧温度545℃；人工时效规范：温度165～190℃，时间18～36h，时效温度与时间的组合视产品性能要求而定。

2519合金的加工工艺[2]：均匀化退火温度520℃；锻造温度400～460℃；退火温度415℃；固溶处理温度535℃±5℃，过烧温度545℃；T6时效规范：温度160～180℃，时间12～16h；T8时效规范：535℃±5℃固溶处理后，先冷变形，再160～180℃时效，12～16h。

2.3　2×××系铝合金常见合金相的电子显微分析

2×××系铝合金是典型的可热处理强化铝合金，其性能与时效过程中析出相的种类、数量、形貌、尺寸、分布等微观特征密切相关。时效过程中通常会出现中间过渡亚稳相，甚至是一些新相。本节介绍θ-$CuAl_2$、S-Al_2CuMg和T-$Al_{20}Cu_2Mn_3$相的形态、相关的电子衍射花样图谱及其各相与α-Al基体之间可能的位向关系等，而杂质相$Al_{12}Mn_3Si$和Al_6Mn相将在后面的章节中介绍。

2.3.1　θ-$CuAl_2$相

2.3.1.1　θ-$CuAl_2$相的结构演变及形态

θ″-$CuAl_3$和θ′-$CuAl_2$相是Mg含量低的2×××系铝合金在时效过程中出现的过渡亚稳相，稳定相为θ-$CuAl_2$相。时效过程中它们的析出序列为：SSS（α过饱和固溶体）→ GPI

（盘片状，与 α-Al 基体共格）→ GP Ⅱ（或称 θ″相，盘片状，与 α-Al 基体半共格）→ θ′相（盘片状，与 α-Al 基体半共格）→ θ 相（粗大块状，与 α-Al 基体非共格）。一般认为 θ″和 θ′相共同作用致使 2××× 系铝合金时效硬度达到峰值。

θ″相的晶体结构为四方点阵[3]，如图 2.5（a）所示。点阵参数为 $a=b=0.404$nm，$c=0.768$nm，其化学计量比为 $CuAl_3$，θ″相的结构可看作是 Cu 原子替换 $\{100\}_{\alpha}$ 面的 Al 原子，其中每两层 Cu 原子面之间被三层 Al 原子面分隔开[4]。单胞结构类似于两个 C 轴厚度的 α-Al 单胞（FCC），只是由于 Cu 原子半径（$r_{Cu}=0.128$nm）小于 Al 原子半径（$r_{Al}=0.143$nm）而使 C 轴方向有一定的收缩。Cu 原子面和 Al 原子面的间距为 0.182nm，而两层 Al 原子面间距为 0.202nm。图 2.5（b）所示为 θ″相在 $[001]_{\alpha}$ 位向下的复合电子衍射谱[4]，穿过 {200} 衍射斑的连续条纹断裂为 3 段，衍射强度在 {100} 处有了极大值。

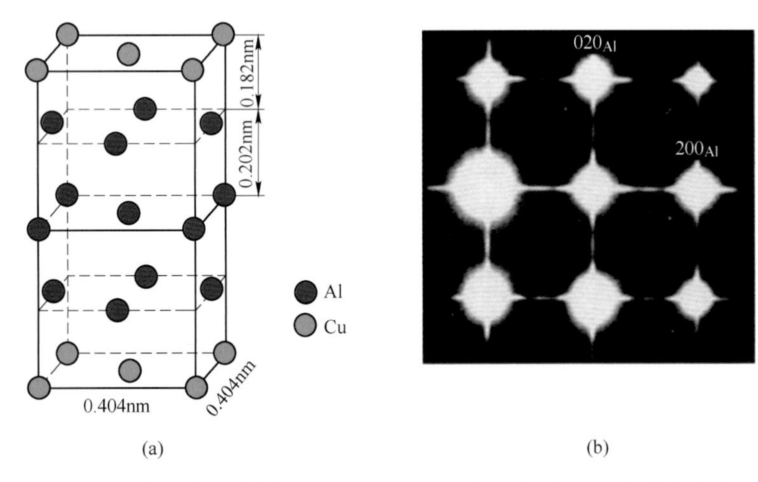

(a) (b)

图 2.5 θ″-$CuAl_3$ 相结构示意图(a)和 θ″-$CuAl_3$ 相在 $[001]_{\alpha}$ 位向下的复合电子衍射谱(b)

θ″相是分布在 α-Al 基体 3 个等效 $\{100\}_{\alpha}$ 面上的片状析出相，直径为 10~100nm，厚度为 1~4nm，间距为 20~200nm。片状 θ″相与基体是完全共格的，但由于 C 轴方向有很大收缩，因此 θ″相周围区域常有应变场衬度变化。

图 2.6（a）所示为 2A10 铝合金经 500℃固溶处理，75℃时效 24h 后的高分辨像，电

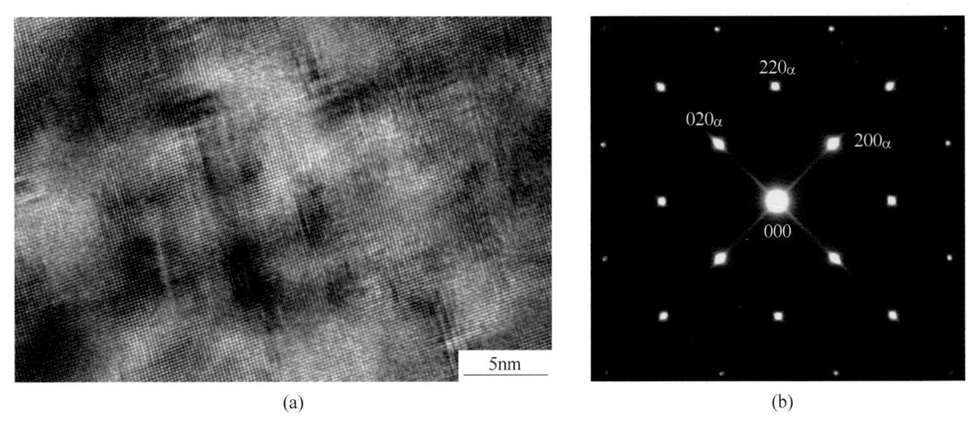

(a) (b)

图 2.6 θ″相的形态(a)和相对应的 SADP（b），$B=[001]_{\alpha}$

（图像与 SADP 之间约 30°的磁转角偏差）

子束方向 $B=[001]_{\alpha}$，薄片状 θ″相互相垂直排列，其周边区域出现应变场衬度变化现象；图 2.6（b）所示为相对应的选区电子衍射花样（SADP），类似图 2.5（b）。

θ′相的晶体结构为体心四方[5]，空间群为 *I*4/*mmm*，点阵参数 $a=b=0.404$nm，$c=0.580$nm，其晶胞结构模型如图 2.7 所示，化学成分为 $CuAl_2$。θ′相在时效过程中沿 α-Al 基体 $\{100\}_{\alpha}$ 面呈八边形或长方形薄片状析出，尺寸与时效时间和时效温度有关，厚度 10~15nm，长（或直径）10~600nm，θ′相与 α-Al 基体的位向关系[6]为：$[100]_{\theta'}$ // $[100]_{\alpha}$，$(001)_{\theta'}$ // $(001)_{\alpha}$。图 2.8（a）所示为图 2.8（b）~（d）在 3 个不同位向 $[001]_{\theta'}$ // $[001]_{\alpha}$、$[010]_{\theta'}$ // $[001]_{\alpha}$ 和 $[100]_{\theta'}$ // $[001]_{\alpha}$ 模拟的衍射花样叠加而获得的模拟复合衍射花样[7]。

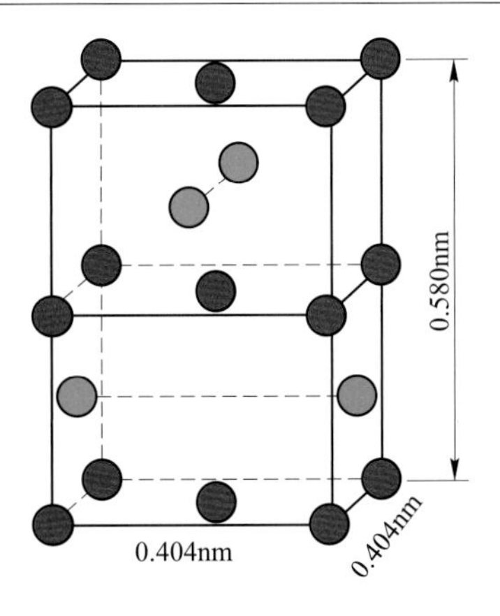

图 2.7　θ′-$CuAl_2$ 相结构示意图

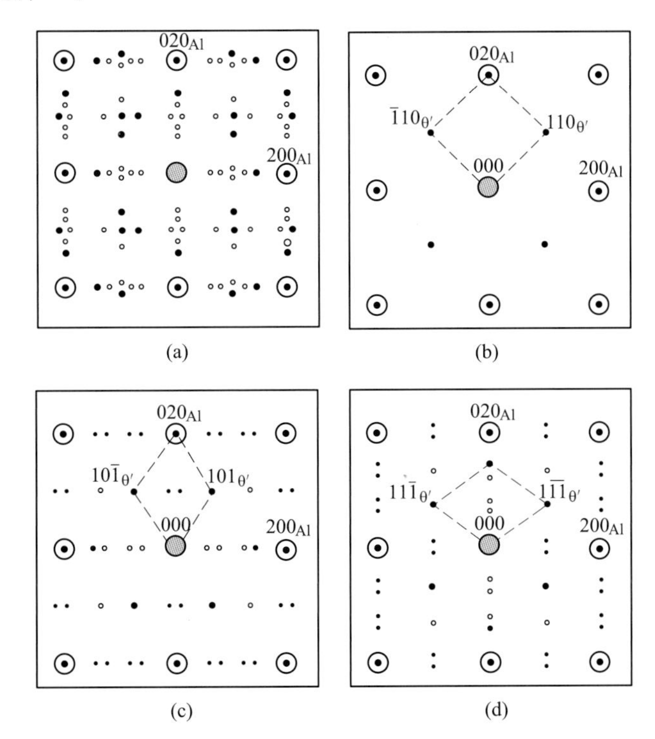

图 2.8　θ′-$CuAl_2$ 相与 α-Al 基体模拟的电子衍射花样

（a）$B=\langle 001\rangle_{\theta'}$ // $[001]_{\alpha}$；（b）$B=[001]_{\theta'}$ // $[001]_{\alpha}$；（c）$B=[010]_{\theta'}$ // $[001]_{\alpha}$；（d）$B=[100]_{\theta'}$ // $[001]_{\alpha}$

θ′相属于热力学亚稳相。当 θ′相尺寸较小时，其宽面 $(001)_{\theta'}$ 与 $(001)_{\alpha}$ 完全共格，随着 θ′相的长大，它与 α-Al 基体之间的共格关系丧失。

图 2.9（a）所示为 2219 铝合金经 525℃ 固溶+175℃ 时效 36h 后的组织形貌，其中呈

八边形或多边形 θ′析出相 1 的不同界面倾向于沿〈001〉$_α$ 或〈110〉$_α$ 生长，当 θ′析出相 1 长大互相接触并继续生长时，其形状开始变得不规则，似球状或块状；片状 θ′析出相 2 和 3 分别倾向于沿［100］$_α$ 和［010］$_α$ 排列或生长，两者互相垂直，它们是（100）$_α$ 或（010）$_α$ 基面上 θ′析出相 1 的投影或“截面”，其宽度表示 θ′析出相 1 的厚度；图 2.9（b）为图 2.9（a）相对应的复合选区电子衍射花样，与模拟的电子衍射花样图 2.8（a）类似；图 2.9（c）所示为该合金在电子束方向 $B=[110]_α$ 时的组织形貌，θ′析出相 1 呈长方形或多边形形态；片状 θ′析出相 2 沿［$\bar{1}$10］$_α$ 排列，垂直［001］$_α$ 方向，它们是（001）$_α$ 基面上八边形或长方形 θ′析出相 1 的投影或“截面”；图 2.9（d）是图 2.9（c）相对应的复合选区电子衍射花样。

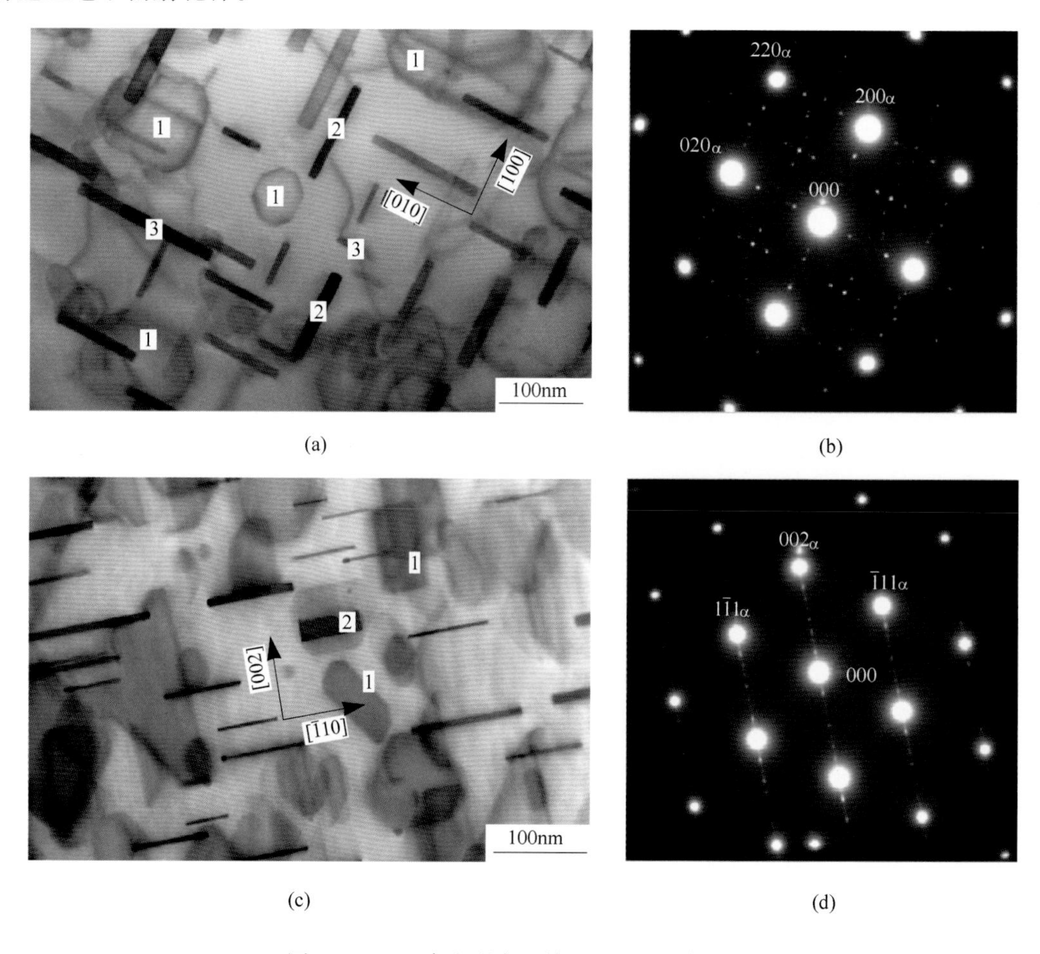

图 2.9　2219 合金形态和其选区电子衍射花样

（a）θ′相的形态，$B=[001]_α$；（b）图(a)的 SADP，$B=Z=\langle 001\rangle_{θ'}/\!/[001]_α$；（c）θ′相的形态，$B=[110]_α$；（d）图(c)的 SADP，$B=Z=[110]_α$

θ 相的晶体结构为体心四方结构[6]，空间群为 $I4/mcm$，点阵参数为 $a=b=0.6067$nm，$c=0.4877$nm，它的晶胞结构模型如图 2.10 所示。其化学成分为 $CuAl_2$。

θ 相的形状不规则，大多数似块状（或片状）和棒状（或条状），尺寸较大，约 0.1～0.5μm，少量呈板条状，尺寸较小。晶界是 θ 相的优先形核位置，晶界上 θ 相比较粗大，形

成 θ 相时通常会消耗基体附近的溶质原子，从而导致晶界附近产生一个无沉淀析出相带（PFZ）。晶粒内部的 θ 相可以由 θ′相生长而来或直接从基体形成。由于 θ 相与基体没有严格的共格性，尺寸比较大，且形状偏椭球状，对位错的阻碍作用很弱，还容易在 θ 相与基体的界面上形成微裂纹，对合金力学性能不利，因此热处理过程中一般避免 θ 相在晶界或晶粒内析出。

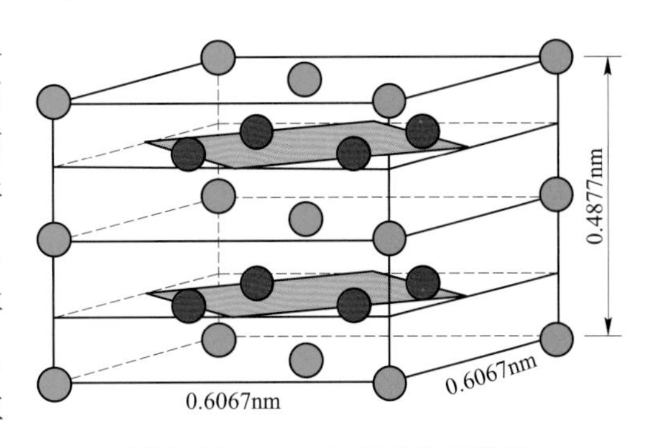

图 2.10 θ-$CuAl_2$ 相结构示意图

表 2.5 为 θ′-$CuAl_2$ 相和 θ-$CuAl_2$ 相在不同位向下的形态。

表 2.5 θ′-$CuAl_2$ 相和 θ-$CuAl_2$ 相在不同位向下的形态

不同位向下 θ′-$CuAl_2$ 和 θ-$CuAl_2$ 的形态
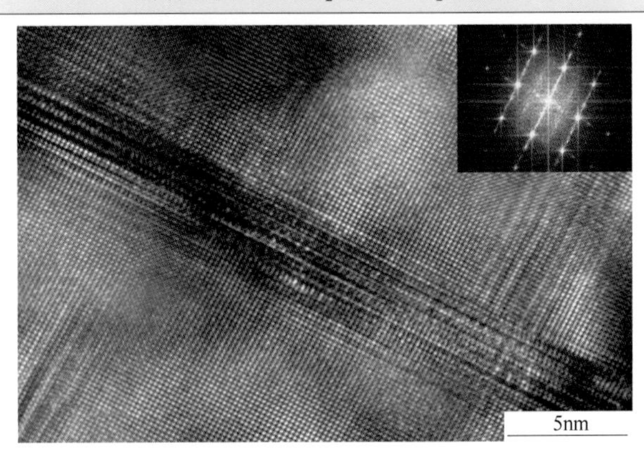 图 1 合金及状态：2519-T6 态（525℃固溶处理+165℃时效 12h） 组织特征：α-Al 基体和片状 θ′-$CuAl_2$ 相的高分辨像，右上角为其 FFT 变换的衍射花样，隐约可见 θ′相的衍射斑点，$B=[001]_\alpha$，与图 2.8（d）相似
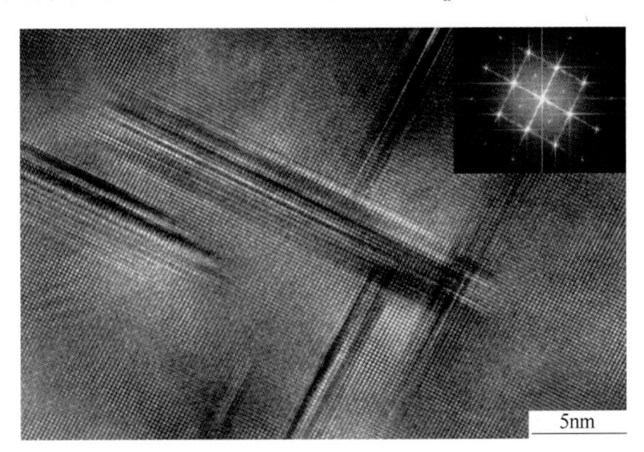 图 2 合金及状态：2519-T6 态 组织特征：α-Al 基体和垂直排列的片状 θ′-$CuAl_2$ 相的高分辨像，右上角为其 FFT 变换的衍射花样，$B=[001]_\alpha$，与图 2.8（b）相似

续表 2.5

不同位向下 θ′-$CuAl_2$ 和 θ-$CuAl_2$ 的形态

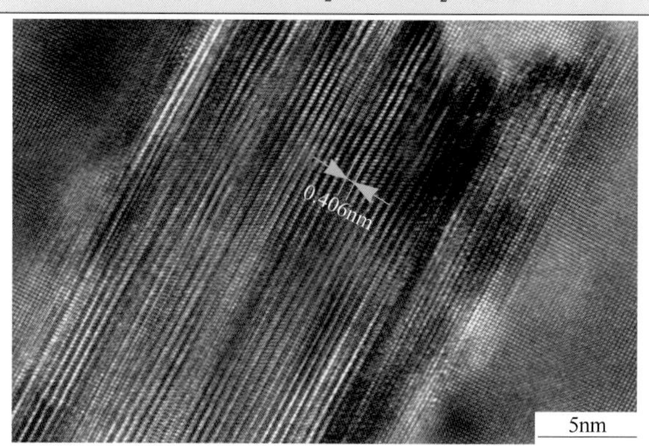

图 3　合金及状态：2519-T6 态

组织特征：α-Al 基体和片状 θ′-$CuAl_2$ 相的高分辨像，其晶面间距 0.406nm，与 θ′相（100）的晶面间距 $d_{(100)}$ = 0.404nm 相近，B=[001]$_α$

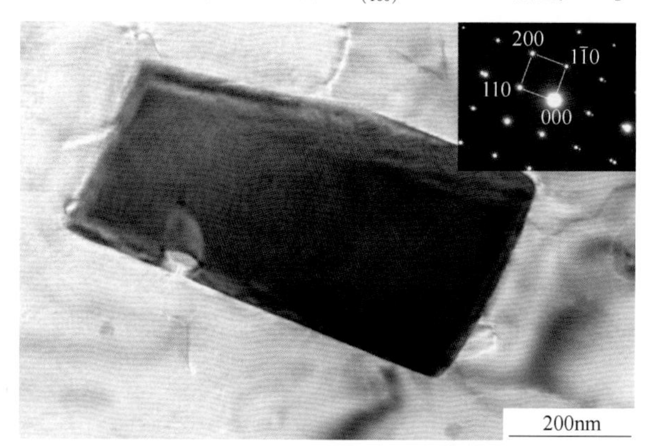

图 4　合金及状态：2219-O 态（415℃退火）

组织特征：块状 θ-$CuAl_2$ 相的形态，右上角插图为其电子衍射花样，B=[001]$_θ$

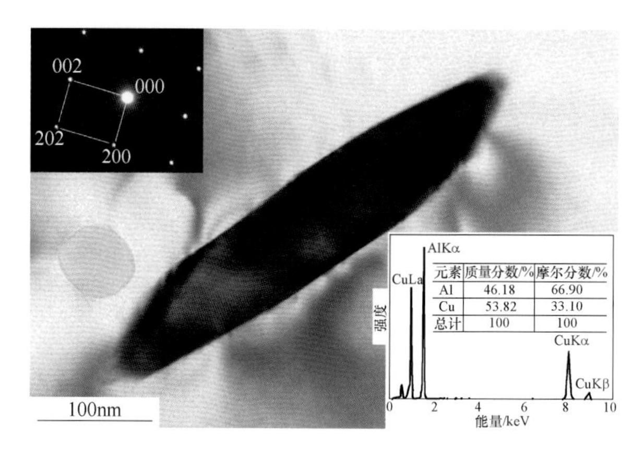

图 5　合金及状态：2A10-O 态（380℃退火）

组织特征：条状 θ-$CuAl_2$ 相的形态，左上角插图为其电子衍射花样，B=[010]$_θ$；右下角插图是其能量色散谱线，由 Al 和 Cu 元素组成，其元素原子比与化学分子式 $CuAl_2$ 相吻合

续表 2.5

不同位向下 θ'-$CuAl_2$ 和 θ-$CuAl_2$ 的形态

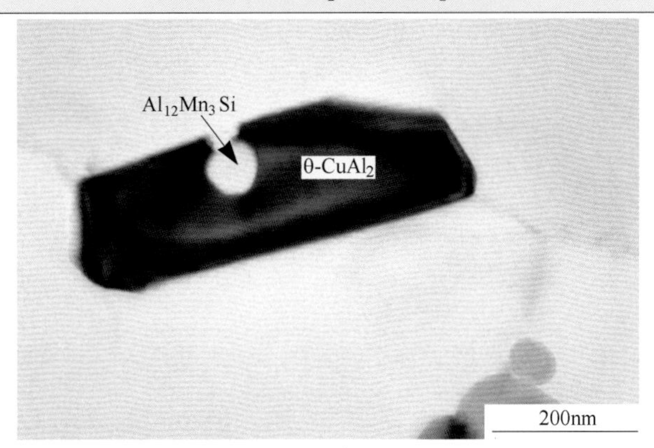

图 6　合金及状态：2A10-O 态

组织特征：条状 θ-$CuAl_2$ 相的形态，中间夹有 $Al_{12}Mn_3Si_7$ 相，$B=[011]_θ$

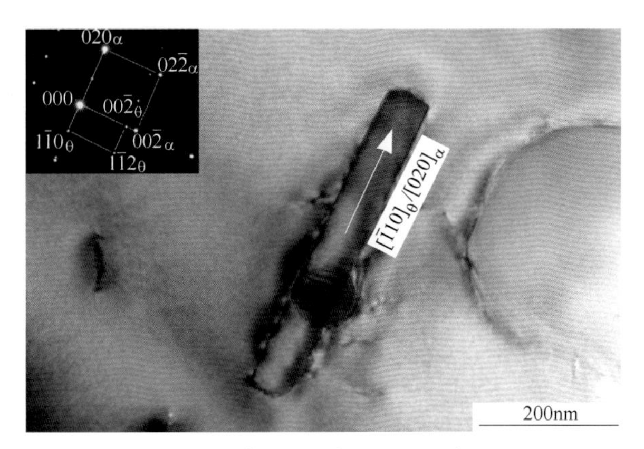

图 7　合金及状态：2A10-O 态

组织特征：棒状 θ-$CuAl_2$ 相的形态，轴线平行于 $[\bar{1}10]_θ/[020]_α$ 方向，

左上角插图为其选区电子衍射花样，$B=[110]_θ/[100]_α$

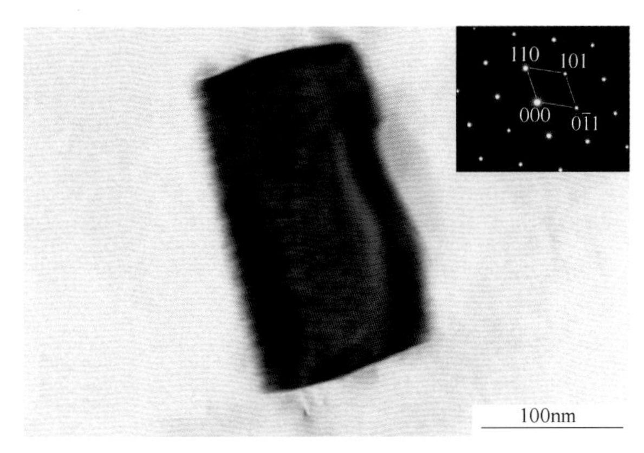

图 8　合金及状态：2A10-O 态

组织特征：短棒状 θ-$CuAl_2$ 相的形态，右上角插图为其电子衍射花样，$B=[\bar{1}11]_θ$

续表 2.5

不同位向下 θ'-$CuAl_2$ 和 θ-$CuAl_2$ 的形态

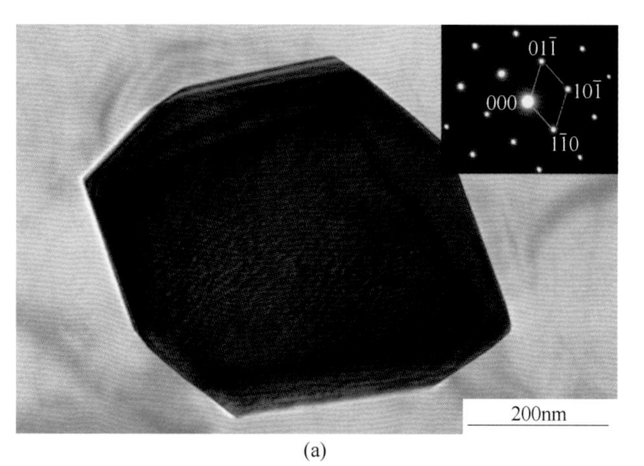

(a)

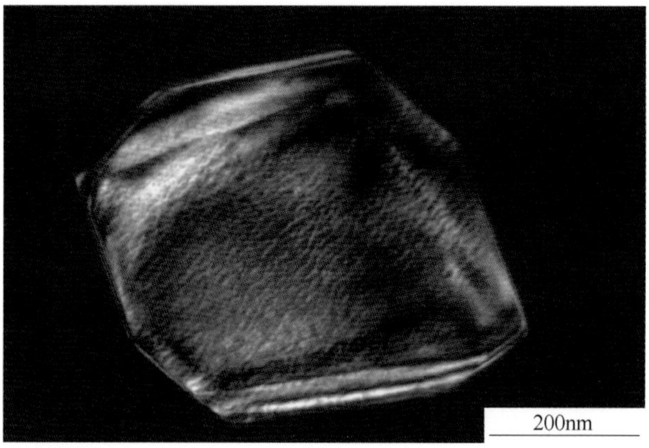

(b)

图 9　合金及状态：2219-O 态

组织特征：块状 θ-$CuAl_2$ 相的形态，多边形，轮廓清晰，似“横截面”；

（a）BF 像，右上角插图为其电子衍射花样，$B=[111]_{\theta}$；（b）DF 像

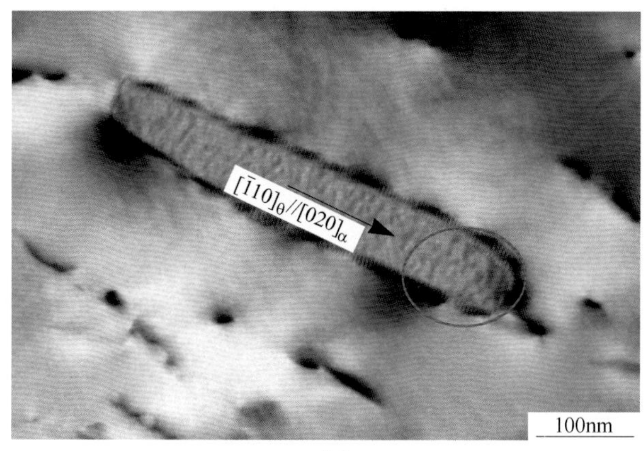

(a)

续表 2.5

不同位向下 θ'-$CuAl_2$ 和 θ-$CuAl_2$ 的形态

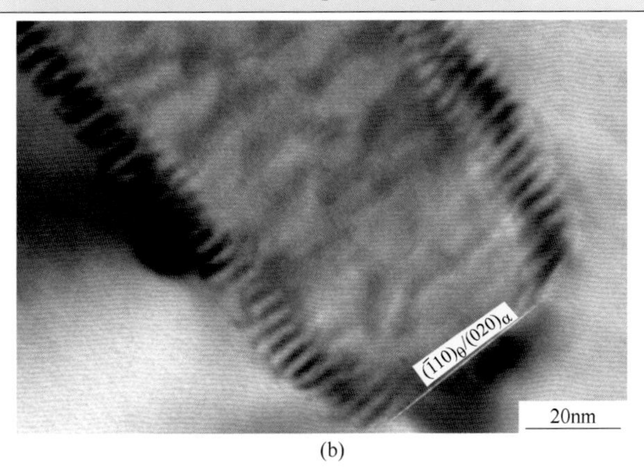

(b)

图 10　合金及状态：2A10-O 态

（a）组织特征：棒状 θ-$CuAl_2$ 相的形态，轴线平行于 $[\bar{1}10]_\theta/[020]_\alpha$ 方向；

（b）图(a)圆圈部位的放大像，端面平直“干净”，面指数为 $(\bar{1}10)_\theta/(020)_\alpha$

（因放大倍数变化，图（a）与图（b）约 30°的磁转角偏差）

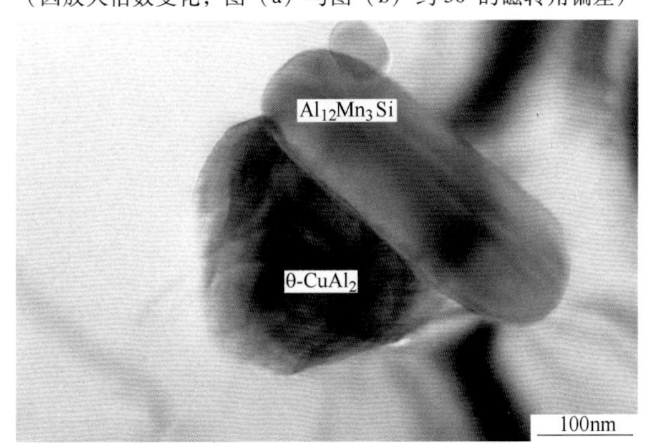

图 11　合金及状态：2A10-O 态

组织特征：块状 θ-$CuAl_2$ 相的形态，θ-$CuAl_2$ 相与 $Al_{12}Mn_3Si$ 相相伴而生，$B=[012]_\theta$

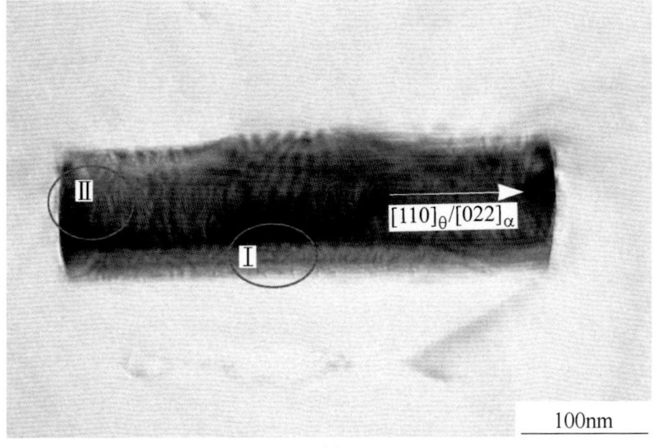

(a)

续表 2.5

不同位向下 θ′-$CuAl_2$ 和 θ-$CuAl_2$ 的形态
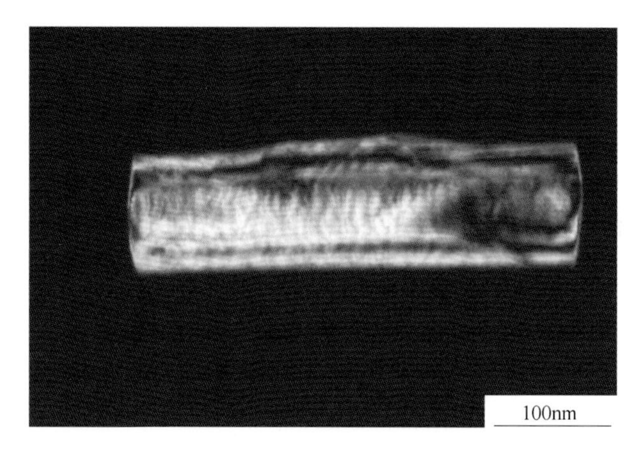 (b)
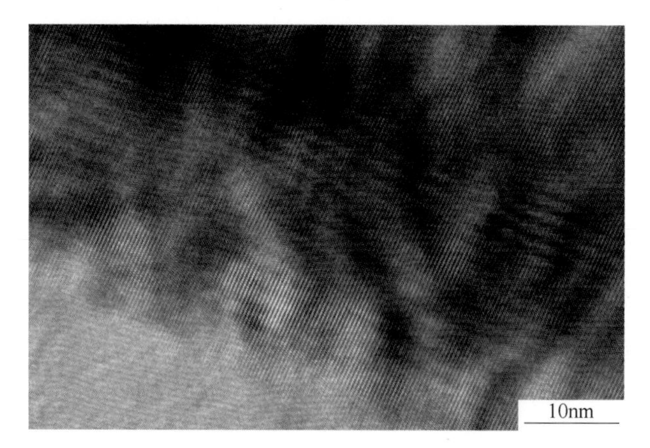 (c)
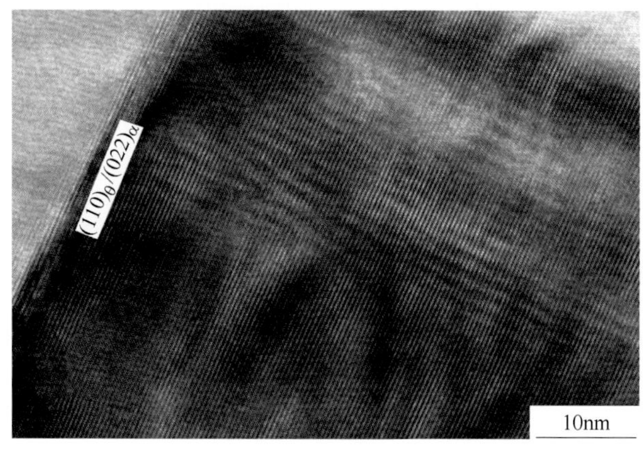 (d)

续表 2.5

不同位向下 θ'-$CuAl_2$ 和 θ-$CuAl_2$ 的形态

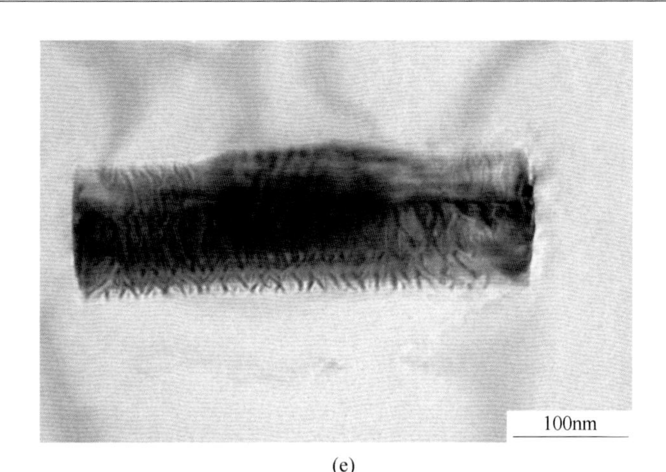

(e)

图 12　合金及状态：2A10-O 态

（a）组织特征：棒状 θ-$CuAl_2$ 相的形态，θ 相的轴线平行 $[110]_\theta/[022]_\alpha$，$B=[1\bar{1}3]_\theta$，明场像；

（b）图(a)的暗场像，$B=[1\bar{1}3]_\theta$，轴线平行于 $[110]_\theta/[022]_\alpha$；

（c）图(a)圆圈部位Ⅰ的高分辨像，$B=[\bar{1}13]_\theta$(图(a)与图(c)约 30°的磁转角偏差)；

（d）图(a)端面圆圈部位Ⅱ的高分辨像，$B=[1\bar{1}3]_\theta$ 端面指数为 $(110)_\theta/(022)_\alpha$；

（e）图(a)绕轴线 $[110]_\theta/[022]_\alpha$ 倾转约 11°后的棒状形态，电子束方向 $B=[1\bar{1}2]_\theta$

注：$B=[uvw]_\theta$ 表示电子束方向，即 θ-$CuAl_2$ 相的晶带轴，也即观察方向。

2.3.1.2　θ-CuAl₂ 相常见的电子衍射花样图谱

θ 相属于四方晶体结构，其晶面（hkl）的面间距 d 和晶面夹角 φ 的公式[8]如下：

$$\frac{1}{d^2}=\frac{h^2+k^2}{a^2}+\frac{l^2}{c^2} \tag{2.1}$$

$$\cos\varphi=\frac{\frac{1}{a^2}(h_1h_2+k_1k_2)+\frac{1}{c^2}l_1l_2}{\left\{\left[h_1^2+k_1^2+\left(\frac{a}{c}\right)^2l_1^2\right]\left[h_2^2+k_2^2+\left(\frac{a}{c}\right)^2l_2^2\right]\right\}^{\frac{1}{2}}} \tag{2.2}$$

式中，a、c 分别为 θ-$CuAl_2$ 相的点阵参数。

θ-$CuAl_2$ 相常见的低指数晶面（hkl）的面间距见表 2.6。

表 2.6　θ-CuAl₂ 相常见晶面的面间距

晶面（hkl）	晶面间距 d/nm	晶面（hkl）	晶面间距 d/nm
(110)	0.4290	(011)、(101)	0.3801
(111)	0.3221	(020)	0.3034

续表 2.6

晶面（*hkl*）	晶面间距 *d*/nm	晶面（*hkl*）	晶面间距 *d*/nm
(021)	0.2579	(002)	0.2438
(121)、(211)	0.2371	(112)	0.2120
(310)	0.1919	(221)	0.1963
(212)、(122)	0.1813	(311)、(131)	0.1785
(321)	0.1590	(103)、(013)	0.1570
(113)	0.1520	(312)、(132)	0.1507

图 2.11 所示为 θ-$CuAl_2$ 相［001］/(001）极射投影图，图中红色数字和红色实心小圆表示 θ 相晶向指数及其在极射投影图中的位置；蓝色数字和蓝色实心小圆表示 θ 相晶面指数及其在极射投影图中的位置。θ 相的相同指数晶面和晶向在极射投影图中不一定完全重合，仅当 θ 相晶向指数满足［*uv*0］型和晶面指数满足（*hk*0）型时，它们在极射投影图中的位置重合。

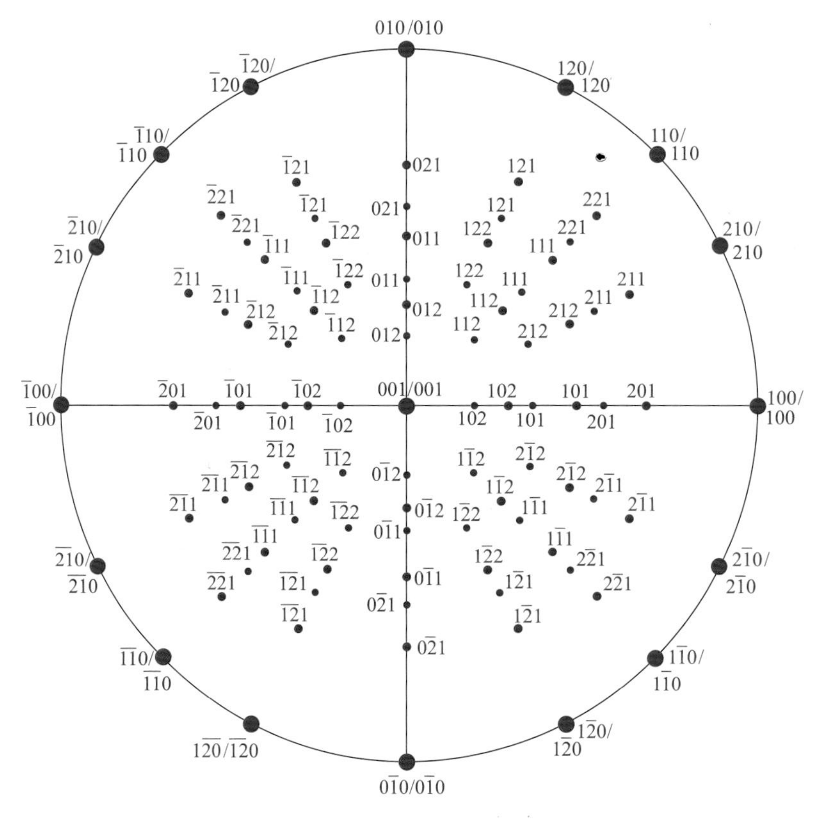

图 2.11　θ-$CuAl_2$ 相［001］/(001）极射投影图

表 2.7 为 θ-$CuAl_2$ 相常见低指数的晶带轴电子衍射花样图谱以及衍射花样中部分晶面之间的夹角。

表 2.7 θ-$CuAl_2$ 相常见的电子衍射花样图谱

电子衍射花样图

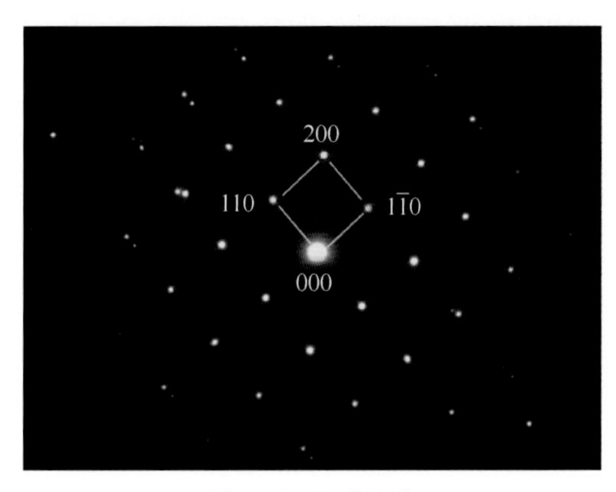

图1 $B=Z=[001]$

$(110)\hat{}(\bar{1}10)=90^\circ$，$(110)\hat{}(200)=45^\circ$

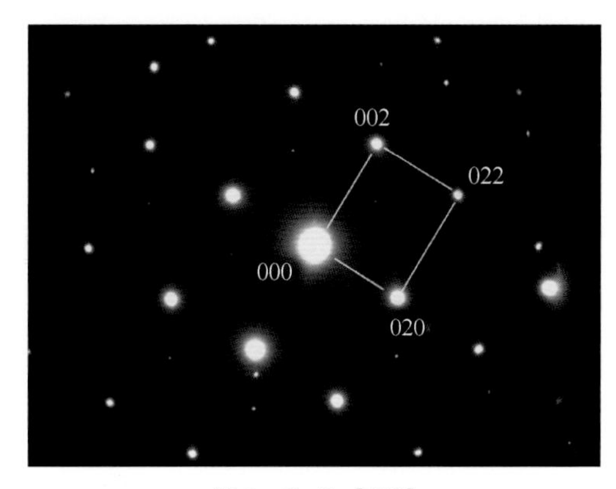

图2 $B=Z=[100]$

$(020)\hat{}(002)=90^\circ$，$(020)\hat{}(022)=51.20^\circ$

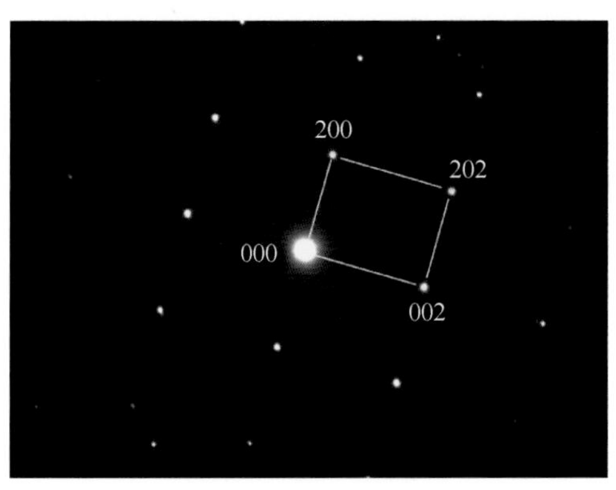

图3 $B=Z=[010]$

$(002)\hat{}(200)=90^\circ$，$(002)\hat{}(202)=38.79^\circ$

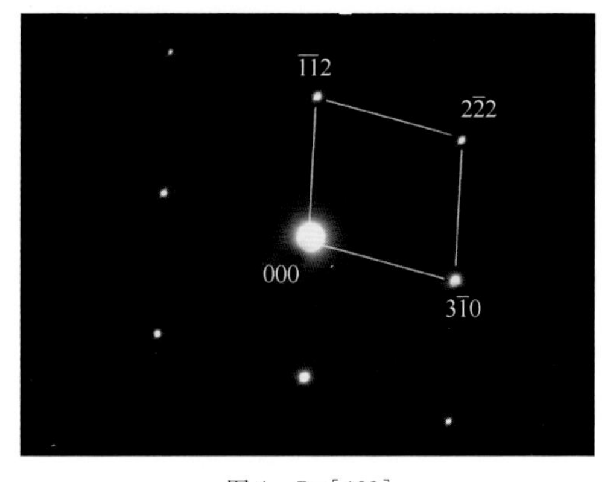

图4 $B=[132]$

$(\bar{1}\bar{1}2)\hat{}(3\bar{1}0)=102.77^\circ$，$(\bar{1}\bar{1}2)\hat{}(2\bar{2}2)=54.96^\circ$

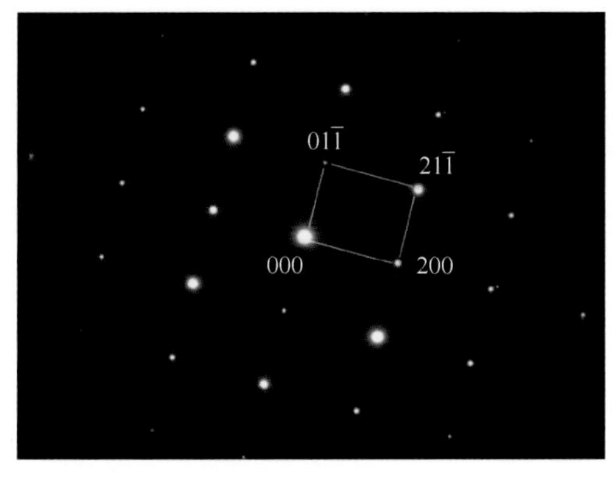

图5 $B=Z=[011]$

$(01\bar{1})\hat{}(200)=90^\circ$，$(01\bar{1})\hat{}(21\bar{1})=51.40^\circ$

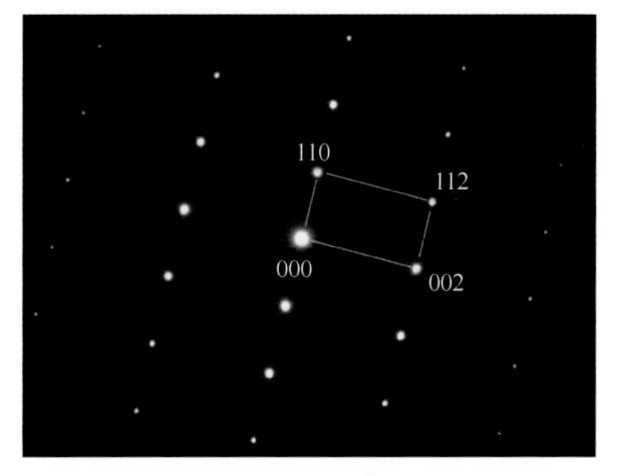

图6 $B=Z=[\bar{1}10]$

$(110)\hat{}(002)=90^\circ$，$(110)\hat{}(112)=60.39^\circ$

续表 2.7

电子衍射花样图

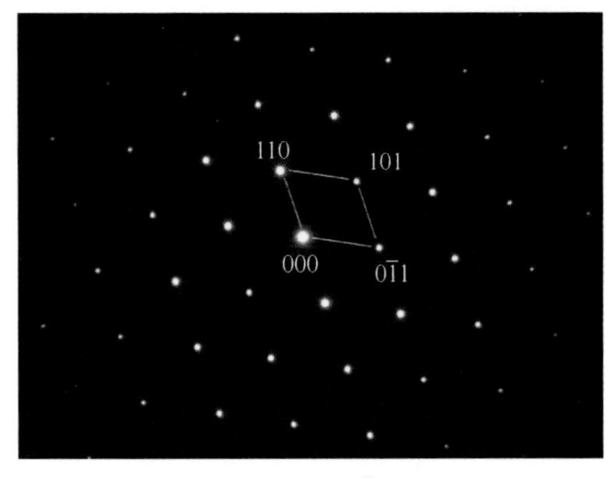

图 7 $B=Z=[\bar{1}11]$

(110)^$(0\bar{1}1)=116.30°$，(110)^$(101)=63.70°$

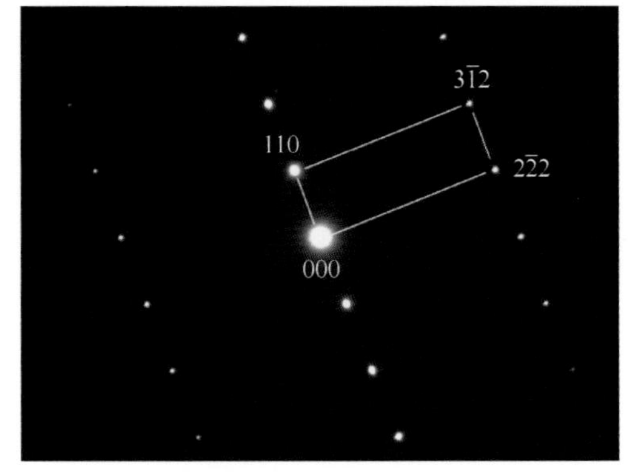

图 8 $B=Z=[\bar{1}12]$

(110)^$(2\bar{2}\bar{2})=90°$，(110)^$(3\bar{1}2)=69.42°$

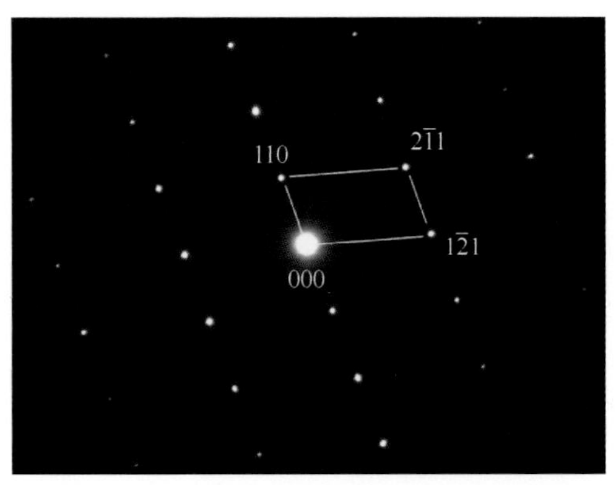

图 9 $B=Z=[\bar{1}13]$

(110)^$(1\bar{2}1)=106.04°$，(110)^$(2\bar{1}1)=73.96°$

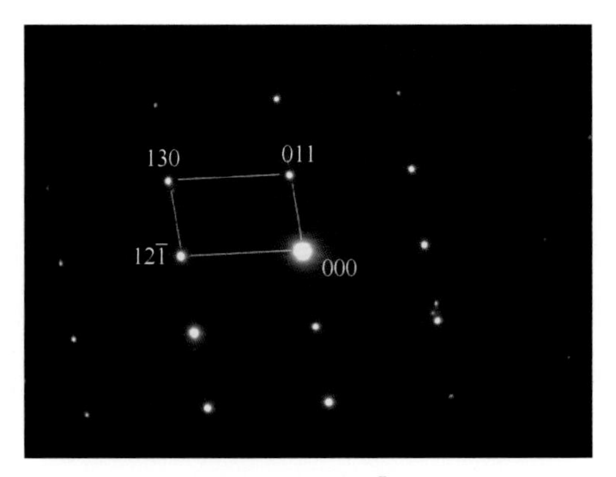

图 10 $B=Z=[3\bar{1}1]$

(011)^$(12\bar{1})=83.64°$，(011)^$(130)=53.53°$

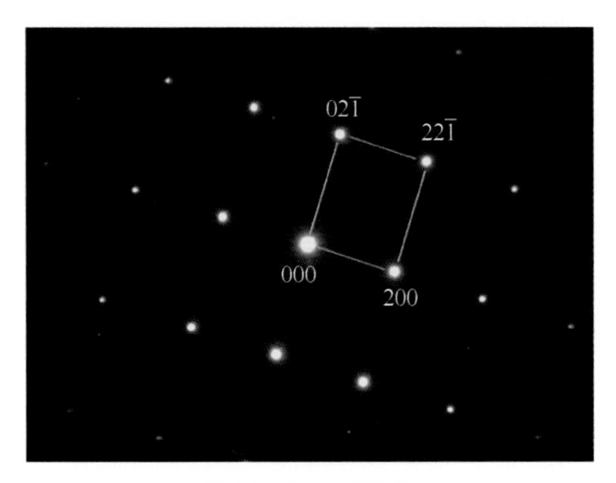

图 11 $B=Z=[012]$

$(02\bar{1})$^$(200)=90°$，$(02\bar{1})$^$(22\bar{1})=40.33°$

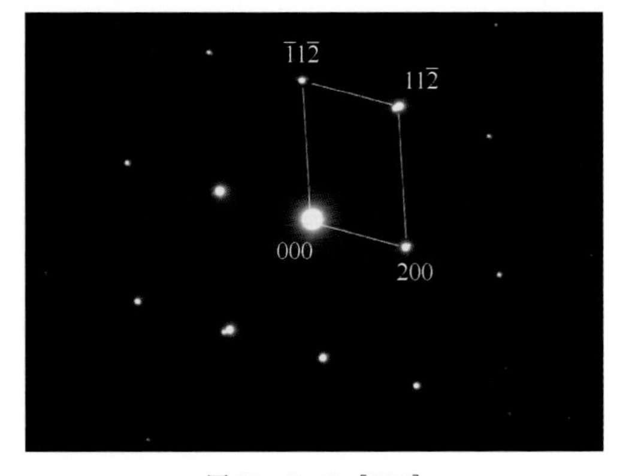

图 12 $B=Z=[021]$

(200)^$(\bar{1}1\bar{2})=110.45°$，$(200)$^$(11\bar{2})=69.55°$

续表 2.7

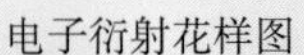

电子衍射花样图

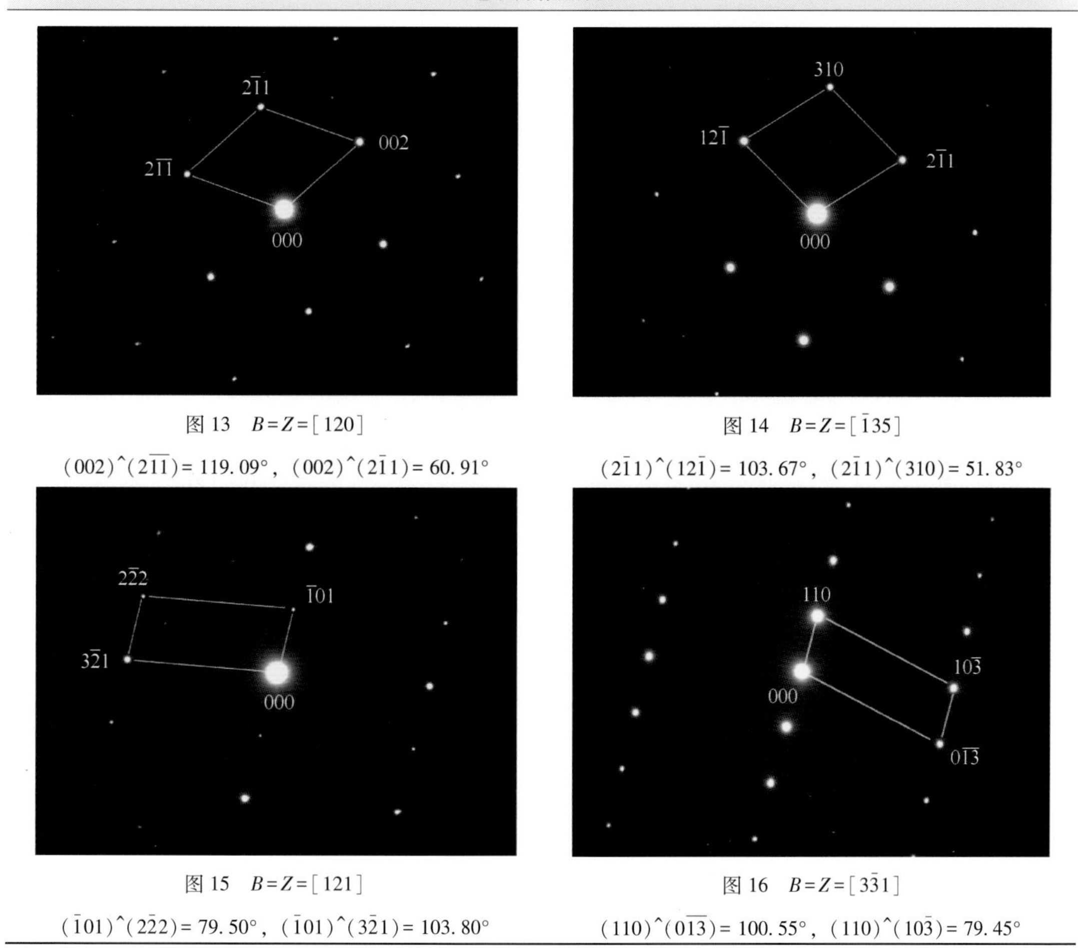

图 13 $B=Z=[120]$

(002)^$(2\bar{1}\bar{1})=119.09°$，$(002)$^$(2\bar{1}1)=60.91°$

图 14 $B=Z=[\bar{1}35]$

$(2\bar{1}1)$^$(12\bar{1})=103.67°$，$(2\bar{1}1)$^$(310)=51.83°$

图 15 $B=Z=[121]$

$(\bar{1}01)$^$(2\bar{2}2)=79.50°$，$(\bar{1}01)$^$(3\bar{2}1)=103.80°$

图 16 $B=Z=[3\bar{3}1]$

(110)^$(0\bar{1}\bar{3})=100.55°$，$(110)$^$(10\bar{3})=79.45°$

注：$B=Z=[uvw]$，即电子束方向 B 平行于晶带轴 $Z=[uvw]$，以下类同。

2.3.1.3 θ-$CuAl_2$ 相与母相 α-Al 之间的位向关系

两相之间的位向关系（orientation relationship，OR）通常用母相和生成相中一对平行晶面和平行晶面中一对平行晶向来描述。Bonnet[9] 总结了 θ 相与母相 α-Al 之间至少有 22 种位向关系，其中最常见的是片状 θ 相平行于 α-Al 的 $\langle 001\rangle_{\alpha}$ 方向生长，而棒状的 θ 相平行于 α-Al 的 $\langle 110\rangle_{\alpha}$ 方向生长[7,9]。

图 2.12（a）所示为 2A10 合金退火组织中 θ-$CuAl_2$ 相在［110］位向下的形态，其轴线平行于$[\bar{1}10]_{\theta}/\!/[020]_{\alpha}$（图中箭头所示）；图 2.12（b）是该 θ-$CuAl_2$ 相与母相 α-Al 之间的复合选区电子衍射花样，θ 相的 $[110]_{\theta}$ 晶带轴平行于 α-Al 的 $[100]_{\alpha}$ 晶带轴，θ 相的 $(002)_{\theta}$ 和 $(1\bar{1}0)_{\theta}$ 衍射矢量分别平行于 α-Al 的 $(002)_{\alpha}$ 和 $(020)_{\alpha}$ 衍射矢量，两者的位向关系可描述为：

$$\text{OR-I}: [110]_{\theta}/\!/[100]_{\alpha},\ (\bar{1}10)_{\theta}/\!/(020)_{\alpha},\ (002)_{\theta}/\!/(002)_{\alpha}$$

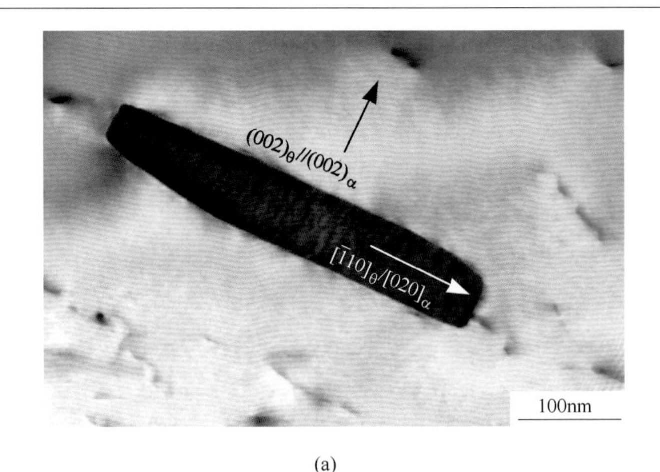

(a)

(b)

图 2.12　2A10 合金退火组织

(a) θ-$CuAl_2$ 相在［110］位向下的形态；(b) SADP，$B=Z=[110]_{\theta}//[100]_{\alpha}$

图 2.13 所示为 OR-Ⅰ位向关系的复合极射投影图，中心为 $[110]_{\theta}//[100]_{\alpha}$，图中红色数字和红色实心小圆表示 θ-$CuAl_2$ 相晶向指数及其在极射投影图中的位置；蓝色数字和蓝色实心小圆表示母相 α-Al 的晶向指数及其在极射投影图中的位置。在极射投影图的 $(002)_{\theta}/(002)_{\alpha}$ 迹线上（大圆的纵向直径），表明 θ 相与母相 α-Al 之间出现 12 个晶向位置重合，用黑色字体 A、B、C 和 D 标注，它们实际上是 θ 相的 12 个等效变体，属于 4 个不同的晶带轴，因此与 OR-Ⅰ等效的其他 3 种位向关系可描述为：

$$\text{OR-Ⅰ A}: \langle 120\rangle_{\theta} // \langle 130\rangle_{\alpha}, \{2\bar{1}0\}_{\theta} // \{3\bar{1}0\}_{\alpha}$$

$$\text{OR-Ⅰ B}: \langle 130\rangle_{\theta} // \langle 120\rangle_{\alpha}, \{3\bar{1}0\}_{\theta} // \{2\bar{1}0\}_{\alpha}$$

$$\text{OR-Ⅰ C}: \langle 010\rangle_{\theta} // \langle 110\rangle_{\alpha}, \{100\}_{\theta} // \{1\bar{1}0\}_{\alpha}$$

此外，图 2.13 中 θ-$CuAl_2$ 相与 α-Al 相还出现部分近似重合或相互靠近的区域，用黑色椭圆表示，表明两者之间仍存在部分近似的位向关系，且与 OR-I等效，如：$\langle 111\rangle_{\theta}/\langle 201\rangle_{a}$，$\{\bar{1}10\}_{\theta}//\{010\}_{\alpha}$。

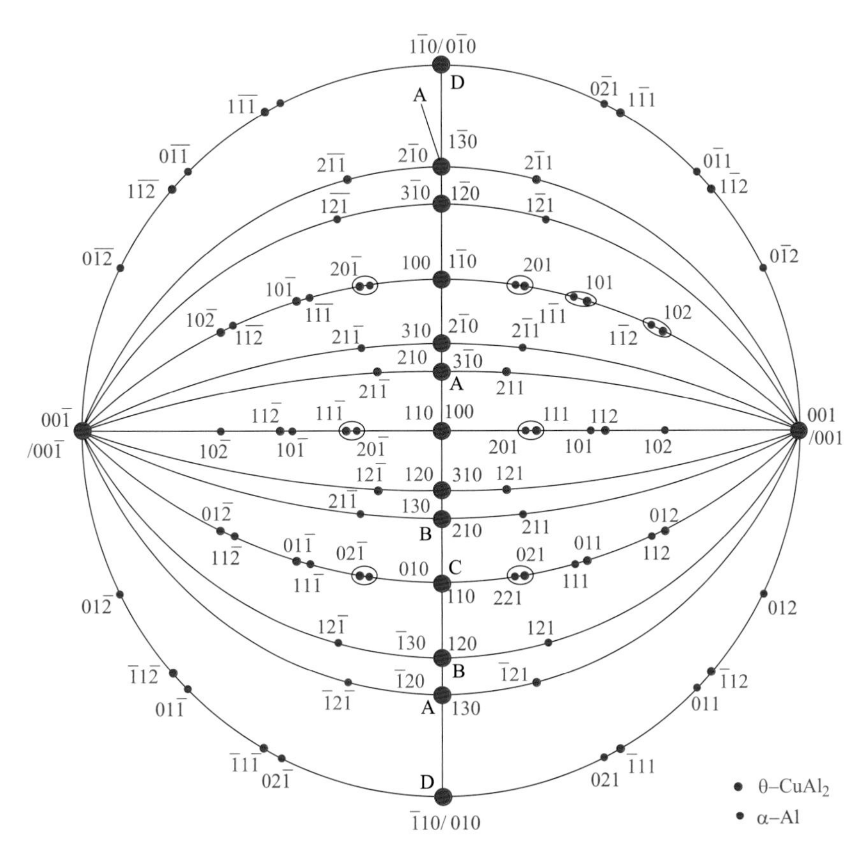

图 2.13 OR-Ⅰ的复合极射投影图

图 2.14 所示为 2A10 合金退火组织中 θ-$CuAl_2$ 相在［$1\bar{1}3$］位向下的棒状形态，其轴线平行于$[110]_\theta /\!/ [022]_\alpha$（如箭头所示）；图 2.14（b）是该 θ-$CuAl_2$ 相与母相 α-Al 之间复合选区电子衍射花样，θ 相的$[1\bar{1}3]_\theta$晶带轴平行于 α-Al 的［100］$_\alpha$ 晶带轴，θ 相的（110）$_\theta$ 衍射矢量平行于母相 α-Al 的（022）$_\alpha$ 衍射矢量，两者的位向关系可描述为：

$$\text{OR-Ⅱ}：[1\bar{1}3]_\theta /\!/ [100]_\alpha，(110)_\theta /\!/ (022)_\alpha$$

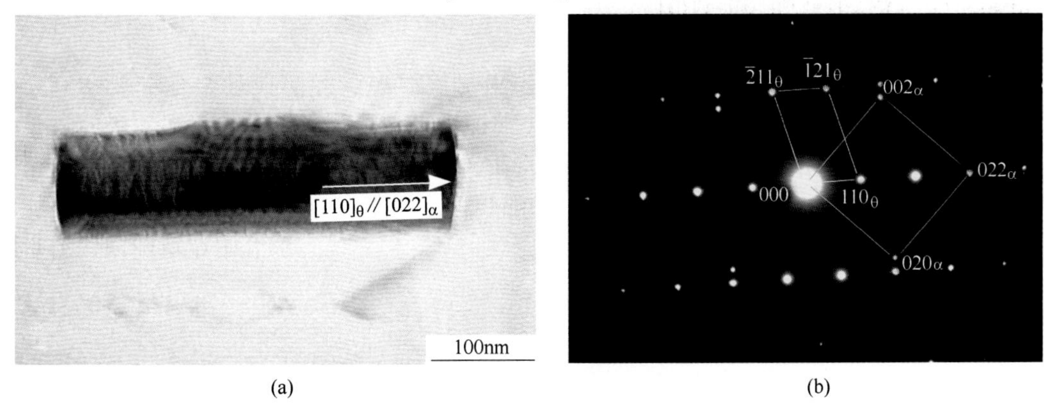

(a) (b)

图 2.14 2A10 合金退火组织

（a）θ-$CuAl_2$ 相在［$1\bar{1}3$］$_\theta$ 位向下的形态；（b）SADP，$B=[1\bar{1}3]_\theta /\!/ [100]_\alpha$

图 2.15 是 OR-Ⅱ的复合极射投影图，中心为 $[1\bar{1}3]_{\theta}//[100]_{\alpha}$，图中 θ-$CuAl_2$ 相和母相 α-Al 有部分近似重合的区域，用黑色椭圆和字母 E、F 表示，表明两者之间也存在部分近似的位向关系，与 OR-Ⅱ等效，如：

$$\text{OR-ⅡE}:[1\bar{1}\bar{1}]_{\theta}/[01\bar{1}]_{\alpha},\ (110)_{\theta}//(022)_{\alpha}$$

$$\text{OR-ⅡF}:[\bar{1}12]_{\theta}/[1\bar{2}2]_{\alpha},\ (110)_{\theta}//(022)_{\alpha}$$

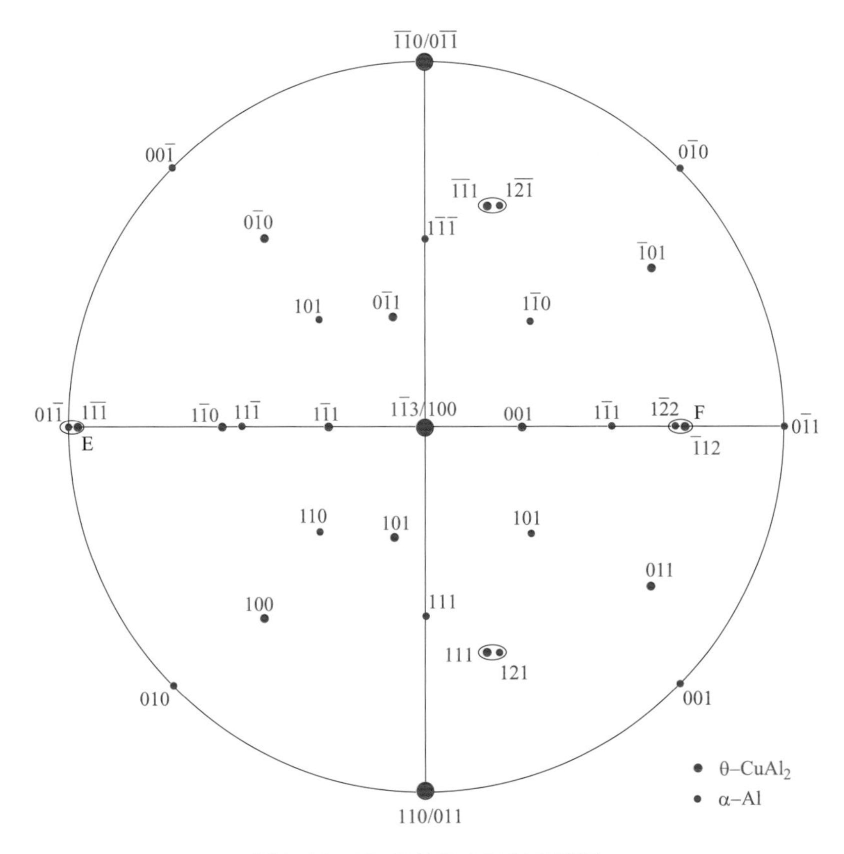

图 2.15 OR-Ⅱ的复合极射投影图

综上所述，θ-$CuAl_2$ 相和母相 α-Al 之间的位向关系具有多样性。

2.3.2 S-Al_2CuMg 相

2.3.2.1 S-Al_2CuMg 相的晶体结构及形态

S 相是中等 Mg 含量（或低 Cu/Mg 比）的 2×××系铝合金主要时效析出相，化学成分为 Al_2CuMg。关于 S 相时效过程中演变序列亚稳相的存在及其晶体结构有较大的分歧和争议。目前广泛接受的 S-Al_2CuMg 相时效析出序列为：α 过饱和固溶体→ Cu-Mg 原子团聚集区或 GPB zones→ S″(GPBⅡ 区，圆柱状，共格)→ S′相（针状或板条状，共格或半共格）→ S 相。因此 S″和 S′相是 2×××系铝合金时效过程中的过渡亚稳相，稳定相为S-Al_2CuMg相。

针对 S″相的晶体结构有大量的文献报道[10~15]，但对于 S″相的结构是否存在仍有争议[12,13]，也没有充分的证据证明 GPB Ⅱ 区的存在。

1943 年 Perlitz 和 Westgren 用 X 射线衍射提出了最认可的 S 相晶体结构模型[16]，如图 2.16（a）所示，空间群为 *Cmcm*，体心正交晶系，单位晶胞有 16 个原子，点阵参数 $a=0.400\mathrm{nm}$，$b=0.923\mathrm{nm}$，$c=0.714\mathrm{nm}$，后来该结构模型被称为 PW 模型[16]。图 2.16（b）所示为 Mondolfo 提出的 S′相晶体结构示意图[17]，S′相的成分和结构近似于 S 相，点阵参数与 S 相稍有偏差：$a=0.400\mathrm{nm}$，$b=0.925\mathrm{nm}$，$c=0.718\mathrm{nm}$。S′相作为平衡相 S 相的前驱体，与 α-Al 基体呈半共格关系，时效过程中主要在位错处或原子团簇处呈板条状析出[18,19]。一些学者[12,20,21]因此认为 S′相与 S 相特征的相似性，不足以将 S′相与 S 相区分为两种相。另有学者不再对两者进行区分，只是通过错配度来区分 S′相与 S 相[20]。

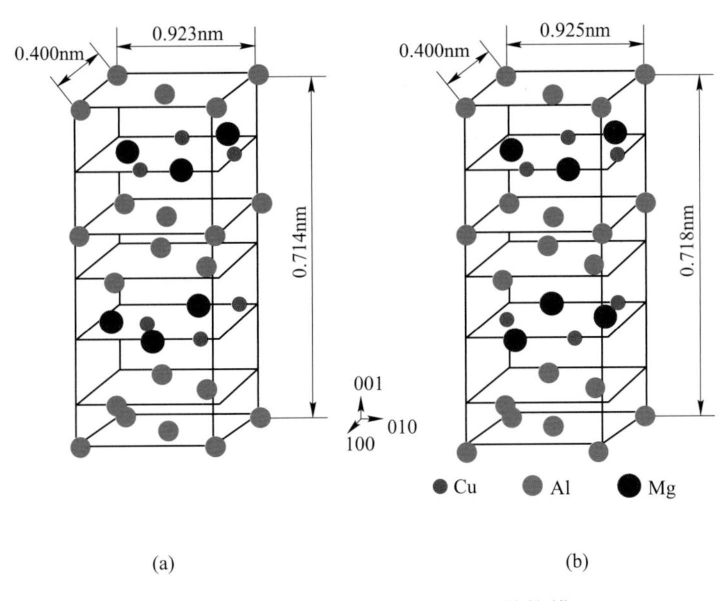

图 2.16　S 相(a)和 S′相(b)的晶胞结构模型

S 相通常为棒状（或短棒状）和板条状，它的形貌与多种因素有关，如 Cu+Mg 的含量会影响它的形态[22]，当 Cu+Mg 含量较高（3.72%）时，S 相为板条状；当 Cu+Mg 含量较低（2.32%）时，S 相为短棒状。S 相形核位置有 3 种：一是在基体内部上均匀形核，二是依附或被依附其他相形核，三是在缺陷、位错或位错环处形核。若在晶界生成，形状不规则，尺寸较大，约 0.1～0.5μm；若在晶内生成，棒状或块状的 S 相尺寸也较大，约 0.1～0.5μm；板条状的 S 相尺寸较小，小于约 0.1μm。由于沿 $[100]_S$（平行于 $\langle 100\rangle_{Al}$ 方向）的板条 S 相与 Al 基体的晶格错配度最小，因此 S 相通常沿 $\langle 100\rangle_{Al}$ 方向优先生长，因此这个方向的尺寸相对另两个方向最大；而沿另外两个方向（沿 $[010]_S$ 方向和沿 $[001]_S$ 方向）错配度较大，因而尺寸较小。另外在基体中独立析出的 S 相有时很容易以 zigzag 的方式排列，形成许多长纤维状的 S 相。

图 2.17（a）所示为 2A12 合金经 495℃固溶+190℃时效 10h 后的形态，右上角插图是其电子衍射花样，图中两种板条状析出相投影 1 和 2 沿互相垂直的两个方向排列分布，另一种“一”字形的 S 相 3 的高分辨像如图 2.17（b）所示；图 2.17（c）是图 2.17（a）中 S 相的能量色散谱，由 Al、Cu 和 Mg 元素组成，其元素成分比与化学分子式 Al_2CuMg 相似。

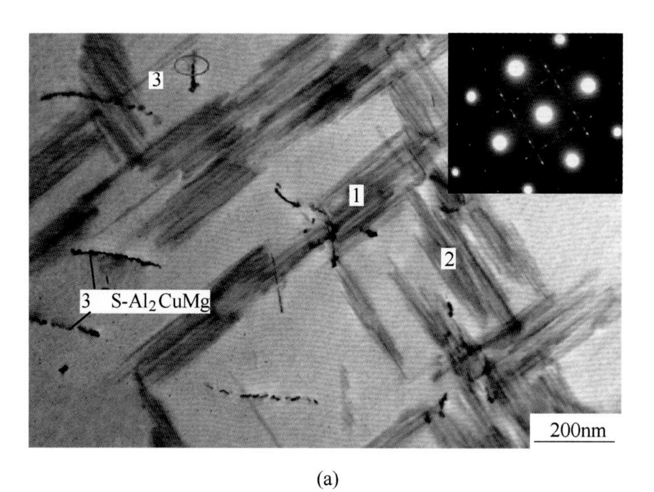

(a)

5nm

(b)

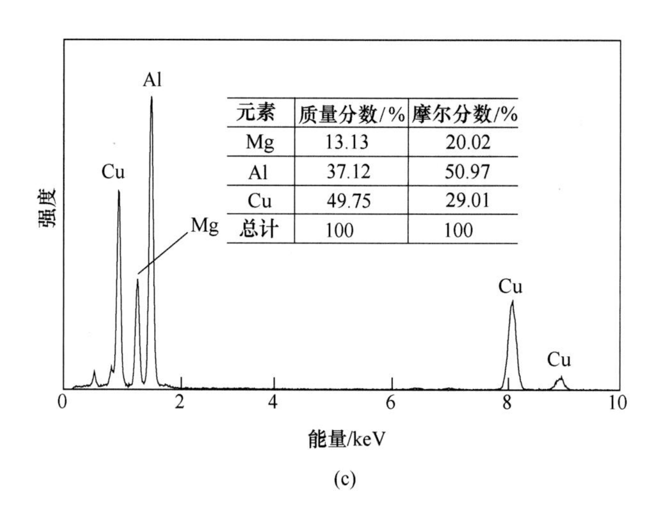

元素	质量分数/%	摩尔分数/%
Mg	13.13	20.02
Al	37.12	50.97
Cu	49.75	29.01
总计	100	100

(c)

图 2.17　2A12 合金组织

(a) 495℃固溶处理+190℃时效 10h 的形态；(b) 区域 3 的放大像；(c) S-Al_2CuMg 相能量色散谱

表 2.8 列出了 2×××系合金中 S-Al_2CuMg 相在不同位向下的形态。

表 2.8　S-Al_2CuMg 相在不同位向下的形态

不同位向下 S 相的形态

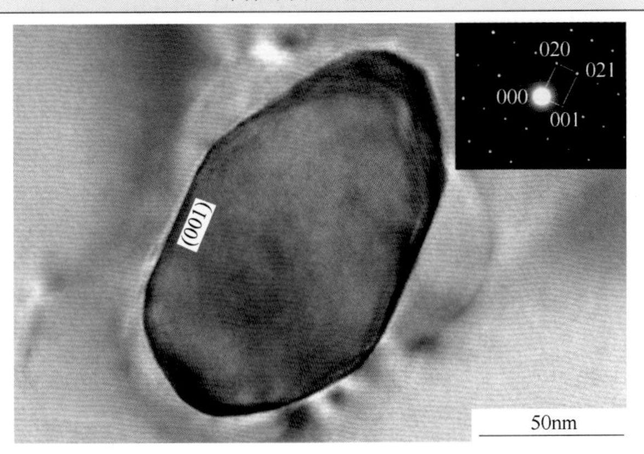

图 1　合金及状态：2A12-R 态

组织特征：块状 S-Al_2CuMg 相的形态，右上角插图为其电子衍射花样，$B=[100]_S$

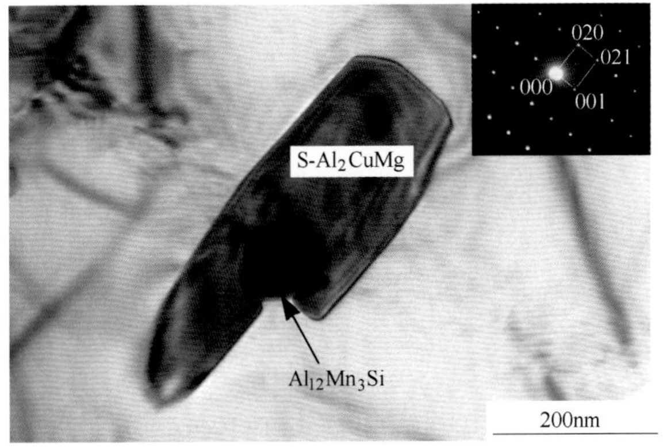

图 2　合金及状态：2A04-O 态

组织特征：短棒状 S-Al_2CuMg 相的形态，中间夹有 $Al_{12}Mn_3Si$ 相，

两者相伴而生，右上角插图为其电子衍射花样，$B=[100]_S$

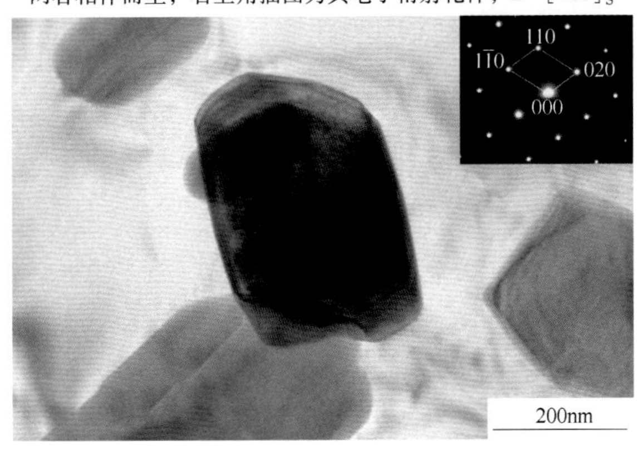

图 3　合金及状态：2A12-O 态

组织特征：块状 S-Al_2CuMg 相的形态，右上角插图为其电子衍射花样，$B=[100]_S$

续表 2.8

不同位向下 S 相的形态

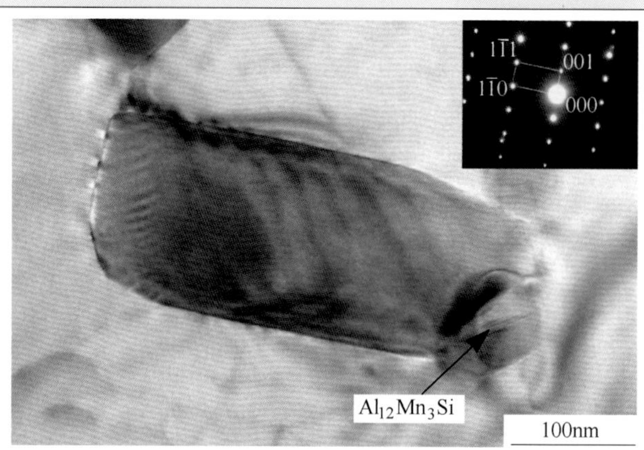

图 4　合金及状态：2A12-O 态

组织特征：短棒状 S-Al_2CuMg 相的形态，右上角插图为其电子衍射花样，$B=[110]_S$

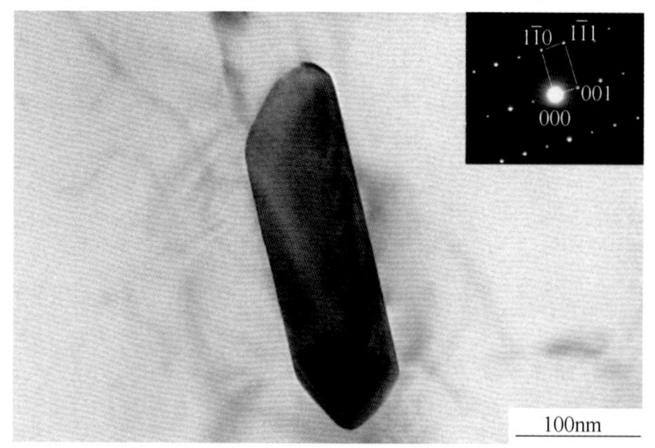

图 5　合金及状态：2A12-R 态

组织特征：短棒状 S-Al_2CuMg 的形态，右上角插图为其电子衍射花样，$B=[110]_S$

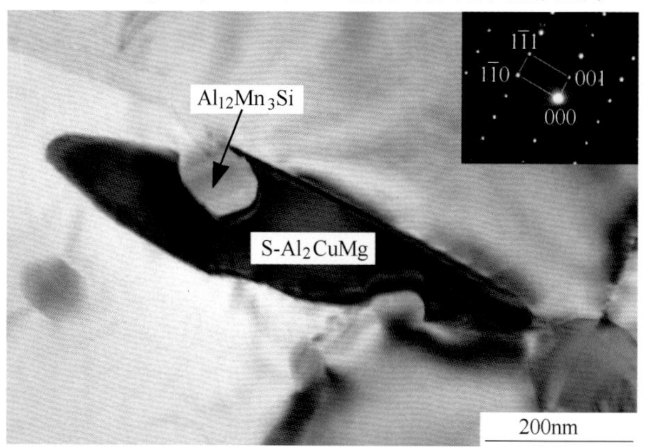

图 6　合金及状态：2A04-O 态

组织特征：棒状 S-Al_2CuMg 相的形态，中间夹有 $Al_{12}Mn_3Si$ 相，两者相伴而生，

右上角插图为其电子衍射花样，$B=[110]_S$

续表 2.8

不同位向下 S 相的形态

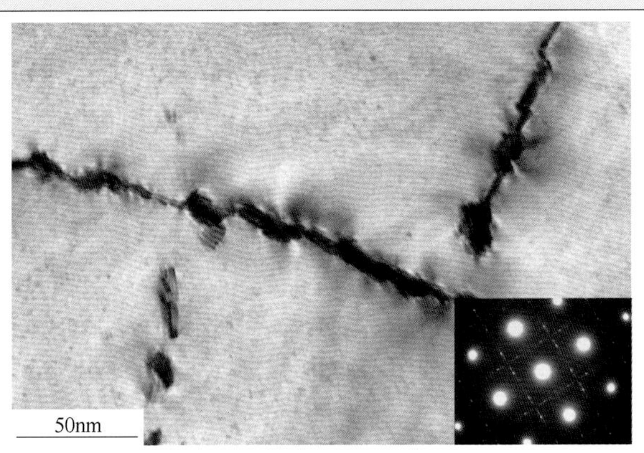

图 7　合金及状态：2A12-T6 态

组织特征：时效析出相 S-Al_2CuMg 的板条状形态，右下角插图为其与基体 α-Al 的 SADP，$B=[100]_\alpha$

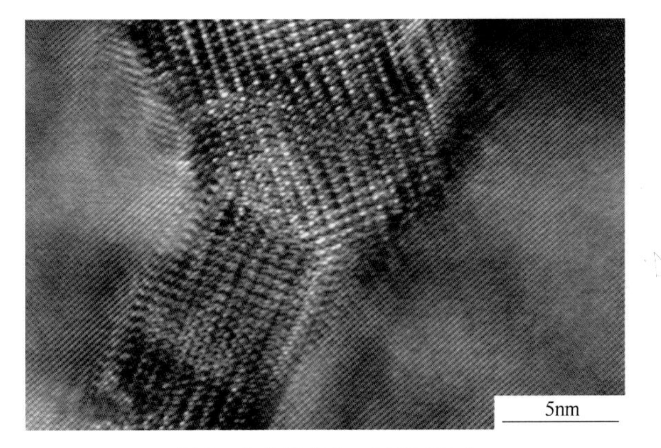

图 8　合金及状态：2A12-T6 态

组织特征：板条状时效析出相 S-Al_2CuMg 的高分辨像，$B=[100]_\alpha$

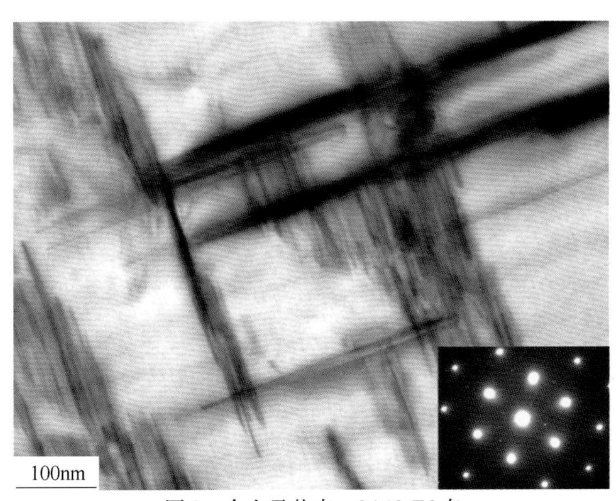

图 9　合金及状态：2A12-T6 态

组织特征：时效析出相 S-Al_2CuMg 的板条状形态，右下角插图为其与基体 α-Al 的 SADP，$B=[110]_\alpha$

续表 2.8

不同位向下 S 相的形态

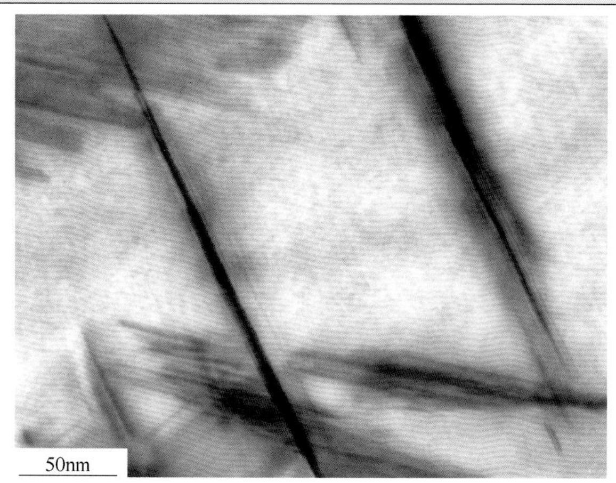

图 10　合金及状态：2A12-T6 态

组织特征：时效析出相 S-Al_2CuMg 的板条状形态，$B=[112]_\alpha$

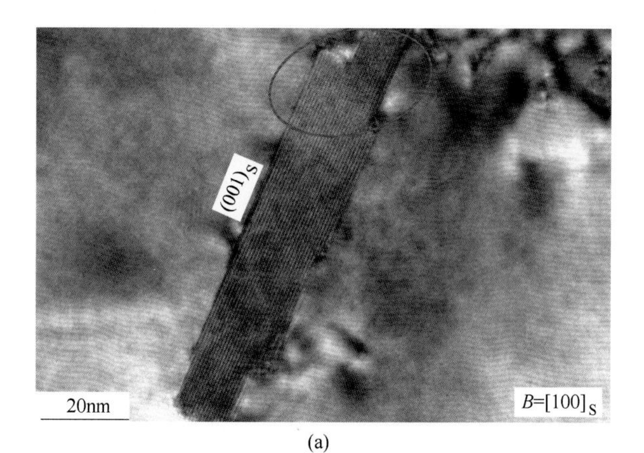

(a)

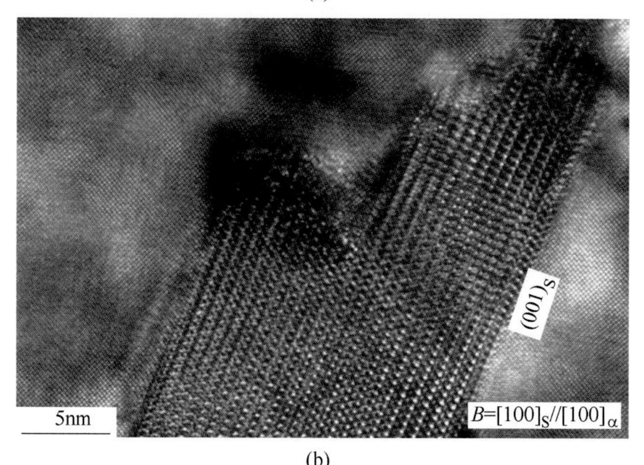

(b)

图 11　合金及状态：2A04-R 态（热轧）

（a）组织特征：板条状 S-Al_2CuMg 相的形态，长边的界面指数为（001）$_S$，其上出现台阶；

（b）图(a)圆圈部位的放大像，界面指数（001）$_S$

续表 2.8

不同位向下 S 相的形态

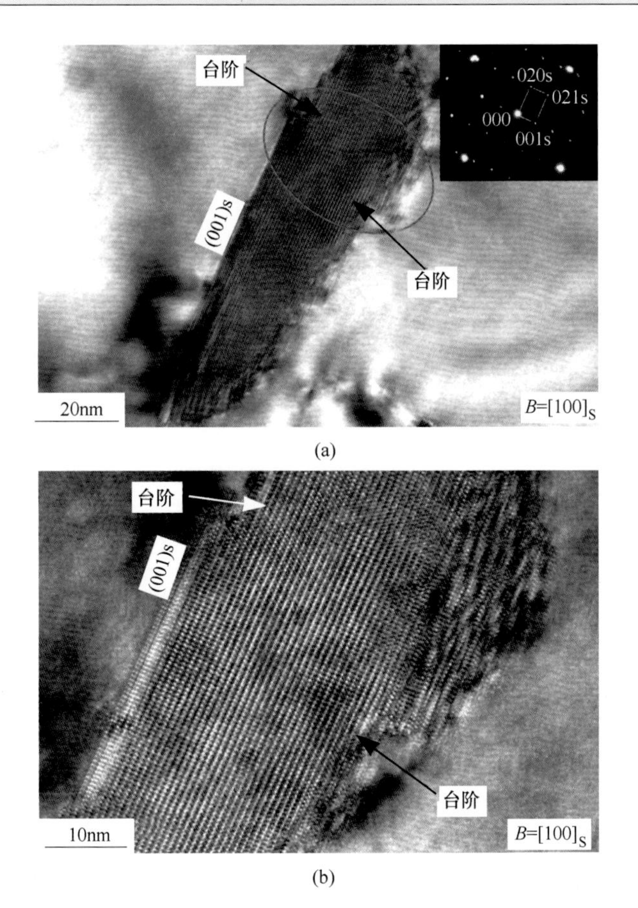

(a)

(b)

图 12　合金及状态：2A04-R 态（热轧）

（a）组织特征：板条状 S-Al_2CuMg 相的形态，长边的界面指数为（001）$_S$，其上出现台阶，右上角插图为其电子衍射花样；（b）图(a)圆圈部位的放大像，显示板条状 S 相的晶格条纹

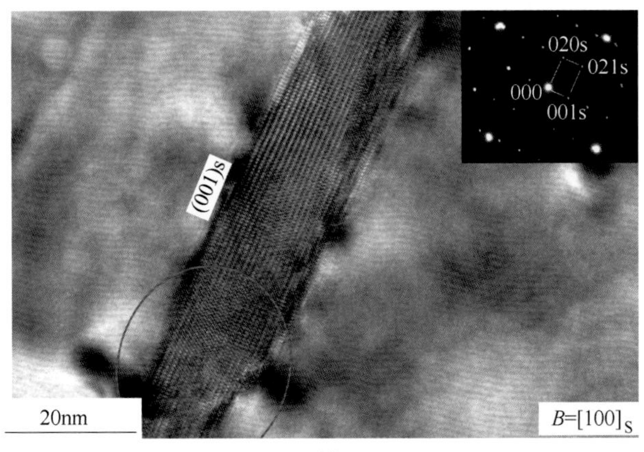

(a)

续表 2.8

不同位向下 S 相的形态

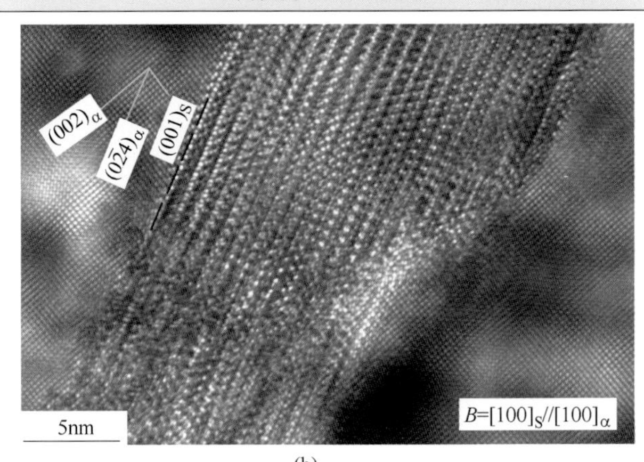

(b)

图 13　合金及状态：2A04-R 态

（a）组织特征：板条状 S-Al_2CuMg 相的形态，长边的界面指数为（001）$_S$，其上出现台阶，右上角插图为其电子衍射花样；（b）图(a)圆圈部位的放大像，板条状 S 相的界面（001）$_S$ 与 α-Al 基体的（$0\bar{1}2$）$_α$ 平行

注：$B=[uvw]_S$ 表示电子束方向，即 S-Al_2CuMg 相的晶带轴，也即观察方向。

2.3.2.2　S-Al_2CuMg 相常见的电子衍射花样图谱

S-Al_2CuMg 相属于正交晶体结构，其晶面（hkl）的面间距 d 和晶面夹角 φ 的公式[8]为：

$$\frac{1}{d^2}=\frac{1}{a^2}h^2+\frac{1}{b^2}k^2+\frac{1}{c^2}l^2 \tag{2.3}$$

$$\cos\varphi=\frac{\frac{1}{a^2}h_1h_2+\frac{1}{b^2}k_1k_2+\frac{1}{c^2}l_1l_2}{\left[\left(\frac{1}{a^2}h_1^2+\frac{1}{b^2}k_1^2+\frac{1}{c^2}l_1^2\right)\left(\frac{1}{a^2}h_2^2+\frac{1}{b^2}k_2^2+\frac{1}{c^2}l_2^2\right)\right]^{\frac{1}{2}}} \tag{2.4}$$

式中，a、b、c 为 S-Al_2CuMg 相的点阵参数。

S-Al_2CuMg 相常见的低指数晶面的面间距见表 2.9。

表 2.9　S-Al_2CuMg 相常见晶面的面间距

晶面（hkl）	晶面间距 d/nm	晶面（hkl）	晶面间距 d/nm
(001)	0.714	(011)	0.5647
(020)	0.4618	(021)	0.3876
(110)	0.3670	(101)	0.3489
(111)	0.3264	(022)	0.2823
(121)	0.2783	(112)	0.2559
(130)	0.2438	(131)	0.2308
(041)	0.2196	(132)	0.2014
(200)	0.2000	(201)	0.1926
(113)	0.1997	(211)	0.1885
(123)	0.1870	(221)	0.1777

图 2.18 所示为 S-Al_2CuMg 相［001］/(001) 极射投影图，图中红色数字和红色实心小圆表示 S-Al_2CuMg 相晶向指数及其在极射投影图中的位置；蓝色数字和蓝色实心小圆表示 S-Al_2CuMg 相晶面指数及其在极射投影图中的位置。S-Al_2CuMg 相的相同指数晶面和晶向在极射投影图中不一定重合，仅当晶向指数为〈100〉型、晶面指数为｛100｝型时，它们在极射投影图中的位置重合。

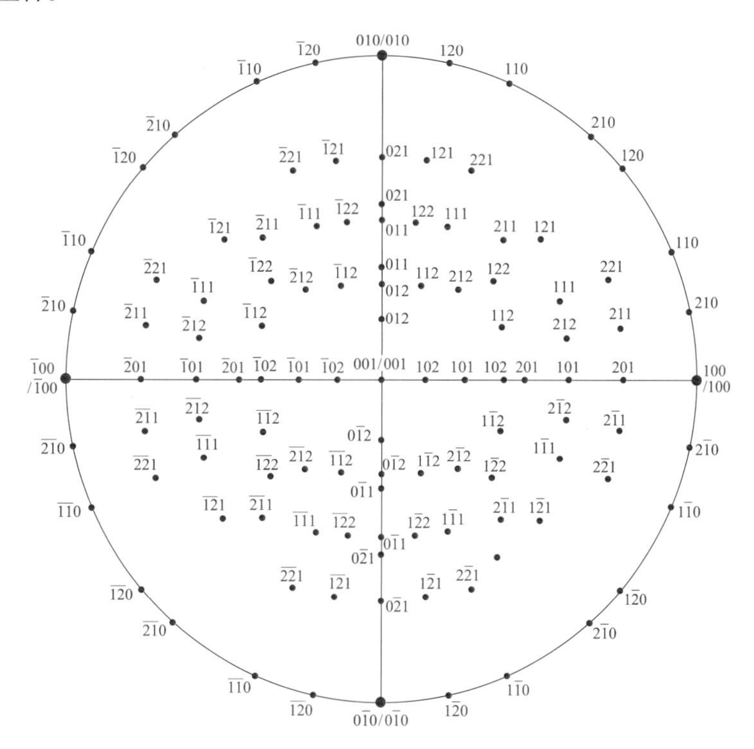

图 2.18　S-Al_2CuMg 相［001］/(001) 极射投影图

表 2.10 列出了 S-Al_2CuMg 相常见低指数晶带轴的电子衍射花样图谱及衍射花样中部分晶面之间的夹角。

表 2.10　S-Al_2CuMg 相常见的电子衍射花样图谱

电子衍射花样图

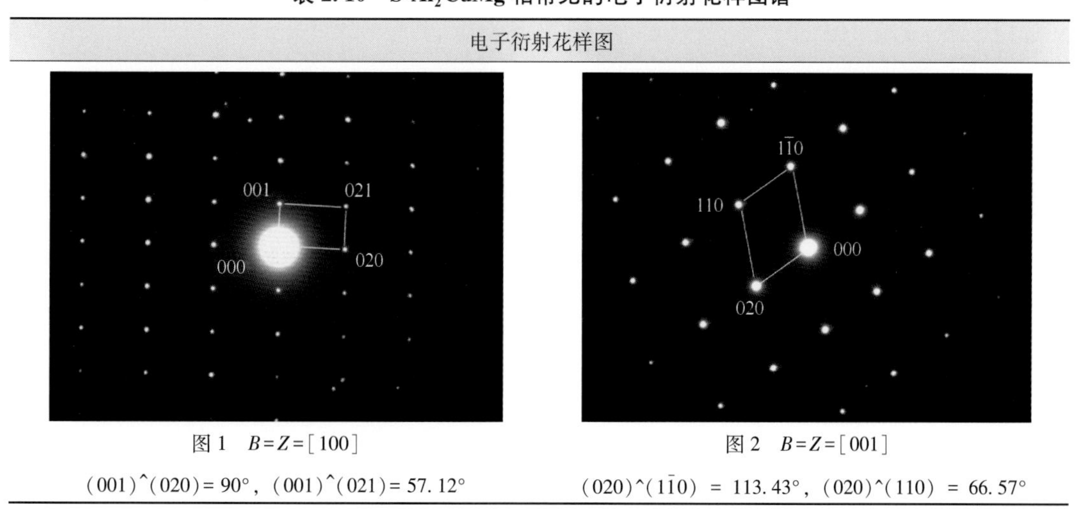

图 1　$B=Z=[100]$	图 2　$B=Z=[001]$
$(001)\hat{}(020)=90°$，$(001)\hat{}(021)=57.12°$	$(020)\hat{}(1\bar{1}0)=113.43°$，$(020)\hat{}(110)=66.57°$

续表 2.10

电子衍射花样图	
 图 3 $B=Z=[010]$ $(001)\hat{}(200)=90°$，$(001)\hat{}(201)=74.35°$	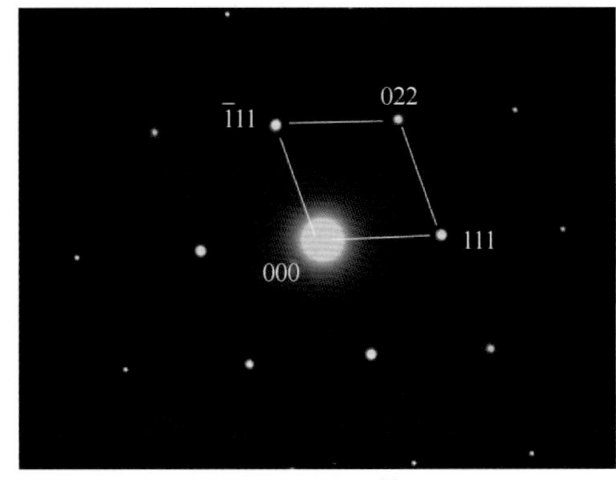 图 4 $B=Z=[0\bar{1}1]$ $(111)\hat{}(\bar{1}11)=109.38°$，$(111)\hat{}(022)=54.69°$
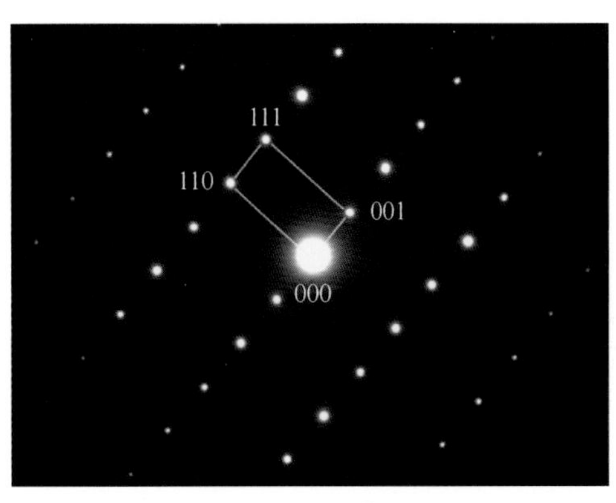 图 5 $B=Z=[\bar{1}10]$ $(001)\hat{}(110)=90°$，$(001)\hat{}(111)=62.80°$	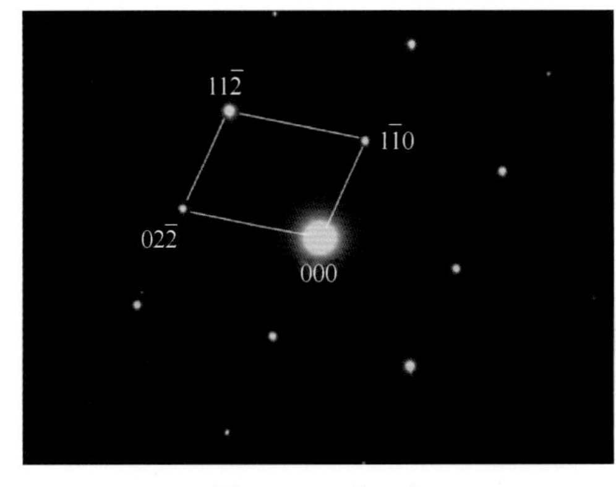 图 6 $B=Z=[111]$ $(1\bar{1}0)\hat{}(11\bar{2})=61.53°$，$(1\bar{1}0)\hat{}(02\bar{2})=104.08°$
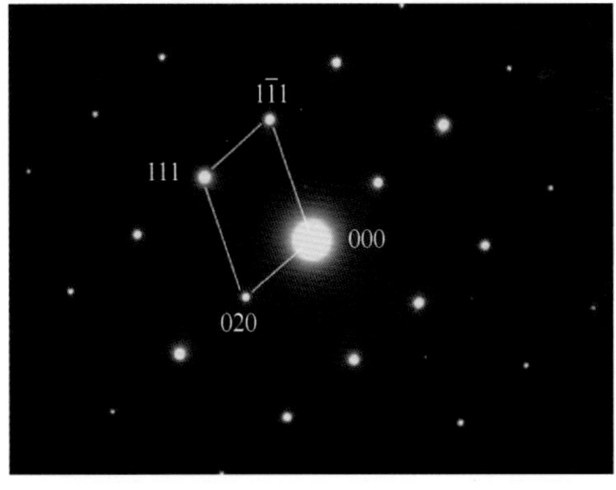 图 7 $B=Z=[\bar{1}01]$ $(020)\hat{}(1\bar{1}1)=110.71°$，$(020)\hat{}(111)=69.29°$	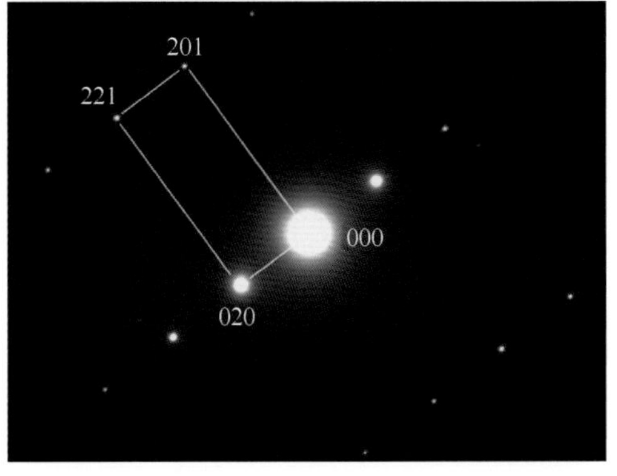 图 8 $B=Z=[\bar{1}02]$ $(020)\hat{}(201)=90°$，$(020)\hat{}(221)=67.35°$

续表 2.10

电子衍射花样图

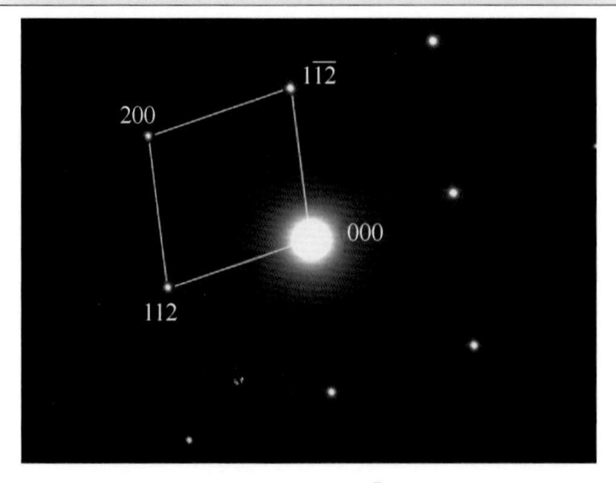

图 9　$B=Z=[0\bar{2}1]$

$(112)\hat{}(1\bar{1}\bar{2})=100.45°$, $(112)\hat{}(200)=50.22°$

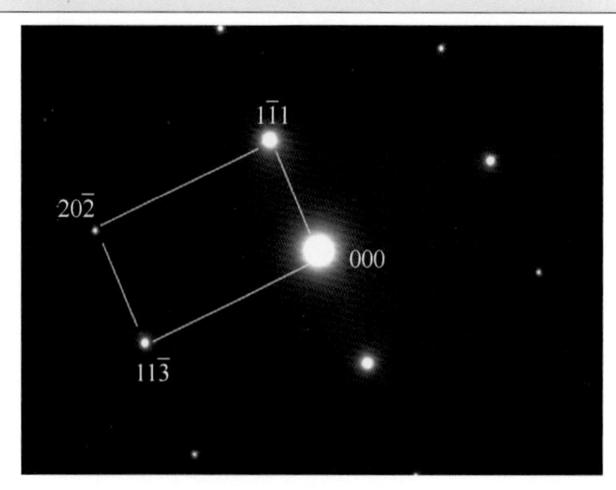

图 10　$B=Z=[121]$

$(1\bar{1}1)\hat{}(11\bar{3})=93.02°$, $(1\bar{1}1)\hat{}(20\bar{2})=60.76°$

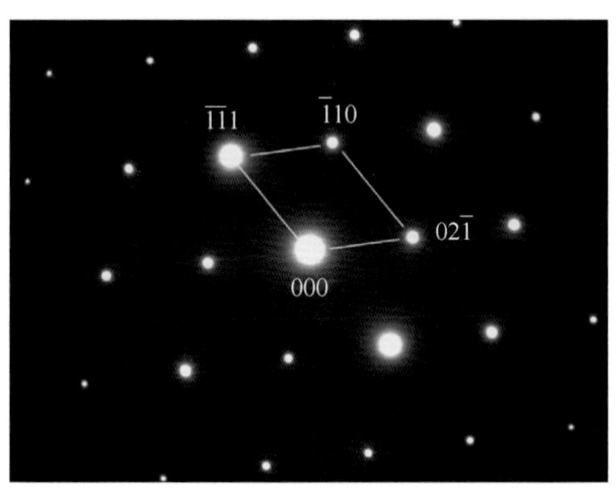

图 11　$B=Z=[112]$

$(02\bar{1})\hat{}(\bar{1}10)=70.49°$, $(02\bar{1})\hat{}(\bar{1}\bar{1}1)=123.04°$

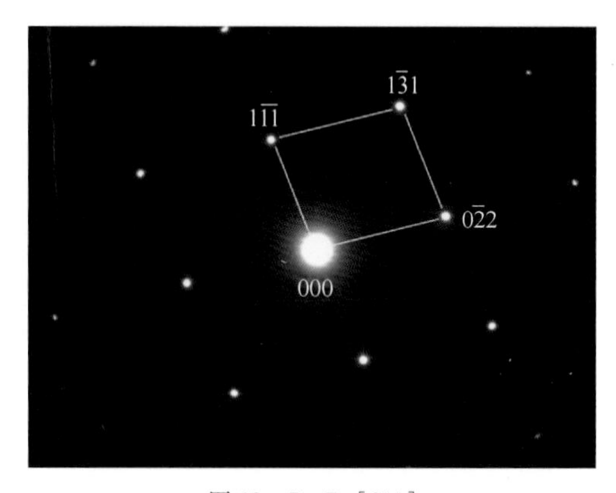

图 12　$B=Z=[211]$

$(0\bar{2}2)\hat{}(1\bar{1}\bar{1})=98.35°$, $(0\bar{2}2)\hat{}(1\bar{3}1)=44.39°$

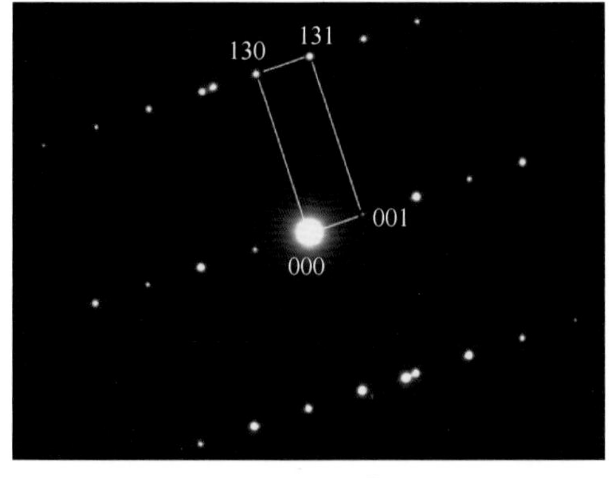

图 13　$B=Z=[\bar{3}10]$

$(001)\hat{}(130)=90°$, $(001)\hat{}(131)=71.14°$

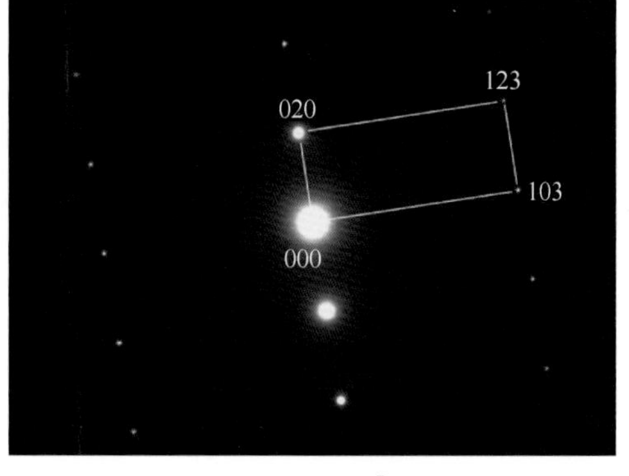

图 14　$B=Z=[\bar{3}01]$

$(020)\hat{}(103)=90°$, $(020)\hat{}(123)=66.10°$

续表 2.10

电子衍射花样图

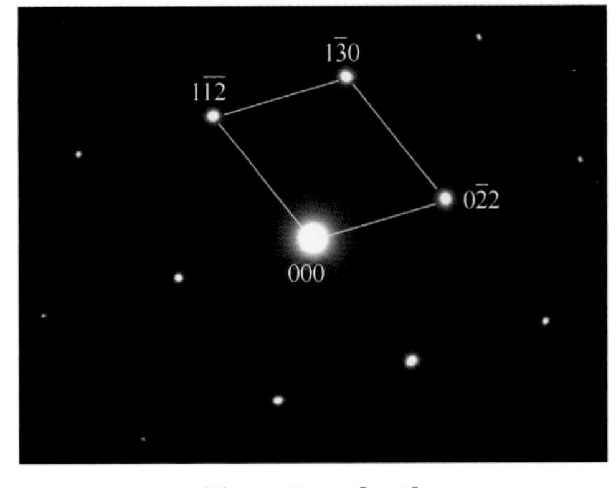

图 15　$B=Z=[311]$

$(0\bar{2}2)$^$(1\bar{1}\bar{2})$= 113.41°，$(0\bar{2}2)$^$(1\bar{3}0)$= 60.99°

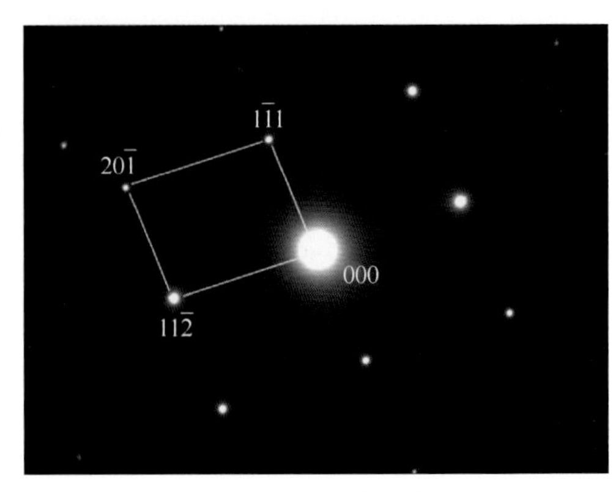

图 16　$B=Z=[132]$

$(1\bar{1}1)$^$(11\bar{2})$= 79.84°，$(1\bar{1}1)$^$(20\bar{1})$= 48.51°

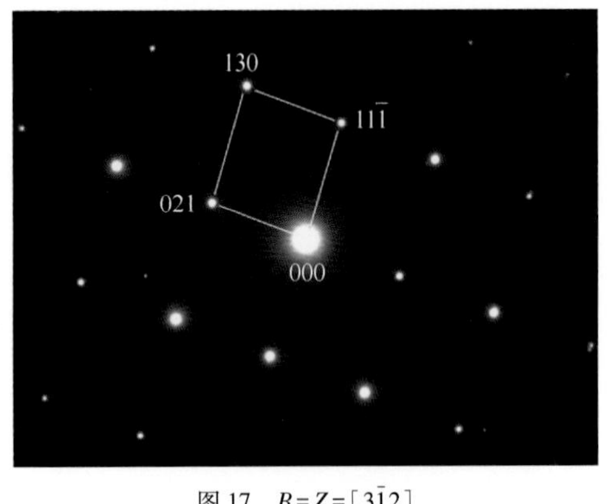

图 17　$B=Z=[3\bar{1}2]$

(021)^$(11\bar{1})$= 87.20°，(021)^(130)= 48.26°

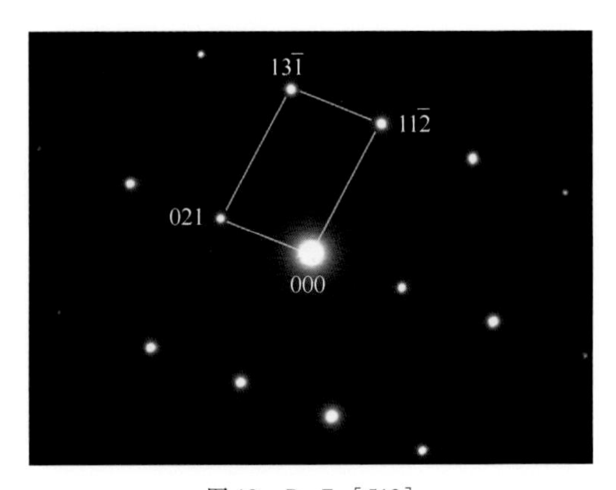

图 18　$B=Z=[512]$

(021)^$(11\bar{2})$= 99.00°，(021)^$(13\bar{1})$= 62.97°

2.3.2.3　S-Al_2CuMg 相与母相 α-Al 之间的位向关系

两相之间的位向关系（OR）通常用母相和生成相中一对平行晶面和平行晶面中一对平行晶向来描述。S-Al_2CuMg 相常见的位向关系有[13,15,23,24]：$[100]_S /\!/ [100]_\alpha$、$(010)_S /\!/ (02\bar{1})_\alpha$、$(001)_S /\!/ (012)_\alpha$；S 相在母相 $\{210\}_\alpha$ 面上呈板条状或棒状析出，惯习面为 $(210)_\alpha$，与基体半共格；但也有学者认为 S 相可以围绕 $[100]_S /\!/ [100]_\alpha$ 这个方向转动 0°～69°得到不同的位向关系[24]。

图 2.19（a）所示为 2A02 合金热轧组织中 S 相在 $[100]_\alpha$ 位向下板条状形态，板条长边界面指数为 $(001)_S$，其上出现台阶，板条的轴线平行于 $[020]_S$；图 2.19（b）是其高分辨像，$(001)_S$ 晶面（白色虚线）平行于 α-Al 的 $(042)_\alpha$ 晶面；图 2.19（c）

是其相对应的复合选区电子衍射花样，S 相的 $[100]_S$ 晶带轴平行于 α-Al 的 $[100]_\alpha$ 晶带轴，S 相的 $(001)_S$ 衍射矢量平行于 α-Al 的 $(042)_\alpha$ 衍射矢量，因此 S-Al_2CuMg 相与母相 α-Al 之间的位向关系描述为：

$$\text{OR-I}：[100]_S // [100]_\alpha、(001)_S // (021)_\alpha、(010)_S // (01\bar{2})_\alpha$$

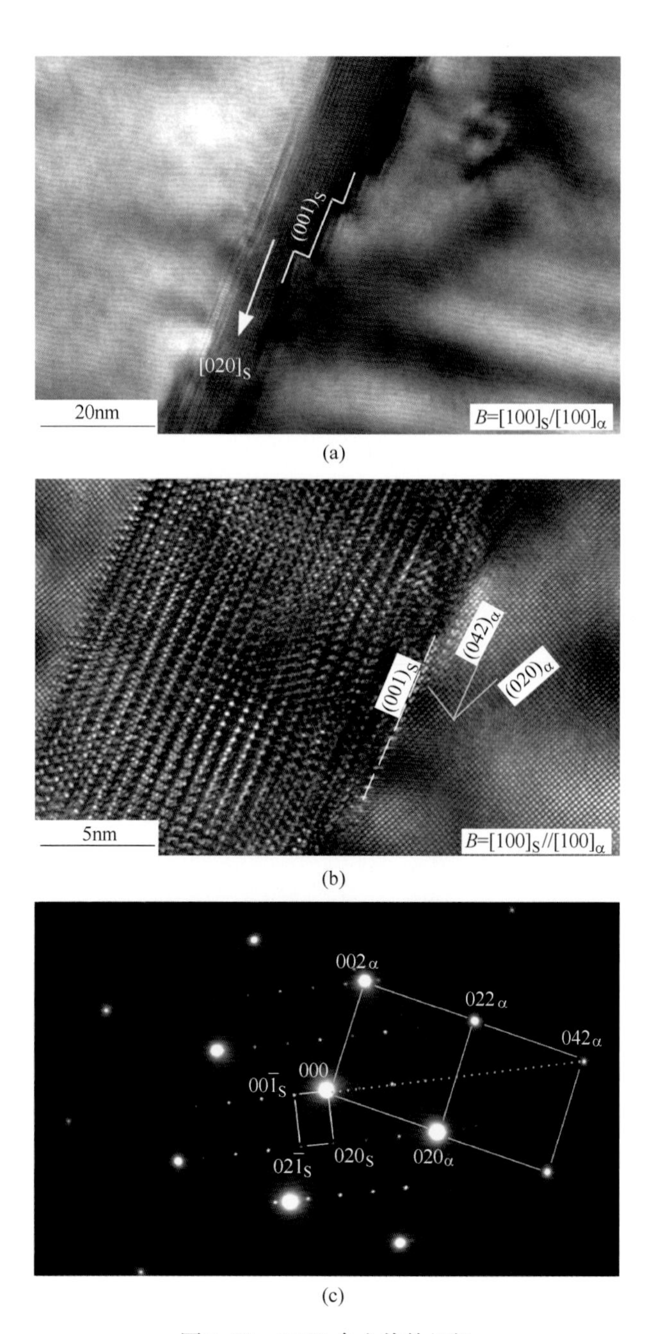

图 2.19　2A02 合金热轧组织

（a）S-Al_2CuMg 相在 $[100]_S$ 位向下的板条状形态；（b）S-Al_2CuMg 相和母相 α-Al 的高分辨像；（c）SADP，$B=[100]_S // [100]_\alpha$

图 2.20 是 OR-Ⅰ 的复合极射投影图，中心为 $[100]_S // [100]_\alpha$，图中红色数字和红色实心小圆表示 S-Al_2CuMg 相晶向指数及其在极射投影图中的位置；蓝色数字和蓝色实心小圆表示 α-Al 相晶向指数及其在极射投影图中的位置。图中 S 相和 α-Al 基体有部分重合或近似重合的区域（用黑色圆圈和字母 A、B、C、D 表示），因此与 OR-Ⅰ 等效的位向关系可描述为：

OR-Ⅰ A：$[110]_S / [11\bar{2}]_\alpha$，$(001)_S // (042)_\alpha$

OR-Ⅰ B：$[101]_S / [121]_\alpha$，$(010)_S // (01\bar{2})_\alpha$

OR-Ⅰ C：$[011]_S / [0\bar{2}1]_\alpha$，$(200)_S // (200)_\alpha$

OR-Ⅰ D：$[210]_S / [21\bar{2}]_\alpha$，$(001)_S // (021)_\alpha$

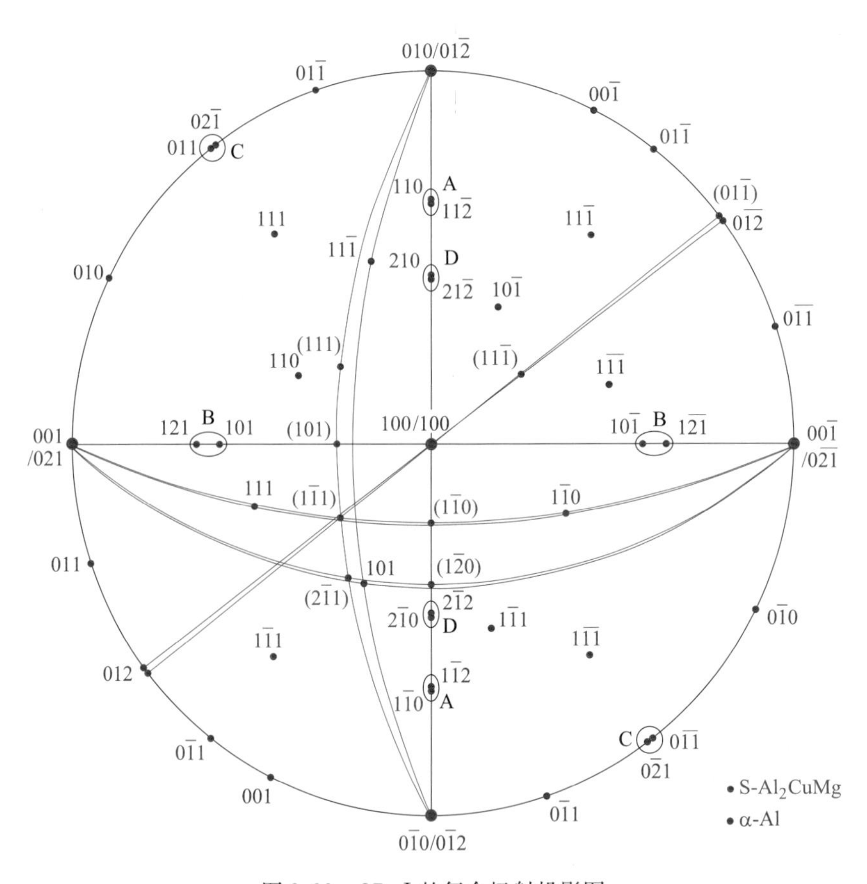

图 2.20 OR-Ⅰ 的复合极射投影图

其中 OR-Ⅰ A 位向关系由图 2.21 得到证实。图 2.21（a）所示为 2A02 合金退火组织中 S-Al_2CuMg 相在 $[110]_S$ 下的棒状形态，T 相和杂质相依附其旁；图 2.21（b）是该颗粒与母相 α-Al 的复合选区电子衍射花样，S 相的 $[110]_S$ 晶带轴近似平行于 α-Al 的 $[11\bar{2}]$ 晶带轴，S 相的 $(001)_S$ 衍射矢量平行于母相 α-Al 的 $(042)_\alpha$ 衍射矢量，而 $(2\bar{2}\bar{3})_S$ 衍射矢量近似平行于母相 α-Al 的 $[2\bar{2}0]_\alpha$ 衍射矢量，偏离约 1.6°。

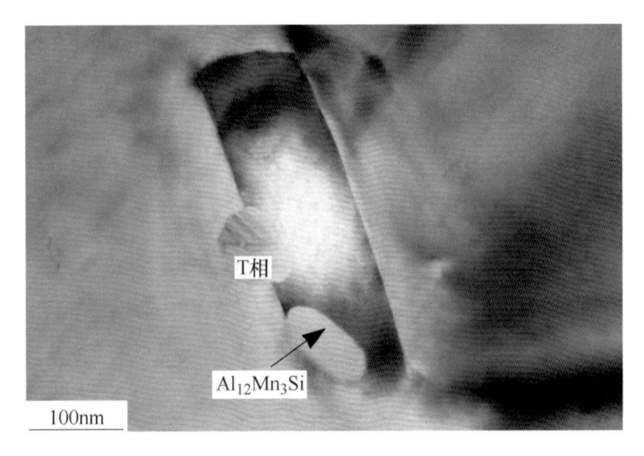

(a)

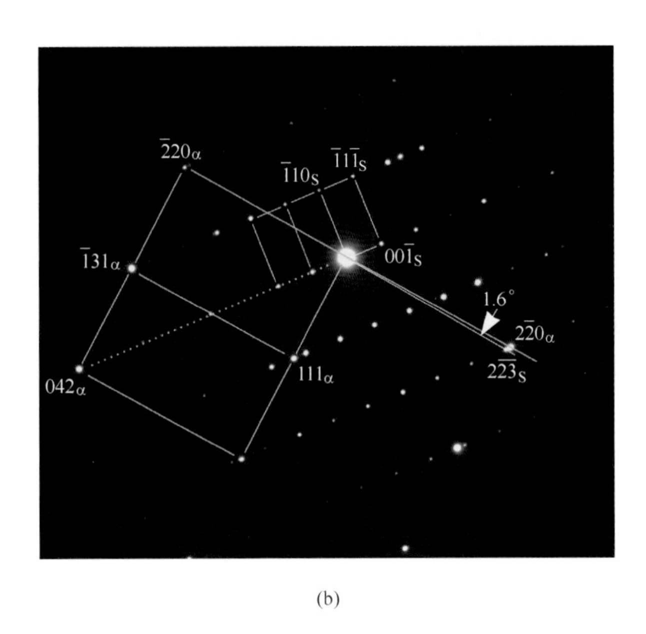

(b)

图 2.21　2A02 合金退火组织中 S-Al_2CuMg 相在 $[110]_S$ 位向下的形态（a）和其 SADP，$B=[110]_S/[112]_\alpha$（b）

OR-ⅠB 位向关系由图 2.22 证实。图 2.22 是 2A02 合金退火组织中 S-Al_2CuMg 相在 $[10\bar{1}]_S$ 位向下的棒状形态和该颗粒与母相 α-Al 的复合选区电子衍射花样。$Al_{12}Mn_3Si$ 杂质相夹于 S 相之间，S 相的 $(\bar{1}3\bar{1})_S$ 衍射矢量与 α-Al 的 $(11\bar{1})_\alpha$ 衍射矢量重合，两者的晶面间距几乎相等（$(\bar{1}3\bar{1})_S$ 晶面面间距 $d=0.2307$nm，α-Al 的 $(11\bar{1})_\alpha$ 晶面面间距 $d=0.2365$nm），而 S 相的 $[10\bar{1}]_S$ 晶带轴偏离 α-Al 的 $[1\bar{2}\bar{1}]_\alpha$ 晶带轴，正如极射投影图中 $[10\bar{1}]_S$ 晶向偏离 α-Al 的 $[1\bar{2}\bar{1}]_\alpha$ 晶向，约 5.16°。

OR-ⅠC 和 OR-ⅠD 位向关系目前未观察到。

图 2.23 所示为 2A12 合金热轧组织中 S-Al_2CuMg 相在 $[100]_S$ 位向下的棒状形态和该

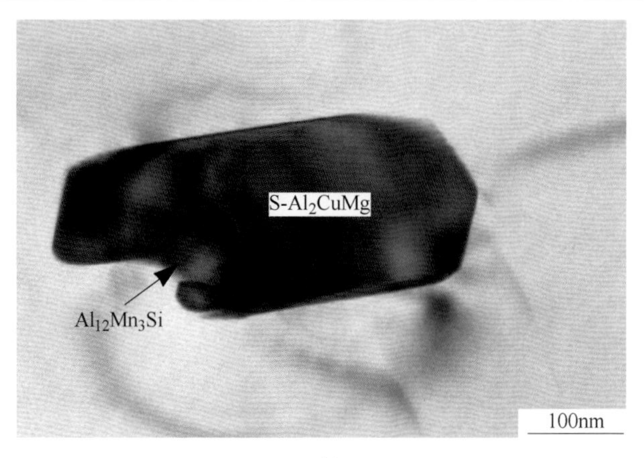

(a)

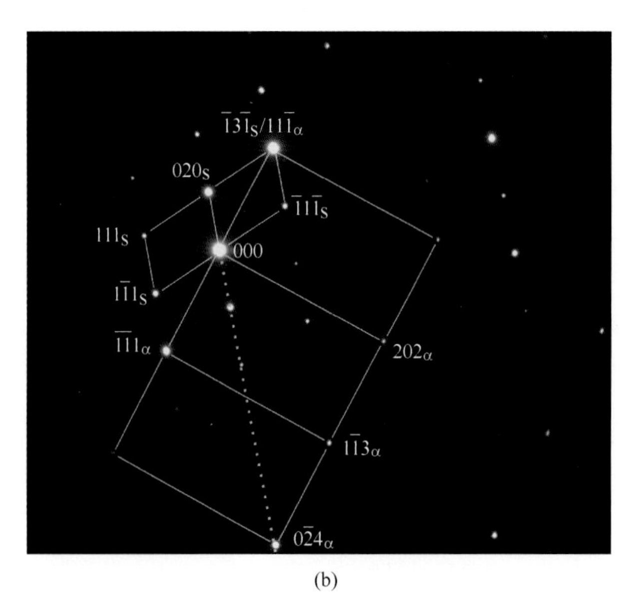

(b)

图 2.22 2A02-O 态组织中 S-Al_2CuMg 相在 $[10\bar{1}]_S$ 位向下的形态（a）和其 SADP，$B=[10\bar{1}]_S/[1\bar{2}\bar{1}]_\alpha$（b）

颗粒与母相 α-Al 基体的选区电子衍射花样。S-Al_2CuMg 相的 $[100]_S$ 晶带轴近似平行 α-Al 的 $[100]_\alpha$ 晶带轴，而其$(021)_S$ 衍射矢量平行于 α-Al 的 $(03\bar{1})_\alpha$ 衍射矢量，位向关系可写成

$$\text{OR-II}: [100]_S/[100]_\alpha, (021)_S // (03\bar{1})_\alpha$$

因此 S-Al_2CuMg 相与母相 α-Al 之间的位向关系具有多样性。

2.3.3 T-$Al_{20}Cu_2Mn_3$ 相

2.3.3.1 T-$Al_{20}Cu_2Mn_3$ 相的晶体结构和形态

1952 年，Robinson[25] 利用 X 射线衍射对 Al-Cu-Mn 合金中 T-$Al_{20}Cu_2Mn_3$ 相单晶体的结

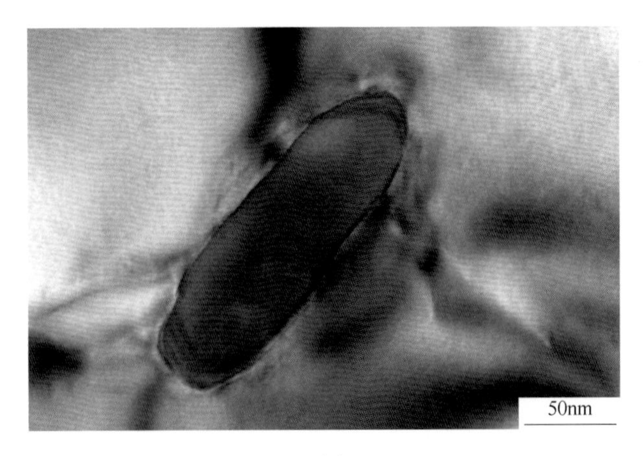

(a)

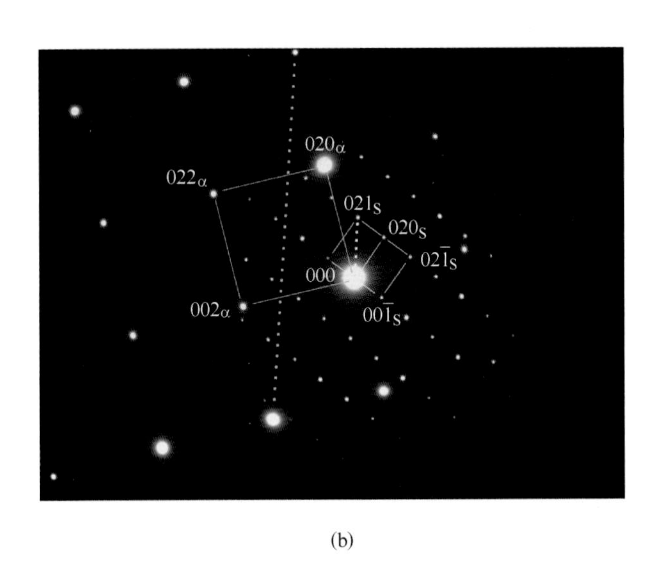

(b)

图 2.23　2A12-R 态组织中 S-Al_2CuMg 相在［100］$_S$ 位向下的形态(a)和其 SADP，B=［100］$_S$/［100］$_\alpha$(b)

构进行分析，发现其属于底心正交结构，空间群可能是 *Bbmm*、*Bbm*2 或 *Bb*2*m*，点阵参数为 a=2.42nm，b=1.25nm，c=0.775nm。而 Mondolfo 认为 T 相的结构为 *Cmcm*，点阵参数为 a=2.41～2.411nm，b=1.25～1.251nm，c=0.72～0.77nm，化学分子式为 $Al_{20}Cu_2Mn_3$，其晶体结构模型如图 2.24 所示[26]，单位晶胞有 152 个原子。文献［27～29］利用会聚束电子衍射和高分辨电子显微术对 2024 铝合金中 T 相颗粒进行观察，发现 T 相易形成孪晶或多重孪晶，孪生面为｛101｝。多重孪晶在〈010〉方向下的电子衍射花样图呈现十次对称性其孪晶面不是镜面，而是滑移面。

T 相在铝合金中主要呈棒状，轴线沿自身的［010］$_T$ 方向且与 α-Al 基体的〈010〉方向平行。T 相和构成它的孪晶组元都呈长棱柱体形状，侧棱都为［010］，棱柱侧面为（101）、($\bar{1}$01）和（100）。T 相在不同位向下的形态见表 2.11。

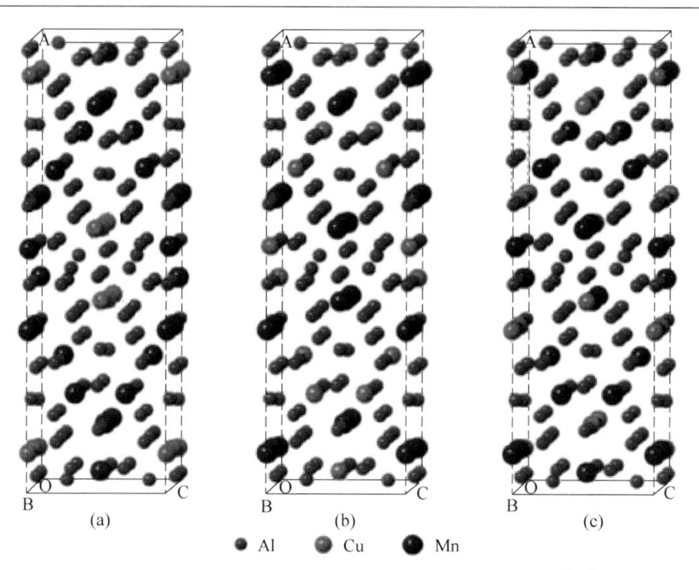

图 2.24 T-$Al_{20}Cu_2Mn_3$ 相 3 种可能的结构模型[25]

表 2.11 T-$Al_{20}Cu_2Mn_3$ 相在不同位向下的形态

不同位向下 T 相的形态

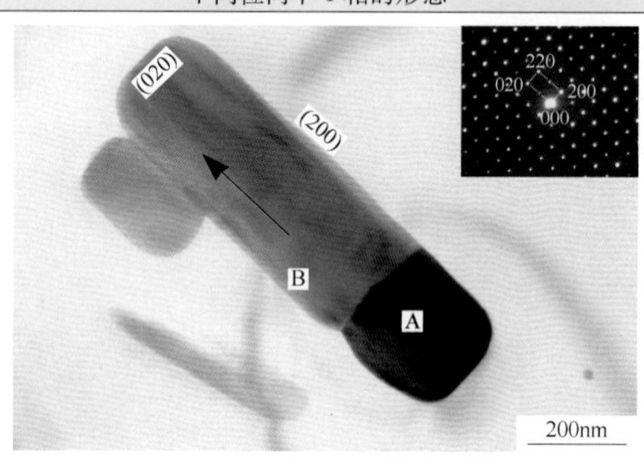

(a)

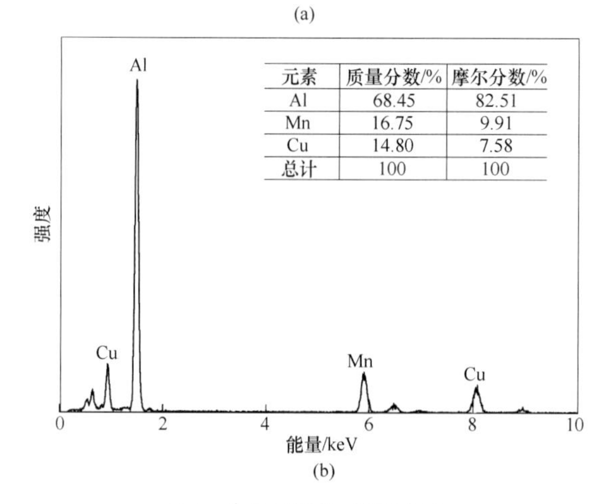

元素	质量分数/%	摩尔分数/%
Al	68.45	82.51
Mn	16.75	9.91
Cu	14.80	7.58
总计	100	100

(b)

图 1 合金及状态：2219-O 态

（a）组织特征：两个棒状 T 相颗粒 A 和 B 相伴而生，轴线方向平行于 $[020]_T$，右上角为颗粒 A 的电子衍射花样，$B=[001]_T$；（b）颗粒 B 的 EDS 谱线

续表 2.11

不同位向下 T 相的形态

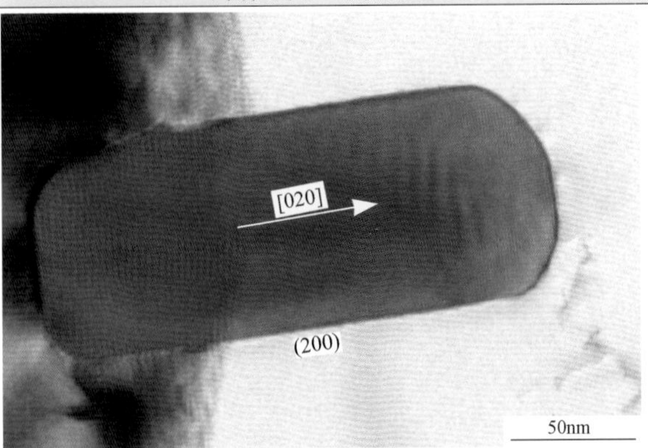

图 2　合金及状态：2519-R 态

组织特征：棒状形态，轴线方向平行于［020］$_T$，B=［001］$_T$

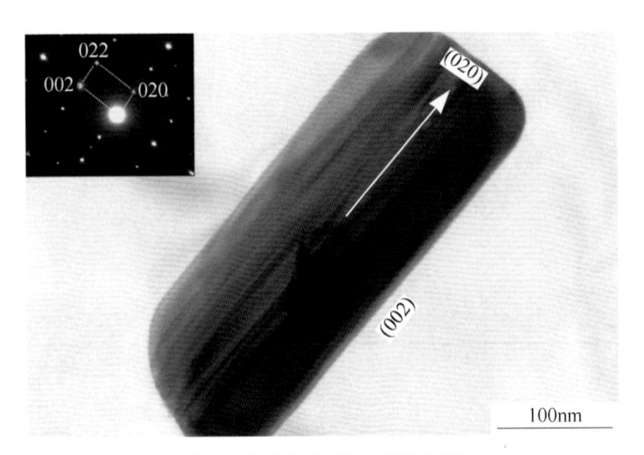

图 3　合金及状态：2219-O 态

组织特征：棒状形态，沿轴线方向出现的条纹痕迹，长边界面指数（002）$_T$，端面指数（020）$_T$，左上角为其电子衍射花样，B=［100］$_T$

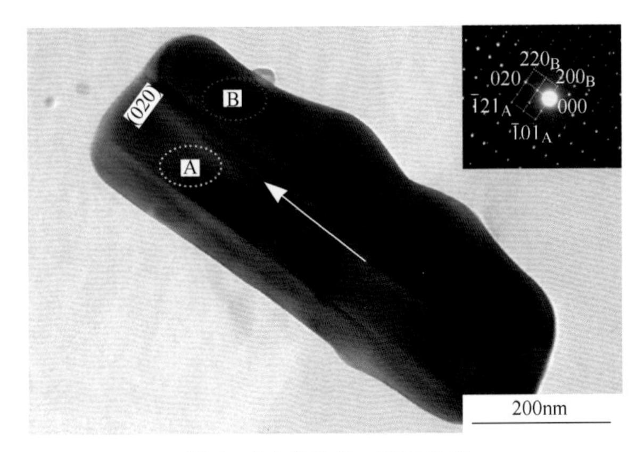

图 4　合金及状态：2219-O 态

组织特征：棒状形态，沿轴线方向出现的条纹痕迹，由不同位向的孪晶变体引起，其中孪晶变体 A 和 B 的位向分别为［101］$_A$和［001］$_B$，端面（020）$_T$为公共面；右上角为孪晶变体 A 和 B 选区电子衍射花样

续表 2.11

不同位向下 T 相的形态

图 5　合金及状态：2A12-T4 态

组织特征：块状形态，其间出现条纹痕迹，右上角为其电子衍射花样，$B=[110]_T$

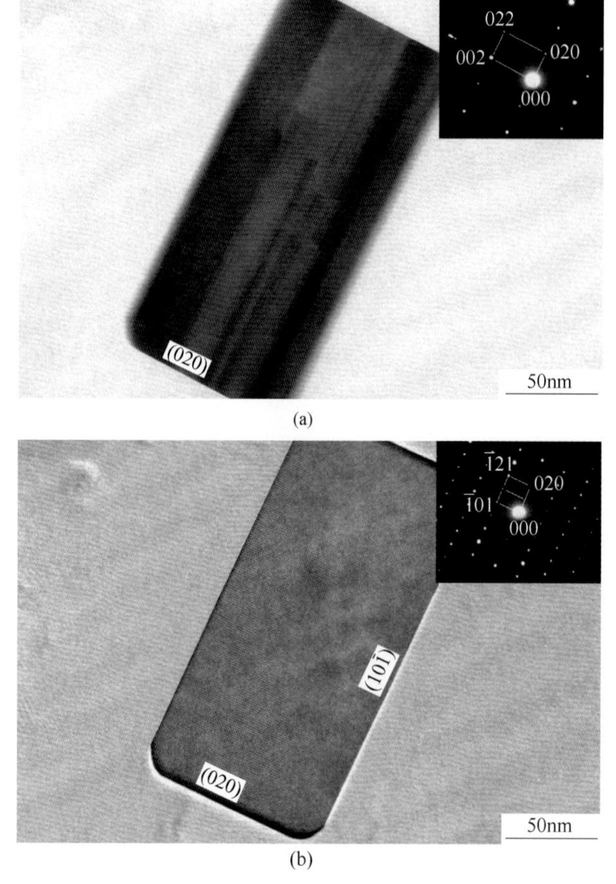

(a)

(b)

图 6　合金及状态：2A02-T4 态

（a）组织特征：短棒状形态，沿轴线方向出现衬度不同的两部分，端面指数（020）$_T$，右上角为其电子衍射花样，$B=[100]_T$；（b）图(a)颗粒倾转 18°后的形态，衬度一致，界面平直，右上角为其电子衍射花样，$B=[101]_T$

续表 2.11

不同位向下 T 相的形态

(a)

(b)

图 7　合金及状态：2219-O 态

（a）组织特征：BF 像，短棒状形态，沿轴线方向出现条纹痕迹，$B=[101]_T$；

（b）DF 像，沿轴线方向的条纹痕迹明显，且条纹区衬度不同

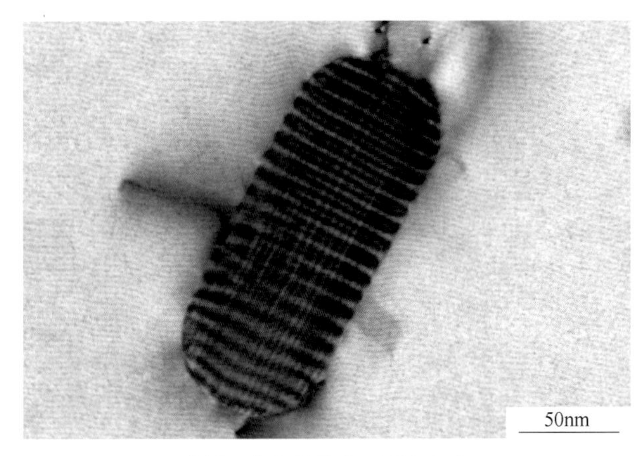

图 8　合金及状态：2519-R 态

组织特征：短棒状形态，T 相内部条纹为莫尔条纹

续表 2.11

不同位向下 T 相的形态

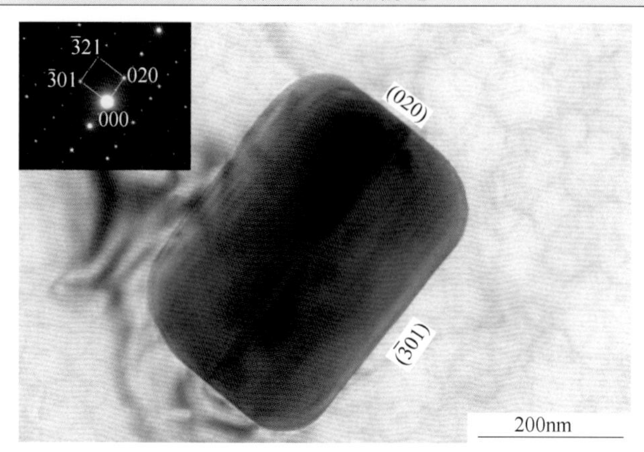

图 9　合金及状态：2219-O 态

组织特征：短棒状或矩形形态，界面明锐平直，左上角为其电子衍射花样，$B=[103]_T$

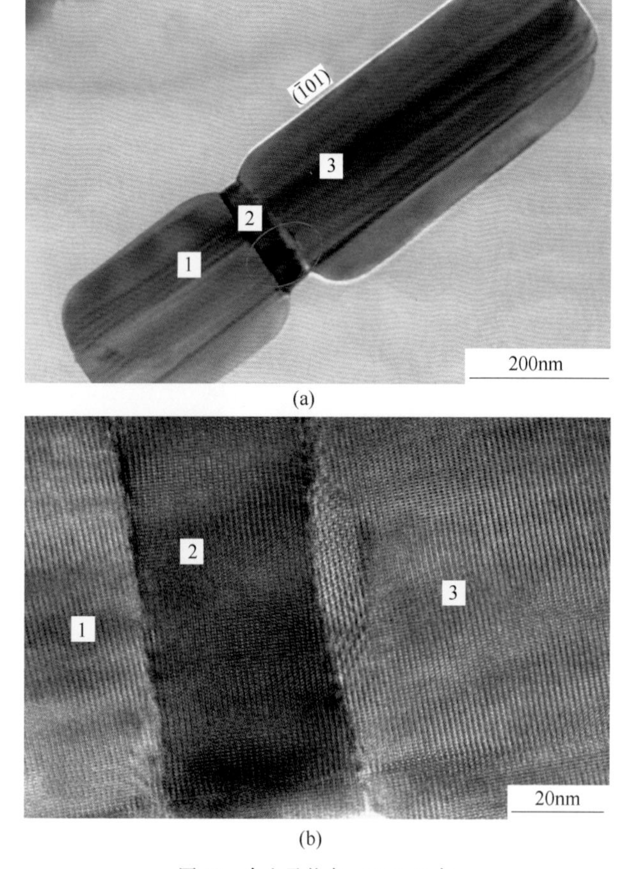

图 10　合金及状态：2219-O 态

（a）组织特征：3 个棒状 T 相 1、2 和 3 轴向连体而生，沿轴线方向出现衬度不同的条纹痕迹，$B=[101]_T$；

（b）图(a)中间圆圈部位的高分辨像，晶格条纹清晰可见（因放大倍数变化，图(a)与图(b)约 30°的磁转角偏差）

续表 2.11

不同位向下 T 相的形态

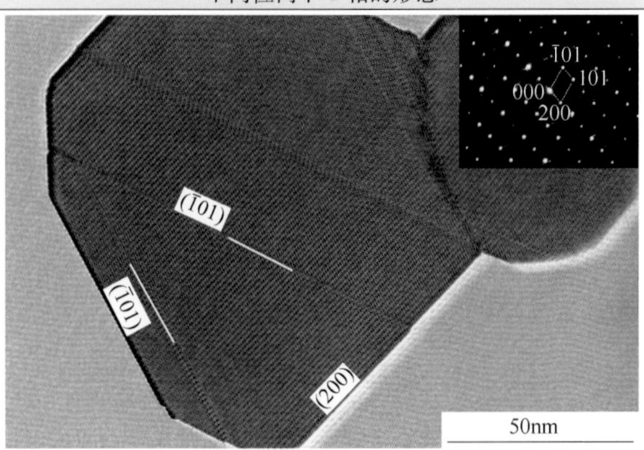

图 11　合金及状态：2A04-T4 态

组织特征：T 相横截面形态，界面轮廓清晰，T 相内部有孪晶条纹，孪晶面为（$\bar{1}01$）$_T$；右上角为其电子衍射花样，$B=[010]_T$

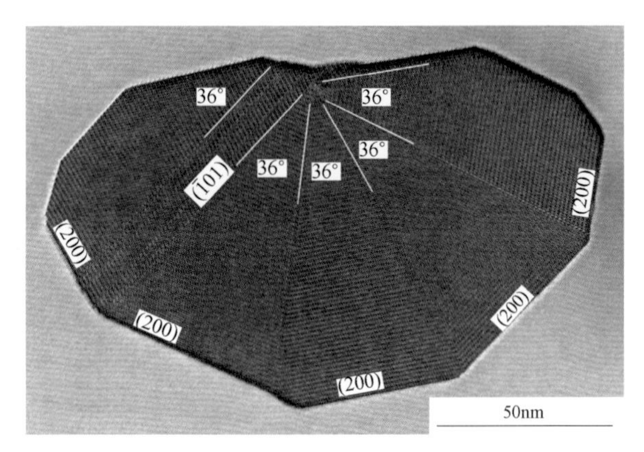

图 12　合金及状态：2A04-T4 态

组织特征：T 相横截面形态，似贝壳状，由 5 个孪晶变体组成，孪晶面为（$\bar{1}01$）$_T$，相互间旋转 36°得到

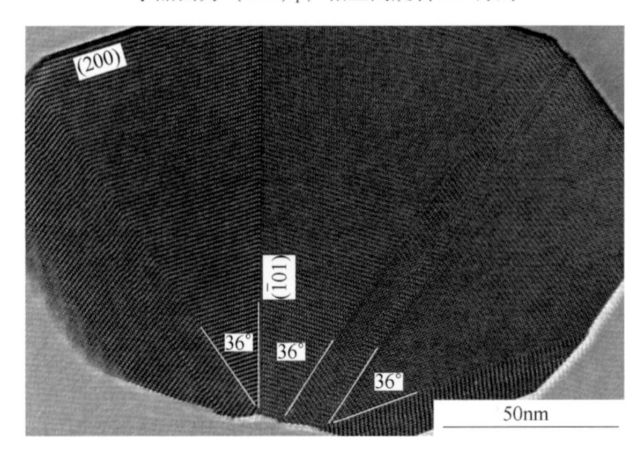

图 13　合金及状态：2A04-T4 态

组织特征：T 相横截面形态，似贝壳状，由 3 个孪晶变体组成，孪晶面为（$\bar{1}01$）$_T$，相互间旋转 36°得到

续表 2.11

不同位向下 T 相的形态

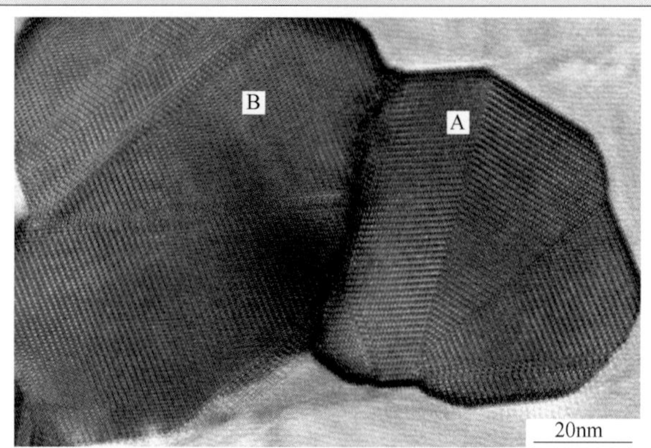

图 14 合金及状态：2A04-R 态

组织特征：具有多重孪晶的两个 T 相变体 A 和 B 颗粒相连而长，$B=[010]_T$

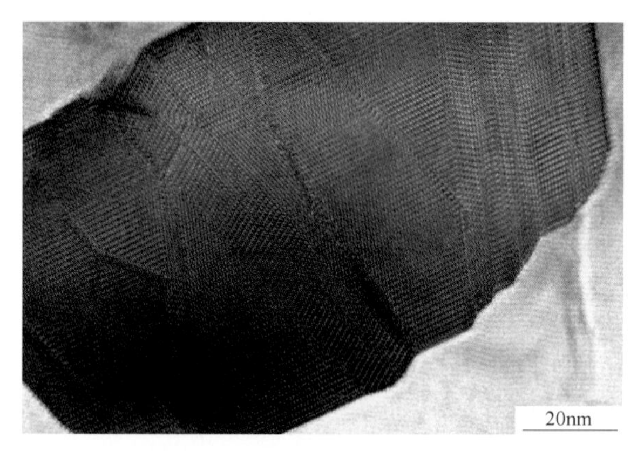

图 15 合金及状态：2A04-R 态

组织特征：T 相多重孪晶形态，由旋转孪晶和对称孪晶组成，$B=[010]_T$

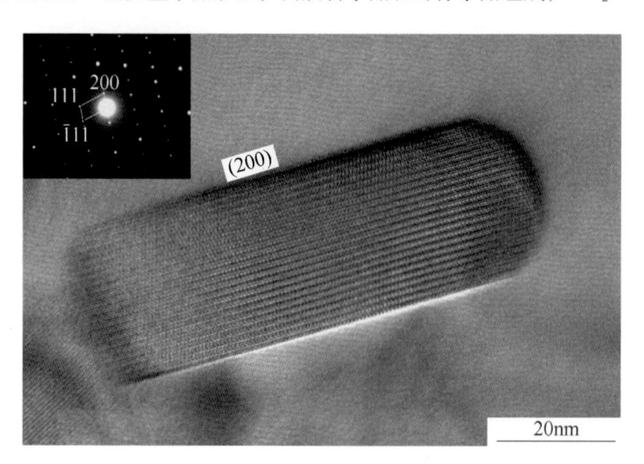

图 16 合金及状态：2A04-O 态

组织特征：棒状 T 相形态，颗粒内隐约可见晶格条纹，较长边界面指数（200）$_T$，左上角为其电子衍射花样，$B=[0\bar{1}1]_T$

注：$B=[uvw]_T$ 表示电子束方向，即 T- $Al_{20}Cu_2Mn_3$ 相的晶带轴，也即观察方向。

T 相的成分（质量分数）有较大的变化范围：2.8%~19%Cu，19.8%~24%Mn，表 2.11 中图 1（b）是图 1（a）相对应的能量色散谱（EDS），由 Al、Cu 和 Mn 元素组成，其元素成分比大致与 T-$Al_{20}Cu_2Mn_3$ 化学分子式相符。

T 相是 2×××系铝合金中一种普遍存在的金属间化合物，通常在铸锭预加热和均匀化过程中产生，并随着均匀化时间的延长而不断长大。T 相在后续的固溶和时效热处理过程中非常稳定，基本不再发生变化。T 相在铝合金中有两类，一类是在铸造过程中产生，大多在晶界上。如果不是呈连续相或者呈条状分布，对强度和塑形影响不大，但如果数量多并呈条状分布在晶界上，就会降低材料塑形；另一类 T 相是从 α-Al 固溶体中析出，弥散分布在 α-Al 基体中。作为弥散相，可以提高合金的屈服强度，起到弥散强化作用，同时可以用来控制晶粒大小和抑制再结晶的发生，在形变热处理过程中阻碍晶界的滑移，起到高温强化的效果。另一方面，尺寸较大的第二相颗粒通常属于脆性相，其协调 Al 基体变形的能力比较差，尤其当 T 相颗粒形状不规则、尺寸较大且分布不均匀时，往往会成为 Al 基体变形过程中的裂纹源，从而引起铝合金发生断裂。

2.3.3.2 T-$Al_{20}Cu_2Mn_3$ 相常见的电子衍射花样图谱

T-$Al_{20}Cu_2Mn_3$ 相属于正交点阵结构，根据正交结构晶面间距公式[2,3]和 T-$Al_{20}Cu_2Mn_3$ 相的点阵参数推算，T-$Al_{20}Cu_2Mn_3$ 相常见的低指数晶面的面间距见表 2.12。

表 2.12 T-$Al_{20}Cu_2Mn_3$ 相常见低指数晶面的面间距

晶面（*hkl*）	晶面间距 *d*/nm	晶面（*hkl*）	晶面间距 *d*/nm
(200)	1.21	(410)	0.5446
(110)	1.1106	(311)	0.5102
(210)	0.8694	(121)	0.4769
(001)	0.775	(510)	0.4513
(101)	0.7381	(411)	0.4456
(310)	0.6779	(321)	0.4166
(011)	0.6587	(130)	0.4106
(201)	0.6526	(511)	0.3900
(111)	0.6356	(421)	0.3791
(020)	0.625	(112)	0.3659
(211)	0.5785	(131)	0.3628
(301)	0.5589	(212)	0.3539

图 2.25 所示为 T-$Al_{20}Cu_2Mn_3$ 相［010］/(010) 极射投影图，图中红色数字和红色实心小圆点表示 T-$Al_{20}Cu_2Mn_3$ 相晶向指数及其在极射投影图中的位置；蓝色数字和蓝色实心小圆点表示 T-$Al_{20}Cu_2Mn_3$ 相晶面指数及其在极射投影图中的位置。T 相相同指数的晶面和晶向在极射投影图中不一定重合，当 T 相晶向指数为〈100〉型、晶面指数为｛100｝型时，它们在极射投影图中的位置重合。极射投影图中还描述了位于孪晶面（101）或（$\bar{1}$01）迹线上低指数晶向的位置，如［010］和［111］。

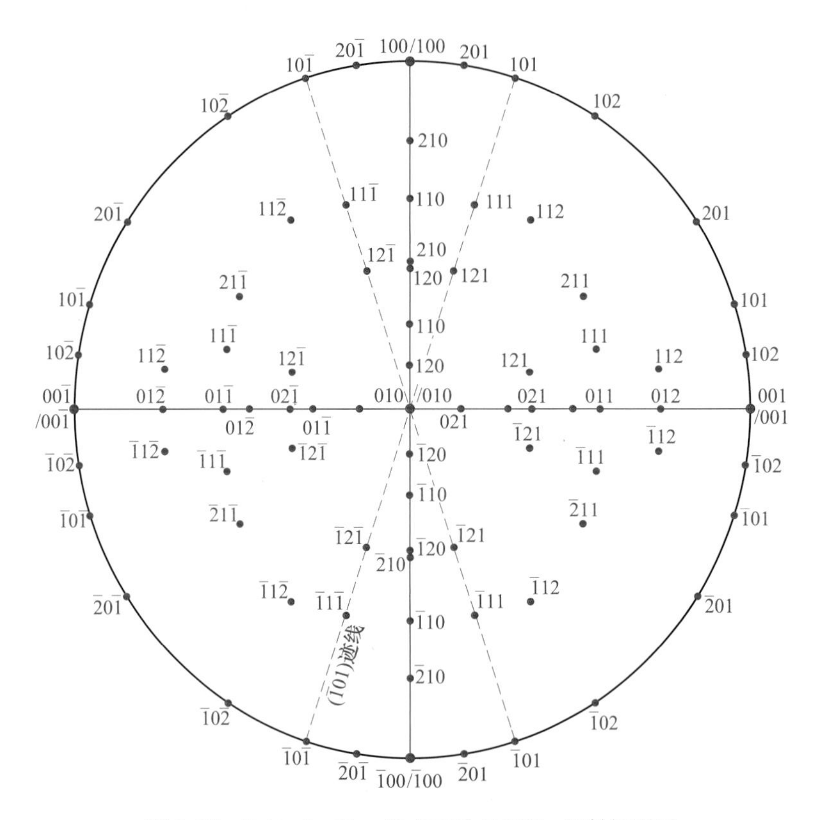

图 2.25　T-$Al_{20}Cu_2Mn_3$ 相 [010]/(010) 极射投影图

表 2.13 为 T-$Al_{20}Cu_2Mn_3$ 相常见低指数晶带轴的电子衍射花样图谱以及衍射花样中部分晶面之间的夹角。

表 2.13　T-$Al_{20}Cu_2Mn_3$ 相常见电子衍射花样图谱

电子衍射花样图	
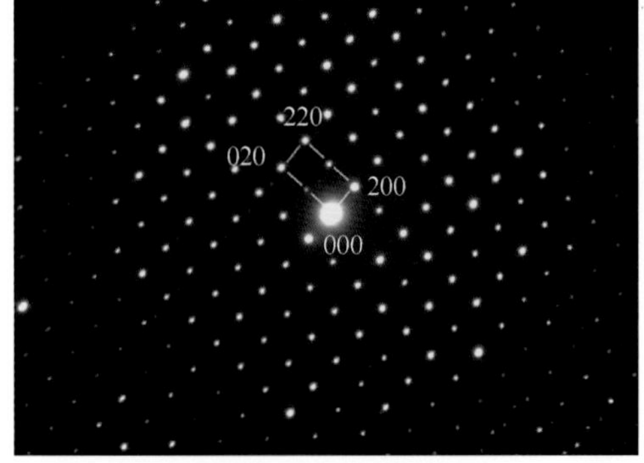 图 1　$B=Z=[001]$ $(200)\hat{}(020)=90°$，$(200)\hat{}(220)=62.68°$	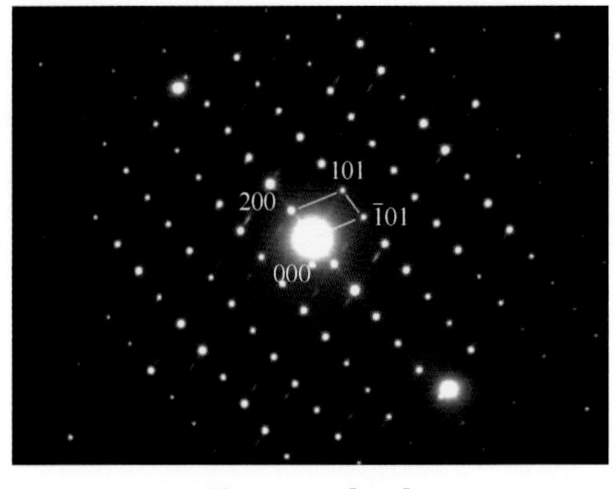 图 2　$B=Z=[010]$ $(200)\hat{}(\bar{1}01)=107.76°$，$(200)\hat{}(101)=72.24°$

续表 2.13

电子衍射花样图

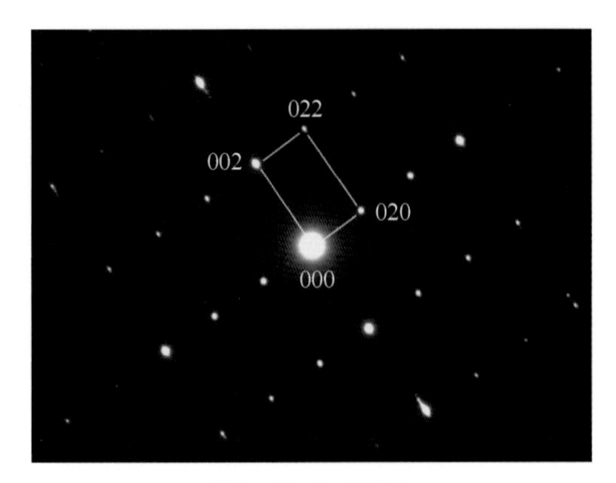

图 3 $B=Z=[100]$

(020)^(002) = 90°，(020)^(022) = 58.20°

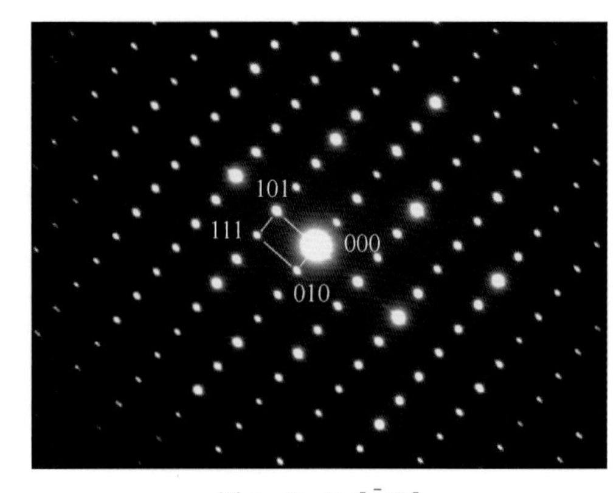

图 4 $B=Z=[\bar{1}01]$

(010)^(101) = 90°，(010)^(111) = 59.44°

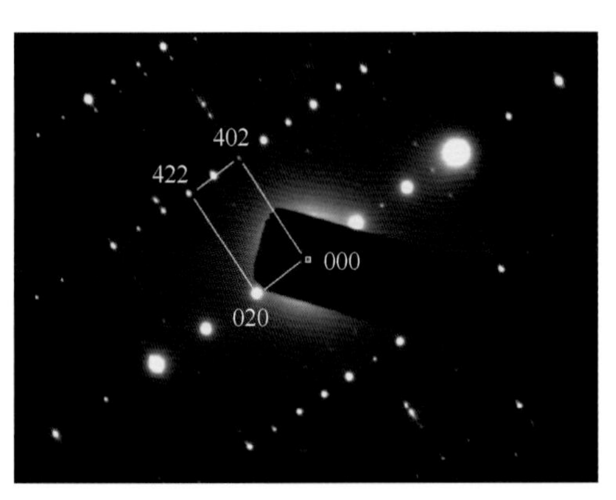

图 5 $B=Z=[\bar{1}02]$

(020)^(402) = 90°，(020)^(422) = 62.43°

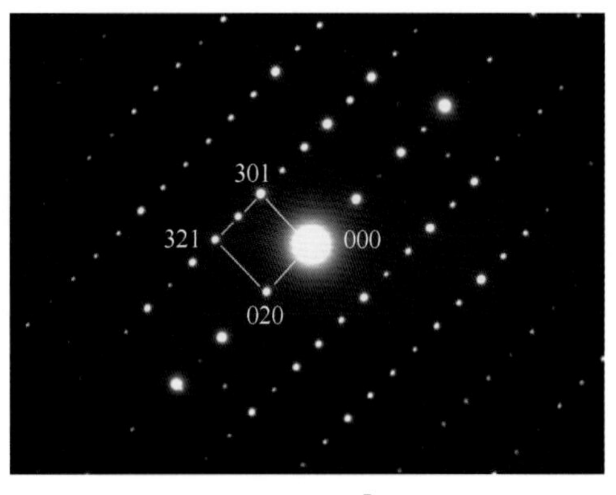

图 6 $B=Z=[\bar{1}03]$

(020)^(301) = 90°，(020)^(321) = 48.20°

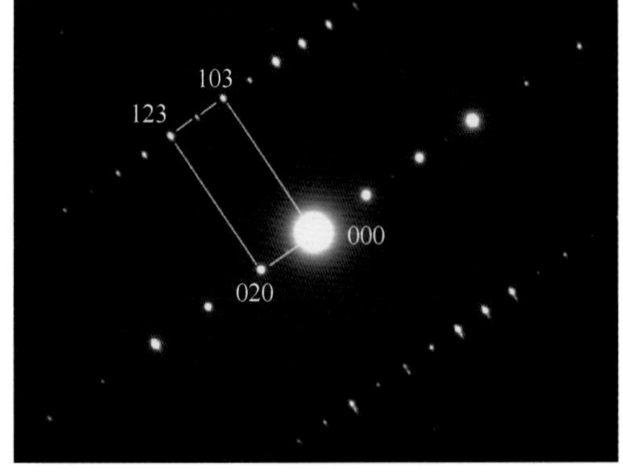

图 7 $B=Z=[\bar{3}01]$

(020)^(103) = 90°，(020)^(123) = 67.66°

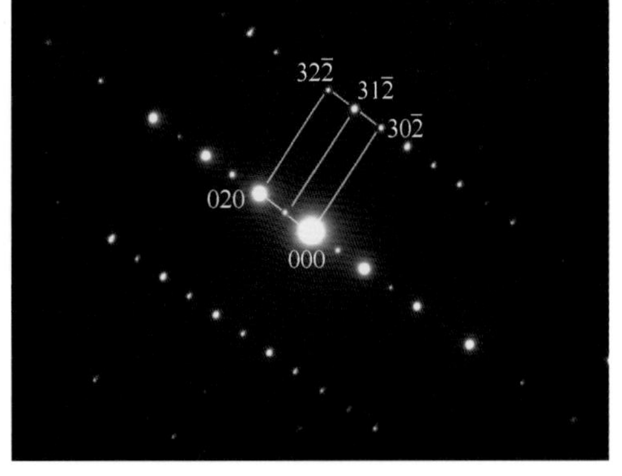

图 8 $B=Z=[203]$

(020)^($30\bar{2}$) = 90°，(020)^($32\bar{2}$) = 60.80°

续表 2.13

电子衍射花样图

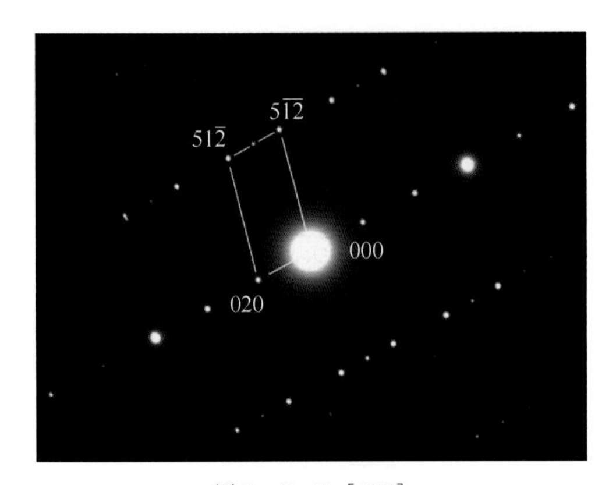

图 9 $B=Z=[205]$

$(020)\hat{}(5\bar{1}\bar{2})=103.60°$，$(020)\hat{}(51\bar{2})=76.40°$

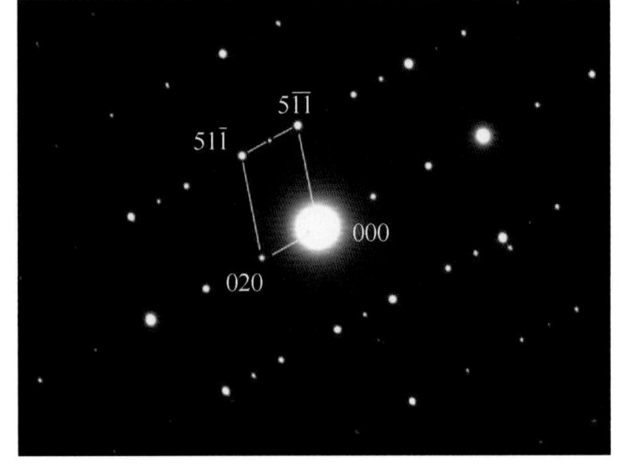

图 10 $B=Z=[105]$

$(020)\hat{}(5\bar{1}\bar{1})=108.18°$，$(020)\hat{}(51\bar{1})=71.82°$

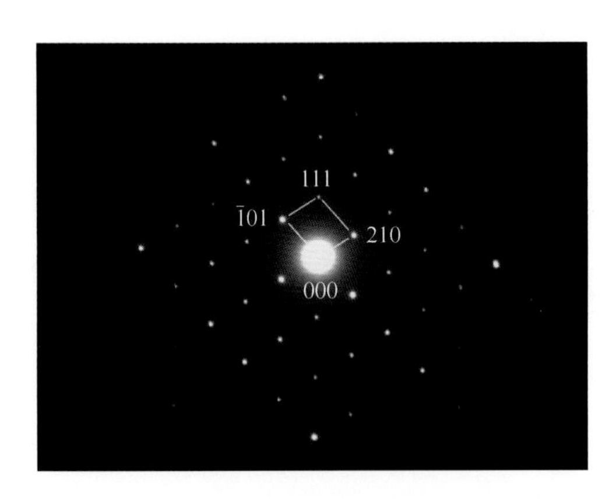

图 11 $B=Z=[1\bar{2}1]$

$(210)\hat{}(\bar{1}01)=102.66°$，$(210)\hat{}(111)=57.16°$

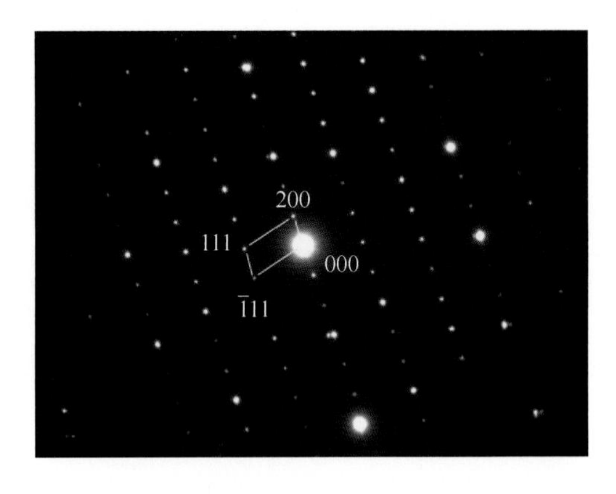

图 12 $B=Z=[0\bar{1}1]$

$(200)\hat{}(\bar{1}11)=105.23°$，$(200)\hat{}(111)=74.77°$

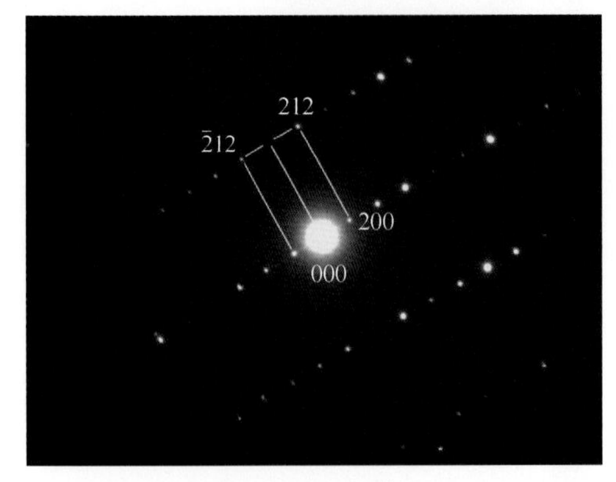

图 13 $B=Z=[0\bar{2}1]$

$(200)\hat{}(\bar{2}12)=107.01°$，$(200)\hat{}(212)=72.99°$

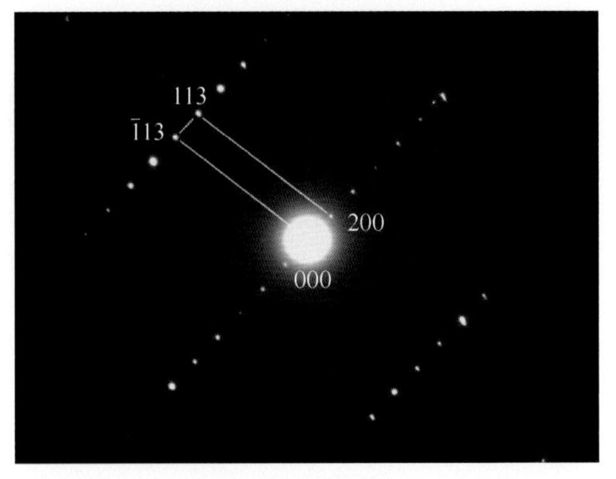

图 14 $B=Z=[0\bar{3}1]$

$(200)\hat{}(\bar{1}13)=95.97°$，$(200)\hat{}(113)=84.03°$

续表 2.13

电子衍射花样图

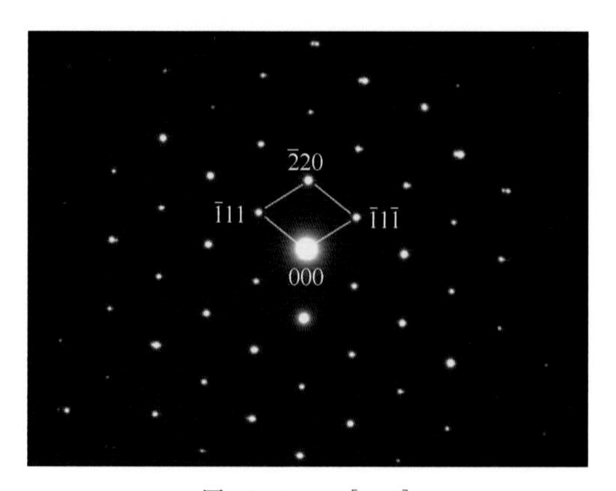

图 15 $B=Z=[110]$

$(\bar{1}11)$^$(\bar{1}1\bar{1})$= 110.18°，$(\bar{1}11)$^$(\bar{2}20)$= 55.09°

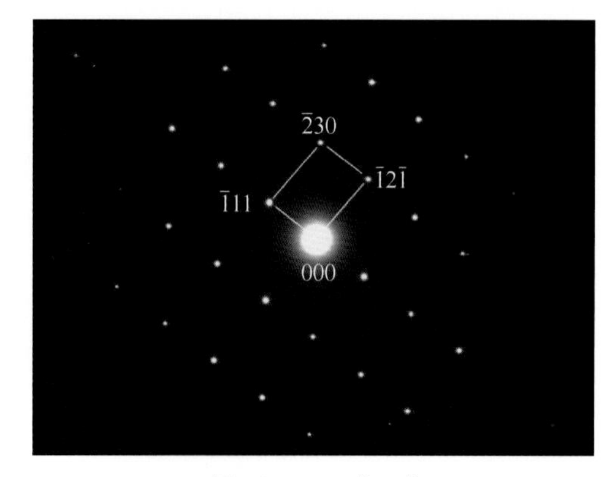

图 16 $B=Z=[321]$

$(\bar{1}2\bar{1})$^$(\bar{1}11)$= 93.72°，$(\bar{1}2\bar{1})$^$(\bar{2}30)$= 38.21°

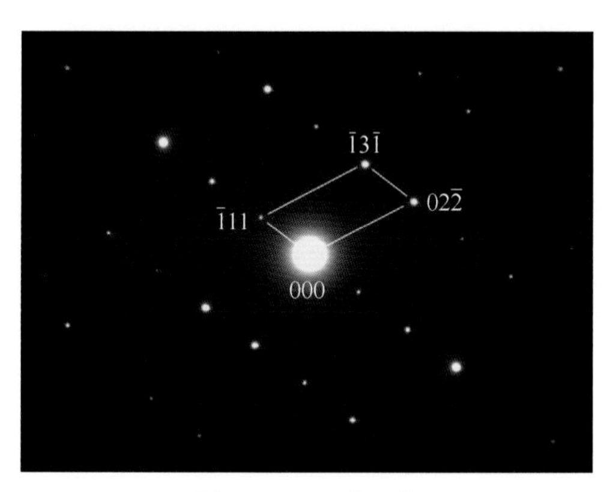

图 17 $B=Z=[211]$

$(\bar{1}11)$^$(02\bar{2})$= 115.41°，$(\bar{1}11)$^$(\bar{1}3\bar{1})$= 84.36°

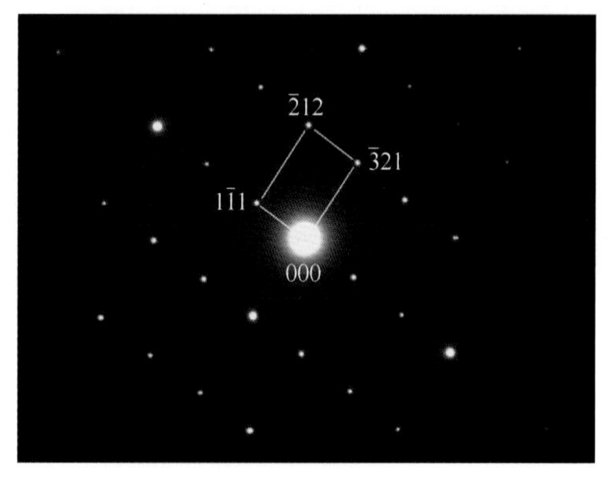

图 18 $B=Z=[341]$

$(1\bar{1}1)$^$(\bar{3}21)$= 88.07°，$(1\bar{1}1)$^$(\bar{2}12)$= 58.11°

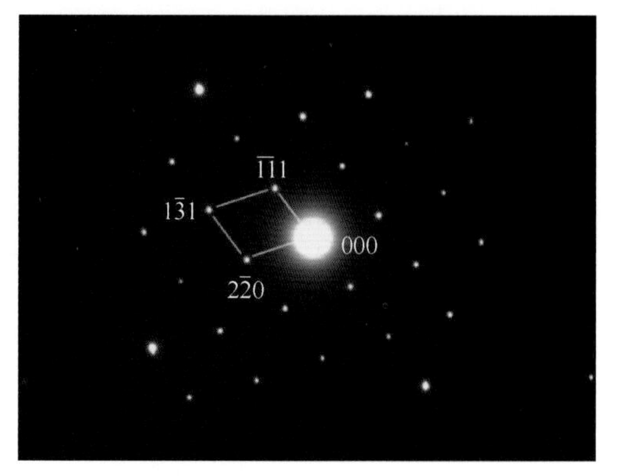

图 19 $B=Z=[112]$

$(2\bar{2}0)$^$(\overline{11}1)$= 70.66°，$(2\bar{2}0)$^$(1\bar{3}1)$= 32.59°

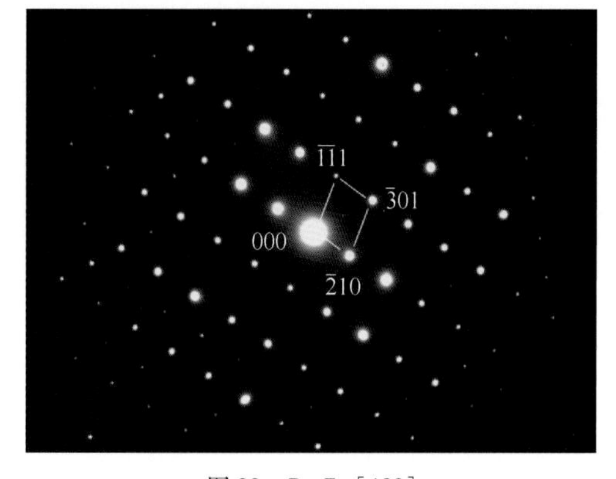

图 20 $B=Z=[123]$

$(\bar{2}10)$^$(\bar{3}01)$= 60.14°，$(\bar{2}10)$^$(\overline{11}1)$= 99.49°

2.3.3.3 T-$Al_{20}Cu_2Mn_3$ 相的孪晶及孪晶衍射花样

T-$Al_{20}Cu_2Mn_3$ 相在生长过程中普遍形成孪晶。在 $[010]_T$ 方向下对 T 相颗粒进行大量的观察分析发现，T 相的孪晶主要有两种形貌：一种为滑移对称孪晶，孪晶之间是滑移反映对称，其孪生面为$\{\bar{1}01\}_T$，滑移矢量为 1/4 $\langle 101\rangle_T$[27]；另一种为多重孪晶。几乎所有 T-$Al_{20}Cu_2Mn_3$相颗粒都由滑移对称孪晶和多重旋转孪晶组成。

图 2.26（a）所示为 2519 合金经 420℃热轧后在［010］位向下 T 相多重孪晶的高分辨像，它由孪晶母体 M、孪晶变体 T_1 和 T_2 组成，M 与 T_1 和 T_2 都是滑移对称孪晶，孪晶面为$\{\bar{1}01\}$；图 2.26（b）为其相对应的电子衍射花样，晶带轴为 $B=[010]_T/[010]_M$，公共衍射矢量为（$\bar{1}01$）；图 2.26（c）为［010］位向下另一多重旋转孪晶的高分辨像，孪晶

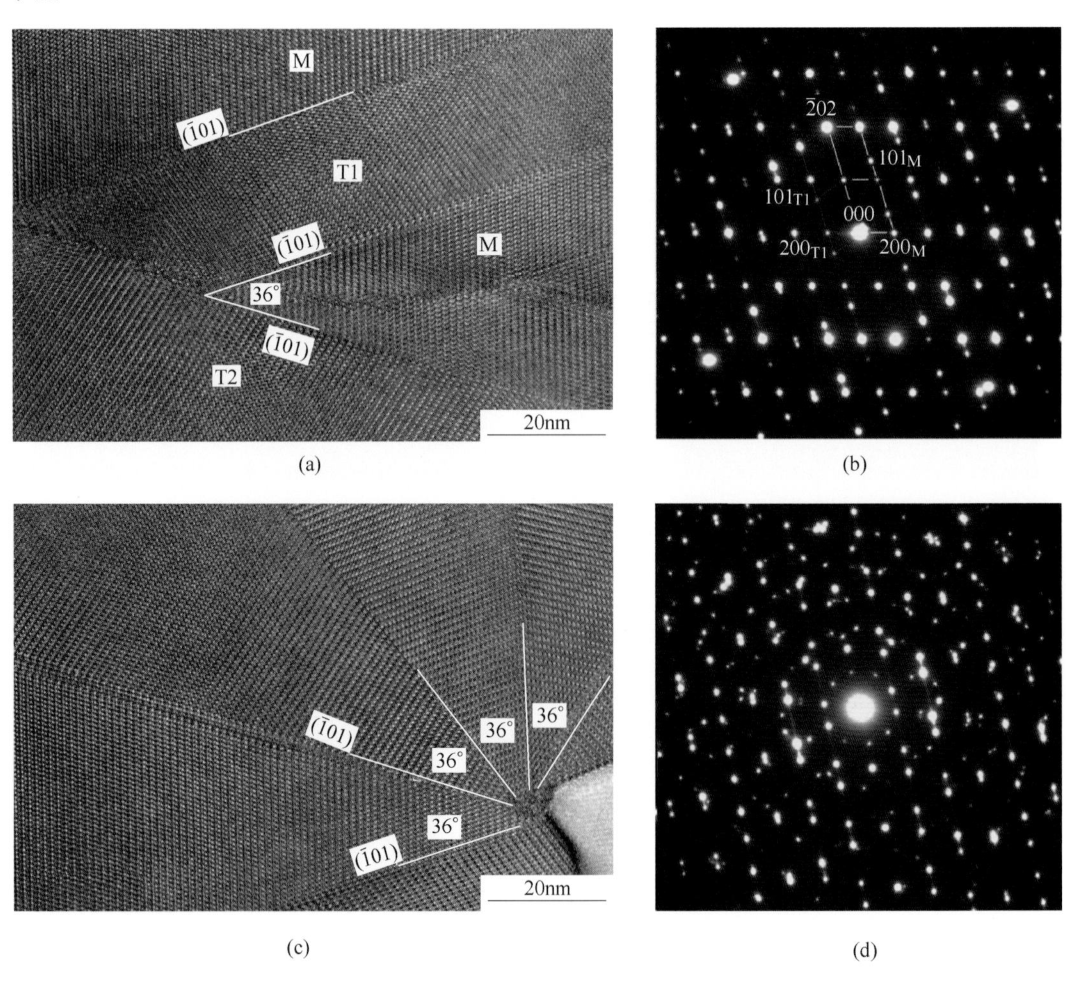

(a) (b)

(c) (d)

图 2.26 T 相孪晶形貌及孪晶衍射花样

（a）［010］位向下 T 相多重孪晶的高分辨像；（b）图 2-26（a）的电子衍射花样；
（c）［010］位向下 T 相多重旋转孪晶的形态；（d）图 2-26（a）的多重旋转孪晶衍射花样

面为($\bar{1}01$)，孪晶变体之间可相互旋转 36°得到；图 2.26（d）为图 2.26（c）多重旋转孪晶衍射花样，靠近中心斑点出现十个对称的斑点，具有十次对称现象。

图 2.27（a）所示为 2A12 合金自然时效组织中 T 相多重孪晶在 $[111]_T$ 位向下的短棒状形态，T 相内部隐约可见孪晶条纹；图 2.27（b）是其相对应的电子衍射花样，晶带轴为 $B=[111]_M/[111]_T$，公共衍射矢量为($\bar{1}01$)；图 2.27（c）是图 2.27（a）圆圈部位的放大像，显示 $B=[111]$ 位向下孪晶部分的晶格像，孪晶面为($\bar{1}01$)。若绕衍射矢量($\bar{1}01$)倾转 26.6°后，该短棒状 T 相形态如图 2.27（d）所示；图 2.27（e）是图 2.27（d）的电子衍射花样，其晶带轴 $B=[101]_M/[001]_T/[001]_{T1}$，公共衍射矢量($\bar{1}01$)和(020)，孪晶两部分 M 和 T 的衍射花样完全重合，似单一衍射花样，对应的孪晶形貌如图 2.27（f）所示，孪晶面为($\bar{1}01$)；另外图 2.27（e）出现另一孪晶变体 T1 的衍射花样，T1 的位向 $B=[001]$；需要特别强调的是图 2.27（e）的公共衍射矢量 $(020)_T$ 不是孪晶面的衍射矢量，而是其端面 $(020)_T$ 的衍射矢量（见图 2.27（d））。图 2.27（f）是图 2.27（d）中圆圈部位的放大像，即 $B=[101]_M/[001]_T$ 位向下孪晶形貌，孪晶面为($\bar{1}01$)。

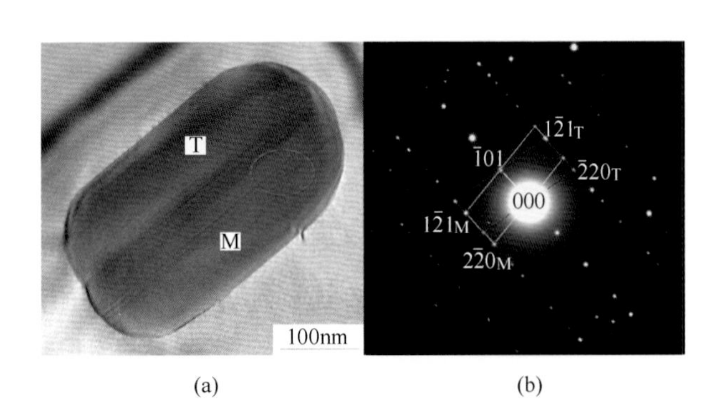

(a) (b)

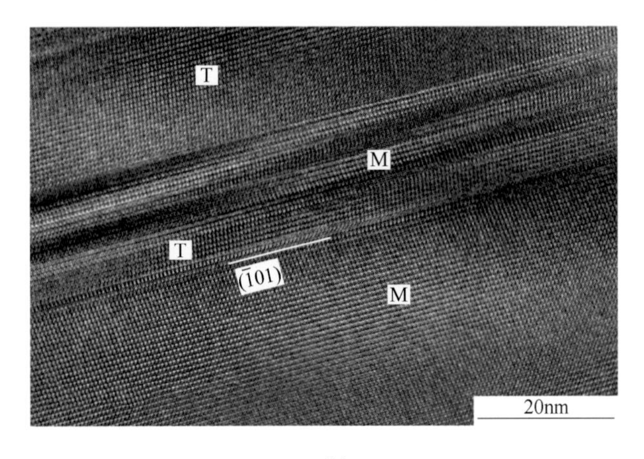

(c)

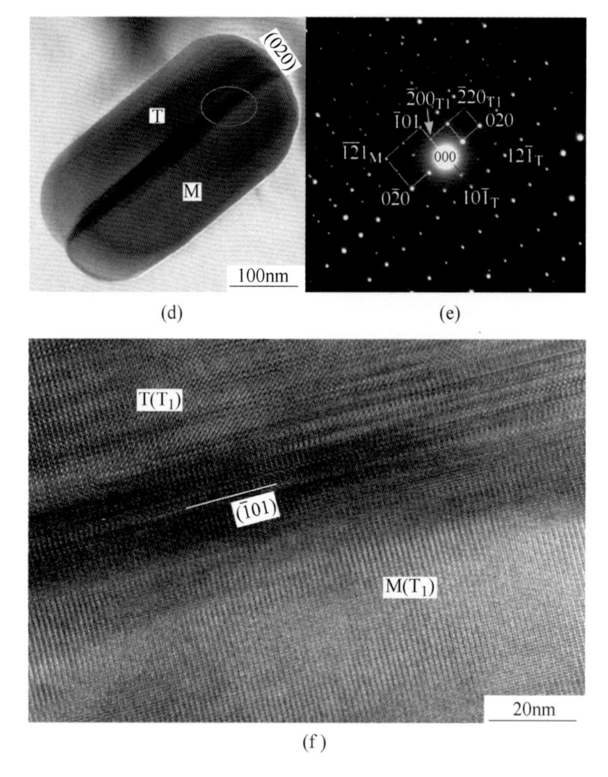

图 2.27 T 相孪晶形貌及孪晶衍射花样

(a) T 相的短棒状形态；(b) 图(a)的孪晶衍射花样；(c) 图(a)圆圈部位的放大像；

(d) 图(a)中的颗粒绕衍射矢量$(10\bar{1})_T$倾转 26.6°后的形态；

(e) 图(d)的电子衍射花样；(f) 图(d)中圆圈部位的放大像

2.3.3.4 T-$Al_{20}Cu_2Mn_3$ 相与母相 α-Al 之间的位向关系

据报道 T-$Al_{20}Cu_2Mn_3$ 相与基体的位向关系（OR）有 4 种[30,31]

$$\text{OR-I}: [010]_T // \langle 010\rangle_\alpha, \{200\}_T // \{200\}_\alpha$$

$$\text{OR-II}: [010]_T // \langle 010\rangle_\alpha, \{200\}_T // \{40\bar{3}\}_\alpha$$

$$\text{OR-III}: [010]_T // \langle 010\rangle_\alpha, \{200\}_T // \{301\}_\alpha$$

$$\text{OR-IV}: [010]_T // \langle 010\rangle_\alpha, (70\bar{3})_T / (002)_\alpha$$

其中 OR-Ⅱ是 T-$Al_{20}Cu_2Mn_3$ 相与基体 α-Al 常见的位向关系，而 OR-Ⅰ和 OR-Ⅲ可以由 OR-Ⅱ通过孪晶操作来形成。T-$Al_{20}Cu_2Mn_3$ 相的惯习面为 $\{200\}_T$ 和 $\{101\}_T$[30,31]。

图 2.28 所示为 2519 合金经 420℃热轧后 T-$Al_{20}Cu_2Mn_3$ 相颗粒在 $[001]_T$ 位向下的形态及其与基体 α-Al 的复合选区电子衍射花样。图 2.28（a）中依稀可见棒状 T 相内部的晶格条纹，T 相的轴线平行于 $[010]_T$，右上角为 T 相 FFT 变换的衍射花样；图 2.24（b）的复合衍射花样表明 T 相的 $[001]_T$ 晶带轴平行于 α-Al 基体的 $[100]_\alpha$ 晶带轴，T 相的 $(200)_T$ 衍射矢量近似平行于 α-Al 的基体的 $(220)_\alpha$ 衍射矢量，相差约 3.6°，二者的位向关系可描述为：

$$\text{OR-I}: [001]_T // [001]_\alpha, (010)_T // (020)_\alpha + 3.6°$$

此位向关系与报道的 OR-Ⅰ相似。

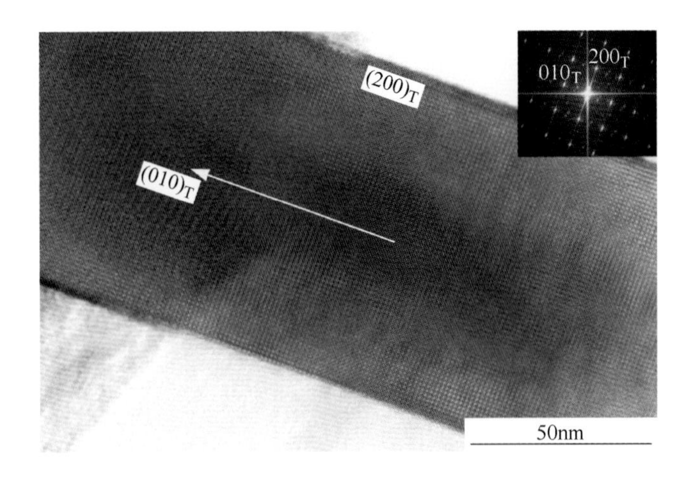

(a)

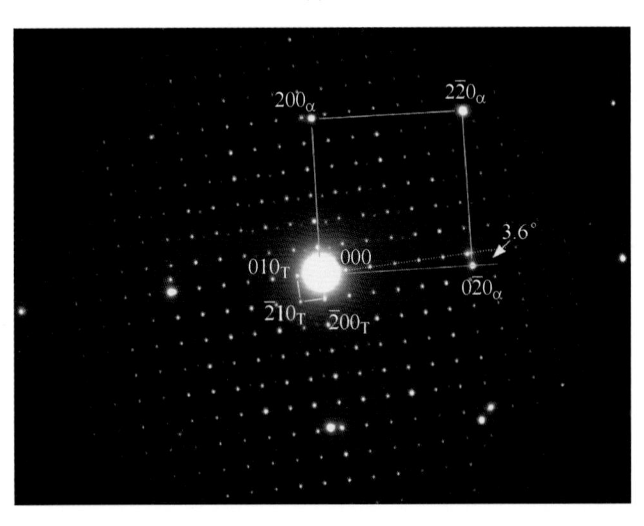

(b)

图 2.28　2519-R 态组织中 T 相在 $[001]_T$位向下的形态(a)和
其 SADP，$B=[001]_T // [001]_\alpha$ (b)
(图(a)与图(b)约 30°的磁转角偏差)

以此类推，图 2.29~图 2.33 的复合选区电子衍射花样也可依次得出 T-$Al_{20}Cu_2Mn_3$相与 α-Al 基体的其他位向关系：

OR-Ⅱ：$[001]_T // [001]_\alpha$，$(240)_T // (220)_\alpha$

OR-Ⅲ：$[010]_T // [010]_\alpha$，$(10\bar{1})_T // (002)_\alpha + 4.6°$

OR-Ⅳ：$[010]_T // [010]_\alpha$，$(101)_T // (202)_\alpha$

OR-Ⅴ：$[101]_T / [100]_\alpha$，$(010)_T / (020)_\alpha$

OR-Ⅵ：$[103]_T / [101]_\alpha$，$(020)_T // (020)_\alpha$

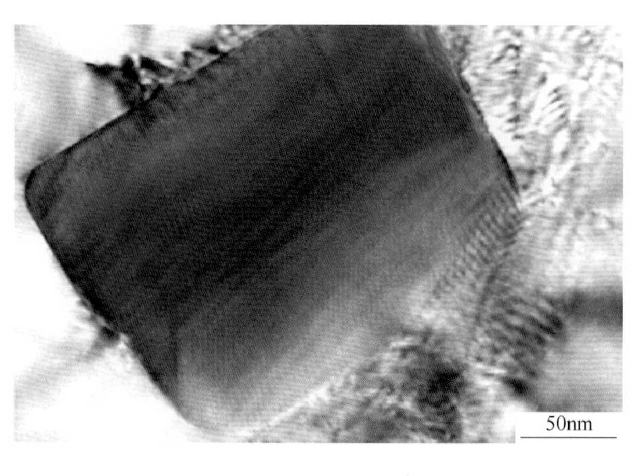

(a)

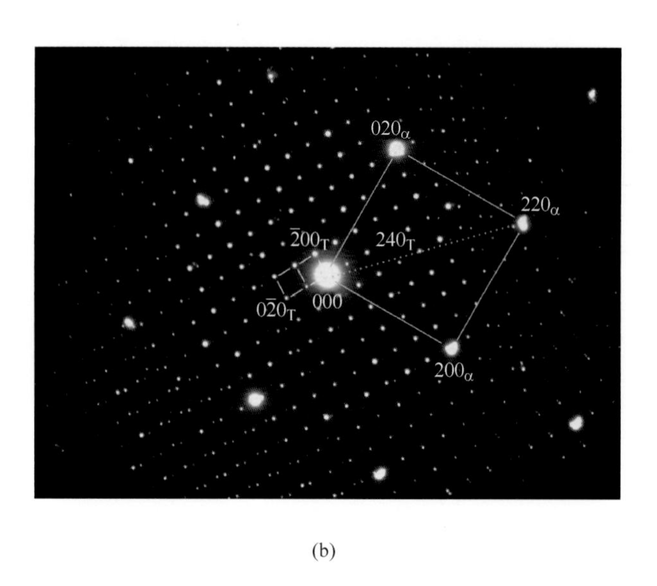

(b)

图 2.29　2519-R 态组织 T 相在 $[001]_T$位向下的形态(a)和其 SADP，$B=[001]_T /\!/ [001]_\alpha$(b)

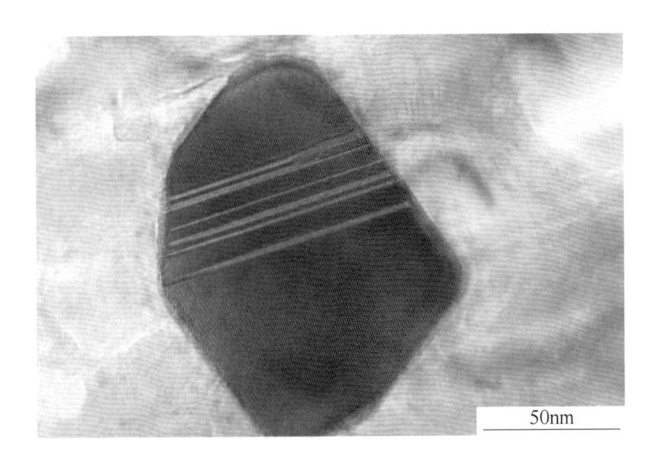

(a)

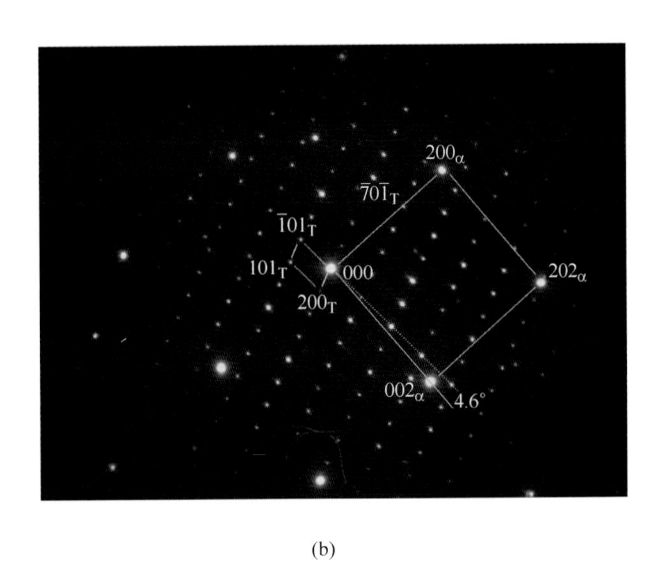

(b)

图 2.30　2A02-R 态组织中 T 相在［010］$_{T}$位向下的形态(a) 和其 SADP, $B=[010]_{T}/\!/[010]_{\alpha}$(b)

(图(a)与图(b)约 30°的磁转角偏差)

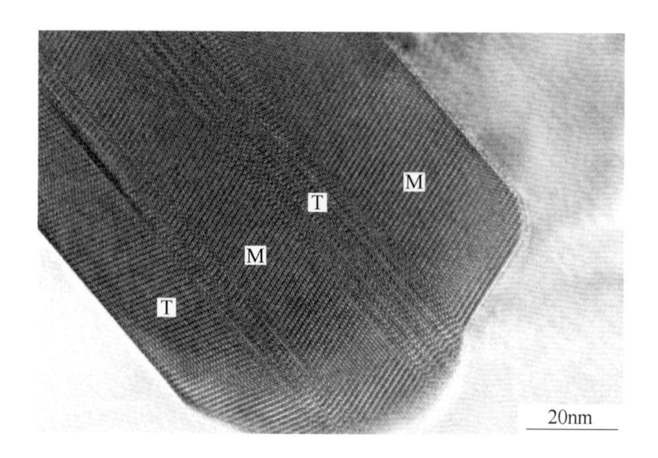

(a)

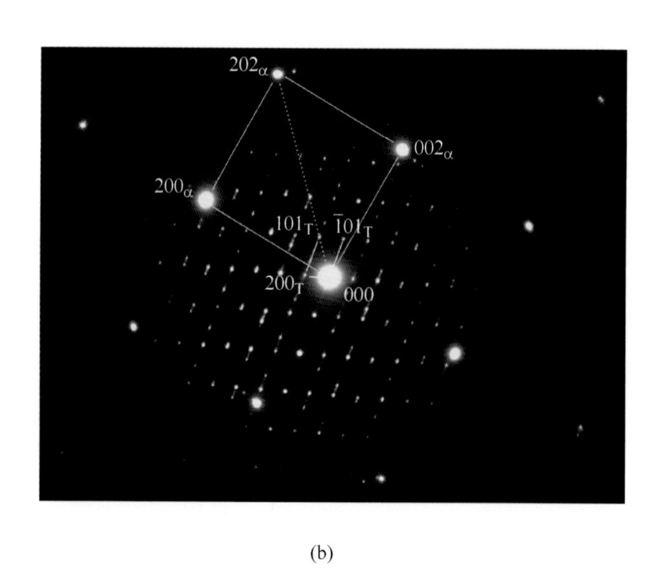

(b)

图 2.31 2519-R 态组织中 T 相在 $[010]_T$位向下的形态(a)和其 SADP，$B=[010]_T//[010]_α$(b)

（图(a)与图(b)约 30°的磁转角偏差）

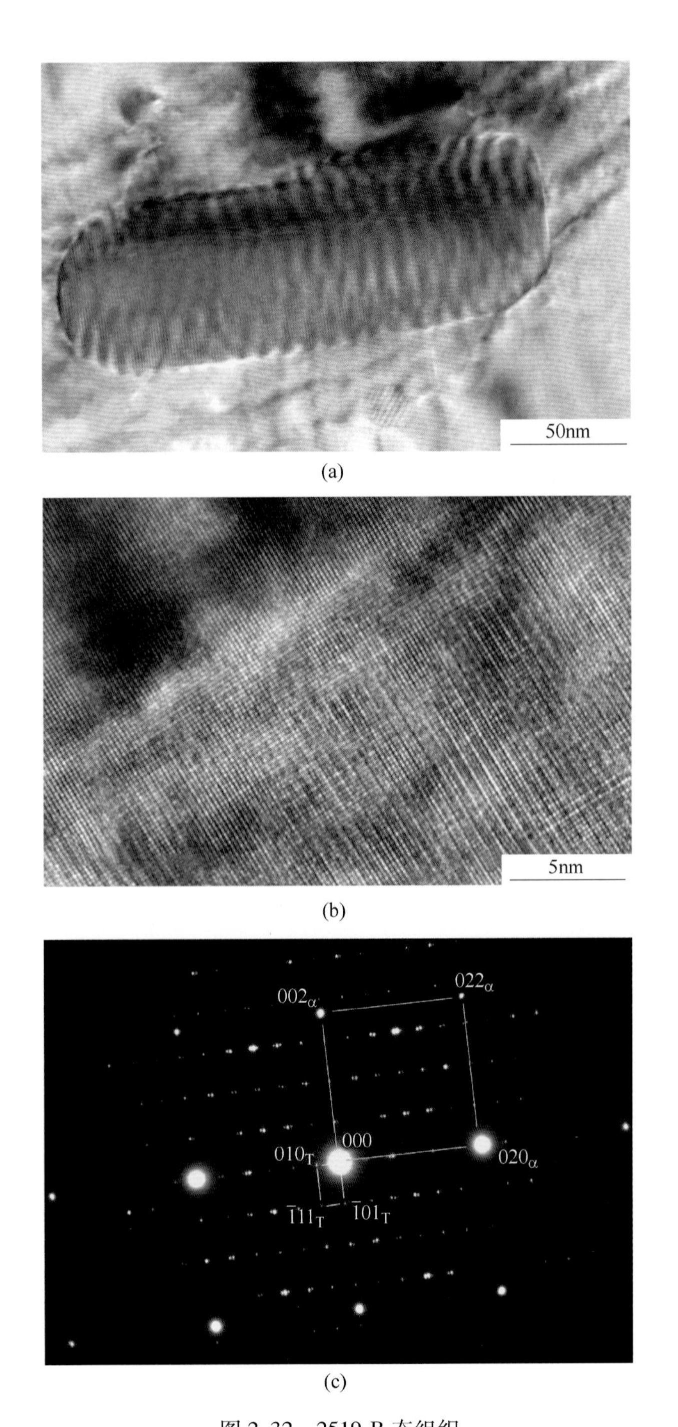

图 2.32　2519-R 态组织

(a) T 相在 $[010]_{T}$ 位向下的形态；(b) 高分辨像；(c) SADP，$B=[101]_{T}/[100]_{\alpha}$

(图(a)与图(b)约 30°的磁转角偏差)

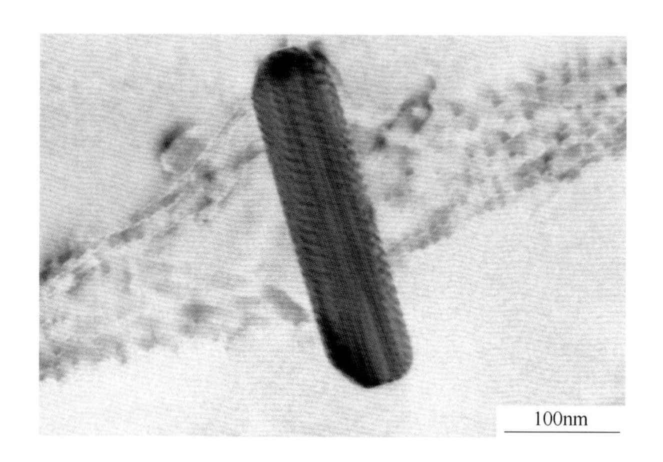

(a)

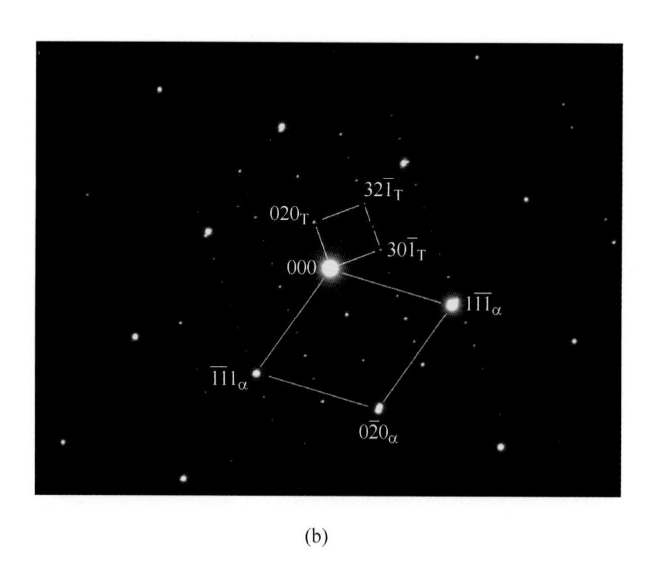

(b)

图 2.33　2519-R 态组织中 T 相在 $[103]_T$ 位向下的形态(a)和其 SADP，$B=[103]_T/[101]_\alpha$(b)

图 2.34 所示为 $[001]_T/[001]_\alpha$晶向复合极射投影图，描述了 T-$Al_{20}Cu_2Mn_3$相与 α-Al 基体位向关系之间的联系，极图中心为 $[001]_T // [001]_\alpha$。图中红色数字和红色实心小圆表示 T-$Al_{20}Cu_2Mn_3$相晶向指数及其在极图中的位置；蓝色数字和蓝色实心小圆表示 α-Al 基体的晶向指数及其在极图中的位置。上述位向关系之间的“旋转”关系如极图中箭头所示，如 OR-Ⅱ中的 α-Al 基体绕极图中心 $[001]_T // [001]_\alpha$轴旋转约 36°后，此时 α-Al 基体位向 $[010]_\alpha$与 T-相 $[010]_T$位向几乎相靠近，到达 R 点处；$[101]_\alpha$与 $[103]_T$位向几乎相靠近，到达 P 点处。R 处出现 OR-Ⅰ、OR-Ⅲ和 OR-Ⅳ位向关系，此三者之间又可通过旋转或孪晶操作相互形成；而 P 处出现 OR-Ⅵ位向关系。

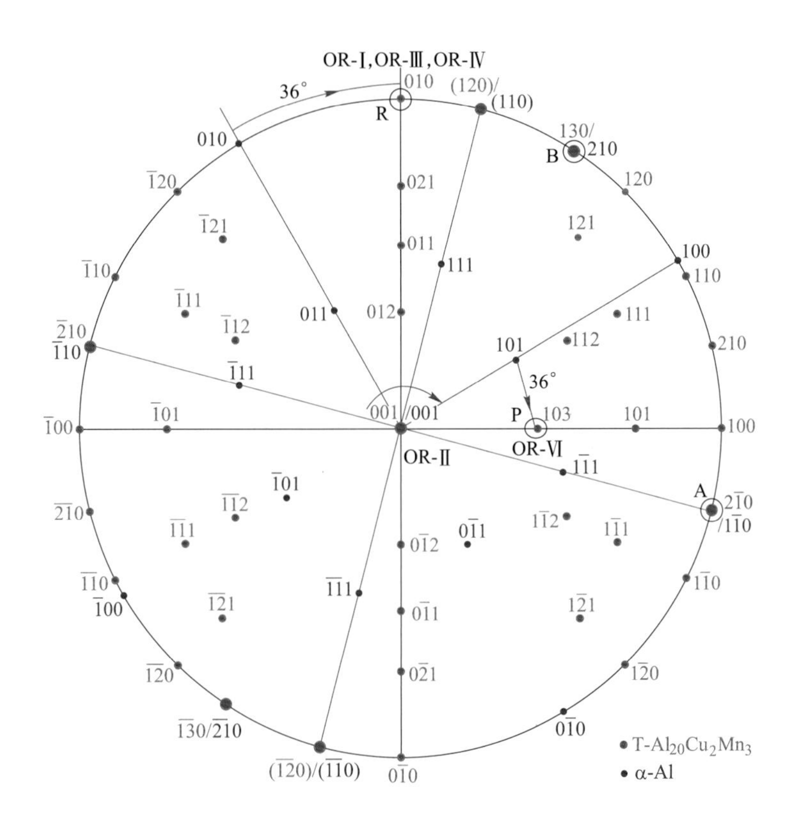

图 2.34 $[001]_T/[001]_\alpha$ 晶向复合极射投影图

另外，极图中还存在 T 相和 α-Al 基体二者晶向重合或近似重合的区域，用黑色字体 A 和 B 标注，T-$Al_{20}Cu_2Mn_3$相和母相 α-Al 之间等效的其他位向关系可能还存在下面两种：

$$\text{OR-Ⅱ A}: [\bar{2}10]_T / [\bar{1}10]_\alpha,\ (240)_T // (220)_\alpha$$

$$\text{OR-Ⅱ B}: [130]_T // [210]_\alpha,\ (002)_T // (002)_\alpha$$

综上所述 T-$Al_{20}Cu_2Mn_3$相与母相 α-Al 之间的位向关系具有多样性。

2.3.4 $Al_{12}Mn_3Si$ 相

$Al_{12}Mn_3Si$ 相属立方晶系，空间群为 $Pm3$；单位晶胞内有 138 个原子；点阵参数 $a=1.265\sim1.268nm$，密度为 $3550kg/m^3$，其晶胞结构示意图如图 2.35 所示。$Al_{12}Mn_3Si$ 相是 2×××铝合金中常见的杂质相，尤其是在含 Mg 量低的 2×××系合金中易出现。$Al_{12}Mn_3Si$ 相在不同加工状态的 2×××系合金中的形态见表 2.14，似球状、粒状、方块状、短棒状，轮廓清晰，颗粒内部有时出现层错缺陷。

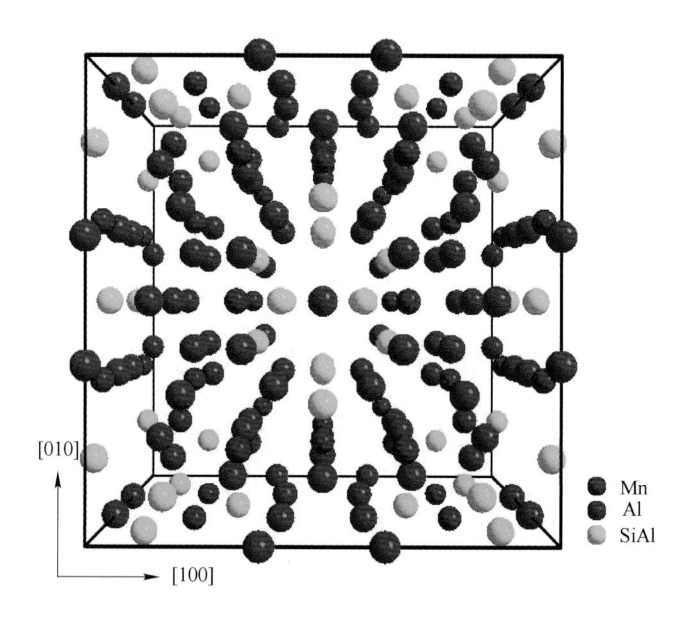

图 2.35 $Al_{12}Mn_3Si$ 相晶胞结构示意图

表 2.14 $Al_{12}Mn_3Si$ 相在不同位向下的形态

不同位向下的形态	
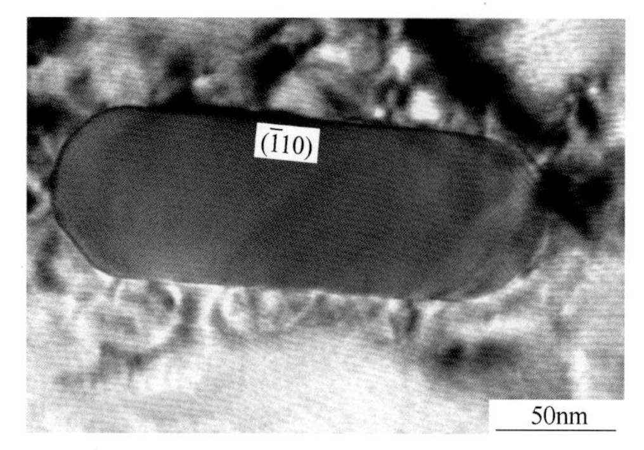 图 1 合金及状态：2A11-T4 态 组织特征：短棒状，轮廓清晰，$B=[001]$	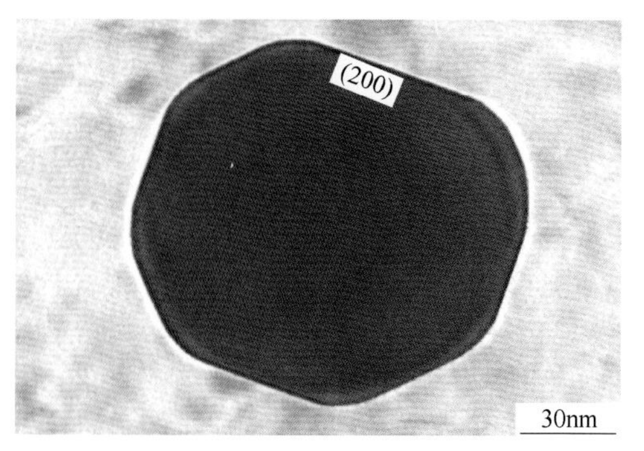 图 2 合金及状态：2A11-T4 态 组织特征：球状，轮廓清晰，$B=[001]$

续表 2.14

不同位向下的形态

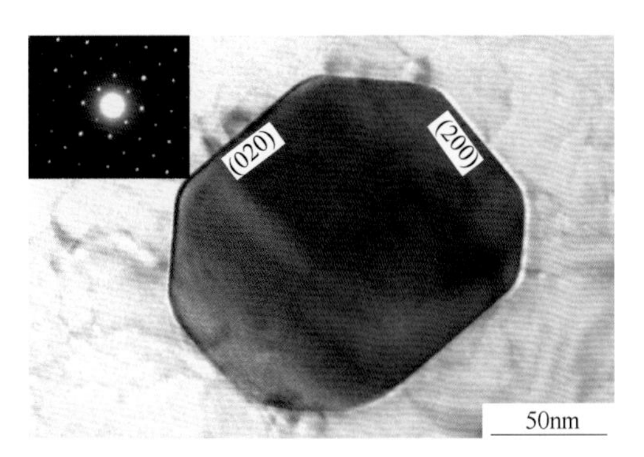

图 3　合金及状态：2A11-T4 态
组织特征：方块状，轮廓清晰，$B=[001]$

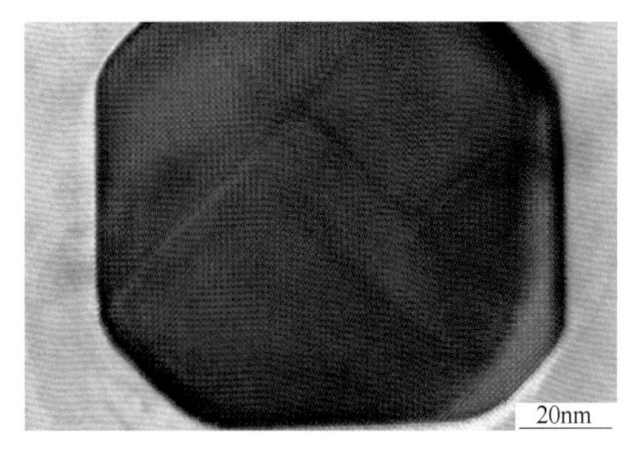

图 4　合金及状态：2A11-T4 态
组织特征：方块状，轮廓清晰，颗粒内部出现衬度变化，其间有层错条纹，$B=[001]$

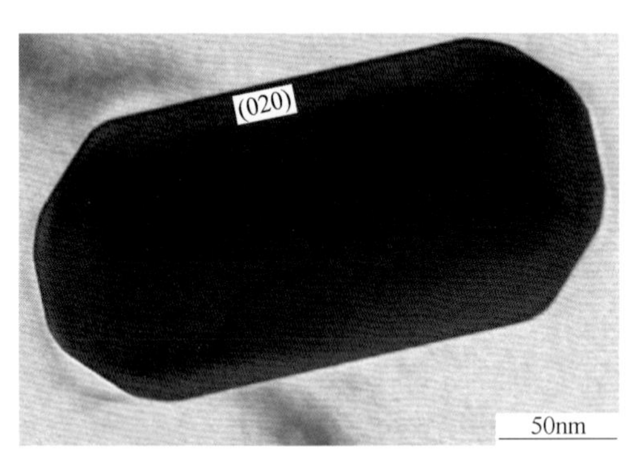

图 5　合金及状态：2A10-T4 态
组织特征：短棒状，轮廓清晰，$B=[001]$

图 6　合金及状态：2A11-T4 态
组织特征：方块状，轮廓清晰，$B=[001]$

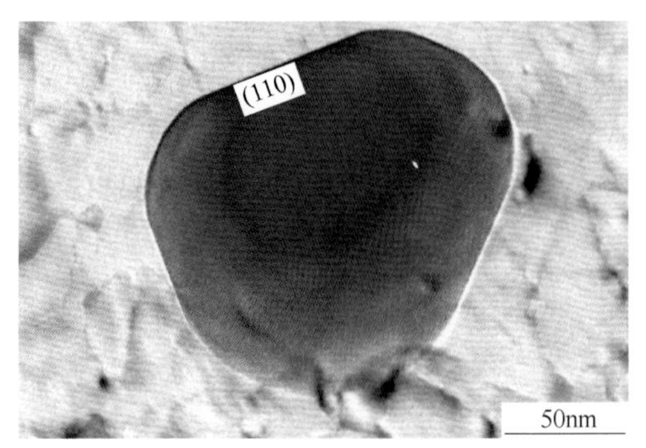

图 7　合金及状态：2A11-T4 态
组织特征：粒状或球状，轮廓清晰，$B=[001]$

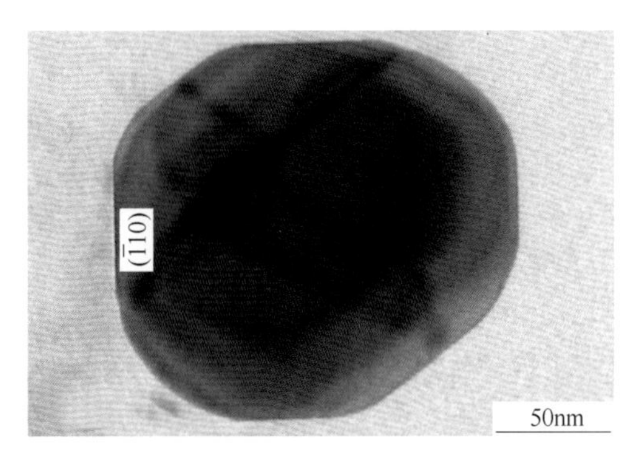

图 8　合金及状态：2A10-T4 态
组织特征：粒状或球状，轮廓清晰，颗粒内部出现衬度变化，$B=[110]$

续表 2.14

不同位向下的形态

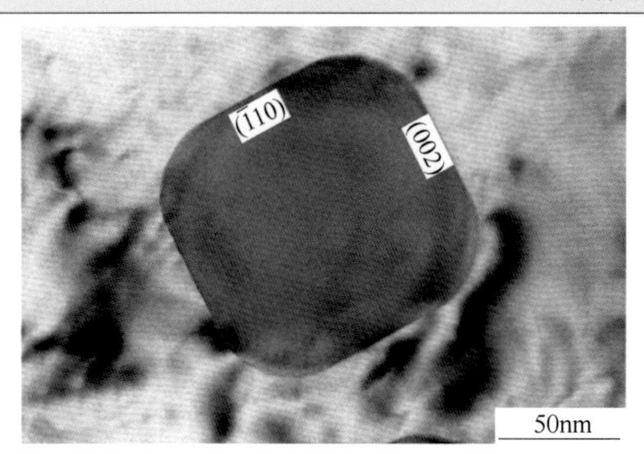

图 9　合金及状态：2A11-T4 态

组织特征：方块状，轮廓清晰，$B=[110]$

图 10　合金及状态：2A04-O 态

组织特征：球状，与 S-Al_2CuMg 相相伴而生，$B=[\bar{5}32]_S$

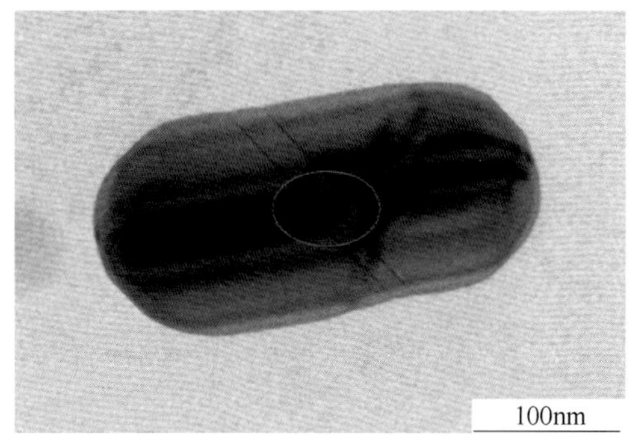

(a)

(b)

图 11　合金及状态：2A10-T4 态

（a）组织特征：短棒状，轮廓清晰，颗粒内部出现衬度变化，其间有层错条纹，$B=[110]$；

（b）图(a)圆圈部位的高分辨像（约 30°磁转角偏差）；右上角插图为其 FFT 变换的衍射花样，$B=[110]$

注：$B=[uvw]$ 表示电子束方向，即 $Al_{12}Mn_3Si$ 相的晶带轴，也即观察分向。

图 2.36 所示为 2A10 合金自然时效组织中杂质相 $Al_{12}Mn_3Si$ 相的能量色散谱（EDS）曲线，由 Al、Mn 和 Si 元素组成。

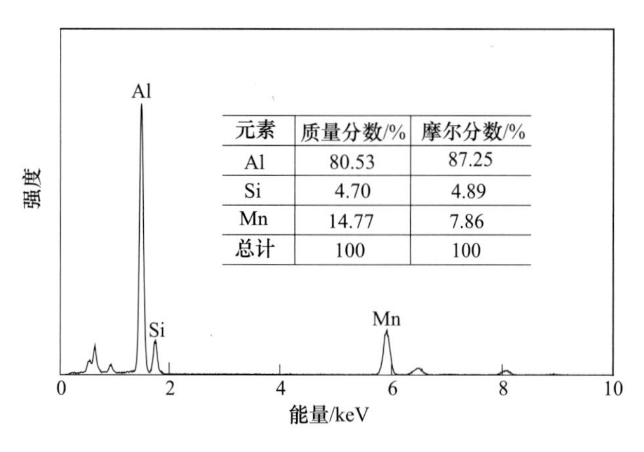

元素	质量分数/%	摩尔分数/%
Al	80.53	87.25
Si	4.70	4.89
Mn	14.77	7.86
总计	100	100

图 2.36　2A10 合金自然时效组织中杂质相 $Al_{12}Mn_3Si$ 相的能量色散谱

2.3.5 Al_6Mn 相

Al_6Mn 相是铝合金中常见的固溶相或杂质相，尺寸较大。在所观察的2×××系铝合金中比较少见，详细介绍参见第3~4章。

2.4 常用2×××系铝合金的电子金相图谱

2×××系铝合金的电子金相图谱见表2.15。

表2.15 2×××系铝合金的电子金相图谱

电子金相图谱

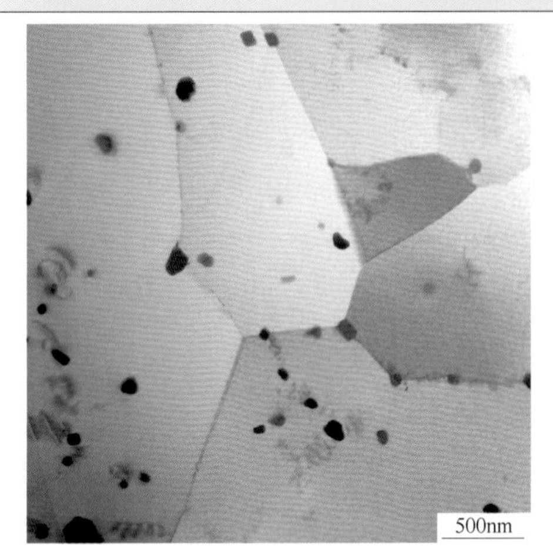

图1 合金及状态：2A02-T4态
组织特征：α-Al基体的晶粒大小不一致，晶界和晶粒内分布块状T-$Al_{20}Cu_2Mn_3$相，$B\approx[001]_\alpha$

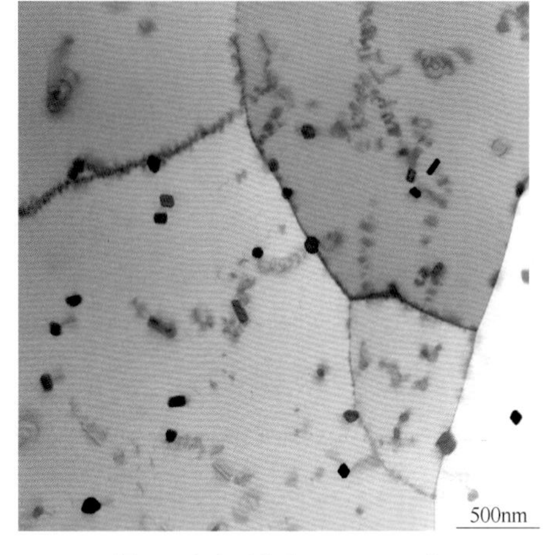

图2 合金及状态：2A02-T4态
组织特征：α-Al基体的晶粒大小不一致，晶界和晶粒内分布块状T-$Al_{20}Cu_2Mn_3$相，$B\approx[001]_\alpha$

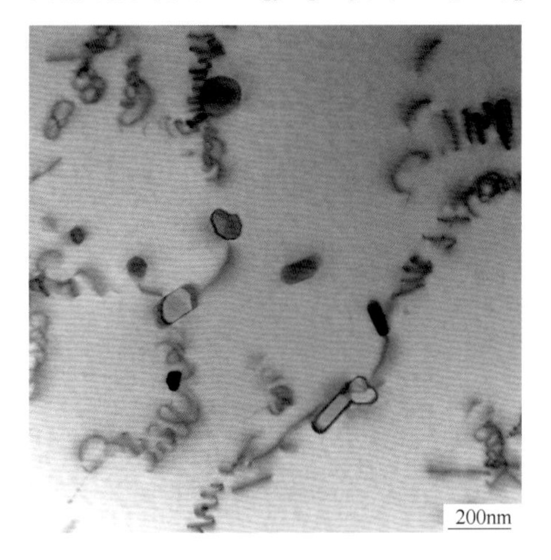

图3 合金及状态：2A02-T4态
组织特征：α-Al基体的晶粒内分布块状、短棒状的T-$Al_{20}Cu_2Mn_3$相和部分蜷线位错，$B=[001]_\alpha$

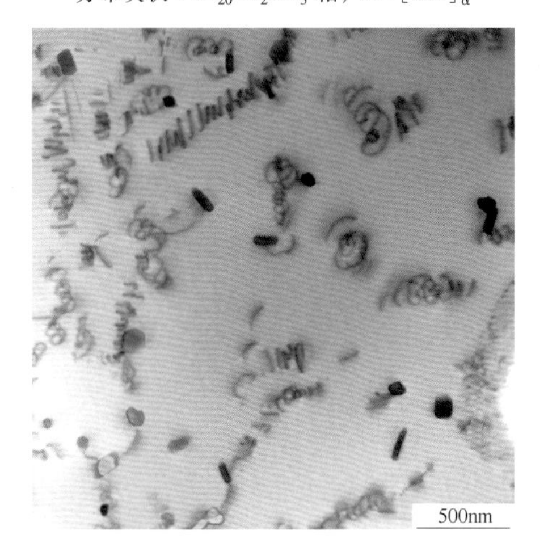

图4 合金及状态：2A02-T4态
组织特征：α-Al基体的晶粒内分布块状、短棒状的T-$Al_{20}Cu_2Mn_3$相和部分蜷线位错，$B=[001]_\alpha$

续表 2.15

电子金相图谱

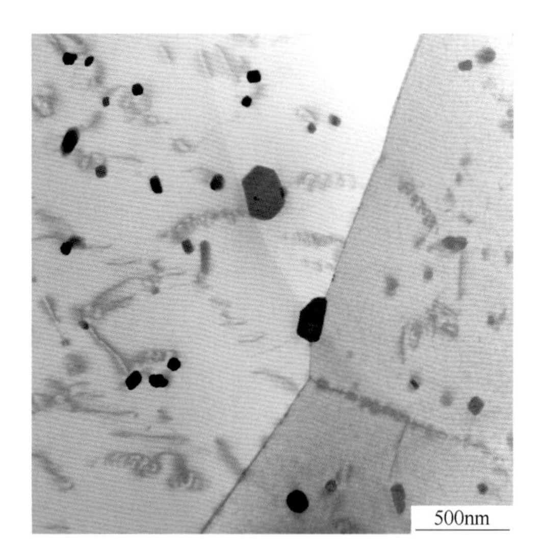

图 5 合金及状态：2A02-T4 态
组织特征：α-Al 基体的晶粒内和晶界上分布块状、短棒状的 $T\text{-}Al_{20}Cu_2Mn_3$ 相和部分蜷线位错，$B=[001]_\alpha$

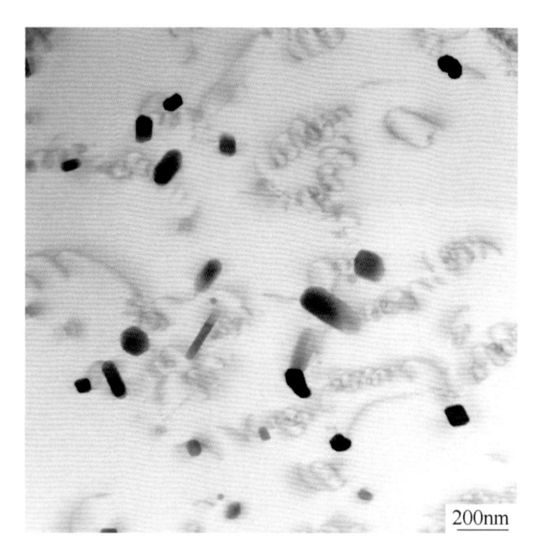

图 6 合金及状态：2A02-T4 态
组织特征：α-Al 基体的晶粒内分布块状、短棒状的 $T\text{-}Al_{20}Cu_2Mn_3$ 相和部分蜷线位错，$B=[001]_\alpha$

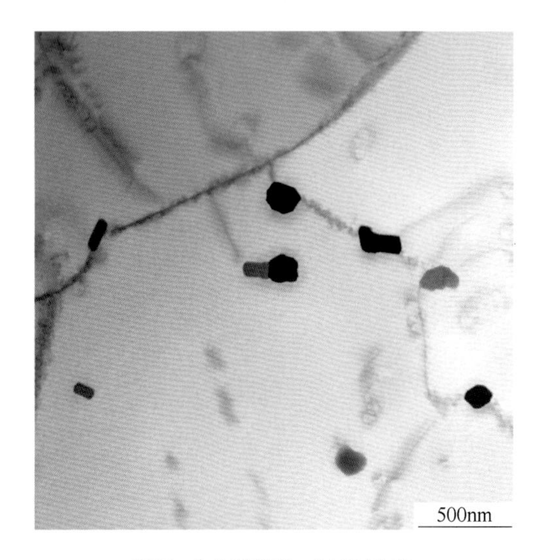

图 7 合金及状态：2A02-T4 态
组织特征：α-Al 基体的晶粒内和晶界上分布块状、短棒状的 $T\text{-}Al_{20}Cu_2Mn_3$ 相和部分蜷线位错，$B=[001]_\alpha$

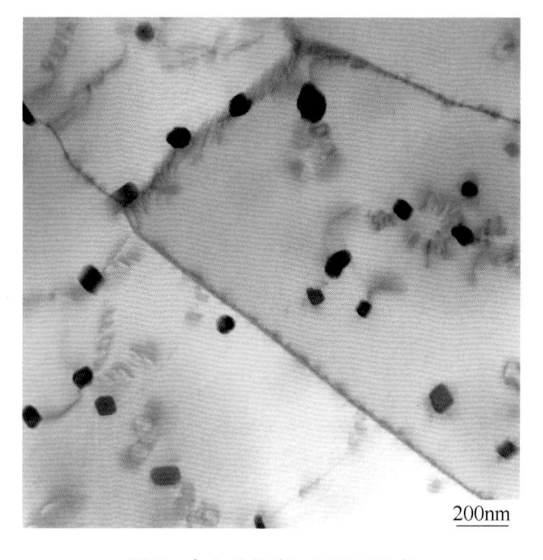

图 8 合金及状态：2A02-T4 态
组织特征：α-Al 基体的晶粒内和晶界上分布块状 $T\text{-}Al_{20}Cu_2Mn_3$ 相和部分蜷线位错，$B=[001]_\alpha$

续表 2.15

电子金相图谱

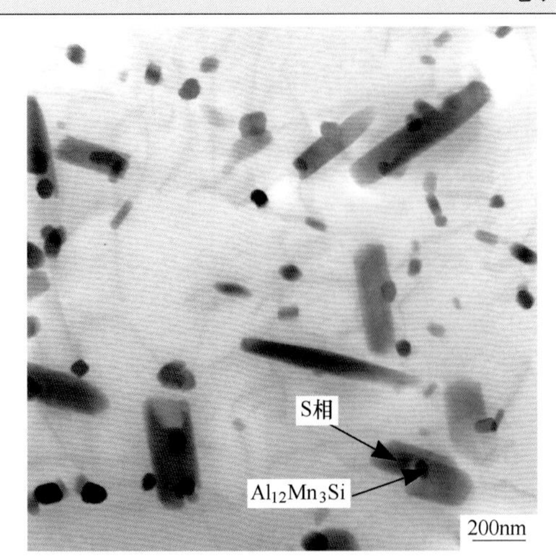

图 9 合金及状态：2A02-O 态
组织特征：α-Al 基体的晶粒内分布较粗的棒状或条状 S-Al_2CuMg 相以及块状或球状的 T-$Al_{20}Cu_2Mn_3$ 相，部分球状 $Al_{12}Mn_3Si$ 相夹于 S 相之间

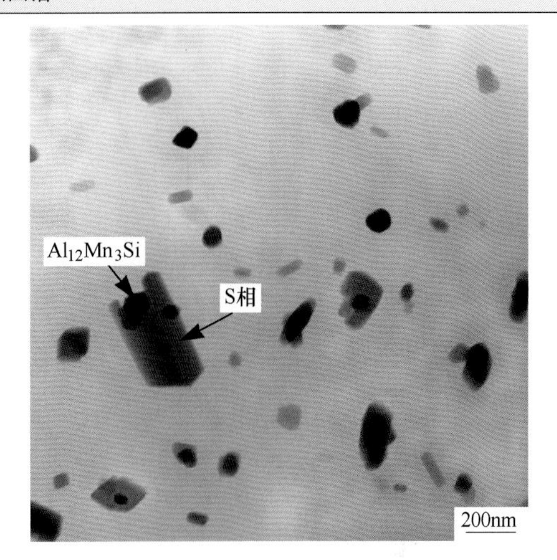

图 10 合金及状态：2A02-O 态
组织特征：α-Al 基体的晶粒内分布形状不规则的 S-Al_2CuMg 相和块状或球状的 T-$Al_{20}Cu_2Mn_3$ 相；部分球状 $Al_{12}Mn_3Si$ 相夹于 S 相之间

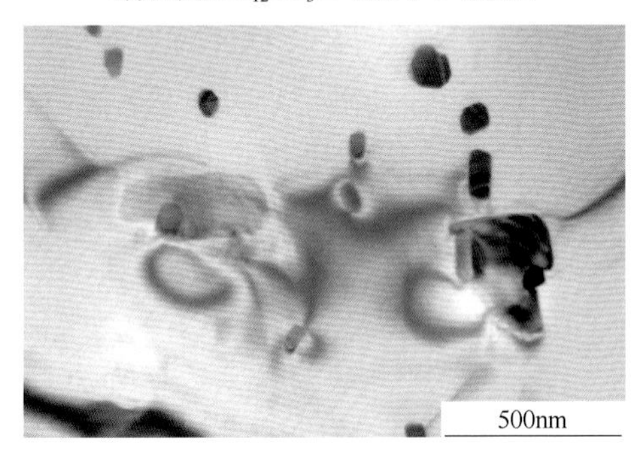

图 11 合金及状态：2A02-O 态
组织特征：α-Al 基体的晶粒内分布形状不规则的 S-Al_2CuMg 相和块状或球状的 T-$Al_{20}Cu_2Mn_3$ 相

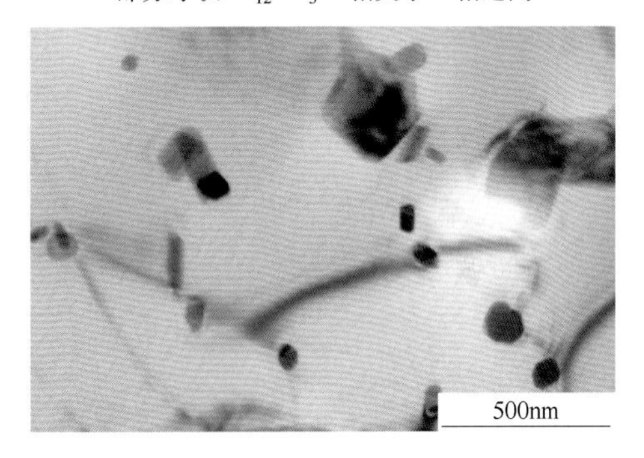

图 12 合金及状态：2A02-O 态
组织特征：α-Al 基体的晶粒内分布形状不规则的 S-Al_2CuMg 相和块状或球状的 T-$Al_{20}Cu_2Mn_3$ 相

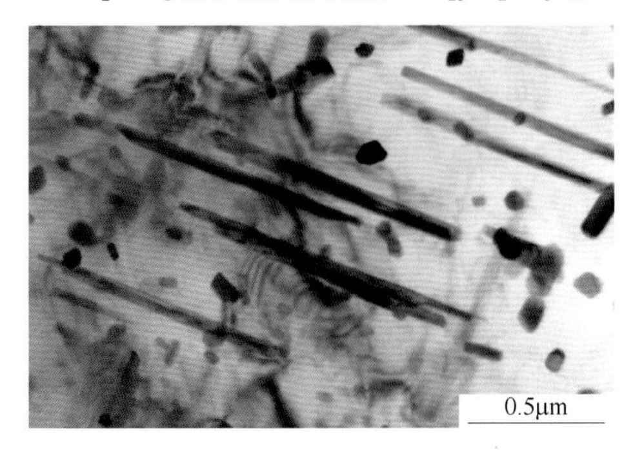

图 13 合金及状态：2A02-R 态
组织特征：α-Al 基体的晶粒内分布规则排列的板条状 S-Al_2CuMg 相和块状 T-$Al_{20}Cu_2Mn_3$ 相

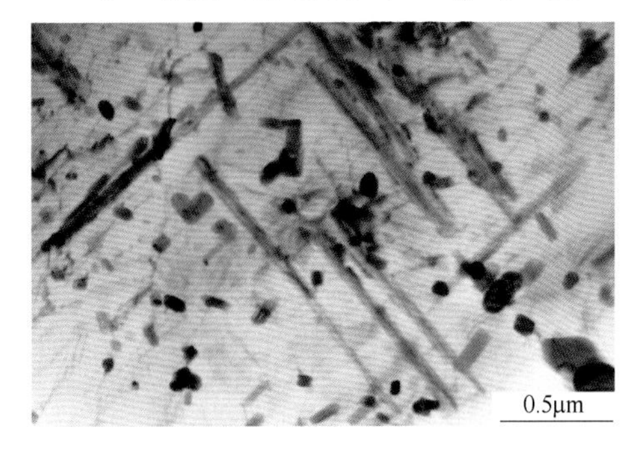

图 14 合金及状态：2A02-R 态
组织特征：α-Al 基体的晶粒内分布板条状 S-Al_2CuMg 相和块状 T-$Al_{20}Cu_2Mn_3$ 相

续表 2.15

电子金相图谱

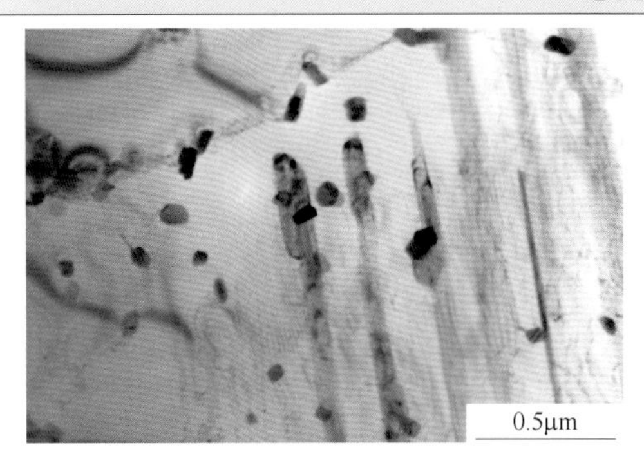

图 15　合金及状态：2A02-R 态
组织特征：α-Al 基体的晶粒内分布一组板条状 $S\text{-}Al_2CuMg$ 相和块状 $T\text{-}Al_{20}Cu_2Mn_3$ 相

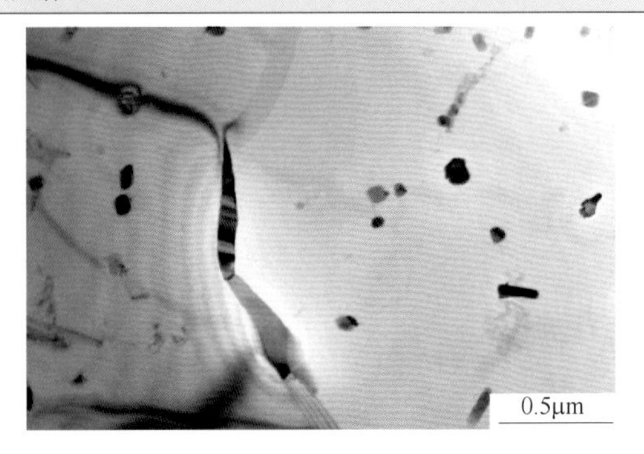

图 16　合金及状态：2A02-R 态
组织特征：α-Al 基体的晶界上分布形状不规则且尺寸较大的 $S\text{-}Al_2CuMg$ 相，晶粒内有块状 $T\text{-}Al_{20}Cu_2Mn_3$ 相

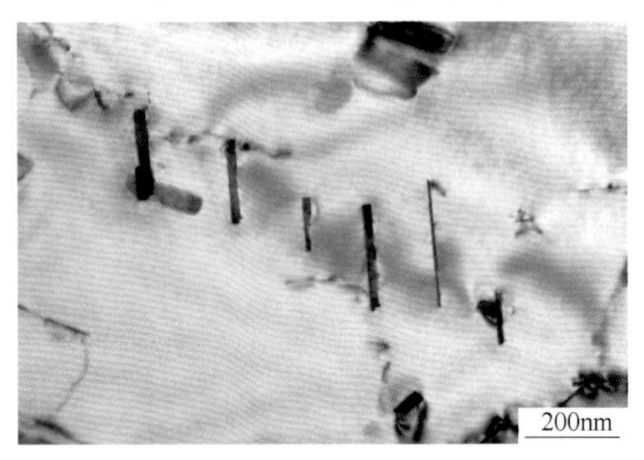

图 17　合金及状态：2A02-R 态
组织特征：α-Al 基体的晶粒内分布一组平行排列的板条状 $S\text{-}Al_2CuMg$ 相

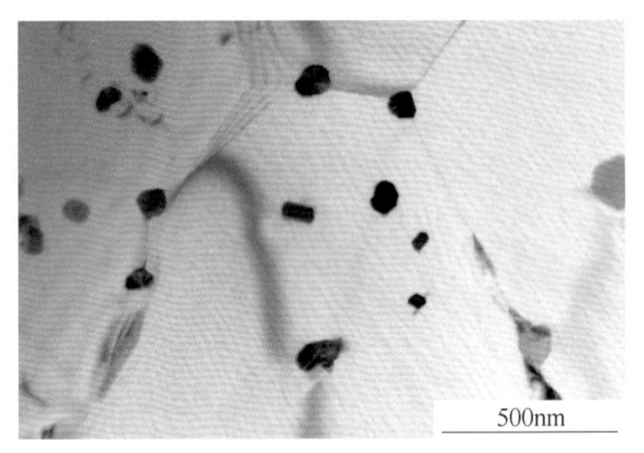

图 18　合金及状态：2A04-R 态
组织特征：α-Al 基体的晶粒内和晶界上分布块状 $T\text{-}Al_{20}Cu_2Mn_3$ 相

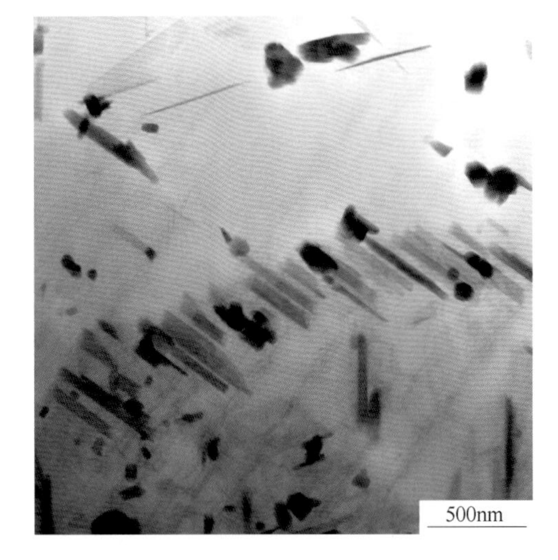

图 19　合金及状态：2A02-R 态
组织特征：α-Al 基体的晶粒内分布一组排列规则的板条状 $S\text{-}Al_2CuMg$ 相和少量块状 $T\text{-}Al_{20}Cu_2Mn_3$ 相

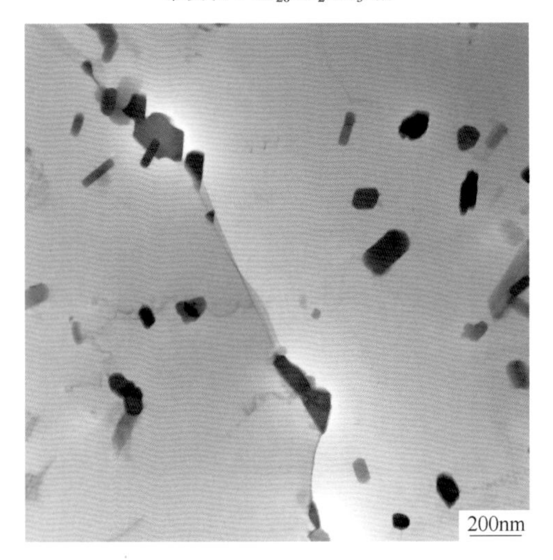

图 20　合金及状态：2A02-R 态
组织特征：晶界上分布形状不规则且尺寸较大的 $S\text{-}Al_2CuMg$ 相，晶粒内分布具有孪晶缺陷的块状 $T\text{-}Al_{20}Cu_2Mn_3$ 相

续表 2.15

电子金相图谱

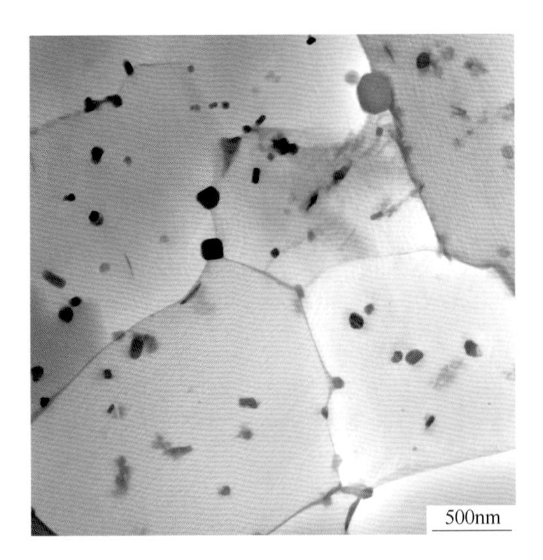

图 21 合金及状态：2A04-R 态
组织特征：α-Al 基体的晶粒大小不一致，晶界和晶粒内分布块状或球状 $T\text{-}Al_{20}Cu_2Mn_3$ 相

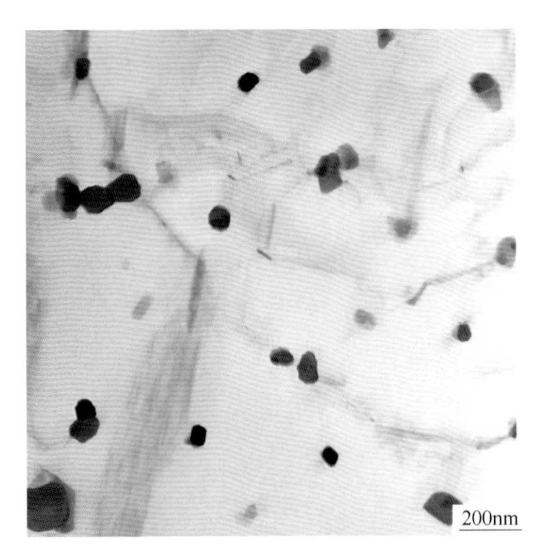

图 22 合金及状态：2A04-R 态
组织特征：α-Al 基体的晶粒内分布较多块状或球状 $T\text{-}Al_{20}Cu_2Mn_3$ 相

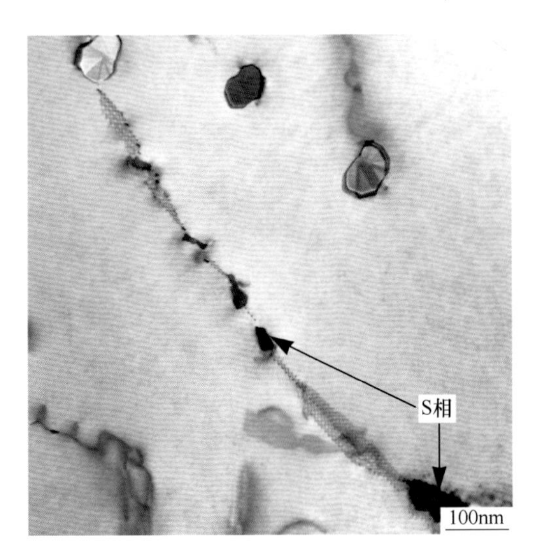

图 23 合金及状态：2A04-R 态
组织特征：α-Al 基体的晶粒内分布具有孪晶形貌的块状 $T\text{-}Al_{20}Cu_2Mn_3$ 相，晶界上分布形状不规则的 $S\text{-}Al_2CuMg$ 相

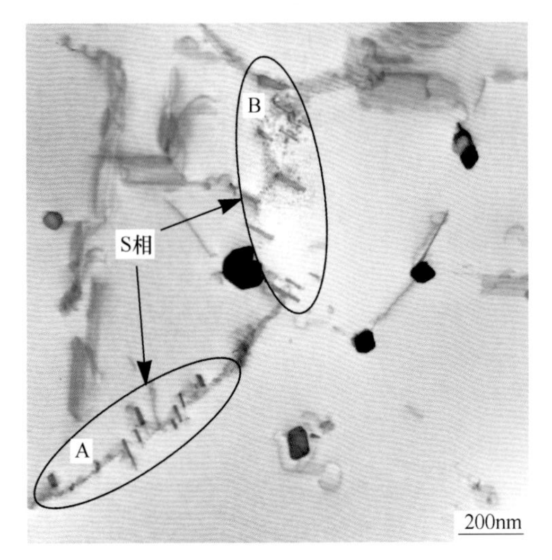

图 24 合金及状态：2A04-R 态
组织特征：α-Al 基体的晶粒内分布块状或球状的 $T\text{-}Al_{20}Cu_2Mn_3$ 相和细小板条状 $S\text{-}Al_2CuMg$ 相（如图中椭圆圈所示）

续表 2.15

电子金相图谱

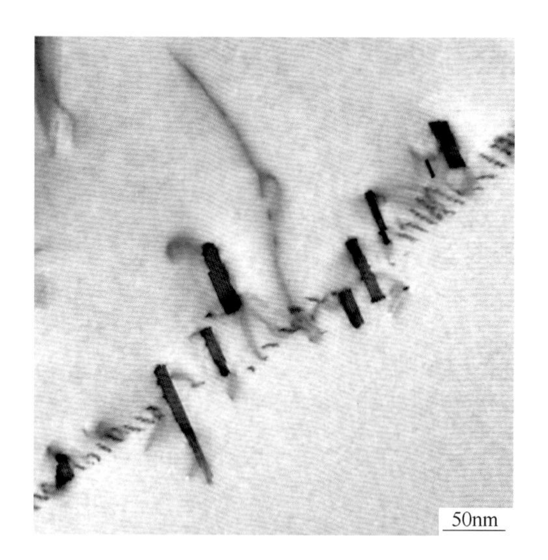

图 25　合金及状态：2A04-R 态
组织特征：图 24 中 A 区域的放大像，
一组排列较规则的板条状 S-Al_2CuMg 相

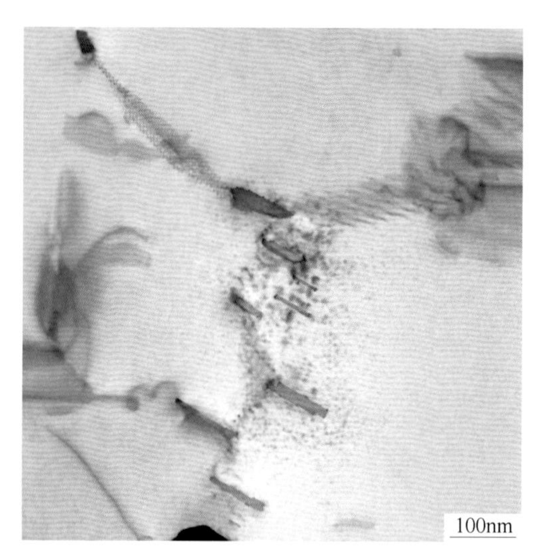

图 26　合金及状态：2A04-R 态
组织特征：图 24 中 B 区域的部分放大像，一组
排列较规则的板条状 S-Al_2CuMg 相

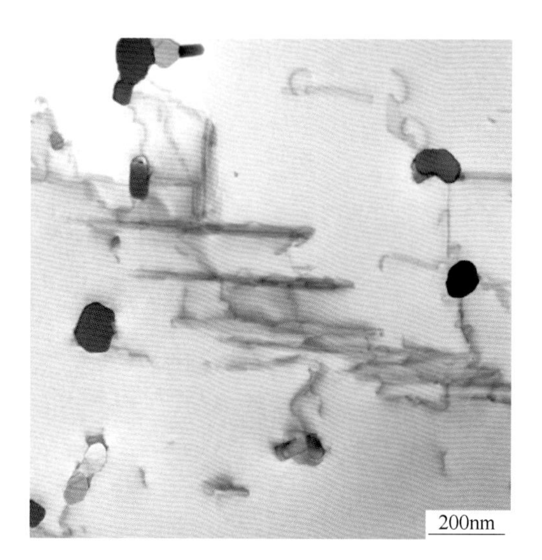

图 27　合金及状态：2A04-R 态
组织特征：α-Al 基体的晶粒内分布板条状
S-Al_2CuMg 相和块状或球状 T-$Al_{20}Cu_2Mn_3$ 相

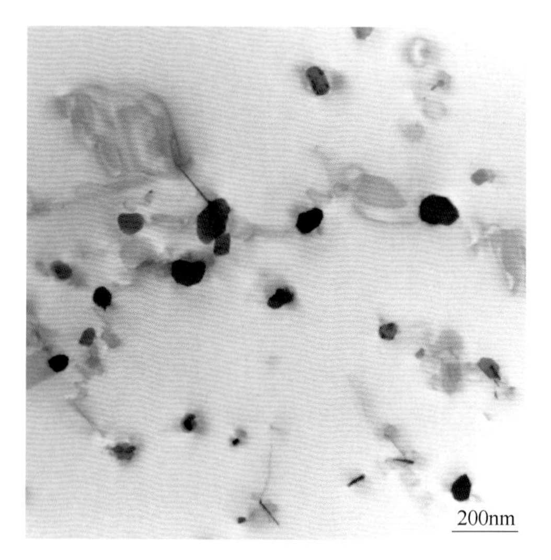

图 28　合金及状态：2A04-R 态
组织特征：α-Al 基体的晶粒内分布块状
或球状 T-$Al_{20}Cu_2Mn_3$ 相

续表 2.15

电子金相图谱

图 29 合金及状态：2A04-R 态
组织特征：α-Al 基体的晶粒内分布板条状的 S-Al_2CuMg 相

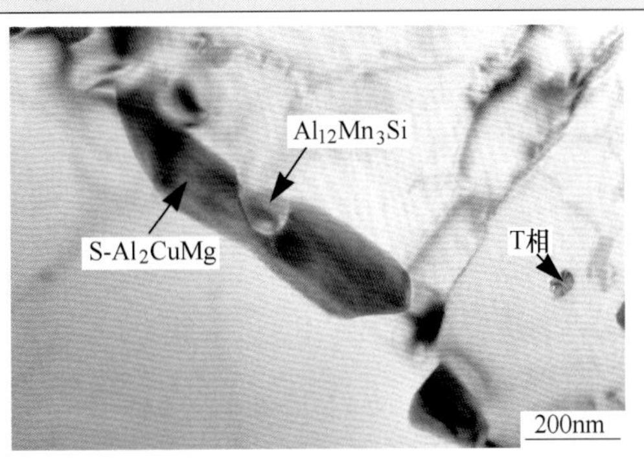

图 30 合金及状态：2A04-R 态
组织特征：α-Al 基体的晶界上分布棒状 S-Al_2CuMg 相，中间夹有 $Al_{12}Mn_3Si$ 相，两者相伴而生，晶粒内分布 T-$Al_{20}Cu_2Mn_3$ 相颗粒

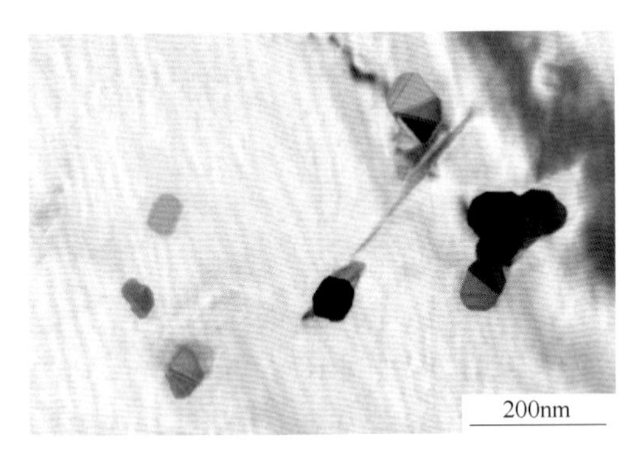

图 31 合金及状态：2A04-R 态
组织特征：α-Al 基体的晶粒内分布具有孪晶形貌的 T-$Al_{20}Cu_2Mn_3$ 相

图 32 合金及状态：2A04-R 态
组织特征：α-Al 基体的晶粒内分布具有孪晶形貌的 T-$Al_{20}Cu_2Mn_3$ 相

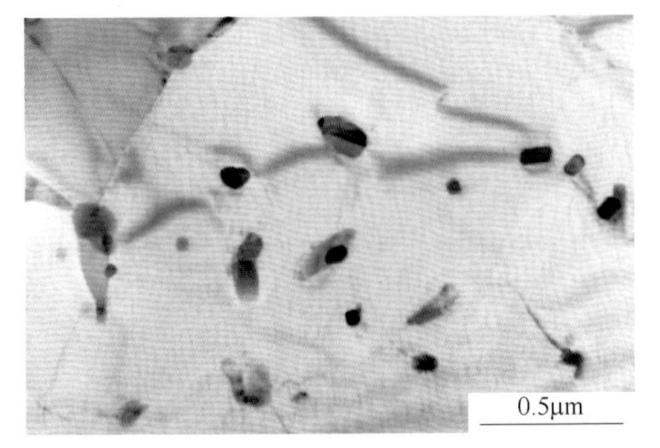

图 33 合金及状态：2A04-O 态
组织特征：α-Al 基体的晶粒内分布块状 T-$Al_{20}Cu_2Mn_3$ 相和形状不规则的 S-Al_2CuMg 相

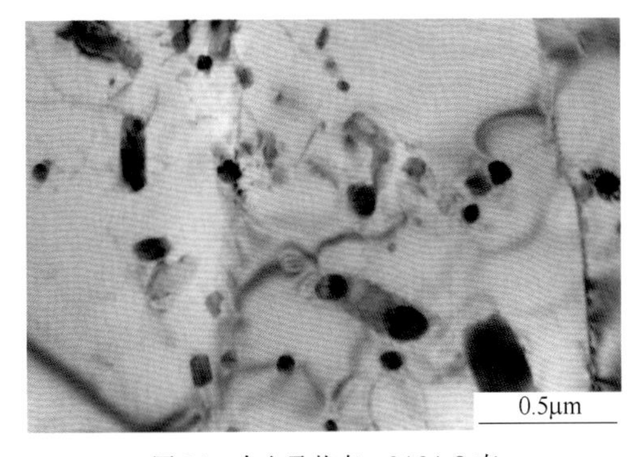

图 34 合金及状态：2A04-O 态
组织特征：α-Al 基体的晶粒内分布块状 T-$Al_{20}Cu_2Mn_3$ 相和形状不规则的 S-Al_2CuMg 相

续表 2. 15

电子金相图谱

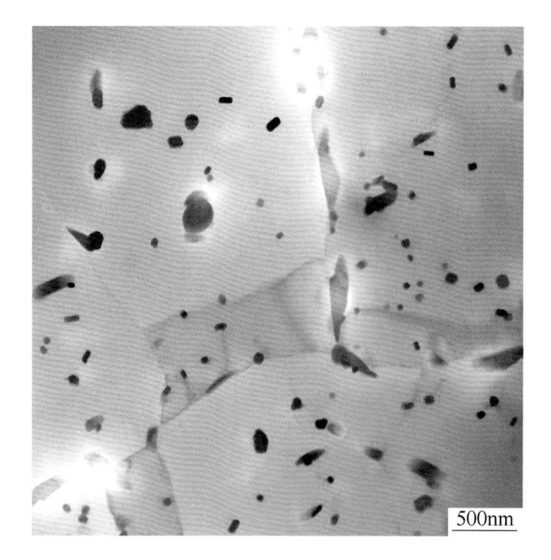

图 35 合金及状态：2A04-O 态
组织特征：α-Al 基体的晶粒内分布块状 T-$Al_{20}Cu_2Mn_3$ 相和形状不规则的 S-Al_2CuMg 相；部分 T 相镶嵌于 S 相内或依附其旁

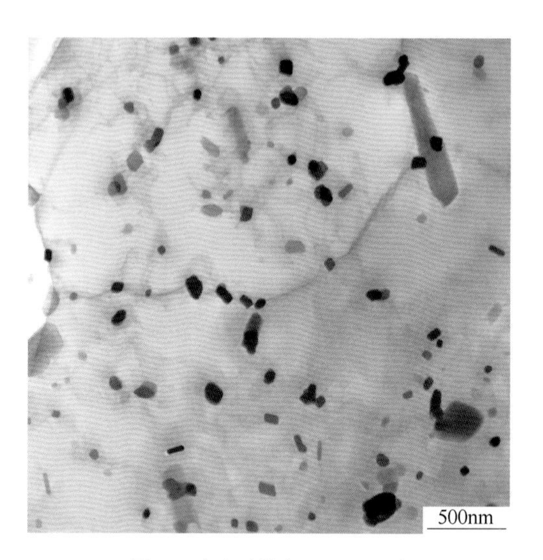

图 36 合金及状态：2A04-O 态
组织特征：α-Al 基体的晶粒内分布块状 T-$Al_{20}Cu_2Mn_3$ 相和形状不规则的 S-Al_2CuMg 相；部分 T 相镶嵌于 S 相内或依附其旁

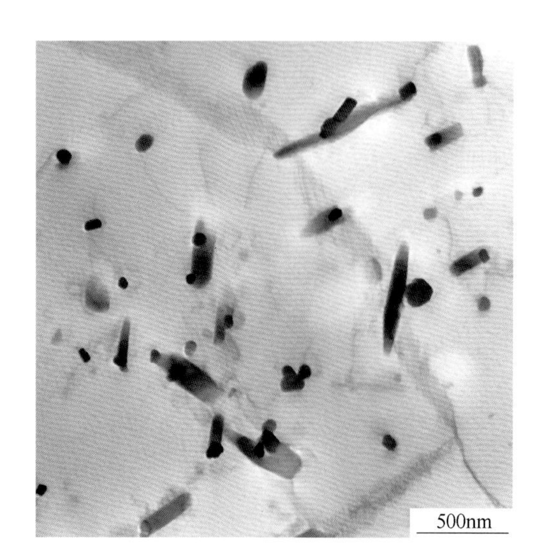

图 37 合金及状态：2A04-O 态
组织特征：α-Al 基体的晶粒内分布块状 T-$Al_{20}Cu_2Mn_3$ 相和棒状 S-Al_2CuMg 相；部分 T 相镶嵌于 S 相内或依附其旁

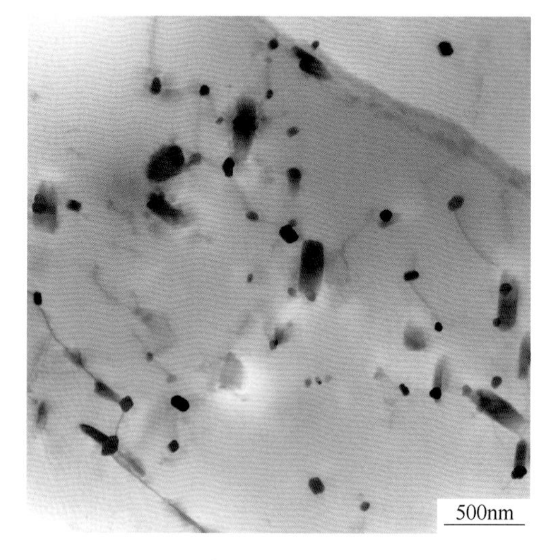

图 38 合金及状态：2A04-O 态
组织特征：α-Al 基体的晶粒内分布块状 T-$Al_{20}Cu_2Mn_3$ 相和棒状 S-Al_2CuMg 相；部分 T 相镶嵌于 S 相内或依附其旁

续表 2.15

电子金相图谱

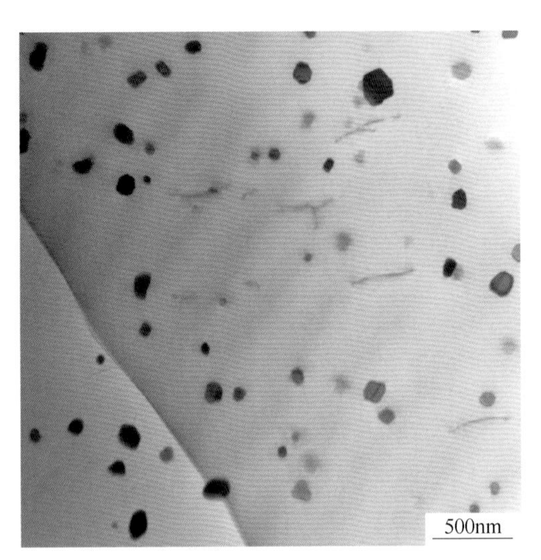

图 39　合金及状态：2A04-T4 态
组织特征：α-Al 基体的晶粒内分布大量块状或球状 T-$Al_{20}Cu_2Mn_3$ 相

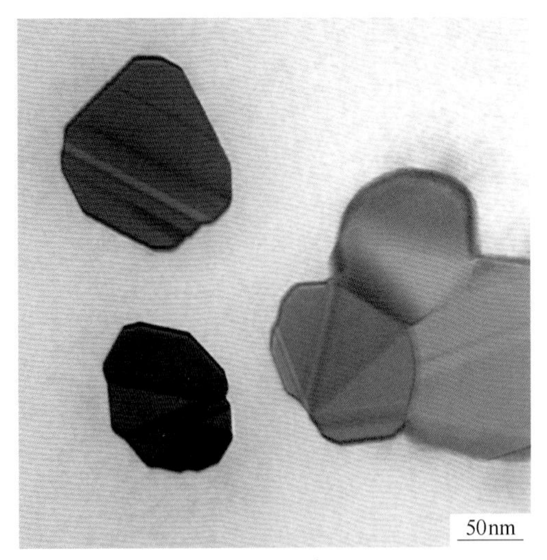

图 40　合金及状态：2A04-T4 态
组织特征：具有孪晶形貌的球状或块状 T-$Al_{20}Cu_2Mn_3$ 相

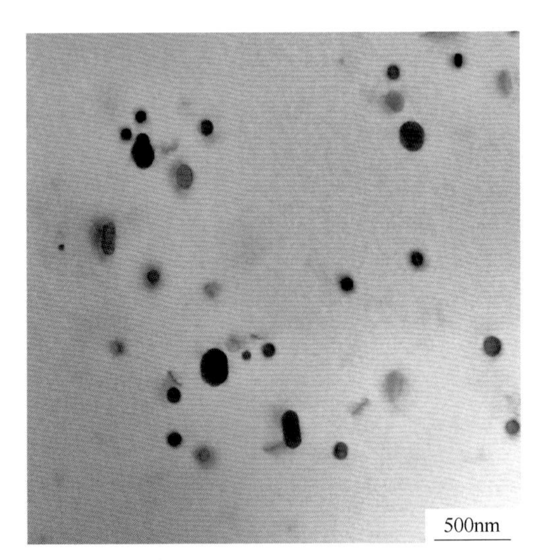

图 41　合金及状态：2A10-T6 态
（500℃固溶+75℃时效 24h）
组织特征：α-Al 基体的晶粒内分布球状或短棒状 $Al_{12}Mn_3Si$ 相，尺寸 100~400nm

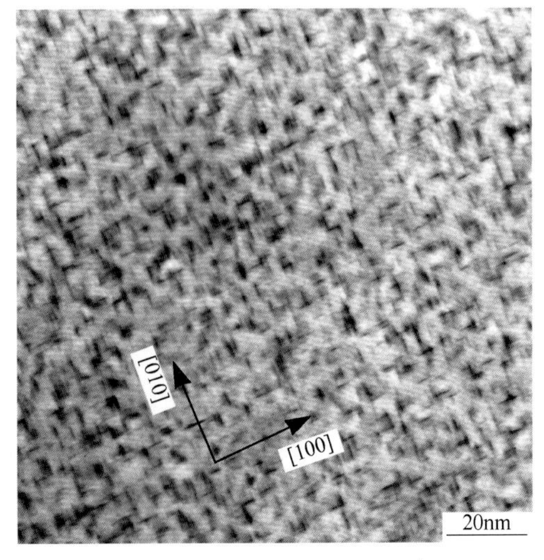

图 42　合金及状态：2A10-T6 态
组织特征：α-Al 基体的晶粒内弥散分布大量细小片状且互相垂直排列的 θ″相，其尺寸小于 10nm，$B=[001]_{\alpha}$

续表 2.15

电子金相图谱

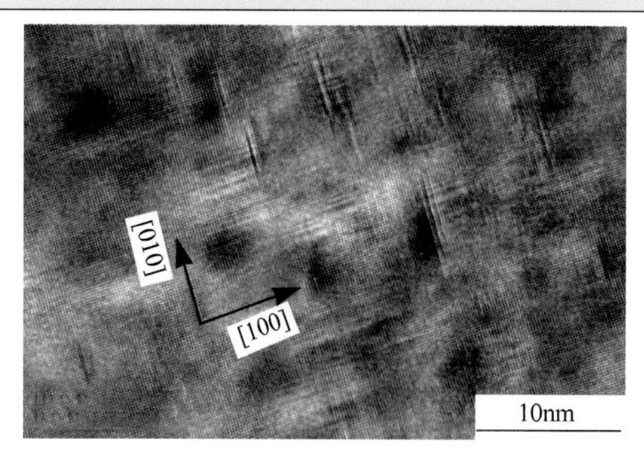

图 43 合金及状态：2A10-T6 态
组织特征：α-Al 基体的晶粒内析出大量尺寸小于 10nm 且互相垂直排列的 θ″相，θ″相周围同时出现应变场衬度变化，$B=[001]_{\alpha}$

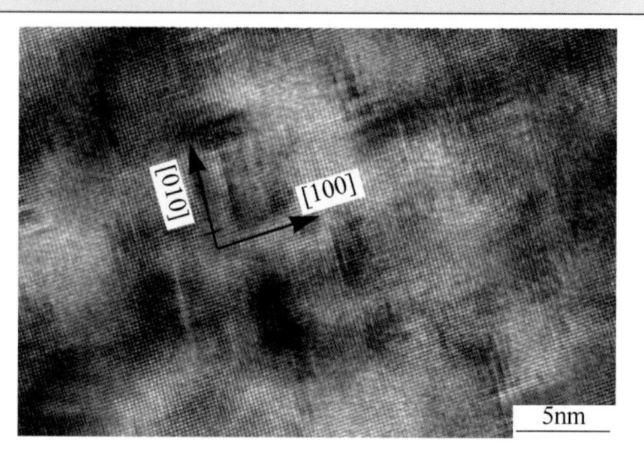

图 44 合金及状态：2A10-T6 态
组织特征：α-Al 基体的晶粒内析出大量尺寸小于 10nm 且互相垂直排列的 θ″相，θ″相周围同时出现应变场衬度变化，$B=[001]_{\alpha}$

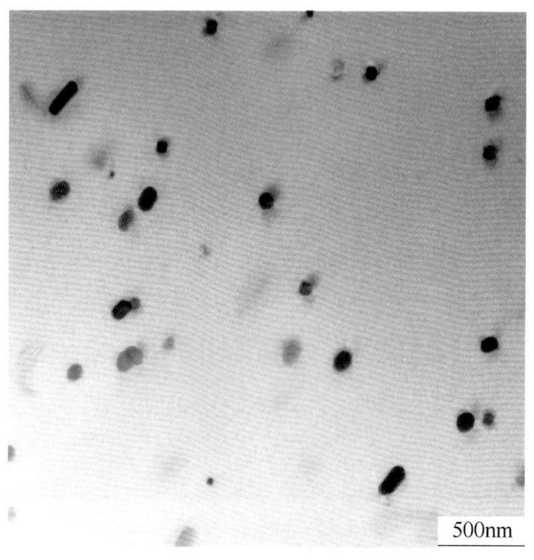

图 45 合金及状态：2A10-T4 态
组织特征：α-Al 基体的晶粒内分布球状或短棒状 $Al_{12}Mn_3Si$ 相，尺寸 100~400nm

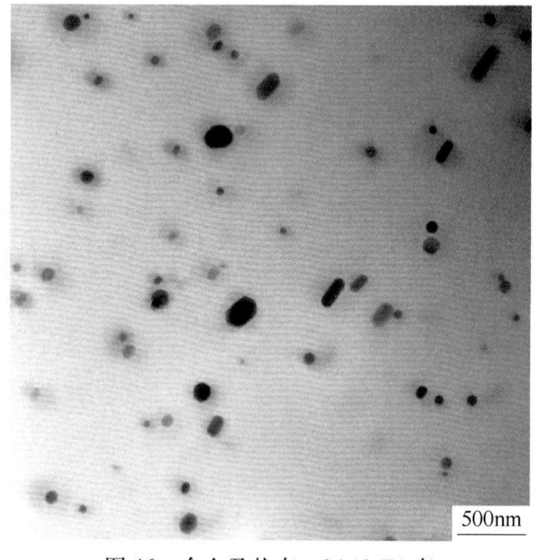

图 46 合金及状态：2A10-T4 态
组织特征：α-Al 基体的晶粒内分布球状或短棒状 $Al_{12}Mn_3Si$ 相，尺寸 100~400nm

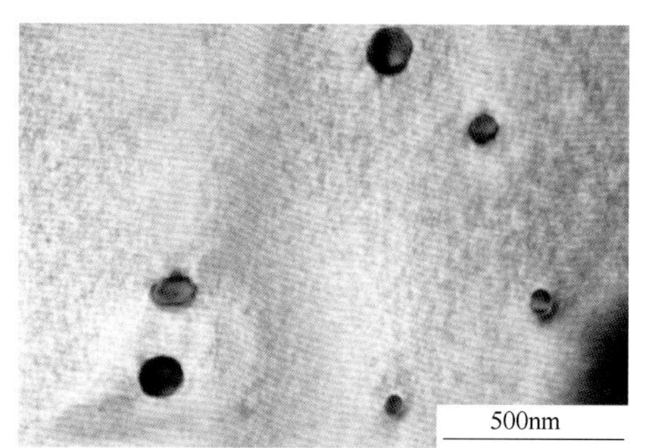

图 47 合金及状态：2A10-T4 态
组织特征：α-Al 基体的晶粒内分布球状 $Al_{12}Mn_3Si$ 相，尺寸 50~200nm

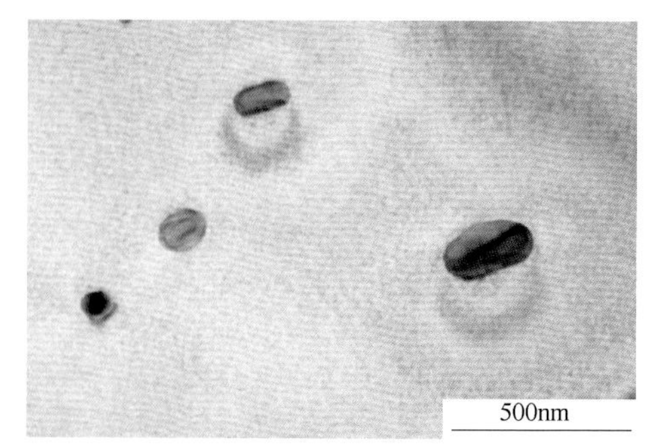

图 48 合金及状态：2A10-T4 态
组织特征：α-Al 基体的晶粒内分布球状 $Al_{12}Mn_3Si$ 相，尺寸 50~200nm

续表 2.15

电子金相图谱

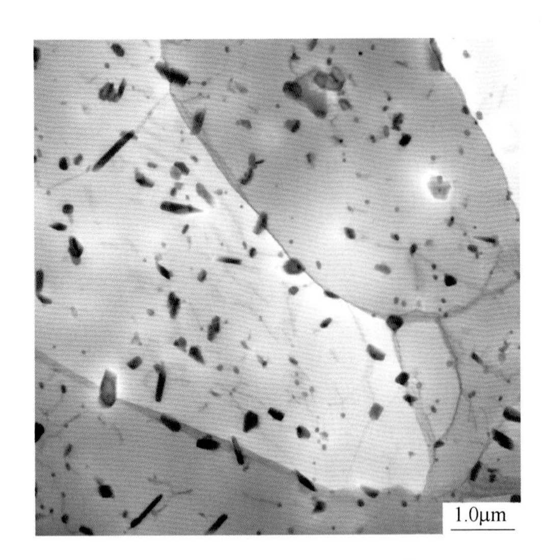

图 49 合金及状态：2A10-O 态
组织特征：α-Al 基体的晶界和晶粒内分布形态各异的 θ-$CuAl_2$ 相和球状 $Al_{12}Mn_3Si$ 相，$B=[001]_\alpha$

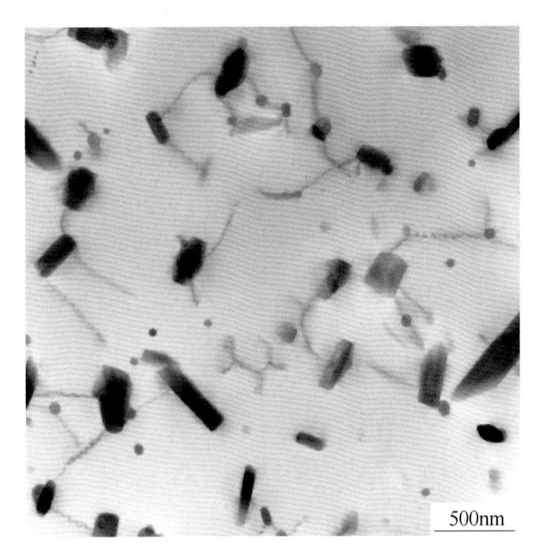

图 50 合金及状态：2A10-O 态
组织特征：α-Al 基体的晶界和晶粒内分布条状或块状 θ-$CuAl_2$ 相以及球状 $Al_{12}Mn_3Si$ 相，$B=[001]_\alpha$

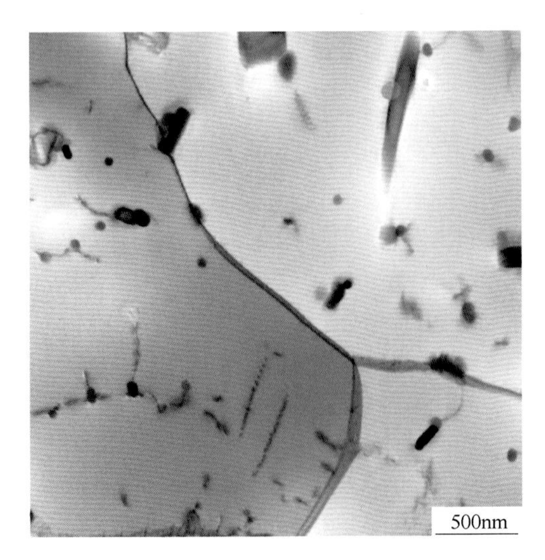

图 51 合金及状态：2A10-O 态
组织特征：α-Al 基体的晶界和晶粒内分布条状或块状 θ-$CuAl_2$ 相、球状 $Al_{12}Mn_3Si$ 相和部分蜷线位错；$Al_{12}Mn_3Si$ 相依附于 θ-$CuAl_2$ 相旁，$B=[001]_\alpha$

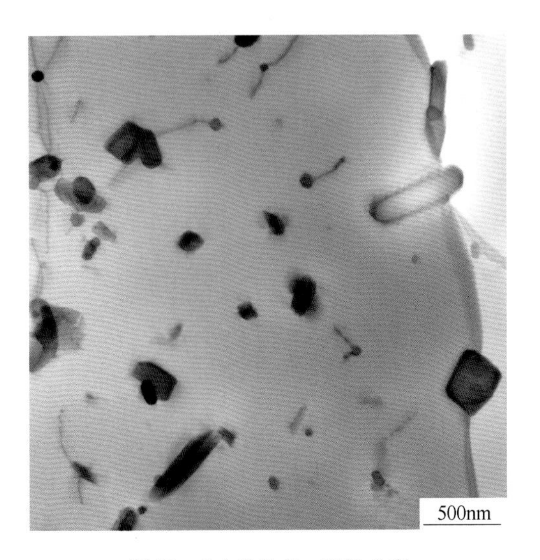

图 52 合金及状态：2A10-O 态
组织特征：α-Al 基体的晶界和晶粒内分布条状或块状 θ-$CuAl_2$ 相和球状 $Al_{12}Mn_3Si$ 相；$Al_{12}Mn_3Si$ 相依附于 θ-$CuAl_2$ 相旁，$B=[001]_\alpha$

续表 2.15

电子金相图谱

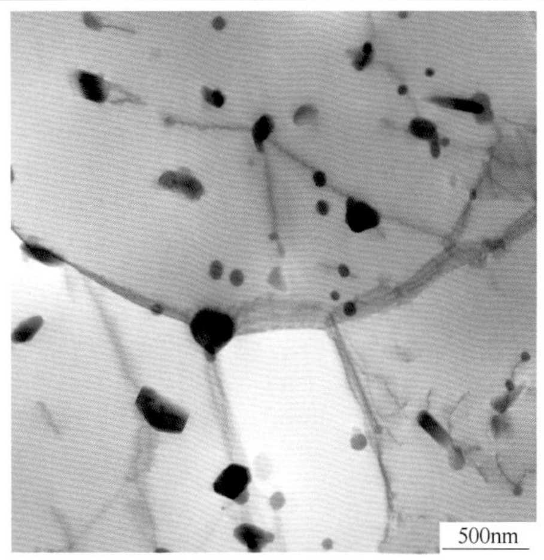

图 53 合金及状态：2A10-O 态
组织特征：α-Al 基体的晶界和晶粒内分布条状或块状 θ-$CuAl_2$ 相和似球状 $Al_{12}Mn_3Si$ 相；$Al_{12}Mn_3Si$ 相依附于 θ-$CuAl_2$ 相旁，$B=[001]_{\alpha}$

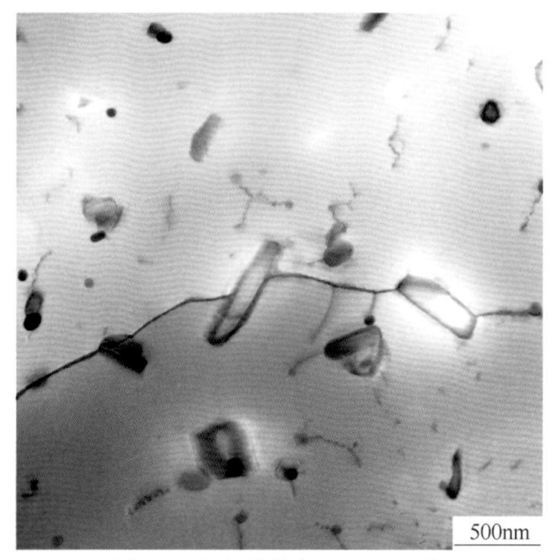

图 54 合金及状态：2A10-O 态
组织特征：α-Al 基体的晶界和晶粒内分布条状或块状 θ-$CuAl_2$ 相和少量似球状 $Al_{12}Mn_3Si$ 相；$Al_{12}Mn_3Si$ 相依附于 θ-$CuAl_2$ 相旁，相伴而生，$B=[001]_{\alpha}$

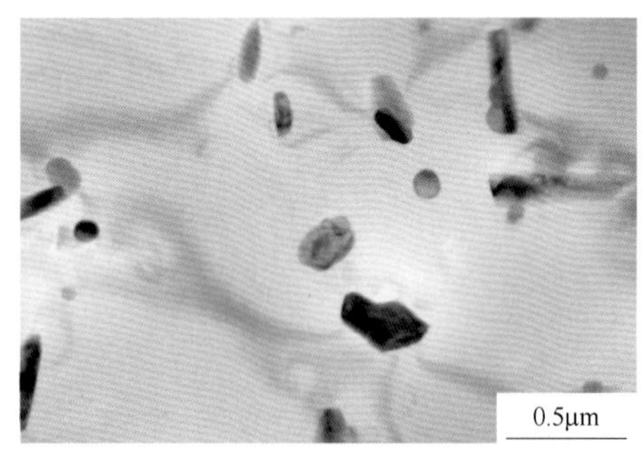

图 55 合金及状态：2A10-O 态
组织特征：α-Al 基体的晶界和晶粒内分布条状或块状 θ-$CuAl_2$ 相和少量似球状 $Al_{12}Mn_3Si$ 相；$Al_{12}Mn_3Si$ 相依附于 θ-$CuAl_2$ 相旁，相伴而生

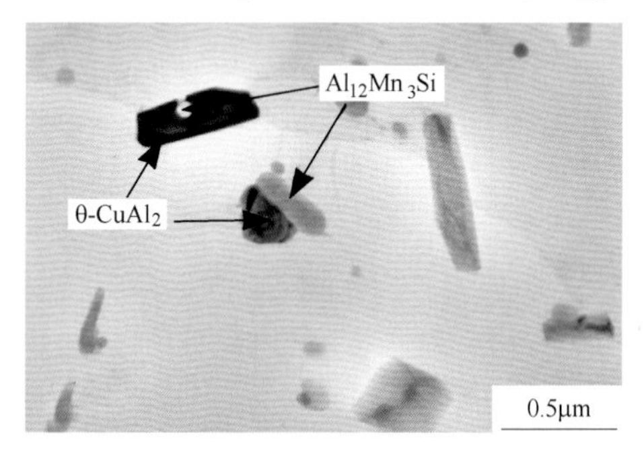

图 56 合金及状态：2A10-O 态
组织特征：α-Al 基体的晶粒内分布板条状 θ-$CuAl_2$ 相和球状 $Al_{12}Mn_3Si$ 相，两者相互依附

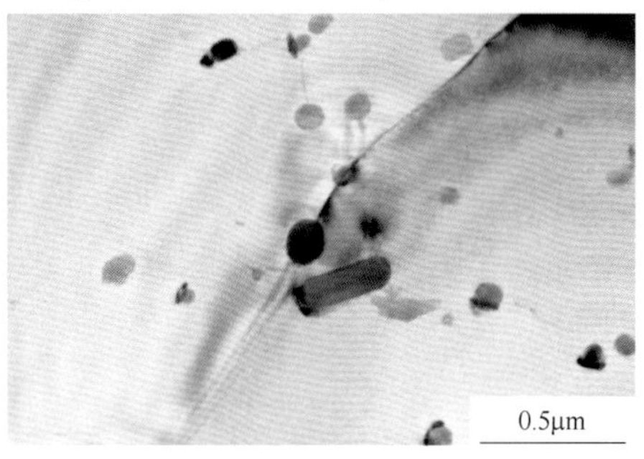

图 57 合金及状态：2A10-R 态
组织特征：α-Al 基体的晶粒内和晶界上分布球状和棒状的 $Al_{12}Mn_3Si$ 相和 θ-$CuAl_2$ 相，部分 θ-$CuAl_2$ 相依附 $Al_{12}Mn_3Si$ 相旁

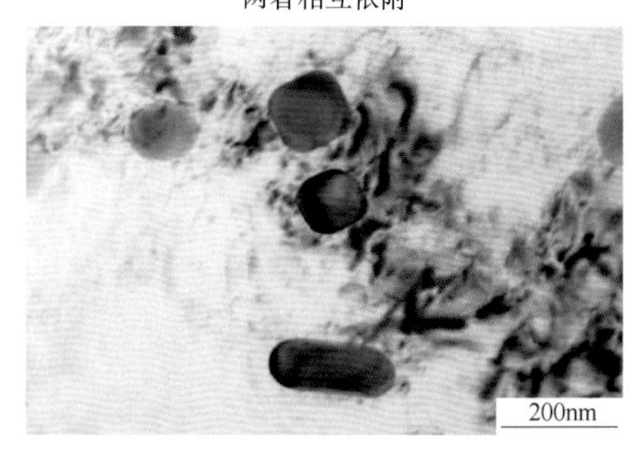

图 58 合金及状态：2A11-T4 态（管材）
组织特征：α-Al 基体的晶粒内分布球状或短棒状的 $Al_{12}Mn_3Si$ 相颗粒

续表 2.15

电子金相图谱

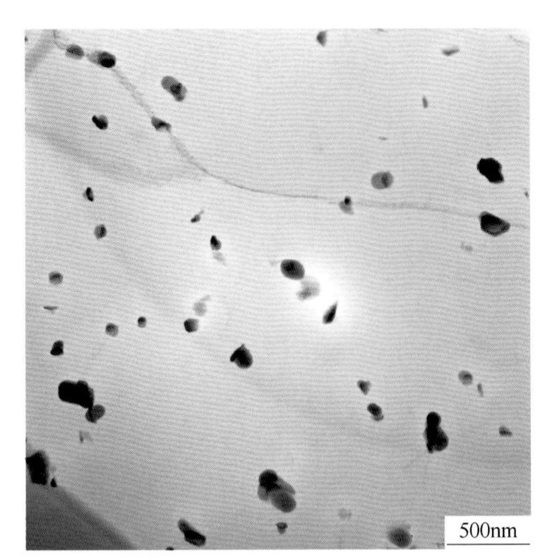

图 59 合金及状态：2A10-R 态
组织特征：α-Al 基体的晶粒内分布球状 $Al_{12}Mn_3Si$ 相和无规则形态的 θ-$CuAl_2$ 相，多数 θ-$CuAl_2$ 相依附 $Al_{12}Mn_3Si$ 相旁

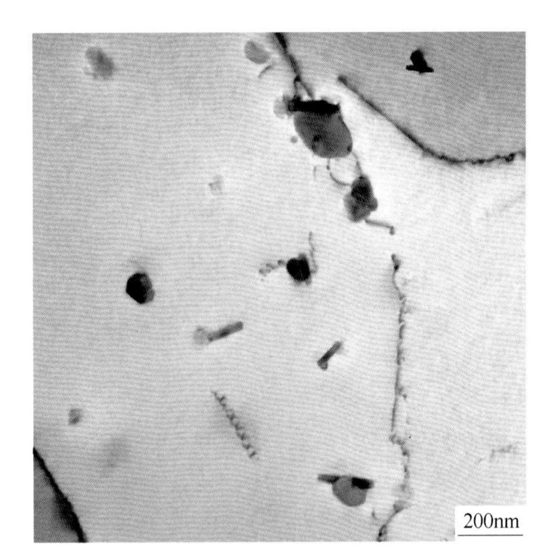

图 60 合金及状态：2A10-R 态
组织特征：α-Al 基体的晶粒内分布球状 $Al_{12}Mn_3Si$ 相、棒状 θ-$CuAl_2$ 和部分蜷线位错；部分棒状 θ-$CuAl_2$ 相依附球状 $Al_{12}Mn_3Si$ 相旁

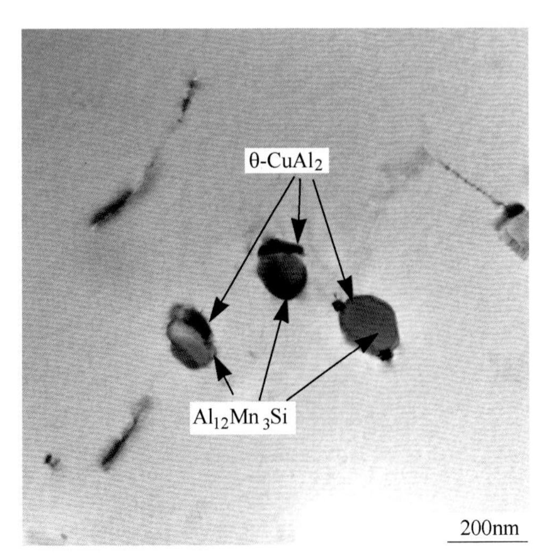

图 61 合金及状态：2A10-R 态
组织特征：α-Al 基体的晶粒内分布球状 $Al_{12}Mn_3Si$ 相和无规则形态的 θ-$CuAl_2$ 相，θ-$CuAl_2$ 相依附 $Al_{12}Mn_3Si$ 相旁

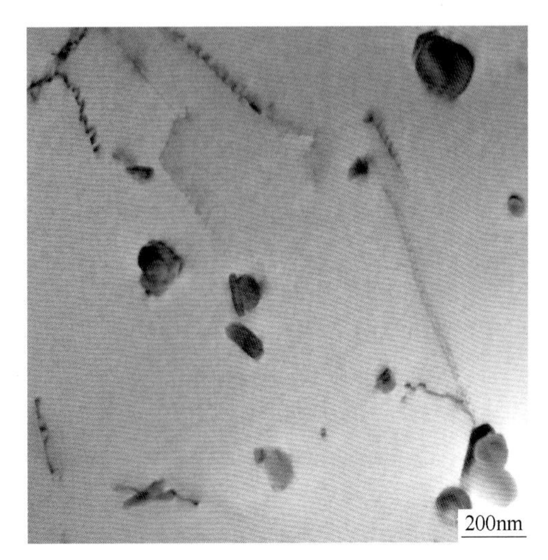

图 62 合金及状态：2A10-R 态
组织特征：α-Al 基体的晶粒内分布球状 $Al_{12}Mn_3Si$ 相和无规则形态的 θ-$CuAl_2$ 相，θ-$CuAl_2$ 相依附 $Al_{12}Mn_3Si$ 相旁

续表 2.15

电子金相图谱

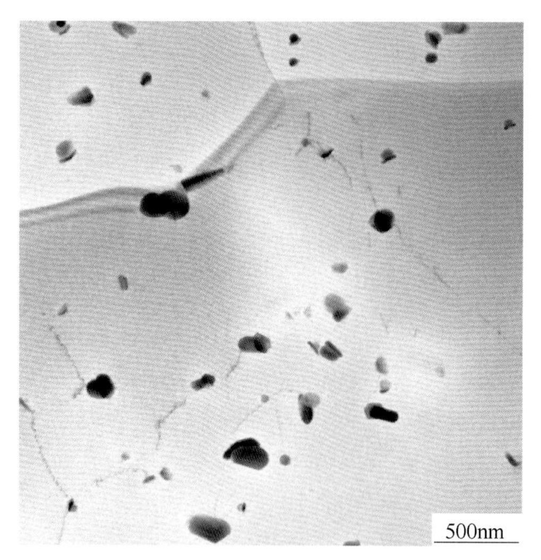

图 63 合金及状态：2A10-R 态
组织特征：α-Al 基体的晶粒内分布球状 $Al_{12}Mn_3Si$ 相和无规则形态的 θ-$CuAl_2$ 相，θ-$CuAl_2$ 相依附 $Al_{12}Mn_3Si$ 相旁

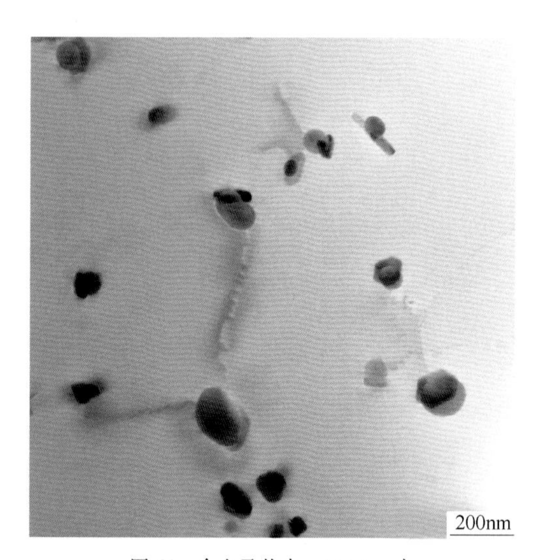

图 64 合金及状态：2A10-R 态
组织特征：α-Al 基体的晶粒内分布球状 $Al_{12}Mn_3Si$ 相和无规则形态的 θ-$CuAl_2$ 相，θ-$CuAl_2$ 相依附 $Al_{12}Mn_3Si$ 相旁

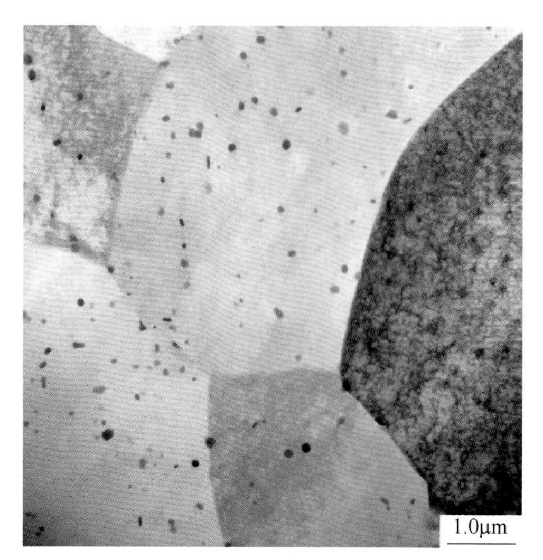

图 65 合金及状态：2A11-T4 态（管材）
组织特征：α-Al 基体的晶粒可见，晶粒内分布大量球状或短棒状 $Al_{12}Mn_3Si$ 相

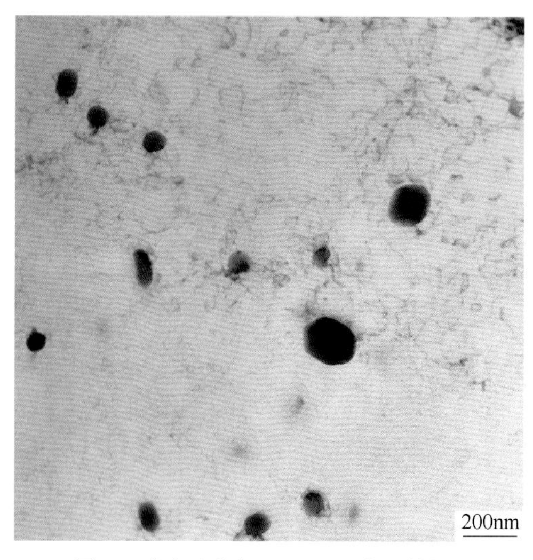

图 66 合金及状态：2A11-T4 态（管材）
组织特征：α-Al 基体的晶粒内分布部分球状 $Al_{12}Mn_3Si$ 相

续表 2.15

电子金相图谱

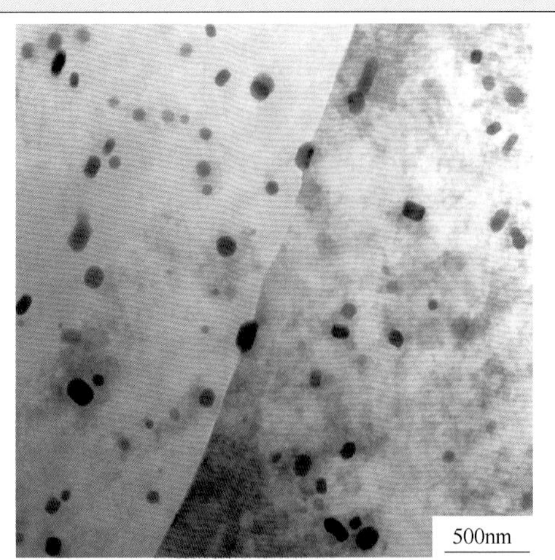

图 67 合金及状态：2A11-T4 态（板材）
组织特征：α-Al 基体的晶粒内分布部分球状 $Al_{12}Mn_3Si$ 相

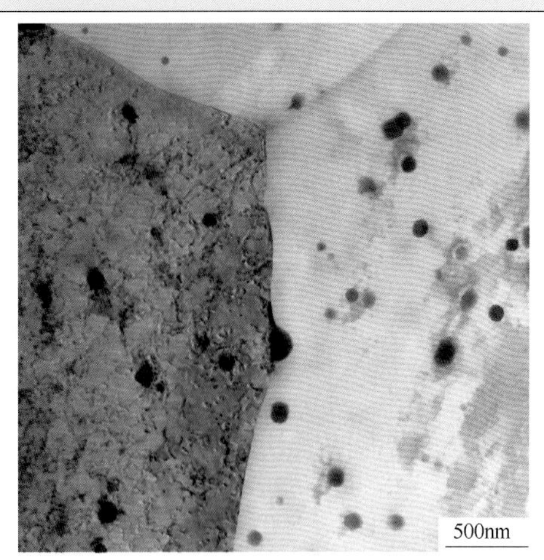

图 68 合金及状态：2A11-T4 态（板材）
组织特征：α-Al 基体的晶粒内和晶界上分布部分球状 $Al_{12}Mn_3Si$ 相

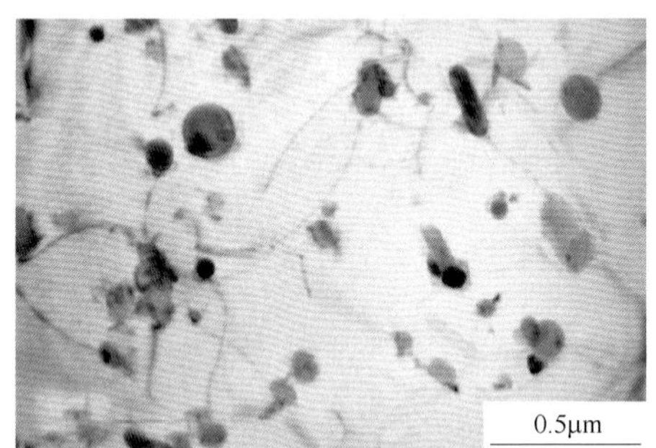

图 69 合金及状态：2A11-O 态
组织特征：α-Al 基体的晶粒内分布球状 $Al_{12}Mn_3Si$ 和无规则形态的 θ-$CuAl_2$ 相，θ-$CuAl_2$ 相依附 $Al_{12}Mn_3Si$ 相旁

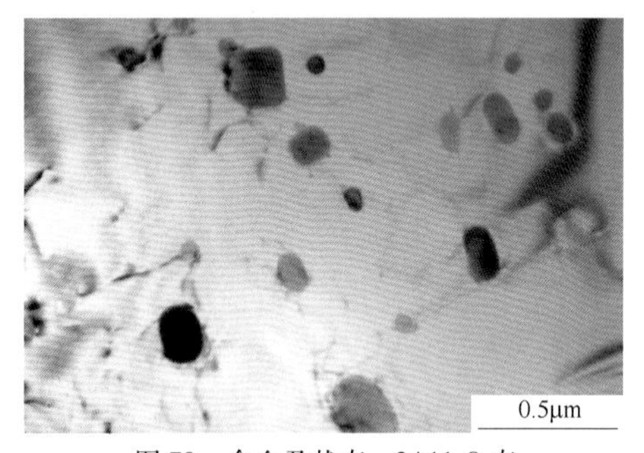

图 70 合金及状态：2A11-O 态
组织特征：α-Al 基体的晶粒内分布球状 $Al_{12}Mn_3Si$ 和无规则形态的 θ-$CuAl_2$ 相

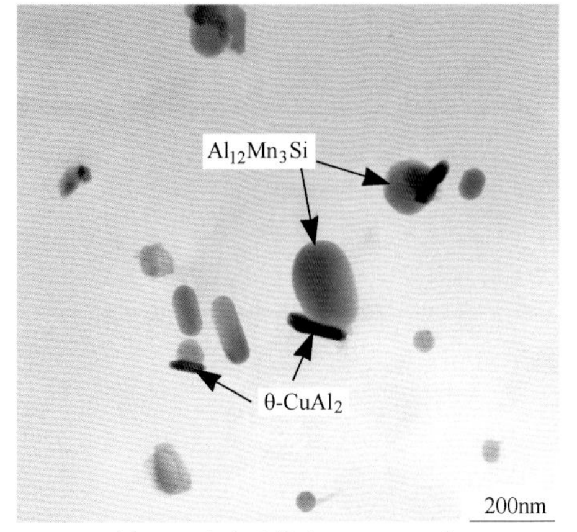

图 71 合金及状态：2A11-O 态
组织特征：α-Al 基体的晶粒内分布球状 $Al_{12}Mn_3Si$ 相和条状或无规则形态的 θ-$CuAl_2$ 相，θ-$CuAl_2$ 相依附球状 $Al_{12}Mn_3Si$ 相旁

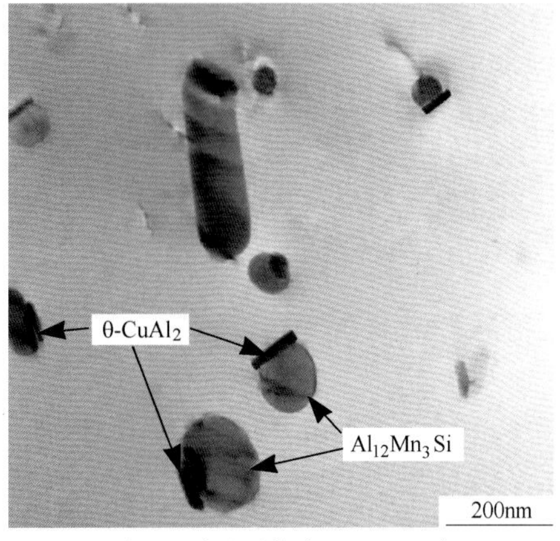

图 72 合金及状态：2A11-O 态
组织特征：α-Al 基体的晶粒内分布球状或棒状 $Al_{12}Mn_3Si$ 相，以及条状或无规则形态的 θ-$CuAl_2$ 相，θ-$CuAl_2$ 相依附球状 $Al_{12}Mn_3Si$ 相旁

续表 2.15

电子金相图谱

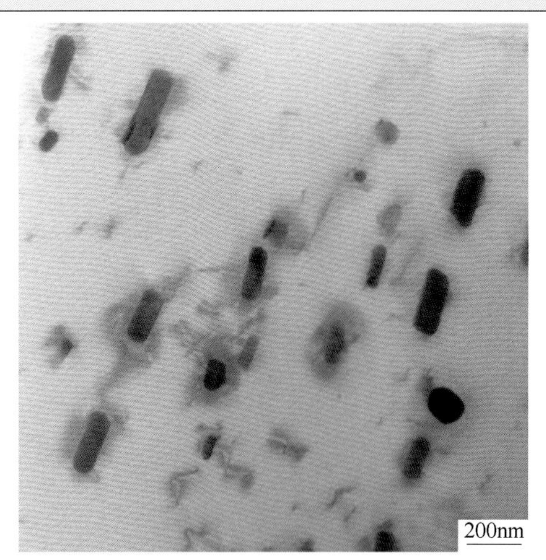

图 73　合金及状态：2A12-O 态
组织特征：α-Al 基体中分布棒状或块状 T-$Al_{20}Cu_2Mn_3$ 相和 S-Al_2CuMg 相

图 74　合金及状态：2A12-O 态
组织特征：α-Al 基体中分布块状或棒状 T-$Al_{20}Cu_2Mn_3$ 相和 S-Al_2CuMg 相

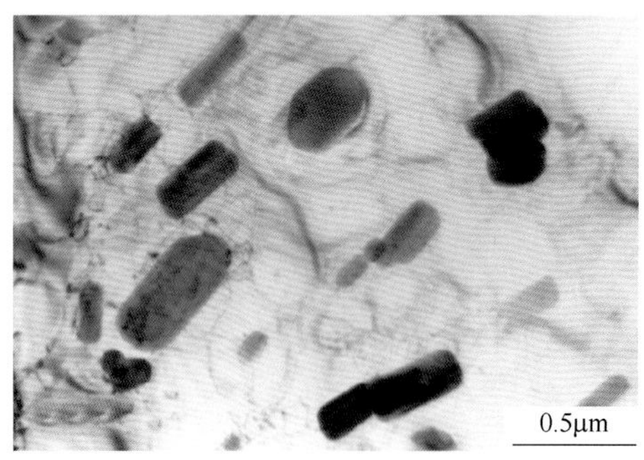

图 75　合金及状态：2A12-O 态
组织特征：α-Al 基体的晶粒内分布棒状 T-$Al_{20}Cu_2Mn_3$ 相和块状 S-Al_2CuMg 相

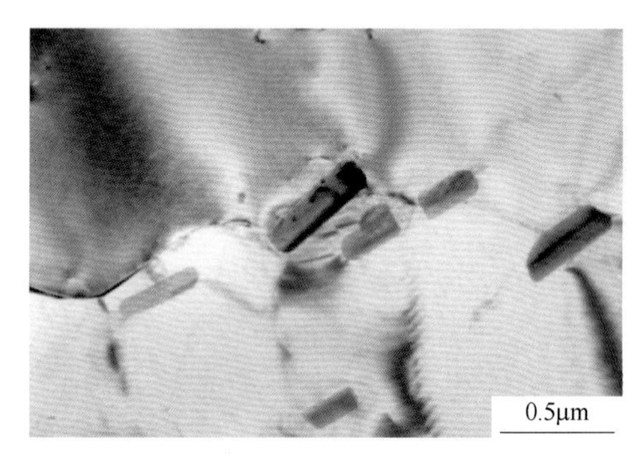

图 76　合金及状态：2A12-O 态
组织特征：α-Al 基体的晶粒内分布棒状 T-$Al_{20}Cu_2Mn_3$ 相和 S-Al_2CuMg 相

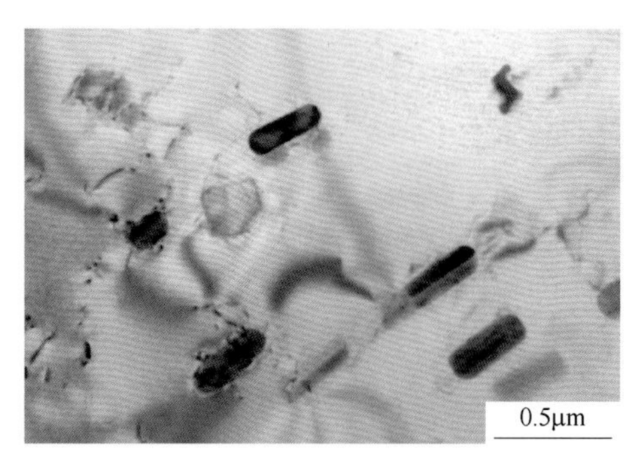

图 77　合金及状态：2A12-O 态
组织特征：α-Al 基体的晶粒内分布棒状 T-$Al_{20}Cu_2Mn_3$ 相和块状 S-Al_2CuMg 相

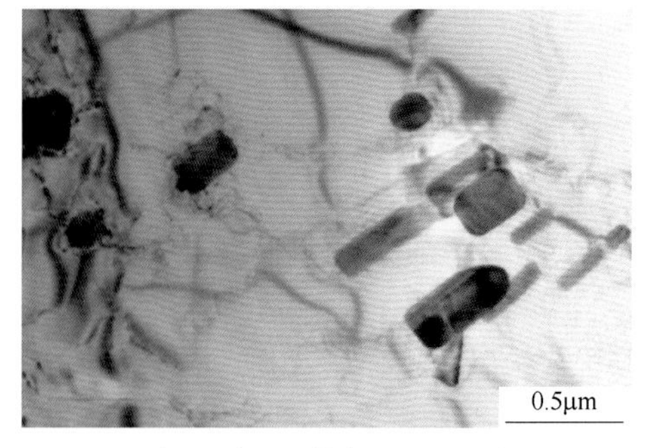

图 78　合金及状态：2A12-O 态
组织特征：α-Al 基体的晶粒内分布棒状 T-$Al_{20}Cu_2Mn_3$ 相和块状 S-Al_2CuMg 相

续表2.15

电子金相图谱	
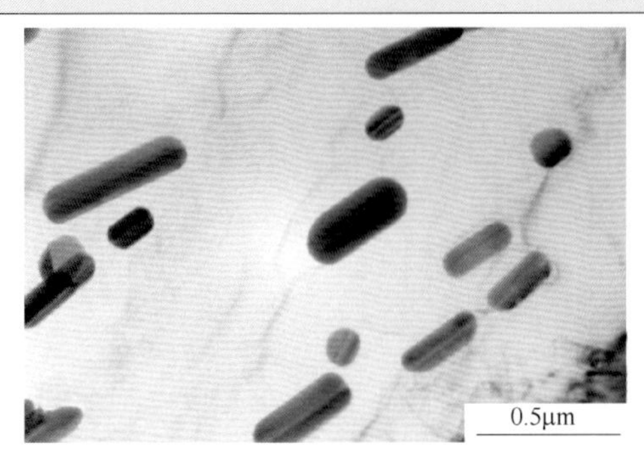 图79 合金及状态：2A12-T4态 组织特征：α-Al基体的晶粒内分布棒状T-$Al_{20}Cu_2Mn_3$相	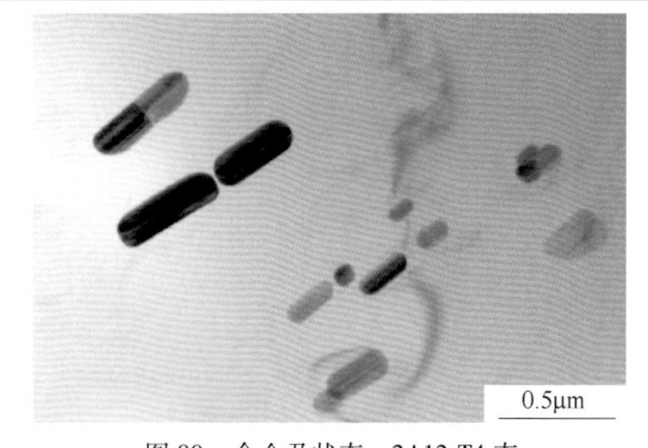 图80 合金及状态：2A12-T4态 组织特征：α-Al基体的晶粒内分布棒状T-$Al_{20}Cu_2Mn_3$相
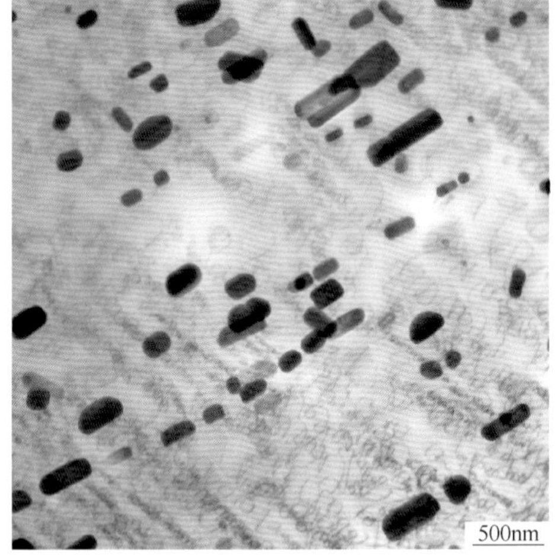 图81 合金及状态：2A12-T4态 组织特征：α-Al基体的晶粒内分布棒状T-$Al_{20}Cu_2Mn_3$相和隐约可见的蜷线位错	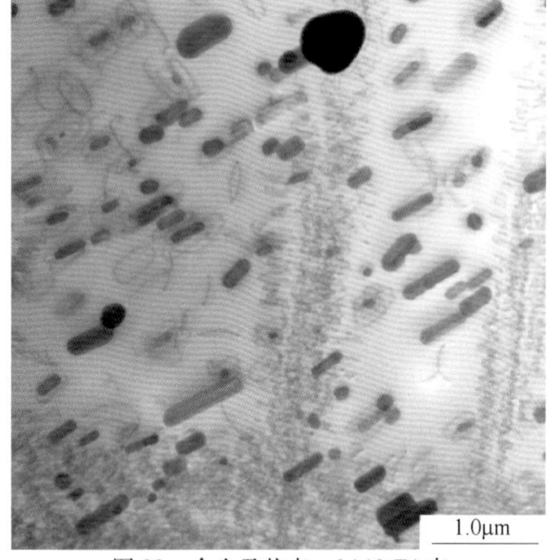 图82 合金及状态：2A12-T4态 组织特征：α-Al基体的晶粒内分布棒状的T-$Al_{20}Cu_2Mn_3$相和隐约可见的蜷线位错
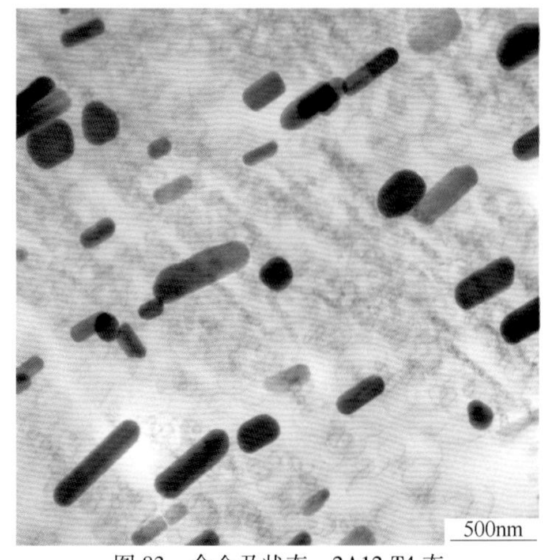 图83 合金及状态：2A12-T4态 组织特征：α-Al基体的晶粒内分布棒状T-$Al_{20}Cu_2Mn_3$相	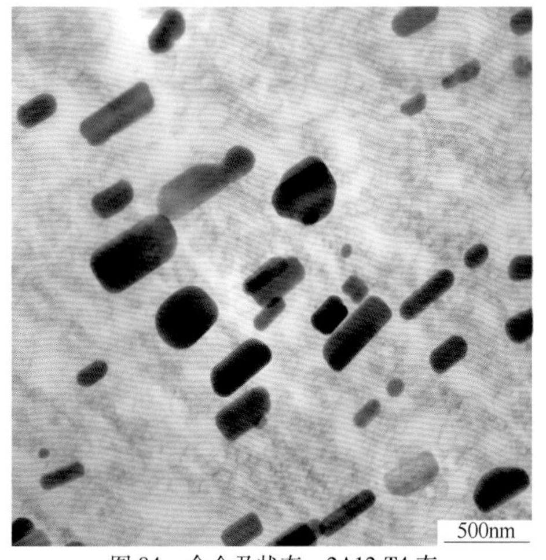 图84 合金及状态：2A12-T4态 组织特征：α-Al基体的晶粒内分布棒状的T-$Al_{20}Cu_2Mn_3$相

续表 2.15

电子金相图谱

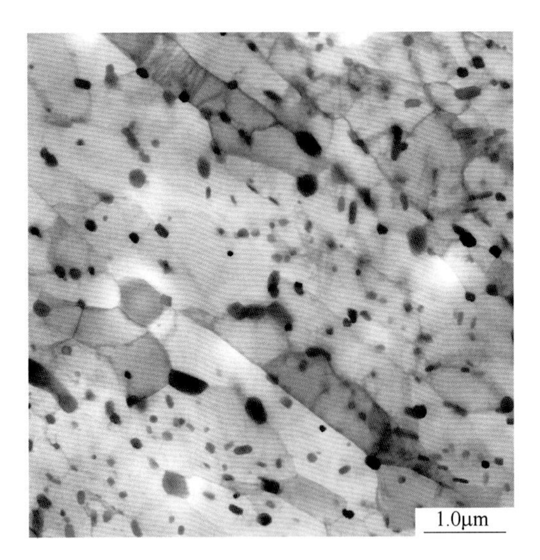

图 85 合金及状态：2A12-R 态
组织特征：α-Al 基体的晶粒大小不一致，
似带状组织，其间分布棒状或块状
S-Al_2CuMg 相和部分 T-$Al_{20}Cu_2Mn_3$ 相

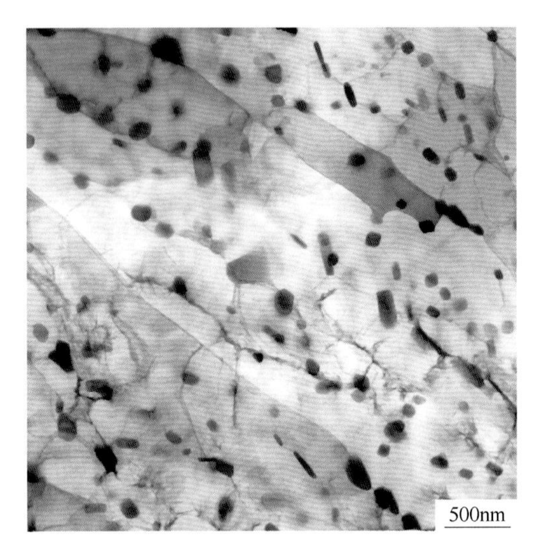

图 86 合金及状态：2A12-R 态
组织特征：α-Al 基体的晶粒大小不一致，
似带状组织，其间分布棒状或块状
S-Al_2CuMg 相和部分 T-$Al_{20}Cu_2Mn_3$ 相

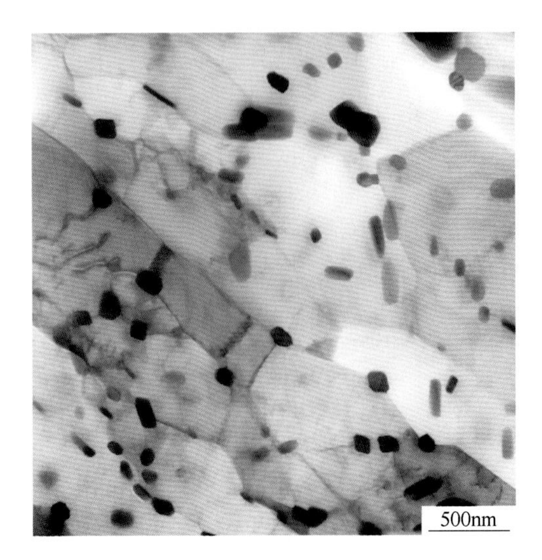

图 87 合金及状态：2A12-R 态
组织特征：α-Al 基体的晶粒大小不一致，
似带状组织，其间分布棒状或块状
S-Al_2CuMg 相和部分 T-$Al_{20}Cu_2Mn_3$ 相

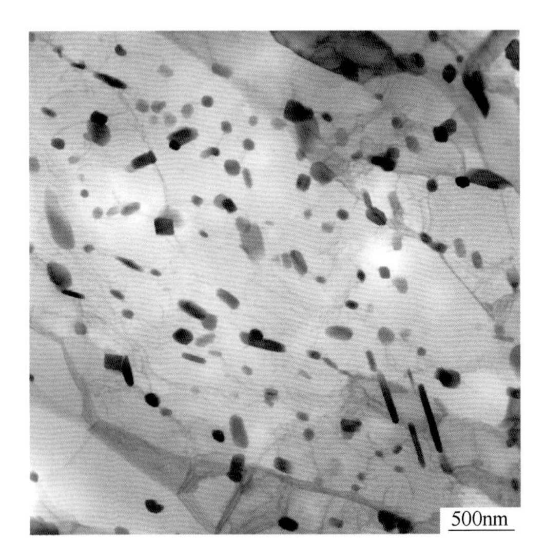

图 88 合金及状态：2A12-R 态
组织特征：α-Al 基体的晶粒和晶界上
分布棒状或块状 S-Al_2CuMg 相和
部分 T-$Al_{20}Cu_2Mn_3$ 相

续表 2.15

电子金相图谱

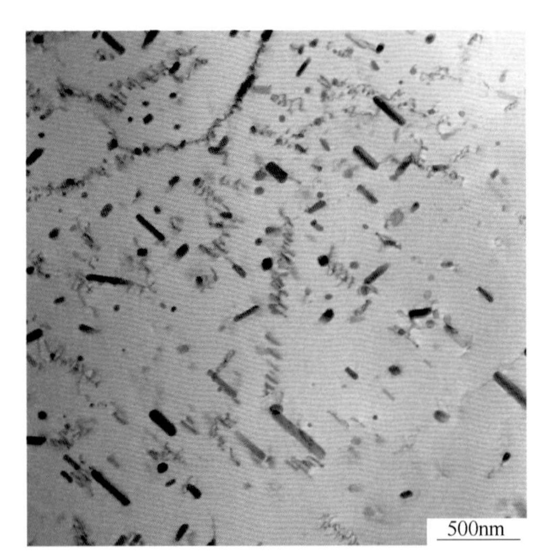

图 89 合金及状态：2A12-R 态
组织特征：α-Al 基体中分布棒状或块状 S-Al_2CuMg 相和部分 T-$Al_{20}Cu_2Mn_3$ 相，晶粒内有位错线痕迹

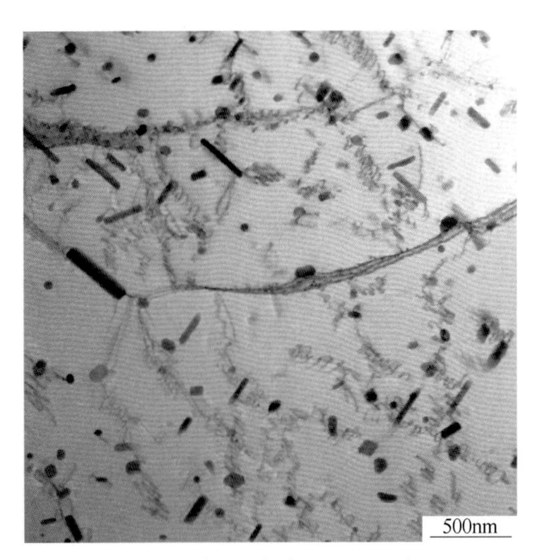

图 90 合金及状态：2A12-R 态
组织特征：α-Al 基体中分布棒状或块状 S-Al_2CuMg 相和部分 T-$Al_{20}Cu_2Mn_3$ 相，晶粒内有位错线痕迹

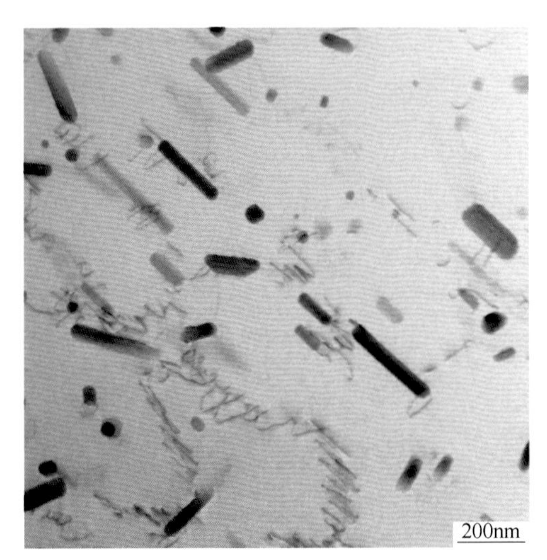

图 91 合金及状态：2A12-R 态
组织特征：α-Al 基体的晶粒内分布棒状或块状 S-Al_2CuMg 相和部分 T-$Al_{20}Cu_2Mn_3$ 相以及部分蜷线位错

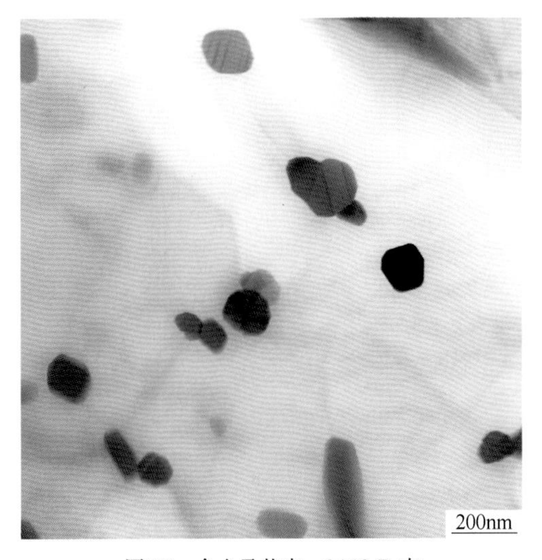

图 92 合金及状态：2A12-R 态
组织特征：α-Al 基体的晶粒和晶界上分布棒状或块状 S-Al_2CuMg 相和部分 T-$Al_{20}Cu_2Mn_3$ 相

续表 2.15

电子金相图谱

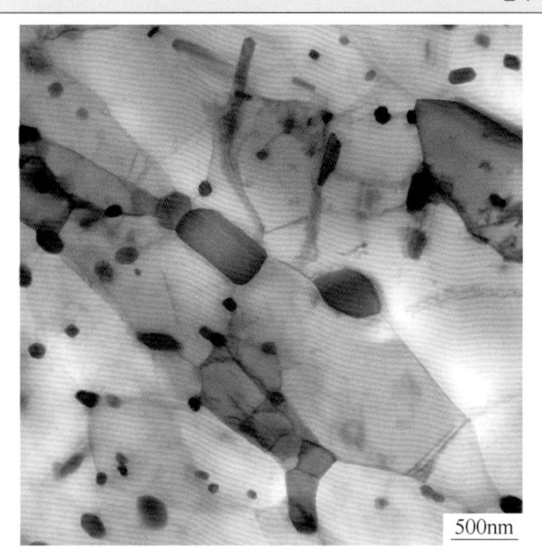

图 93 合金及状态：2A12-R 态
组织特征：α-Al 基体的晶粒和晶界上分布棒状或块状 S-Al_2CuMg 相和少量 T-$Al_{20}Cu_2Mn_3$ 相

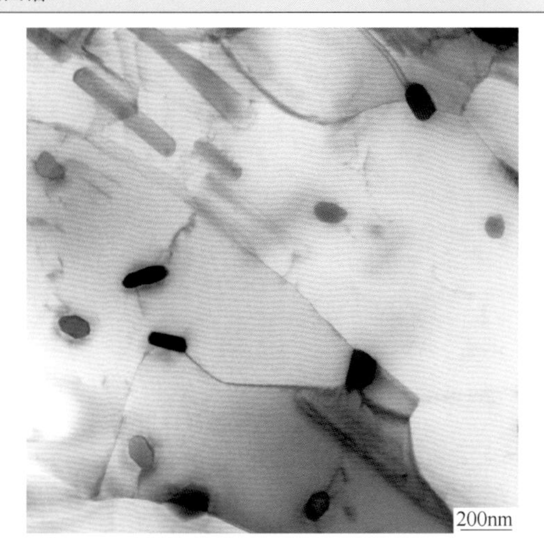

图 94 合金及状态：2A12-R 态
组织特征：α-Al 基体的晶粒和晶界上分布棒状或块状 S-Al_2CuMg 相和少量 T-$Al_{20}Cu_2Mn_3$ 相

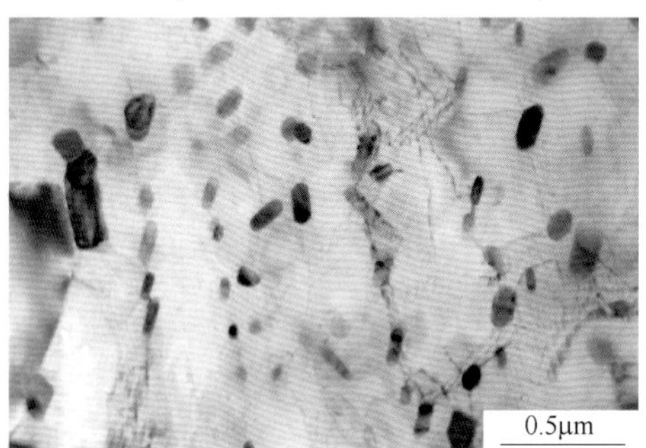

图 95 合金及状态：2A12-R 态
组织特征：α-Al 基体中分布棒状或块状 S-Al_2CuMg 相和部分 T-$Al_{20}Cu_2Mn_3$ 相

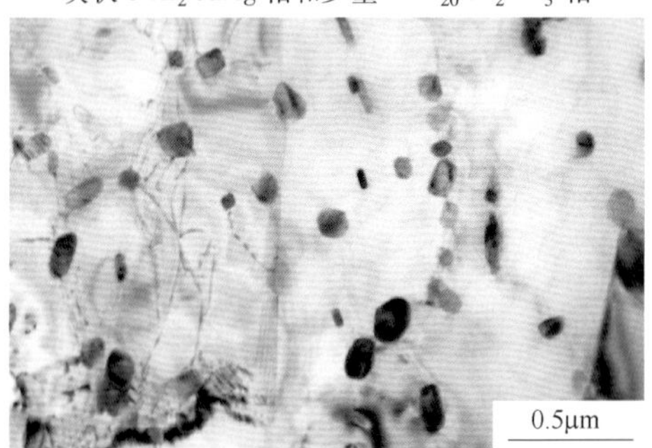

图 96 合金及状态：2A12-R 态
组织特征：α-Al 基体中分布块状或棒状 S-Al_2CuMg 相和部分 T-$Al_{20}Cu_2Mn_3$ 相

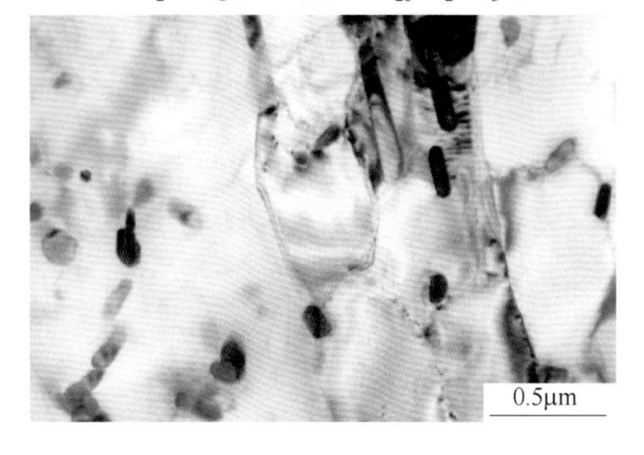

图 97 合金及状态：2A12-R 态
组织特征：α-Al 基体中分布块状或棒状 S-Al_2CuMg 相和部分 T-$Al_{20}Cu_2Mn_3$ 相

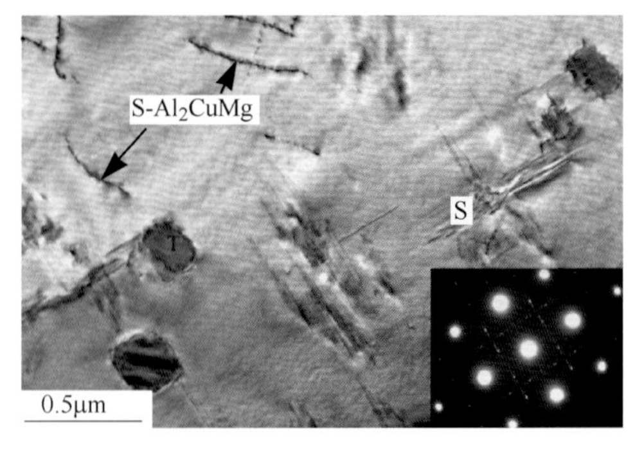

图 98 合金及状态：2A12-T6 态
组织特征：α-Al 基体中分布两种互相垂直排列的板条状 S 析出相的投影和另一种"一"字形的 S 相以及块状 T-$Al_{20}Cu_2Mn_3$ 相，右下角为 SADP，$B=[001]_{\alpha}$

续表2.15

电子金相图谱

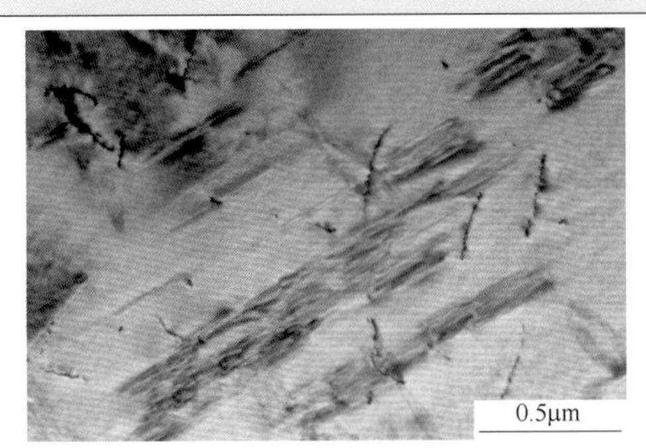

图99 合金及状态：2A12-T6态

组织特征：α-Al基体中分布两种互相垂直排列的板条状S析出相的投影和另一种“一”字形的S相，$B=[001]_\alpha$

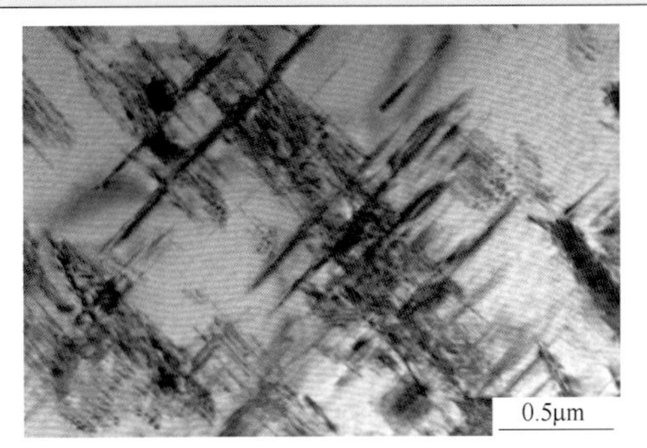

图100 合金及状态：2A12-T6态

组织特征：α-Al基体中分布两种互相垂直排列的板条状S析出相的投影，$B=[110]_\alpha$

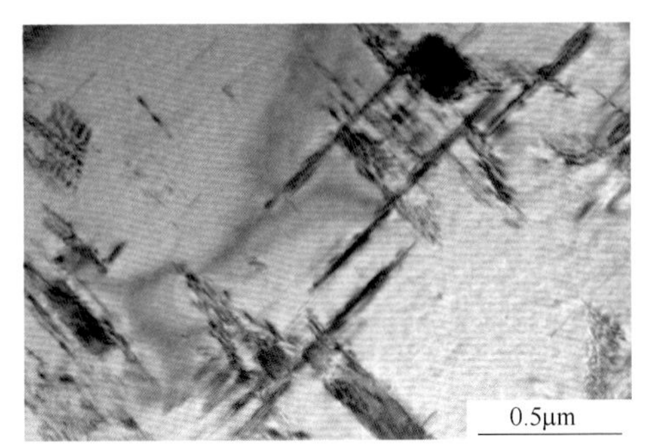

图101 合金及状态：2A12-T6态

组织特征：α-Al基体中分布两种互相垂直排列的板条状S析出相投影和块状T-$Al_{20}Cu_2Mn_3$相，$B=[110]_\alpha$

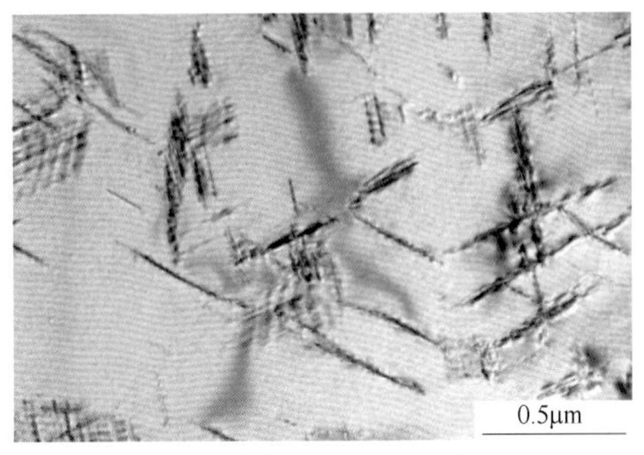

图102 合金及状态：2A12-T6态

组织特征：α-Al基体中分布3种互成角度排列的板条状S-Al_2CuMg相的投影，$B=[112]_\alpha$

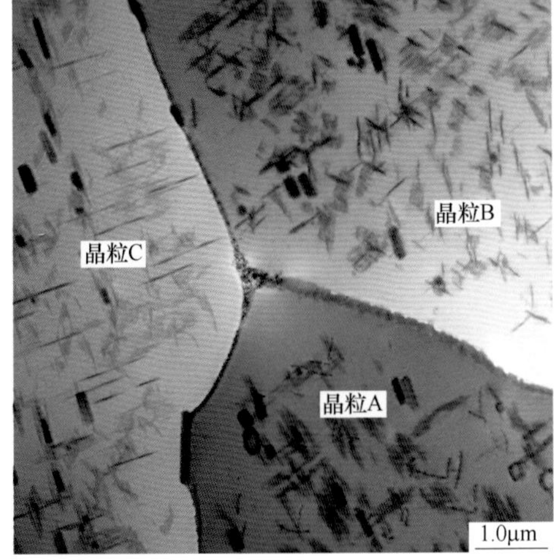

图103 合金及状态：2A12-T6态

组织特征：α-Al基体的3个不同位向晶粒相交，晶粒A的位向为$\langle 001\rangle_\alpha$，晶粒B的位向接近$\langle 112\rangle_\alpha$，晶粒C的位向接近$\langle 110\rangle_\alpha$；晶界处较“干净”，出现PFZ带；晶粒内分布板条状S-Al_2CuMg相和块状T-$Al_{20}Cu_2Mn_3$相

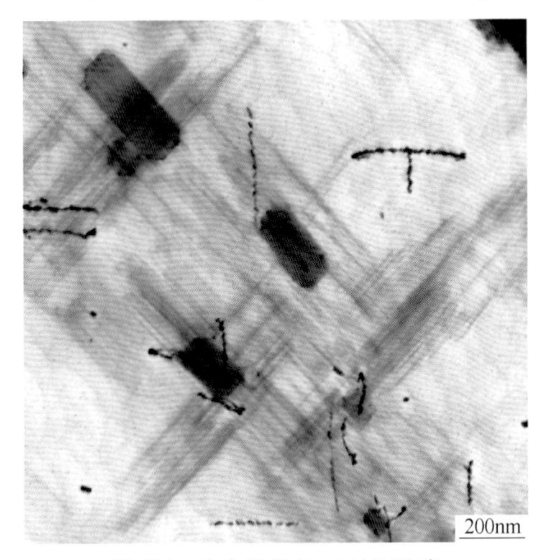

图104 合金及状态：2A12-T6态
（495℃固溶1h+190℃时效10h）

组织特征：α-Al基体中分布两种互相垂直排列的板条状S析出相的投影和另一种“一”字形的S相以及块状T-$Al_{20}Cu_2Mn_3$相，$B=[001]_\alpha$

续表 2.15

电子金相图谱

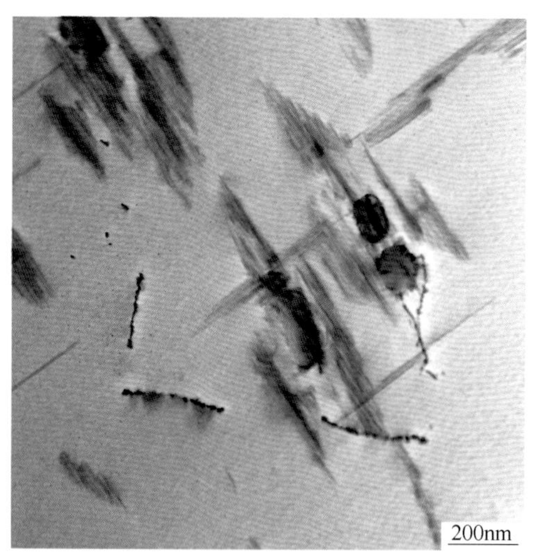

图 105　合金及状态：2A12-T6 态
组织特征：α-Al 基体中分布两种互相垂直排列的板条状 S 析出相的投影和另一种“一”字形的 S 相以及块状 T-$Al_{20}Cu_2Mn_3$ 相，$B=[001]_\alpha$

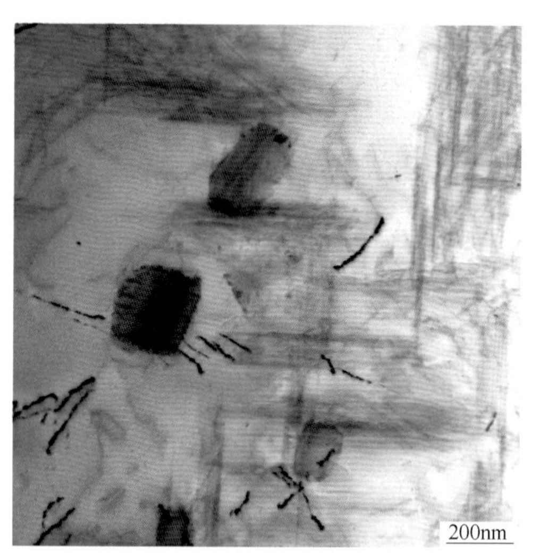

图 106　合金及状态：2A12-T6 态
组织特征：α-Al 基体中分布两种互相垂直排列的板条状 S 析出相的投影和另一种“一”字形的 S 相以及块状 T-$Al_{20}Cu_2Mn_3$ 相，$B=[001]_\alpha$

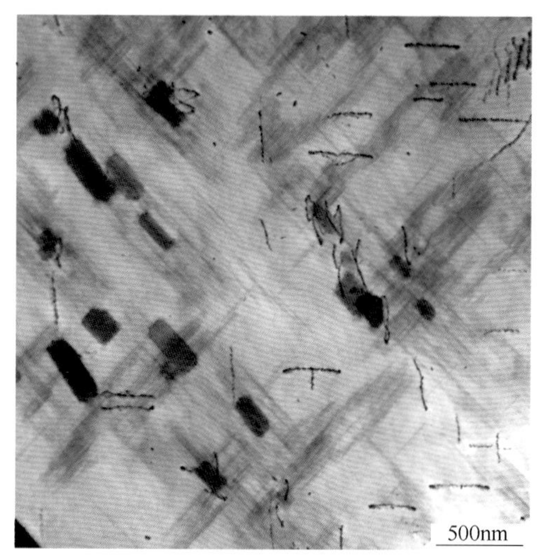

图 107　合金及状态：2A12-T6 态
组织特征：α-Al 基体中分布两种互相垂直排列的板条状 S 析出相的投影和另一种“一”字形的 S 相以及棒状 T-$Al_{20}Cu_2Mn_3$ 相，$B=[001]_\alpha$

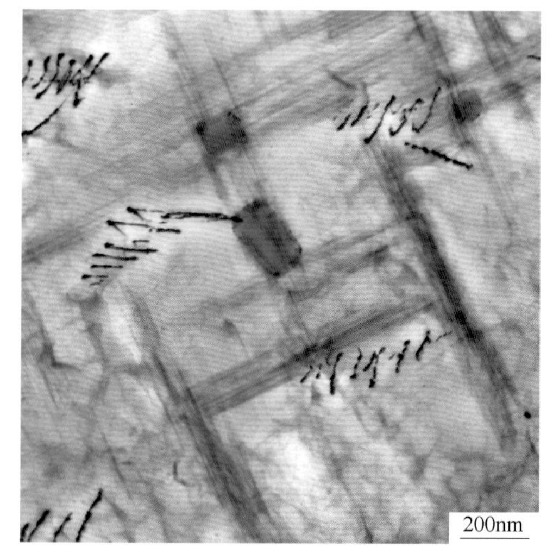

图 108　合金及状态：2A12-T6 态
组织特征：α-Al 基体中分布两种互相垂直排列的条状 S 析出相的投影和另一种“一”字形的 S 相以及棒状 T-$Al_{20}Cu_2Mn_3$ 相，$B=[001]_\alpha$

续表 2.15

电子金相图谱

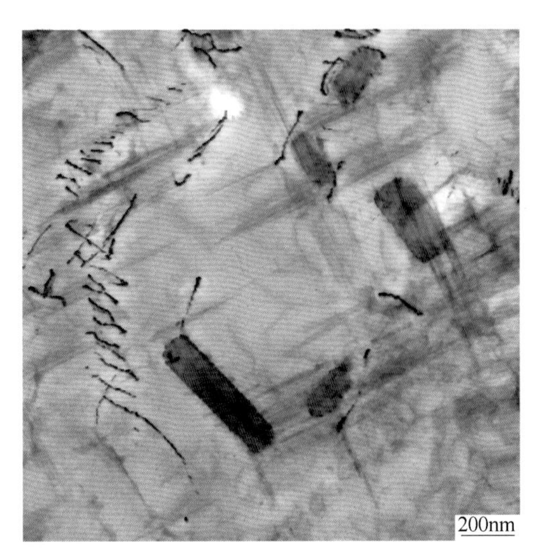

图 109　合金及状态：2A12-T6 态
组织特征：α-Al 基体中分布两种互相垂直排列的条状 S 析出相的投影和另一种“一”字形的 S 相以及棒状 T-$Al_{20}Cu_2Mn_3$相，$B=[001]_{\alpha}$

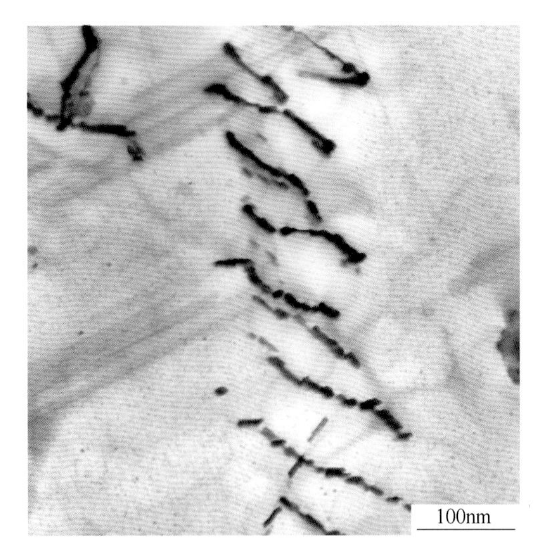

图 110　合金及状态：2A12-T6 态
组织特征：α-Al 基体中分布“一”字形和“Z”字形的 S 析出相，$B=[001]_{\alpha}$

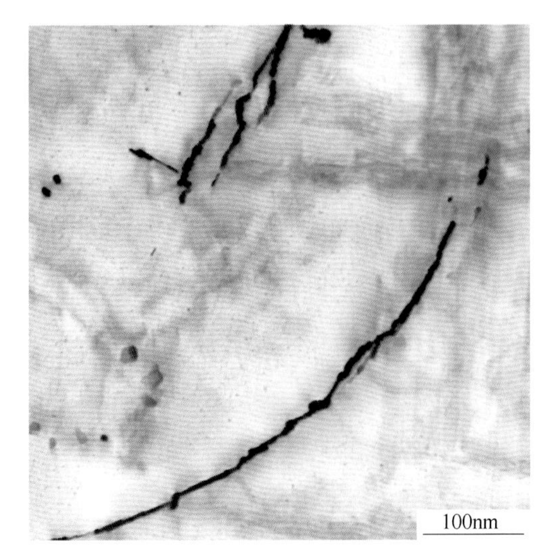

图 111　合金及状态：2A12-T6 态
组织特征：α-Al 基体中分布“一”字形和“Z”字形的 S 析出相，$B=[001]_{\alpha}$

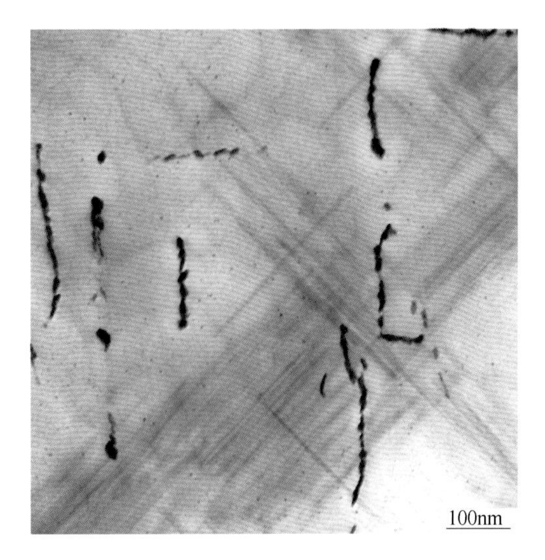

图 112　合金及状态：2A12-T6 态
组织特征：α-Al 基体中分布两种互相垂直排列的板条状 S 析出相的投影和“一”字形的 S 相，$B=[001]_{\alpha}$

续表 2.15

电子金相图谱

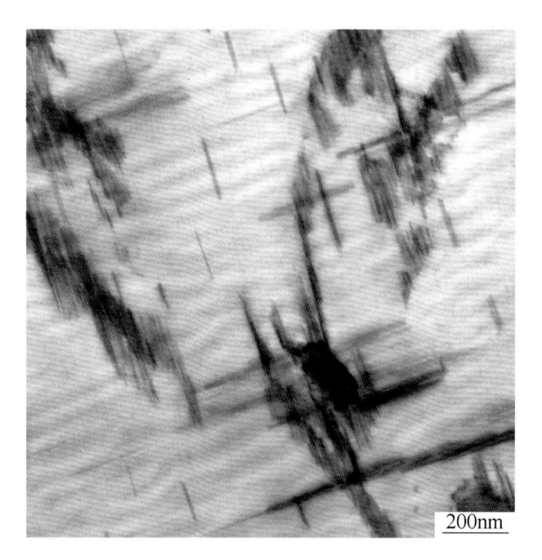

图 113 合金及状态：2A12-T6 态
组织特征：α-Al 基体中分布条状 S-Al_2CuMg 相
和短棒状 T-$Al_{20}Cu_2Mn_3$ 相，$B=[110]_α$

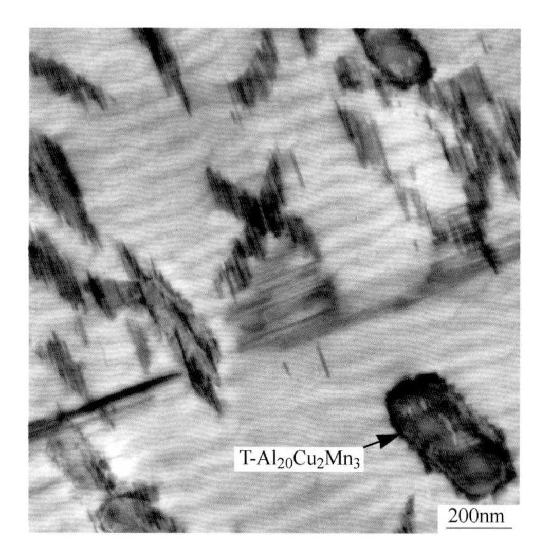

图 114 合金及状态：2A12-T6 态
组织特征：α-Al 基体中分布条状 S-Al_2CuMg 相
和短棒状 T-$Al_{20}Cu_2Mn_3$ 相，$B=[110]_α$

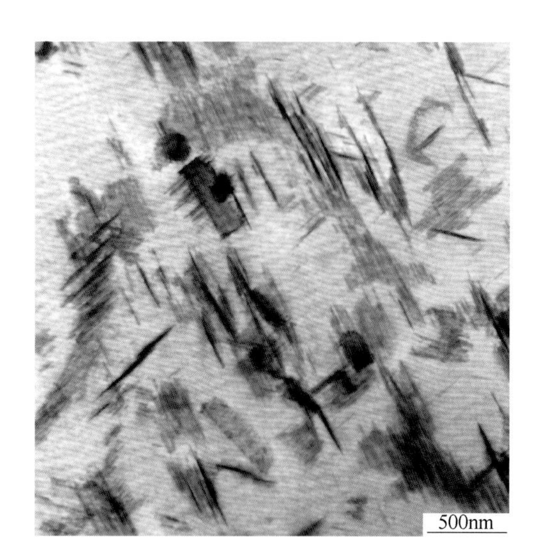

图 115 合金及状态：2A12-T6 态
组织特征：α-Al 基体中分布 3 种互成角度
排列的条状 S-Al_2CuMg 相和短棒状
T-$Al_{20}Cu_2Mn_3$ 相，$B=[112]_α$

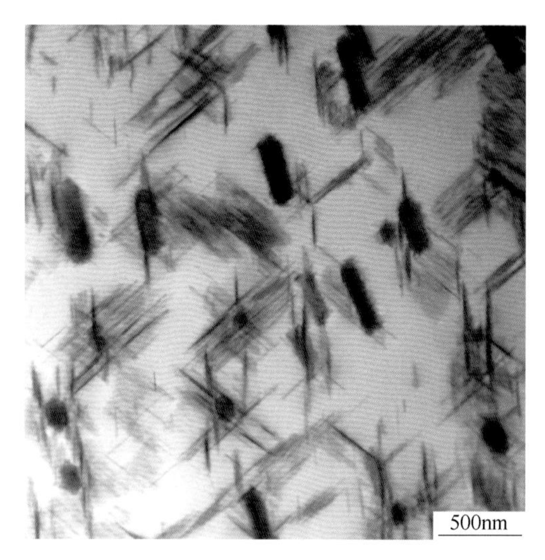

图 116 合金及状态：2A12-T6 态
组织特征：α-Al 基体中分布 3 种互成角度
排列的板条状 S-Al_2CuMg 相的投影
和短棒状 T-$Al_{20}Cu_2Mn_3$ 相，$B=[112]_α$

续表2.15

电子金相图谱

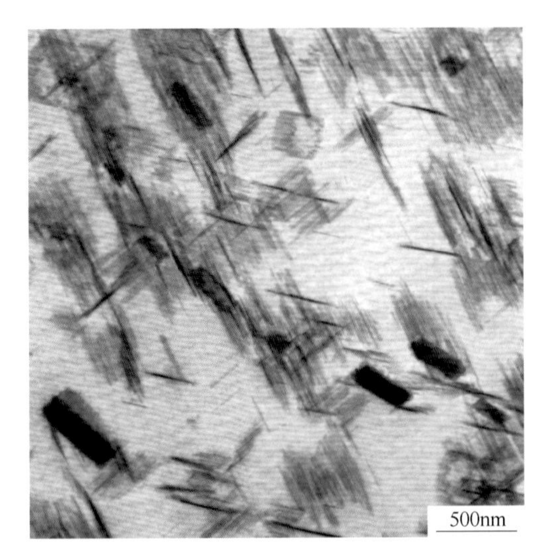

图117 合金及状态：2A12-T6态
组织特征：α-Al基体中分布3种互成角度排列的条状$S\text{-}Al_2CuMg$相和短棒状$T\text{-}Al_{20}Cu_2Mn_3$相，$B=[112]_\alpha$

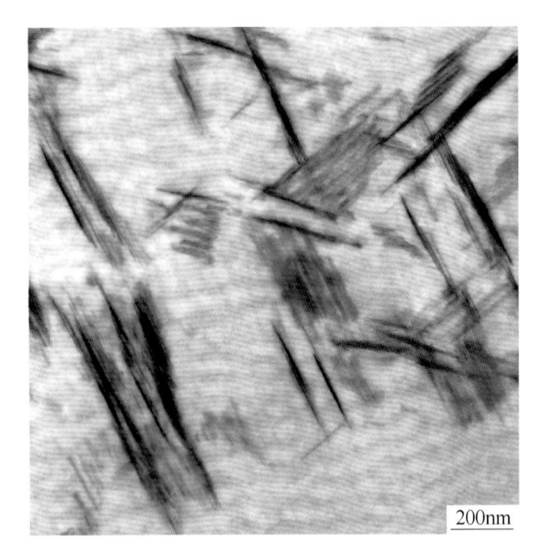

图118 合金及状态：2A12-T6态
组织特征：α-Al基体中分布3种互成角度排列的条状$S\text{-}Al_2CuMg$相，$B=[112]_\alpha$

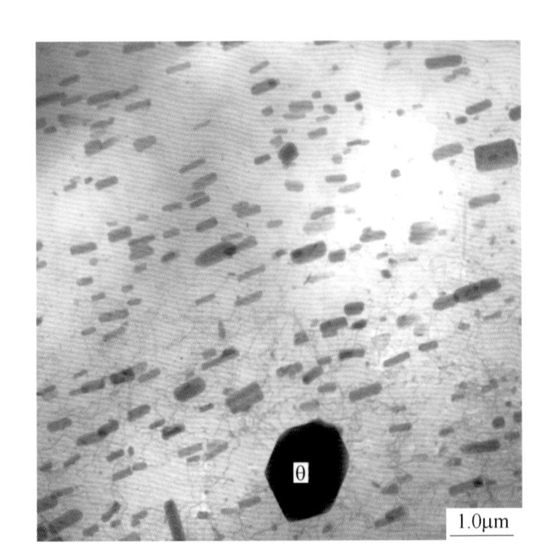

图119 合金及状态：2219-O态
组织特征：α-Al基体中分布粗大的$\theta\text{-}CuAl_2$初生相和短棒状$T\text{-}Al_{20}Cu_2Mn_3$相

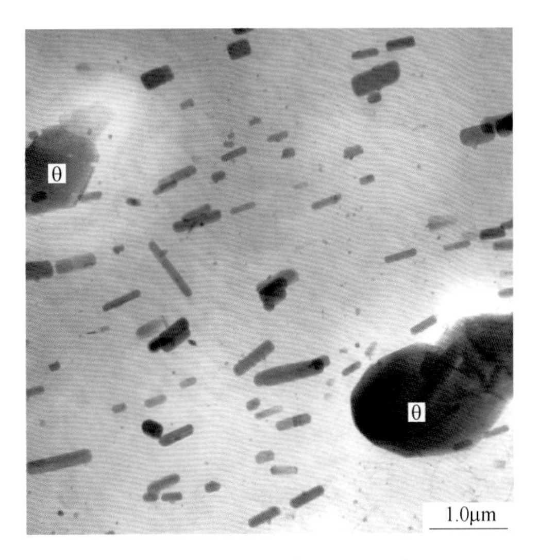

图120 合金及状态：2219-O态
组织特征：α-Al基体中分布短棒状$T\text{-}Al_{20}Cu_2Mn_3$相和粗大的$\theta\text{-}CuAl_2$初生相

续表 2.15

电子金相图谱

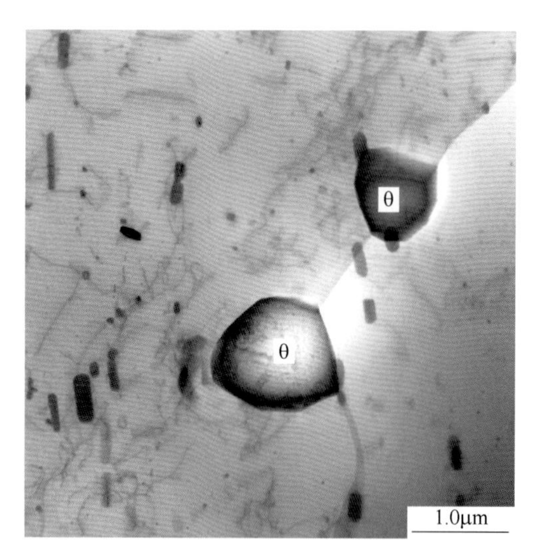

图 121 合金及状态：2219-O 态
组织特征：α-Al 基体中分布短棒状
T-$Al_{20}Cu_2Mn_3$ 相和粗大的 θ-$CuAl_2$ 初生相

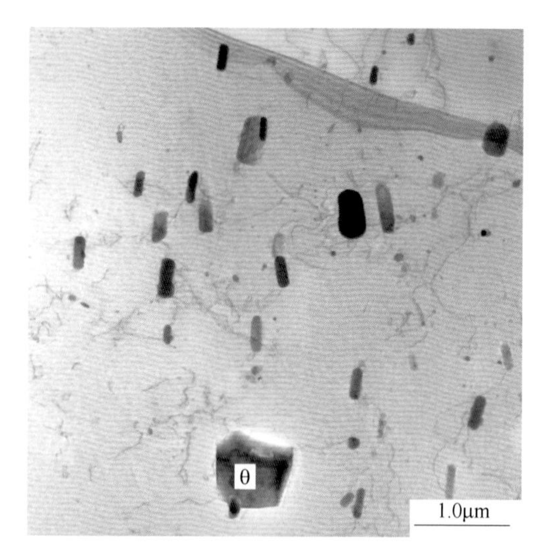

图 122 合金及状态：2219-O 态
组织特征：α-Al 基体中分布短棒状
T-$Al_{20}Cu_2Mn_3$ 相和粗大的 θ-$CuAl_2$ 初生相

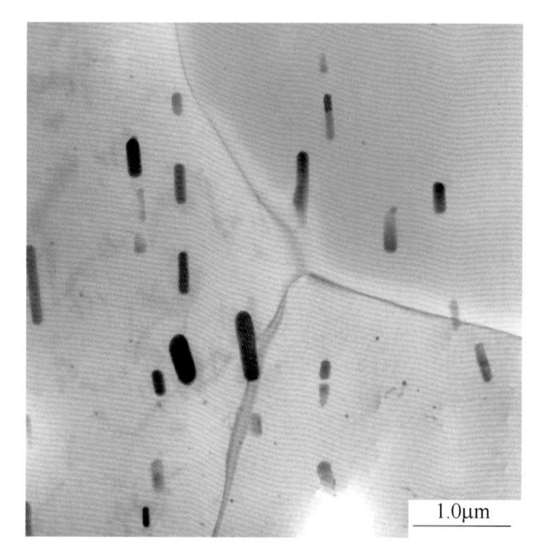

图 123 合金及状态：2219-O 态
组织特征：α-Al 基体中分布棒状
T-$Al_{20}Cu_2Mn_3$ 相

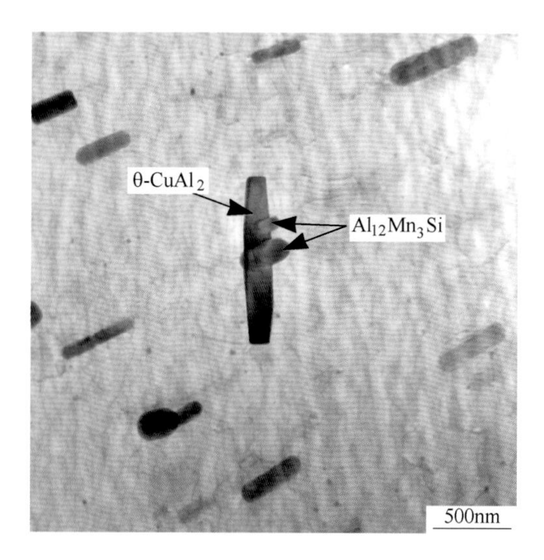

图 124 合金及状态：2219-O 态
组织特征：α-Al 基体中分布棒状 T-$Al_{20}Cu_2Mn_3$ 相、
条状的 θ-$CuAl_2$ 相和依附 θ 相旁边的 $Al_{12}Mn_3Si$ 相

续表2.15

电子金相图谱

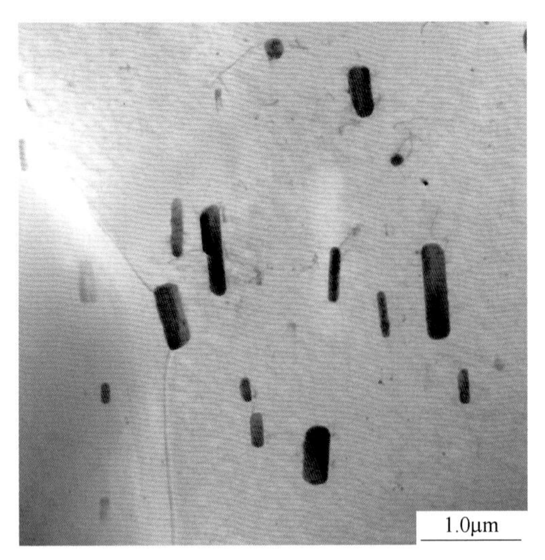

图125 合金及状态：2219-O态
组织特征：α-Al基体中分布短棒状
T-$Al_{20}Cu_2Mn_3$ 相

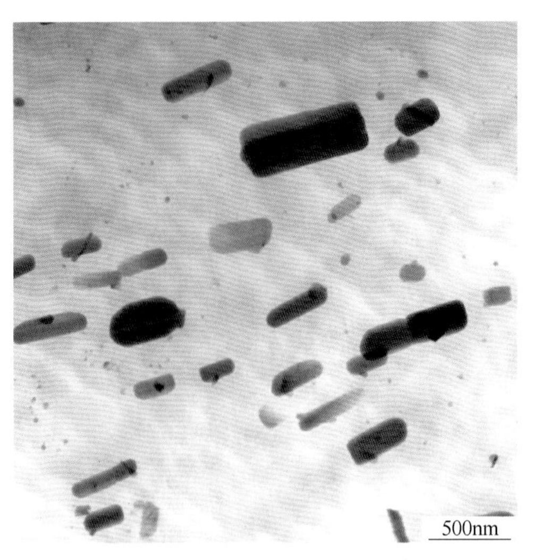

图126 合金及状态：2219-O态
组织特征：α-Al基体中分布短棒状
T-$Al_{20}Cu_2Mn_3$ 相

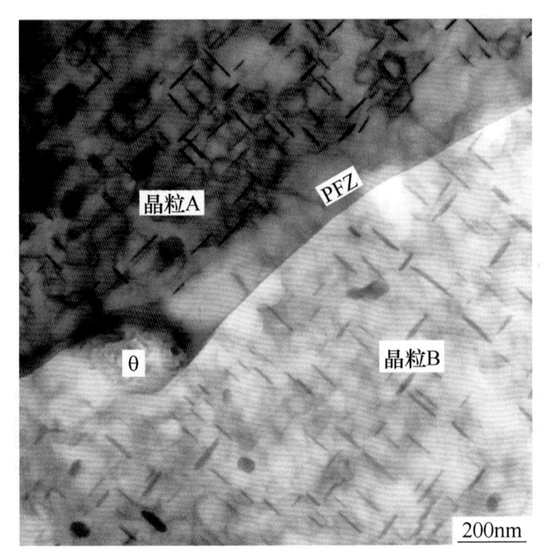

图127 合金及状态：2219-T6态
组织特征：α-Al基体的晶粒内分布片状和盘状
θ′-$CuAl_2$ 相；其中晶粒A的位向 $B=[001]_\alpha$，与片
状θ′相互相垂直排列；晶界处有无沉淀析出带（PFZ），
其上分布少许粗大的θ-$CuAl_2$ 相，形状不规则

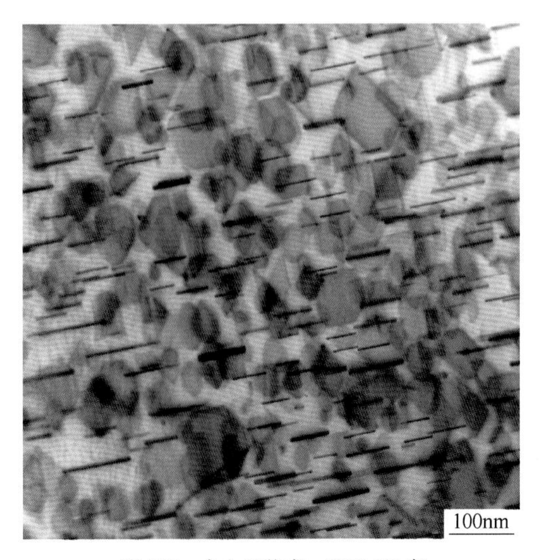

图128 合金及状态：2219-T6态
组织特征：α-Al基体的晶粒内分布盘状
θ′-$CuAl_2$ 相和平行排列的片形θ′相，$B=[110]_\alpha$

续表 2.15

电子金相图谱

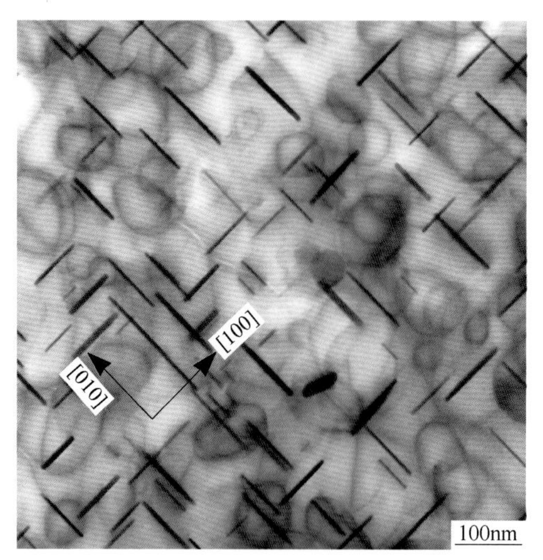

图 129　合金及状态：2219-T6 态

组织特征：α-Al 基体的晶粒内分布盘状 θ′-$CuAl_2$ 相和互相垂直排列的片形 θ′相，$B=[001]_α$

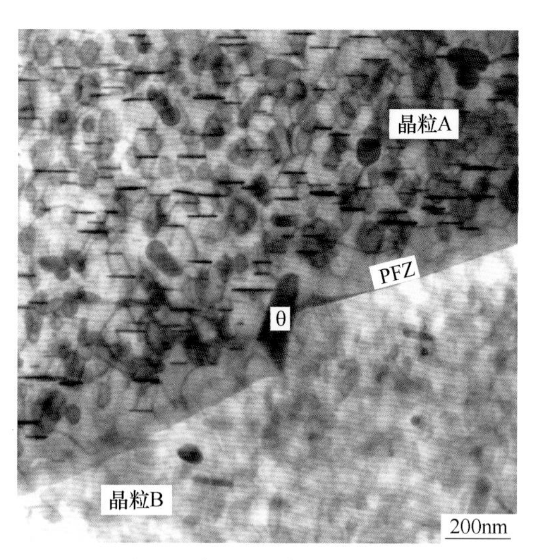

图 130　合金及状态：2219-T6 态

组织特征：α-Al 基体晶粒内分布大量片状和盘状形态的 θ′-$CuAl_2$ 相，晶界上分布少许粗大的 θ 相，形状不规则，其中晶粒 A 位向 $B=[110]_α$，片状 θ′-$CuAl_2$ 析出相平行排列

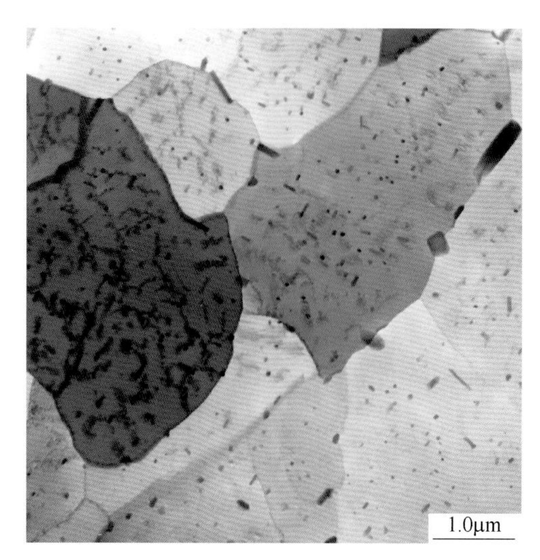

图 131　合金及状态：2519-R 态

组织特征：α-Al 基体中分布棒状和块状 T-$Al_{20}Cu_2Mn_3$ 相以及蜷线位错

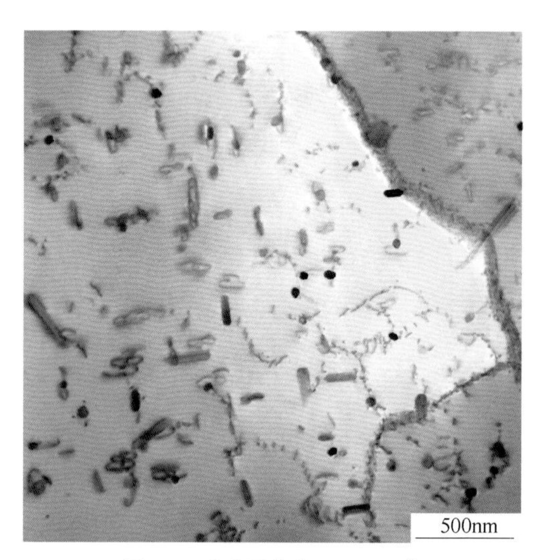

图 132　合金及状态：2519-R 态

组织特征：α-Al 基体中分布棒状和块状 T-$Al_{20}Cu_2Mn_3$ 相以及蜷线位错

续表 2.15

电子金相图谱

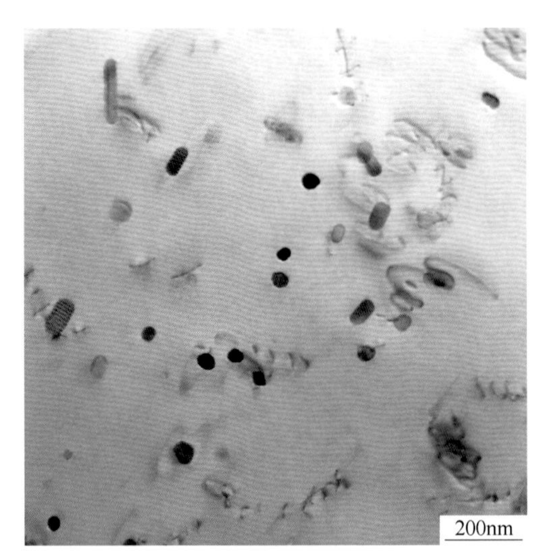

图 133 合金及状态：2519-R 态
组织特征：α-Al 基体中分布棒状和块状 T-$Al_{20}Cu_2Mn_3$ 相以及蜷线位错

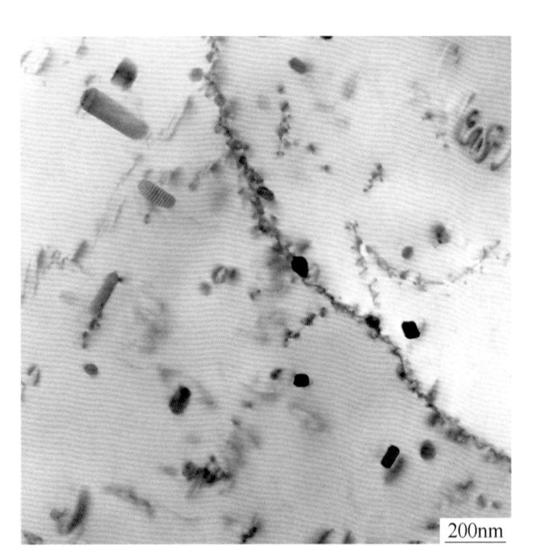

图 134 合金及状态：2519-R 态
组织特征：α-Al 基体中分布棒状和块状 T-$Al_{20}Cu_2Mn_3$ 相以及蜷线位错

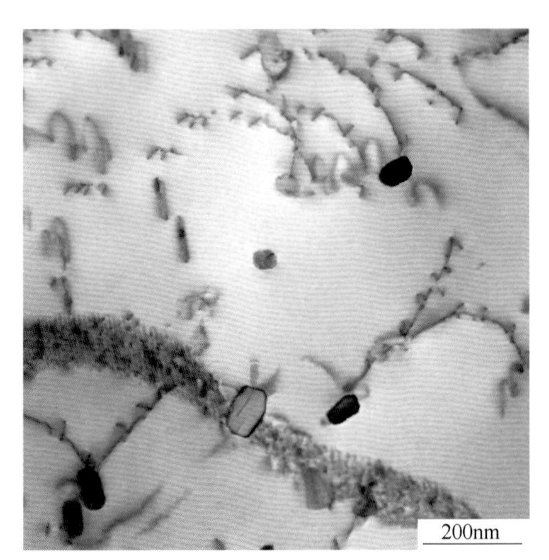

图 135 合金及状态：2519-R 态
组织特征：α-Al 基体中分布棒状和块状 T-$Al_{20}Cu_2Mn_3$ 相以及蜷线位错

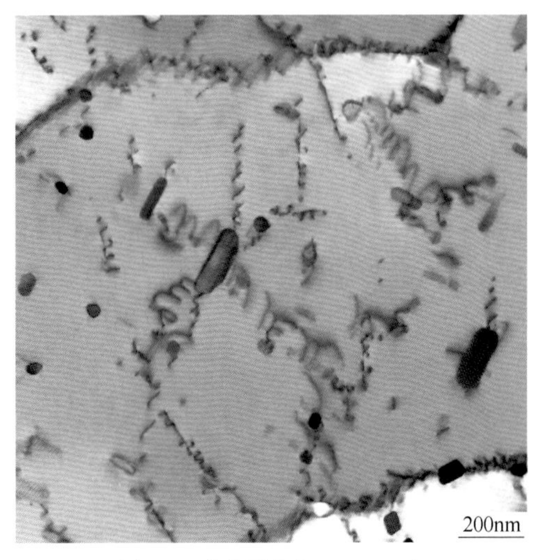

图 136 合金及状态：2519-R 态
组织特征：α-Al 基体中分布棒状和块状 T-$Al_{20}Cu_2Mn_3$ 相以及蜷线位错

续表 2. 15

电子金相图谱

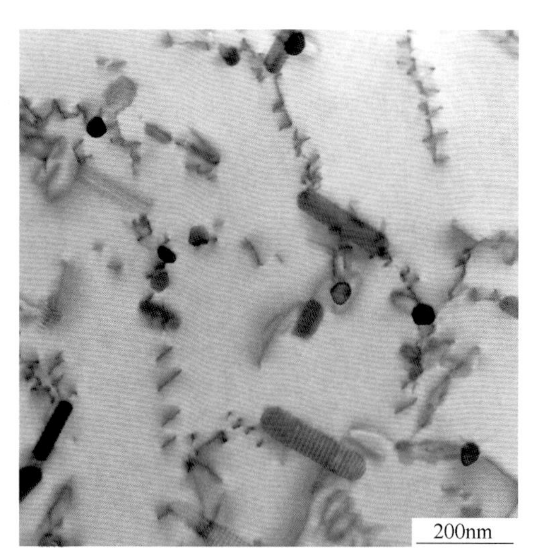

图 137 合金及状态：2519-R 态
组织特征：α-Al 基体中分布棒状和块状 T-$Al_{20}Cu_2Mn_3$ 相以及蜷线位错，$B=[001]_\alpha$

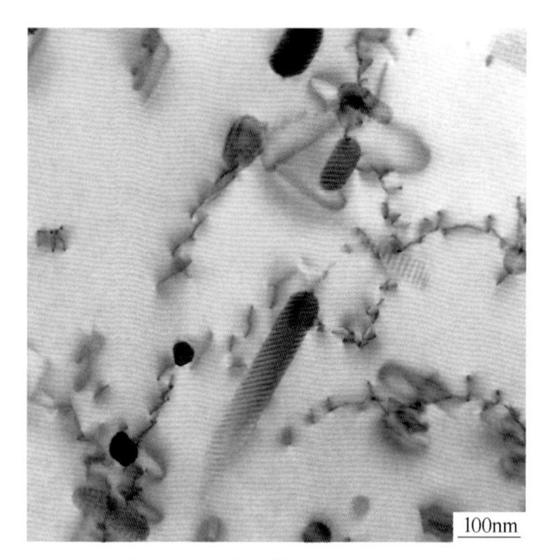

图 138 合金及状态：2519-R 态
组织特征：α-Al 基体中分布棒状和块状 T-$Al_{20}Cu_2Mn_3$ 相以及蜷线位错

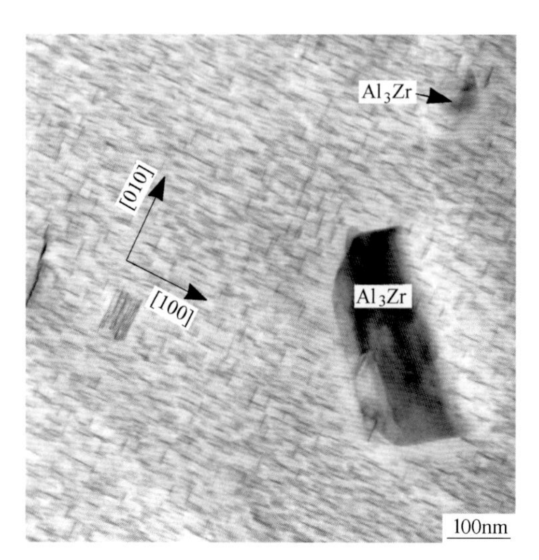

图 139 合金及状态：2519-T8 态
组织特征：α-Al 基体中分布大量互相垂直排列的细小的片状 θ′-$CuAl_2$ 析出相，未溶第二相为 T-$Al_{20}Cu_2Mn_3$ 相和 Al_3Zr 颗粒，$B=[001]_\alpha$

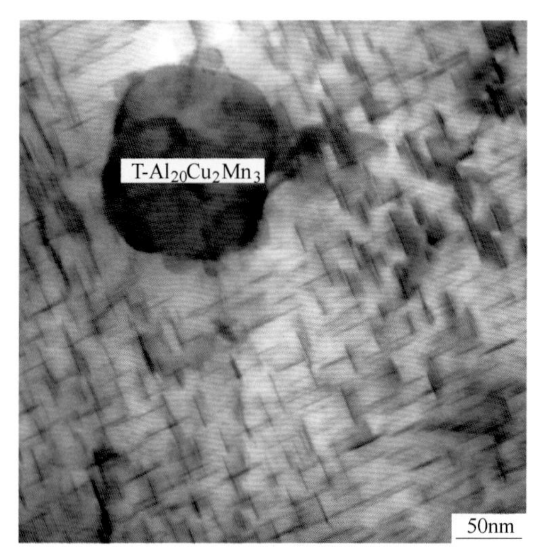

图 140 合金及状态：2519-T8 态
组织特征：α-Al 基体中分布大量互相垂直排列的细小片状 θ′-$CuAl_2$ 析出相和部分盘状 θ′-$CuAl_2$ 析出相，中间未溶第二相为 T-$Al_{20}Cu_2Mn_3$ 相，$B=[001]_\alpha$

续表2.15

电子金相图谱

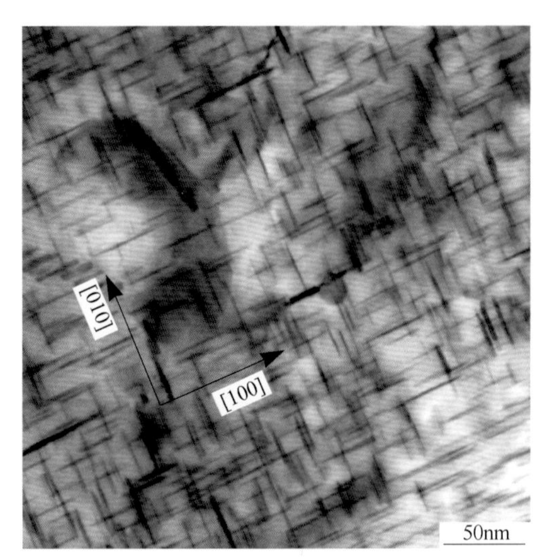

图141　合金及状态：2519-T6态
组织特征：α-Al基体中分布大量互相垂直排列的薄片状θ′-$CuAl_2$析出相和部分盘状θ′-$CuAl_2$析出相，其尺寸约15~50nm，$B=[001]_α$

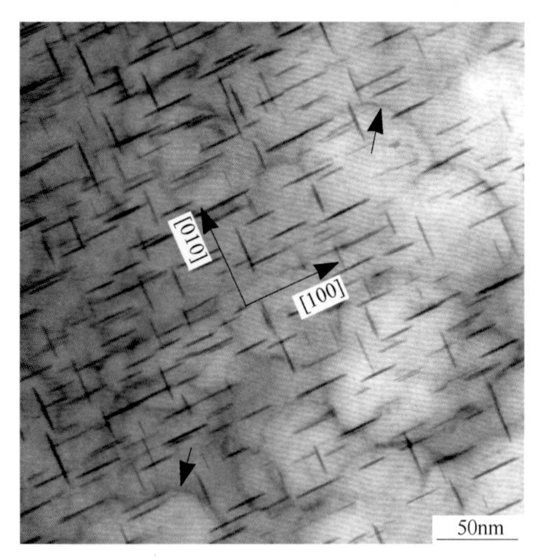

图142　合金及状态：2519-T6态
组织特征：α-Al基体中分布大量互相垂直排列的薄片状θ′-$CuAl_2$析出相和部分盘状θ′-$CuAl_2$析出相，其尺寸约15~50nm，$B=[001]_α$

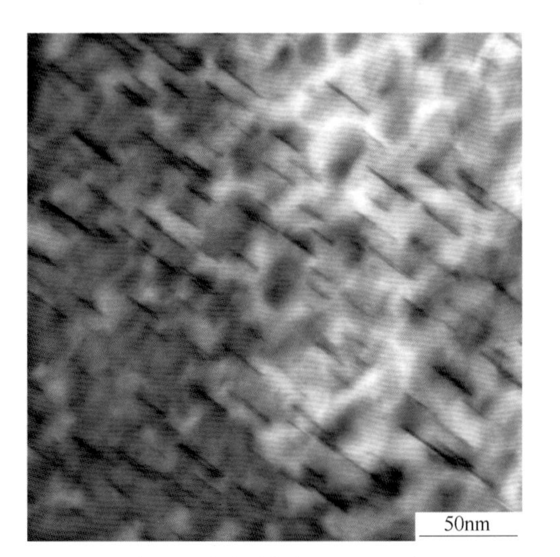

图143　合金及状态：2519-T6态
组织特征：α-Al基体的晶粒内分布盘状θ′-$CuAl_2$析出相和部分平行排列的片形θ′-$CuAl_2$析出相，$B=[110]_α$

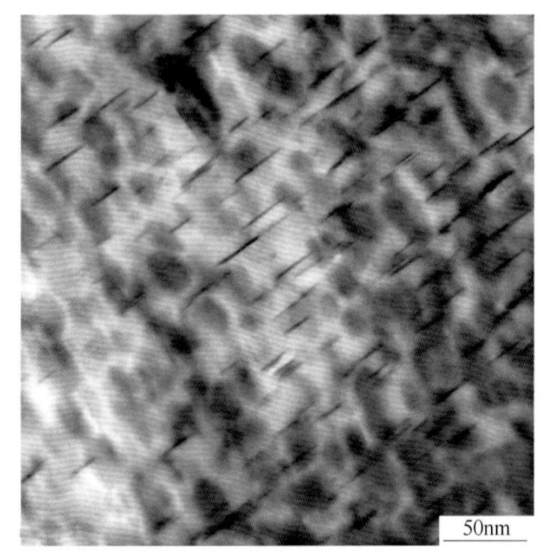

图144　合金及状态：2519-T6态
组织特征：α-Al基体的晶粒内分布盘状θ′-$CuAl_2$析出相和部分平行排列的片形θ′-$CuAl_2$析出相，$B=[110]_α$

参考文献

[1] 李雪朝，等．铝合金材料组织与金相图谱［M］．北京：冶金工业出版社，2010.

[2] 王祝堂，田荣璋．铝合金及其加工手册［M］．长沙：中南大学出版社，2005.

[3] Gerold V. Uber die struktur der bei der aushartung einer aluminium-kupfer- legierung auftretenden zustande [J]. Zeitschrift Fur Metallkunde, 1954, 45: 599~607.

[4] Papazian J M. A calorimetric study of precipitation in aluminum alloy 2219 [J]. Metall. Trans., 1981, 12A: 269~280.

[5] Silcock J, Heal T J, Hardy H. Structural ageing characteristics of binary aluminium-copper alloys [J]. J. Inst. Metals, 1954, 82: 239~248.

[6] Weatherly G, Nicholson R. An electron microscope investigation of the interfacial structure of semi-coherent-precipitates [J]. Philos. Mag., 1968, 17 (148): 801~831.

[7] Wang S C, Starink M J. Precipitates and intermetallic phases in precipitation on harding Al-Cu-Mg-(Li) based on alloys [J]. Int. Mater. Rev., 2005, 50 (4): 193~215.

[8] Edington J W. Practical electron microscopy in materials science [M]. New York: Van Nostrand Reinhold Co., 1976: 282.

[9] Bonnet R. Disorientation between any two lattices [J]. Acta Crystallographica Section A, 1980, 36 (1): 116~122.

[10] Radmilovic V. On the nucleation and growth of Al_2CuMg (S′) in Al-Li-Cu-Mg and Al-Cu-Mg alloys [J]. Script Metall., 1989, 27 (3): 1141~1146.

[11] Wang S C, Starink M J, Gao N. Precipitation hardening in Al-Cu-Mg alloys revisited [J]. Script Mater., 2006, 54: 287~291.

[12] Charai A, Walthe T, Alfonso C. Coexistence of clusters, GPB zones, S″-, S′- and S-phases in an Al-0.9% Cu-1.4% Mg alloy [J]. Acta Mater., 2000, 48: 2751~2764.

[13] Kovarik L, Miller M K, Court S A, et al. Origin of the modified orientation relationship for S(S″)-phase in Al-Mg-Cu alloys [J]. Acta Mater., 2006, 54 (7): 1731~1740.

[14] Kovarik L, Gouma P I, Kisielowski C, et al. A HRTEM study of metastable phase formation in Al-Mg-Cu alloys during artificial aging [J]. Acta Mater., 2004, 52: 2509~2520.

[15] Bagaryatsky Y A. Characteristics of natural aging of aluminum alloy [J]. Doklady Akademiinauk SSSR, 1952, 87 (4): 559~562.

[16] Perlitz H, Westgren A. The crystal structure of $MgCuAl_2$ [J]. Arkiv foer Kemi, Mineralogioch Geologi, 1943, 16B (13): 13.

[17] 蒙多尔福．铝合金组织与性能［M］．王祝堂，等译．北京：冶金工业出版社，1988.

[18] Wilson R N, Partridge P G. The nucleation and growth of S′ precipitates in an aluminium-2.5% copper-1.2% magnesium alloy [J]. Acta Mater., 1965, 13 (12): 1321~1327.

[19] Ringer S P, Hono K, Polmear I J. Precipitation processes during the early stages of ageing in Al-Cu-Mg alloys [J]. Applied Surface Science, 1996, 94-95: 253~260.

[20] Cuisiat F, Duval P, Graf R. Etude des premiers stades de decomposition d'un alliage Al-Cu-Mg [J]. Script Metall., 1984, 18 (10): 1051~1056.

[21] Ringer S P, Sakurai T, Polmear I J. Origins of hardening in aged Al-Gu-Mg-(Ag) alloys [J]. Acta Mater., 1997, 45 (9): 3731~3744.

[22] Gupta A K, Gaunt P, Chaturvedi M C. The crystallography and morphology of the S′-phase precipitate in an Al(CuMg) alloy [J]. Philos. Mag., 1987, 53 (3): 375~387.

[23] Styles M J, Hutchinson C R, Chen Y. The coexistence of two S(Al_2CuMg) phases in Al-Cu-Mg alloys [J]. Acta Mater., 2012, 60 (20): 6940~6951.

[24] Winkelman G B, Raviprasad K, Muddle B C. Orientation relationships and lattice matching for the S phase in Al-Cu-Mg alloys [J]. Acta Mater., 2007, 55: 3213~3228.

[25] Robinson K. The unit cell and brillouin zones of $Ni_4Mn_{11}Al_{60}$ and related compounds [J]. Philos. Mag., 1952, 43: 775~782.

[26] 沈振菊. 铝合金中T相和θ相的显微结构及演化 [D]. 浙江: 浙江大学, 2016.

[27] 王顺才, 李春志, 边为民. 2024高强铝合金中弥散相 $Al_{20}Cu_2Mn_3$ 结构的确定 [J]. 机械工程学报, 1990, 26 (4): 32.

[28] 李春志, 王顺才, 金延. $Al_{20}Cu_2Mn_3$ 相中孪晶的高分辨电子显微术研究 [J]. 金属学报, 1992, 28 (1): A1.

[29] 李春志, 王顺才, 金延, 等. 2024铝合金中含Mn弥散相的晶体结构研究 [J]. 航空材料学报, 1990, 10 (2): 16.

[30] Chen Y Q, Yi D Q, Jiang Y, et al. Twinning and orientation relationships of T-phase precipitates in an Al matrix [J]. J Mater Sci., 2013, 48: 3225~3231.

[31] Chen Y Q, Pan S P, Liu W H, et al. Morphologies, orientation relationships, and evolution of the T-phase in an Al-Cu-Mg-Mn alloy during homogenisation [J]. J. Alloys Compd., 2017, 709: 213~226.

3　3×××系铝合金

3×××系铝合金是 Al-Mn 系防锈铝合金，属于热处理不可强化的铝合金。其突出特点是抗蚀性好、密度低、导电和导热性能好，且具有良好的反射性和非磁性，优良的焊接性和加工性等，可加工成板材、棒材及管材等半制品，被广泛用于包装材料、热交换材料、感光材料、装饰材料、焊接材料等方面。

3.1　化学成分及相组成

Mn 是 3×××系铝合金中的主要组成元素，随其含量的增加，该系合金强度也随之提高。当 Mn 含量在 1.0%~1.6%范围内，合金不但具有较高的强度，而且还有良好的塑性和工艺性能。如果继续提高 Mn 的含量，合金强度虽有增加，但由于形成大量脆性化合物 Al_6Mn，合金在变形时容易开裂。因此 Mn 含量高于 1.6%的合金，在实际中很少应用。Mn 还能改善其抗蚀性，明显提高合金的再结晶温度及细化晶粒作用。合金中的杂质 Fe 能降低 Mn 在 Al 中的固溶度，减少 Mn 的偏析，例如 0.03% Fe 使 Mn 在 500℃的固溶度由 0.35%减少到 0.15%，但过多的 Fe 可溶入 Al_6Mn 中形成硬而脆的 $Al_6(Fe,Mn)$ 化合物，严重降低合金的塑性。杂质硅能增大合金的热裂倾向，并可形成 Al(Fe,Mn)Si 化合物，减少 Fe 的有利影响，降低铸造性能，因此应严加控制。

图 3.1 所示为 Al-Mn 二元相图[1]，属共晶系，共晶温度 658.5℃(931K)，共晶点的成分为 2.0%Mn。由相图可知，(1) 在亚共晶部分，液相线斜率很小，等温结晶温度间隔甚

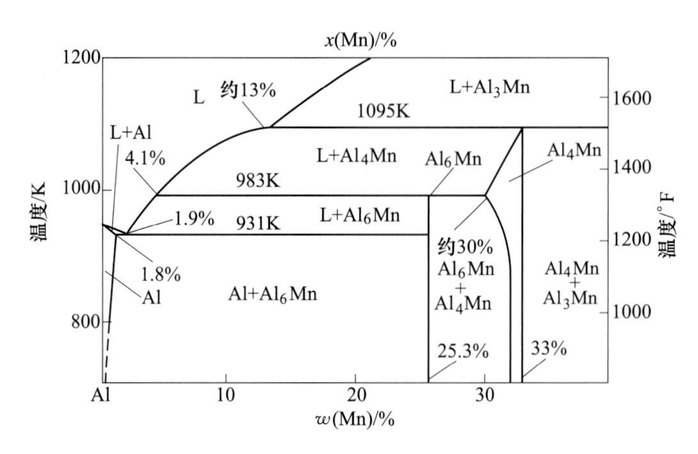

图 3.1　Al-Mn 二元相图

宽；（2）液相线和固相线垂直结晶温度间隔很小，仅0.5~1.0℃，而液相线接近水平（即液相线和固相线水平间隔大）；（3）在共晶温度，Mn在Al中的最大溶解度与共晶点成分相差很小，仅0.1%~0.13%Mn；（4）Mn在Al中的固溶度变化很大，随温度的下降则急骤减少。

由于Al-Mn系合金有上述的特点，加之Mn在Al中扩散系数又很小，因此在结晶时极易形成Mn元素偏析，并使基体的Mn含量大大超过平衡浓度。

图3.2所示为Al-Mn-Si的三元合金相图铝角部分的液相面[2]，除了二元系中存在的α-Al、$MnAl_6$、$MnAl_4$和Si相之外，还形成很多三元相，在铝合金中可以同时出现两个或三个，其中一个与α-Al相处于平衡状态，常用σ表示，它含有25%~29%Mn和8%~13%Si，被报道的分子式为$Al_{10}Mn_2Si$（27%Mn、6.9%Si）、$Al_{12}Mn_3Si$（24.6%Mn、6%Si）和$Al_{15}Mn_3Si_2$（27.3%Mn、12.4%Si）3种，以体心立方结构的$Al_{12}Mn_3Si$为主。表3.1为相图铝角中的不变反应。

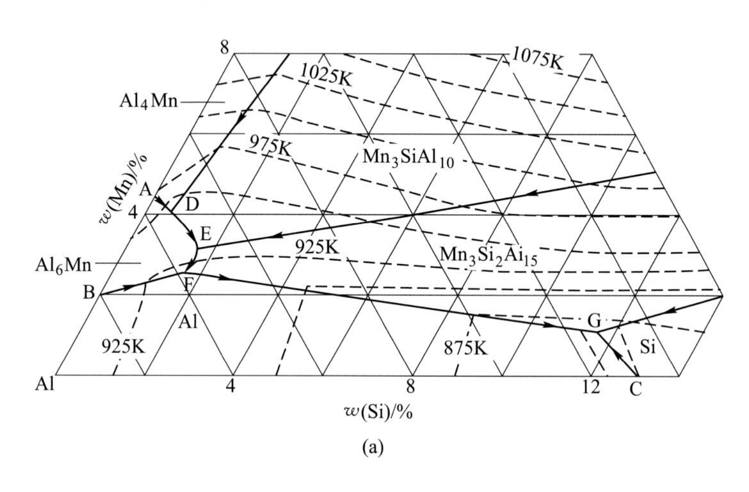

(a)

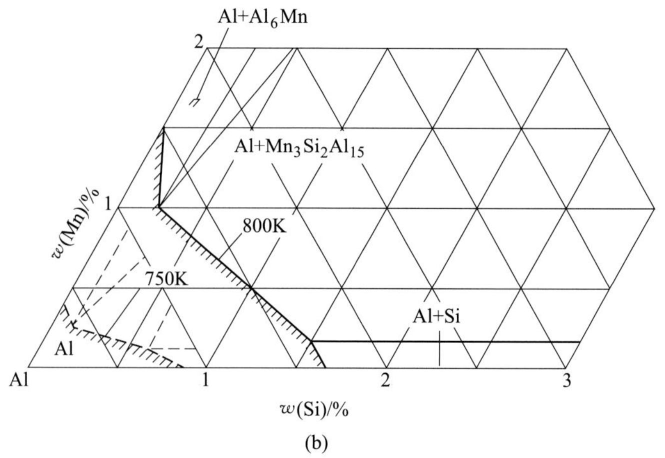

(b)

图3.2 Al-Mn-Si三元相图的铝角

（a）液相面；（b）800K和750K时的相区分布

表 3.1 Al-Mn-Si 系中不变反应最可能的位置和温度

反 应	温度/K	成 分	
		Mn	Si
液体 + $Al_4Mn \longrightarrow Al_6Mn$	983	4.1	—
液体$\longrightarrow Al + Al_6Mn$	931	1.9	—
液体$\longrightarrow Al + Si$	850	—	12.5
液体 + $Al_4Mn \longrightarrow Al_6Mn + \beta$	963	3.8	0.7
液体 + $\beta \longrightarrow Al_4Mn + \sigma$	930	2.8	1.6
液体 + $Al_4Mn \longrightarrow Al + \sigma$	921	2.5	1.5
液体$\longrightarrow Al + \sigma + Si$	847	1.0	12.0
液体 + $\delta \longrightarrow \sigma + Si$	—	1.5	13.0

常用的3×××系铝合金有 3003（或 LF21），其合金的化学成分见表 3.2。表 3.3 为 LF21（3003）合金中可能出现的相及相结构。

表 3.2 3003 合金的化学成分（质量分数） （%）

合金	Mn	Fe	Si	Cu	Zn	Mg	其他
3003	0.93	0.53	0.13	0.022	0.0063	0.0081	0.1

注：Al 为余量。

表 3.3 LF21(3003) 合金中可能出现的相及相结构

合金	可能相	结构	杂质相	结构
3003	α-Al、Al_6Mn、Al_4Mn	面心立方、正交、六方	$Al_{12}Mn_3Si$、$Al_6(Fe,Mn)$	体心立方、正交

3.2 热处理特征

3×××系合金铸造时会形成硬脆且粗大的一次结晶金属间化合物，如 Al_6Mn、$Al_6(Fe, Mn)$ 及 $Al_{12}(FeMn)_3Si$ 等，在后续加工中，热、冷加工均能有效地破碎化合物。热加工对化合物破碎比较明显，冷加工对化合物破碎的形态不规则，边缘平直不圆滑，尤其是当冷变形达到一定程度之后，变形量对化合物尺寸的改变几乎无影响。同时冷加工基本不影响含 Mn 相的析出。如果这些一次结晶金属间化合物形态因工艺不当未能得到有效控制，或者析出物分布不均匀，将对其腐蚀性能产生严重影响。

虽然 Al-Mn 系合金中 Mn 的固溶度具有明显的温度关系，从共晶温度时的 1.82%减少到室温下的小于 0.3%，时效过程中也形成中间过渡相（如半共格的 $Al_{12}Mn$），但沉淀硬化作用很弱，因此 3×××系铝合金属于热处理不可强化的铝合金，其强度一般通过加工硬化而获得，通常由挤压和晶粒细化达到。

3×××系合金时效状态和退火状态的性能十分接近，常在退火处理状态下使用。高温退火因发生完全再结晶而使合金处于软态，如要求保留部分加工硬化作用，则可采用低温退火。

3×××系合金制品退火时，极易产生粗大晶粒或晶粒不均现象，致使合金半制品在深冲或弯曲时表面粗糙或出现裂纹。由于铸锭组织中锰偏析的存在，为保证该合金获得细的晶粒，应采取以下措施[2]：

（1）铸锭均匀化退火。铸锭在500℃以下均匀化时，不管保温时间多长，也难得到均匀化的效果；将铸锭在600~620℃进行高温均匀化退火，致使Al_6Mn相均匀析出，减少或消除晶内偏析。

（2）高温热轧。将铸锭热轧温度由390~440℃提高到480~520℃，在此温度下可加速过饱和固溶体的分解，促使成分均匀。

（3）适当控制铁的含量。铁强烈降低锰的溶解度，促使固溶体分解，因此可减少锰偏析。

（4）高温快速再结晶退火。快速加热能缩小再结晶区间，在高锰和低锰处同时形核，因而产生细晶粒。

（5）添加适当的钛。因为钛偏析与锰偏析的方向正好相反，而影响相同，故能起到部分抵消作用。

LF21（3003）合金的加工工艺参数[2]：均匀化温度590~620℃；热轧温度480~520℃（最佳500℃）；挤压温度320~480℃；典型退火温度410℃，空气冷却。

3.3　3×××系铝合金常见合金相的电子显微分析

3.3.1　$Al_{12}Mn_3Si$相

前已所述，$Al_{12}Mn_3Si$相属立方晶系，空间群是$Pm3$；单位晶胞内有138个原子；晶格常数α=1.265~1.268nm，密度为3550kg/m^3。其晶胞结构示意图如图2.35所示。

$Al_{12}Mn_3Si$相在3003合金中大多数呈球状形态，少数呈块状、短棒状或条状形态，与基体α-Al的位向关系不明显，分布于基体的晶粒内和晶界上。表3.4为3003（LF21）合金中$Al_{12}Mn_3Si$或$Al_{12}(Fe,Mn)_3Si$相在不同位向B=[uvw]下的形貌，尺寸较大，约0.1~0.5μm，其中表3.4中图1（b）所示为3003合金退火组织中$Al_{12}Mn_3Si$相的能量色散谱（EDS），由Al、Si和Mn等元素组成，其元素原子比$Al_{76.13}Mn_{15.61}Si_{7.5}$与它的化学分子式$Al_{12}Mn_3Si$大致吻合。

表3.4　3003（LF21）合金中$Al_{12}Mn_3Si$相的形态

$Al_{12}Mn_3Si$相的形态

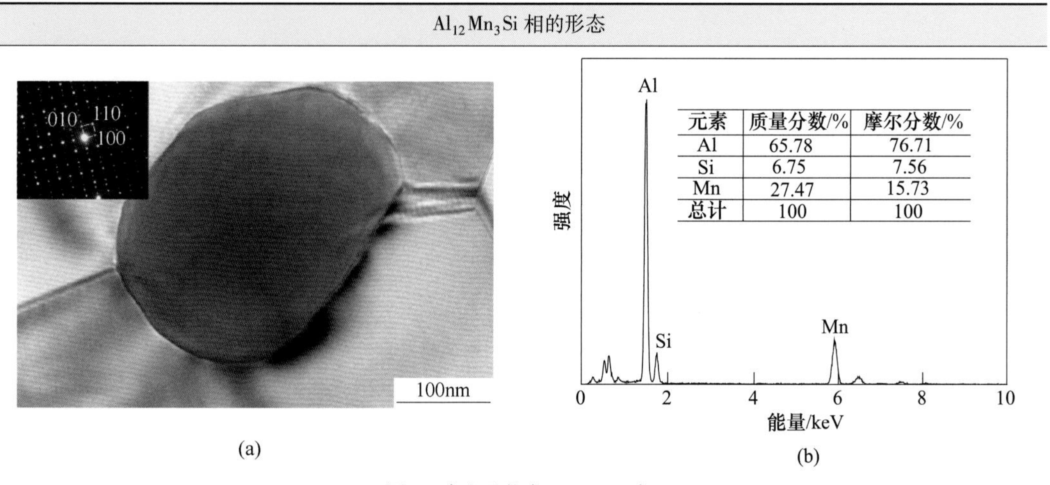

元素	质量分数/%	摩尔分数/%
Al	65.78	76.71
Si	6.75	7.56
Mn	27.47	15.73
总计	100	100

图1　合金及状态：3003-R态

（a）组织特征：球状，左上角为其电子衍射花样，B=[001]；（b）图(a)颗粒的能量色散谱（EDS）

续表 3.4

$Al_{12}Mn_3Si$ 相的形态

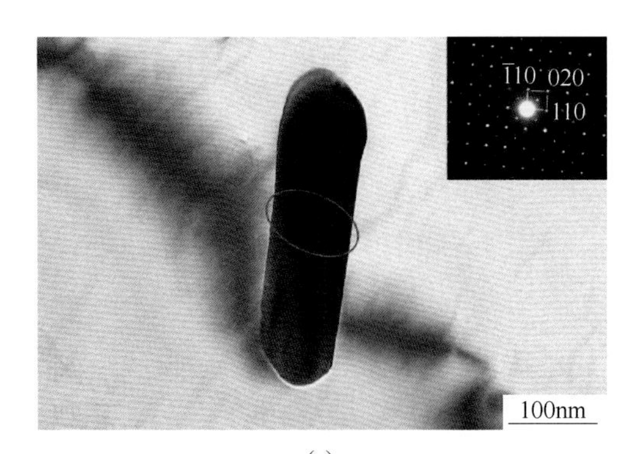

(a)

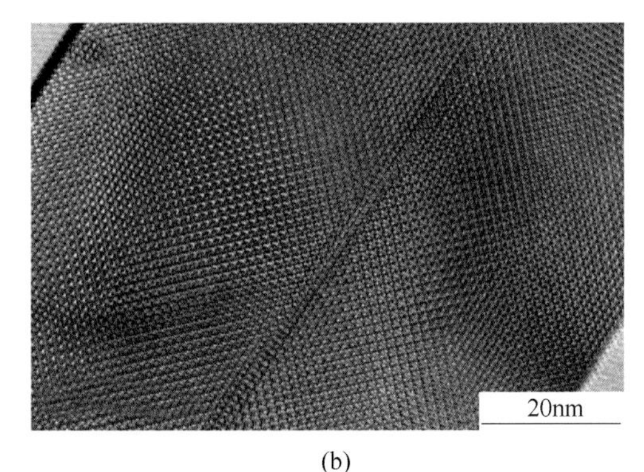

(b)

图 2　合金及状态：3003-O 态

（a）组织特征：棒状，右上角为其电子衍射花样，$B=[001]$；

（b）图(a)的放大像，显示颗粒内晶格条纹和层错缺陷

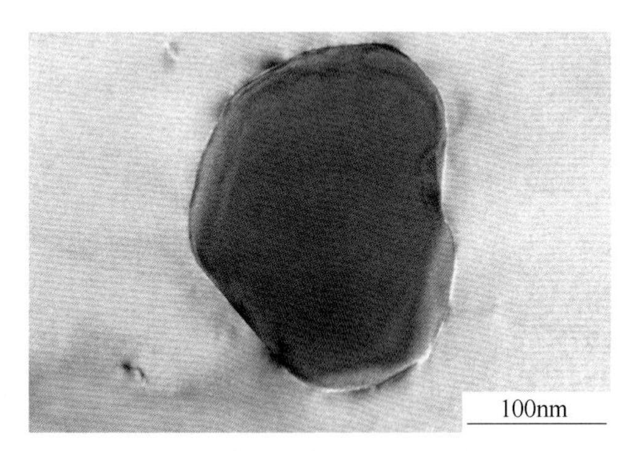

图 3　合金及状态：3003-O 态

组织特征：形状不规则，似球状，$B=[110]$

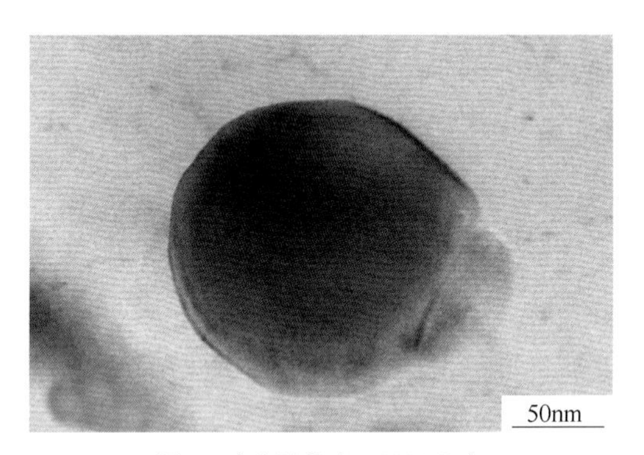

图 4　合金及状态：3003-O 态

组织特征：球状，$B=[110]$

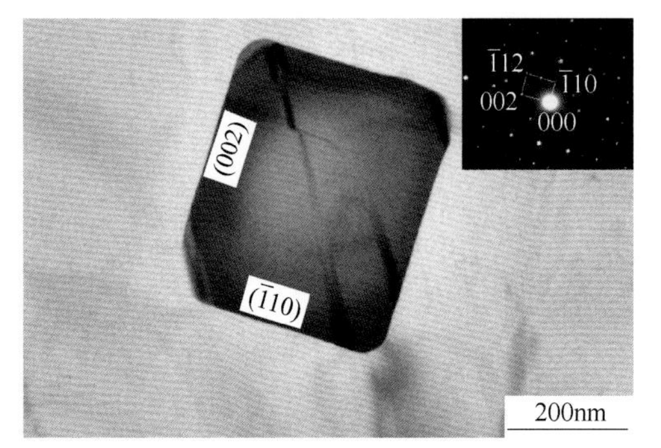

图 5　合金及状态：3003-R 态

组织特征：方块状，界面平直，颗粒内部有衬度变化，右上角为其电子衍射花样，$B=[110]$

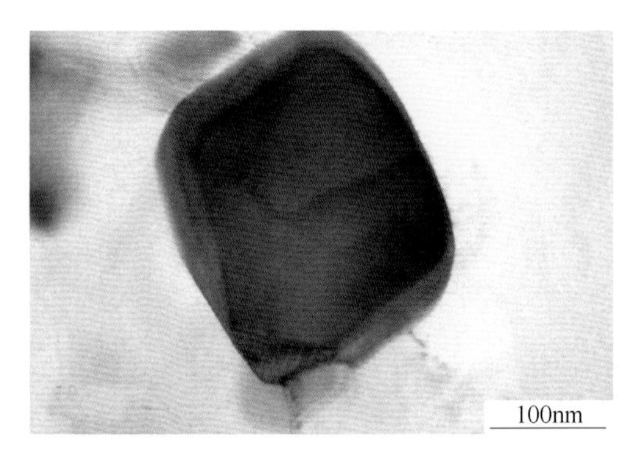

图 6　合金及状态：3003-R 态

组织特征：似方块状，边界不清晰，颗粒内部有衬度变化，$B=[110]$

续表 3.4

$Al_{12}Mn_3Si$ 相的形态

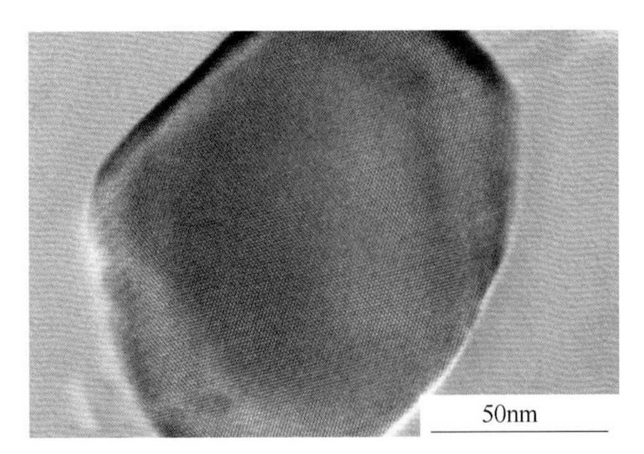

图 7　合金及状态：3003-R 态
组织特征：似球状，形状不规则，B=[111]

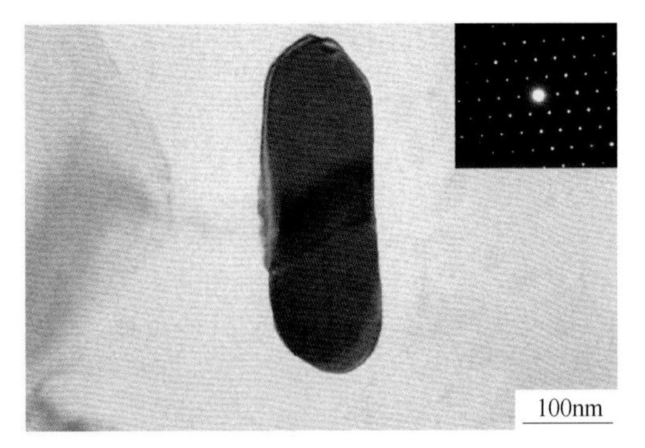

图 8　合金及状态：3003-R 态
组织特征：短棒状，颗粒内部有衬度变化，
右上角为其电子衍射花样，B=[111]

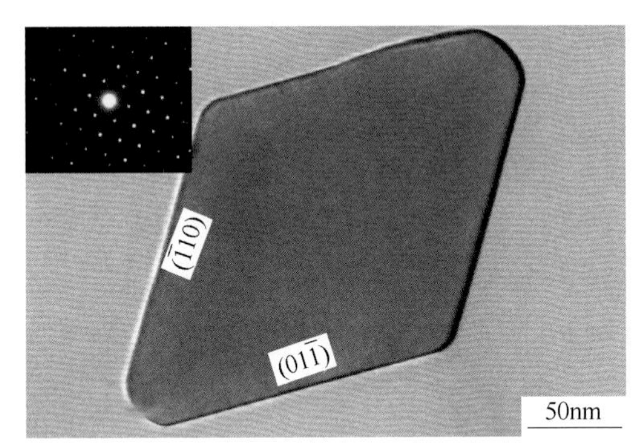

图 9　合金及状态：3003-R 态
组织特征：方块状，轮廓清晰，界面平直，
左上角为其电子衍射花样，B=[111]

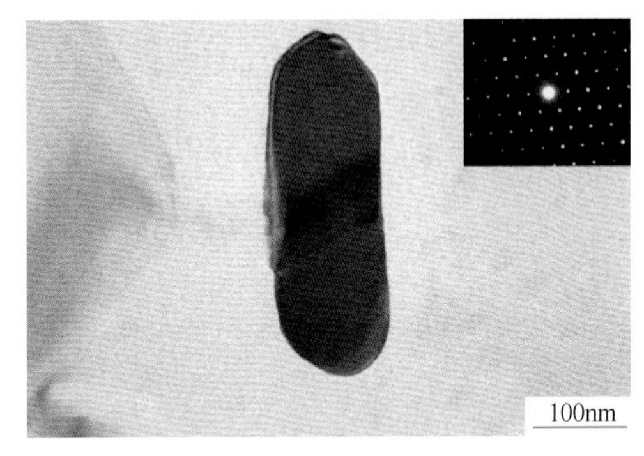

图 10　合金及状态：3003-R 态
组织特征：棒状，B=[123]

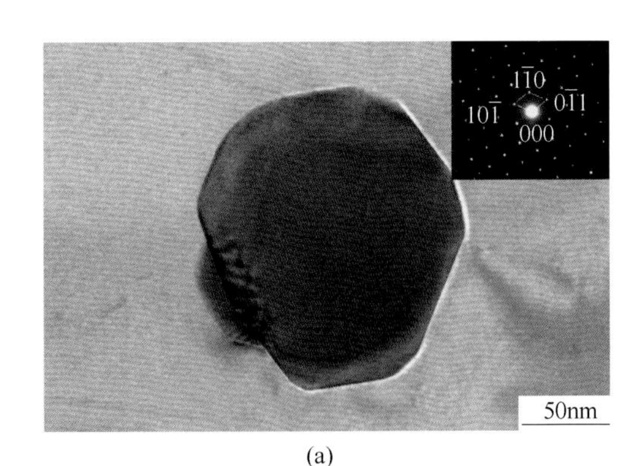

(a)

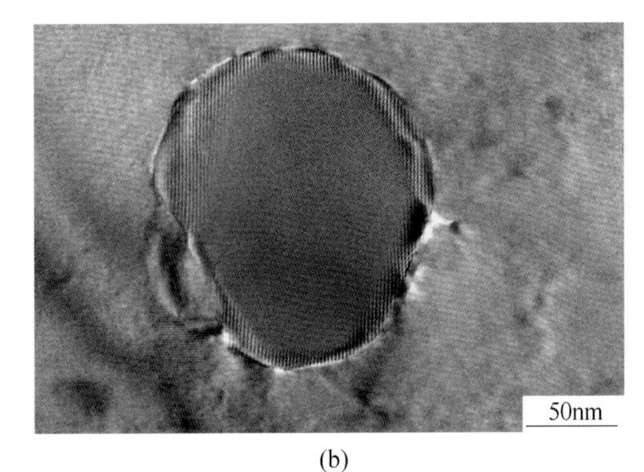

(b)

图 11　合金及状态：3003-O 态
(a) 组织特征：方块状，左上角为其电子衍射花样，B=[111]；
(b)图(a)绕衍射矢量 $(1\bar{1}0)$ 倾转约 30°后的形态，方块状，边界模糊，B=[113]

续表 3.4

$Al_{12}Mn_3Si$ 相的形态	
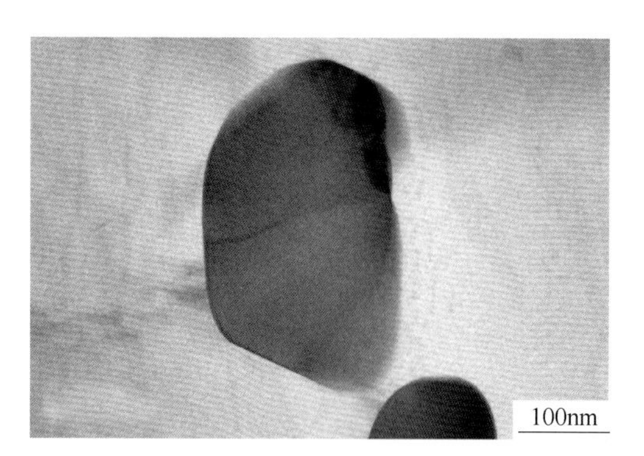图 12 合金及状态：3003-R 态 组织特征：块状，形状不规则，$B=[112]$	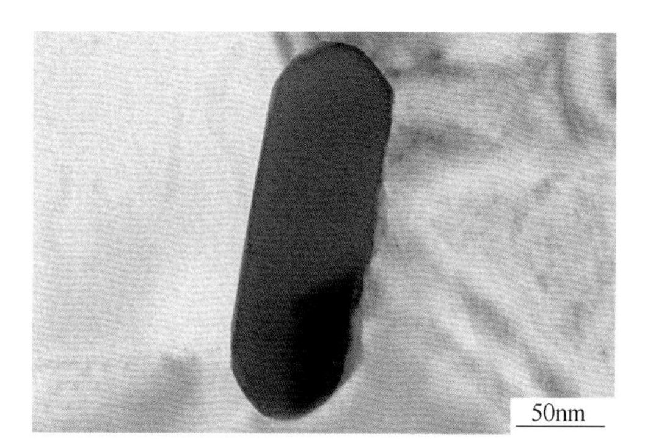图 13 合金及状态：3003-R 态 组织特征：棒状，$B=[113]$
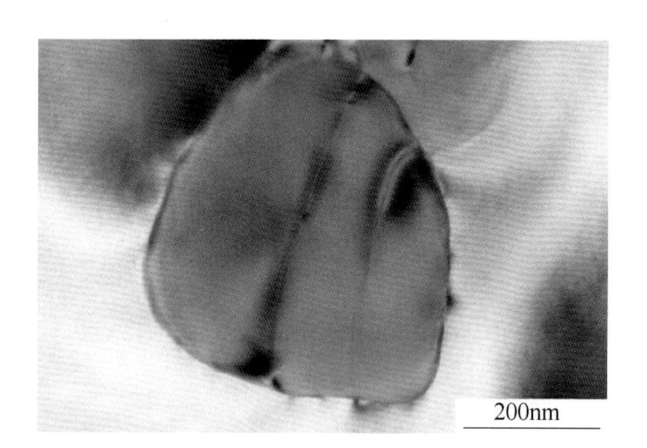图 14 合金及状态：3003-O 态 组织特征：似球状，颗粒内部 有衬度变化，$B=[123]$	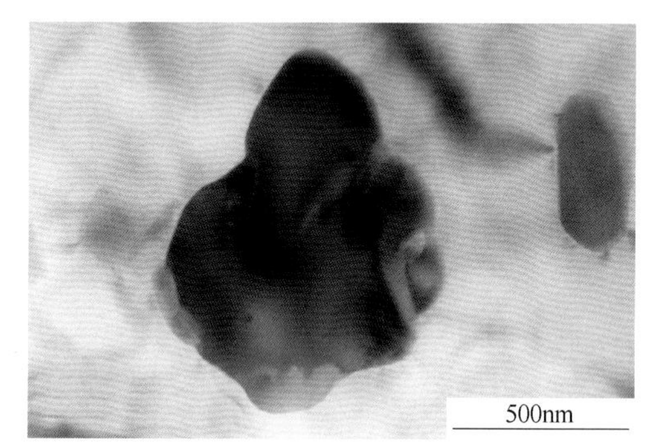图 15 合金及状态：3003-O 态 组织特征：似球状，形状不规则， 颗粒内部有衬度变化，$B=[113]$

注：$B=[uvw]$ 表示电子束方向，即 $Al_{12}Mn_3Si$ 相的晶带轴，也即观察方向。

3.3.2 Al_6Mn 或 $Al_6(Fe,Mn)$ 相

3.3.2.1 Al_6Mn 相的晶体结构及形态

Al_6Mn 相为正交结构，空间群 *Cmcm*，单位晶胞中有 28 个原子，晶格常数 $a=0.64978nm$，$b=0.75518nm$，$c=0.88703nm$。图 3.3（a）所示为 Al_6Mn 相晶胞结构示意图，图 3.3（b）所示为 Al_6Mn 相在［101］方向下原子排列示意图。

Al_6Mn 相在 3003 铝合金中数量不多，多数以 $Al_6(Fe,Mn)$ 相形式存在，尺寸粗大，呈长棒状形态，如图 3.4（a）所示，其能量色散谱（EDS）如图 3.4（b）所示，由

Al、Mn 和 Fe 元素组成，其元素原子比 $Al_{86.54}(Mn, Fe)_{13.46}$与它的化学分子式 $Al_6(Fe, Mn)$ 大致吻合。$Al_6(Fe, Mn)$ 相颗粒越大，Fe 含量越高（有关 Al_6Mn 相的形态详见第 5 章）。

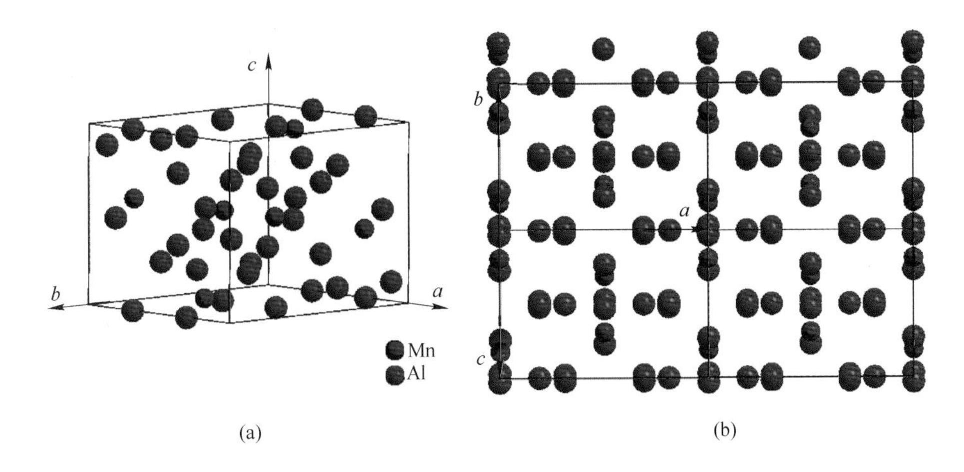

图 3.3 Al_6Mn 相晶胞结构(a)和[101]位向下原子排列示意图(b)

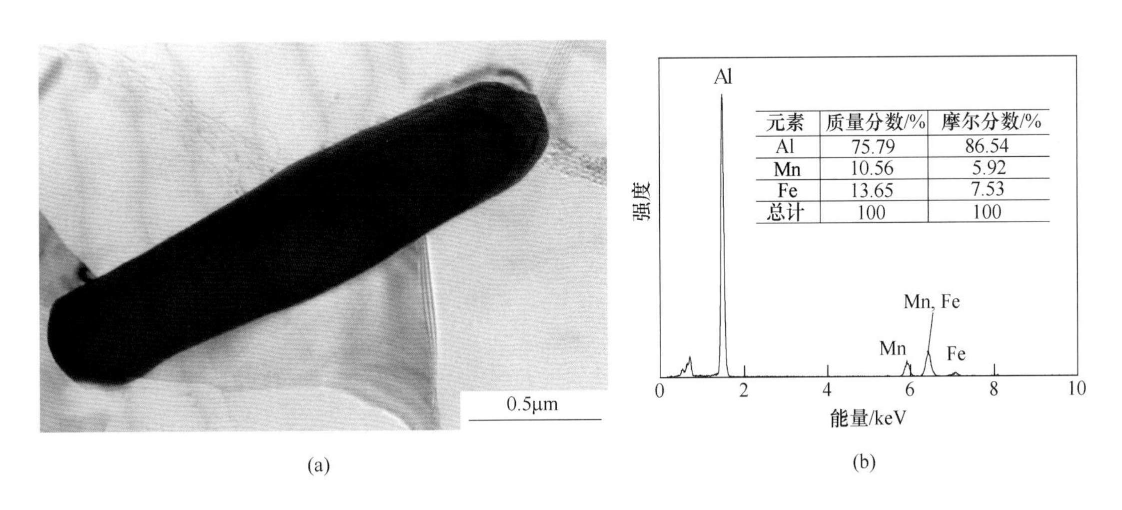

元素	质量分数/%	摩尔分数/%
Al	75.79	86.54
Mn	10.56	5.92
Fe	13.65	7.53
总计	100	100

图 3.4 3003 合金中 Al_6Mn 相的形态(a)和 $Al_6(Fe,Mn)$相的能量色散谱线(b)

3.3.2.2 Al_6Mn 相常见的电子衍射花样图谱

根据正交结构晶面间距计算公式（2.3）可知，Al_6Mn 相部分常见低指数晶面（hkl）的面间距见表 3.5。图 3.5 所示为 Al_6Mn 相 [001]/(001) 极射投影图，图中红色数字和红色实心小圆表示 Al_6Mn 相晶向指数及其在极射投影图中的位置，蓝色数字和蓝色实心小圆表示 Al_6Mn 相晶面指数及其在极射投影图中的位置。Al_6Mn 相指数相同的晶面和晶向在极射投影图中不一定重合，仅当 Al_6Mn 相的晶向指数为〈100〉型、晶面指数为 {100} 型时，它们在极射投影图中的位置重合。

表 3.5 Al_6Mn 相部分常见晶面的面间距

晶面（*hkl*）	晶面间距 *d*/nm	晶面（*hkl*）	晶面间距 *d*/nm
(001)	0.8870	(202)	0.2621
(011)	0.5750	(113)	0.2535
(101)	0.5242	(221)	0.2375
(110)	0.4925	(130)	0.2347
(111)	0.4306	(131)	0.2269
(020)	0.3776	(203)	0.2187
(021)	0.3474	(310)	0.2082
(200)	0.3249	(132)	0.2075
(112)	0.3296	(311)	0.2027
(201)	0.3050	(114)	0.2022

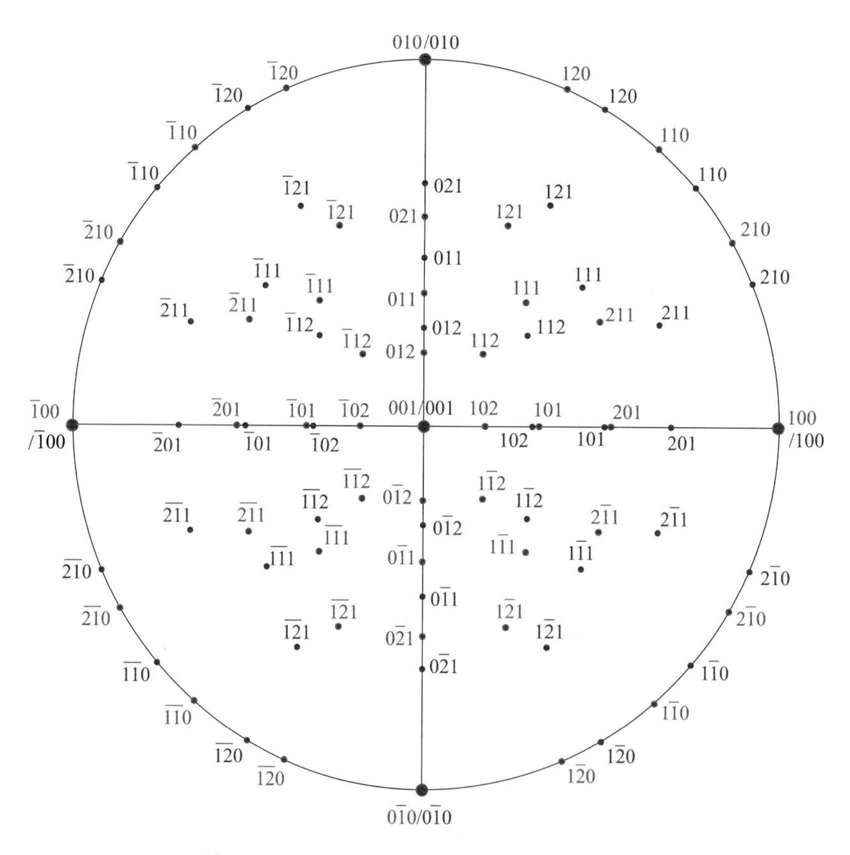

图 3.5 Al_6Mn 相［001］/(001) 极射投影图

表 3.6 为 Al_6Mn 相常见低指数晶带轴的电子衍射花样图谱以及衍射花样中部分晶面之间夹角。

表 3.6　Al_6Mn 相常见的电子衍射花样图谱

电子衍射花样图

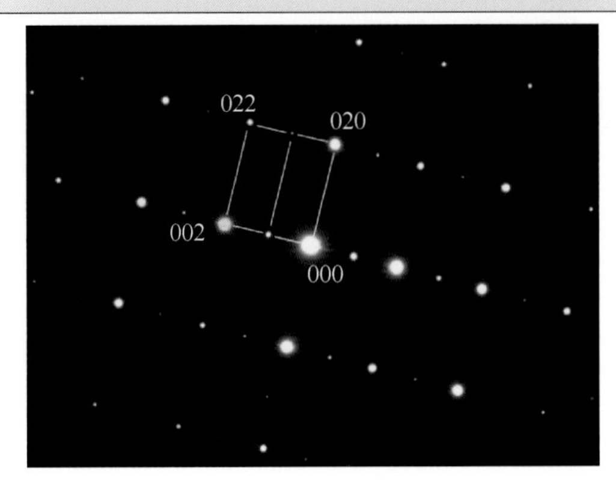

图 1　$B=Z=[100]$

$(002)\hat{}(020)=90°$，$(002)\hat{}(022)=49.59°$

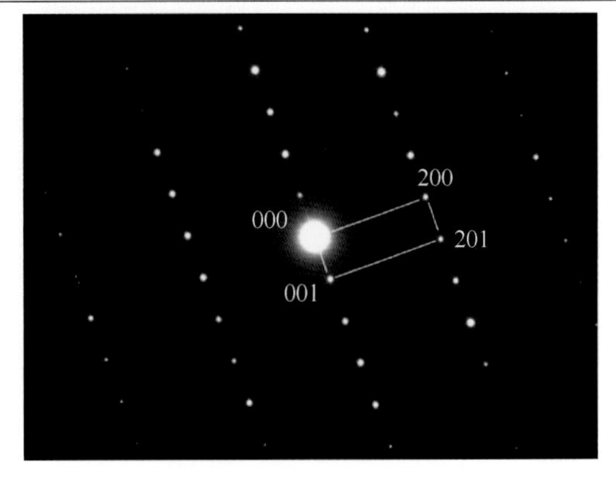

图 2　$B=Z=[010]$

$(001)\hat{}(200)=90°$，$(001)\hat{}(201)=69.88°$

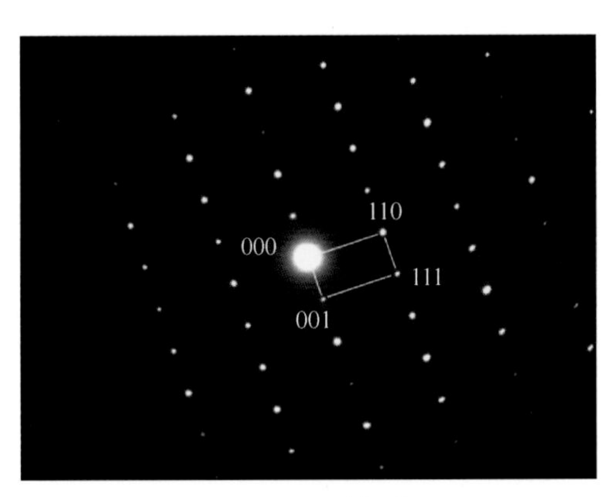

图 3　$B=Z=[\bar{1}10]$

$(001)\hat{}(110)=90°$，$(001)\hat{}(111)=60.96°$

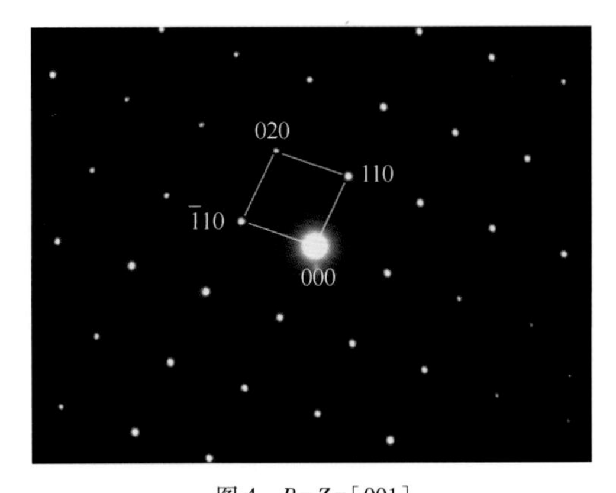

图 4　$B=Z=[001]$

$(110)\hat{}(\bar{1}10)=98.58°$，$(110)\hat{}(020)=49.29°$

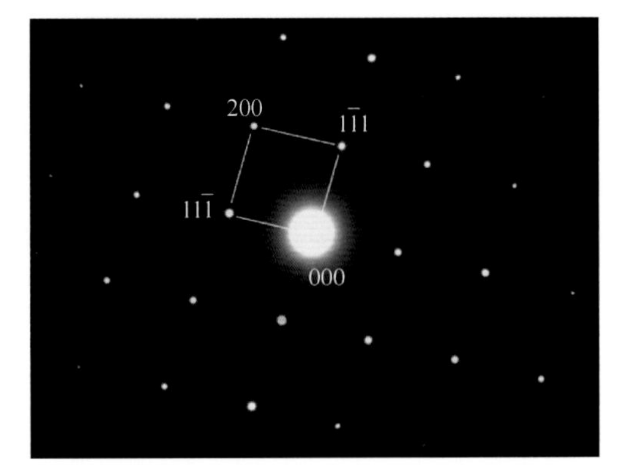

图 5　$B=Z=[011]$

$(11\bar{1})\hat{}(1\bar{1}1)=97.00°$，$(11\bar{1})\hat{}(200)=48.49°$

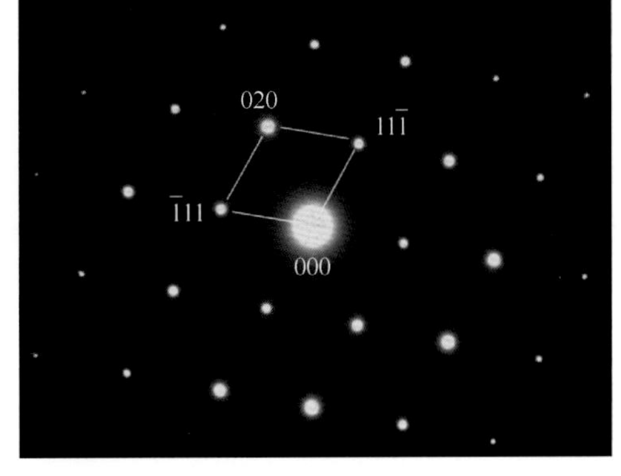

图 6　$B=Z=[101]$

$(11\bar{1})\hat{}(\bar{1}11)=110.47°$，$(11\bar{1})\hat{}(020)=55.23°$

续表 3.6

电子衍射花样图

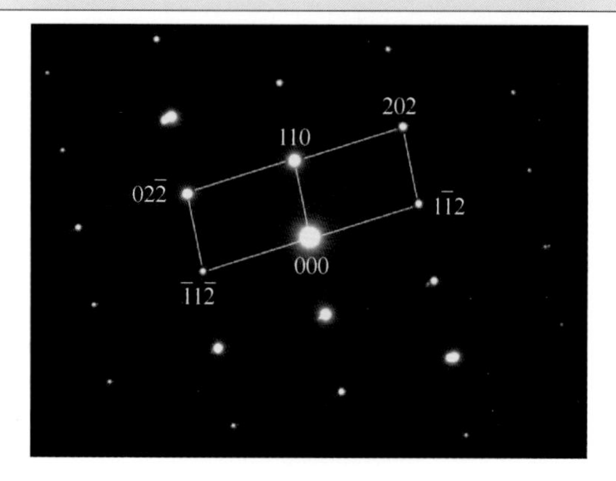

图 7　$B=Z=[\bar{1}11]$

(110)^$(1\bar{1}2)$= 84.27°，(110)^(202)= 54.30°

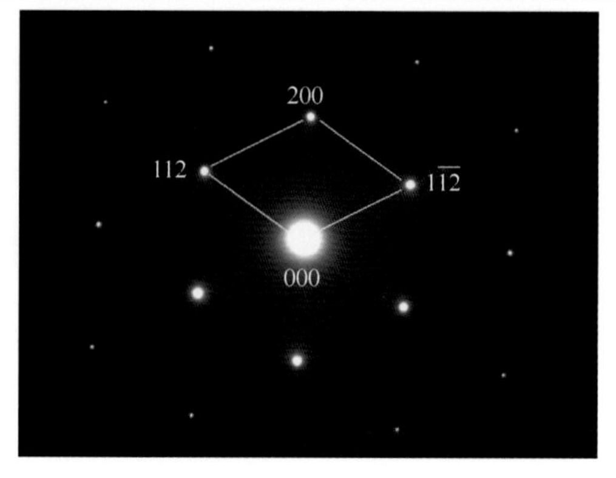

图 8　$B=Z=[0\bar{2}1]$

(200)^(112)= 59.52°，(200)^$(1\bar{1}\bar{2})$= 59.52°

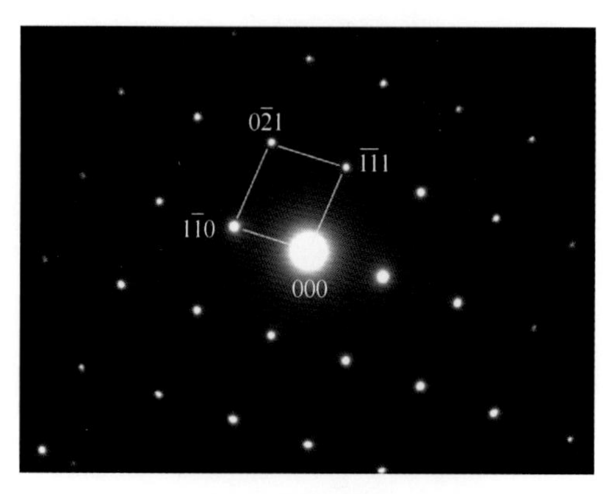

图 9　$B=Z=[112]$

$(1\bar{1}0)$^$(\bar{1}11)$= 97.50°，$(1\bar{1}0)$^$(0\bar{2}1)$= 53.12°

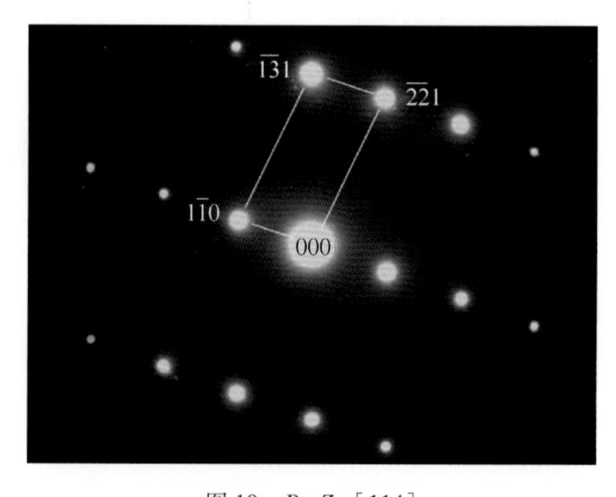

图 10　$B=Z=[114]$

$(1\bar{1}0)$^$(\bar{2}21)$= 98.27°，$(1\bar{1}0)$^$(\bar{1}31)$= 71.14°

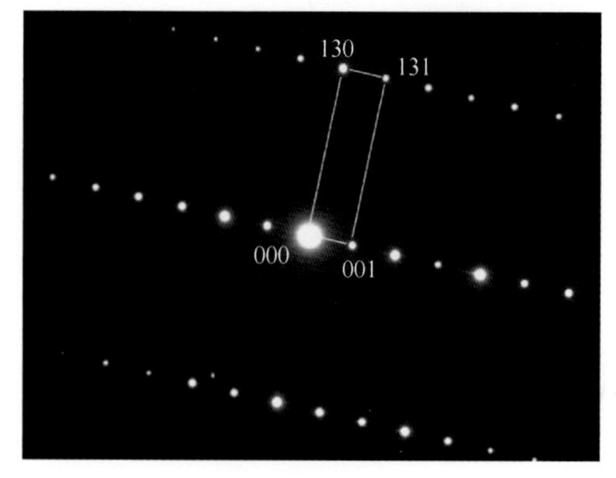

图 11　$B=Z=[\bar{3}10]$

(001)^(130)= 90°，(001)^(131)= 75.18°

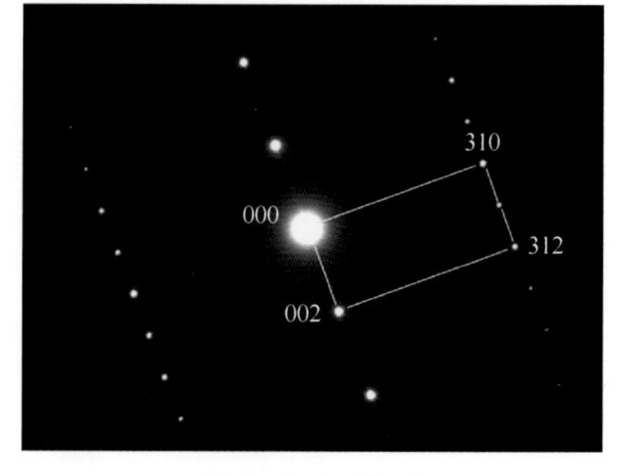

图 12　$B=Z=[\bar{1}30]$

(002)^(310)= 90°，(002)^(312)= 64.85°

续表 3.6

电子衍射花样图

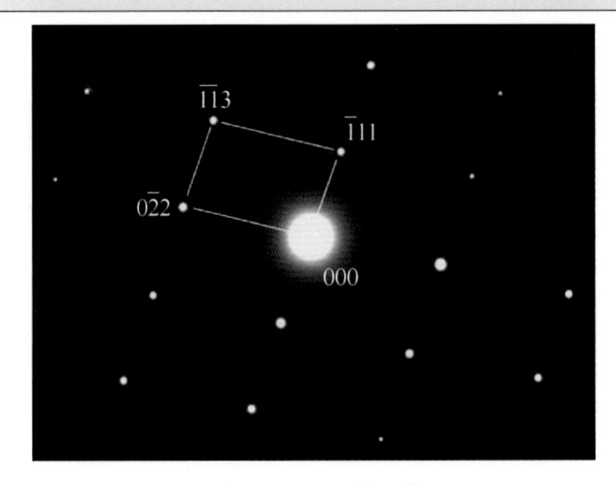

图 13 $B=Z=[211]$

$(\bar{1}11)\hat{}(0\bar{2}2)=96.86°$, $(\bar{1}11)\hat{}(\bar{1}\bar{1}3)=61.10°$

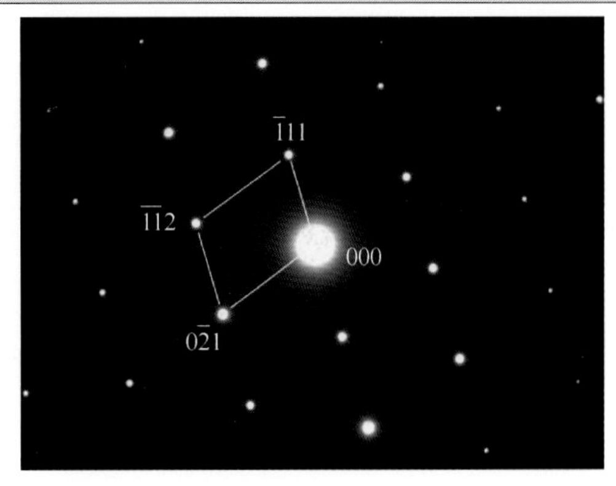

图 14 $B=Z=[312]$

$(\bar{1}11)\hat{}(0\bar{2}1)=109.54°$, $(\bar{1}11)\hat{}(\bar{1}\bar{1}2)=63.38°$

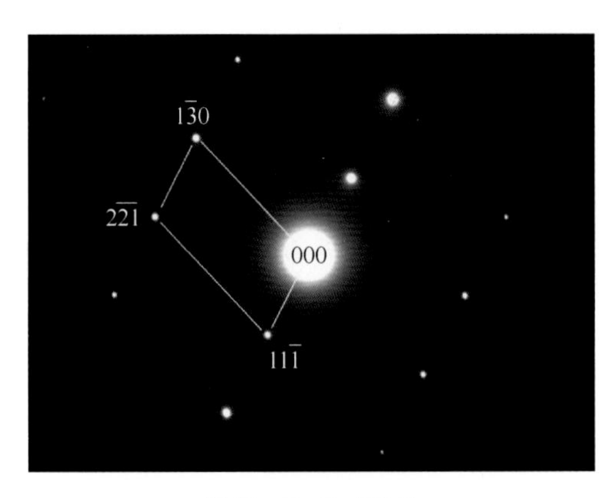

图 15 $B=Z=[314]$

$(11\bar{1})\hat{}(2\bar{2}\bar{1})=104.81°$, $(11\bar{1})\hat{}(1\bar{3}0)=73.00°$

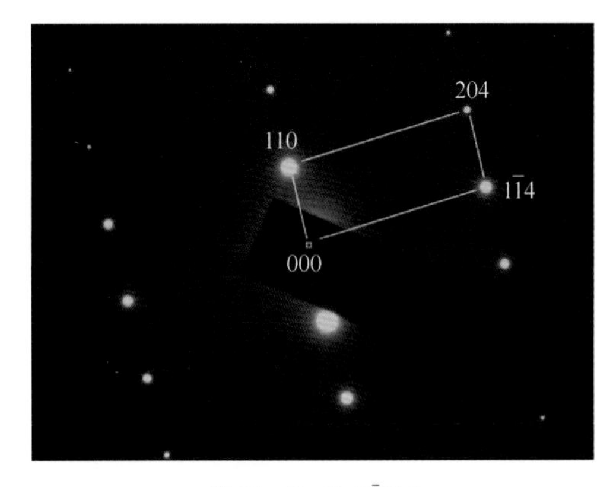

图 16 $B=Z=[\bar{2}21]$

$(110)\hat{}(1\bar{1}4)=86.49°$, $(110)\hat{}(204)=64.70°$

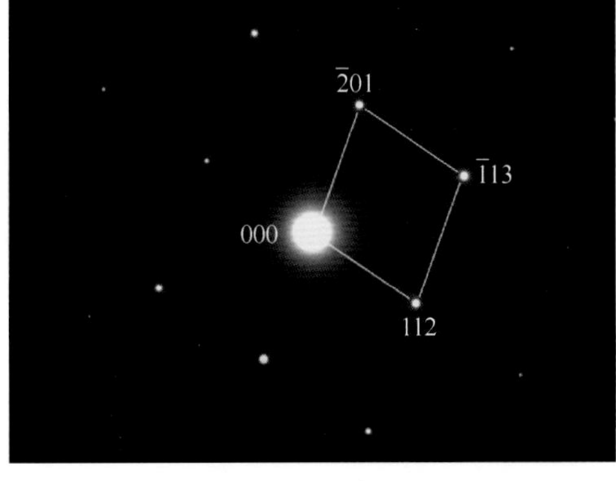

图 17 $B=Z=[1\bar{5}2]$

$(112)\hat{}(\bar{2}01)=102.75°$, $(112)\hat{}(\bar{1}13)=54.14°$

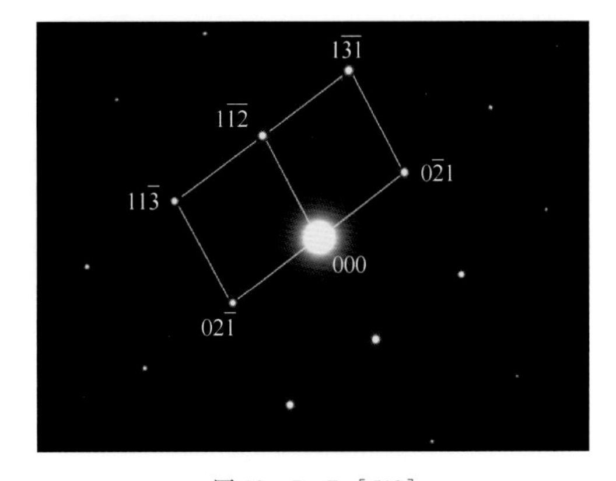

图 18 $B=Z=[512]$

$(0\bar{2}1)\hat{}(1\bar{1}\bar{2})=83.66°$, $(0\bar{2}1)\hat{}(11\bar{3})=43.18°$

续表 3.6

电子衍射花样图

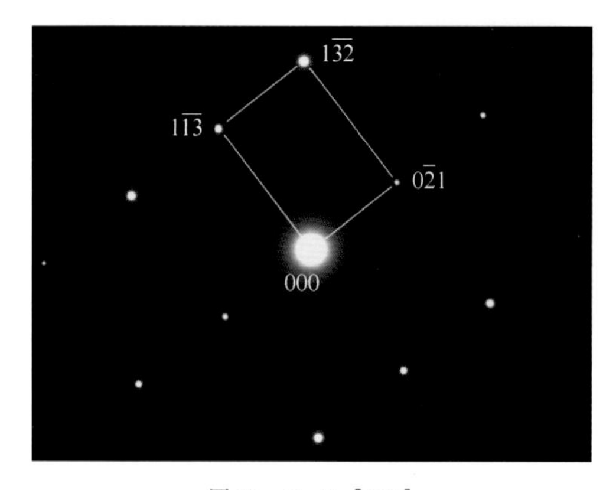

图 19　$B=Z=[712]$

$(02\bar{1})\hat{}(1\bar{1}\bar{3})=91.54°$，$(0\bar{2}1)\hat{}(1\bar{3}\bar{2})=54.89°$

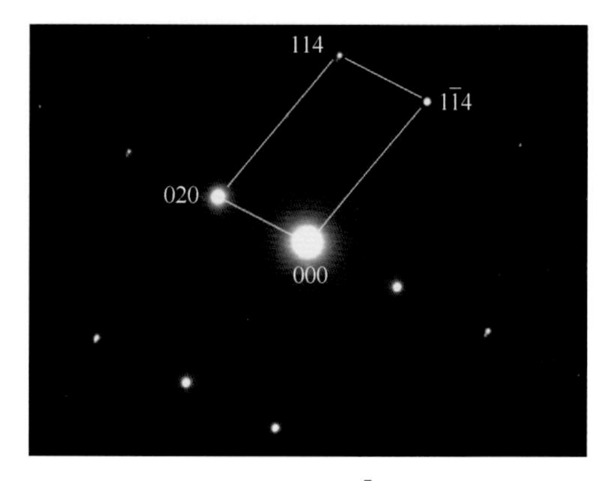

图 20　$B=Z=[\bar{4}01]$

$(020)\hat{}(1\bar{1}4)=105.53°$，$(020)\hat{}(114)=74.47°$

3.4　3003 变形铝合金电子金相图谱

3003 变形铝合金电子金相图谱见表 3.7。

表 3.7　3003 变形铝合金电子金相图谱

电子金相图谱

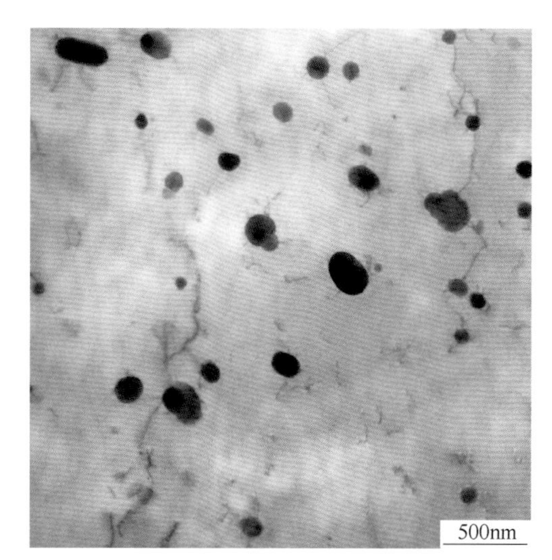

图 1　合金及状态：3003-O 态
组织特征：α-Al 基体的晶粒内分布
球状或粒状 $Al_{12}Mn_3Si$ 相，
大小不一，尺寸约 50~300nm

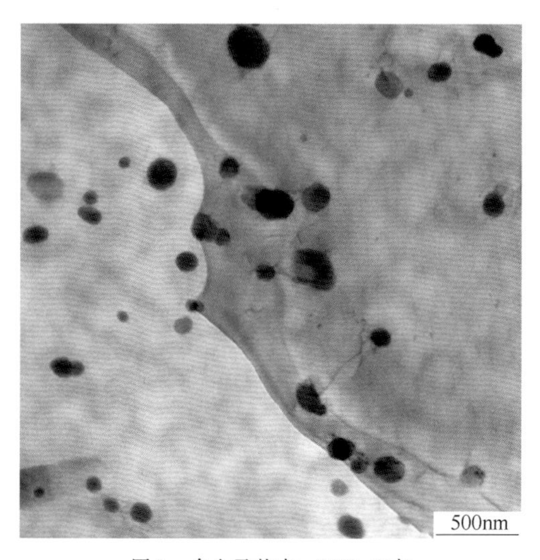

图 2　合金及状态：3003-O 态
组织特征：α-Al 基体的晶粒内和晶界上
分布球状或粒状 $Al_{12}Mn_3Si$ 相，
大小不一，尺寸约 50~300nm

续表3.7

电子金相图谱

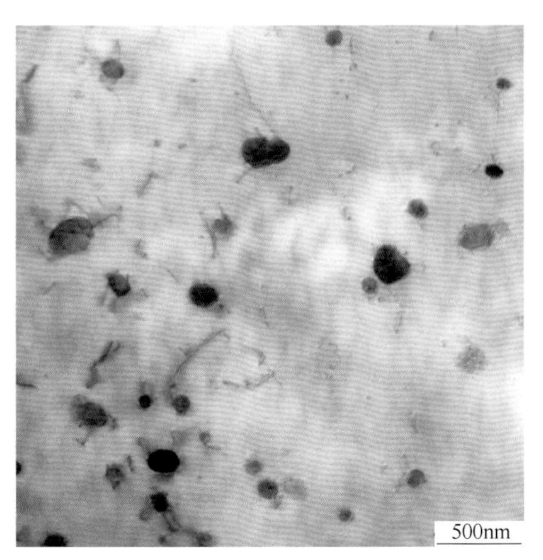

图3 合金及状态：3003-O态
组织特征：α-Al基体的晶粒内分布球状或粒状 $Al_{12}Mn_3Si$ 相，大小不一，尺寸约50~300nm

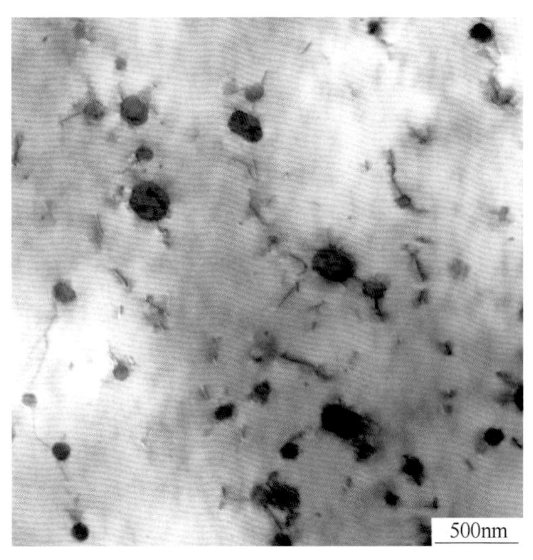

图4 合金及状态：3003-O态
组织特征：α-Al基体的晶粒内分布球状或粒状 $Al_{12}Mn_3Si$ 相，尺寸约50~300nm

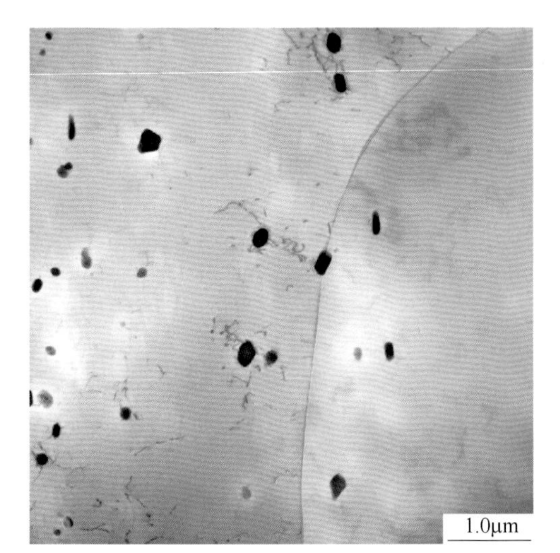

图5 合金及状态：3003-O态
组织特征：α-Al基体的晶粒内和晶界上分布球状和短棒状的 $Al_{12}Mn_3Si$ 相，大小不一，尺寸约50~300nm

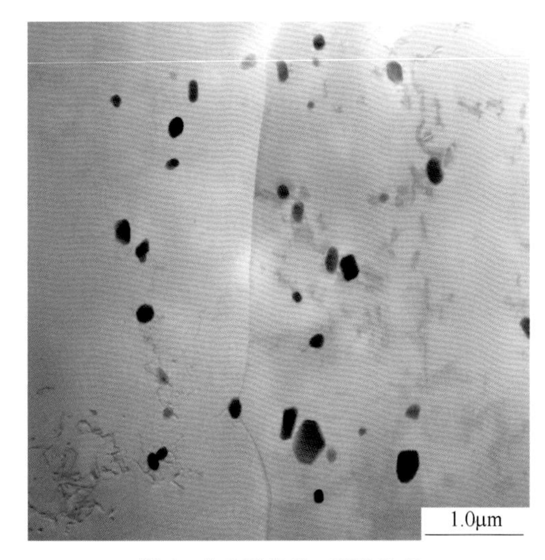

图6 合金及状态：3003-O态
组织特征：α-Al基体的晶粒内和晶界上分布球状和短棒状的 $Al_{12}Mn_3Si$ 相，大小不一，尺寸约50~500nm

续表 3.7

电子金相图谱

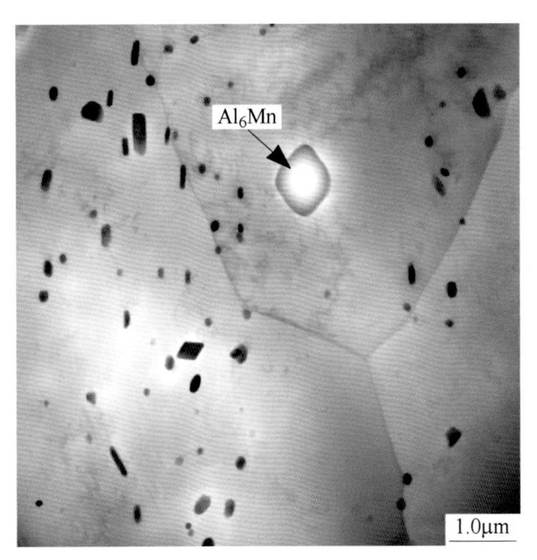

图 7　合金及状态：3003-O 态
组织特征：α-Al 基体的晶粒内和晶界上分布粒状和短棒状的 $Al_{12}Mn_3Si$ 相，大小不一，尺寸约 50~500nm，中间较粗的颗粒为 $AlMn_6$ 相

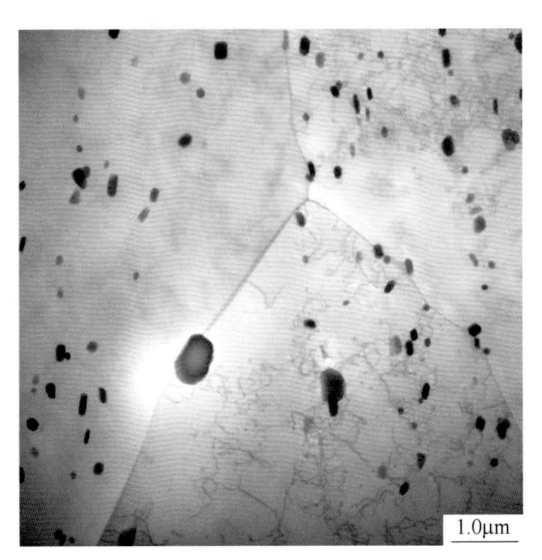

图 8　合金及状态：3003-O 态
组织特征：α-Al 基体的晶粒内和晶界上分布球状和短棒状的 $Al_{12}Mn_3Si$ 相，大小不一，尺寸约 50~500nm

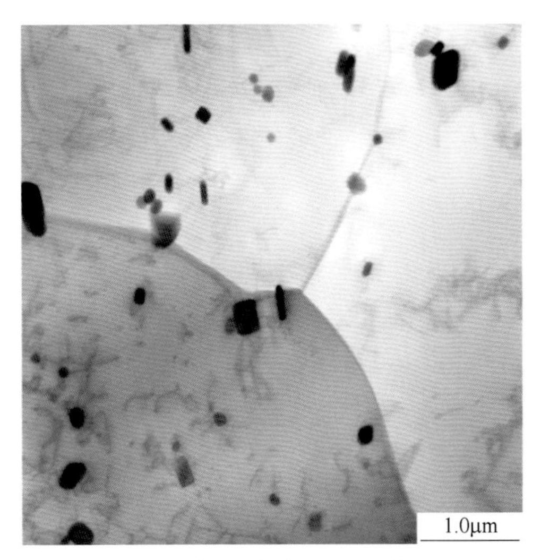

图 9　合金及状态：3003-O 态
组织特征：α-Al 基体的晶粒内和晶界上分布球状和短棒状的 $Al_{12}Mn_3Si$ 相，大小不一，尺寸约 50~500nm

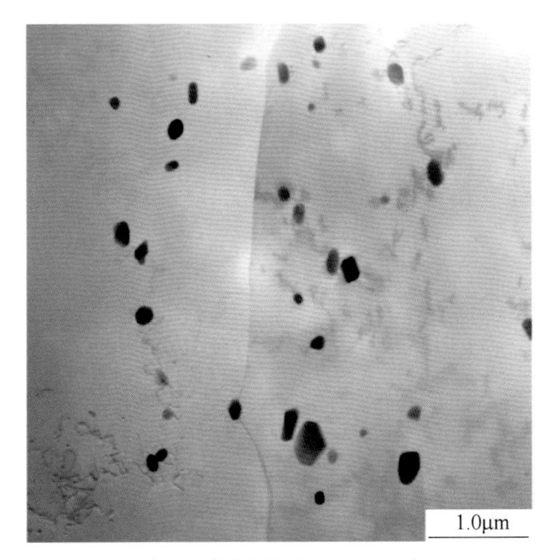

图 10　合金及状态：3003-O 态
组织特征：α-Al 基体的晶粒内和晶界上分布球状和短棒状的 $Al_{12}Mn_3Si$ 相，大小不一，尺寸约 50~300nm

续表 3.7

电子金相图谱

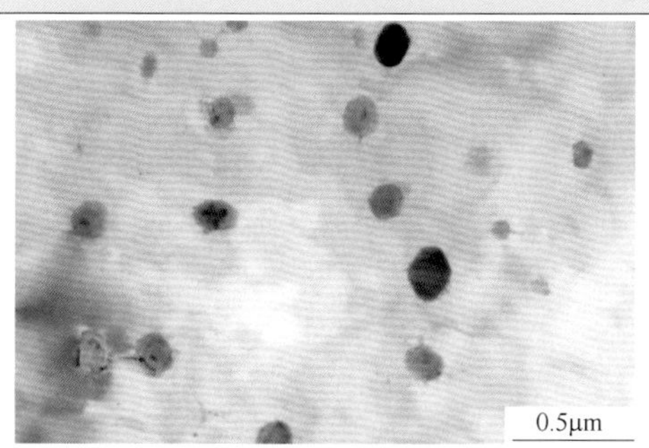

图 11　合金及状态：3003-O 态
组织特征：α-Al 基体晶粒内分布球状的 $Al_{12}Mn_3Si$ 相，尺寸约 50~300nm

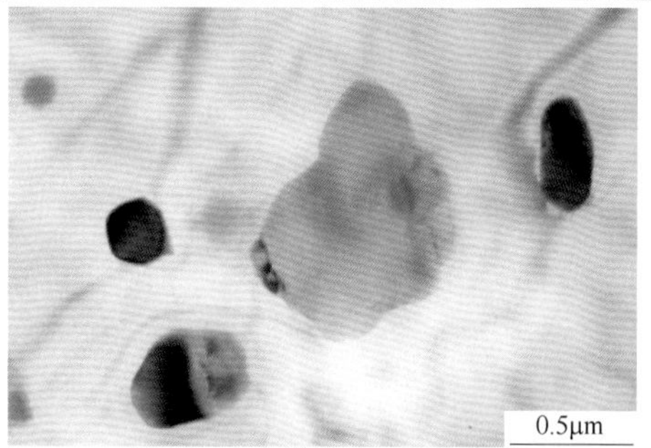

图 12　合金及状态：3003-O 态
组织特征：α-Al 基体中分布球状、短棒状和块状的 $Al_{12}Mn_3Si$ 相，大小不一

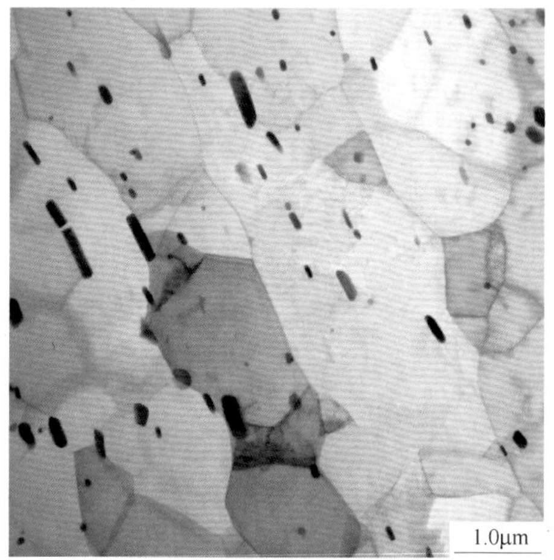

图 13　合金及状态：3003-R 态
组织特征：α-Al 基体的晶粒大小较均匀，尺寸小于 3.0μm，其间分布球状和棒状的 $Al_{12}Mn_3Si$ 相

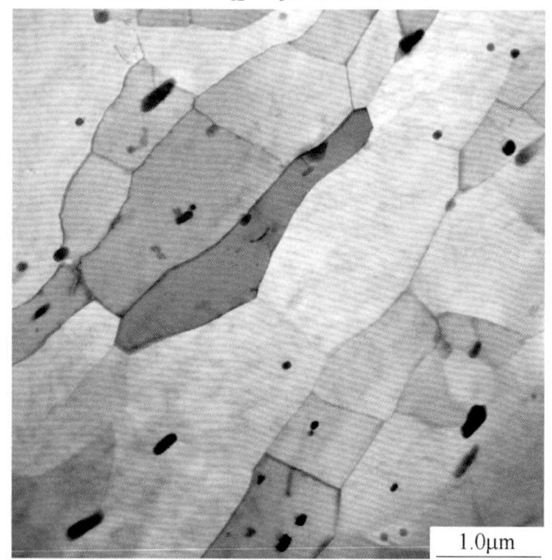

图 14　合金及状态：3003-R 态
组织特征：α-Al 基体的晶粒大小较均匀，尺寸小于 3.0μm，其间分布球状和棒状的 $Al_{12}Mn_3Si$ 相，尺寸 50~500nm

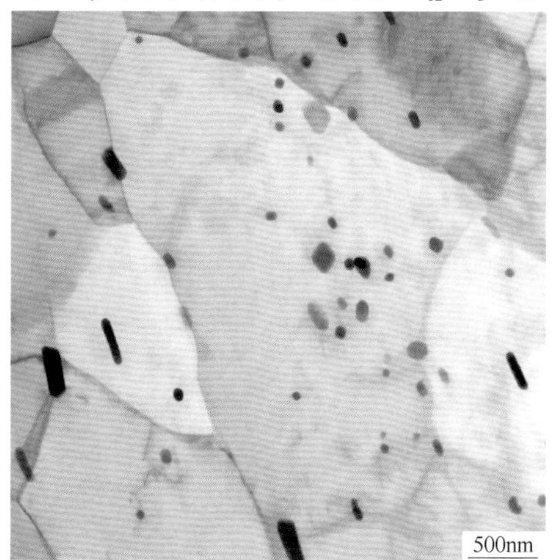

图 15　合金及状态：3003-R 态
组织特征：α-Al 基体的晶粒大小不均匀，其间分布棒状和球状的 $Al_{12}Mn_3Si$ 相

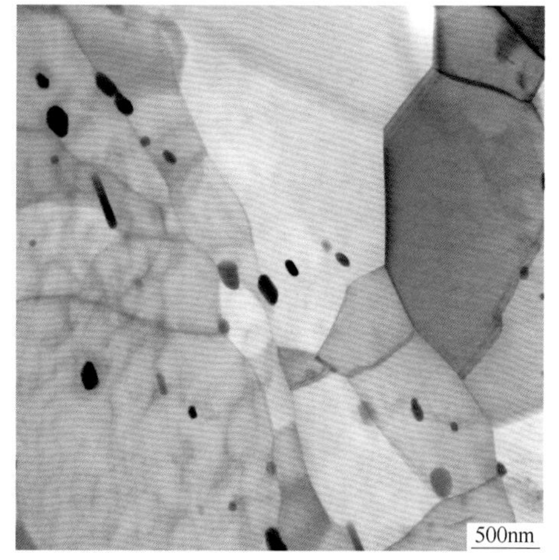

图 16　合金及状态：3003-R 态
组织特征：α-Al 基体的晶粒大小不均匀，其间分布球状和棒状的 $Al_{12}Mn_3Si$ 相

续表 3.7

电子金相图谱

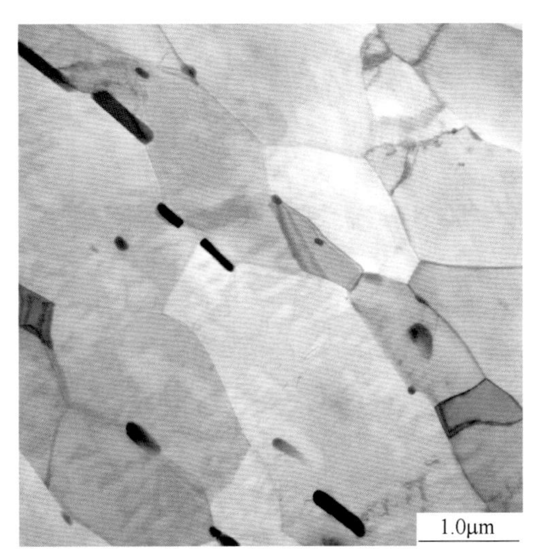

图 17 合金及状态：3003-R 态
组织特征：α-Al 基体的晶粒尺寸小于 3.0μm，
其间分布少量球状和棒状的 $Al_{12}Mn_3Si$ 相

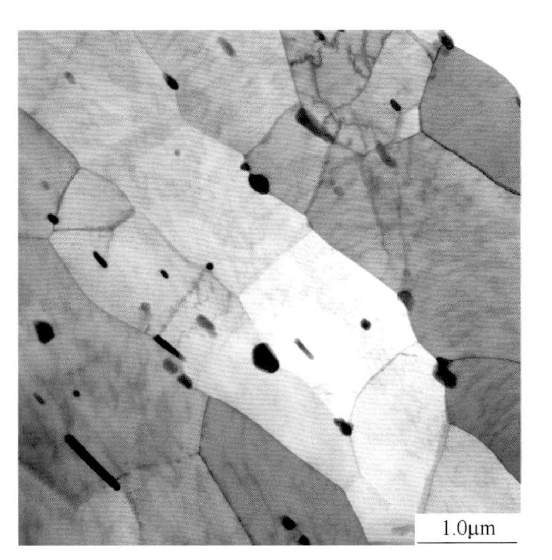

图 18 合金及状态：3003-R 态
组织特征：α-Al 基体的晶粒大小较均匀，
尺寸小于 3.0μm，其间分布少量球状和
棒状的 $Al_{12}Mn_3Si$ 相

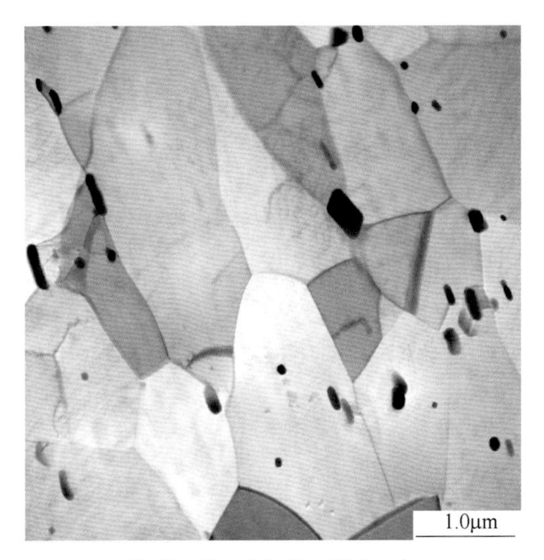

图 19 合金及状态：3003-R 态
组织特征：α-Al 基体的晶粒大小不一致，
其间分布球状和短棒状的 $Al_{12}Mn_3Si$ 相

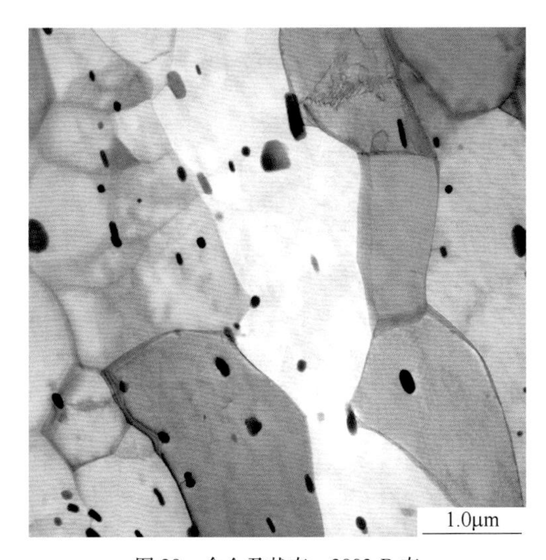

图 20 合金及状态：3003-R 态
组织特征：α-Al 基体的晶粒大小不一致，
其间分布球状和短棒状的 $Al_{12}Mn_3Si$ 相

续表 3.7

电子金相图谱

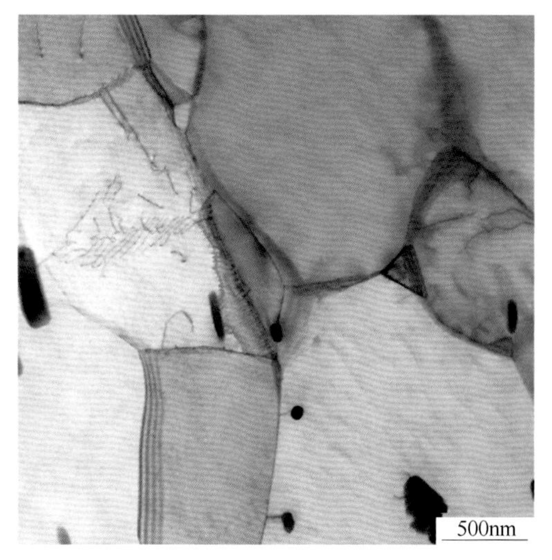

图 21 合金及状态：3003-R 态
组织特征：α-Al 基体的晶粒大小不一致，
其间分布少量球状和棒状的 $Al_{12}Mn_3Si$ 相

图 22 合金及状态：3003-R 态
组织特征：α-Al 基体的晶粒大小不一致，
中间粗大的棒状颗粒为 $Al_6(Fe,Mn)$ 相，
其间还分布少量球状和棒状的 $Al_{12}Mn_3Si$ 相

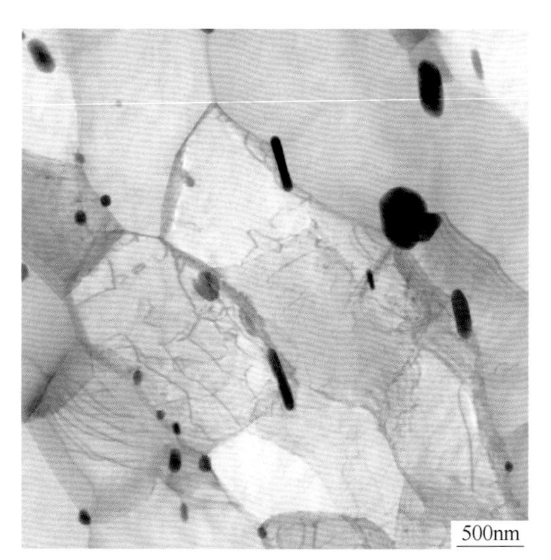

图 23 合金及状态：3003-R 态
组织特征：α-Al 基体的晶粒大小较均匀，
尺寸小于 3.0μm，晶粒和晶界上分布少量
球状和棒状的 $Al_{12}Mn_3Si$ 相和部分位错线

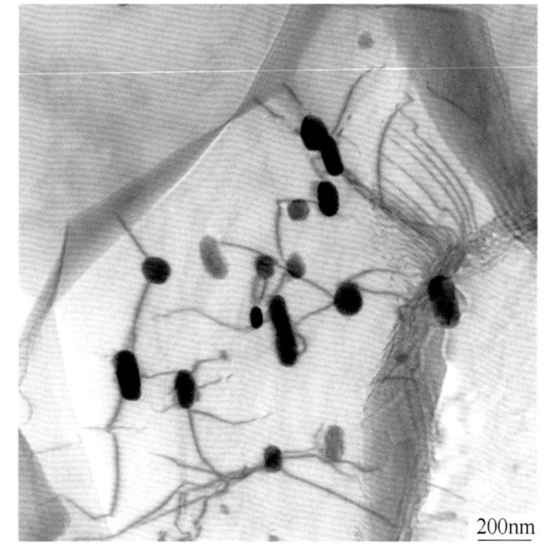

图 24 合金及状态：3003-R 态
组织特征：α-Al 基体的晶粒内分布球状和短棒状
的 $Al_{12}Mn_3Si$ 相以及部分位错线

续表 3.7

电子金相图谱

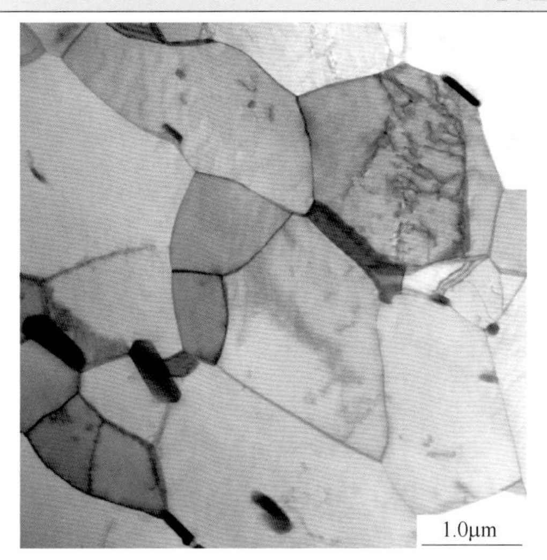

图 25　合金及状态：3003-R 态
组织特征：α-Al 基体的晶粒大小不一致，其间还分布少量球状和棒状的 $Al_{12}Mn_3Si$ 相

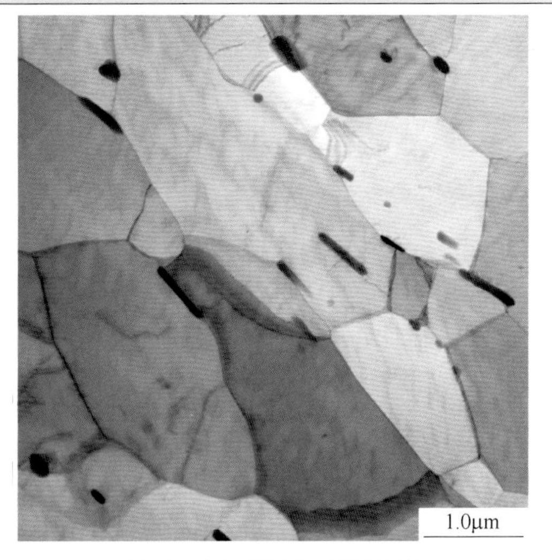

图 26　合金及状态：3003-R 态
组织特征：α-Al 基体的晶粒大小不一致，其间还分布少量球状和棒状的 $Al_{12}Mn_3Si$ 相

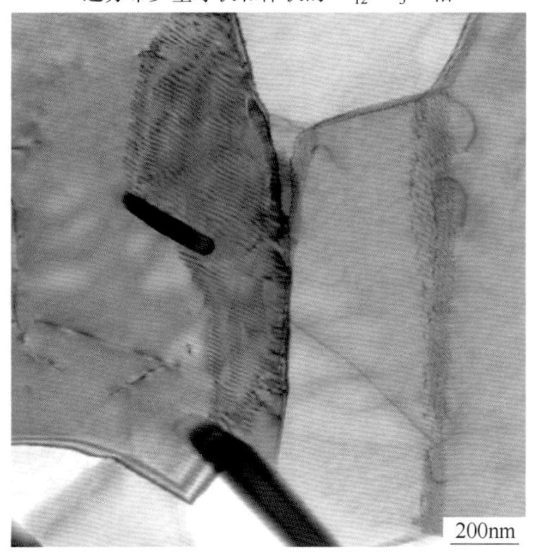

图 27　合金及状态：3003-R 态
组织特征：α-Al 基体的晶粒和晶界处分布棒状 $Al_{12}Mn_3Si$ 相和部分位错线

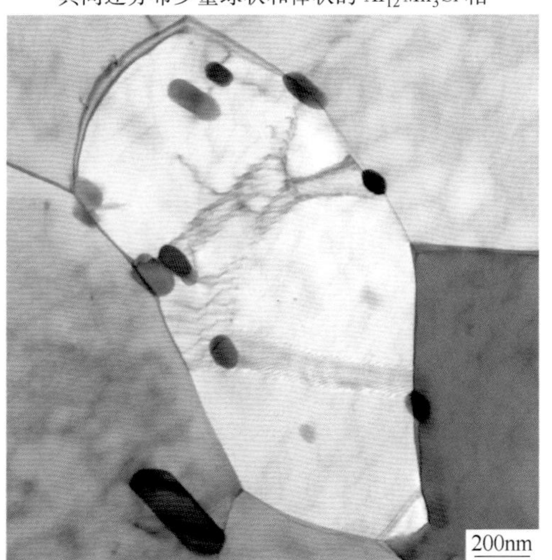

图 28　合金及状态：3003-R 态
组织特征：α-Al 基体的晶粒内和晶界上分布球状和短棒状的 $Al_{12}Mn_3Si$ 相

参 考 文 献

[1] 李雪朝，等．铝合金材料组织与金相图谱［M］．北京：冶金工业出版社，2010.

[2] 王祝堂，田荣璋．铝合金及其加工手册［M］．长沙：中南大学出版社，2005.

[3] 蒙多尔福．铝合金组织与性能［M］．王祝堂，等译．北京：冶金工业出版社，1988.

[4] Walford L K. The structure of the intermetallic phase $FeAl_6$［J］. Acta Cryst.，1965，18：287~291.

4 5×××系铝合金

5×××系铝合金属于 Al-Mg 系防锈铝合金，是一种非热处理强化的铝合金，其合金强度主要取决于形变强化程度和镁元素含量。形变强化通过加工硬化获得，而镁原子固溶于铝基体中，也形成固溶强化。该系铝合金一般在退火状态下强度较低，冲压成型性能优良，可加工成板材、棒材、型材、管材、线材及锻件，通常用于汽车内板、空气滤清器、行李船盖等形状较复杂的部位。此外，5×××系铝合金的抗蚀性和可焊性也较好，被广泛用于汽车和船舶工业。

4.1 化学成分及相组成

在 5×××系铝合金中，镁是主要组成元素，也是控制合金力学性能的主要元素，镁含量低的合金有优异的成型性，镁含量高的合金则有良好的铸造性，加入其他少量合金元素对 5×××系铝合金也产生一定影响。如锰、铬是有利的合金元素，溶入固溶体后，提高合金再结晶温度，并有一定的强化作用，还可改善合金的抗蚀性能。钛一般用以细化晶粒，提高力学性能。铁、铜、锌等杂质对合金的抗蚀性及工艺性能有不利影响，应严格控制。硅可改善合金的铸造性能（流动性），但硅含量过多，因出现过量的不溶性 Mg_2Si，而严重降低合金的塑性。

根据图 4.1 的 Al-Mg 二元相图[1]，当含镁量低于 2%时，平衡组织为单相 α-Al 固溶体，随着含镁量的增加，组织中逐渐出现 β-Mg_5Al_8 相，该化合物属于面心立方结构，点阵参数为 2.816nm。而在 Al-Cr 二元相图[2]（见图 4.2）中，有一系列包晶反应发生，其中 895℃的包晶反应为 L(α-Al)+ ε-Al_4Cr(成分点(摩尔分数)14%Cr)→ η-$Al_{11}Cr_2$(成分点 7%Cr)；799℃另一包晶反应为 L(α-Al)+ η-$Al_{11}Cr_2$(成分点 7%Cr)→ θ-Al_7Cr(成分点 3.2% Cr)；θ 相和 η 相都是高温相，且 η 相的形成温度高于 θ 相。图 4.3 和图 4.4 所示的 Al-Cr-Mn 系相图[3,4]表明，富 Al 角一端在 800℃时出现 η 相（摩尔分数高达 9%Mn）；在 680℃时，η 相与液相（L）两相共存；在 657.7℃时发生共晶反应：L(α-Al) ⇌ (Al)+Al_6Mn+θ；600℃时，θ+η+L(α-Al) 和 η+Al_6Mn+L(α-Al) 三相共存。图 4.5 所示的 Al-Mg-Mn 系相图[5]中，根据 Mn、Mg 含量的不同，可形成一系列不同的化合物，如 Al_8Mn_5、$Al_{11}Mn_4$、Al_6Mn、$Al_{12}Mn$、Al_3Mg_2、$Al_{12}Mg_{17}$等。因此 Al-Cr-Mn 系合金和 Al-Mg-Mn 系合金可能出现的合金相有 $Al_{12}Mn$、Al_6Mn、θ-$Al_{45}(Mn,Cr)_7$（或 θ-Al_7Cr）、η-$Al_5(Mn,Cr)$(或 η-$Al_{11}Cr_2$)、μ-$Al_4(Cr,Mn)$、λ-Al_4Mn、ν-$Al_{11}(Cr,Mn)_4$、T-Al_3Mn 和 Al_8Mn_5 等 9 种。

Grushko 等人[5]归纳了 Al-Cr-Mn 合金系中可能存在 13 种含 Al 的合金相；Sheppard 等人[6]在 5083 铝合金中观察到六方结构 μ-$Al_4(Cr,Mn)$相、正交结构 $Al_6(Mn,Fe)$相和立方结构 E 相（$Al_{18}Mg_3Cr_2$）等；后来陆续观察到的弥散相绝大多数为正交结构 $Al_6(FeMn)$相[7~12]，少部分伴有单斜结构 ν-$Al_{11}Mn_4$ 相[8]、六方结构 μ-Al_4Mn 相[9]、或立方结构 β-Al_3Mg_2 相[10]，或者同时兼有上述几种弥散相等。作者[13,14]近期在 5083 合金中首次观察

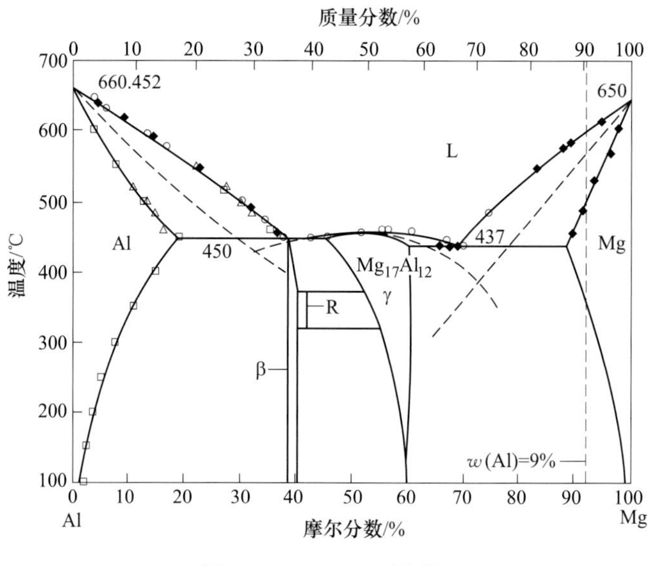

图 4.1　Al-Mg 二元相图

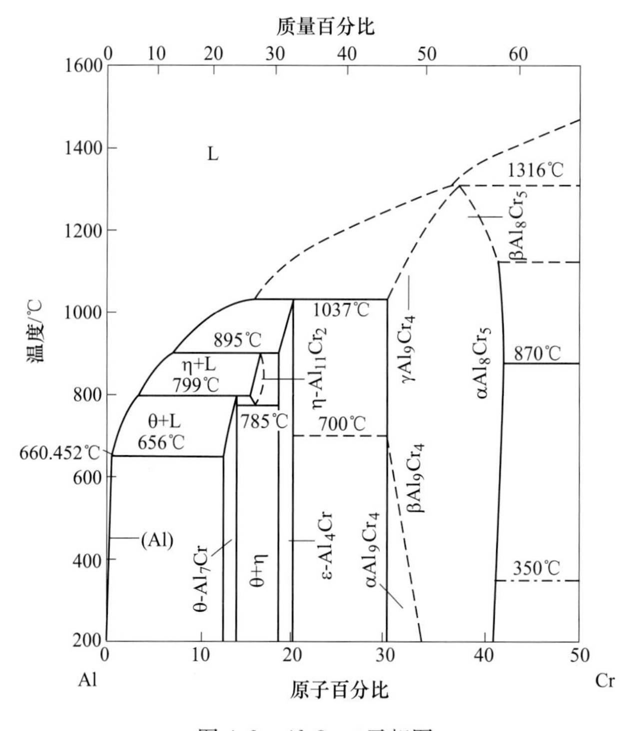

图 4.2　Al-Cr 二元相图

$θ-Al_{45}(Mn,Cr)_7$ 相、$η-Al_5(Mn,Cr)$ 相和另一未见报道的六方相。

常用 5×××系铝合金有 5052（LF2）、5083（LF4）和 5056（LF5）等，它们的成分见表 4.1。其中 5052 合金是 Al-Mg 系防锈铝中含镁量较低者，该合金的特点是耐蚀性好，冷作硬化后具有中等强度。5083 合金是 Al-Mg 系防锈铝中典型合金，其特点是具有优良的焊接性和良好的抗蚀性，加工性能和低温性能合理结合，成为铝合金中最基本的焊接材料，广泛用作中等强度、耐蚀、可焊的结构材料。5056 合金是 Al-Mg 系防锈铝中镁含量较高者，除具有 5083 合金的性能外，冷作硬化后抗拉强度可达 400MPa。表 4.2 列出了 5052（LF2）、5083（LF4）和 5056（LF5）在平衡状态下可能出现的相及相结构。

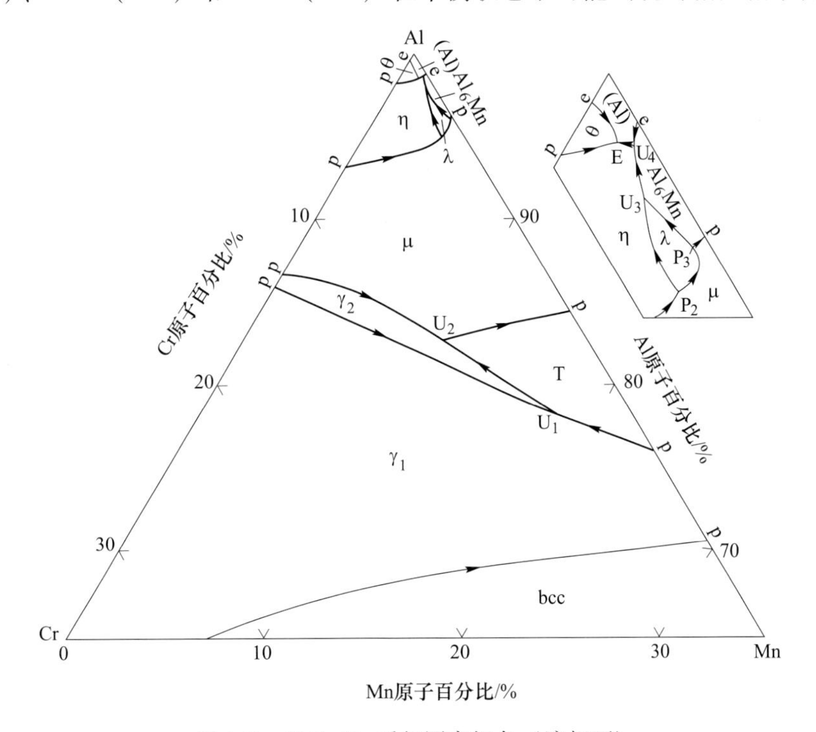

图 4.3 Al-Cr-Mn 系相图富铝角（液相面）

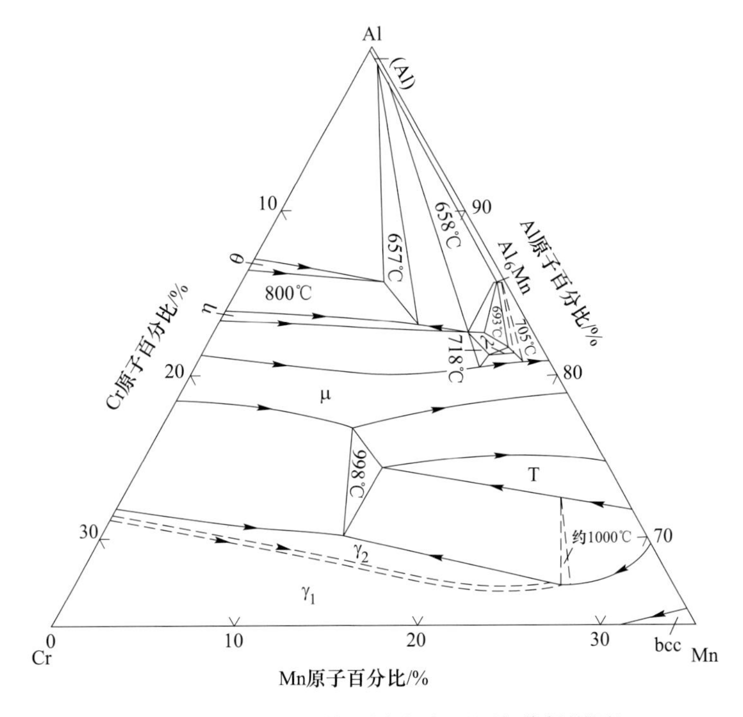

图 4.4 Al-Cr-Mn 系相图富铝角（固相线投影图）

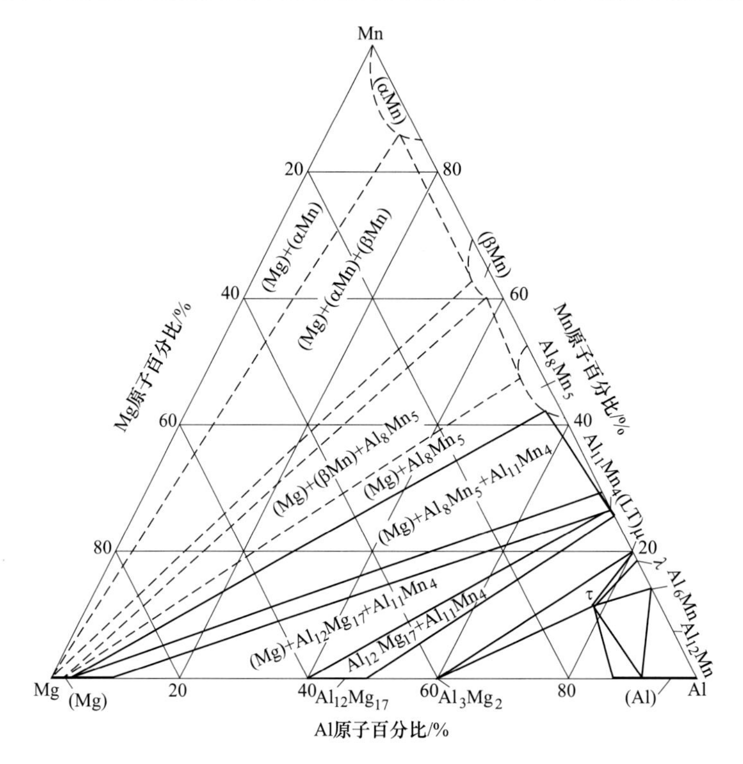

图 4.5　Al-Mg-Mn 系相图

表 4.1　Al-Mg 系合金的化学成分（质量分数）　　（%）

合金牌号	Mg	Mn	Cu	Fe	Si	Ti	Zn	Cr
5052	2.4	0.22	0.037	0.21	0.13	0.033	0.011	0.0069
5083	4.54	0.65	0.024	0.22	0.07	0.03	0.046	0.095
5056	5.45	0.39	0.012	0.21	0.10	0.035	0.034	0.0022

注：Al 为余量。

表 4.2　5×××系铝合金中可能出现的相及相结构

合金牌号	可能相	结构	杂质相	结构
5052（LF2）	α-Al、β-Mg_5Al_8、$MnAl_6$	面心立方、正交	Mg_2Si、$FeAl_3$、Al_6(Fe，Mn)、$Al_{12}SiMn_3$	面心立方、单斜、正交、体心立方
5083（LF4）	α-Al、β-Mg_5Al_8、Al_6Mn、θ-$Al_{45}(Mn,Cr)_7$、η-$Al_5(Mn,Cr)$、μ-Al_4(Cr，Mn)、λ-Al_4Mn、ν-$Al_{11}(Cr,Mn)_4$、T-Al_3Mn、E-$Al_{18}Mg_3Cr_2$	面心立方、正交、单斜、六方、三斜	Mg_2Si、$FeAl_3$、Al_6(Fe，Mn)、$Al_{12}SiMn_3$	面心立方、单斜、正交、体心立方

续表 4.2

合金牌号	可能相	结构	杂质相	结构
5056 (LF5)	α-Al、β-Mg_5Al_8、$MnAl_6$、θ-$Al_{45}(Mn,Cr)_7$、η-$Al_5(Mn,Cr)$、μ-$Al_4(Cr,Mn)$、λ-Al_4Mn、ν-$Al_{11}(Cr,Mn)_4$、T-Al_3Mn、E-$Al_{18}Mg_3Cr_2$	面心立方、正交、单斜、六方、三斜、面心立方	Mg_2Si、$(Fe,Mn)Al_6$、$FeAl_3$、$Al_{12}SiMn_3$	面心立方、正交、单斜、体心立方

4.2 热处理特征

根据 Al-Mg 相图[1]，Mg 在铝中的溶解度随温度的改变变化很大，在共晶温度 451℃时，Mg 的溶解度达到 17.4%，而室温下仅约为 1.7%(质量分数)。虽然 Mg 在合金中的溶解度随温度的降低而迅速减小，但由于析出相形核困难、核心少、析出相粗大，因而合金的时效强化效果差，所以该系铝合金不能通过时效处理进行强化，属于热处理不可强化的铝合金，它的强度通常由挤压和晶粒细化达到。

5×××系铝合金的固溶强化会产生两个明显的缺点：延迟屈服和勒德斯线。所谓延迟屈服，是指材料最初屈服时变形不均匀，出现应变变大而屈服应力不增加的现象，延迟屈服造成后续加工—烤漆涂层难以掩饰的外观缺陷。勒德斯线则是指零件表面出现一系列台阶或锯齿状变形带，进而引起表面粗化的现象。变形时勒德斯线进一步发展，就会出现橘皮组织，造成零件表面粗糙，影响美观。因此该系合金在加工过程中应尽量避免此类缺陷产生。

5052 铝合金的加工工艺参数[2]：铸造温度 700~710℃；均匀化温度 470℃；最佳热轧温度 500℃；挤压温度 320~420℃；锻造温度 480~380℃；典型退火温度 177~280℃，视试样情况而定，空气冷却。

5083 铝合金的加工工艺参数[2]：铸造温度 700~720℃；均匀化温度 480℃；热加工温度 315~525℃；典型退火温度 345℃，空气冷却；稳定化退火温度 120~150℃。

5083 铝合金 H116 加工工艺为 500℃以上轧制，冷却至室温再在 300℃以下轧制一次，再冷却至室温。

5083 铝合金 H112 加工工艺为 500℃以上轧制，冷却至室温。

5056 铝合金的加工工艺参数[2]：铸造温度 700~720℃；均匀化温度 480℃；热加工温度 315~480℃；典型退火温度 345℃，空气冷却；稳定化退火温度 120~150℃。稳定化退火的目的是为了稳定力学性能和提高抗蚀性。

4.3　5×××系铝合金常见合金相的电子显微分析

5×××系铝合金除主要元素 Mg 外，还含有少量的 Mn、Cr 及微量的杂质元素 Fe。这些少量合金元素在熔铸和随后的热加工中发生扩散和聚集，易与基体 α-Al 原子结合，形成固溶相，即第二相，弥散分布，也称弥散相。这些弥散相能阻碍铝基体晶粒长大，提高铝合金回复再结晶温度[15]，对铝合金的性能尤其是断裂韧性、疲劳强度和腐蚀性能等产生影响[6,9,16]。

表 4.2 列出了 5×××系铝合金中可能的合金弥散相有 θ-$Al_{45}(Mn,Cr)_7$（或 θ-$Al_7(Mn,Cr)$）相、η-$Al_5(Mn,Cr)$（或 η-$Al_{11}(Mn,Cr)$）相、μ-Al_4Mn 相以及杂质相 $Al_{12}Mn_3Si$ 和 Al_6Mn 相。本节详细介绍 θ-$Al_{45}(Mn,Cr)_7$ 相、η-$Al_5(Mn,Cr)$ 相、Al_6Mn 相及其他的第二相。

4.3.1　θ-$Al_{45}(Mn,Cr)_7$ 相

4.3.1.1　θ-$Al_{45}(Mn,Cr)_7$ 相的晶体结构

θ-$Al_{45}(Mn,Cr)_7$ 相也可写成 θ-$Al_7(Mn,Cr)$ 相，它的晶体结构为体心单斜，空间群为 $C2/m$，单位晶胞中有 104 个原子，点阵参数 $a=2.5196$nm，$b=0.7574$nm，$c=1.0949$nm，$\beta=128.72°$[17,18]。图 4.6 所示为 θ-$Al_{45}(Mn,Cr)_7$ 相的晶胞结构示意图以及在[101]和[110]位向下原子排列投影的示意图，其中图 4.6（b）表明 θ-$Al_{45}(Mn,Cr)_7$ 相在[101]位向下原子排列的“投影单元”呈现近似的“十次对称”关系。

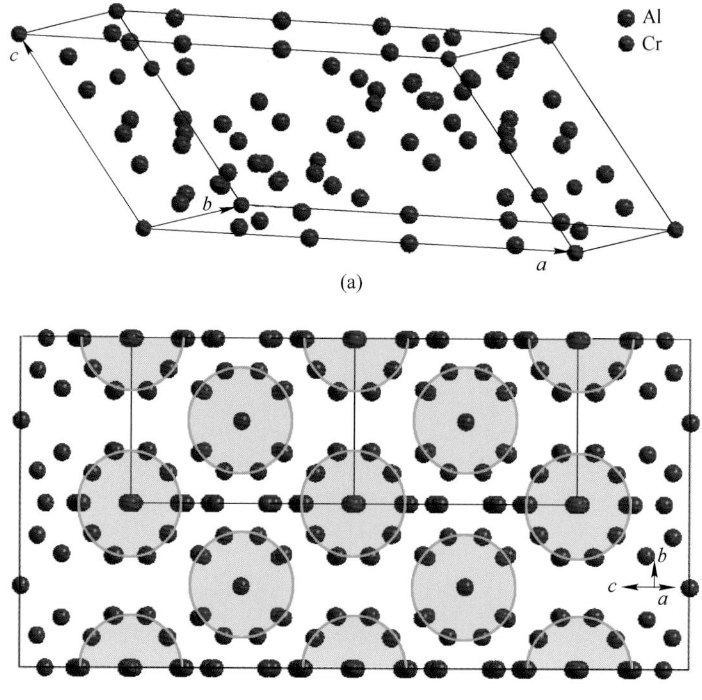

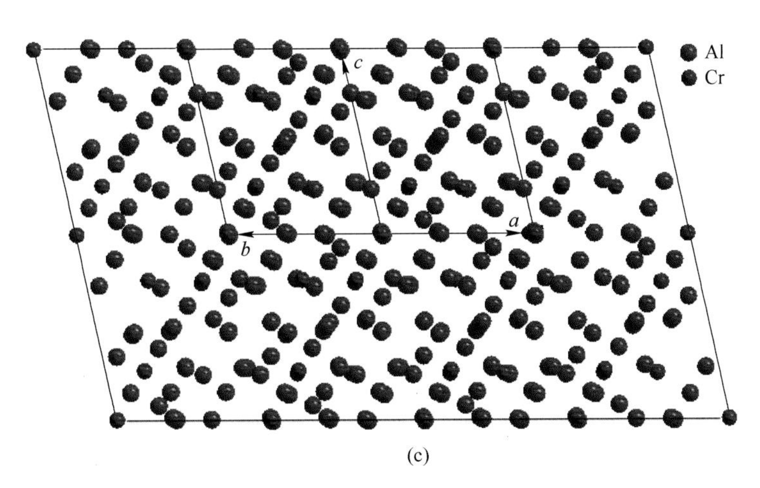

(c)

图 4.6　θ-Al_{45}(Mn,Cr)$_7$ 相的晶胞结构示意图 (a)以及在[101](b)和[110](c)位向下的原子排列投影图

图 4.7（a）所示为 θ-Al_{45}(Mn,Cr)$_7$ 相在[101]位向下的 HAADF-STEM 原子像，验证了 θ-Al_{45}(Mn,Cr)$_7$ 相原子排列投影在[101]位向下的"十次对称"现象，与图 4.6（b）相似，其中[010]和[$10\bar{1}$]晶向的原子间距分别为 0.76nm 和 2.02nm；图 4.7（b）所示为 θ-Al_{45}(Mn,Cr)$_7$ 相经 FFT（傅里叶变换）变换得到的[101]衍射花样，右下角的插图为该 θ-Al_{45}(Mn,Cr)$_7$ 相的形态；图 4.7（c）所示为 θ-Al_{45}(Mn,Cr)$_7$ 相在[110]位向下的 HAADF-STEM 原子像，与图 4.7（c）相似，其中［001］晶向的原子间距为 1.1nm；图 4.7（d）所示为 θ-Al_{45}(Mn,Cr)$_7$ 相经 FFT（傅里叶变换）变换的[110]衍射花样，右下角的插图为该 θ-Al_{45}(Mn,Cr)$_7$ 相的形态。

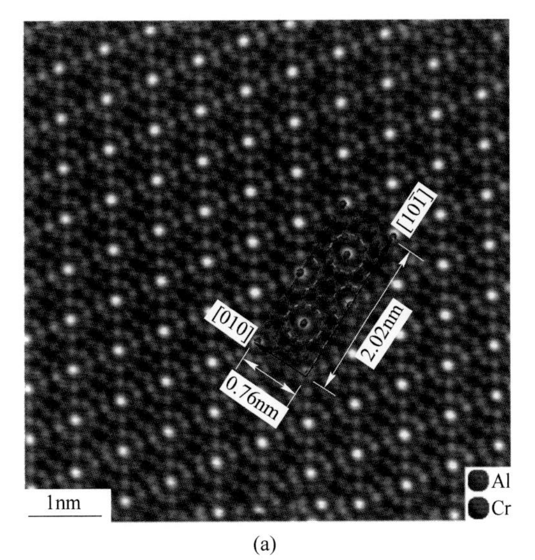

(a)

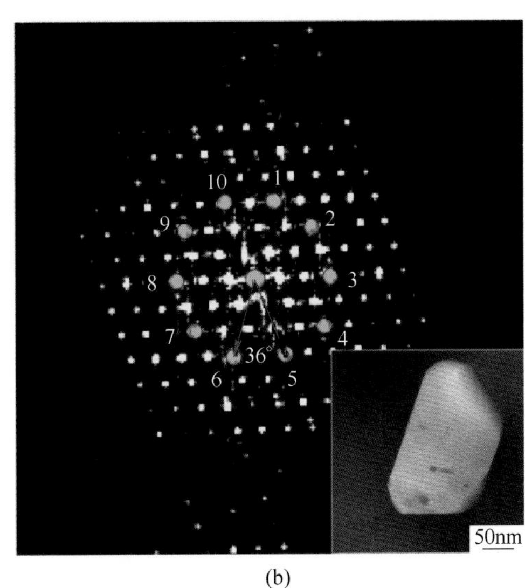

(b)

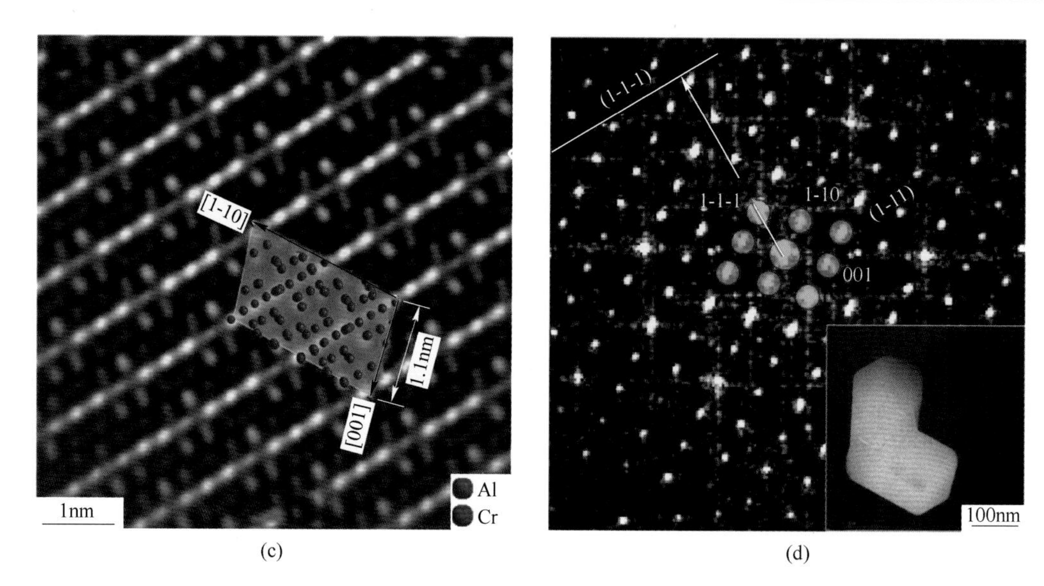

(c)　　　　　　　　　　　　(d)

图 4.7　θ-$Al_{45}(Mn,Cr)_7$ 相的 HAADF-STEM 原子像和其 FFT 变换的衍射花样图

(a) θ-$Al_{45}(Mn,Cr)_7$ 相 HAADF-STEM 原子像，$B=[101]$；(b) 由 FFT 变换得到的[101]衍射花样；
(c) θ-$Al_{45}(Mn,Cr)_7$ 相 HAADF-STEM 原子像，$B=[110]$；(d) 由 FFT 变换得到的[110]衍射花样

4.3.1.2　θ-$Al_{45}(Mn,Cr)_7$ 相常见的电子衍射花样图谱

单斜结构的低对称性合金相，较之于高对称性的立方晶系，并不容易准确和快速计算出晶面间距和标定电子衍射花样。单斜晶体结构的晶面间距 d 和晶面夹角 φ 的公式[19]为：

$$\frac{1}{d^2}=\frac{1}{a^2}\times\frac{h^2}{(\sin\beta)^2}+\frac{k^2}{b^2}+\frac{l^2}{c^2\times(\sin\beta)^2}-\frac{2hl\times\cos\beta}{ac\times(\sin\beta)^2} \tag{4.1}$$

$$\cos\varphi=\frac{\frac{1}{a^2}h_1h_2+\frac{1}{b^2}k_1k_2(\sin\beta)^2+\frac{1}{c^2}l_1l_2-\frac{1}{\alpha * c}(l_1h_2+l_2h_1)\cos\beta}{\left\{\left[\frac{1}{a^2}h_1^2+\frac{1}{b^2}k_1^2(\sin\beta)^2+\frac{1}{c^2}l_1^2-\frac{2h_1l_1}{ac}\cos\beta\right]\left[\frac{1}{a^2}h_2^2+\frac{1}{b^2}k_2^2(\sin\beta)^2+\frac{1}{c^2}l_2^2-\frac{2h_2l_2}{ac}\cos\beta\right]\right\}^{\frac{1}{2}}} \tag{4.2}$$

式中，a、b、c 和 β 为单斜晶体 θ-$Al_{45}(Mn,Cr)_7$ 相的点阵参数。

θ-$Al_{45}(Mn,Cr)_7$ 相部分低指数晶面（hkl）的面间距 d 见表 4.3。

表 4.3　θ-$Al_{45}(Mn,Cr)_7$ 相部分晶面的面间距

晶面（hkl）	晶面间距 d/nm	晶面（hkl）	晶面间距 d/nm
$(20\bar{1})$	1.0451	$(10\bar{1})$	1.0635
(200)	0.9829	(101)	0.6490
(001)	0.8542	$(40\bar{1})$	0.6286
$(1\bar{1}0)$、(110)	0.7067	$(\bar{1}11)$、$(11\bar{1})$	0.6169
(011)、$(01\bar{1})$	0.5667	$(31\bar{1})$、$(\bar{3}11)$	0.5584

续表 4.3

晶面 (*hkl*)	晶面间距 *d*/nm	晶面 (*hkl*)	晶面间距 *d*/nm
(20$\bar{2}$)	0.5318	(201)	0.5067
(111)、(1$\bar{1}$1)	0.4928	(310)、($\bar{3}$10)	0.4956
(31$\bar{2}$)	0.4435	(51$\bar{1}$)、(60$\bar{2}$)	0.4132
(60$\bar{1}$)	0.4010	(51$\bar{2}$)	0.4002
(11$\bar{2}$)	0.4084	(020)	0.3787
(40$\bar{3}$)	0.3643	(311)	0.3609
(22$\bar{1}$)、($\bar{2}$21)	0.3560	(510)	0.3489
(021)、(02$\bar{1}$)	0.3462	(401)	0.3432
(20$\bar{3}$)	0.3352	(112)	0.3338
(51$\bar{3}$)	0.3267	(42$\bar{1}$)	0.3244
(511)	0.2741	(312)	0.2670

图 4.8 所示为 θ-$Al_{45}(Mn,Cr)_7$ 相[010]/(010)的极射投影图，极射投影图中红色数字和红色实心小圆表示 θ-$Al_{45}(Mn,Cr)_7$ 相晶向指数及其在极图中的位置；蓝色数字和蓝色实心小圆表示 θ-$Al_{45}(Mn,Cr)_7$ 相晶面指数及其在极图中的位置。由于单斜晶系只有一个二次旋转轴[010]，相同指数的晶面和晶向并不互相垂直（除晶向[010]和晶面(010)外），它们在极射投影图中的位置也不重叠。比如晶向[100]与晶面(100)位于极射投影图中的不同位置，晶向[100]与晶向[001]位于极射投影图的大圆上，两者相差 128.72°（即 $\beta=$

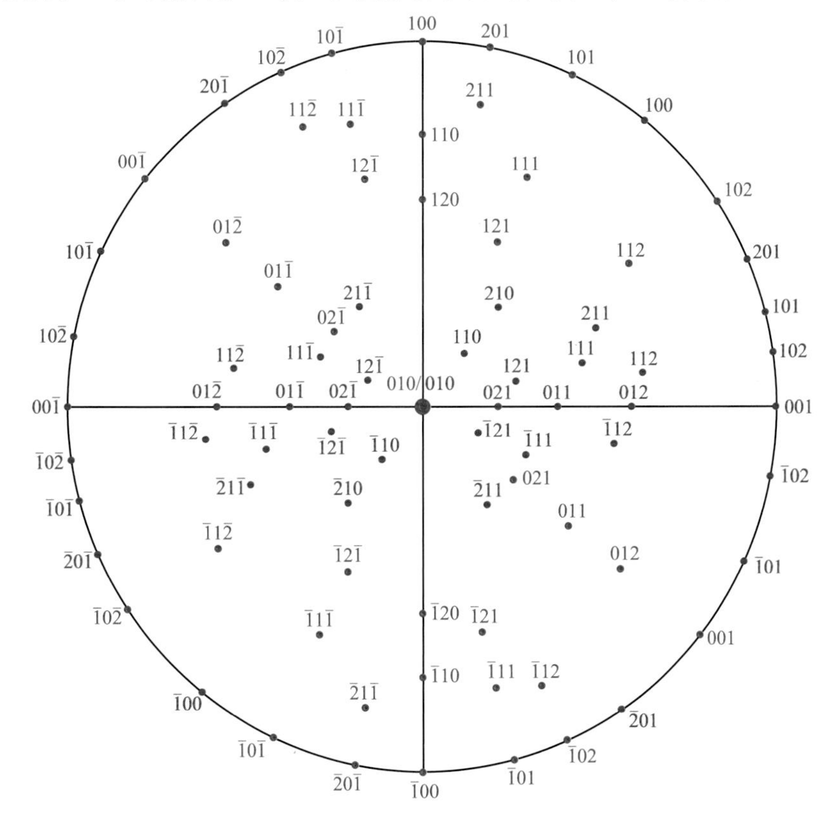

图 4.8　θ-$Al_{45}(Mn,Cr)_7$ 相[010]/(010)极射投影图

128.72°)。另外对于具有 $C2/m$ 单斜结构 θ 相的 $(11\bar{1})$ 和 $(\bar{1}11)$ 晶面、$(1\bar{1}1)$ 和 (111) 晶面及 (110) 和 $(\bar{1}10)$ 晶面，它们都是晶体学等价晶面，晶面间距相等（见表 4.3），各点在极射投影图中的位置表示它们晶体学等价性。

表 4.4 列出了 θ-$Al_{45}(Mn,Cr)_7$ 相常见低指数晶带轴的电子衍射花样图谱及花样中部分晶面之间的夹角。

表 4.4　θ-$Al_{45}(Mn,Cr)_7$ 相常见的电子衍射花样图谱

电子衍射花样图

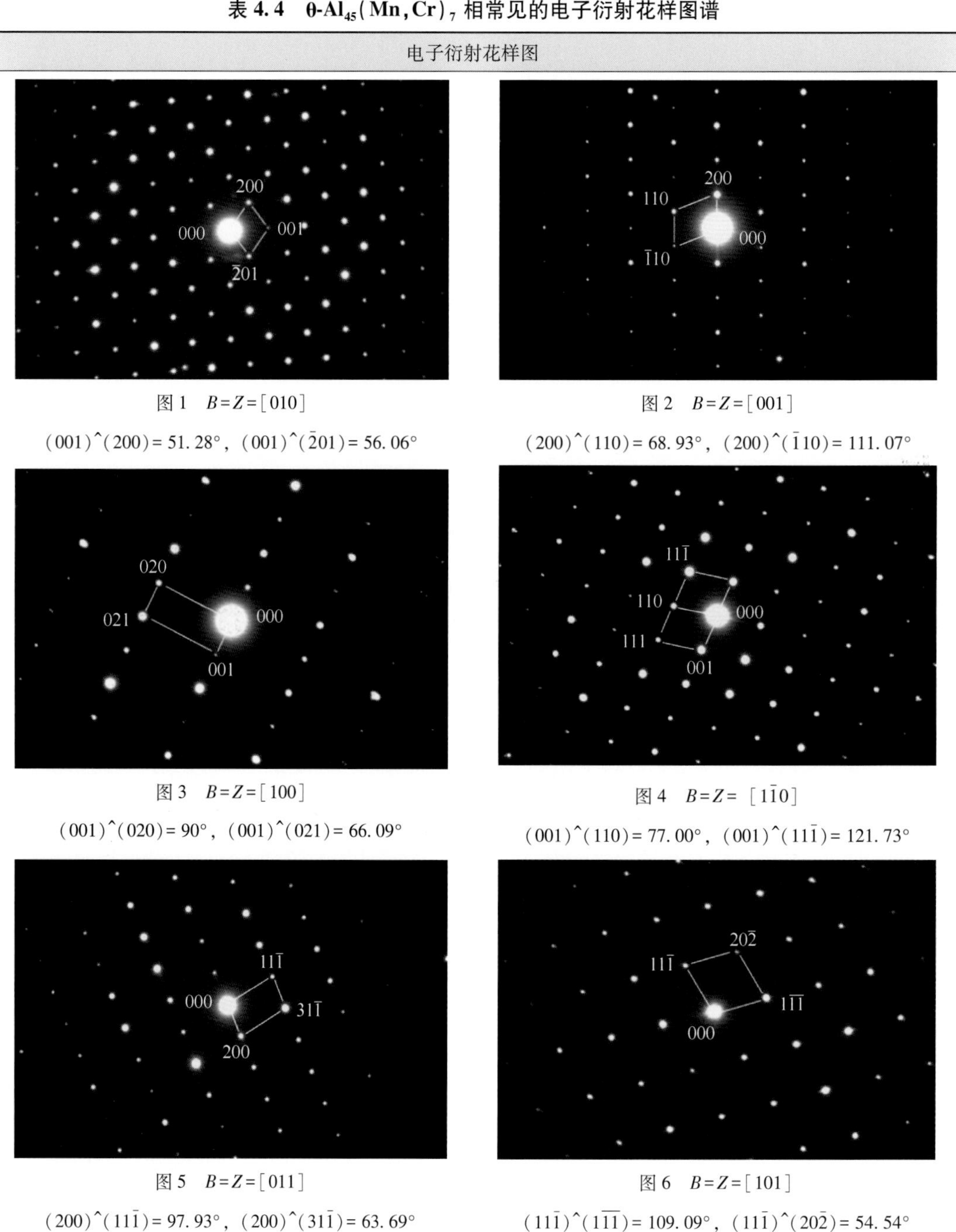

图 1　$B=Z=[010]$

(001)^$(200)=51.28°$，(001)^$(\bar{2}01)=56.06°$

图 2　$B=Z=[001]$

(200)^$(110)=68.93°$，(200)^$(\bar{1}10)=111.07°$

图 3　$B=Z=[100]$

(001)^$(020)=90°$，(001)^$(021)=66.09°$

图 4　$B=Z=[1\bar{1}0]$

(001)^$(110)=77.00°$，(001)^$(11\bar{1})=121.73°$

图 5　$B=Z=[011]$

(200)^$(11\bar{1})=97.93°$，(200)^$(31\bar{1})=63.69°$

图 6　$B=Z=[101]$

$(11\bar{1})$^$(1\bar{1}\bar{1})=109.09°$，$(11\bar{1})$^$(20\bar{2})=54.54°$

续表 4.4

电子衍射花样图

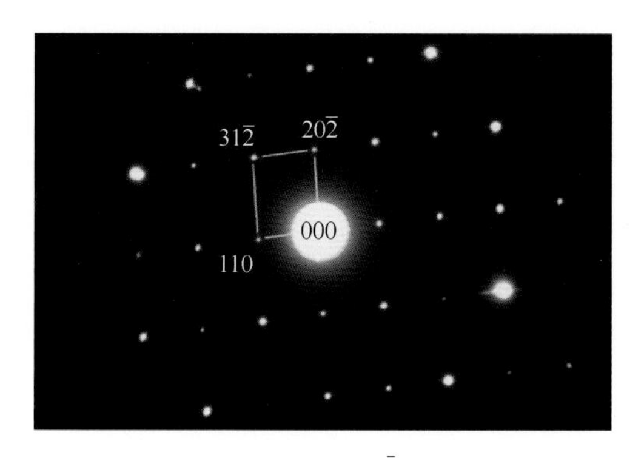

图 7 $B=Z=[1\bar{1}1]$

$(110)\hat{}(20\bar{2})=94.90°$，$(110)\hat{}(31\bar{2})=56.20°$

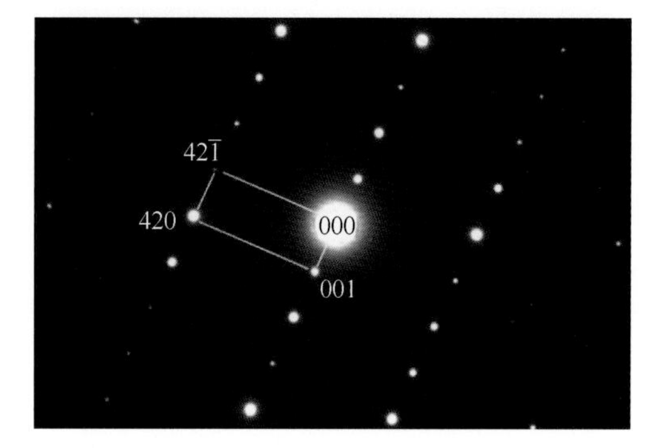

图 8 $B=Z=[1\bar{2}0]$

$(001)\hat{}(42\bar{1})=88.10°$，$(001)\hat{}(420)=67.55°$

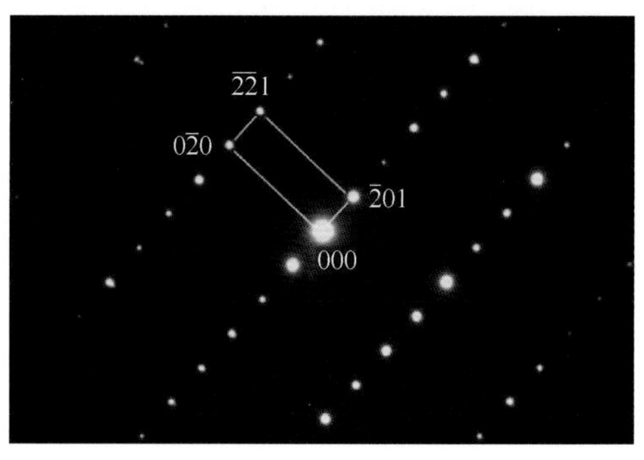

图 9 $B=Z=[102]$

$(\bar{2}01)\hat{}(0\bar{2}0)=90°$，$(\bar{2}01)\hat{}(\overline{22}1)=70.08°$

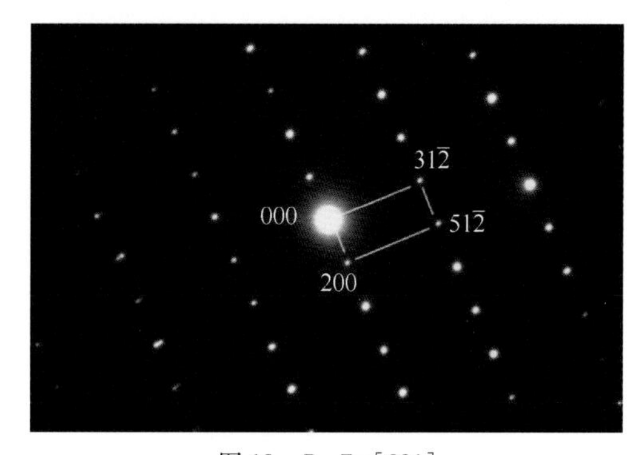

图 10 $B=Z=[021]$

$(200)\hat{}(31\bar{2})=88.43°$，$(200)\hat{}(51\bar{2})=64.42°$

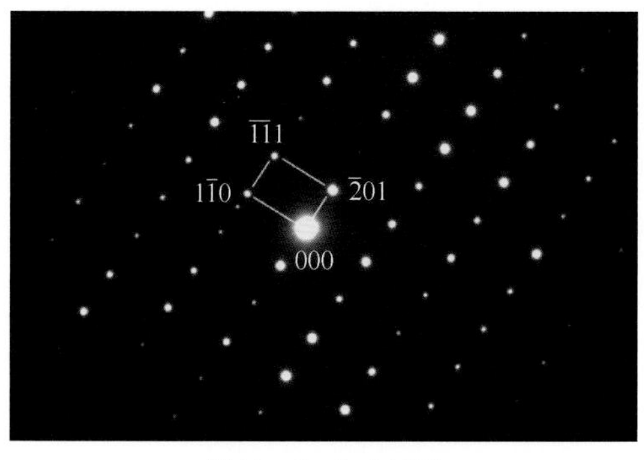

图 11 $B=Z=[112]$

$(\bar{2}01)\hat{}(1\bar{1}0)=96.15°$，$(\bar{2}01)\hat{}(\overline{11}1)=60.21°$

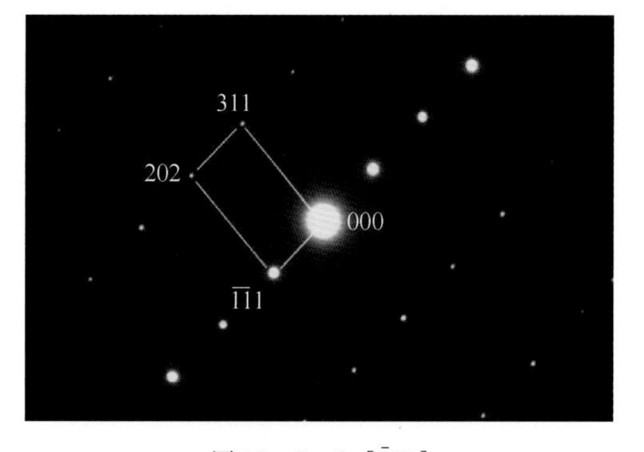

图 12 $B=Z=[\bar{1}21]$

$(\overline{11}1)\hat{}(311)=95.16°$，$(\overline{11}1)\hat{}(202)=63.57°$

续表 4.4

电子衍射花样图

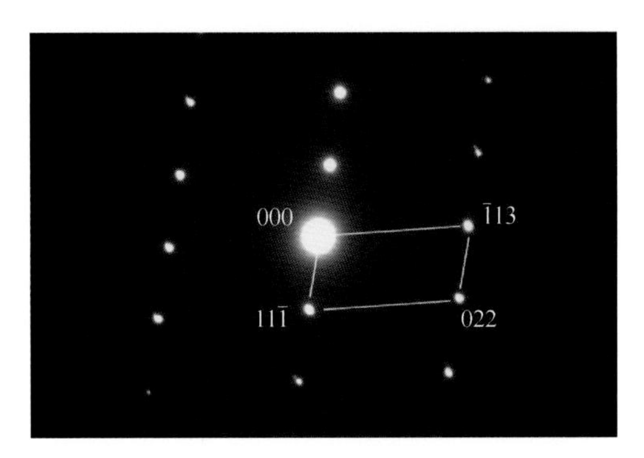

图 13 $B=Z=[2\bar{1}1]$

$(11\bar{1})\hat{}(\bar{1}13)=101.63°$，$(11\bar{1})\hat{}(022)=74.89°$

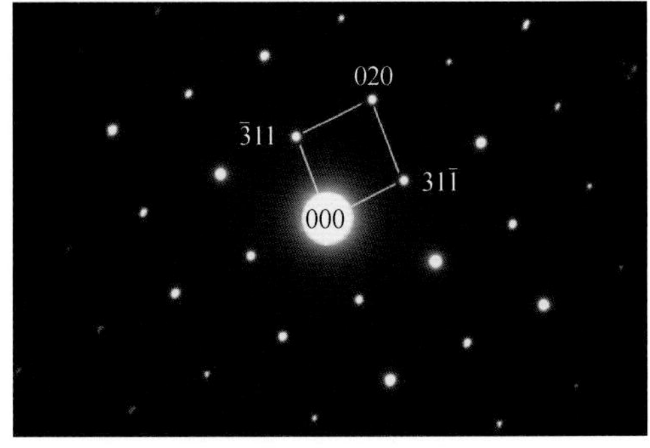

图 14 $B=Z=[103]$

$(\bar{3}11)\hat{}(31\bar{1})=85.01°$，$(\bar{3}11)\hat{}(020)=42.51°$

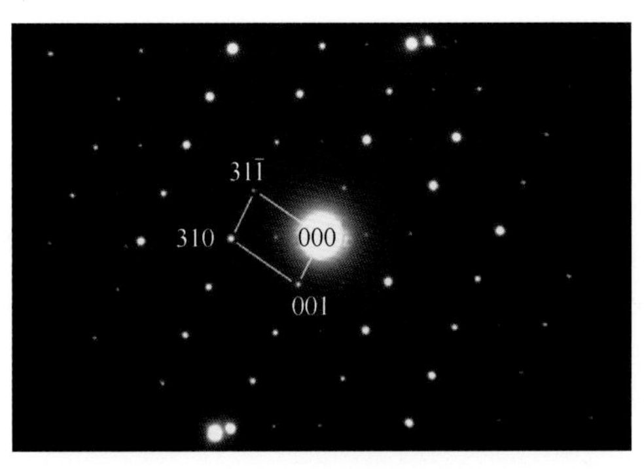

图 15 $B=Z=[1\bar{3}0]$

$(001)\hat{}(31\bar{1})=96.93°$，$(001)\hat{}(310)=61.77°$

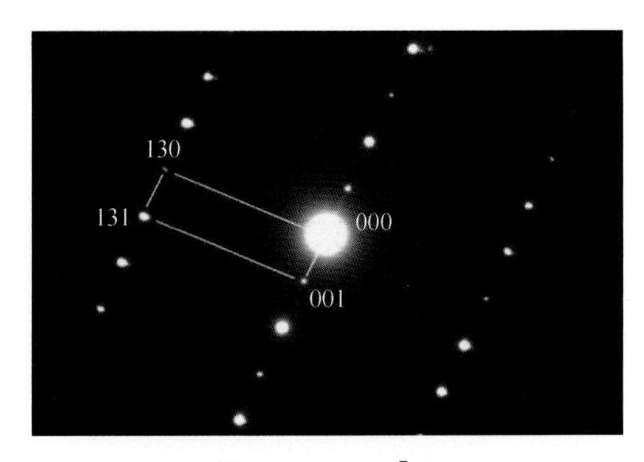

图 16 $B=Z=[3\bar{1}0]$

$(001)\hat{}(130)=85.43°$，$(001)\hat{}(131)=69.49°$

图 17 $B=Z=[031]$

$(200)\hat{}(31\bar{3})=102.43°$，$(200)\hat{}(51\bar{3})=83.50°$

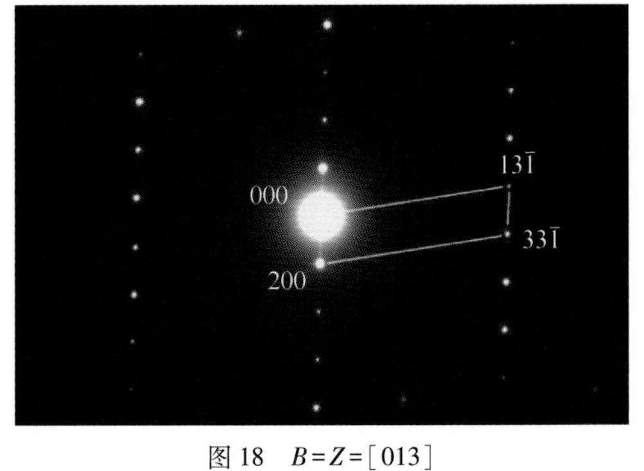

图 18 $B=Z=[013]$

$(200)\hat{}(13\bar{1})=93.15°$，$(200)\hat{}(33\bar{1})=78.95°$

续表 4.4

电子衍射花样图

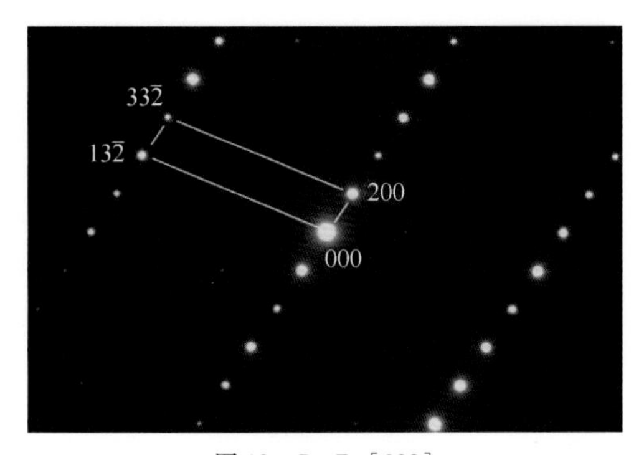

图 19 $B=Z=[023]$

$(200)\hat{}(13\bar{2})=102.36°$，$(200)\hat{}(33\bar{2})=89.19°$

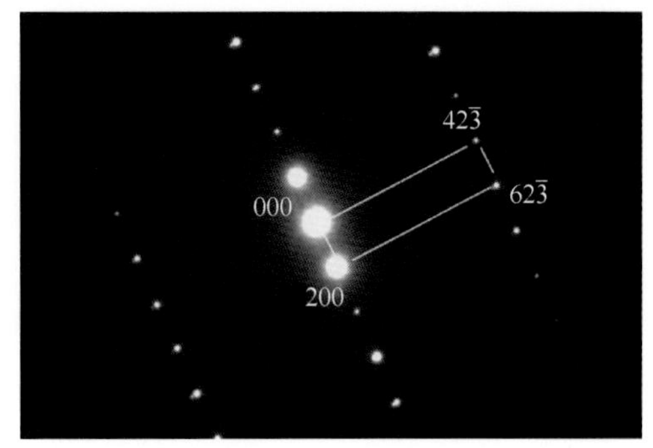

图 20 $B=Z=[032]$

$(200)\hat{}(42\bar{3})=92.44°$，$(200)\hat{}(62\bar{3})=77.33°$

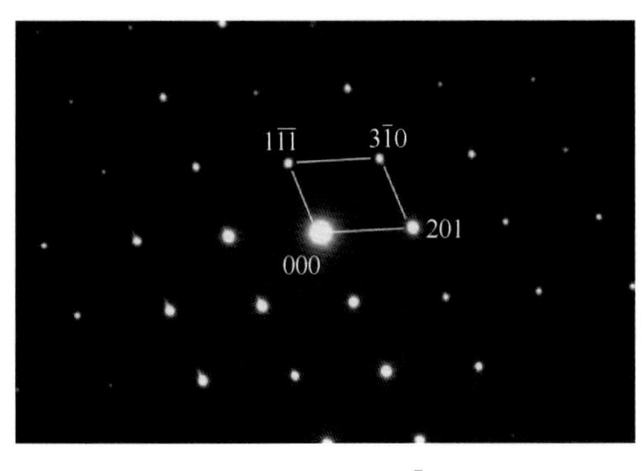

图 21 $B=Z=[13\bar{2}]$

$(201)\hat{}(1\bar{1}\bar{1})=112.52°$，$(201)\hat{}(3\bar{1}0)=47.90°$

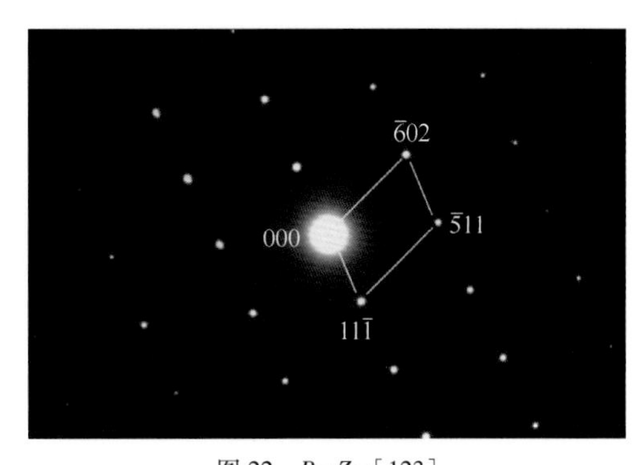

图 22 $B=Z=[123]$

$(11\bar{1})\hat{}(\bar{6}02)=109.56°$，$(11\bar{1})\hat{}(\bar{5}11)=70.43°$

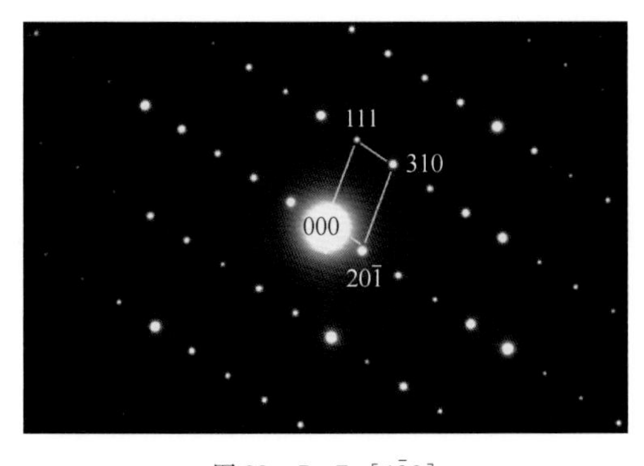

图 23 $B=Z=[1\bar{3}2]$

$(20\bar{1})\hat{}(111)=104.32°$，$(20\bar{1})\hat{}(310)=76.97°$

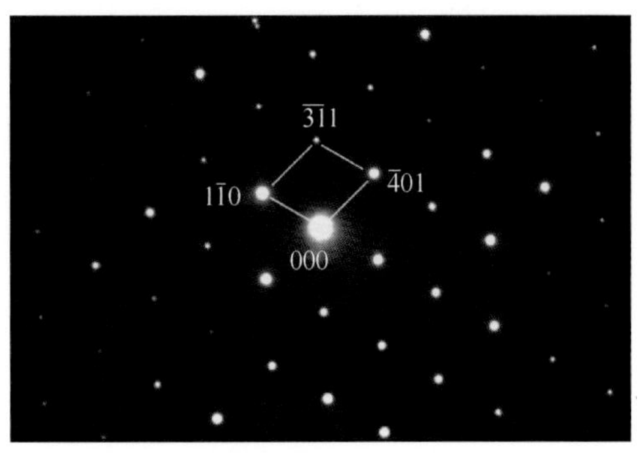

图 24 $B=Z=[114]$

$(1\bar{1}0)\hat{}(\bar{4}01)=107.12°$，$(1\bar{1}0)\hat{}(\bar{3}\bar{1}1)=58.09°$

续表 4.4

电子衍射花样图

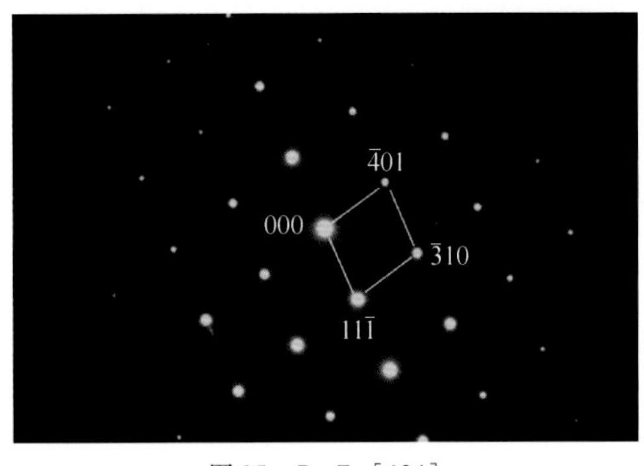

图 25 $B=Z=[134]$

$(11\bar{1})\hat{}(\bar{4}01)=102.16°$, $(11\bar{1})\hat{}(\bar{3}10)=50.41°$

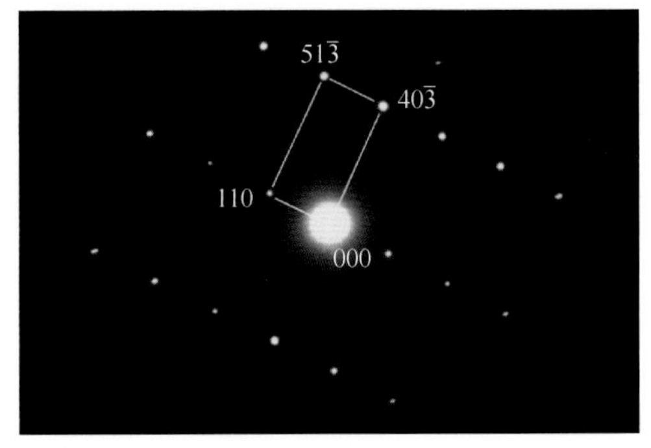

图 26 $B=Z=[3\bar{3}4]$

$(110)\hat{}(40\bar{3})=91.22°$, $(110)\hat{}(51\bar{3})=63.69°$

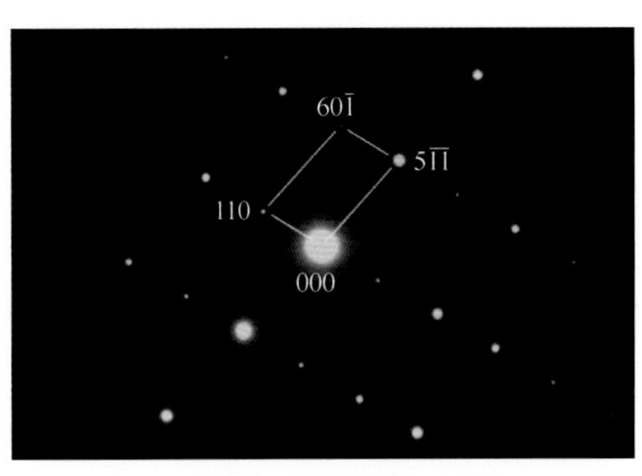

图 27 $B=Z=[1\bar{1}6]$

$(110)\hat{}(5\bar{1}\bar{1})=103.89°$, $(110)\hat{}(60\bar{1})=70.46°$

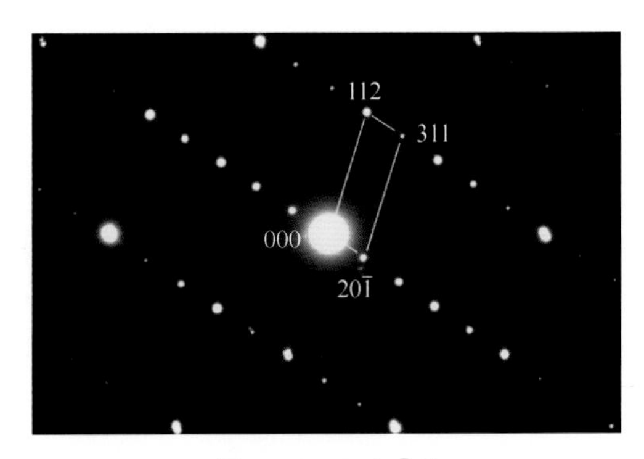

图 28 $B=Z=[1\bar{5}2]$

$(20\bar{1})\hat{}(112)=112.69°$, $(20\bar{1})\hat{}(311)=94.11°$

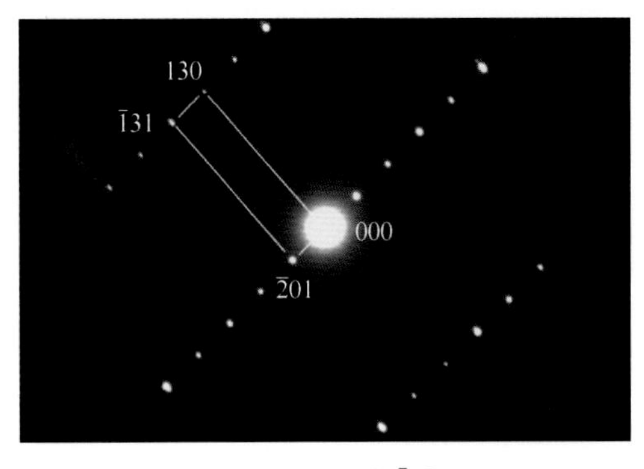

图 29 $B=Z=[3\bar{1}6]$

$(\bar{2}01)\hat{}(130)=92.18°$, $(\bar{2}01)\hat{}(\bar{1}31)=78.59°$

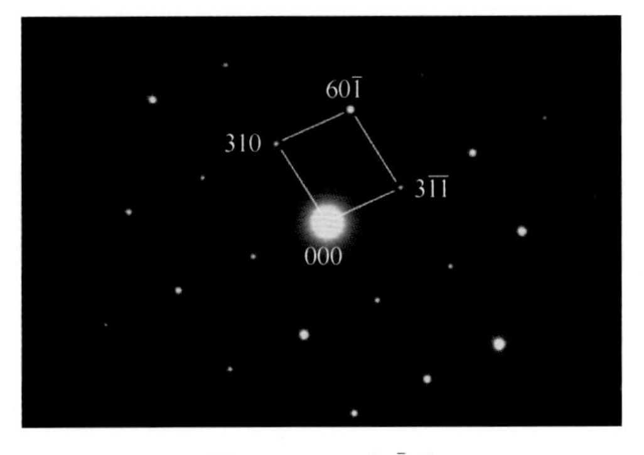

图 30 $B=Z=[1\bar{3}6]$

$(310)\hat{}(3\bar{1}\bar{1})=98.46°$, $(310)\hat{}(60\bar{1})=45.28°$

4.3.1.3 θ-$Al_{45}(Mn,Cr)_7$ 相的形态和成分

θ-$Al_{45}(Mn,Cr)_7$ 相的形状不规则，大多数似球状或粒状，少量呈棒状；在某些特定位向下，θ-$Al_{45}(Mn,Cr)_7$ 相轮廓清晰，界面平直，颗粒内部出现孪晶或层错等面缺陷，其界面指数、孪晶或层错面指数均可根据相对应的衍射花样确定[20,21]。表 4.5 列出了 θ-$Al_{45}(Mn,Cr)_7$ 相在不同位向下的形态。θ-$Al_{45}(Mn,Cr)_7$ 相的尺寸约 100~300nm，主要分布于铝基体晶粒内。其能量色散谱（EDS）分析见表 4.5 中图 1（b）所示，由 Al、Mn 和极少量的 Cr 等元素组成，化学分子式可写成 $Al_{87.5}(Mn,Cr)_{12.5}$，与 θ-$Al_{45}(Mn,Cr)_7$ 相的化学式相符。

表 4.5 θ-$Al_{45}(Mn,Cr)_7$ 相在不同位向下的形态

不同位向下 θ 相的形态

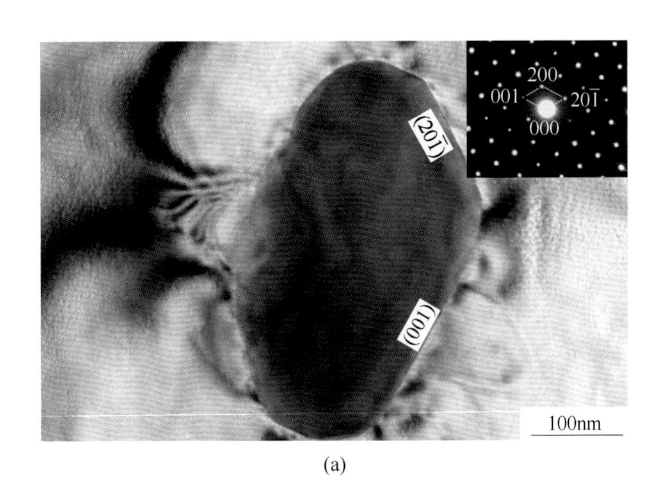

(a)

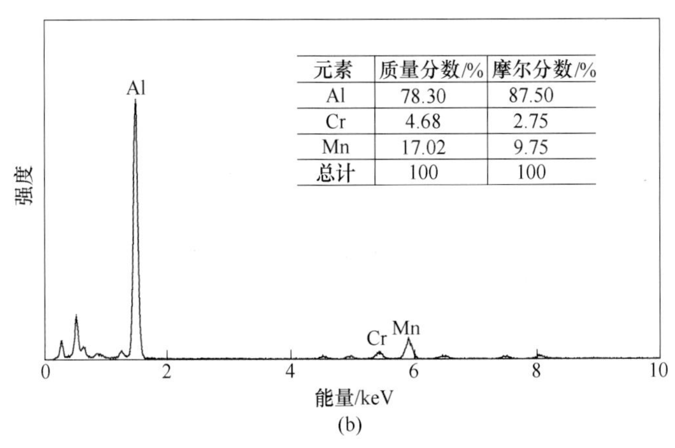

(b)

图 1 合金及状态：5056-R 态

（a）组织特征：球状，轮廓清晰，且有两个平直界面(001)和(20$\bar{1}$)，其界面指数由右上角插入的电子衍射花样 B=[010]确定；（b）图(a)颗粒的 EDS 谱线

续表 4.5

不同位向下 θ 相的形态

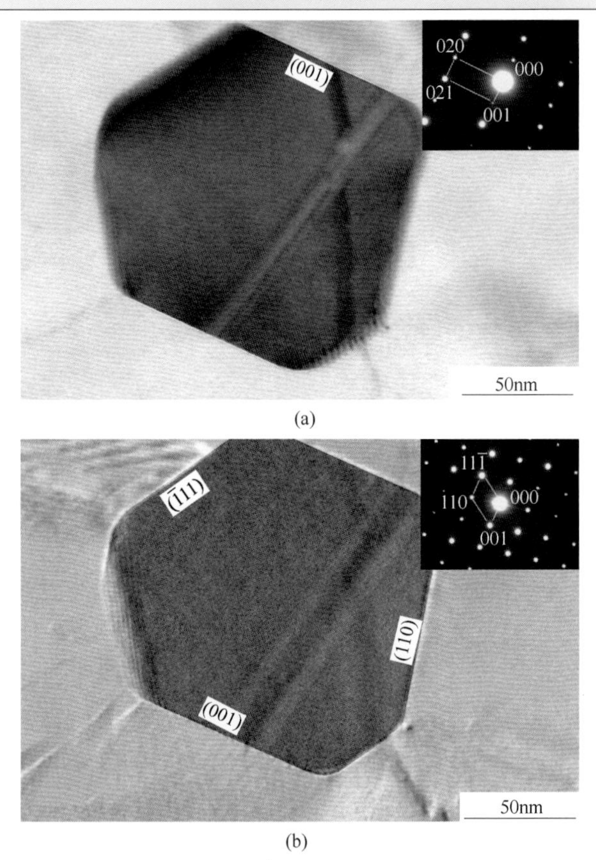

图 2　合金及状态：5083-H116 态

（a）组织特征：球状，颗粒内隐约可见条纹痕迹，存在一组平直界面(001)，界面指数由右上角插入的电子衍射花样 $B=[100]$确定；（b）图(a)颗粒绕衍射矢量(001)倾转 16.7°后的形态，轮廓清晰，条纹痕迹的衬度变得模糊；除原有(001)平直界面外，另有两个平直界面($\bar{1}$11)和(110)，界面指数由右上角插入的电子衍射花样 $B=[1\bar{1}0]$ 确定

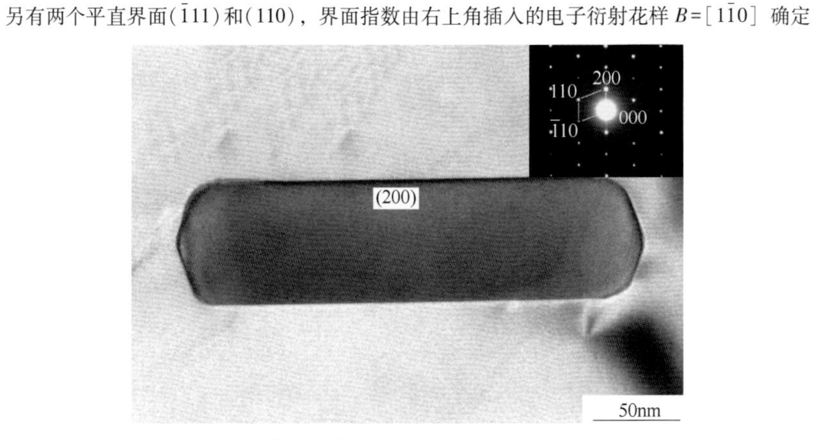

图 3　合金及状态：5083-O 态

组织特征：棒状，轮廓清晰，存在一组平直界面(200)；右上角插图为其电子衍射花样，$B=[001]$

续表 4.5

不同位向下 θ 相的形态

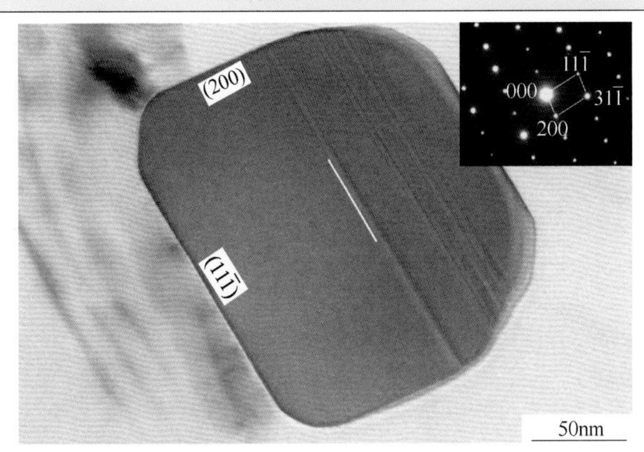

图 4　合金及状态：5083-H116 态

组织特征：四边形状，轮廓清晰，界面平直，界面指数(200)和(11$\bar{1}$)由右上角插入的电子衍射花样 B=[011]确定，颗粒内部出现(11$\bar{1}$)孪晶条纹

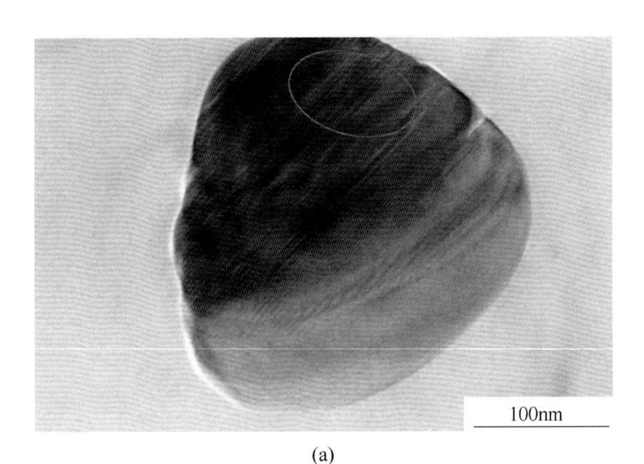

(a)

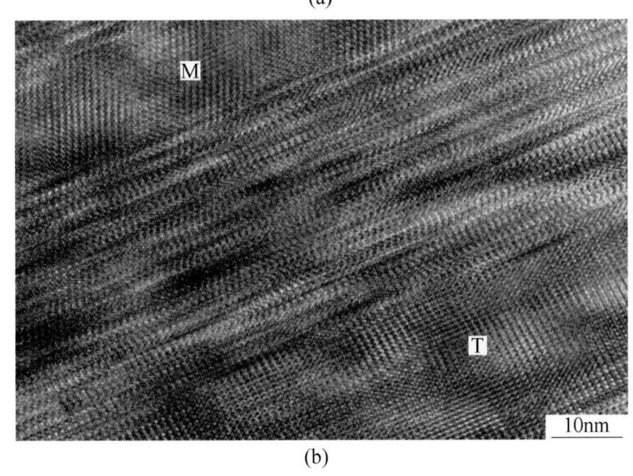

(b)

图 5　合金及状态：5056-O 态

(a) 组织特征：球状，轮廓清晰，颗粒内出现条纹痕迹，$B=[001]_M/[112]_T$；(b) 图(a)中圆圈部位的放大像，显示孪晶两部分 M 和 T 的晶格条纹，以及中间层错区域的形貌（与图(a)约 30°的磁转角偏差）

续表 4.5

不同位向下 θ 相的形态

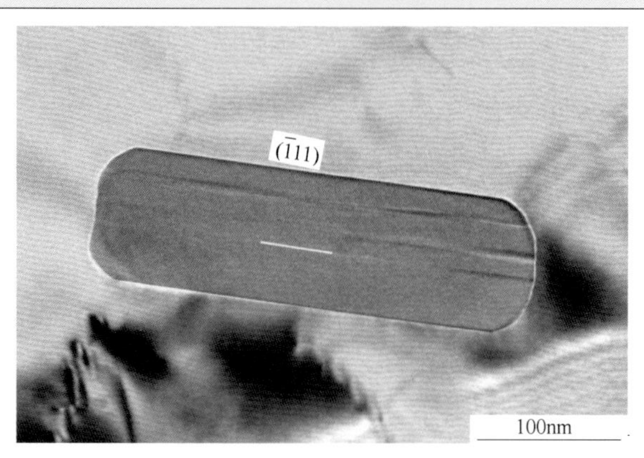

图 6 合金及状态：5083-O 态

组织特征：棒状，轮廓清晰，界面平直，与颗粒内部($\bar{1}$11)孪晶条纹平行，B=[01$\bar{1}$]

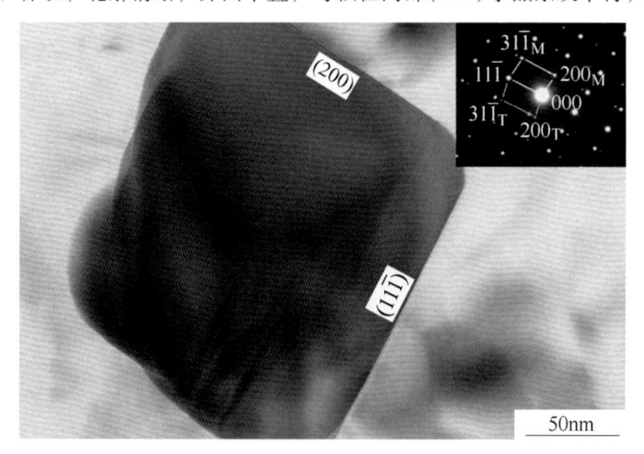

图 7 合金及状态：5083-H116 态

组织特征：四边形状，轮廓清晰，颗粒内部出现孪晶条纹，与其中一个界面(11$\bar{1}$)平行，

界面指数(200)和(11$\bar{1}$)由右上角插入的孪晶衍射花样 B=[011]确定

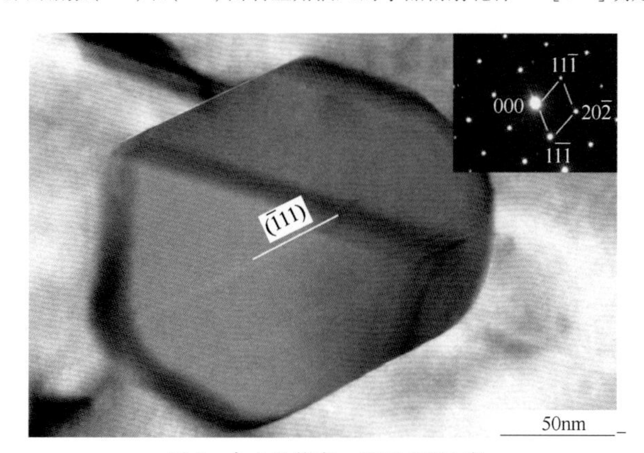

图 8 合金及状态：5083-H116 态

组织特征：似多边形或球状，有一组平直界面，与颗粒内部($\bar{1}$11)孪晶条纹平行，

同时隐约可见一条衬度条纹；右上角为其电子衍射花样，B=[101]

续表 4.5

不同位向下 θ 相的形态

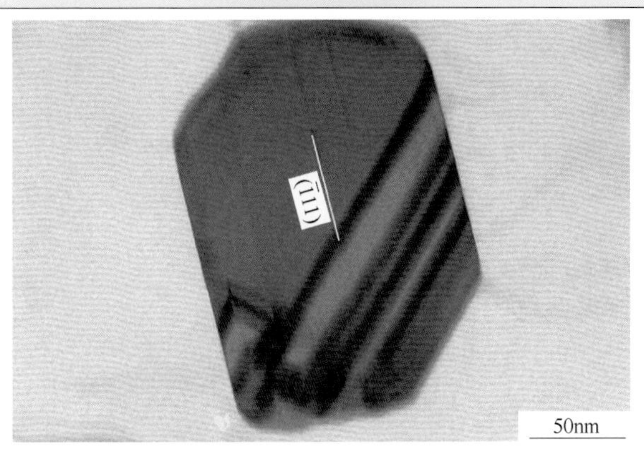

图 9 合金及状态：5083-H116 态

组织特征：似多边形，有一组平直界面，与颗粒内部$(\bar{1}11)$孪晶条纹平行，同时出现一组明显的衬度的条纹，B=[101]

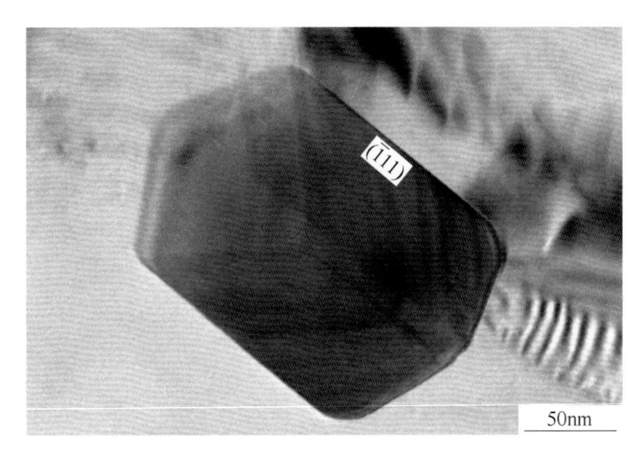

图 10 合金及状态：5083-H116 态

组织特征：似四边形，有一组平直界面，与颗粒内部$(\bar{1}11)$孪晶条纹平行，B=[101]

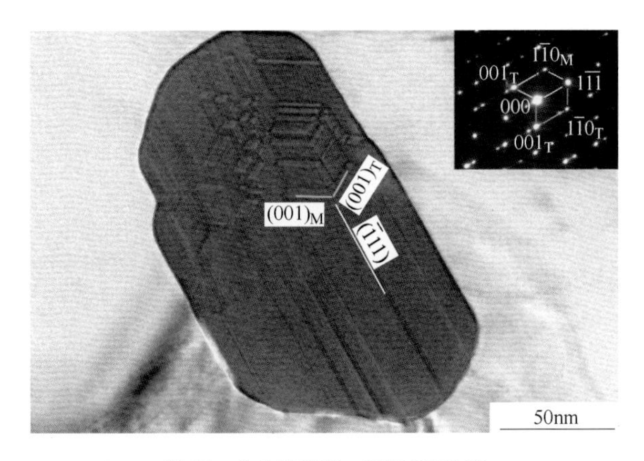

图 11 合金及状态：5083-H116 态

组织特征：似球状，轮廓清晰，颗粒内部出现层错和孪晶条纹，相应的面指数由右上角插入的孪晶衍射花样 $B=[110]_M/[110]_T$ 确定；下标 M 和 T 分别表示 θ-$Al_{45}(Mn,Cr)_7$ 相的孪晶母体和孪体，以下类似

续表 4.5

不同位向下 θ 相的形态

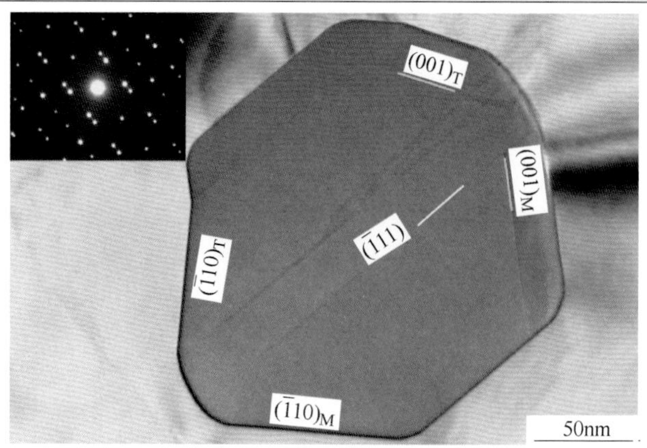

图 12　合金及状态：5083-H116 态

组织特征：似多边形，轮廓清晰，界面平直，颗粒内部出现(001)层错条纹和(1̄11)孪晶条纹；左上角插图为其电子衍射花样，$B=[110]_M/[110]_T$

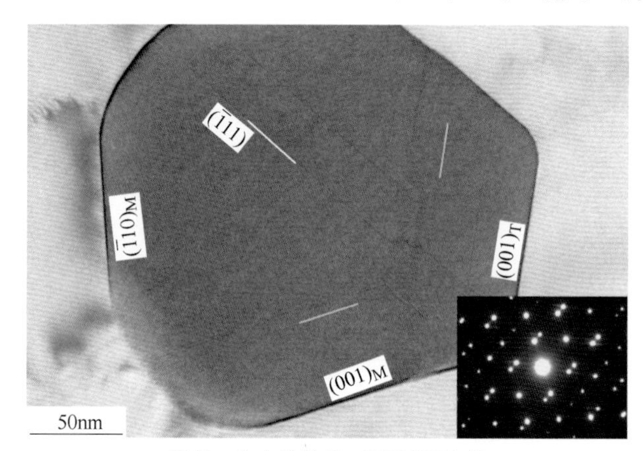

图 13　合金及状态：5083-H116 态

组织特征：球状，轮廓清晰，界面平直，颗粒内部出现(001)层错条纹和(1̄11)孪晶条纹；右下角插图为其电子衍射花样，$B=[110]_M/[110]_T$

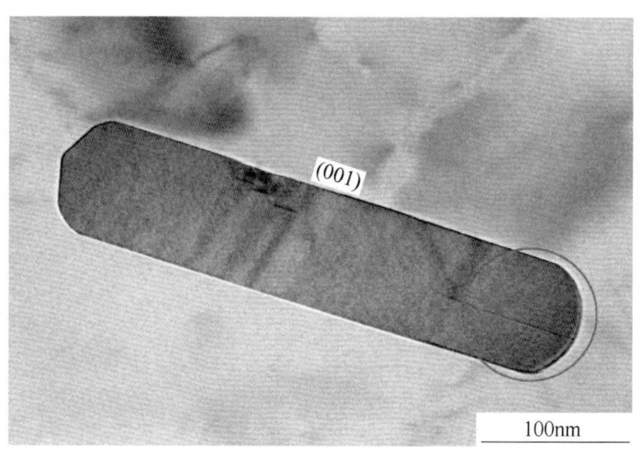

(a)

续表 4.5

不同位向下 θ 相的形态

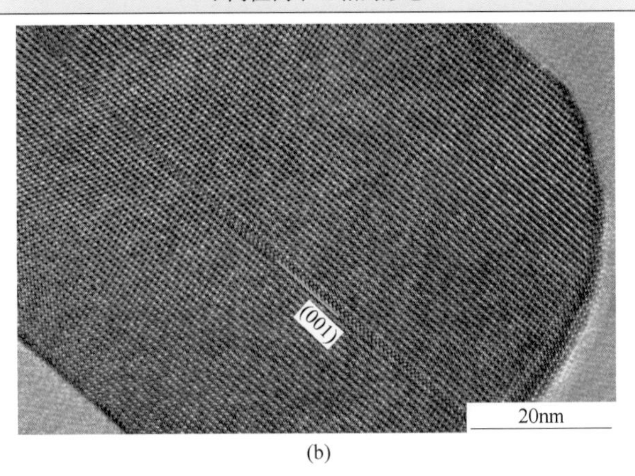

(b)

图 14　合金及状态：5083-H116 态

（a）组织特征：棒状，轮廓清晰，有一组平直界面，颗粒内有(001)层错条纹，$B=[110]$；

（b）图(a)圆圈部位的高分辨像，可见晶格条纹和层错缺陷（与图（a）约 30°的磁转角偏差）

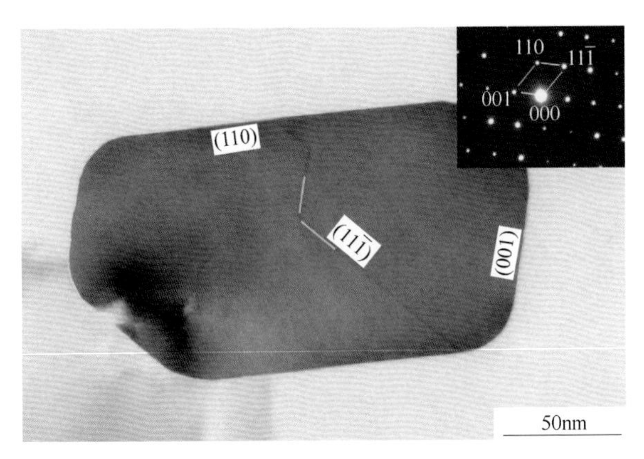

图 15　合金及状态：5083-H116 态

组织特征：似四边形，轮廓清晰，界面平直，颗粒内部出现层错条纹；右上角为其电子衍射花样，$B=[1\bar{1}0]$

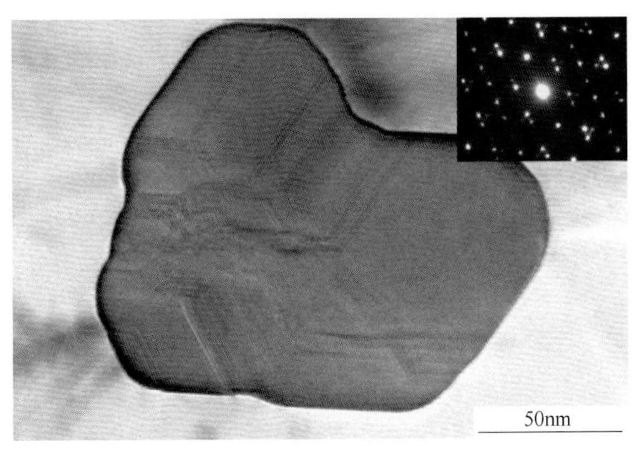

图 16　合金及状态：5083-H116 态

组织特征：似球状，轮廓清晰，颗粒内部出现层错和孪晶条纹；右上角为其孪晶衍射花样，$B=[110]_M/[110]_T$

续表 4.5

不同位向下 θ 相的形态

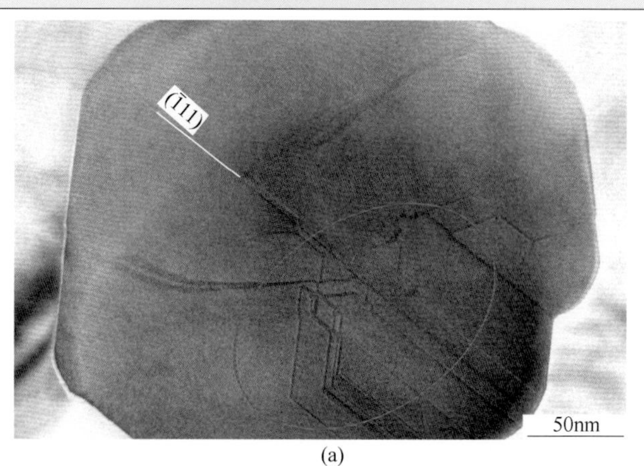

(a)

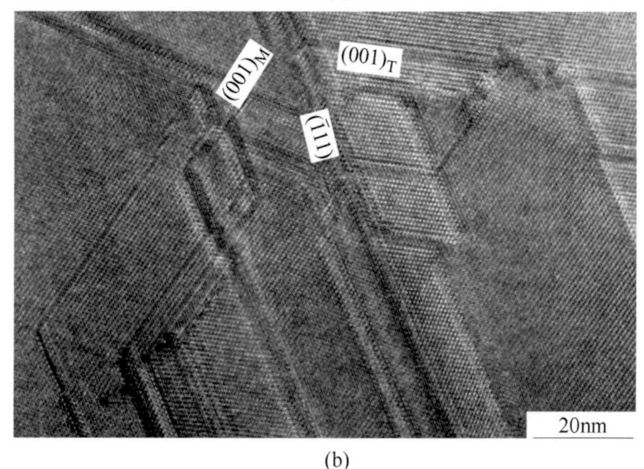

(b)

图 17　合金及状态：5083-H116 态

（a）组织特征：球状，轮廓清晰，颗粒内部出现层错和$(\bar{1}11)$孪晶条纹，$B=[110]_M/[110]_T$；

（b）图(a)圆圈部位的放大像，显示 θ-$Al_{45}(Mn,Cr)_7$ 相的晶格条纹、(001)层错和

$(\bar{1}11)$孪晶（与图(a)约 30°的磁转角偏差）

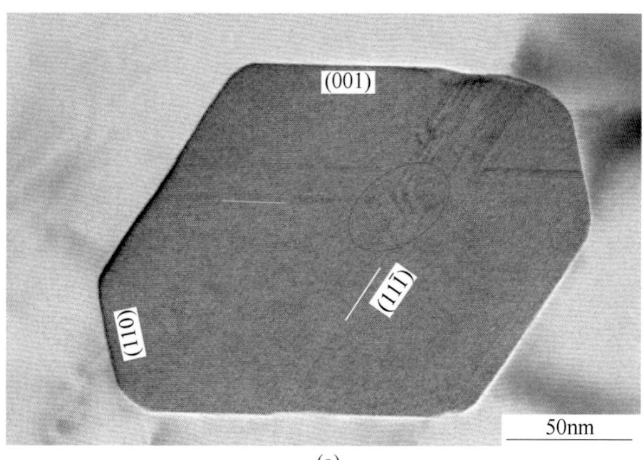

(a)

续表 4.5

不同位向下 θ 相的形态

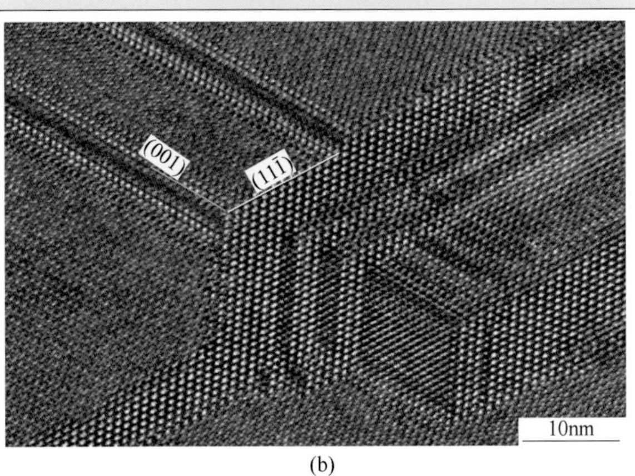

(b)

图 18 合金及状态：5083-H116 态

（a）组织特征：轮廓清晰，似六边形，界面平直，大小不一致，颗粒内部出现(001)层错和(11$\bar{1}$)孪晶条纹，B=[1$\bar{1}$0]；（b）图(a)圆圈部位的放大像，显示(11$\bar{1}$)孪晶和(001)层错（与图(a)约 30°的磁转角偏差）

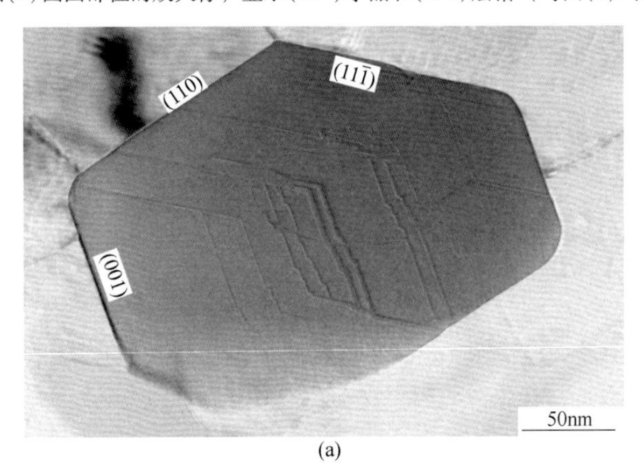

(a)

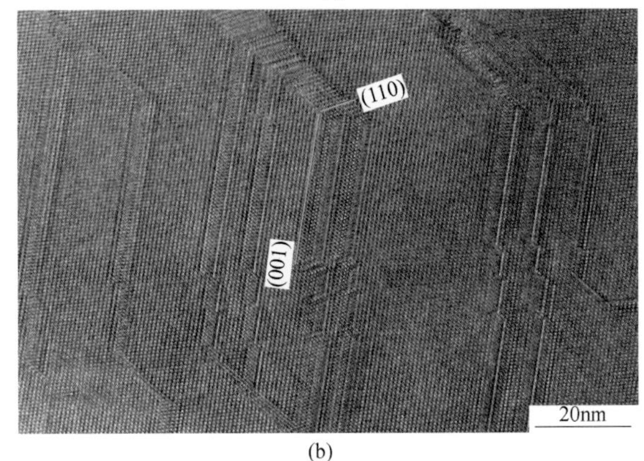

(b)

图 19 合金及状态：5083-H116 态

（a）组织特征：多边形，似球状，轮廓清晰，界面平直，颗粒内部出现(001)、(110)层错和(11$\bar{1}$)孪晶条纹，$B=[1\bar{1}0]_M/[1\bar{1}0]_T$；（b）图(a)圆圈部位的放大像，大量的(001)和(110)层错条纹相互交错（与图(a)约 30°的磁转角偏差）

续表 4.5

不同位向下 θ 相的形态

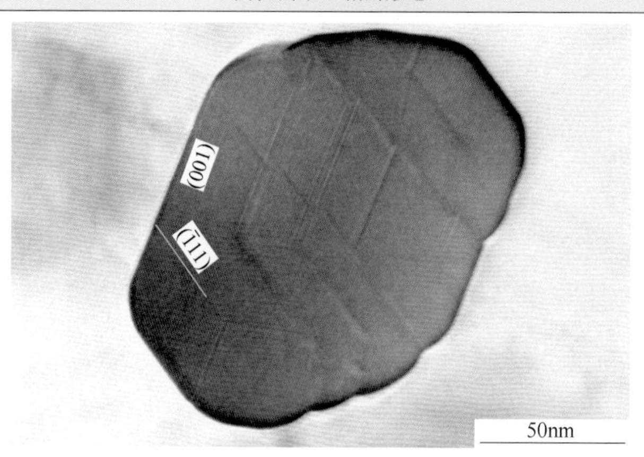

图 20　合金及状态：5083-H116 态

组织特征：球状，轮廓清晰，颗粒内部出现(001)层错条纹和($\bar{1}11$)孪晶条纹，$B=[110]_M/[110]_T$

图 21　合金及状态：5083-H116 态

组织特征：球状，轮廓清晰，颗粒内部出现层错和($\bar{1}11$)孪晶条纹，$B=[110]_M/[110]_T$

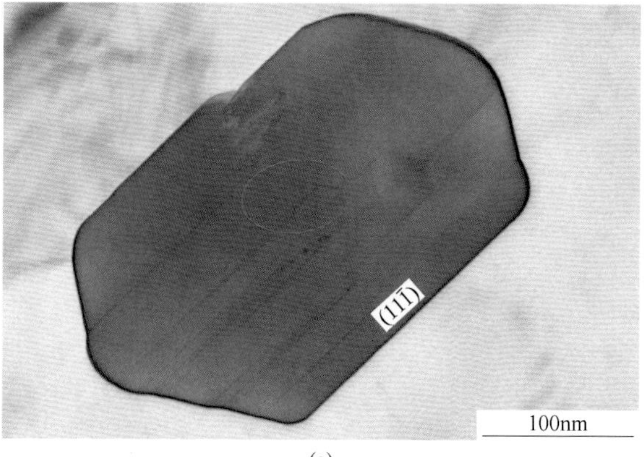

(a)

续表 4.5

不同位向下 θ 相的形态

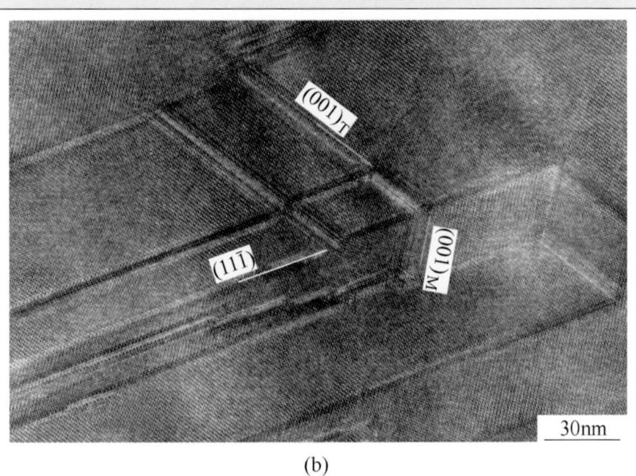

(b)

图 22 合金及状态：5083-H116 态

（a）组织特征：粒状，轮廓清晰，有一组界面平直，与颗粒内部(11$\bar{1}$)孪晶平行，晶粒内部出现层错，$B=[\bar{1}10]_M/[110]_T$；（b）图(a)圆圈部位的放大像，显示(001)层错和(11$\bar{1}$)孪晶（与图(a)约 30°的磁转角偏差）

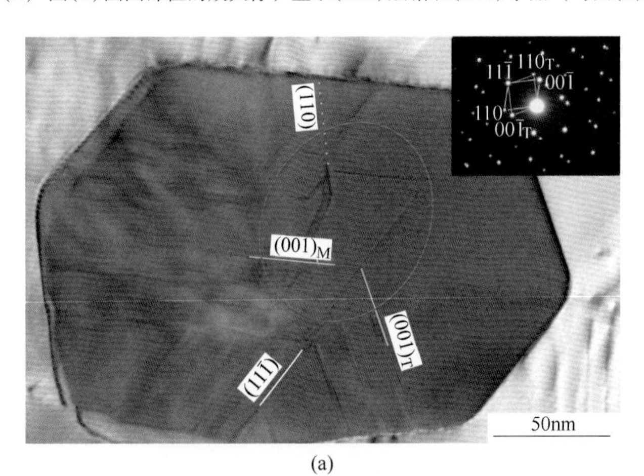

(a)

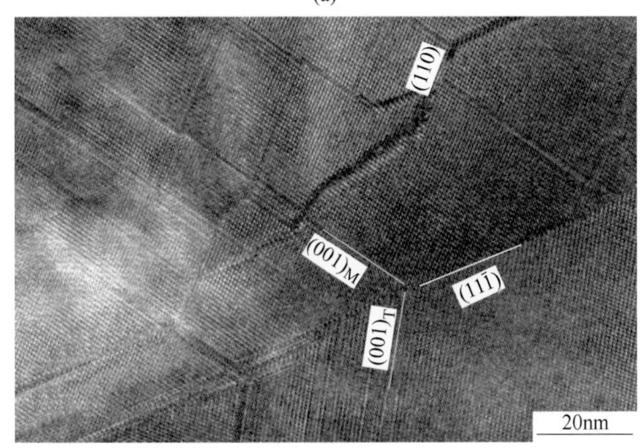

(b)

续表 4.5

不同位向下 θ 相的形态

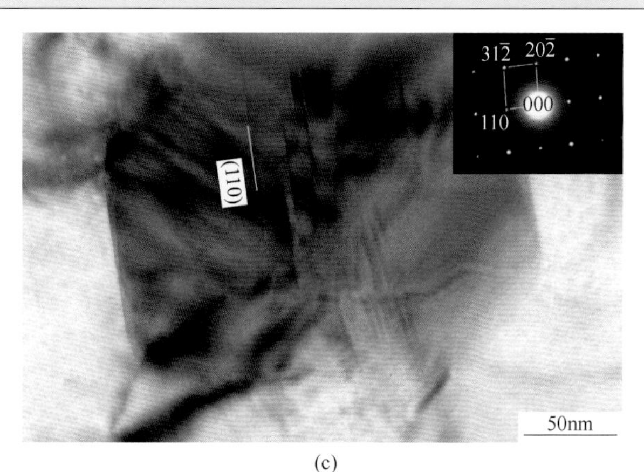

(c)

图 23　合金及状态：5083-H116 态

（a）组织特征：球状，轮廓清晰，颗粒内出现$(11\bar{1})$孪晶线、(001) 层错线和(110)条纹；右上角为其孪晶衍射花样，$B=[1\bar{1}0]_M/[1\bar{1}0]_T$；（b）图（a）圆圈部位的放大像，颗粒内既有$(11\bar{1})$孪晶线，又有(001)层错线和(110)条纹（与图（a）约 30°的磁转角偏差）（c）图（a）绕衍射矢量(110)倾转 23.9°后颗粒形态，球状，轮廓不清晰，原有的$(11\bar{1})$孪晶条纹和(001)层错变得模糊，出现一组(110)层错条纹，右上角为其电子衍射花样，$B=[1\bar{1}1]$

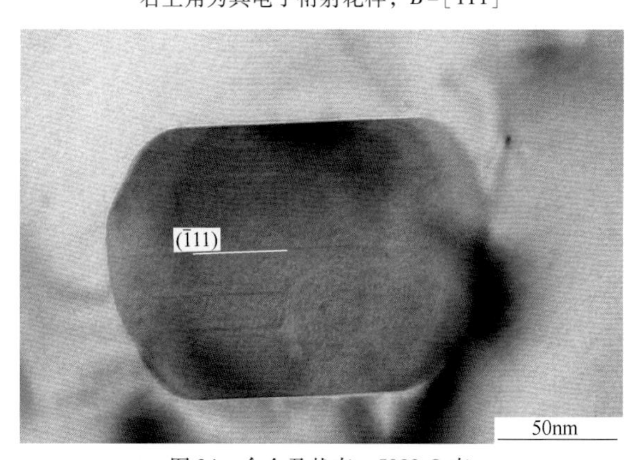

图 24　合金及状态：5083-O 态

组织特征：粒状，轮廓清晰，其中有一组界面平直，与颗粒内部$(\bar{1}11)$孪晶条纹平行，$B=[12\bar{1}]$

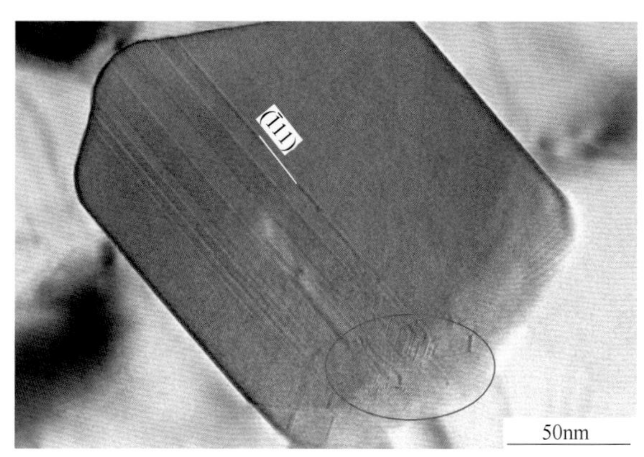

(a)

续表 4.5

不同位向下 θ 相的形态

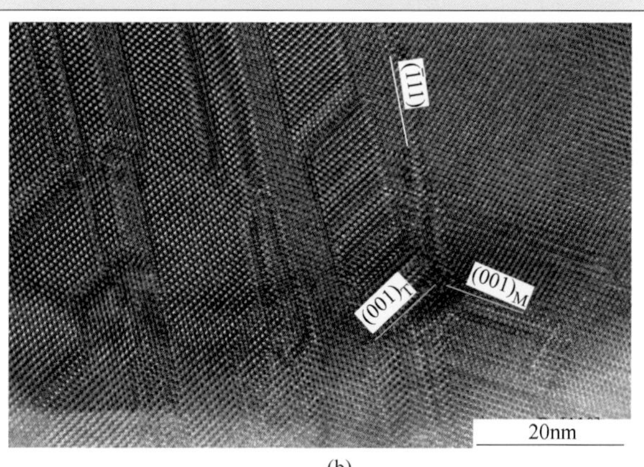

(b)

图 25 合金及状态：5083-H116 态

（a）组织特征：粒状，颗粒内有$(\bar{1}11)$孪晶条纹和(001)层错，$B=[110]$；（b）图(a)圆圈部位的放大像，颗粒内有$(\bar{1}11)$孪晶和(001)层错条纹（与图(a)约顺时针 30°的磁转角偏差）

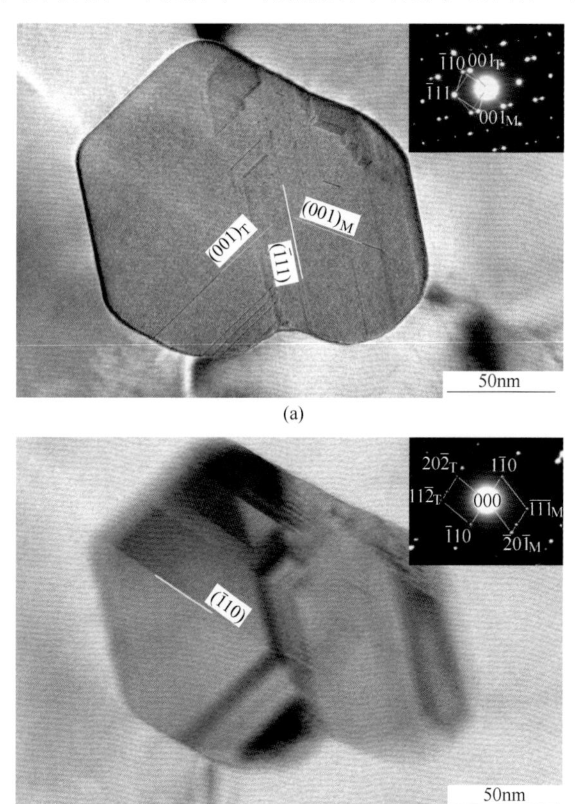

(a)

(b)

图 26 合金及状态：5083-H116 态

（a）组织特征：粒状，颗粒内既有$(\bar{1}11)$孪晶条纹又有(001)层错线；右上角为其孪晶衍射花样，$B=[110]_M/[110]_T$；（b）图(a)绕衍射矢量$(\bar{1}10)$倾转 23.9°后的颗粒形态，轮廓不清晰，原有的$(\bar{1}11)$孪晶条纹和(001)层错线变得模糊，出现$(\bar{1}10)$孪晶线，右上角为其孪晶衍射花样，与图 4.11(b)相似，$B=[11\bar{2}]_M/[111]_T$

续表 4.5

不同位向下 θ 相的形态

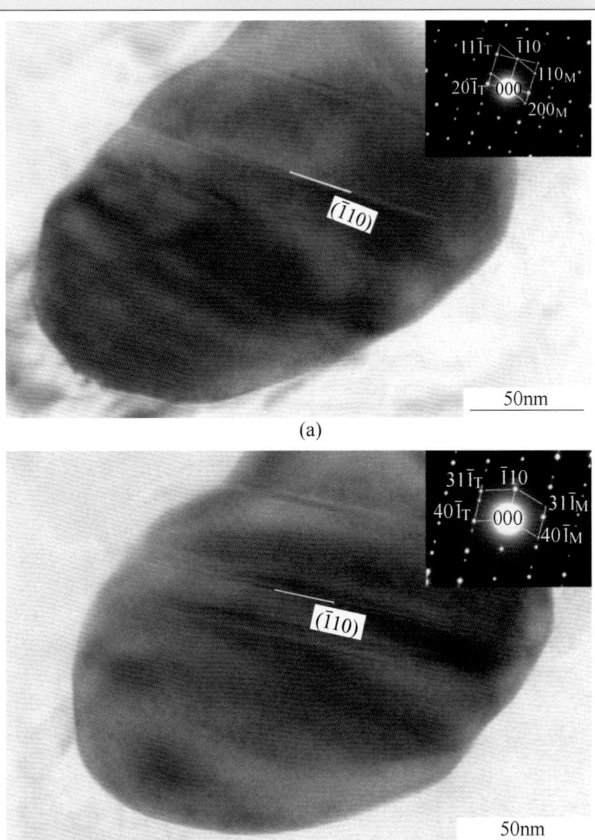

(a)

(b)

图 27　合金及状态：5083-H116 态

（a）组织特征：球状，颗粒内部出现($\bar{1}$10)孪晶条纹，右上角为其插入的孪晶衍射花样，$B=[001]_M/[112]_T$；（b）图(a)颗粒绕衍射矢量($\bar{1}$10)倾转 36.8°后的形态，内部($\bar{1}$10)孪晶条纹仍然存在，右上角为其插入的孪晶衍射花样，$B=[114]_M/[114]_T$

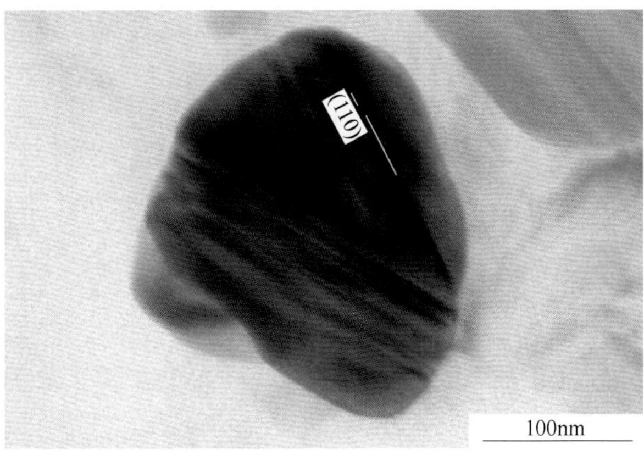

(a)

续表 4.5

不同位向下 θ 相的形态

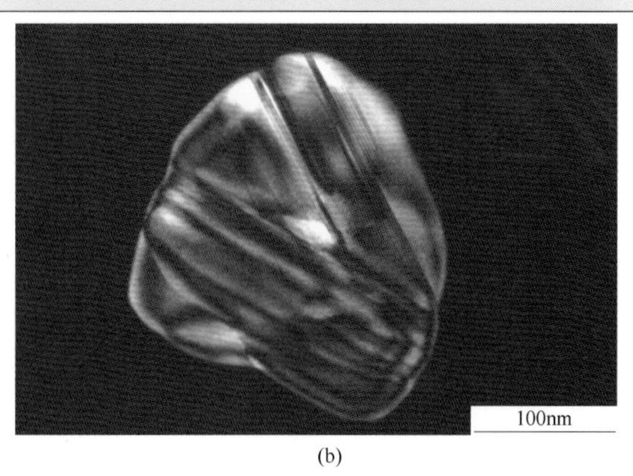

(b)

图 28　合金及状态：5083-H116 态

（a）组织特征：明场、球状，隐约可见条纹痕迹，$B=[114]$；（b）DF、球状，隐约可见条纹痕迹

注：1. $B=[uvw]$表示电子束方向，即 θ-$Al_{45}(Mn,Cr)_7$ 相的晶带轴，也即观察方向。

2. 绿色线条表示（001）层错，白色线条表示（$\bar{1}11$）或（$11\bar{1}$）孪晶，黄色线条表示（$\bar{1}10$）或（110）孪晶或层错。

4.3.1.4　θ-$Al_{45}(Mn,Cr)_7$ 相的孪晶及其孪晶衍射花样

图 4.9 所示为 θ-$Al_{45}(Mn,Cr)_7$ 相孪晶面($11\bar{1}$)或($\bar{1}11$)的迹线和共轭面(110)或($\bar{1}10$)

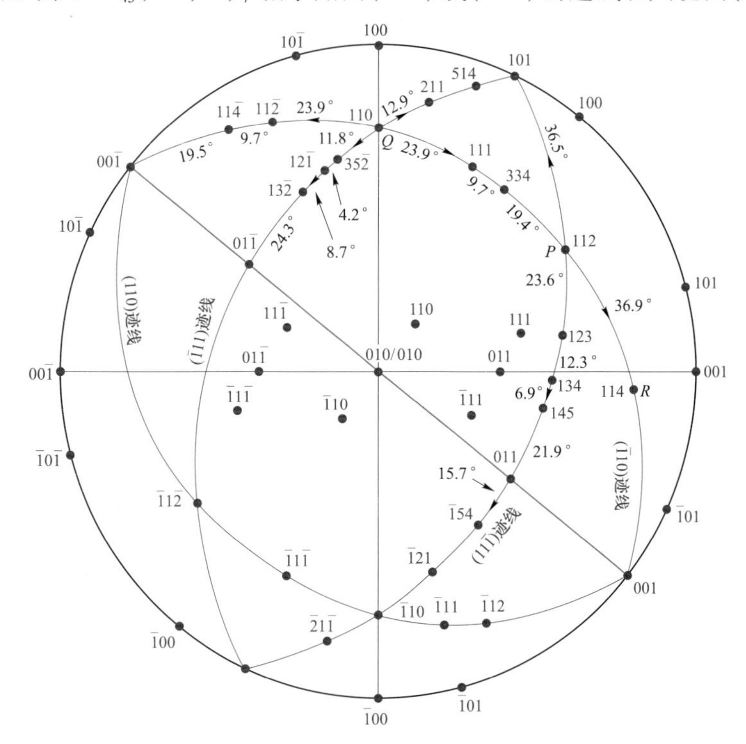

图 4.9　θ-$Al_{45}(Mn,Cr)_7$ 相的孪晶面迹线及迹线上晶向之间的关系

（图中 P 点处于($\bar{1}10$)迹线和($11\bar{1}$)迹线的交点上，Q 点处于($\bar{1}10$)迹线和($\bar{1}11$)迹线的交点上）

的迹线（蓝色圆弧），以及位于两迹线上的低指数晶向（红色数字）和相邻晶向之间的夹角（黑色数字）。如$(11\bar{1})$迹线上晶向[101]与[112]相差36.5°。极射投影图中P点位于（$\bar{1}10$）迹线和（$11\bar{1}$）迹线的交点上，Q点位于（$\bar{1}10$）迹线和（$\bar{1}11$）迹线的交点上，另外极图中蓝色数字表示θ-$Al_{45}(Mn,Cr)_7$相的部分晶面在极射投影图中的位置。

图4.10~图4.12描述了位于两组孪晶面$(11\bar{1})$或$(\bar{1}11)$和$(\bar{1}10)$迹线上θ-$Al_{45}(Mn,Cr)_7$相的孪晶形貌及其相对应的孪晶衍射花样。图4.13~图4.15证实了θ-$Al_{45}(Mn,Cr)_7$相在P点和Q点处的孪晶形态及其相对应的复合孪晶衍射花样。

A $(\bar{1}11)$或$(11\bar{1})$孪晶及衍射花样

图4.10（a）所示为5083铝合金H116加工态组织中θ-$Al_{45}(Mn,Cr)_7$相在电子束方向B=[112]位向下的球状形态，颗粒内部出现孪晶条纹（白色虚线所示）；图4.10（b）所示为图4.10（a）圆圈部分的放大像，孪晶两部分M和T以孪晶面（白色粗线所示）为界，呈镜面对称，交替重复排列成MTMTMT，且M与T中的相同晶面（平行双实线所示）各自平行堆垛；图4.10（c）所示为图4.10（a）相对应的选区电子衍射花样，晶带轴$B=[112]_M/[112]_T$，公共衍射矢量为$(11\bar{1})$，即为孪晶面的衍射矢量；图4.10（d）所示为图4.10（a）中的θ-$Al_{45}(Mn,Cr)_7$相颗粒绕公共衍射矢量$(11\bar{1})$大角度倾转36.5°后（旋转角度见图4.9，倾转方向如箭头所示）的形态，颗粒内部的孪晶条纹仍然可见（白色虚线所示）；图4.10（e）所示为图4.10（d）圆圈部分的放大像，孪晶两部分M和T仍以孪晶面（白色粗线所示）为界，呈镜面对称，交替重复排列；图4.10（f）所示为图4.10（b）相对应的孪晶衍射花样，晶带轴$B=[101]_M/[101]_T$，公共衍射矢量仍为$(11\bar{1})$，即孪晶面。

图4.11（a）所示为5083铝合金H116加工态组织中另一θ-$Al_{45}(Mn,Cr)_7$相颗粒在B=[110]位向下的球状形态，轮廓清晰，颗粒内部出现孪晶条纹（圆圈部分所示），圆圈部分的放大像如图4.11（b）所示，孪晶两部分M和T仍以孪晶面为界面（白色实线所示），交替排列，且各自平行堆垛；图4.11（c）是图4.11（a）相对应的选区电子衍射花样，晶带轴$B=[110]_M/[110]_T$，公共衍射矢量为$(\bar{1}11)$，即为孪晶面指数；若绕孪晶面衍射矢量$(\bar{1}11)$分别倾转12.2°和4.5°后（倾转角度见图4.9，倾转方向如箭头所示），该θ-$Al_{45}(Mn,Cr)_7$相颗粒的形态如图4.11（d）和（f）所示，孪晶条纹隐约可见，层错条纹痕迹逐渐消失，相对应的孪晶衍射花样如图4.11（e）和（g）所示，晶带轴依次为$[35\bar{2}]_M/[35\bar{2}]_T$和$[12\bar{1}]_M/[12\bar{1}]_T$，公共衍射矢量仍为$(\bar{1}11)$；若继续绕公共衍射矢量$(\bar{1}11)$继续倾转8.7°后，出现图4.11（h）所示的孪晶衍射花样，晶带轴为$[13\bar{2}]_M/[13\bar{2}]_T$，由于$(201)_M$和$(\bar{3}10)_T$面间距十分接近（参考表4.3），两者衍射矢量几乎重叠，该位向下孪晶形貌如图4.11（i）所示，不易辨别。

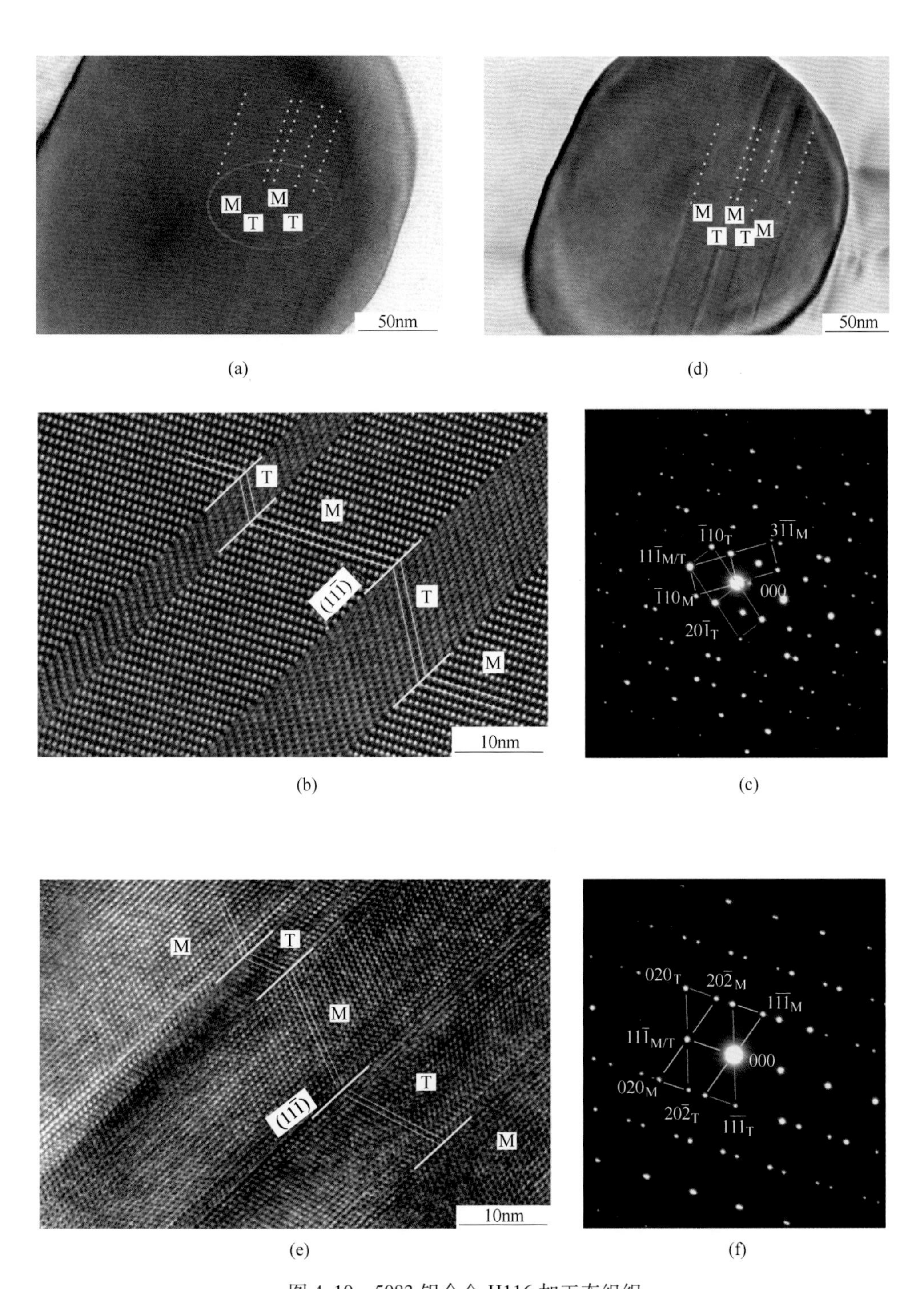

图 4.10 5083 铝合金 H116 加工态组织

(a) θ-$Al_{45}(Mn,Cr)_7$ 相的球状形态，$B=[112]$；(b) 图(a)圆圈部位孪晶的放大像，$B=[112]$；(c) 图(a)的 SADP，$B=[112]_M/[112]_T$；(d) 大角度倾转后 θ-$Al_{45}(Mn,Cr)_7$ 相的球状形态，$B=[101]$；(e) 图(d)圆圈部位孪晶的放大像，$B=[101]$；(f) 图(d)的 SADP，$B=[101]_M/[101]_T$（因倍数变化，图像与 SADP 约 30°的磁转角偏差）

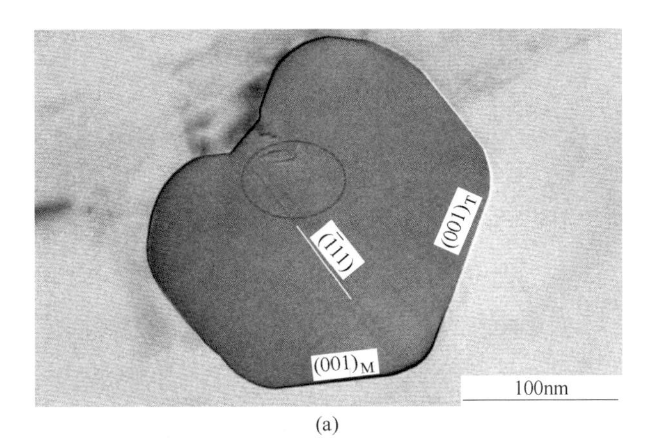

$(001)_T$
$(\bar{1}11)$
$(001)_M$
100nm

(a)

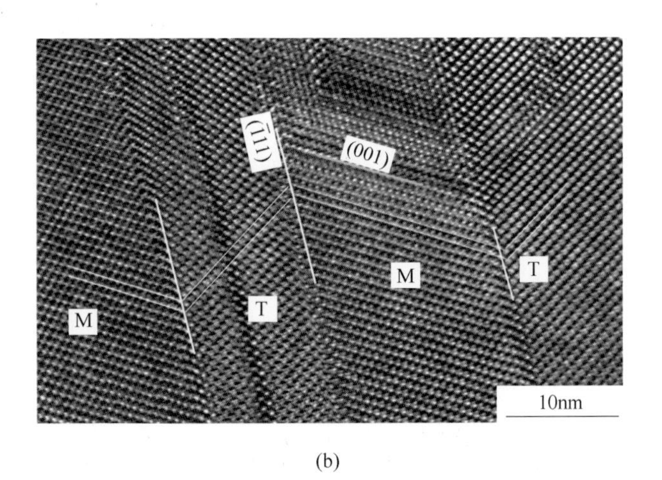

$(\bar{1}11)$
(001)
T
M
M
T
10nm

(b)

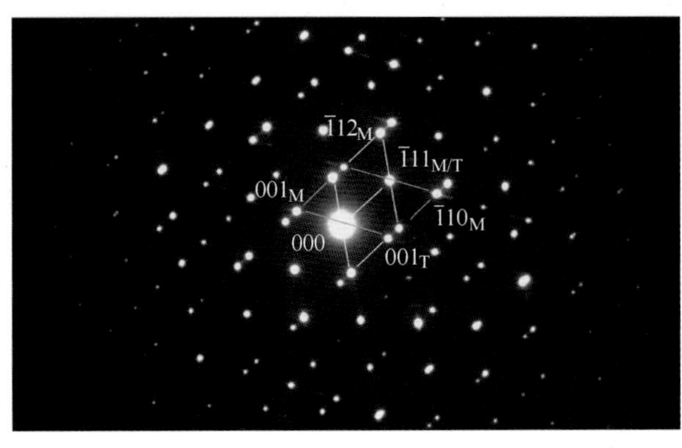

$\bar{1}12_M$
$\bar{1}11_{M/T}$
001_M
$\bar{1}10_M$
000
001_T

(c)

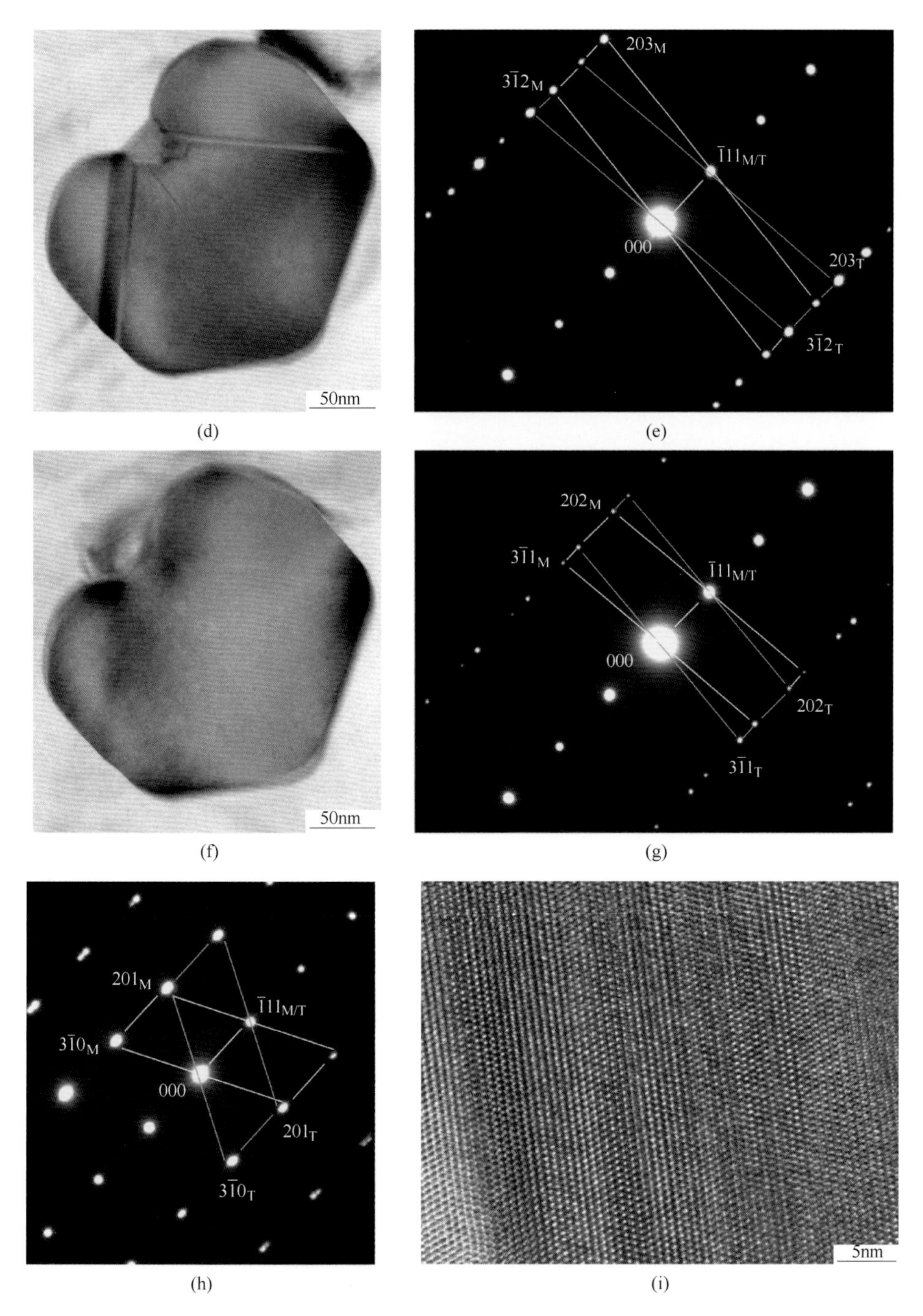

图 4.11　5083 铝合金 H116 加工态组织

(a) θ-$Al_{45}(Mn,Cr)_7$ 相的球状形态，$B=[110]$；(b) 图(a)中圆圈部位孪晶的放大像；(c) 图(a)的 SADP，$B=[110]_M/[110]_T$（图像与 SADP 两者约 30°的磁转角偏差）；(d) 图(a)的 θ-$Al_{45}(Mn,Cr)_7$ 相倾转 12.2°后的球状形态，$B=[35\bar{2}]$；(e) 图(d)的 SADP，$B=[35\bar{2}]_M/[35\bar{2}]_T$；(f) 图(d)的 θ-$Al_{45}(Mn,Cr)_7$ 相继续倾转 4.5°后的球状形态，$B=[12\bar{1}]$；(g) 图(e)的 SADP，$B=[12\bar{1}]_M/[12\bar{1}]_T$；(h) SADP，$B=[13\bar{2}]_M/[13\bar{2}]_T$；(i) 孪晶形貌，$B=[13\bar{2}]_M/[13\bar{2}]_T$

图 4.12（a）所示为 5083 铝合金 H112 加工态组织中 θ-$Al_{45}(Mn,Cr)_7$ 相在 $B=[011]$ 位向下的高分辨像，孪晶两部分 M 和 T 以孪晶面为界面（白色实线所示），交替排列，且各自平行堆垛，孪晶面指数即为公共衍射矢量$(11\bar{1})$；图 4.12（b）所示为图 4.12（a）的孪晶衍射花样，晶带轴为 $B=[011]_M/[011]_T$，若绕孪晶面衍射矢量$(11\bar{1})$倾转 15.7°后出现图 4.12（c）的电子衍射花样（倾转角度见图 4.9，倾转方向如图 4.9 箭头所示），其晶带轴为 $B=[\bar{1}54]_M/[\bar{1}54]_T$。

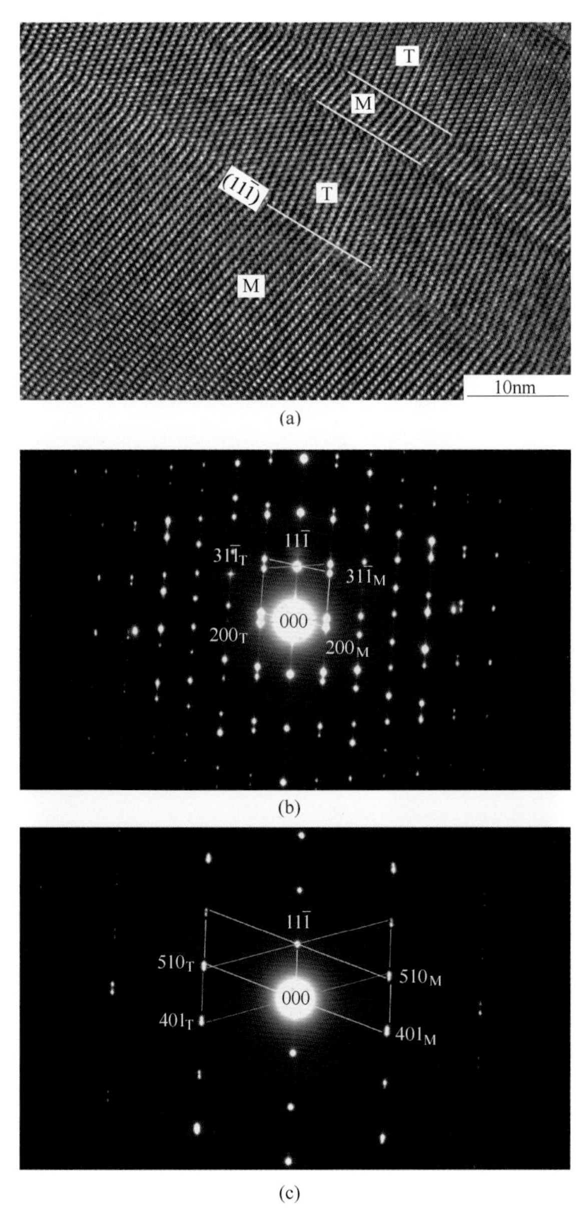

图 4.12 5083 铝合金 H112 加工态组织

（a）θ-$Al_{45}(Mn,Cr)_7$ 相的孪晶高分辨像，$B=[011]_M/[011]_T$；（b）SADP，$B=[011]_M/[011]_T$；（c）SADP，$B=[\bar{1}54]_M/[\bar{1}54]_T$（图像与 SADP 两者约 30°的磁转角偏差）

图 4.13（a）所示为 5083 铝合金 H112 加工态组织中另一 θ-$Al_{45}(Mn,Cr)_7$ 相颗粒在 $B=[134]$ 位向下的高分辨像，孪晶两部分 M 和 T 以孪晶面为界面（白色实线所示），交替排列，且各自平行堆垛，孪晶面指数即为公共衍射矢量$(11\bar{1})$；图 4.13（b）所示为其孪晶衍射花样，晶带轴为 $B=[134]_M/[134]_T$，若绕孪晶面衍射矢量$(11\bar{1})$倾转 7.0°后出现图 4.13（c）的孪晶衍射花样，其晶带轴为 $B=[145]_M/[145]_T$。

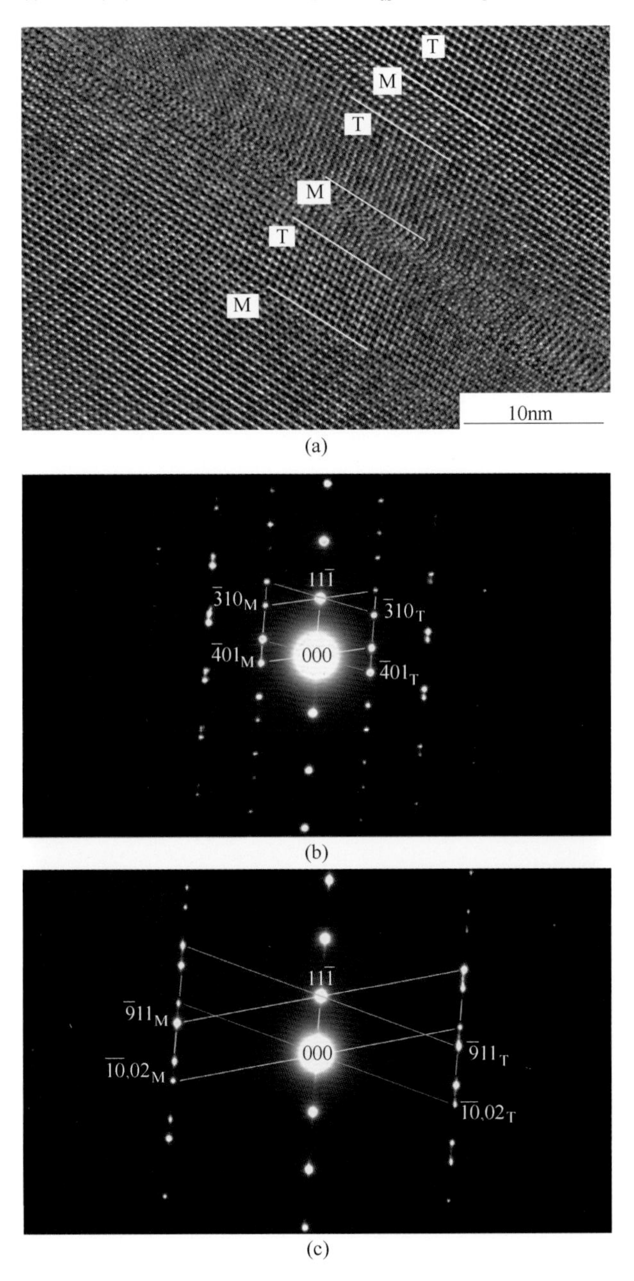

图 4.13　5083 铝合金 H112 加工态组织

（a）孪晶高分辨像，$B=[134]_M/[134]_T$；（b）SADP，$B=[134]_M/[134]_T$；

（c）SADP，$B=[145]_M/[145]_T$（图像与 SADP 两者约 30°的磁转角偏差）

图 4.14 所示为 5083 铝合金 H116 加工态组织中另一 θ-$Al_{45}(Mn,Cr)_7$ 相颗粒在 $B=[110]$位向下的形态，轮廓清晰，颗粒内部出现孪晶和层错条纹（绿线所示）。右上角插图为其相对应的孪晶衍射花样，晶带轴为 $B=[110]_M/[110]_T$，若绕孪晶面衍射矢量$(\bar{1}11)$倾转约 13.0°后出现图 4.14（b）所示的衍射花样（倾转角度和方向见图 4.9），其晶带轴为 $B=[211]_M/[211]_T$。

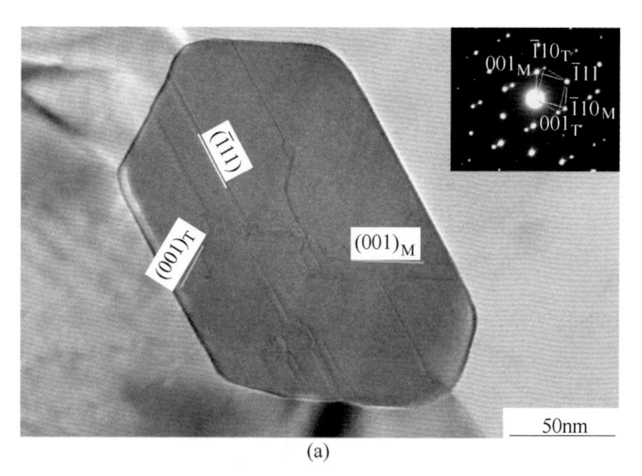

(a)

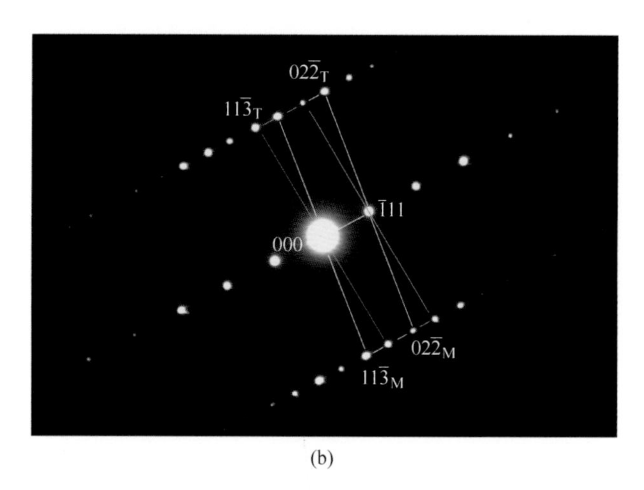

(b)

图 4.14　5083 铝合金 H116 加工态组织

（a）θ-$Al_{45}(Mn,Cr)_7$ 相的球状形态；（b）SADP，$B=[211]_M/[211]_T$

B　$(\bar{1}10)$或(110)孪晶畴及衍射花样

图 4.14（a）中 θ-$Al_{45}(Mn,Cr)_7$ 相颗粒绕衍射矢量$(\bar{1}10)_M$倾转约 24°后的形态如图 4.15（a）所示，界面模糊，原有的$(\bar{1}11)$孪晶痕迹隐约可见，且(001)层错条纹消失，但颗粒内部出现另一组$(\bar{1}10)$条纹；图 4.15（b）所示为图 4.15（a）相对应的孪晶衍射花样，晶带轴 $B=[111]_M/[11\bar{2}]_T$，公共衍射矢量为$(\bar{1}10)$；图 4.15（c）是图 4.15（a）圆圈部分的高分辨像，孪晶两部分 M 与 T 以孪晶面为界面（黄色实线所示），交替排列，但不对称。

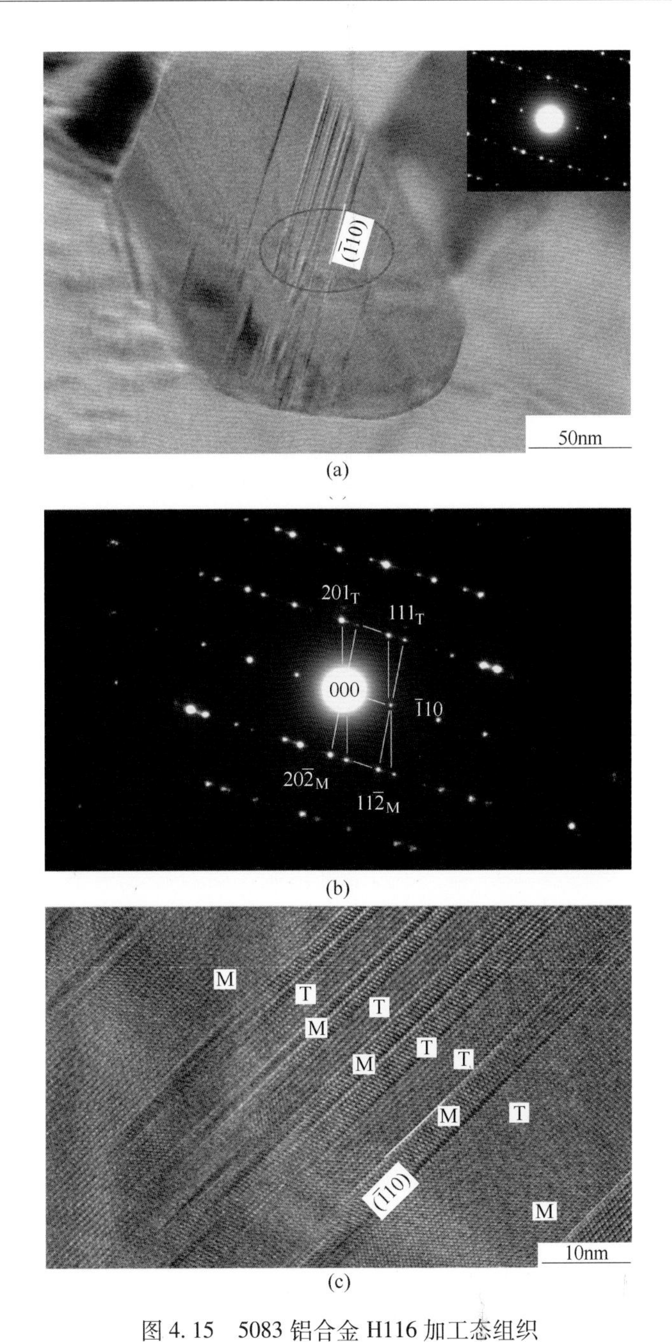

图4.15　5083铝合金H116加工态组织

（a）θ-$Al_{45}(Mn,Cr)_7$相的形态，$B=[111]_M/[11\bar{2}]_T$；（b）图（a）的SADP，$B=[111]_M/[115]_T$；（c）图（a）中圆圈部位孪晶的高分辨像（两者约30°的磁转角偏差）

图4.16（a）所示为5083铝合金H112加工态组织中另一θ-$Al_{45}(Mn,Cr)_7$相的球状形态，颗粒内部出现条纹；图4.16（b）所示为图4.16（a）相对应的选区电子衍射花样，晶带轴$B=[112]_M/[001]_T$，公共衍射矢量为$(\bar{1}10)$；图4.16（c）所示为图4.16（a）圆圈部分的放大像，孪晶两部分M和T以孪晶面为界面（黄色实线所示），相互交替排列

MTMTMT，且各自平行堆垛，但孪晶部分 M 和 T 不呈镜面对称，这种形貌特征又称畴结构或孪晶畴。此时若绕公共衍射矢量$(\bar{1}10)$定向倾转 36.8°（倾转角度见图 4.9，即极图中 P 点倾转到 R 点），相对应的电子衍射花样如图 4.16（d）所示，晶带轴 $B=[114]_M/[114]_T$，公共衍射矢量为$(\bar{1}10)$，图 4.16（e）所示为 θ-$Al_{45}(Mn,Cr)_7$ 相在晶带轴 $B=[114]_M/[114]_T$的形态，晶粒内部出现孪晶条纹，孪晶面为$(\bar{1}10)$，图 4.16（f）所示为图 4.16（e）圆圈部分的放大像，孪晶两部分 M 与 T 以孪晶面为界面（黄色实线所示），交替排列，且各自平行堆垛（双白实线），孪晶面或共轭面指数为$(\bar{1}10)$。

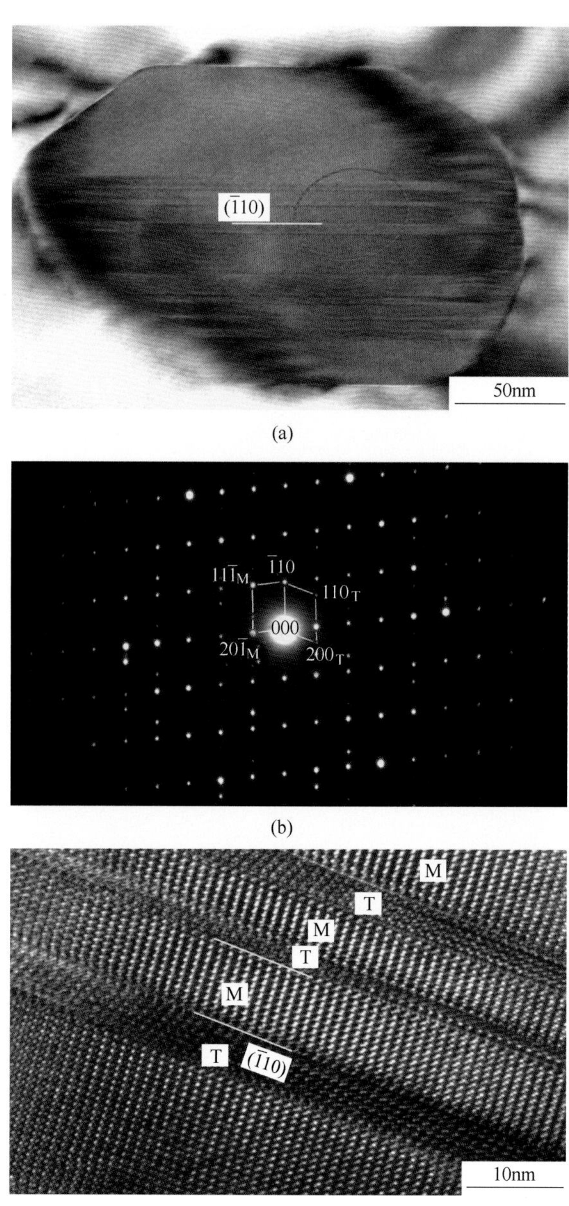

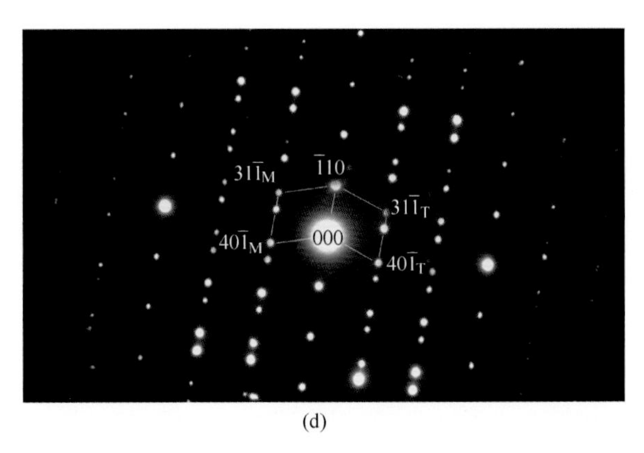

(d)

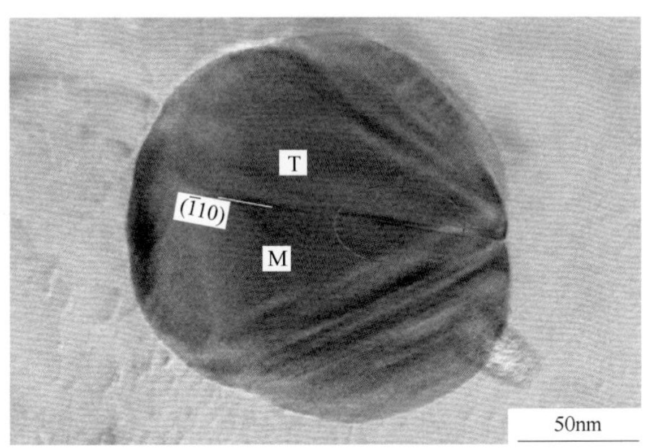

(e)

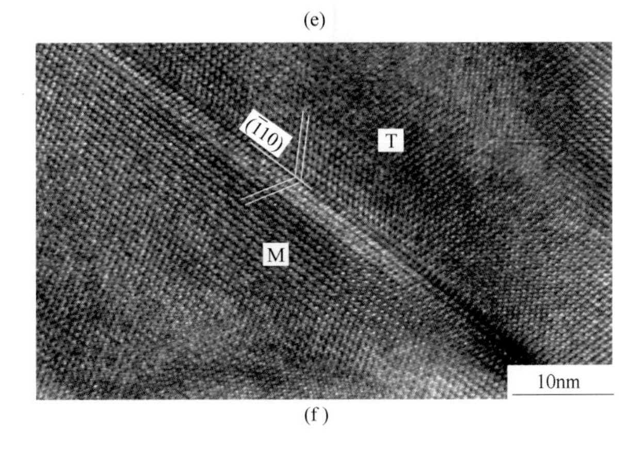

(f)

图 4.16 5083 铝合金 H112 加工态组织

(a) θ-$Al_{45}(Mn,Cr)_7$ 相的形态；(b) 图(a)的 SADP，$B=[112]_M/[001]_T$；(c) 图(a)中圆圈部位孪晶的放大像（两者约 30°的磁转角偏差）；(d) SADP，$B=[114]_M/[114]_T$；(e) θ-$Al_{45}(Mn,Cr)_7$ 相的球状形态；(f) 图(e)中圆圈部位孪晶的放大像（两者约 30°的磁转角偏差）

C 复合孪晶及衍射花样

除$(\bar{1}11)$或$(11\bar{1})$孪晶和$(\bar{1}10)$孪晶畴外，θ-$Al_{45}(Mn,Cr)_7$ 相的复合孪晶也偶尔被观察到。图 4.17（a）所示为 5083 铝合金 H116 加工态组织中 θ-$Al_{45}(Mn,Cr)_7$ 相的复合孪晶形貌，该 θ-$Al_{45}(Mn,Cr)_7$ 相内部的直线条纹（白色和黄色实线所示）将其分成 A、B、C 三

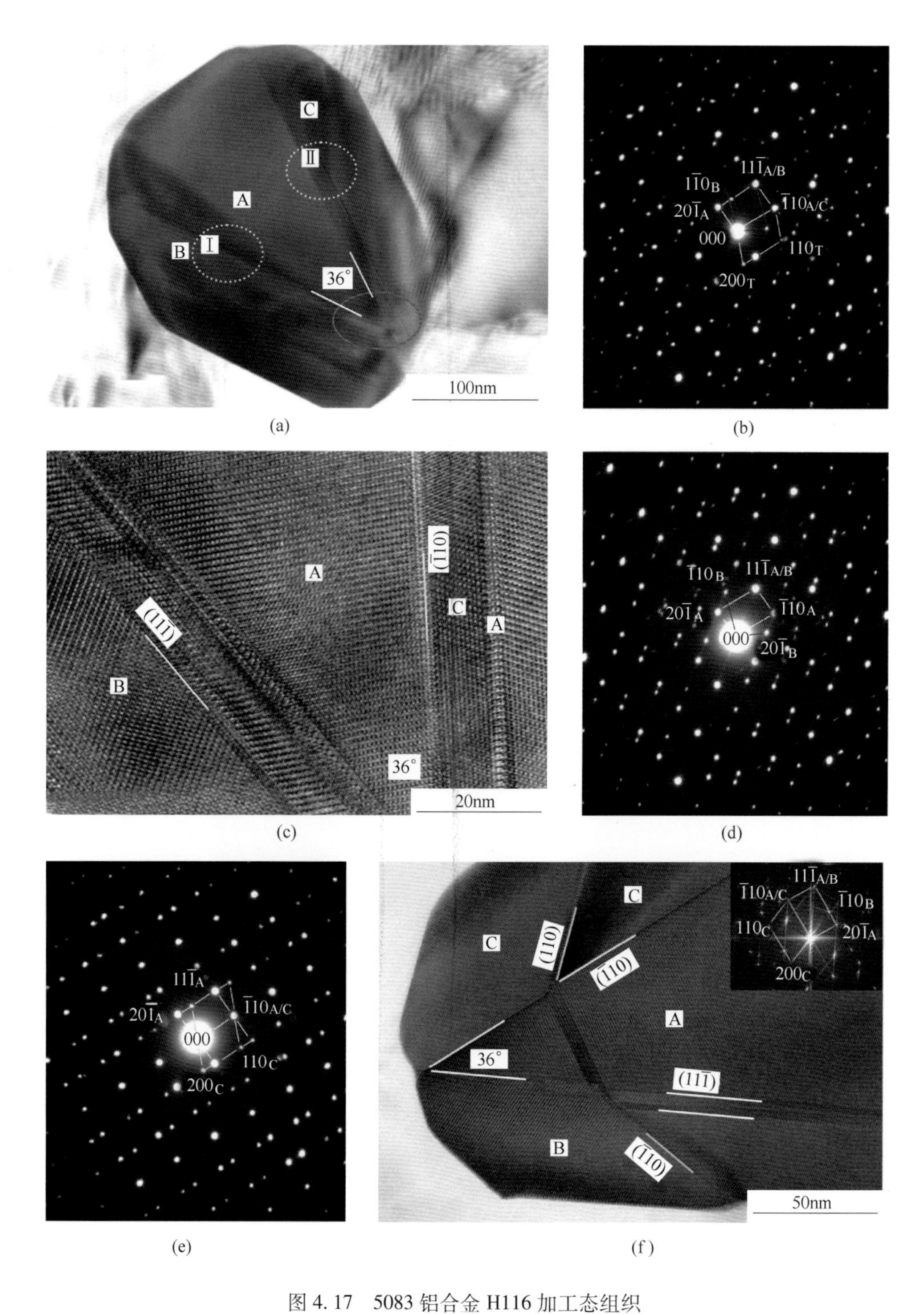

图 4.17　5083 铝合金 H116 加工态组织

（a）θ-$Al_{45}(Mn,Cr)_7$ 相复合孪晶Ⅰ的形貌；（b）图(a)的 SADP，$B=[112]_A/[112]_B/[001]_C$；
（c）局部的放大像（图(a)与图(c)约 30°的磁转角偏差）；（d）图(a)的 SADP，$B=[112]_A/[112]_B$；
（e）图(a)的 SDAP，$B=[112]_A/[001]_C$；（f）复合孪晶形貌

部分；图 4.17（b）所示为图 4.17（a）选区内的电子衍射花样，晶带轴 $B=[112]_A/[112]_B/[001]_C$，存在两个公共衍射矢量$(11\bar{1})$和$(\bar{1}10)$；图 4.17（c）所示为图 4.17（a）A、B、C 三部分汇合处（实线圆圈部分）的放大像，孪晶 A 与 B 以$(11\bar{1})$为对称界面，而 A 与 C 以$(\bar{1}10)$为共轭界面，两者之间夹角为 36°；图 4.17（d）所示为图 4.17（a）中 A 与 B（即白色虚线圆圈部位 Ⅰ）的选区电子衍射花样，晶带轴 $B=[112]_A/[112]_B$，公共衍射矢量为$(11\bar{1})$；图 4.17（e）是 A 和 C（即白色虚线圆圈部位 Ⅱ）的选区电子衍射花样，晶带轴 $B=[112]_A/[001]_C$，公共衍射矢量为$(\bar{1}10)$；图 4.17（f）所示为另一 θ-$Al_{45}(Mn,Cr)_7$ 相颗粒复合孪晶的形貌，同样由孪晶三部分 A、B 和 C 组成，右上角插图是该相颗粒傅里叶变换获得的衍射花样，与图 4.17（b）相似，两个公共衍射矢量为$(11\bar{1})$和$(\bar{1}10)$，分别为图 4.17（f）中的孪晶面和共轭面，两者相差 36°，另外该 θ 相颗粒还出现(110)和$(\bar{1}10)$层错条纹（图中绿色实线所示）。

图 4.18（a）所示为 5083 铝合金 H116 加工态组织中另一 θ-$Al_{45}(Mn,Cr)_7$ 相颗粒的复合

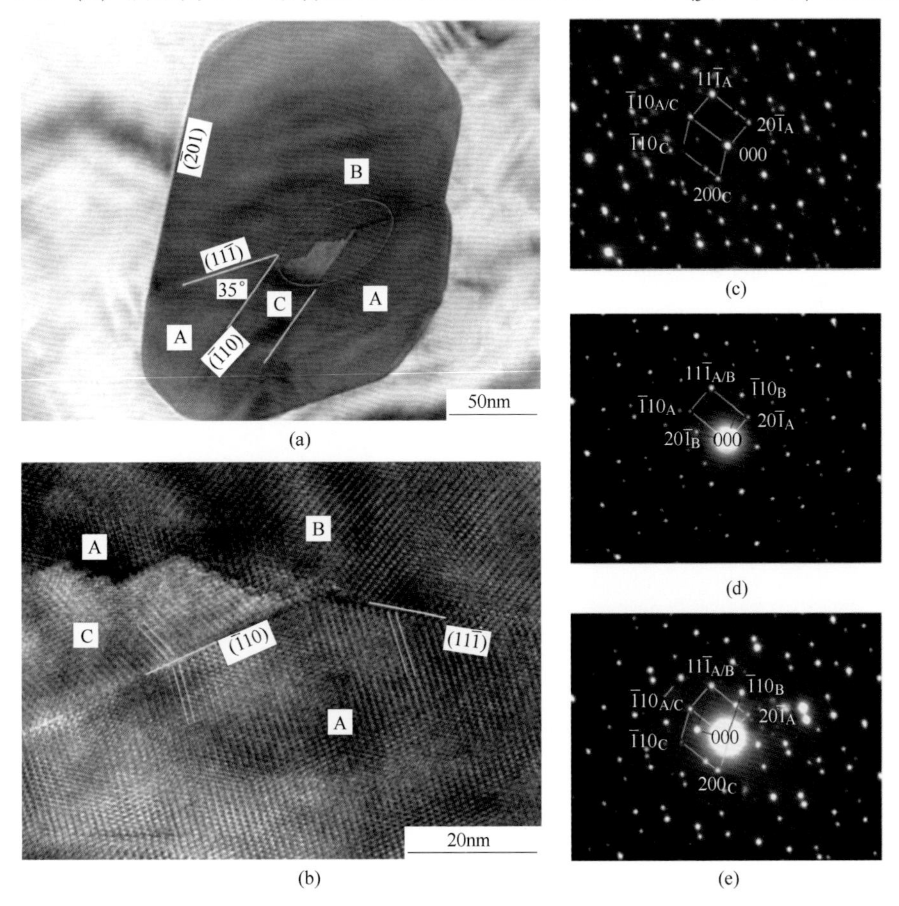

图 4.18 5083 铝合金 H116 加工态组织

（a）θ-$Al_{45}(Mn,Cr)_7$ 相复合孪晶形貌；（b）图(a)圆圈部位的放大像；

（c）图(a)的 SADP，$B=[112]_A/[001]_C$；（d）图(a)的 SADP，$B=[112]_A/[112]_B$；

（e）图(a)的 SDAP，$B=[112]_A/[112]_B/[001]_C$（图(a)与图(b)约 30°的磁转角偏差）

孪晶形貌，两条直线条纹（白色和黄色实线所示）也将其分成 A、B、C 三部分，其中 A 的右下边出现二次孪晶条纹；图 4.18（b）所示为图 4.18（a）圆圈部分的放大像，A 与 B 以$(11\bar{1})$为对称，各自平行堆垛（红白双细线所示），而孪晶部分 A 与 C 以$(\bar{1}10)$为共轭，各自平行堆垛（黄白双细线所示），B 与 C 相邻处不平整，似锯齿状；图 4.18（c）所示为图 4.18（a）中 A 和 C 对应的选区电子衍射花样，晶带轴 $B=[112]_A/[001]_C$，公共衍射矢量为$(\bar{1}10)$，即共轭面$(\bar{1}10)$；图 4.18（d）所示为 A 和 B 对应的电子衍射花样，晶带轴 $B=[112]_A/[112]_B$，公共衍射矢量为$(11\bar{1})$；图 4.18（e）所示为图 4.18（a）的选区电子衍射花样，晶带轴 $B=[112]_A/[112]_B/[001]_C$，两个公共衍射矢量分别为$(11\bar{1})$和$(\bar{1}10)$，即孪晶面$(11\bar{1})$和共轭面$(\bar{1}10)$，两者之间夹角为 36°。

图 4.19（a）所示为 θ-$Al_{45}(Mn,Cr)_7$ 相复合孪晶在 $B=[110]_A/[110]_B$位向下的形态，孪晶界面$(\bar{1}11)$将其分成 A 和 B 两部分，圆圈部位Ⅰ相对应的电子衍射花样如图 4.19（b）所

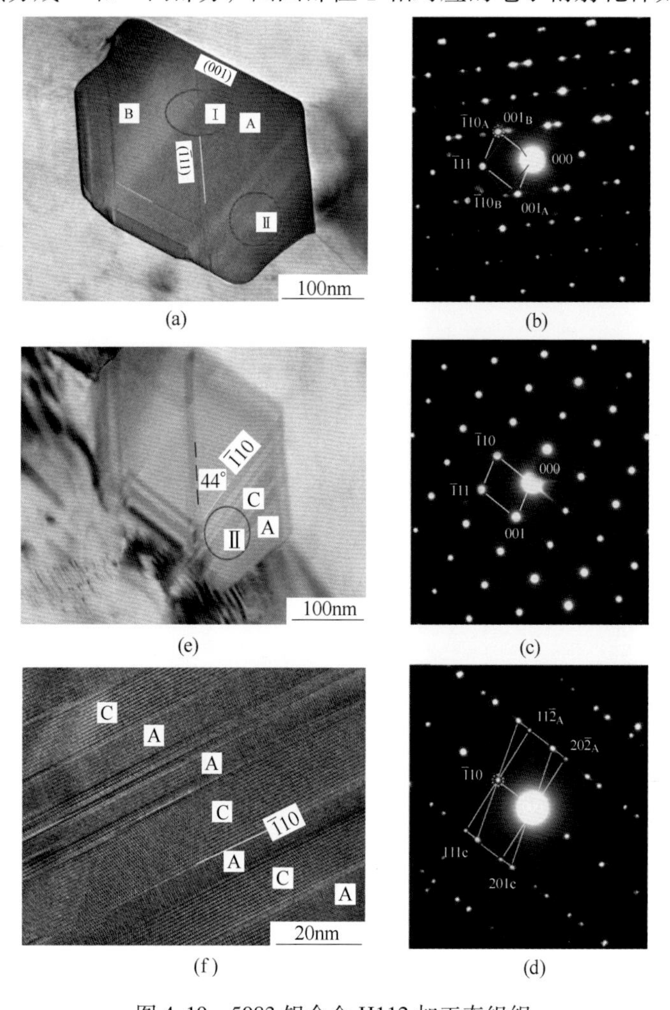

图 4.19 5083 铝合金 H112 加工态组织

（a）θ-$Al_{45}(Mn,Cr)_7$ 相复合孪晶形貌；（b）圆圈部位Ⅰ的 SADP，$B=[110]_A/[110]_B$；（c）圆圈部位Ⅱ的 SADP，$B=[110]$；（d）圆圈部位Ⅱ沿$(\bar{1}10)$衍射矢量倾转 24.2°后的 SADP，$B=[111]_A/[11\bar{2}]_C$；（e）倾转 24.2°后的复合孪晶形貌；（f）圆圈部位Ⅱ的放大像（与图(a)约 30°的磁转角偏差）

示，晶带轴为 $B=[110]_A/[110]_B$，公共衍射矢量为$(\bar{1}11)$，即为孪晶面；圆圈部位Ⅱ的电子衍射花样仅为单一衍射花样，如图 4.19（c）所示，晶带轴 $B=[110]$，隐约可见部位Ⅱ的衬度变化；当该 θ 相颗粒绕$(\bar{1}10)_A$ 衍射矢量（虚线小圆表示）倾转 24.2°后，颗粒形貌如图 4.19（d）所示，原有的$(\bar{1}11)$孪晶线（黑虚线）和层错条纹（绿色虚线）痕迹隐约可见，颗粒内部出现另一组条纹（黄线），此时的电子衍射花样如图 4.19（e）所示，晶带轴为 $B=[111]_A/[11\bar{2}]_B$，公共衍射矢量为$(\bar{1}10)$；图 4.19（f）是图 4.19（e）中圆圈部位Ⅱ的放大像，孪晶两部分 A 和 C 以孪晶面为界面（黄线所示），交替排列，但不对称。

4.3.1.5　θ-Al_{45}(Mn,Cr)$_7$ 相与母相 α-Al 之间的位向关系

两相之间的位向关系可从两者的复合选区电子衍射花样推出。表 4.6 列出了 θ-Al_{45}(Mn,Cr)$_7$ 相颗粒与母相 α-Al 基体的复合选区电子衍射花样。

表 4.6　θ-Al_{45}(Mn,Cr)$_7$ 相颗粒与母相 α-Al 基体的复合衍射花样

复合衍射花样图
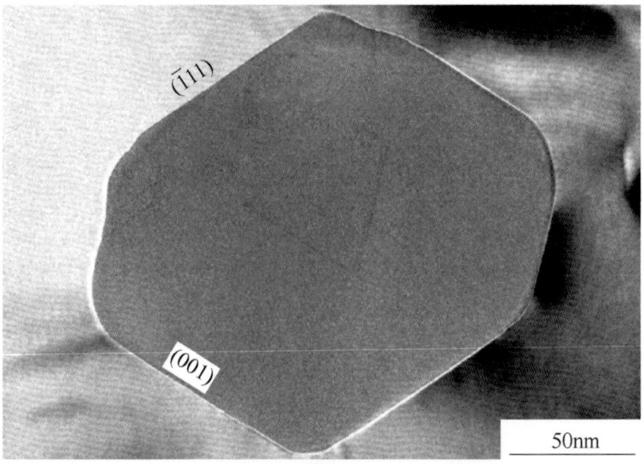 (a) (b) 图 1　5083-H116 态组织 （a）θ-Al_{45}(Mn,Cr)$_7$ 相形貌；（b）SADP，$B=[110]_\theta/[\bar{1}14]_\alpha$

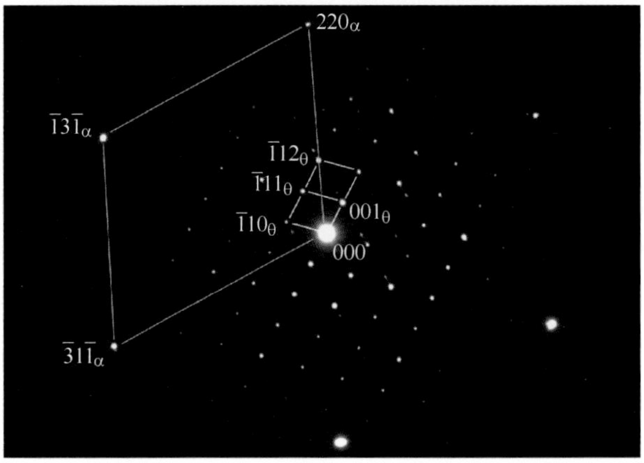

续表 4.6

复合衍射花样图

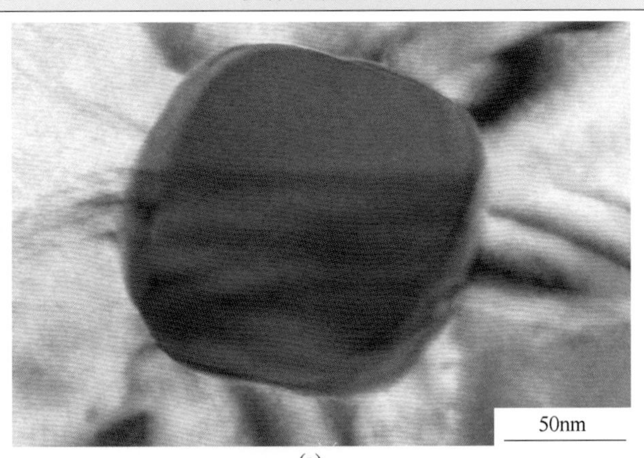

(a)

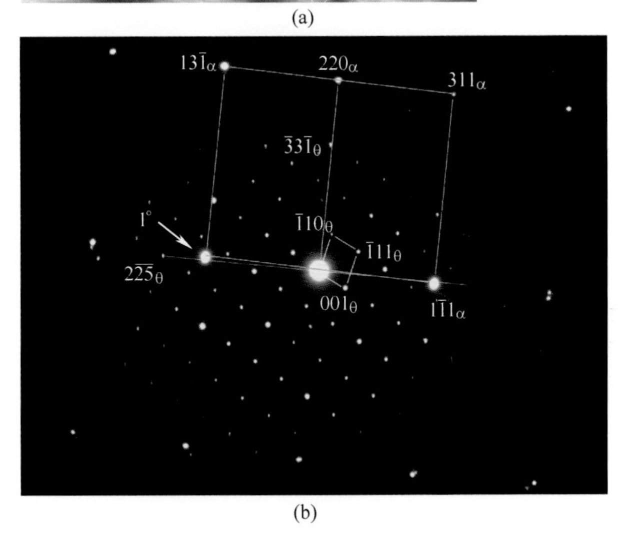

(b)

图 2 5083-H116 态组织

(a) θ-$Al_{45}(Mn,Cr)_7$ 相形貌；(b) SADP，$B=[110]_\theta/[\bar{1}12]_\alpha$

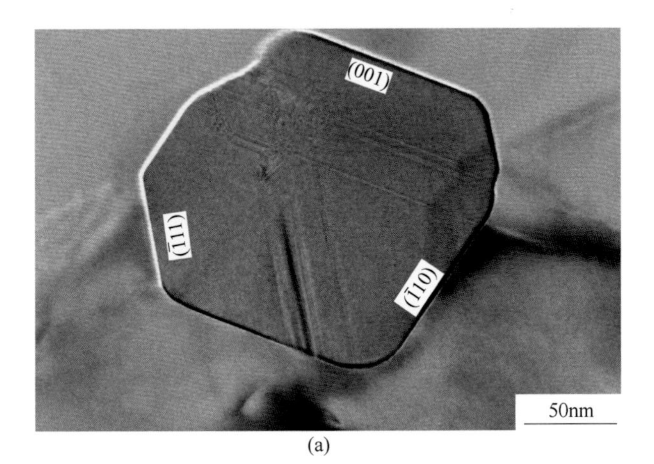

(a)

续表 4.6

复合衍射花样图

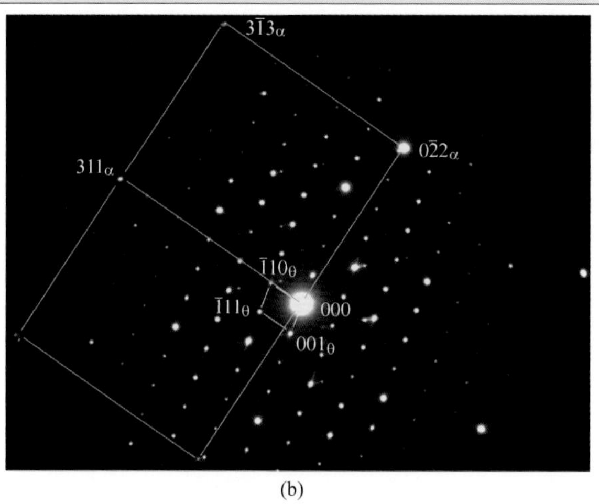

(b)

图 3　5083-H116 态组织

(a) θ-$Al_{45}(Mn,Cr)_7$ 相形貌；(b) SADP，$B=[110]_\theta/[\bar{2}33]_\alpha$

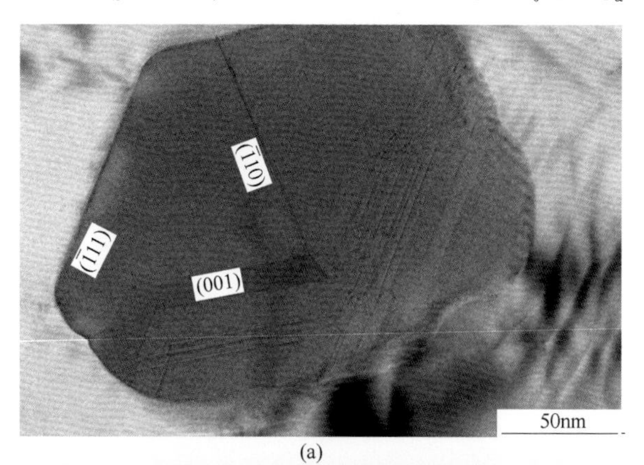

(a)

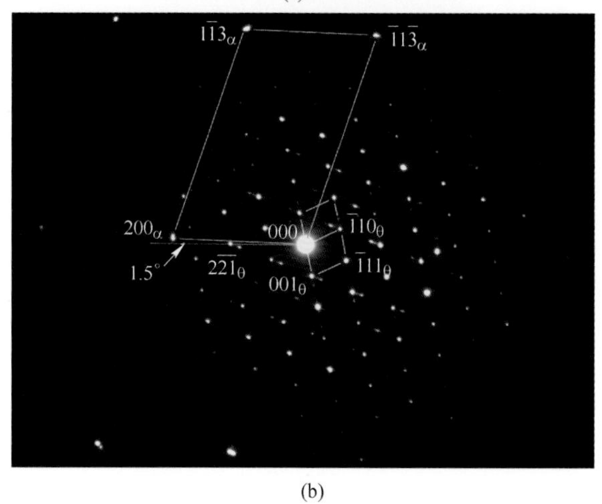

(b)

图 4　5083-H116 态组织

(a) θ-$Al_{45}(Mn,Cr)_7$ 相形貌；(b) SADP，$B=[110]_\theta/[031]_\alpha$

续表 4.6

复合衍射花样图

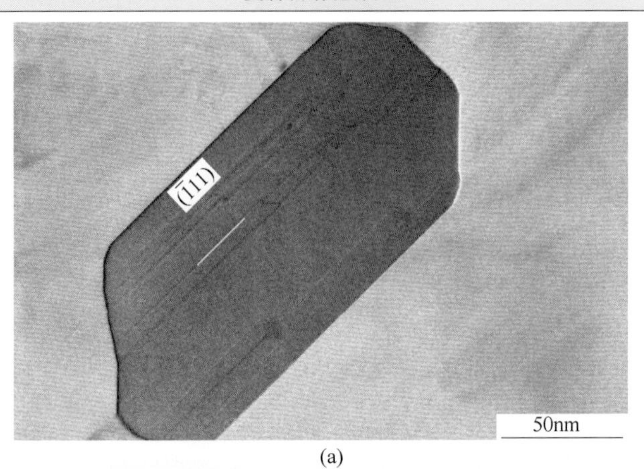

(a)

(b)

图 5　5083-H116 态组织

（a）θ-$Al_{45}(Mn,Cr)_7$ 相形貌；（b）SADP，$B=[110]_\theta/[131]_\alpha$

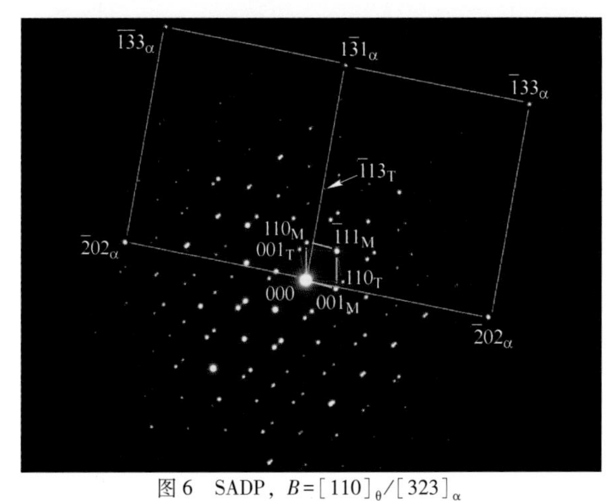

图 6　SADP，$B=[110]_\theta/[323]_\alpha$

（摄于图 4.12（a）的 θ-$Al_{45}(Mn,Cr)_7$ 相）

续表 4.6

复合衍射花样图

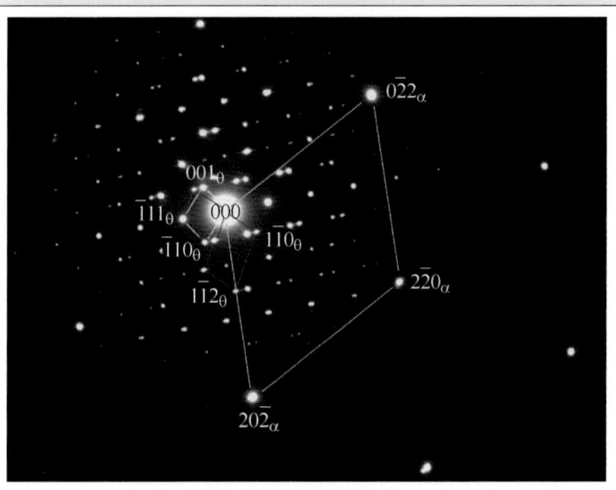

图 7　SADP，$B=[110]_\theta/[111]_\alpha$

（摄于表 4.5 中图 26（a）的 θ-$Al_{45}(Mn,Cr)_7$ 相）

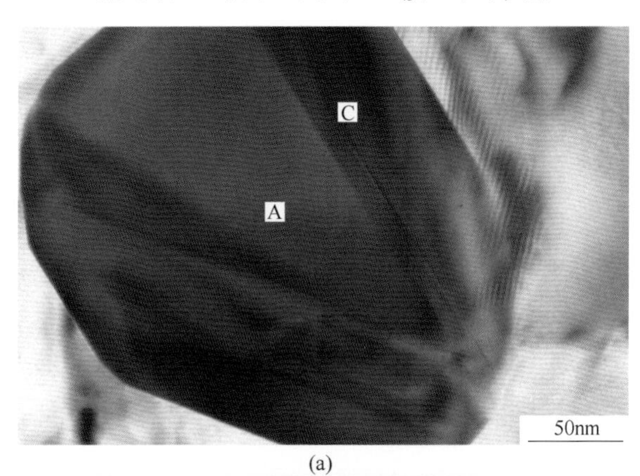

(a)

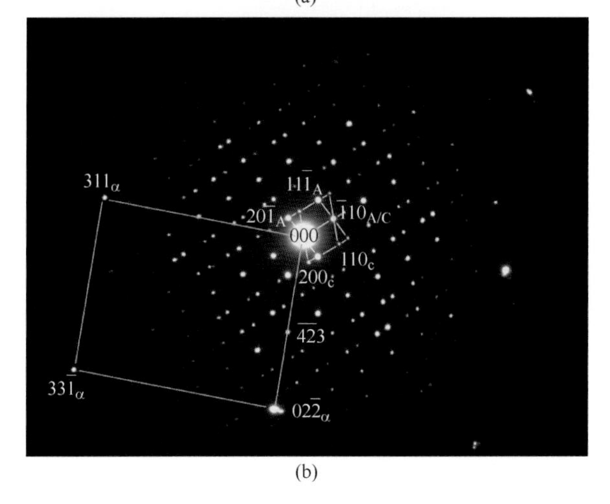

(b)

图 8　5083-H116 态组织

（a）θ-$Al_{45}(Mn,Cr)_7$ 相形貌；（b）SADP，$B=[112]_\theta/[001]_\theta/[\bar{2}33]_\alpha$

表 4. 6 中图 1（a）是 5083-H116 态组织中 θ 相颗粒在 $[110]_\theta$ 位向下的球状形态；图 1（b）是图 1（a）的复合选区电子衍射花样，θ 相的 $[110]_\theta$ 晶带轴平行于 α-Al 的 $[\bar{1}14]_\alpha$ 晶带轴，θ 相的 $(\bar{1}12)_\theta$ 衍射矢量平行于 α-Al 的（220）$_\alpha$ 衍射矢量，因此 θ-$Al_{45}(Mn,Cr)_7$ 相与母相 α-Al 的位向关系可描述为：

$$\text{OR-I}: [110]_\theta /\!/ [\bar{1}14]_\alpha, (\bar{1}12)_\theta /\!/ (220)_\alpha$$

以此类推，表 4. 6 中图 2~图 8 的复合选区电子衍射花样依次得出如下位向关系：

$$\text{OR-II}: [110]_\theta /\!/ [\bar{1}12]_\alpha, (\bar{2}25)_\theta /\!/ (1\bar{1}1)_\alpha$$

$$\text{OR-III}: [110]_\theta /\!/ [\bar{2}33]_\alpha, (\bar{1}10)_\theta /\!/ (311)_\alpha$$

$$\text{OR-IV}: [110]_\theta /\!/ [031]_\alpha, (2\overline{21})_\theta /\!/ (311)_\alpha$$

$$\text{OR-V}: [110]_\theta /\!/ [131]_\alpha, (1\bar{1}\bar{1})_\theta 5.6° /\!/ (20\bar{2})_\alpha$$

$$\text{OR-VI}: [110]_\theta /\!/ [323]_\alpha, (\bar{1}13)_\theta /\!/ (1\bar{3}1)_\alpha$$

$$\text{OR-VII}: [110]_\theta /\!/ [111]_\alpha, (1\bar{1}2)_\theta /\!/ (20\bar{2})_\alpha$$

$$\text{OR-VIII}: [112]_\theta /\!/ [001]_\theta /\!/ [\bar{2}33]_\alpha, (\overline{42}3)_\theta /\!/ (02\bar{2})_\alpha$$

8 种位向关系初看起来无规律可言，有趣的是 θ 相处于或近似处于同一位向 $[110]_\theta$，分别与 α-Al 基体的 8 个不同位向：$[\bar{1}12]_\alpha$、$[\bar{1}14]_\alpha$、$[\bar{2}33]_\alpha$、$[031]_\alpha$、$[131]_\alpha$、$[323]_\alpha$、$[111]_\alpha$ 和 $[112]_\alpha$ 相对应，其中 $[\bar{1}14]_\alpha \hat{} [\bar{1}12]_\alpha = 16°$，$[\bar{1}12]_\alpha \hat{} [\bar{2}33]_\alpha = 16.7°$，$[\bar{2}23]_\alpha \hat{} [031]_\alpha = 36°$，$[031]_\alpha \hat{} [131]_\alpha = 17.5°$，这些位向之间的角度差 β 大约是 17°或 17°的倍数。

图 4. 20（a）所示的复合极射投影图 $[156]_\alpha /\!/ [101]_\theta$ 描绘了上述位向关系中 α-Al 基体的 6 个不同位向同时位于相同的小圆迹线上，相互之间可旋转得到，近似“十次旋转对称”关系。

若设 α 为笛卡尔坐标系基面的角度，θ 是上述位向与 Z 轴 $[156]_\alpha$ 之间的夹角，θ 约为 32°；图 4. 20（b）所示的几何图形描述了 α、β、θ 之间的关系：

$$\cos\alpha = \frac{(\tan\theta)^2 \cos\beta - \left(\sin\frac{\beta}{2}\right)^2}{(\tan\theta)^2 + \left(\sin\frac{\beta}{2}\right)^2} \tag{4.3}$$

因此可得 $\alpha = 32°$。

若 $\beta = 18.5°$，$\theta = 30°$，则 $\alpha = 36°$，即为 360°的十分之一，与“十次旋转”角度相符。

图 4. 20（c）所示为面心立方晶体在 $[011]_\alpha$ 位向下原子投影的“十次旋转对称”关系，用蓝色圆圈标示，黄色圆圈表示以 $[156]_\alpha$ 为轴心的旋转区域，$[156]_\alpha \hat{} [011]_\alpha = 8.9°$；图 4. 20（d）所示为 θ-$Al_{45}(Mn,Cr)_7$ 相在 $[110]_\theta$ 位向下原子投影的“十次旋转对称”关系（见图 4. 6（b））。“十次旋转对称”关系的相似性预测 α-Al 基体和 θ-$Al_{45}(Mn,Cr)_7$ 相之间具有 10 种位向关系。

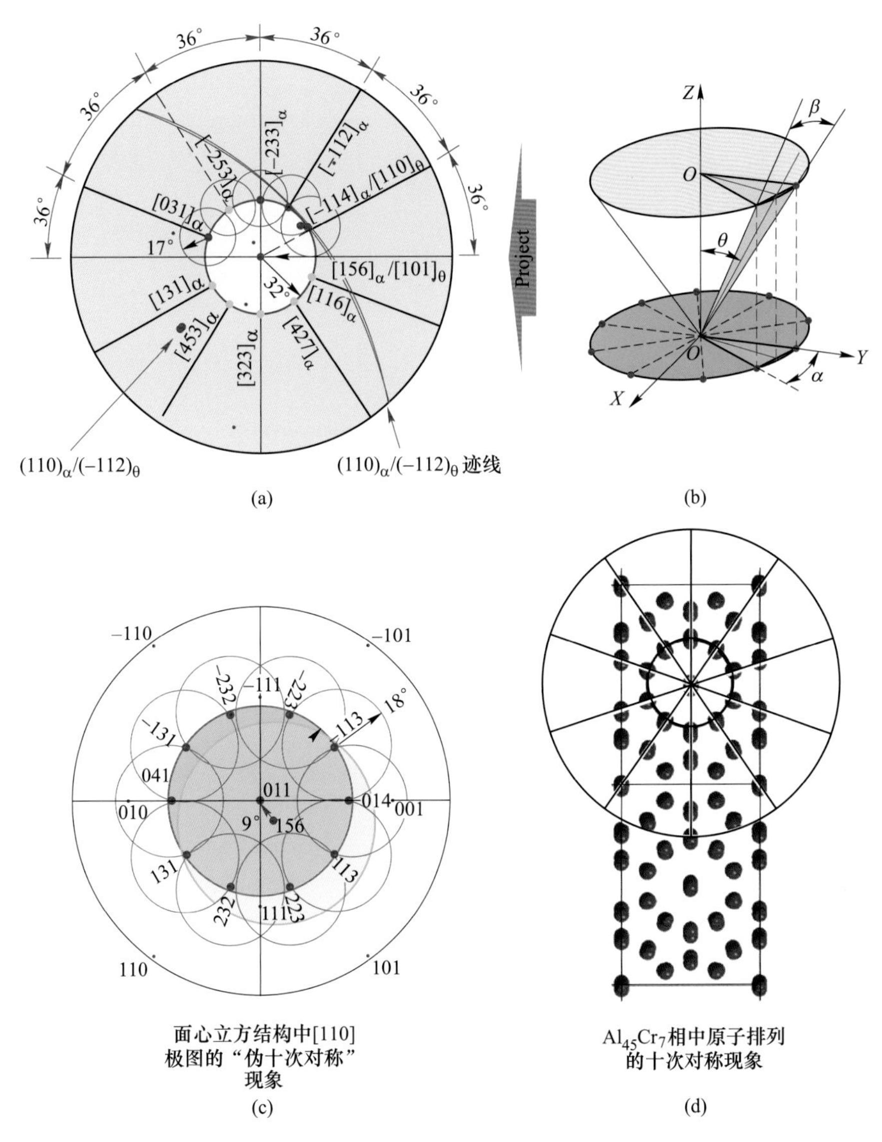

(a)　(b)

面心立方结构中[110]极图的“伪十次对称”现象
(c)

$Al_{45}Cr_7$相中原子排列的十次对称现象
(d)

图4.20　θ-$Al_{45}(Mn,Cr)_7$ 相与基体六种位向关系之间的联系

(a) $[156]_\alpha/[101]_\theta$ 复合板射投影图；(b) 空间角 α、β、θ 的几何关系；(c) 面心立方晶体在$[011]_\alpha$ 位向下的关系；(d) θ-$Al_{45}(Mn,Cr)_7$ 相在$[110]_\theta$ 位向下的关系

变体-Ⅰ：$[110]_\theta/[\bar{1}14]_\alpha$，$(\bar{1}12)_\theta/(220)_\alpha$，(OR-Ⅰ)

$[112]_\theta/[001]_\theta/[323]$，$(\overline{42}3)_\theta/(20\bar{2})_\alpha$，(OR-Ⅷ)

变体-Ⅱ：$[110]_\theta/[\bar{1}12]_\alpha$，$(\bar{2}25)_\theta/(1\bar{1}1)_\alpha$，(OR-Ⅱ)

变体-Ⅲ：$[110]_\theta/[\bar{2}33]_\alpha$，$(\bar{1}10)_\theta/(311)_\alpha$，(OR-Ⅲ)

变体-Ⅳ：$[110]_\theta/[\bar{2}53]_\alpha$（未观察到）

变体-Ⅴ：$[110]_\theta/[031]_\alpha$，$(2\overline{21})_\theta/(200)_\alpha$，(OR-Ⅳ)

变体-Ⅵ：$[110]_{\theta}/[131]_{\alpha}$，$(1\bar{1}\bar{1})_{\theta}/(20\bar{2})_{\alpha}$，(OR-Ⅴ)

变体-Ⅶ：$[110]_{\theta}/[453]_{\alpha}$（未观察到）

变体-Ⅷ：$[110]_{\theta}/[323]_{\alpha}$，$(\bar{1}13)_{\theta}/(1\bar{3}1)_{\alpha}$，(OR-Ⅵ)

$[110]_{\theta}/[111]_{\alpha}$，$(1\bar{1}2)_{\theta}/(20\bar{2})_{\alpha}$，(OR-Ⅶ)

变体-Ⅸ：$[110]_{\theta}/[427]_{\alpha}$（未观察到）

变体-Ⅹ：$[110]_{\theta}/[116]_{\alpha}$（未观察到）

其中 6 种位向关系已观察到，未观察到的 4 种位向关系中 α-Al 基体处于高指数的位向，在透射电镜下不易被观察。

图 4.21 所示为$[011]_{\alpha}/[101]_{\theta}$的极射投影图，极射投影图中位向$[110]_{\theta}$ 和$[\bar{1}14]_{\alpha}$，$[112]_{\theta}$ 和 $[323]_{\alpha}$ 十分靠近，用虚线圆圈标注（箭头所示），表明 OR-Ⅰ与 OR-Ⅷ是近似等效的。

因此 θ-Al_{45}（Mn，Cr）$_7$ 相与母相 θ-Al 之间的位向关系具有的样性。

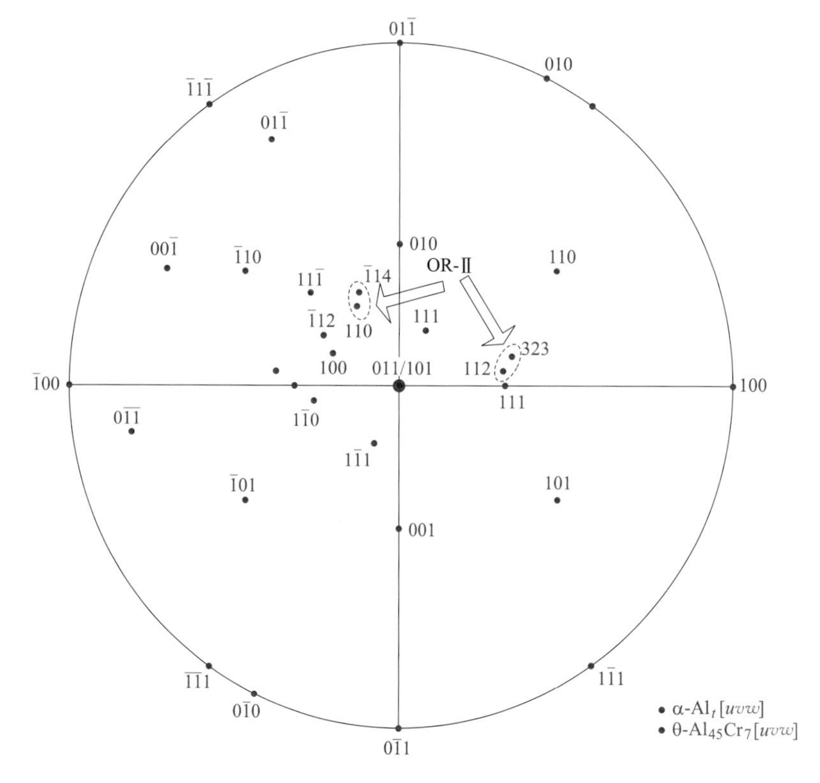

图 4.21　$[011]_{\alpha}/[101]_{\theta}$复合晶向极射投影图

有关 α-Al 基体和 θ-Al_{45}(Mn,Cr)$_7$ 相位向关系的解释以及 θ-Al_{45}(Mn,Cr)$_7$ 相孪晶要素的确定参阅文献［21］。

4.3.2　η-Al_5(Mn,Cr)相

4.3.2.1　η-Al_5(Mn,Cr)相的晶体结构

η-Al_5(Mn,Cr)相（也可写成 η-Al_{11}(Mn,Cr)$_2$）的晶体结构为体心单斜[22]，空间群为

$C2/c$，单位晶胞中有 784 个原子，点阵参数为 a = 1.77348nm，b = 3.04555nm，c = 1.77344nm，β=91.05°。图 4.22（a）所示为 η-Al_5(Mn,Cr)晶胞结构示意图，结构复杂；图 4.22（b）所示为[10$\bar{1}$]位向下 η-Al_5(Mn,Cr)相的原子排列投影示意图，表示原子排列的“投影单元”呈现近似“十次旋转对称”关系。

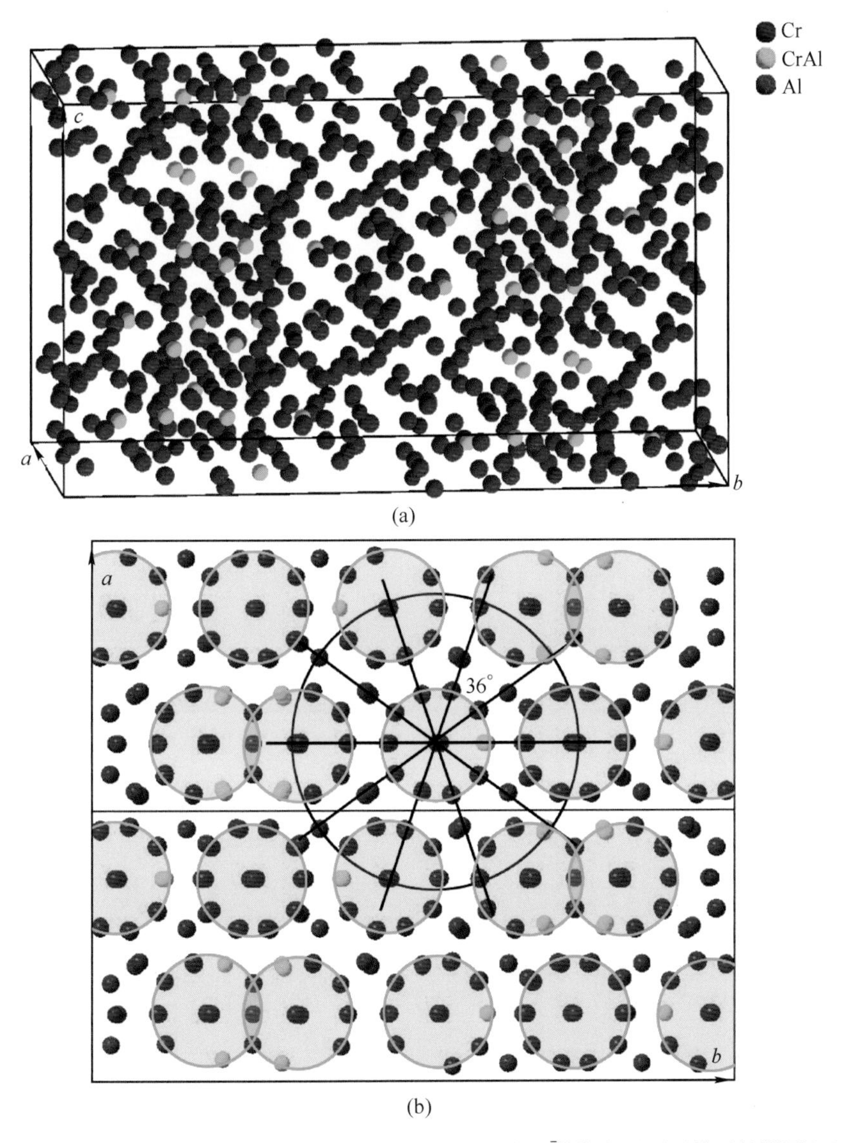

图 4.22　η-Al_5(Mn,Cr)相的晶胞结构示意图(a)和[10$\bar{1}$]位向下原子排列投影图(b)

图 4.23（a）所示为 η-Al_5(Mn,Cr)相在[10$\bar{1}$]位向下 HAADF-STEM 原子像，验证了 η-Al_5(Mn,Cr)相在此位向下原子排列“十次对称”现象，与图 4.22（b）相似，其中[010]和[101]晶向原子排列间距分别为 3.05nm 和 2.55nm；图 4.23（b）所示为图 4.23（a）由傅里叶变换（FFT）得到的[10$\bar{1}$]晶带轴的衍射花样，右下角的插图为该 η-Al_5(Mn,Cr)相的形态。

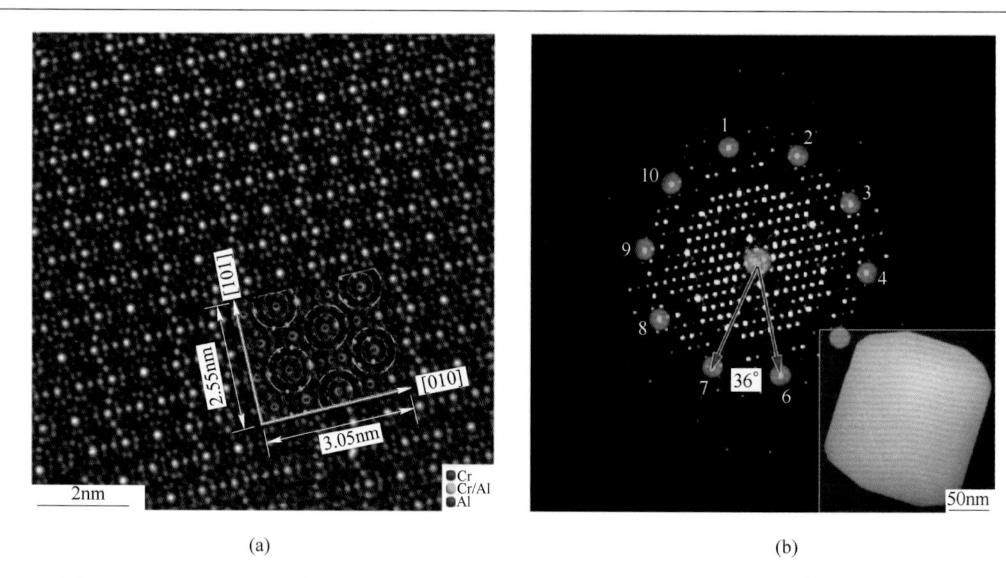

(a) (b)

图 4.23 η-Al_5(Mn,Cr)相的 HAADF-STEM 原子像(a)和 FFT 变换得到[$10\bar{1}$]衍射花样(b)

4.3.2.2 η-Al_5(Mn,Cr)相常见的电子衍射花样图谱

根据单斜晶体结构晶面间距公式（4.1）和 η-Al_5(Mn,Cr)相的点阵参数可知，η-Al_5(Mn,Cr)相部分晶面（*hkl*）的面间距 *d* 见表 4.7。其中{110}和{020}的面间距十分接近，{111}和(021)或($02\bar{1}$)的面间距也十分接近。

表 4.7 η-Al_5(Mn,Cr)相部分晶面的面间距 *d*

晶面（*hkl*）	晶面间距 *d*/nm	晶面（*hkl*）	晶面间距 *d*/nm
($1\bar{1}0$)、(110)	1.5324	(011)、($01\bar{1}$)	1.5324
(020)	1.5228	($\bar{1}11$)、($11\bar{1}$)	1.1686
(021)、($02\bar{1}$)	1.1552	(111)、($1\bar{1}1$)	1.1504
($10\bar{1}$)	1.2655	(101)	1.2425
(200)、(002)	0.8866	(130)、($\bar{1}30$)	0.8810
($20\bar{1}$)	0.7989	($13\bar{1}$)	0.7919
(201)	0.7872	(131)	0.7861
($11\bar{2}$)	0.7727	(022)、($02\bar{2}$)	0.7661
(112)	0.7622	($22\bar{1}$)	0.7074
(041)、($04\bar{1}$)	0.6996	(221)	0.6993
($20\bar{2}$)	0.6327	($13\bar{2}$)	0.6277
(202)	06212	(132)	0.6221
(310)	0.5802	(042)、($04\bar{2}$)	0.5776
(150)、($\bar{1}50$)	0.5761	($11\bar{3}$)	0.5544

续表 4.7

晶面（*hkl*）	晶面间距 *d*/nm	晶面（*hkl*）	晶面间距 *d*/nm
$(15\bar{1})$	0.5488	(311)	0.5485
$(20\bar{3})$	0.4960	$(31\bar{2})$	0.4896
(203)	0.4876	(312)	0.4815
(204)	0.3936	(402)	0.3936
(241)、$(24\bar{1})$	0.3803	(152)	0.3561
(023)、$(02\bar{3})$	0.3422	(310)、$(\bar{3}10)$	0.3489

图 4.24 是 η-Al_5(Mn,Cr)相[010]/(010)的极射投影图，图中红色数字和红色实心小圆表示 η-Al_{45}(Mn,Cr)相晶向指数及其在极射投影图中的位置；蓝色数字和蓝色实心小圆表示 η-Al_5(Mn,Cr)相晶面指数及其在极射投影图中的位置。由于单斜晶系只有一个二次旋转轴[010]，相同指数的晶面和晶向并不互相垂直（除晶向[010]和晶面(010)外），它们在极射投影图中的位置不重叠。例如晶向[100]与晶面(100)在极射投影图中的位置不一致，两者相差 1.05°，晶向[100]与[001]位于极射投影图的大圆上，两者相差 91.05°（即 β=91.05°），仅晶面族{101}与晶向族<101>在极射投影图中的位置是重合的，如极射投影图中较大的红色实心小圆所示。

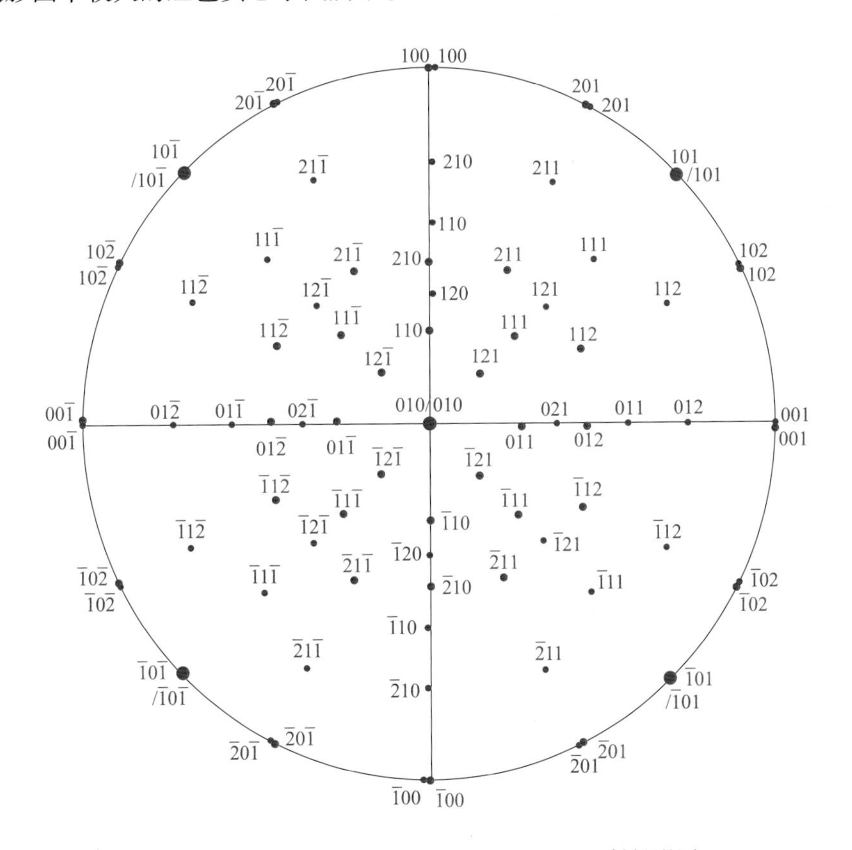

图 4.24 η-Al_5(Mn,Cr)相[010]/(010)的极射投影图

表 4.8 为 η-Al_5(Mn,Cr)相常见低指数晶带轴电子的衍射花样图谱以及花样中部分晶面之间的夹角。

表 4.8 η-Al_5(Mn,Cr)相常见的电子衍射花样图谱

电子衍射花样图

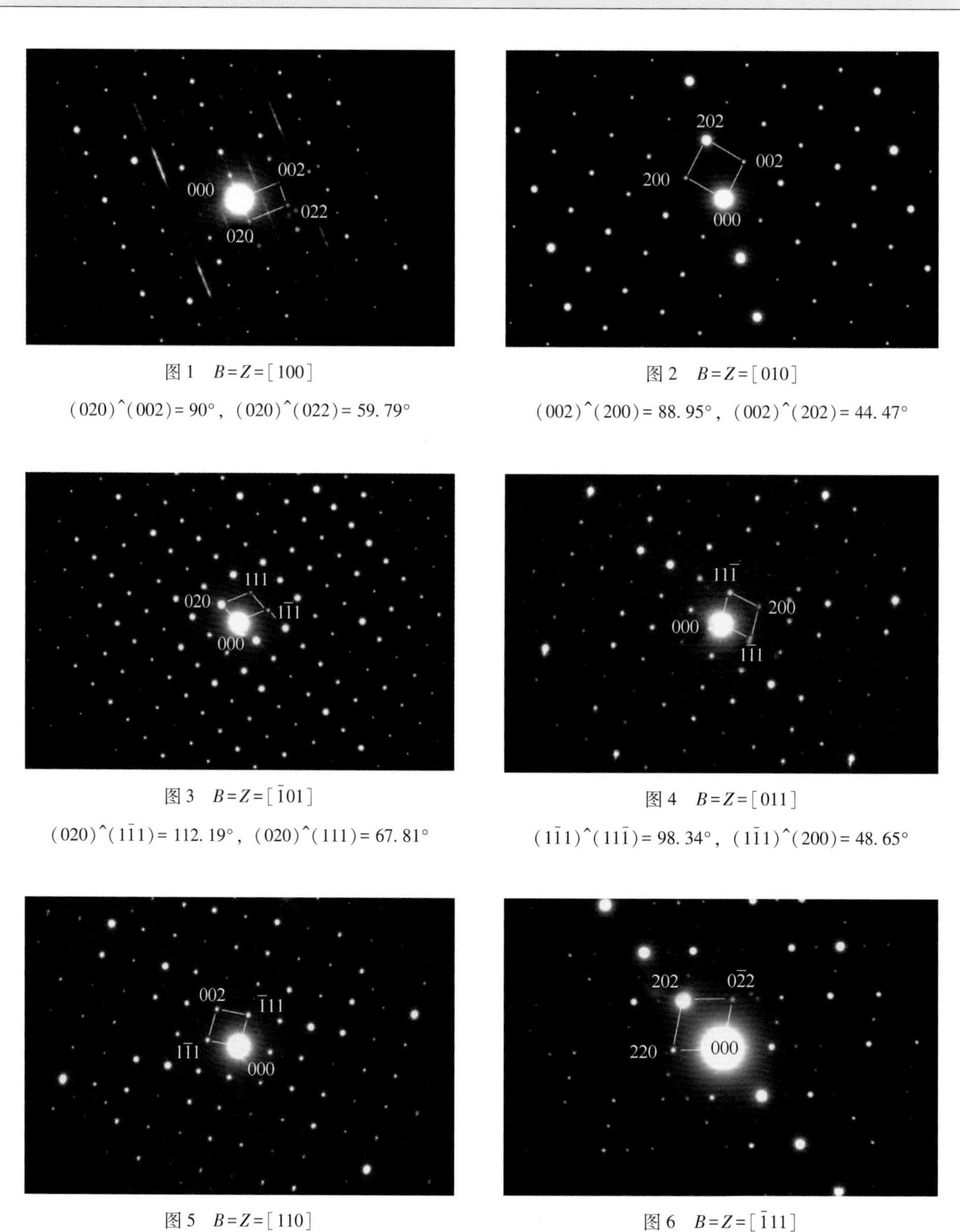

图 1 $B=Z=[100]$

$(020)\hat{}(002)=90°$，$(020)\hat{}(022)=59.79°$

图 2 $B=Z=[010]$

$(002)\hat{}(200)=88.95°$，$(002)\hat{}(202)=44.47°$

图 3 $B=Z=[\bar{1}01]$

$(020)\hat{}(1\bar{1}1)=112.19°$，$(020)\hat{}(111)=67.81°$

图 4 $B=Z=[011]$

$(1\bar{1}1)\hat{}(11\bar{1})=98.34°$，$(1\bar{1}1)\hat{}(200)=48.65°$

图 5 $B=Z=[110]$

$(1\bar{1}1)\hat{}(\bar{1}11)=98.33°$，$(1\bar{1}1)\hat{}(200)=48.65°$

图 6 $B=Z=[\bar{1}11]$

$(220)\hat{}(0\bar{2}2)=103.86°$，$(220)\hat{}(202)=51.93°$

续表 4.8

电子衍射花样图

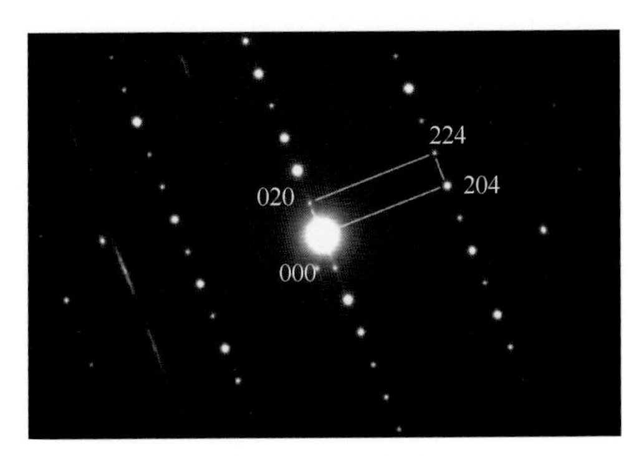

图 7 $B=Z=[\bar{2}01]$

$(020)\hat{}(204)=90°$, $(020)\hat{}(224)=75.51°$

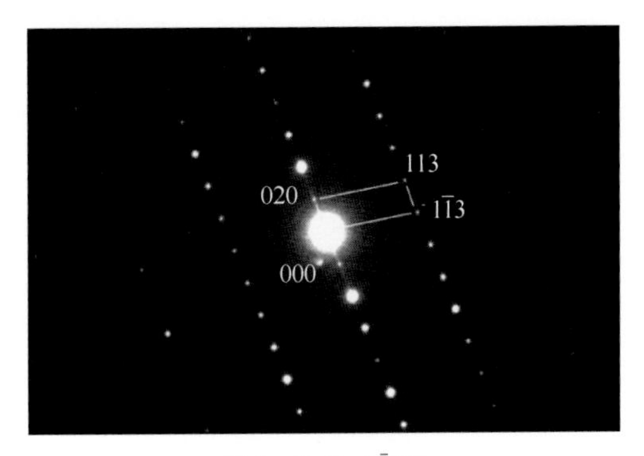

图 8 $B=Z=[\bar{3}01]$

$(020)\hat{}(1\bar{1}3)=100.38°$, $(020)\hat{}(113)=79.62°$

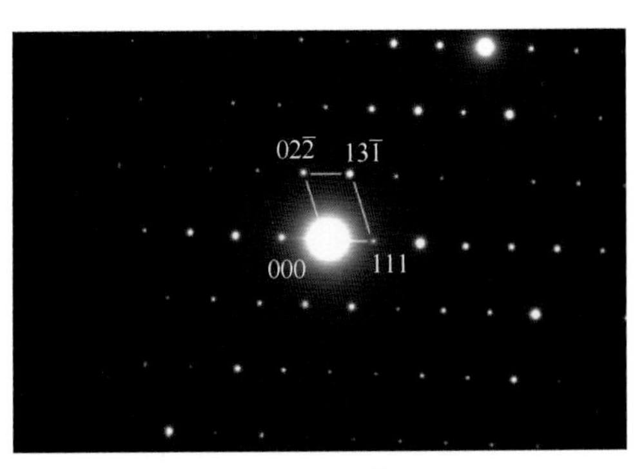

图 9 $B=Z=[\bar{2}11]$

$(111)\hat{}(02\bar{2})=112.39°$, $(111)\hat{}(13\bar{1})=72.86°$

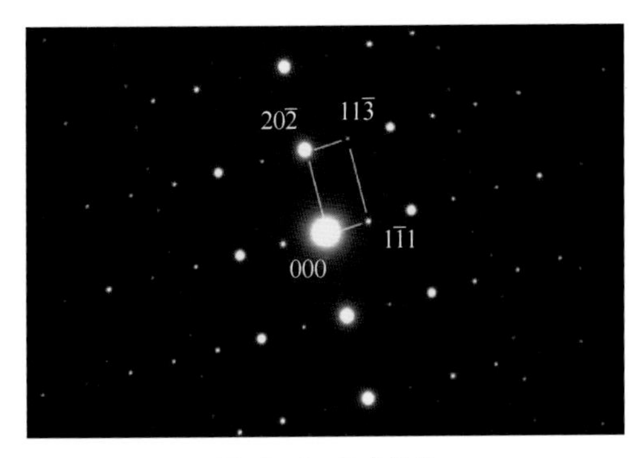

图 10 $B=Z=[121]$

$(1\bar{1}1)\hat{}(20\bar{2})=90°$, $(1\bar{1}1)\hat{}(11\bar{3})=61.19°$

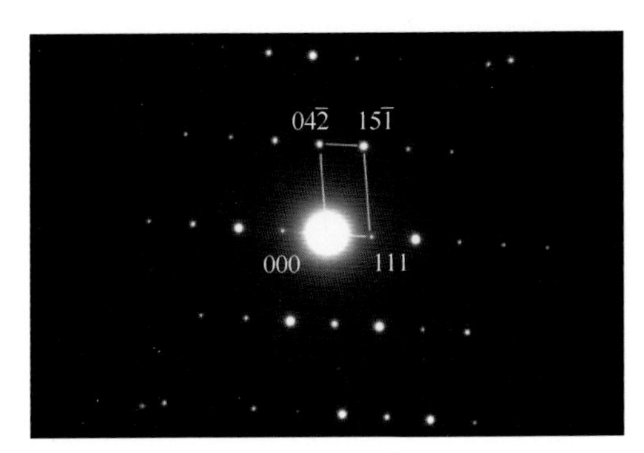

图 11 $B=Z=[\bar{3}12]$

$(111)\hat{}(04\bar{2})=98.27°$, $(111)\hat{}(15\bar{1})=70.10°$

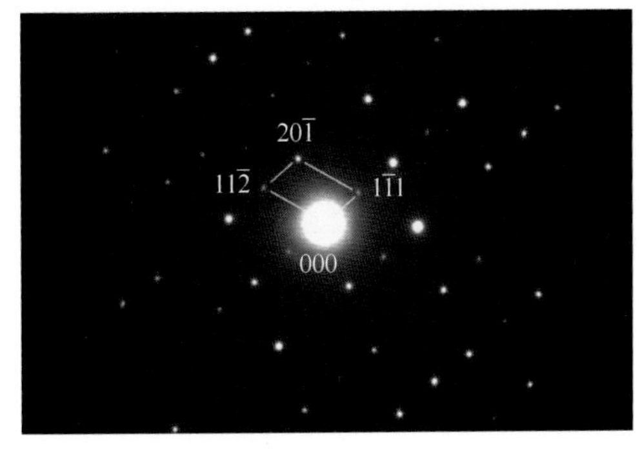

图 12 $B=Z=[132]$

$(1\bar{1}1)\hat{}(11\bar{2})=112.57°$, $(1\bar{1}1)\hat{}(20\bar{1})=72.68°$

续表 4.8

电子衍射花样图	
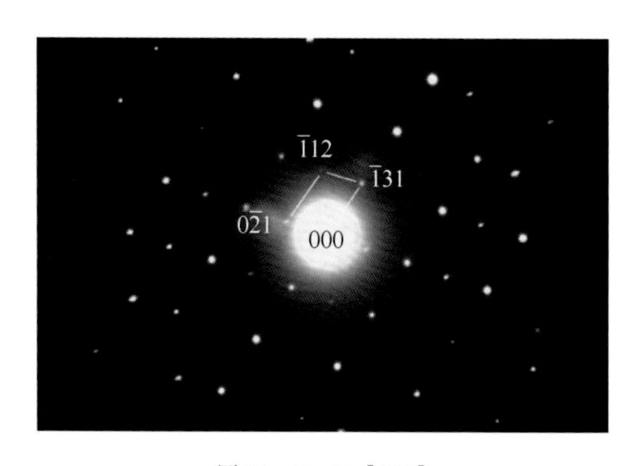 图 13　$B=Z=[512]$ $(0\bar{2}1)$^$(\bar{1}31)$= 107.83°，$(0\bar{2}1)$^$(\bar{1}12)$= 68.27°	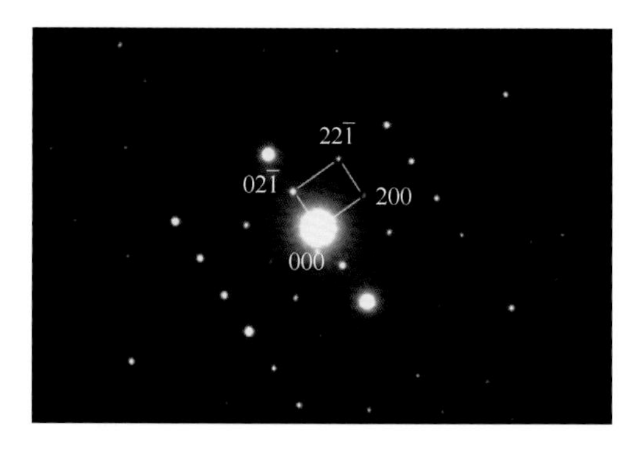 图 14　$B=Z=[012]$ $(02\bar{1})$^(200)= 89.32°，$(02\bar{1})$^$(22\bar{1})$)= 52.07°

4.3.2.3　η-Al_5(Mn,Cr)相的形态和成分

η-Al_5(Mn,Cr)相的形状不规则，大多数呈板条状或短棒状，在某些特定位向下，η-Al_5(Mn,Cr)相轮廓清晰，界面平直且至少存在一组低指数的界面。表 4.9 为 η-Al_5(Mn,Cr)相在不同位向下的形态，该相的横截面为多边形（见表 4.9 中图 1）。当位向 $B=[101]$ 或$[\bar{1}01]$时，η-Al_5(Mn,Cr)相颗粒内部常出现一组或几组层错条纹。

表 4.9　η-Al_5(Mn,Cr)相在不同位向下的形态

不同位向下 η 相的形态	
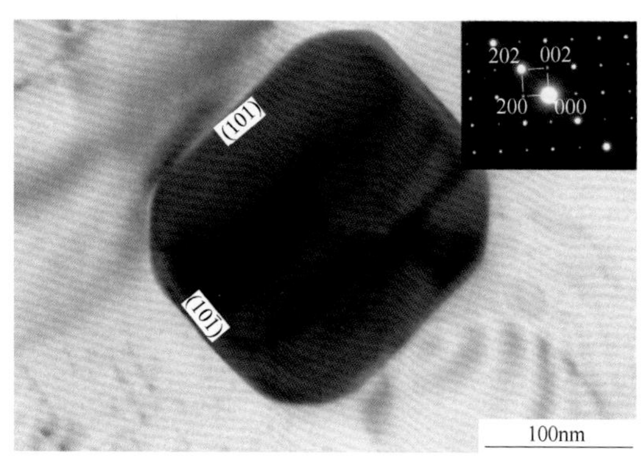 图 1　合金及状态：5083-H116 态 组织特征：近似正方形，轮廓清晰， 有两组平直界面(101)和$(10\bar{1})$， 内部出现衬度变化； 右上角为其电子衍射花样，$B=[010]$	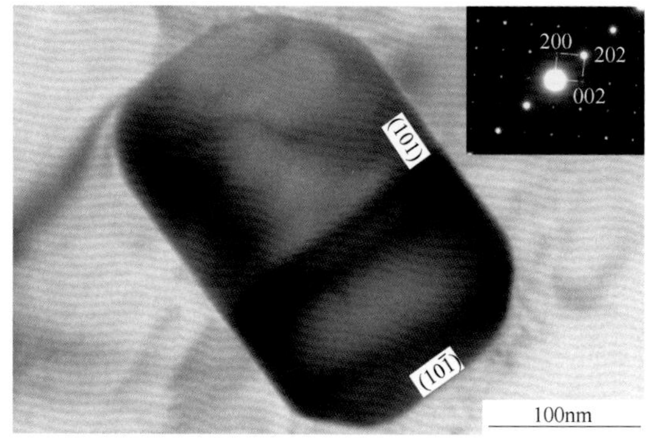 图 2　合金及状态：5083-H116 态 组织特征：近似长方形，轮廓清晰， 有两组平直界面(101)和$(10\bar{1})$， 内部出现衬度变化； 右上角为其电子衍射花样，$B=[010]$

续表 4.9

不同位向下 η 相的形态

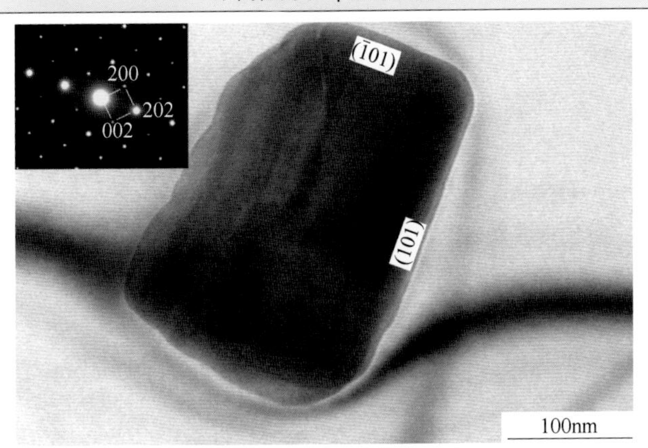

图 3　合金及状态：5056-O 态

组织特征：四边形状，轮廓清晰，有两个平直界面(101)和(10$\bar{1}$)；左上角为其电子衍射花样，$B=[010]$

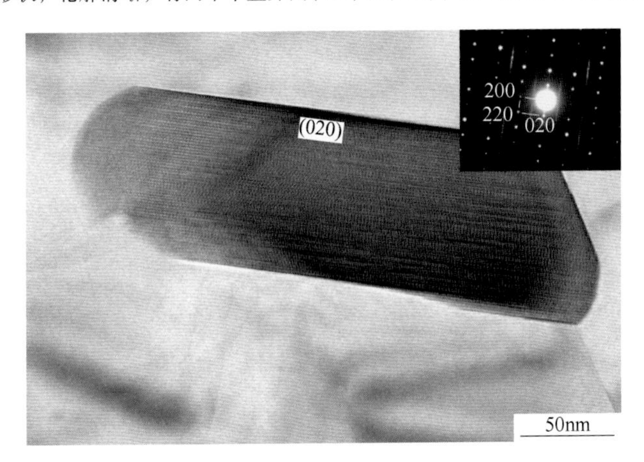

图 4　合金及状态：5083-H112 态

组织特征：短棒状，存在一组平直界面(020)，颗粒内部出现条纹痕迹，似有层错；右上角为其电子衍射花样，$B=[001]$

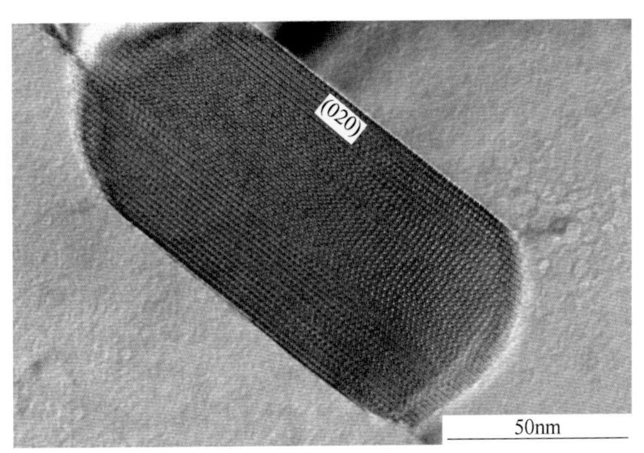

图 5　合金及状态：5083-H116 态

组织特征：短棒状，存在一组平直界面(020)，颗粒内部似有层错，$B=[001]$

续表 4.9

不同位向下 η 相的形态

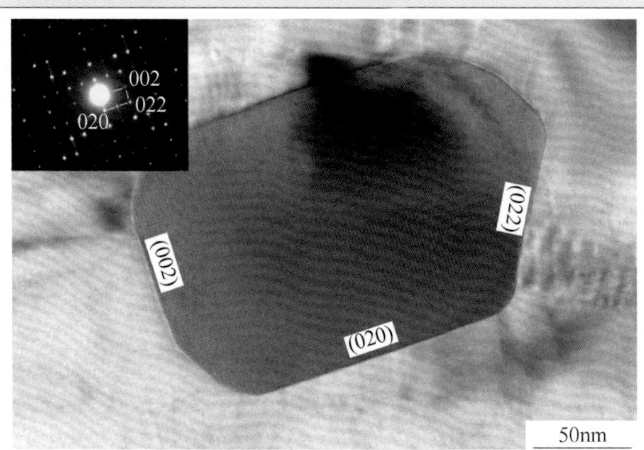

图 6 合金及状态：5083-H116 态

组织特征：多边形状，存在多个平直界面，如(020)、(002)和(022)，颗粒内部有层错；右上角为其电子衍射花样，$B=[100]$

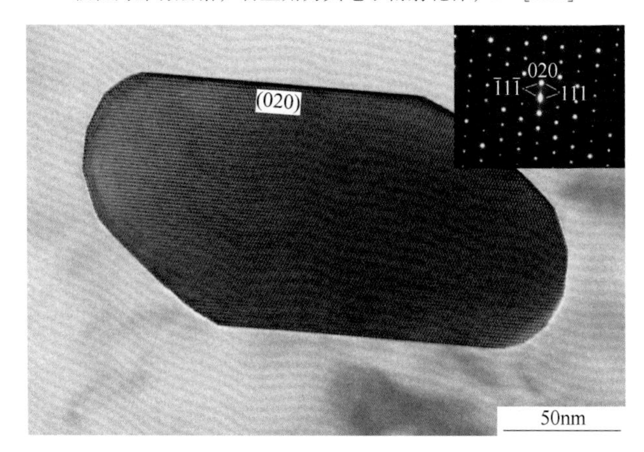

图 7 合金及状态：5083-H112 态

组织特征：近似平行四边形，轮廓清晰，存在一组平直界面；右上角为其电子衍射花样，$B=[\bar{1}01]$

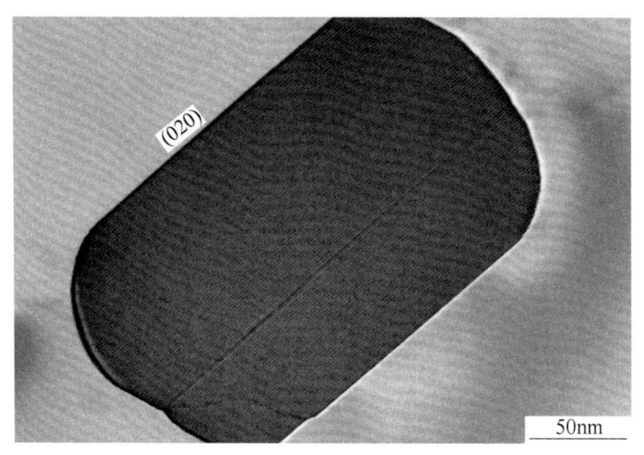

图 8 合金及状态：5083-H112 态

组织特征：近似四边形，轮廓清晰，存在一组平直界面(020)，颗粒内部有层错条纹，$B=[101]$

续表 4.9

不同位向下 η 相的形态

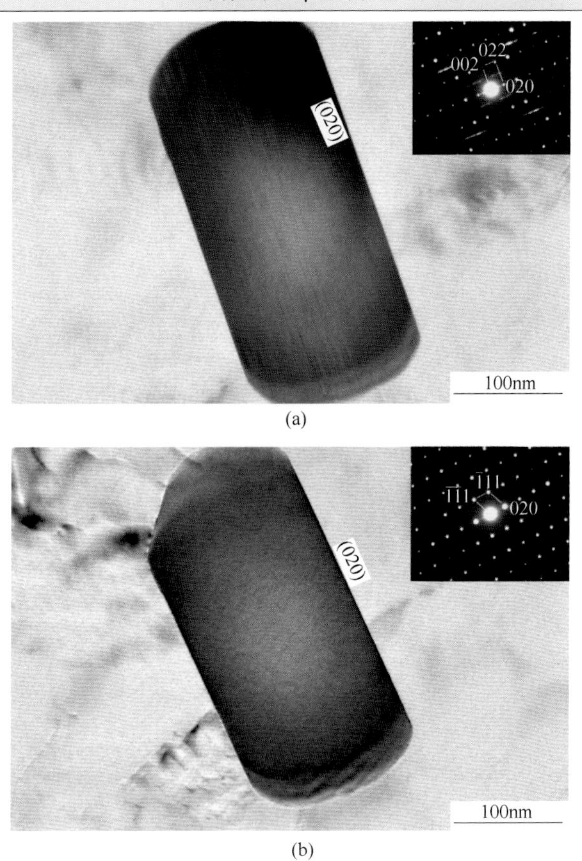

图 9 合金及状态：5083-H116 态

(a) 组织特征：短棒状，存在一组平直界面(020)，颗粒内部有条纹痕迹；右上角为其电子衍射花样，$B=[100]$；(b) 图(a)的颗粒绕(020)衍射矢量倾转约 44.2°后的形态，内部条纹痕迹消失，平直界面(020)依然清晰，右上角为其电子衍射花样，$B=[101]$

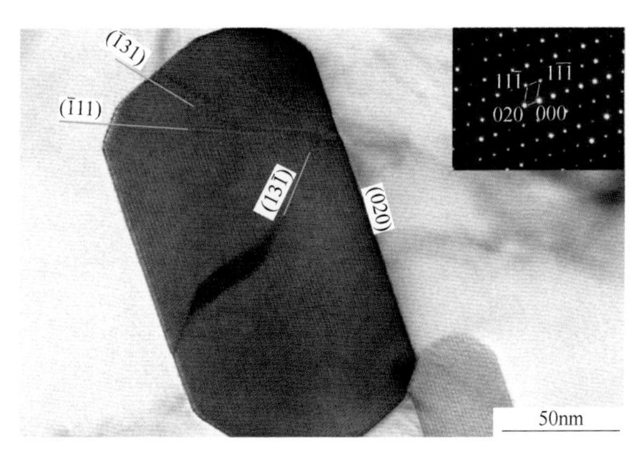

图 10 合金及状态：5083-H116 态

组织特征：板条状，存在一组平直界面(020)，颗粒内部出现 3 组层错条纹，层错面分别平行$(\bar{1}31)$、$(\bar{1}11)$和$(13\bar{1})$；右上角为其电子衍射花样，$B=[101]$

续表 4.9

不同位向下 η 相的形态

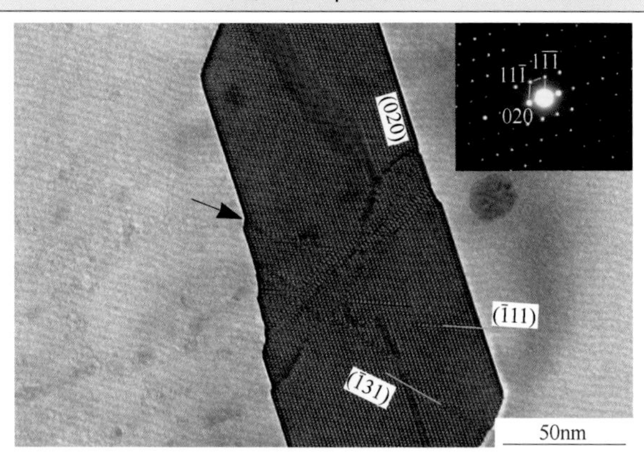

图 11　合金及状态：5083-O 态

组织特征：板条状，有一组平直界面(020)，该界面出现台阶，如箭头所示；颗粒内部出现 3 组层错条纹，层错面分别平行$(\bar{1}31)$、$(\bar{1}11)$和(020)；右上角为其电子衍射花样，$B=[101]$

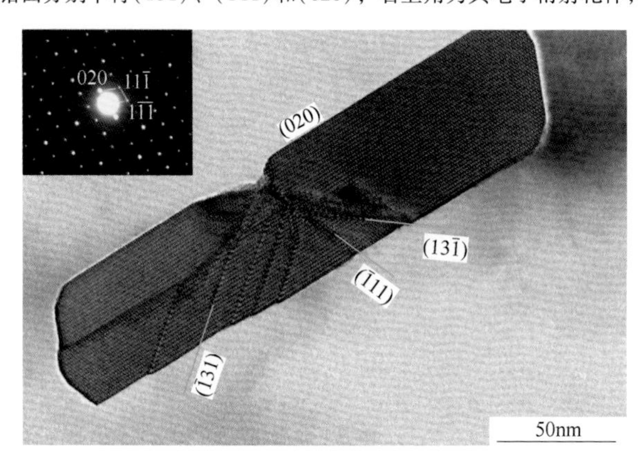

图 12　合金及状态：5083-H116 态

组织特征：板条状，有一组平直界面(020)，颗粒内部出现 3 组层错条纹，层错面分别平行$(13\bar{1})$、$(\bar{1}31)$和$(\bar{1}11)$；左下角为其电子衍射花样，$B=[101]$

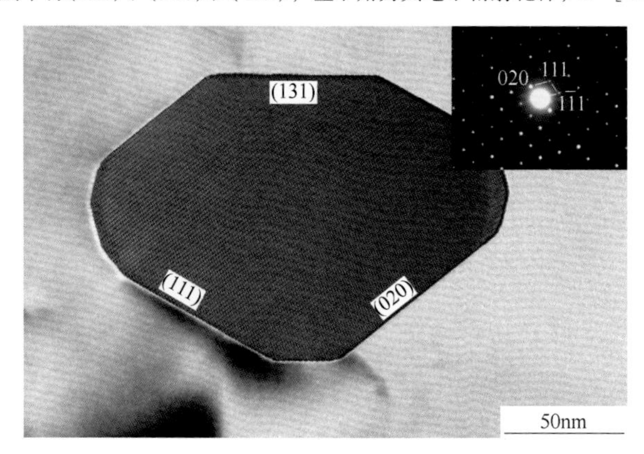

图 13　合金及状态：5083-H116 态

组织特征：多边形，三组界面平直(020)、(111)和(131)，轮廓清晰；右上角为其电子衍射花样，$B=[10\bar{1}]$

续表 4.9

不同位向下 η 相的形态

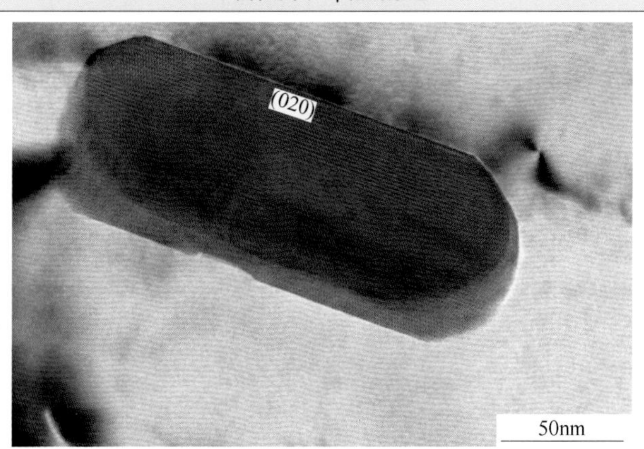

图 14　合金及状态：5083-H116 态

组织特征：短棒状，存在一个平直界面（020）

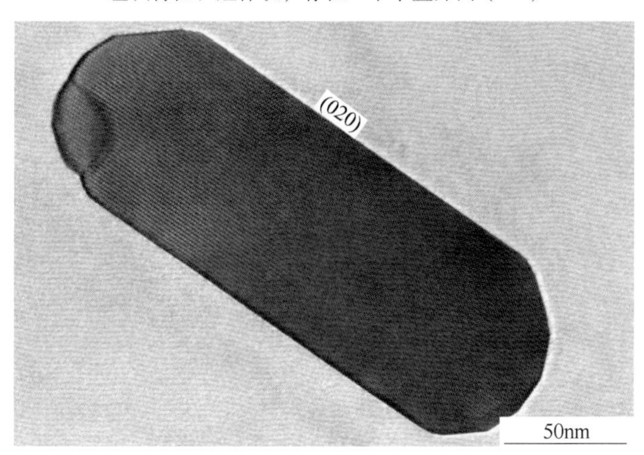

图 15　合金及状态：5083-H112 态

组织特征：短棒状，轮廓清晰，存在一组平直界面(020)，B=[101]

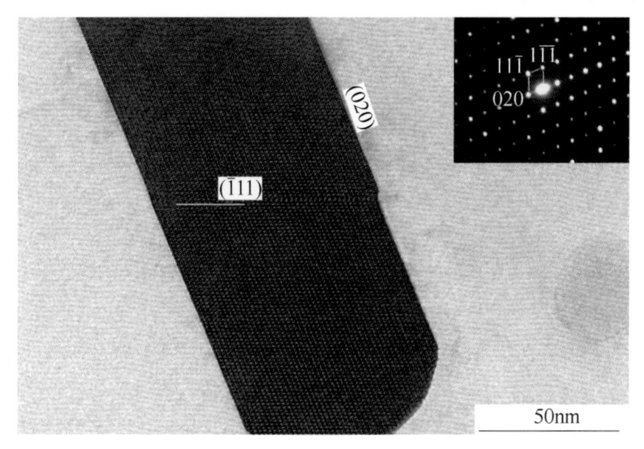

图 16　合金及状态：5083-H112 态

组织特征：板条状，有一组平直界面(020)，颗粒内部出现层错条纹，层错面平行($11\bar{1}$)；右上角为其电子衍射花样，B=[101]

续表 4.9

不同位向下 η 相的形态

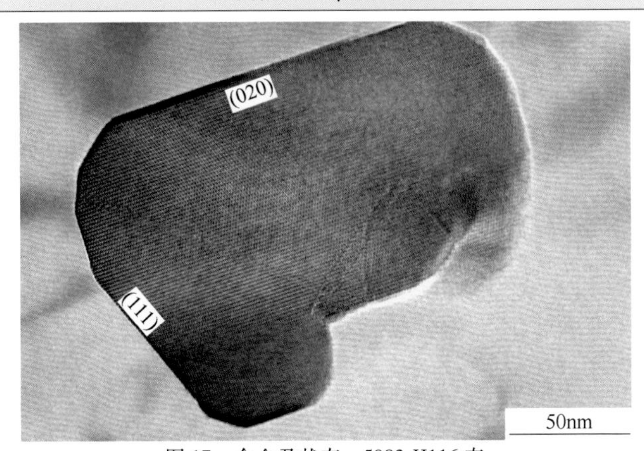

图 17　合金及状态：5083-H116 态

组织特征：块状，轮廓清晰，有两个平直界面(020)和(111)，$B=[10\bar{1}]$

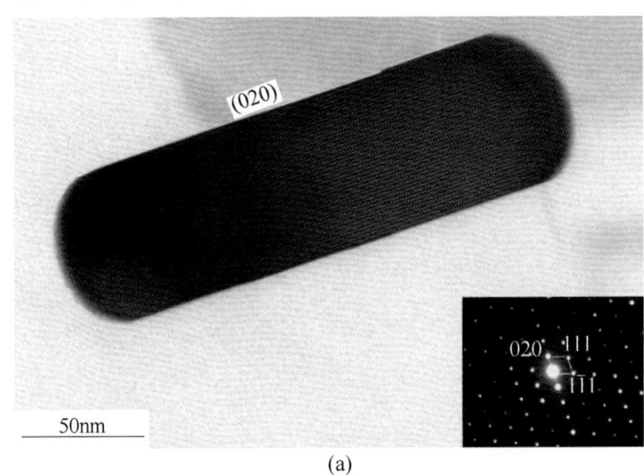

(a)

(b)

图 18　合金及状态：5083-H116 态

（a）组织特征：棒状，存在一组平直界面(020)；右下角为其电子衍射花样，$B=[\bar{1}01]$；

（b）图(a)绕(020)衍射矢量倾转约 18°后的颗粒形态，轮廓清晰，棒状，存在一组平直界面(020)；右下角为其电子衍射花样，$B=[\bar{2}01]$

续表 4.9

不同位向下 η 相的形态

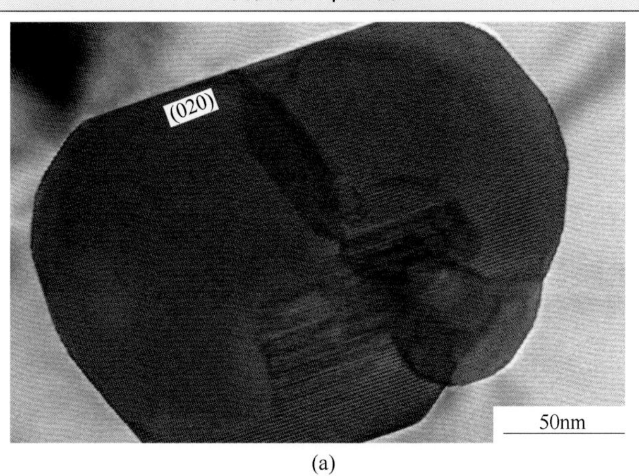

(a)

(b)

图 19　合金及状态：5083-H116 态

(a) 组织特征：球状，轮廓清晰，存在一个平直界面(020)，颗粒内部出现层错条纹和衬度变化，层错面平行(020)，B=[101]；(b) 图(a)绕(020)衍射矢量倾转约 18°后的颗粒形态，颗粒内部出现衬度变化，B=[201]

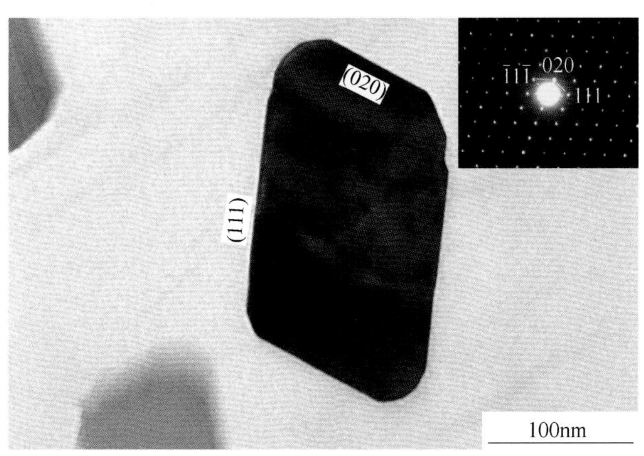

(a)

续表 4.9

不同位向下 η 相的形态

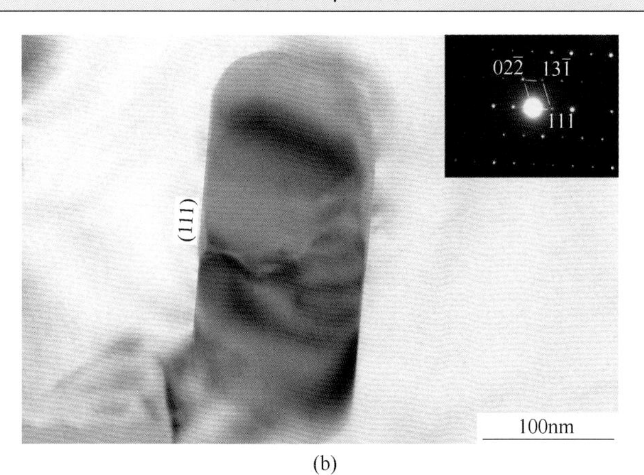

(b)

图 20　合金及状态：5083-O 态

（a）组织特征：短棒状，有两组平直界面(020)和(111)，晶粒内部出现衬度变化；右上角为其电子衍射花样，$B=[\bar{1}01]$；（b）图(a)绕衍射矢量(111)倾转约 18°后颗粒短棒状形态，仍存在一组平直界面(111)，晶粒内部出现衬度变化；右上角为其电子衍射花样，$B=[\bar{2}11]$

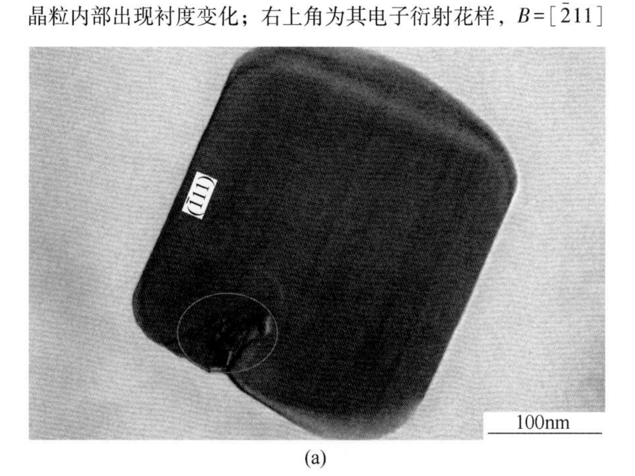

(a)

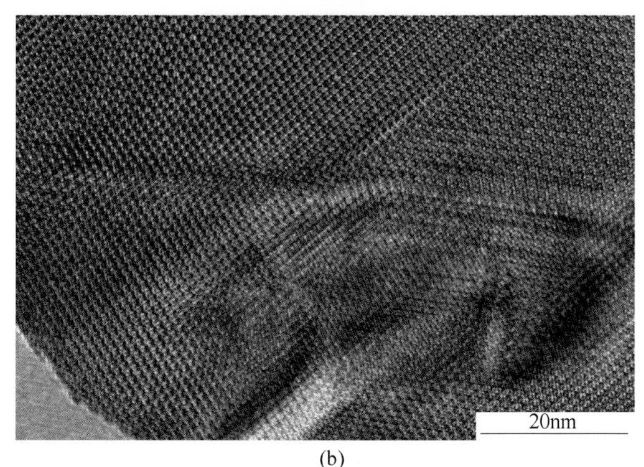

(b)

图 21　合金及状态：5056-O 态

（a）组织特征：近似方形，轮廓清晰，有一组界面平直($\bar{1}11$)，颗粒内部似有条纹痕迹和衬度变化，$B=[110]$；（b）图(a)圆圈部位的放大像，晶粒内部存在衬度变化和层错

续表 4.9

不同位向下 η 相的形态

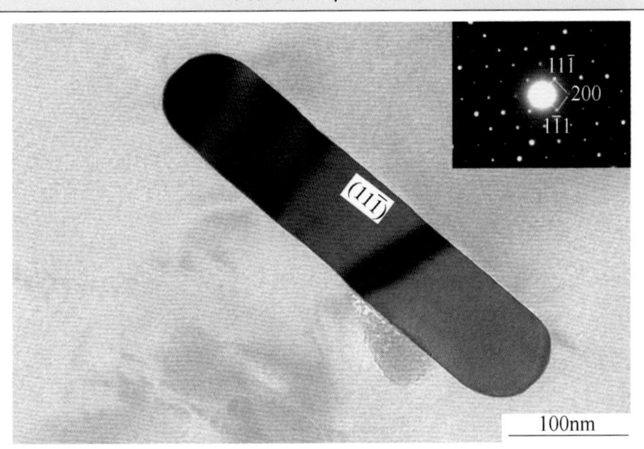

图 22　合金及状态：5083-H112 态

组织特征：棒状，存在一组平直界面(11$\bar{1}$)；右上角为电子其衍射花样，B=[011]

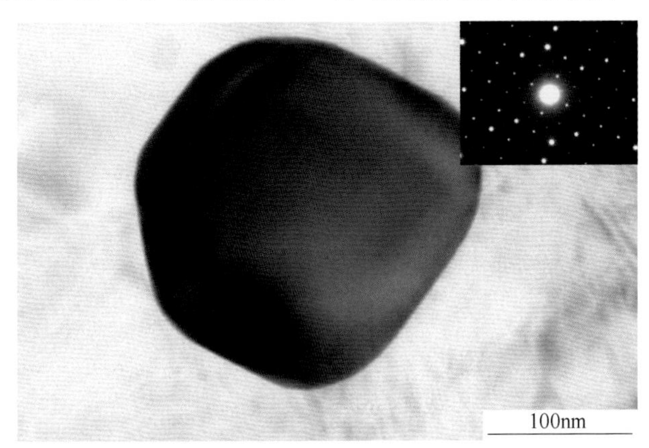

图 23　合金及状态：5083-H116 态

组织特征：球状，轮廓清晰；右上角为电子其衍射花样，B=[011]

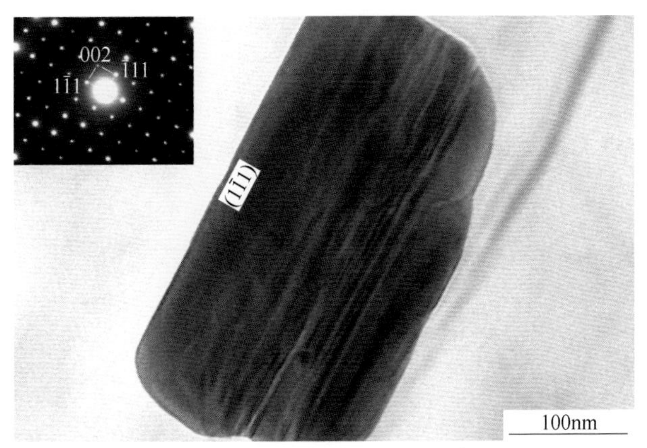

图 24　合金及状态：5056-O 态

组织特征：块状，轮廓清晰，有一个平直界面($\bar{1}$11)，颗粒内部似有平行于($\bar{1}$11)的条纹痕迹；左上角为其电子衍射花样，B=[110]

续表 4.9

不同位向下 η 相的形态

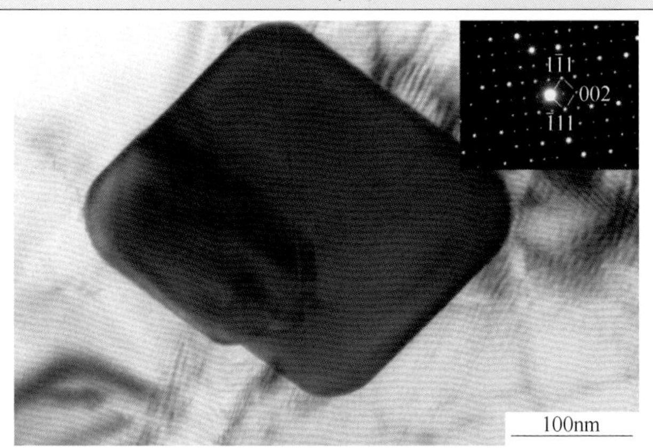

图 25 合金及状态：5083-H116 态

组织特征：似球状，轮廓清晰；右上角为电子其衍射花样，B=[110]

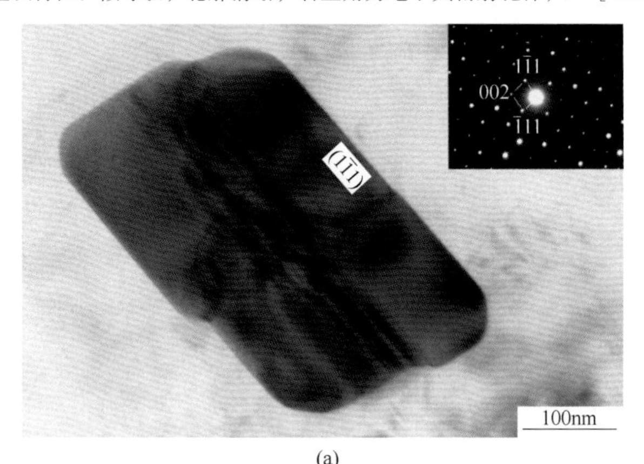

(a)

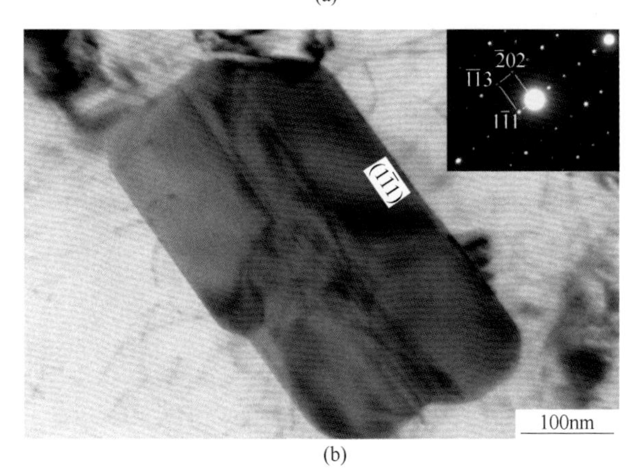

(b)

图 26 合金及状态：5083-H116 态

（a）组织特征：块状，轮廓清晰，有一个平直界面($1\bar{1}1$)，颗粒内部有平行于($1\bar{1}1$)的条纹痕迹，右上角为其电子衍射花样，B=[110]；（b）图(a)绕衍射矢量($1\bar{1}1$)倾转约 18°后颗粒的形态，仍存在一组平直界面($1\bar{1}1$)，晶粒内部出现衬度变化，右上角为其电子衍射花样，B=[121]

续表 4.9

不同位向下 η 相的形态
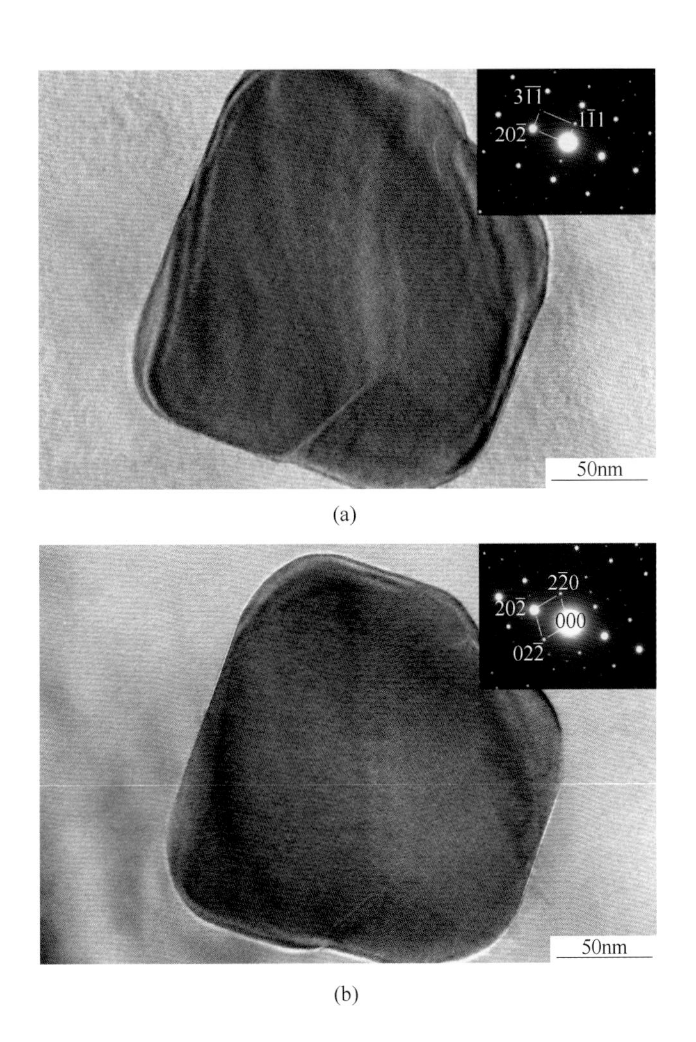 图 27 合金及状态：5056-O 态 （a）组织特征：球状，轮廓清晰，$B=[121]$；（b）图(a)绕衍射矢量（20$\bar{2}$）倾转约 17°后颗粒的形态，$B=[111]$

注：表中 $B=[uvw]$ 表示电子束方向，即 η-Al_5(Mn,Cr) 相的晶带轴，也即观察方向。

η-Al_5(Mn,Cr) 相的尺寸约 100～400nm，它们主要分布在铝基体晶粒内。其能量色散谱（EDS）分析如图 4.25 所示，由 Al、Mn 和少量的 Cr 等元素组成，其元素原子比 $Al_{88.33}$(Cr，Mn)$_{16.64}$ 与它的化学分子式 η-Al_5(Mn,Cr) 大致吻合，Cr+Mn 的含量比 θ-Al_{45}(Mn,Cr)$_7$ 相高。

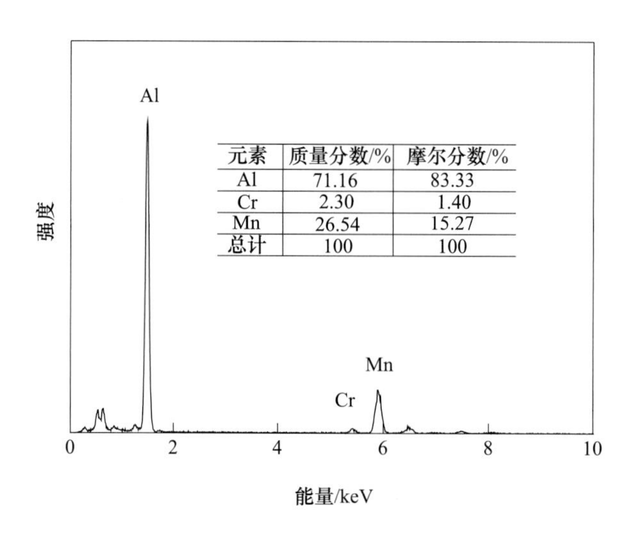

元素	质量分数/%	摩尔分数/%
Al	71.16	83.33
Cr	2.30	1.40
Mn	26.54	15.27
总计	100	100

图 4.25　η-Al_5(Mn,Cr)相的能量色散谱线

4.3.2.4　η-Al_5(Mn,Cr) 相与母相 α-Al 之间的位向关系

位向关系可从两相的复合选区电子衍射花样推出。表 4.10 为观察到的 η-Al_5(Mn,Cr) 相颗粒与母相 α-Al 基体的复合选区电子衍射花样。表中图 1（a）是其中一个 η-Al_5(Mn,Cr) 相颗粒在 $[101]_\eta$位向下的短棒状形态；图 1(b) 是它们之间的复合选区电子衍射花样，η 相的$[101]_\eta$晶带轴平行于 α-Al 的$[001]_\alpha$晶带轴，η 相的$(\bar{1}11)_\eta$衍射矢量近似平行于 α-Al 的$(200)_\alpha$衍射矢量，二者相差 1.2°，因此 η-Al_5(Mn,Cr) 相与母相 α-Al 的第一种位向关系可描述为：

$$\text{OR-I}: [101]_\eta / [001]_\alpha, (\bar{1}11)_\eta 1.2° / (200)_\alpha$$

以此类推，表 4.10 中图 2~图 9 的复合选区电子衍射花样依次得出如下的位向关系：

$$\text{OR-II}: [\bar{1}01]_\eta / [001]_\alpha, (131)_\eta 5.6° / (020)_\alpha$$

$$\text{OR-III}: [101]_\eta / [103]_\alpha, (020)_\eta // (31\bar{1})_\alpha$$

$$\text{OR-IV}: [101]_\eta / [332]_\alpha, (1\overline{91})_\eta // (\bar{2}20)_\alpha$$

$$\text{OR-V}: [101]_\eta / [\bar{1}21]_\alpha, (020)_\eta 1.2° // (202)_\alpha$$

$$\text{OR-VI}: [101]_\eta / [\bar{1}11]_\alpha, (\bar{8}68)_\eta // (220)_\alpha + 1.2°$$

$$\text{OR-VII}: [101]_\eta / [\bar{1}12]_\alpha, (\bar{1}11)_\eta 4° / (1\bar{1}1)_\alpha$$

$$\text{OR-VIII}: [010]_\eta / [21\bar{1}]_\alpha, (20\bar{2})_\eta / (022)_\alpha$$

$$\text{OR-IX}: [011]_\eta / [12\bar{1}]_\alpha, (1\bar{1}1)_\eta 1.5° / (1\overline{11})_\alpha$$

八种位向关系初看起来无规律可言，有趣的是前七种位向关系中，η 相处于同一位向$[101]_\eta$或$[\bar{1}01]_\eta$，分别与 α-Al 基体的不同位向$[001]_\alpha$、$[103]_\alpha$、$[332]_\alpha$、$[\bar{1}21]_\alpha$、

$[\bar{1}11]_{\alpha}$、$[\bar{1}12]_{\alpha}$ 相对应，其中 $[001]_{\alpha}$^$[103]_{\alpha}$ = 18.4°，$[103]_{\alpha}$^$[332]_{\alpha}$ = 52.6°，$[001]_{\alpha}$^$[\bar{1}12]_{\alpha}$=35.26°，$[\bar{1}12]_{\alpha}$^$[\bar{1}11]_{\alpha}$=19.5°、$[\bar{1}11]_{\alpha}$^$[\bar{1}21]_{\alpha}$=19.5°，这些位向之间的角度差 β 大约是 18.5°或 18.5°的倍数。

参考图 4.20（b）和式（4.3）可知，若 β = 18.5°，θ = 40°，则 α = 28.4°，即大圆旋转约 30°（约为 15°的 2 倍），约为 360°的 1/20。

表 4.10　η-$Al_5(Mn,Cr)$ 相颗粒与母相 α-Al 基体的复合衍射花样

复合衍射花样图

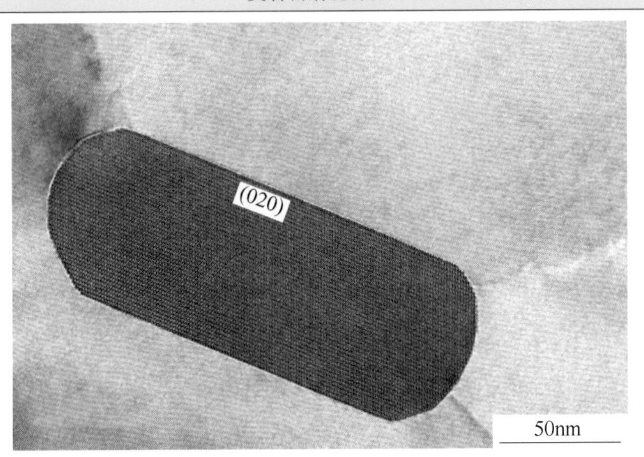

(a)

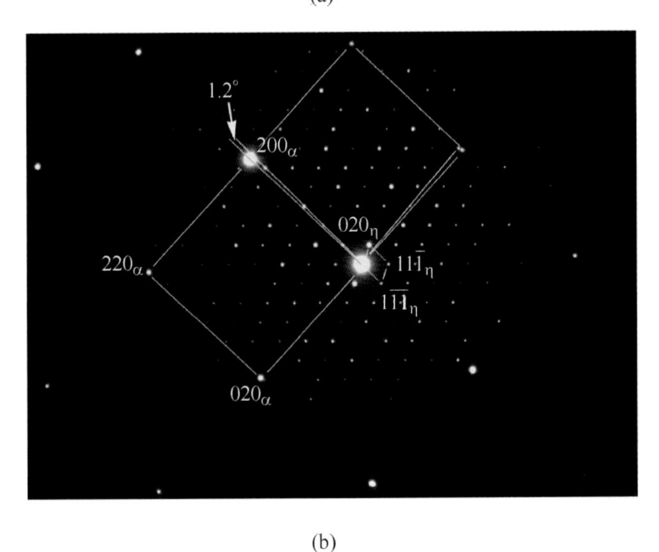

(b)

图 1　5083-H116 态组织

（a）η-$Al_5(Mn,Cr)$ 相形貌，$B=[101]_{\eta}$；（b）SADP，$B=[101]_{\eta}/[001]_{\alpha}$

续表 4.10

复合衍射花样图

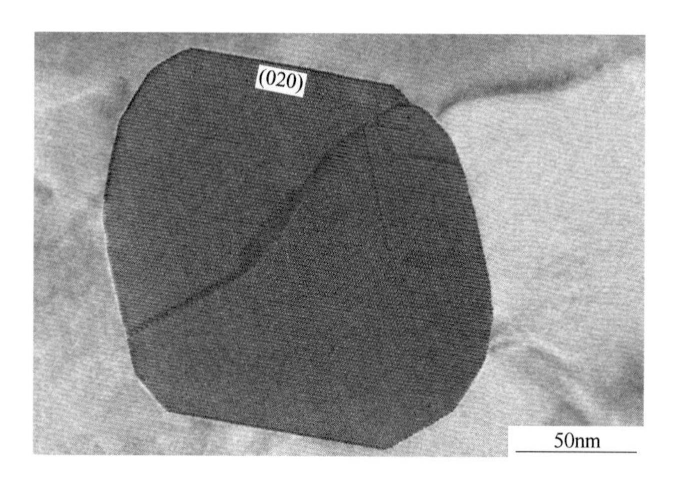

(a)

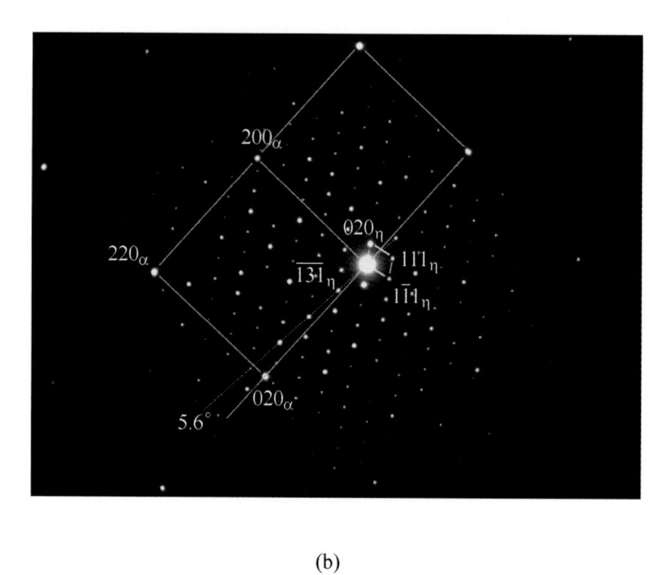

(b)

图 2　5083-H116 态组织

(a) η-Al_5(Mn,Cr) 相形貌，$B=[\bar{1}01]_\eta$；(b) SADP，$B=[\bar{1}01]_\eta/[001]_\alpha$

续表 4.10

复合衍射花样图

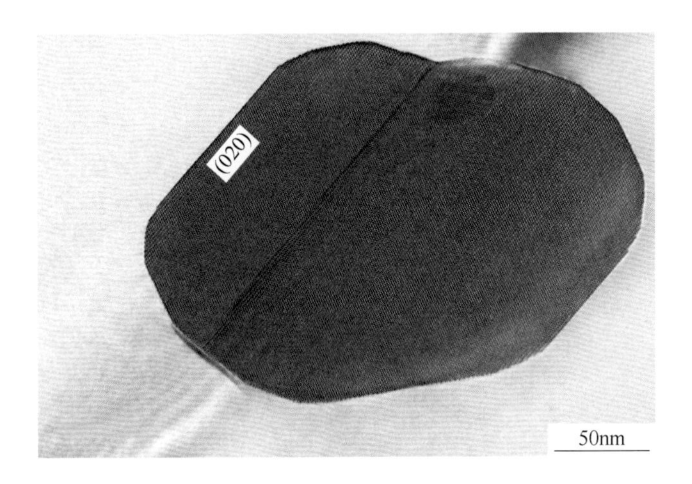

(a)

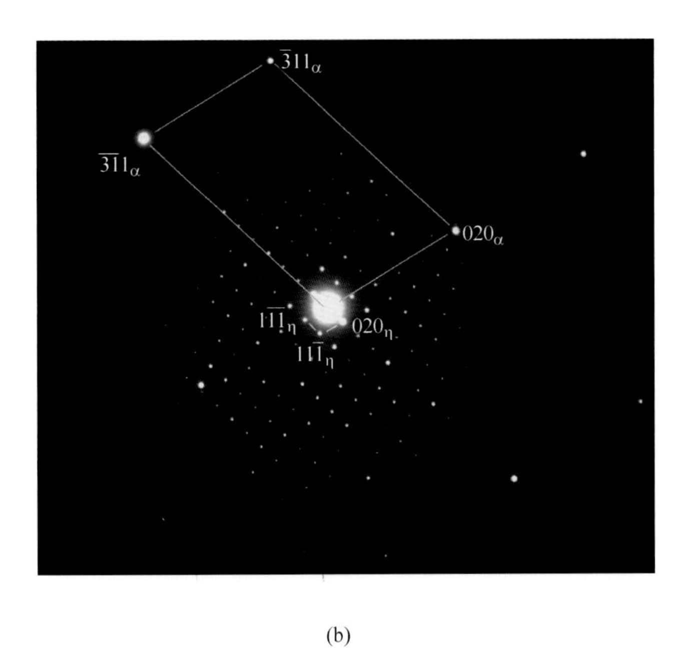

(b)

图 3 5056-O 态组织

（a）η-Al_5(Mn,Cr)相形貌，$B=[\bar{1}01]_\eta$；（b）SADP，$B=[101]_\eta/[103]_\alpha$

续表 4.10

复合衍射花样图

(a)

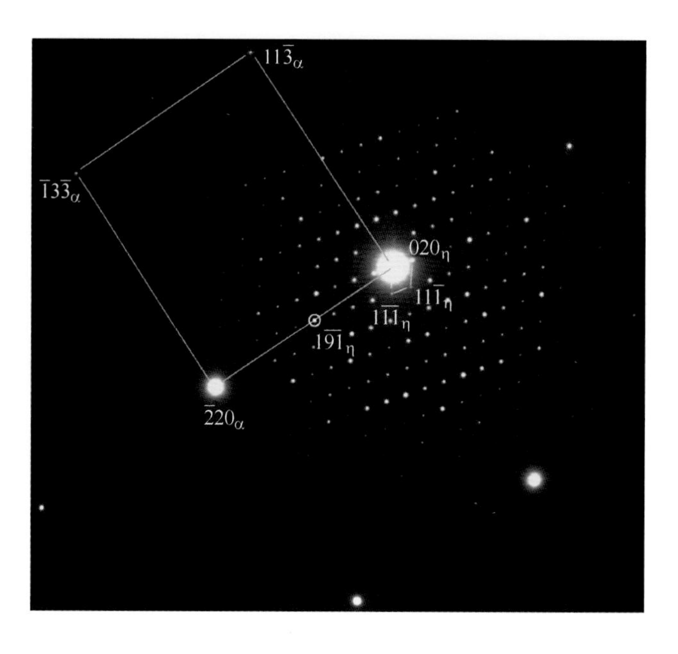

(b)

图 4　5083-O 态组织

(a) η-Al_5(Mn,Cr)相形貌，$B=[\bar{1}01]_{\eta}$；(b) SADP，$B=[101]_{\eta}/[332]_{\alpha}$

续表 4.10

复合衍射花样图

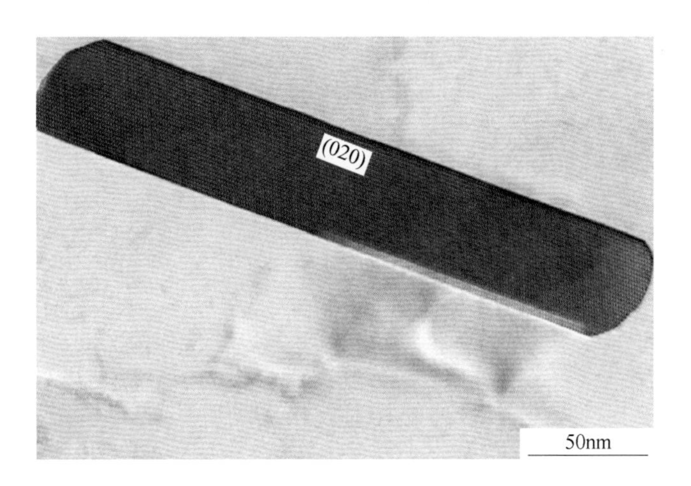

(a)

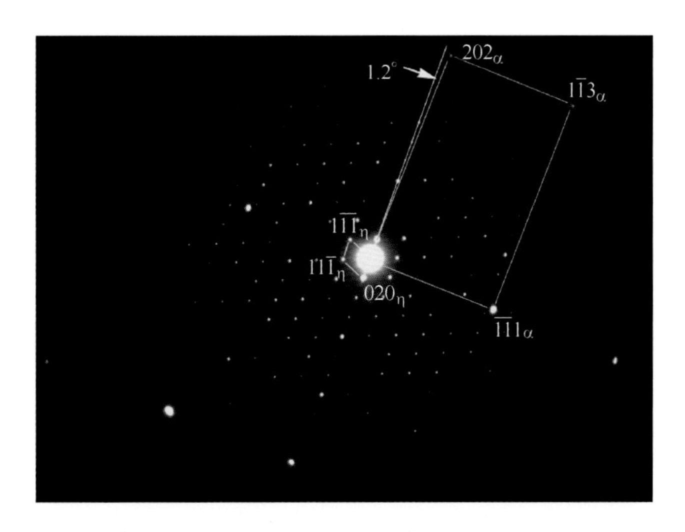

(b)

图 5 5083-H116 态组织

(a) η-Al_5(Mn,Cr)相形貌，$B=[\bar{1}01]_\eta$；(b) SADP，$B=[101]_\eta/[\bar{1}21]_\alpha$

续表 4.10

复合衍射花样图

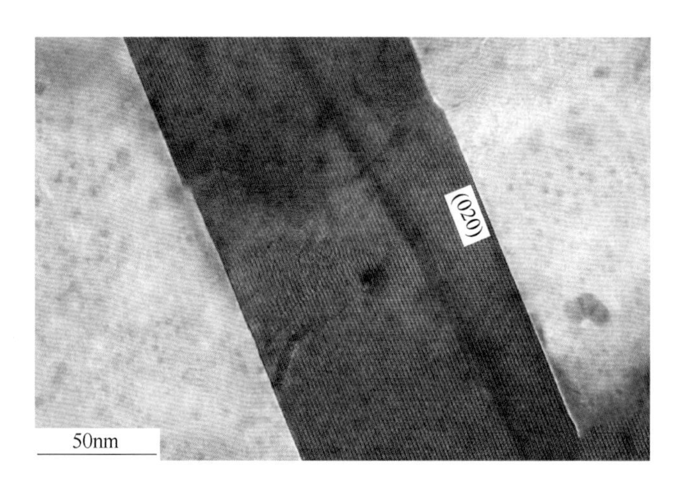

(a)

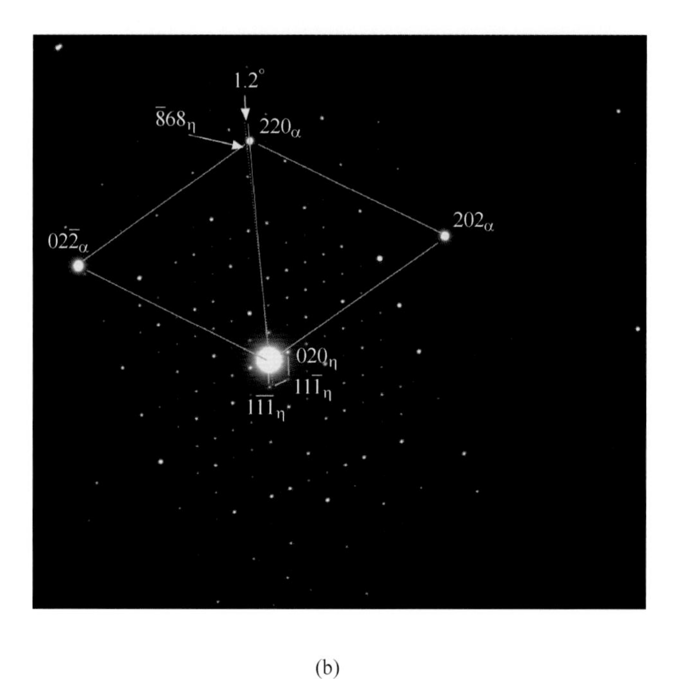

(b)

图 6　5083-O 态组织

(a) η-Al_5(Mn,Cr)相形貌，$B=[101]_\eta$；(b) SADP，$B=[101]_\eta/[\bar{1}11]_\alpha$

续表 4.10

复合衍射花样图

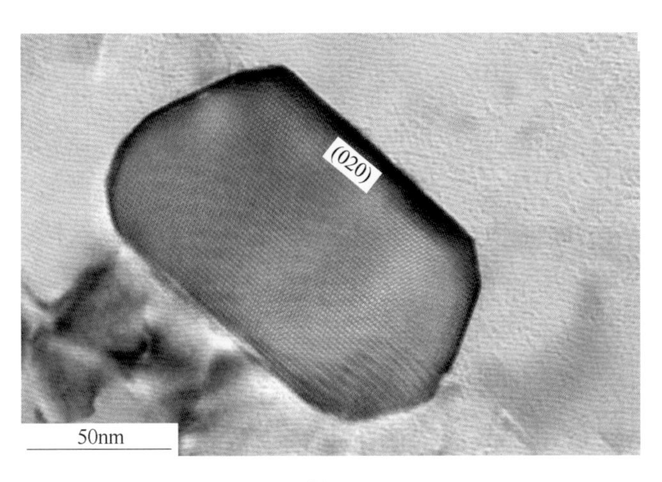

(a)

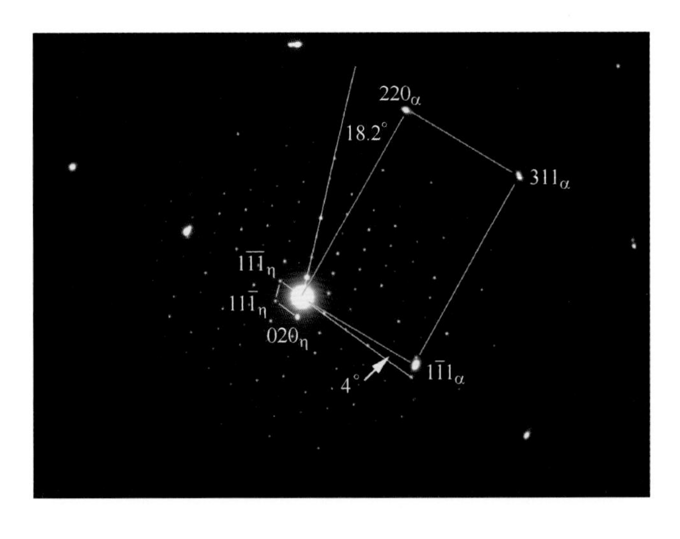

(b)

图 7　5083-H116 态组织

(a) η-Al_5(Mn,Cr)相形貌，$B=[\bar{1}01]_\eta$；(b) SADP，$B=[101]_\eta/[\bar{1}12]_\alpha$

续表 4.10

复合衍射花样图

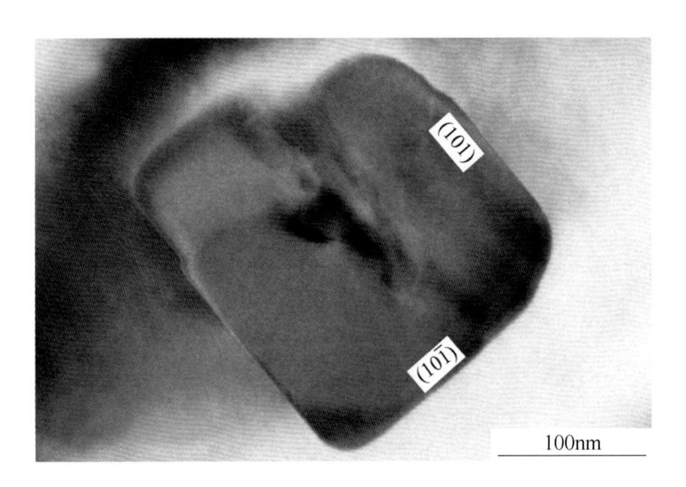

(a)

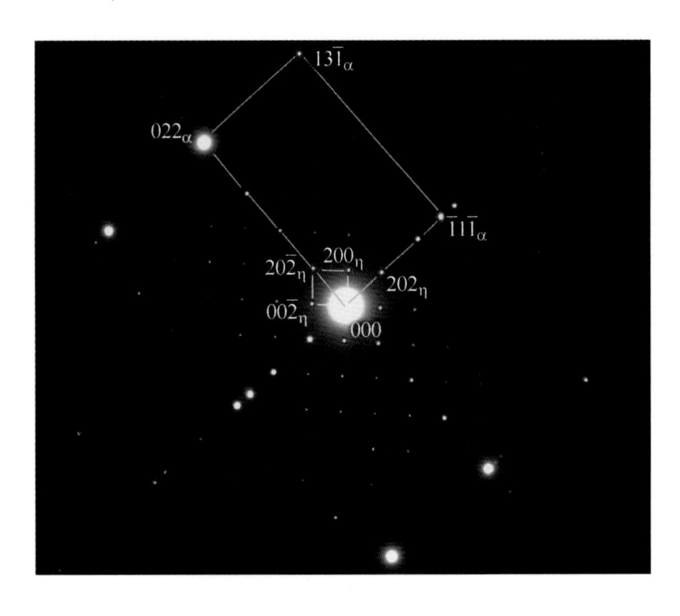

(b)

图 8　5056-O 态组织

(a) η-Al_5(Mn,Cr)相形貌，B=[010]$_η$；(b) SADP，B= [010]$_η$/ [21$\bar{1}$]$_α$

续表 4.10

复合衍射花样图

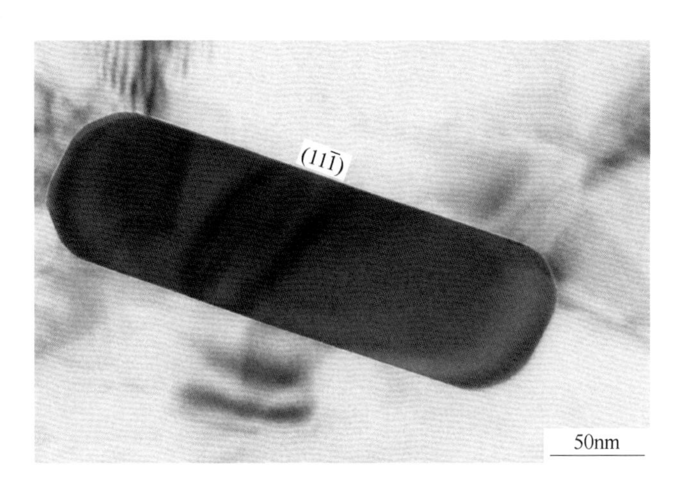

(a)

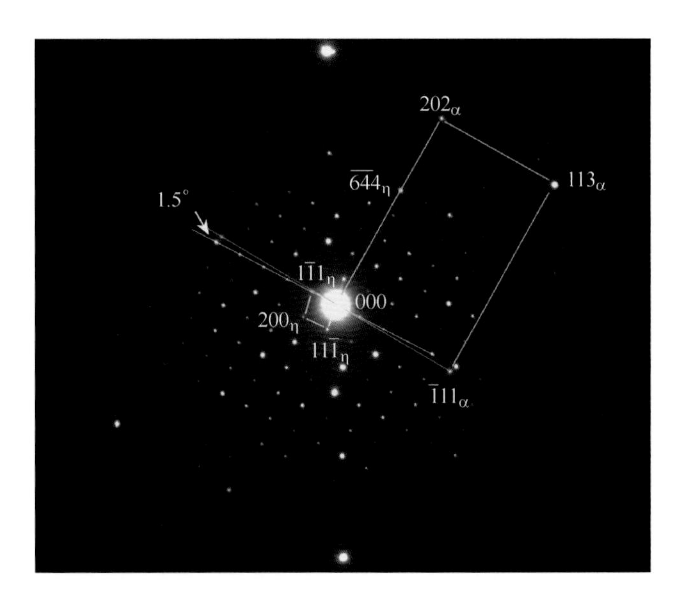

(b)

图 9 5083-H116 态组织

(a) η-Al_5(Mn,Cr)相形貌，$B=[011]_\eta$；(b) SADP，$B=[011]_\eta/[12\bar{1}]_\alpha$

图 4.26 所示的 $[010]_{\eta}$ // $[156]_{\alpha}$ 晶向复合极射投影图描述了上述位向关系之间的联系。α-Al 基体的 6 个不同位向几乎同时位于相同的小圆迹线上（即蓝色小圆，与极图中心相差 40°），相互之间可旋转大约 18.5°或 18.5°的倍数得到，即小圆旋转 18.5°，大圆旋转 30°得到。

因此 η-Al_5(Mn,Cr) 相与母相 α-Al 之间的位向关系同样具有多样性。

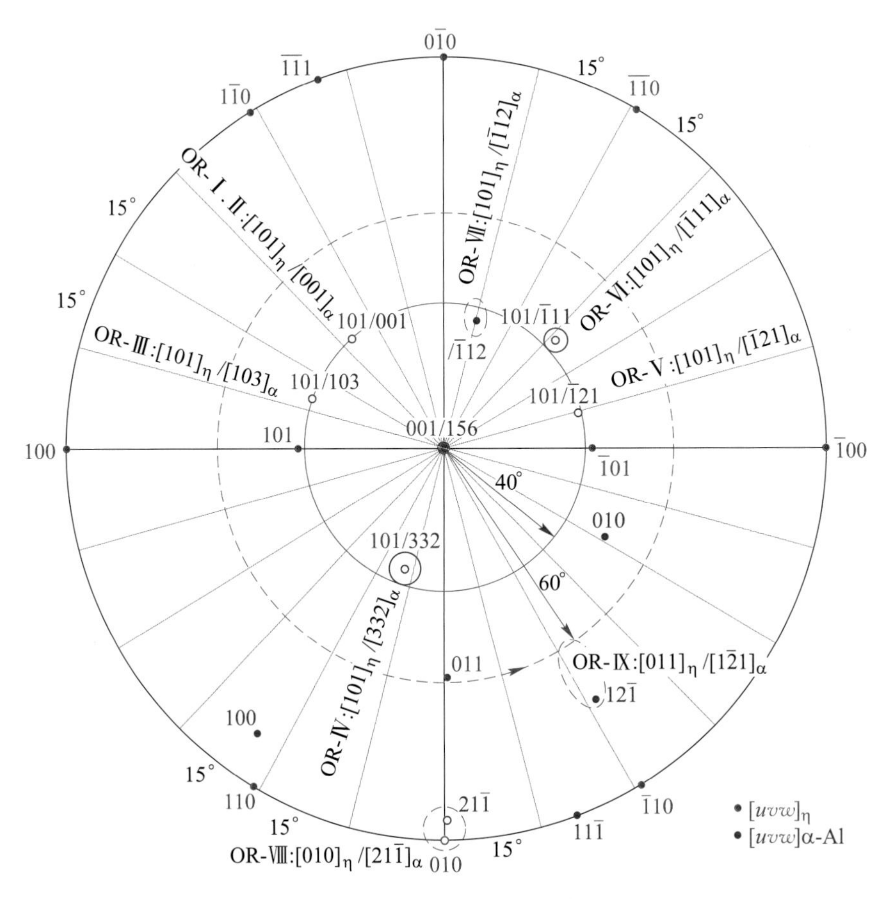

图 4.26 $[010]_{\eta}$ // $[156]_{\alpha}$ 晶向复合极射投影图

4.3.3 Al_6Mn 相

4.3.3.1 Al_6Mn 相的形态和成分

如前所述，Al_6Mn 相的晶体结构为正交点阵[33]，其结构示意图如图 3.3 所示。图 4.27（a）所示为 5056 合金中 Al_6Mn 相在 $[1\bar{1}0]$ 位向下的 HADDF-STEM 原子像，表明 $[1\bar{1}0]$ 位向下原子排列状况，其中 $R_{[001]}$ = 0.88nm，$R_{[110]}$ = 0.99nm，与表 3.4 相一致。图 4.27（b）所示为 $[1\bar{1}0]$ 位向下原子排列投影图，图中黑色圆圈标记部分的原子排列投影

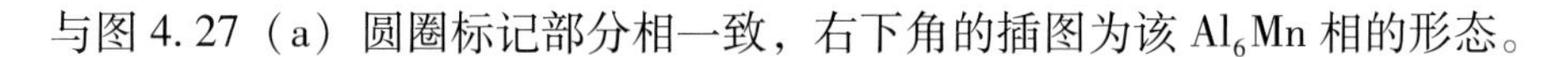
与图4.27（a）圆圈标记部分相一致，右下角的插图为该 Al_6Mn 相的形态。

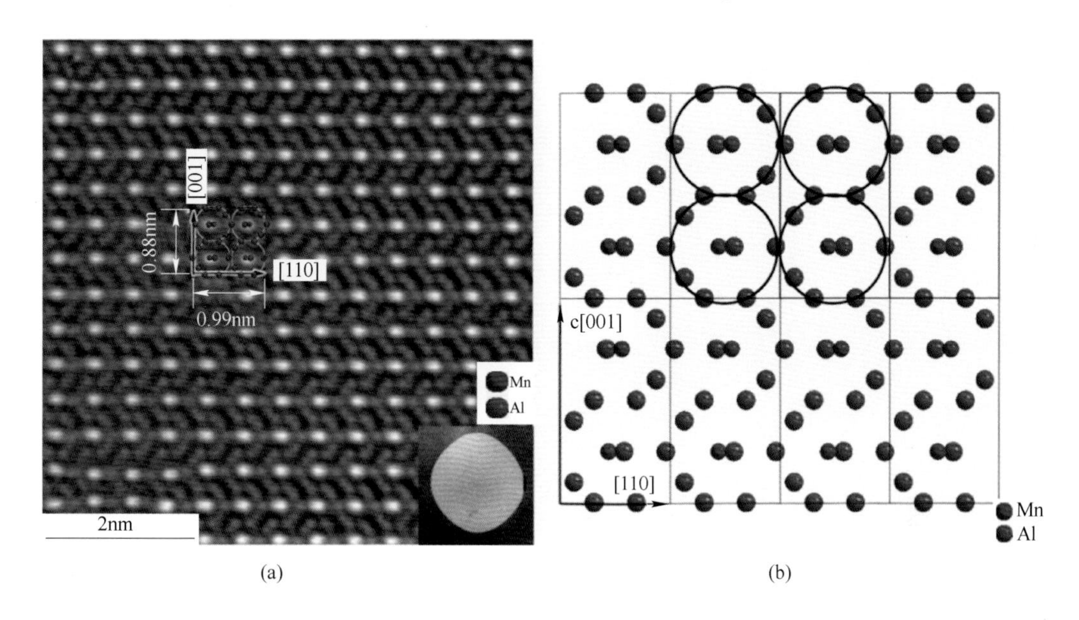

图4.27　$Al_6(Mn,Fe)$相 HADDF-STEM 原子像(a)和[$1\bar{1}0$]位向下原子排列投影图（b）

表4.11为 Al_6Mn 相颗粒在不同位向下的形态，大多数呈球状、块状或棒状，形状不规则，分布在铝基体的晶界或晶粒内，尺寸较大，最长约几个微米。当位向 $B=[100]$时，Al_6Mn 相呈长棒状（见表4.11中图1）；当位向 $B=[001]$时，Al_6Mn 相呈圆形或椭圆形，貌似它的截面形状（见表4.11中图2），没有明显的界面；当位向 $B=\{110\}$时，Al_6Mn 相似棒状或球状，形状不规则（见表4.11中图3~图6）。

表4.11　$Al_6(Mn,Fe)$相颗粒在不同位向下的形态

不同位向下 $Al_6(Mn,Fe)$ 形态	
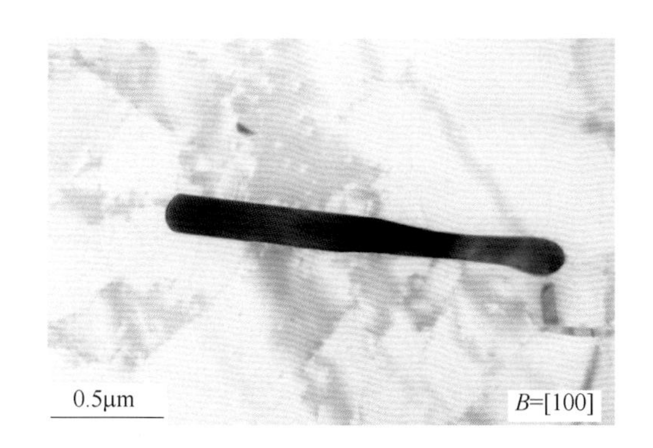 图1　合金及状态：5083-H112 态 组织特征：棒状，尺寸较大	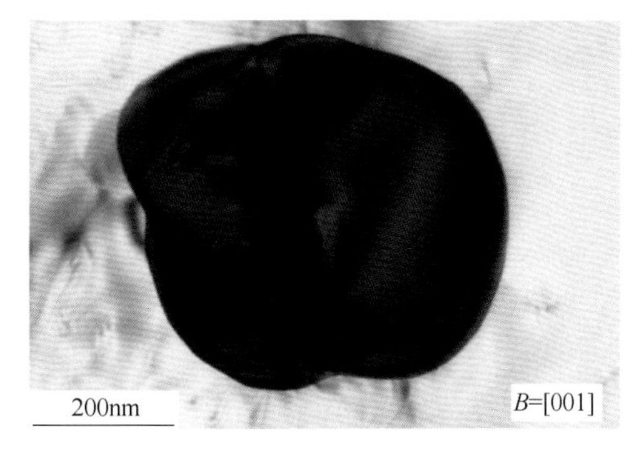 图2　合金及状态：5083-H112 态 组织特征：球状，似“横截面”

续表 4.11

不同位向下 $Al_6(Mn,Fe)$ 形态

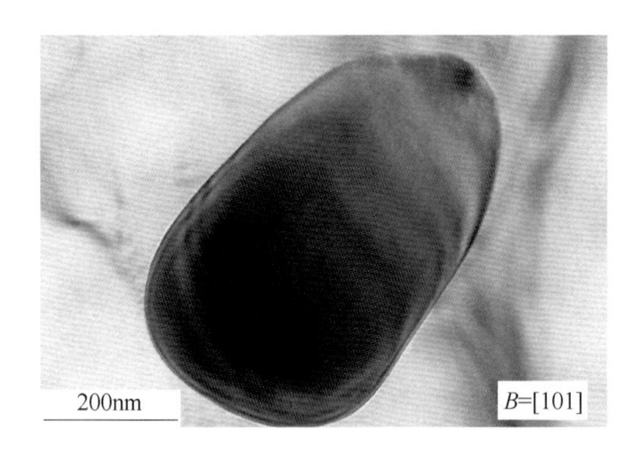

图 3 合金及状态：5056-O 态
组织特征：似球状，规则不形状

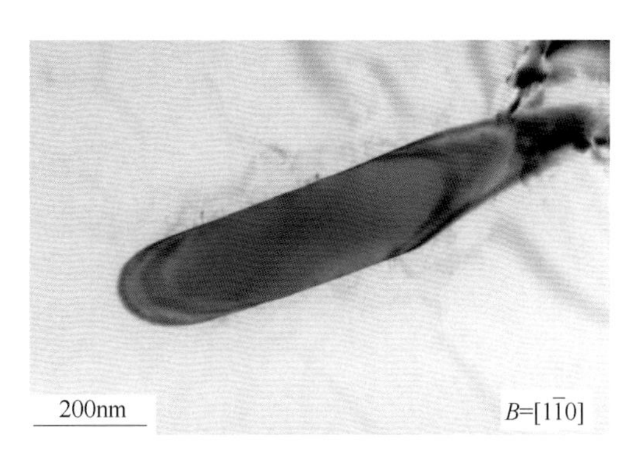

图 4 合金及状态：5083-H112 态
组织特征：棒状

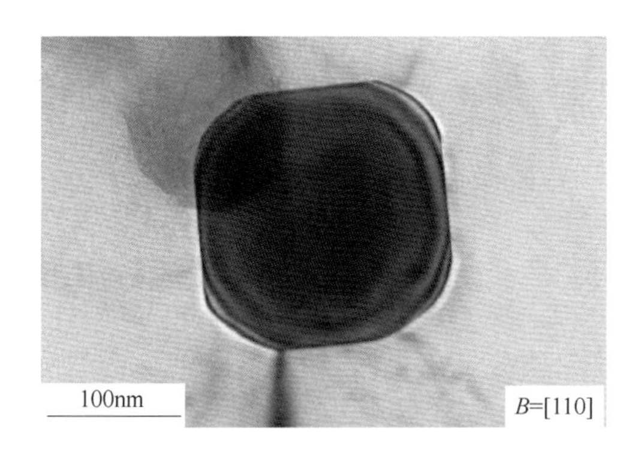

图 5 合金及状态：5052-O 态
组织特征：球状

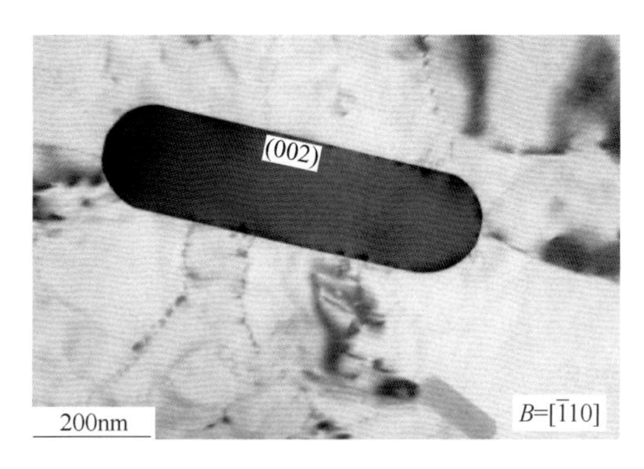

图 6 合金及状态：5083-H112 态
组织特征：棒状，存在一组平直界面

注：图中右下角处 $B=[uvw]$ 表示电子束方向，即 Al_6Mn 相的晶带轴，也即观察方向。

Al_6Mn 相的能量色散谱（EDS）如图 3.4（b）所示，主要由 Al 和 Mn 元素组成；若 Al_6Mn 相尺寸较大，Fe 含量较高。一般来说，Al_6Mn 相中 Mn 含量介于 θ-$Al_{45}(Mn,Cr)_7$ 相和 η-$Al_5(Mn,Cr)$ 相之间。

4.3.3.2 $Al_6(Mn,Fe)$ 相与 α-Al 基体之间的位向关系

Al_6Mn 相与 α-Al 基体的位向关系（OR）被报道的有如下几种：

（1）$[001]_{Al_6Mn}//[110]_{\alpha}$，$\{110\}_{Al_6Mn}//\{111\}_{\alpha}$[23]；

（2）$[\bar{2}10]_{Al_6Mn}//[100]_{\alpha}$，$(001)_{Al_6Mn}//(0\bar{1}1)_{\alpha}$[24]；

（3）$[\bar{2}\bar{1}1]_{Al_6Mn}//[001]_{\alpha}$，$(1\bar{1}1)_{Al_6Mn}//(110)_{\alpha}$[25]；

（4）$[\bar{2}11]_{Al_6Mn}//[1\bar{1}2]_{\alpha}$，$(111)_{Al_6Mn}//(110)_{\alpha}$[25]；

（5）$[\bar{1}10]_{Al_6Mn}//[21\bar{1}]_{\alpha}$，$(001)_{Al_6Mn}//(3\bar{1}5)_{\alpha}$[12]；

(6) $[\bar{1}00]_{Al_6Mn}$ // $[130]_\alpha$，$(001)_{Al_6Mn}$ // $(3\bar{1}5)_\alpha$ [12,26]。

图4.28所示为5083铝合金H116加工态组织中 Al_6Mn 相的形态与基体 α-Al 的复合选区电子衍射花样，其中图4.28（b）表明 Al_6Mn 相的 $[100]$ 晶带轴近似平行于 α-Al 的 $[100]_\alpha$ 晶带轴，Al_6Mn 相的 (042) 衍射矢量平行于 α-Al 的 $(111)_\alpha$ 衍射矢量，因此 Al_6Mn 相与基体α-Al 的位向关系可写成：

$$\text{OR-I}: [100]_{Al_6Mn} / [11\bar{2}]_\alpha, (042)_{Al_6Mn} // (111)_\alpha$$

图4.28（c）和（d）是另外两个 Al_6Mn 颗粒与 α-Al 基体的复合选区电子衍射花样，它们之间的位向关系可描述为：

$$\text{OR-II}: [\bar{1}10]_{Al_6Mn} / [21\bar{1}]_\alpha, (221)_{Al_6Mn} 4.26° // (1\bar{1}1)_\alpha$$

$$\text{OR-III}: [\bar{3}10]_{Al_6Mn} / [\bar{1}12]_\alpha, (13\bar{1})_{Al_6Mn} 2.4° / (\bar{1}1\bar{1})_\alpha$$

因此 Al_6Mn 相与基体 α-Al 之间的位向关系具有多样性。

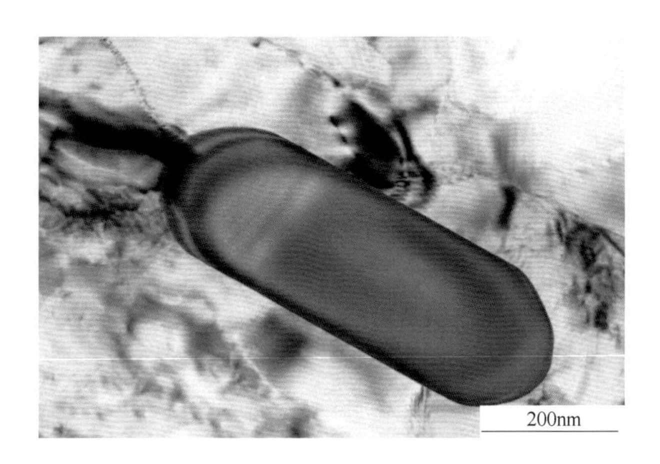

(a)

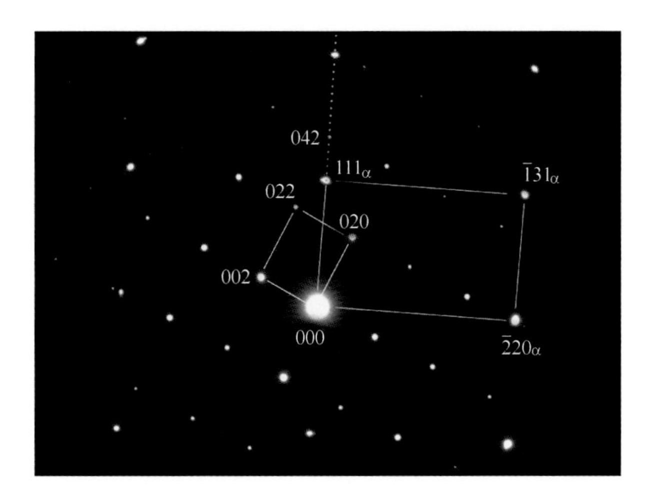

(b)

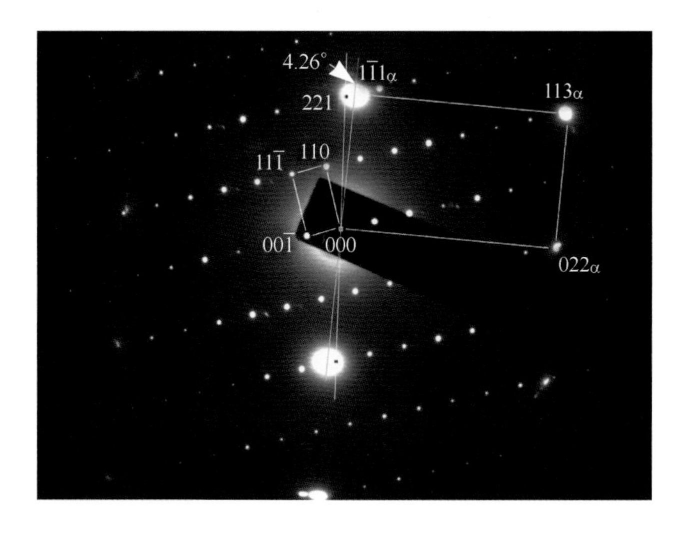

(c)

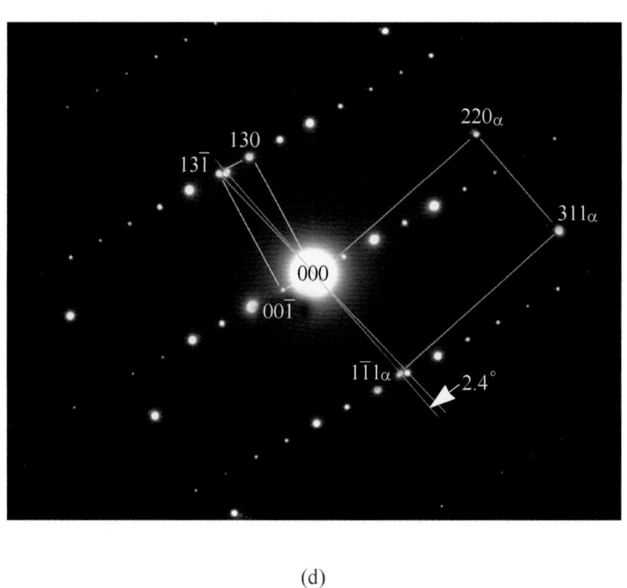

(d)

图 4.28 Al_6(Mn,Fe)相颗粒与 α-Al 基体的复合衍射花样

(a) (Mn,Fe)Al_6 相的形态；(b) SADP，$B=[100]_{Al_6Mn}/[11\bar{2}]_\alpha$；

(c) SADP，$B=[\bar{1}10]_{Al_6Mn}/[21\bar{1}]_\alpha$；(d) SADP，$B=[\bar{3}10]_{Al_6Mn}/[\bar{1}12]_\alpha$

4.3.4 六方相的形态及电子衍射花样

除上述介绍的 θ-Al_{45}(Mn,Cr)$_7$ 相、η-Al_5(Mn,Cr)相和 Al_6Mn 相外，镁含量较高的5×××铝合金中还存在另一种弥散相[14]。图 4.29 所示为 5056 铝合金退火态组织中弥散相的形态以及与之对应的电子衍射花样。该弥散相颗粒呈现六边形形态，轮廓清晰，界面平直，其正六边形衍射花样说明该类弥散相的晶体结构可能为立方结构或六方结构，如图 4.29（b）所示。

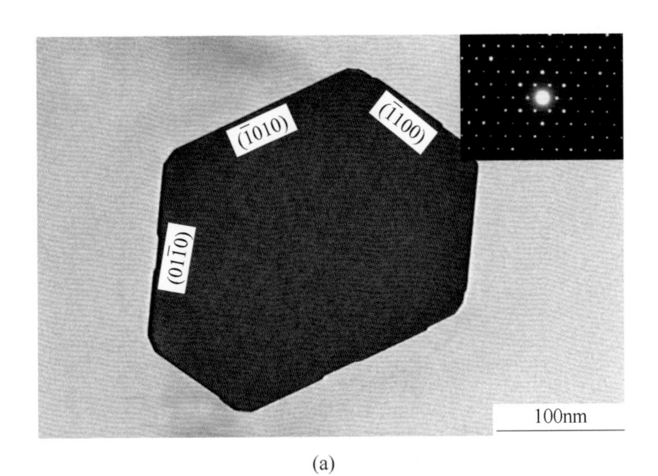

(a)

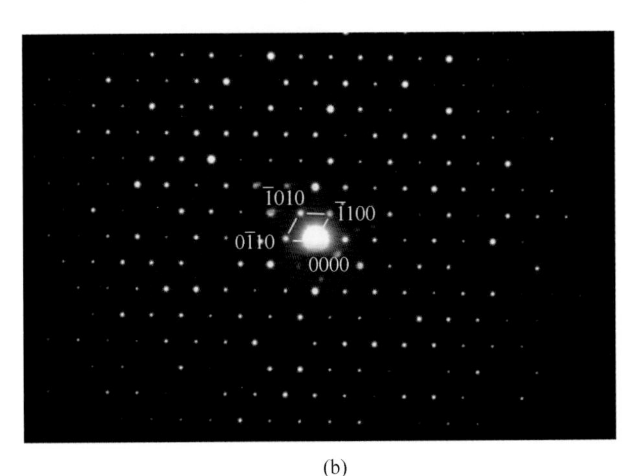

(b)

图 4.29 5056-H112 态加工组织

（a）六边形颗粒形态，存在三组平直界面；（b）图(a)颗粒的衍射花样，B=[0001]；

图 4.30（a）所示为 5056 铝合金退火态组织中该类弥散相在另一位向下的矩形形态，存在两组平直界面，颗粒内部出现一系列与界面平行的条纹，其条纹区域（见图 4.30（a）圆圈部位）的放大像如图 4.30（b）所示，层错交集；图 4.30（c）所示为该六方弥散相能量色散谱线，由 Al、Mn 和 Mg 等元素组成；图 4.30（d）所示为图 4.30（a）相对应的电子衍射花样，衍射花样中出现六方晶体结构常见的消光斑点(0001)，初步断定该类弥散相为六方结构。为进一步确定此颗粒相的晶体结构，绕衍射矢量(0002)依次定向倾转 11.0°和 19.0°，分别获得图 4.30（e）和（f）所示的电子衍射花样；图 4.30（g）是绕图 4.30（f）中另一低指数衍射矢量(10$\bar{1}$0)倾转 13.5°获得的电子衍射花样。通过倒空间阵点三维重构，确定该矩形颗粒相为六方结构，晶胞大小 a=1.7854nm，c=1.274nm，γ=120°。

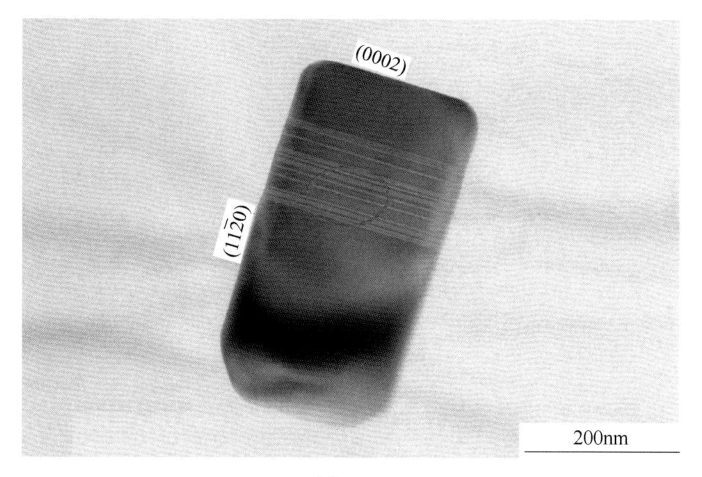

(a)

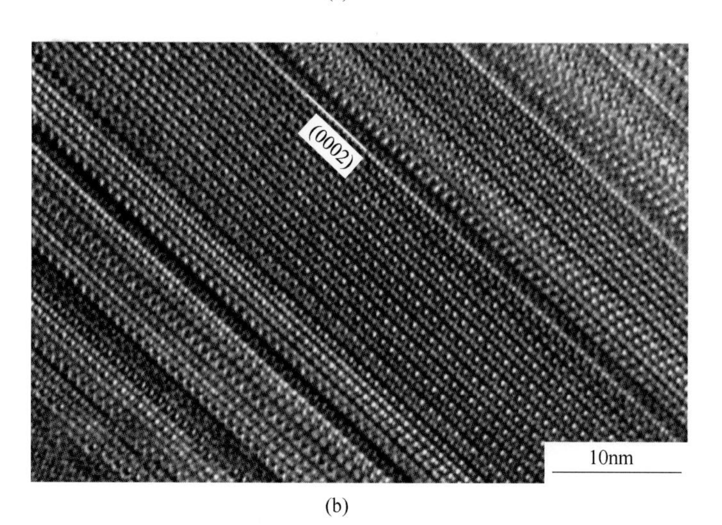

(b)

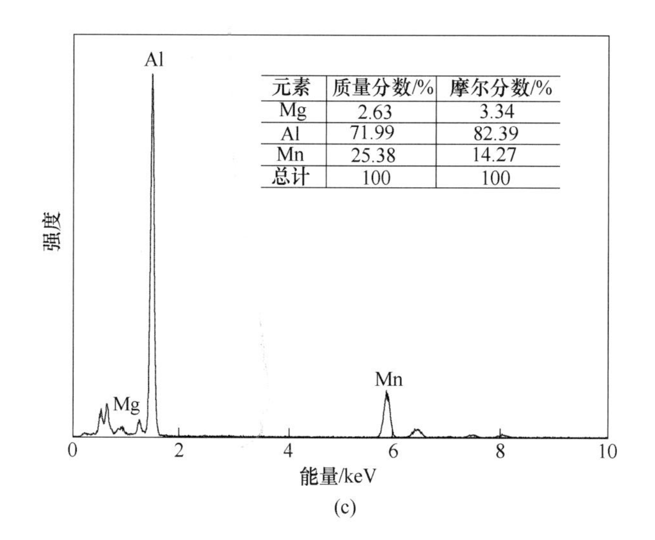

元素	质量分数/%	摩尔分数/%
Mg	2.63	3.34
Al	71.99	82.39
Mn	25.38	14.27
总计	100	100

(c)

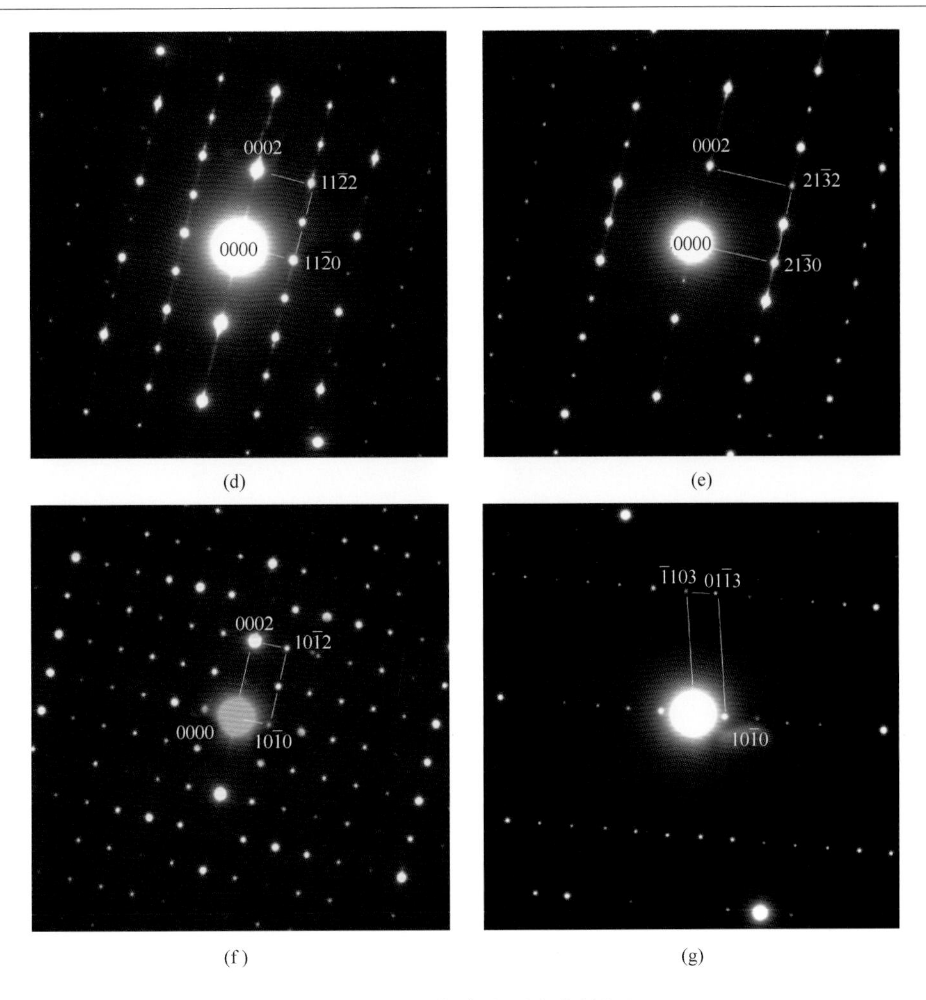

图 4.30　5056 铝合金退火态的组织

(a) 矩形状形态，$B=[1\bar{1}00]$；(b) 图(a)圆圈部分的放大像（因放大倍数变化，图(a)与图(b)约 30°的磁转角偏差）；(c) EDS 谱线；(d) SADP，$B=[1\bar{1}00]$；(e) SADP，$B=[4\bar{5}10]$；(g) SADP，$B=[1\bar{2}11]$；(f) SADP，$B=[1\bar{2}10]$

根据六方晶体结构晶面间距计算公式：

$$\frac{1}{d^2}=\frac{4(h^2+k^2+hk)}{3a^2}+\frac{l^2}{c^2} \tag{4.4}$$

可知该六方相常见的低指数晶面($hkil$)的面间距，见表 4.12。

表 4.12　六方相常见晶面的面间距

晶面($hkil$)	晶面间距 d/nm	晶面($hkil$)	晶面间距 d/nm
$(10\bar{1}0)$	1.5462	$(11\bar{2}0)$	0.8927
$(10\bar{1}1)$	0.9832	$(11\bar{2}1)$	0.7311
$(10\bar{1}2)$	0.5890	$(11\bar{2}2)$	0.5185
(0002)	0.6370	$(21\bar{3}1)$	0.5311
$(21\bar{3}0)$	0.5844	$(21\bar{3}2)$	0.4306

表 4.13 为六方相在不同位向下的形态以及相对应的高分辨像，颗粒轮廓清晰，形状规则，至少存在一组平直界面。高分辨像显示该类弥散相存在大量的层错或微孪晶缺陷，某些界面出现台阶。

表 4.13　六方相在不同位向下的形态

不同位向下六方相的形态

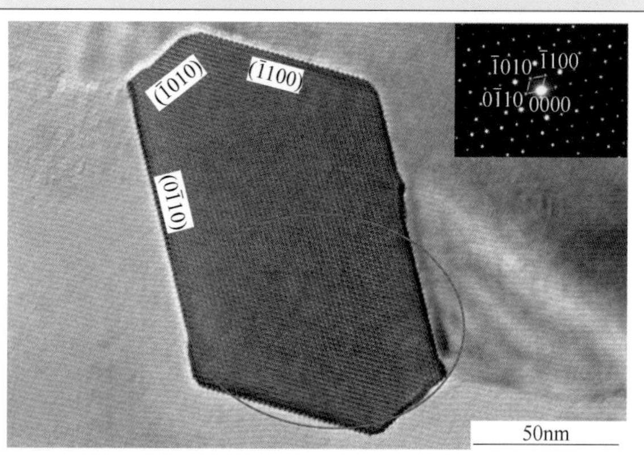

(a)

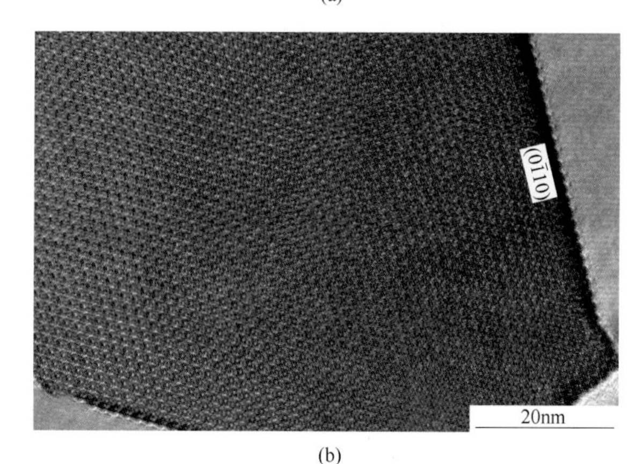

(b)

图 1　合金及状态：5083-H116 态

（a）组织特征：六边形，轮廓清晰，存在 3 组平直界面，界面指数由右上角插入的电子衍射花样 $B=[0001]$ 确定；（b）图(a)圆圈部分放大像，显示其晶格像

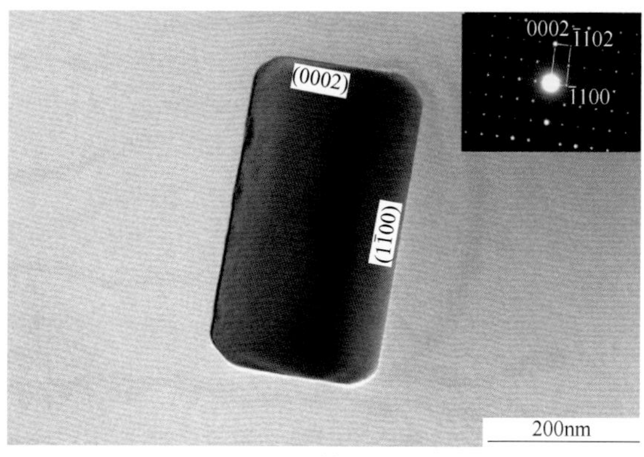

(a)

续表 4.13

不同位向下六方相的形态

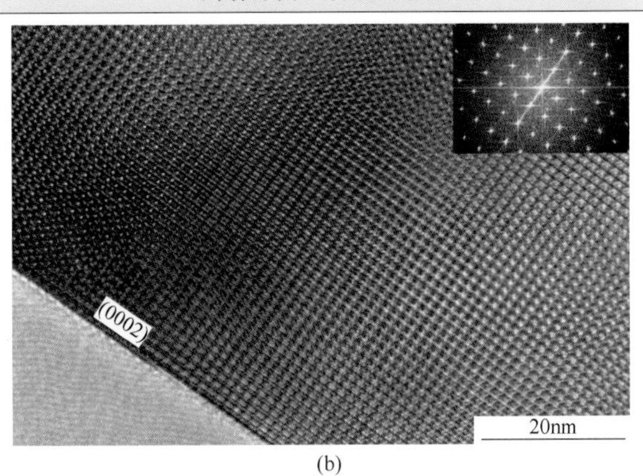

(b)

图 2　合金及状态：5056-O 态

(a) 组织特征：矩形状，界面清晰平直，两组平直界面为(0002)和($1\bar{1}00$)，右上角为其插入的电子衍射花样，$B=[11\bar{2}0]$；(b) 图(a)界面部分的放大像，显示其晶格像，右上角为其 FFT 衍射花样，$B=[11\bar{2}0]$（因放大倍数变化，图(a)与图(b)约 30°的磁转角偏差）

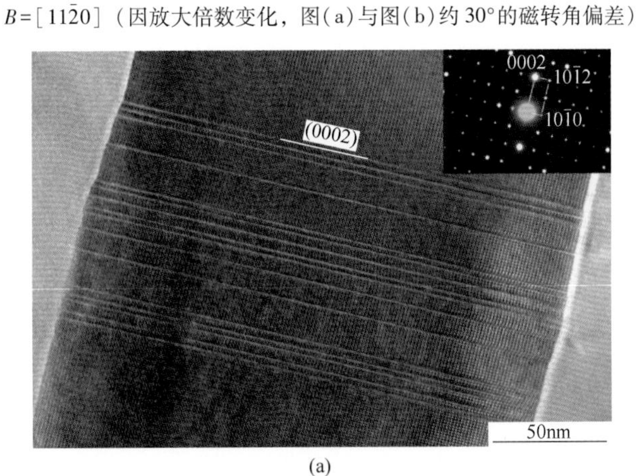

(a)

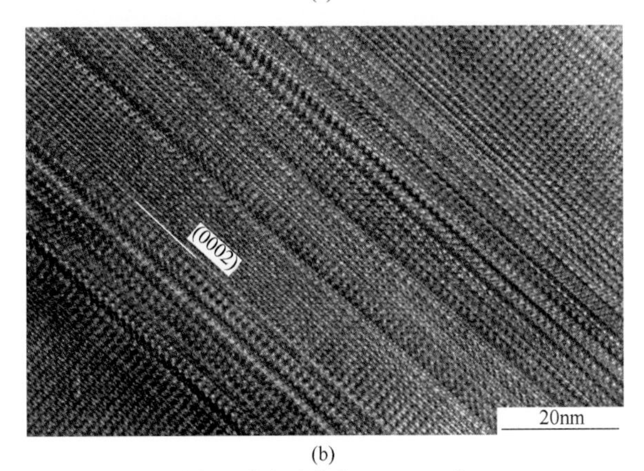

(b)

图 3　合金及状态：5056-O 态

(a) 组织特征：矩形，颗粒内部存在与界面（0002）平行的条纹，右上角为其插入的电子衍射花样，$B=[2\bar{1}\bar{1}0]$；(b) 图(a)中间部位的放大像，显示其晶格像和层错线（因放大倍数变化，图(a)与图(b)约 30°的磁转角偏差）

续表 4.13

不同位向下六方相的形态
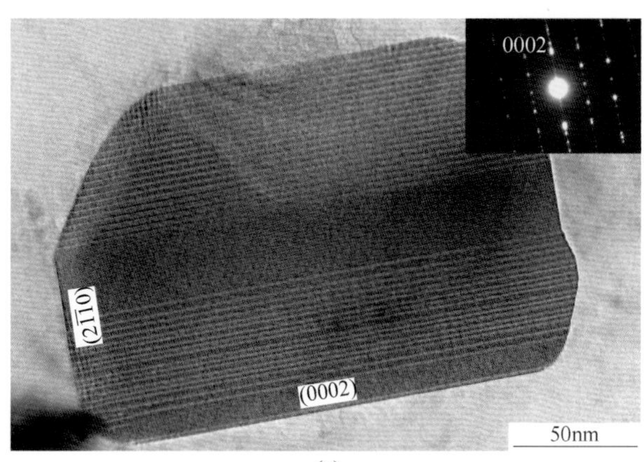 (a) 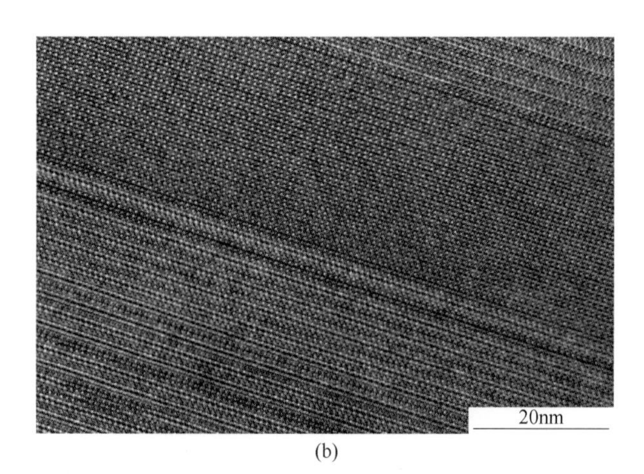 (b) 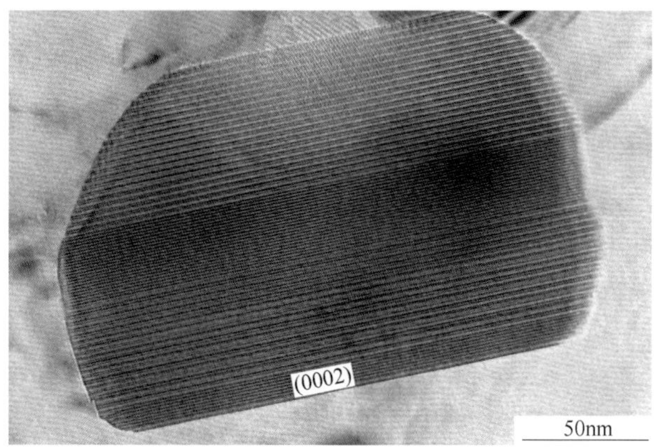 (c)

续表 4.13

不同位向下六方相的形态

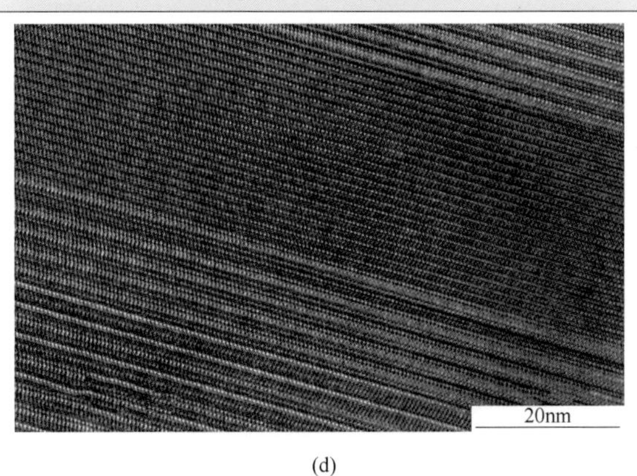

(d)

图 4　合金及状态：5083-H116 态

(a) 组织特征：矩形，轮廓清晰，存在两组平直界面，颗粒内部出现大量层错线，右上角为其插入的衍射花样，$B=[01\bar{1}0]$；(b) 图(a)中间部位的放大像（因放大倍数变化，图(a)与图 (b) 约 30°的磁转角偏差）；(c) 图(a)颗粒绕 (0002) 衍射矢量倾转 11.0°后的形态，仍存在一组平直界面(0002)，颗粒内部出现大量层错线，$B=[14\bar{5}0]$；(d) 图(c)中间部位的放大像，显示其晶格像和层错线（因放大倍数变化，图(c)与图(d)约 30°的磁转角偏差）

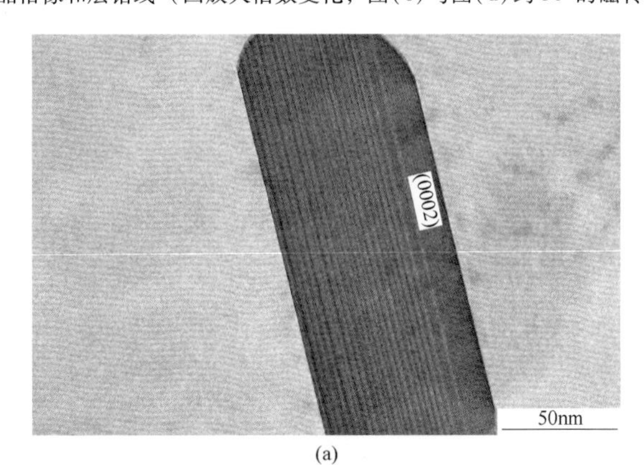

(a)

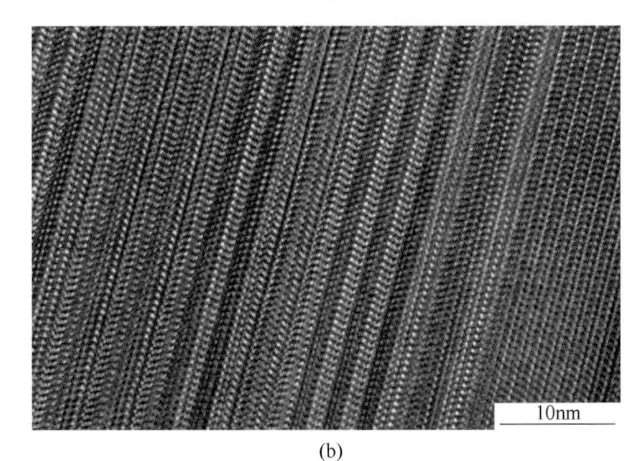

(b)

图 5　合金及状态：5083-O 态

(a) 组织特征：板条状，存在一组平直界面和平行于平直界面的层错线，颗粒内部出现大量层错线，$B=[\bar{5}410]$；(b) 图(a)中间部位的放大像，显示层错区域的形貌（因放大倍数变化，两者约 30°的磁转角偏差）

续表 4.13

不同位向下六方相的形态

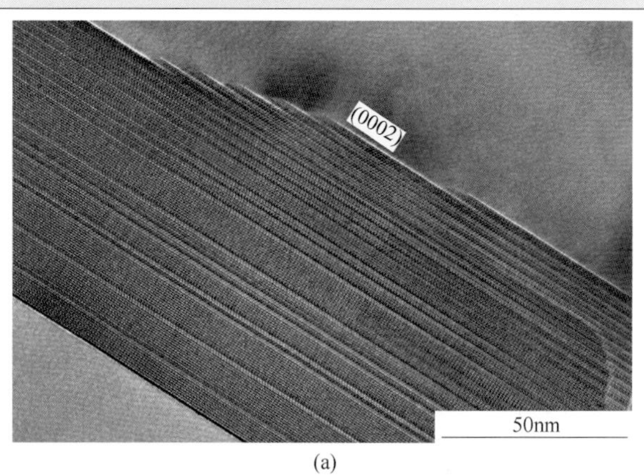

(a)

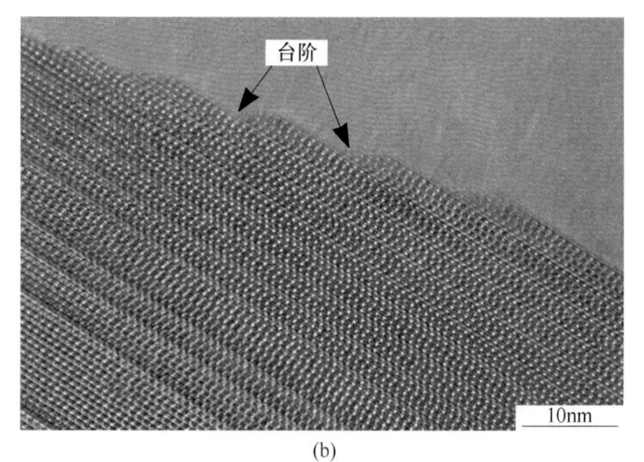

(b)

图 6 合金及状态：5083-H112 态

（a）组织特征：板条状，存在一组平直界面和平行于平直界面的层错线，并在(0002)界面上出现台阶，$B=[1\bar{1}00]$；（b）图(a)边界部位的放大像，显示(0002)界面的台阶形貌

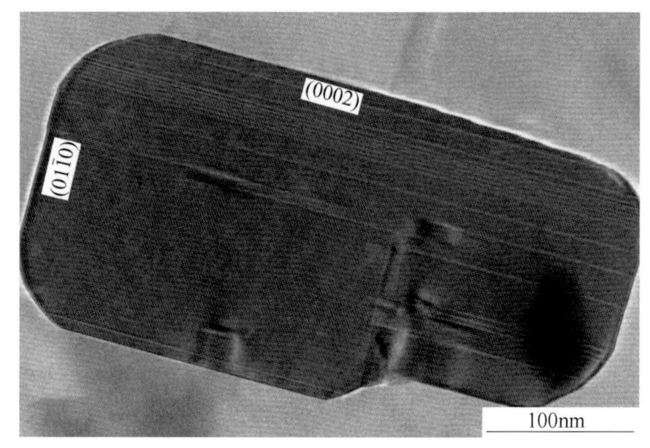

图 7 合金状态：5083-H112 态

组织特征：矩形，存在两组平直界面，并在较长界面(0002)出现台阶，$B=[2\bar{1}\bar{1}0]$

注：表中 $B=[uvw]$ 表示观察六方相的电子束方向。

综合考虑上述弥散相的形态特征，其形状示意图如图 4.31 所示，该六方结构的弥散相是横截面为六边形的棱柱体。关于其单位晶胞的原子数和其空间群有待进一步研究。

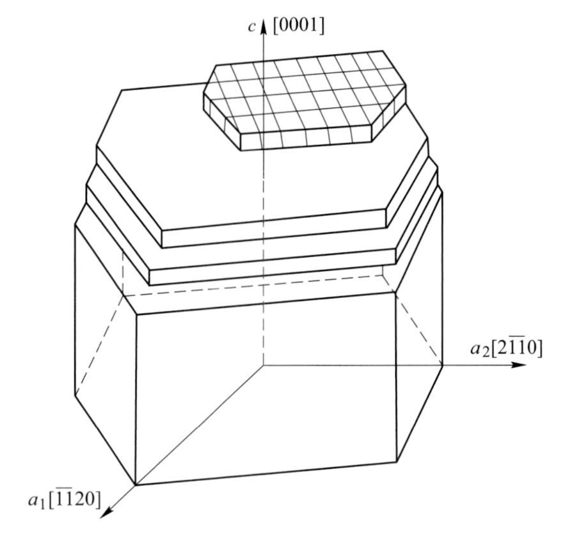

图 4.31　六方结构弥散相的形状示意图

4.3.5　其他弥散相或杂质相

在 5×××系合金中，$Al_{18}Mg_3(Mn\text{-}Cr)_2$ 相、$Al_{13}Fe_4$ 相和 Mn_3SiAl_{12} 相等也偶尔被观察到。

4.3.5.1　E-$Al_{18}Mg_3(Mn\text{-}Cr)_2$ 相

据 X 射线衍射卡片 JCPDF#00-051-09534 介绍，$Al_{18}Mg_3(Mn\text{-}Cr)_2$ 相为面心立方结构，空间群为 $Fd\text{-}3m$，晶格常数 $a=1.4517$nm，又称 E 相，图 4.32 所示为 E 相的晶胞结构示意图[27]，单位晶胞有 184 个原子，结构复杂。

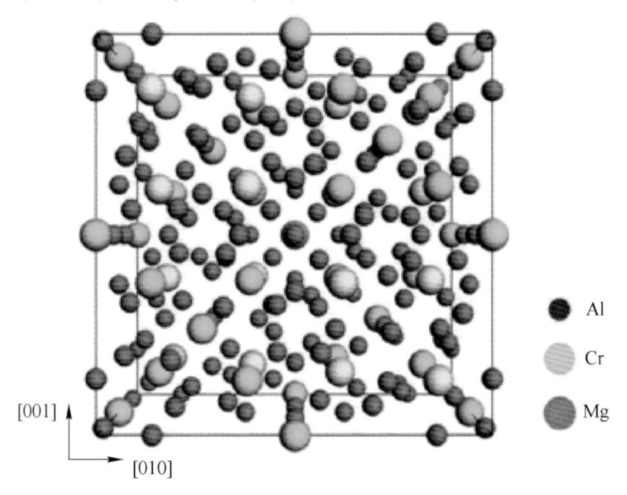

图 4.32　E-$Al_{18}Mg_3(Mn\text{-}Cr)_2$ 相晶胞结构示意图[27]

图 4.33（a）所示为 5056 合金退火态组织中 E-$Al_{18}Mg_3(Mn\text{-}Cr)_2$ 相在[110]下的形貌，形状不规则；图 4.33（b）所示为图 4.33（a）中间圆圈部分的放大像，可见其孪晶形貌，两部分孪晶 M 和 T 交错排列；图 4.33（c）所示为其相对应的孪晶衍射花样，晶带轴为

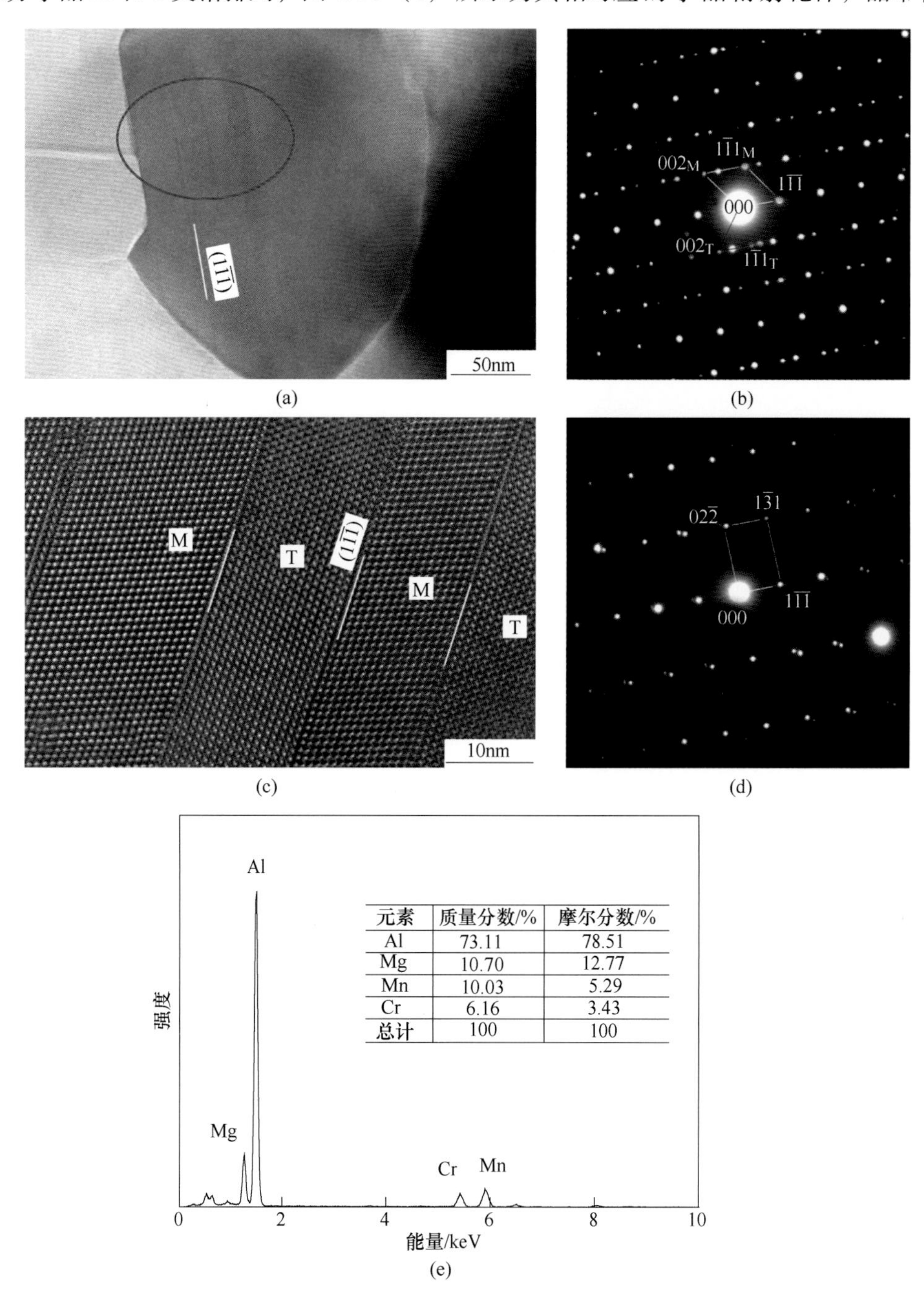

元素	质量分数/%	摩尔分数/%
Al	73.11	78.51
Mg	10.70	12.77
Mn	10.03	5.29
Cr	6.16	3.43
总计	100	100

图 4.33　5056 合金退火态组织

（a）$Al_{18}Mg_3(Mn\text{-}Cr)_2$ 相在[110]下的形态；（b）图(a)中间圆圈部位孪晶的放大像；（c）SADP，$B=[110]_M/[110]_T$；（d）倾转后的衍射花样，$B=[211]$；（e）$Al_{18}Mg_3(Mn\text{-}Cr)_2$ 相能量色散谱

$[110]_M/[110]_T$，公共衍射矢量$(1\overline{1}\overline{1})$，即孪晶面，与钢中奥氏体常见的{111}孪晶极为相似；若绕公共衍射矢量$(1\overline{1}\overline{1})$倾转 30.0°，出现图 4.33（d）所示的衍射花样，晶带轴 $B=[211]$，与具有面心结构的 E-$Al_{18}Mg_3(Mn\text{-}Cr)_2$ 相吻合；图 4.33（e）所示为其能量色散谱线，由 Al、Mg、Mn 和少量 Cr 元素组成，其元素原子比为 $Al_{78.51}Mg_{12.77}(Mn\text{-}Cr)_{8.72}$。

图 4.34（a）所示为 5083 合金 H116 态组织中 E-$Al_{18}Mg_3(Mn\text{-}Cr)_2$ 相的形态，晶粒内

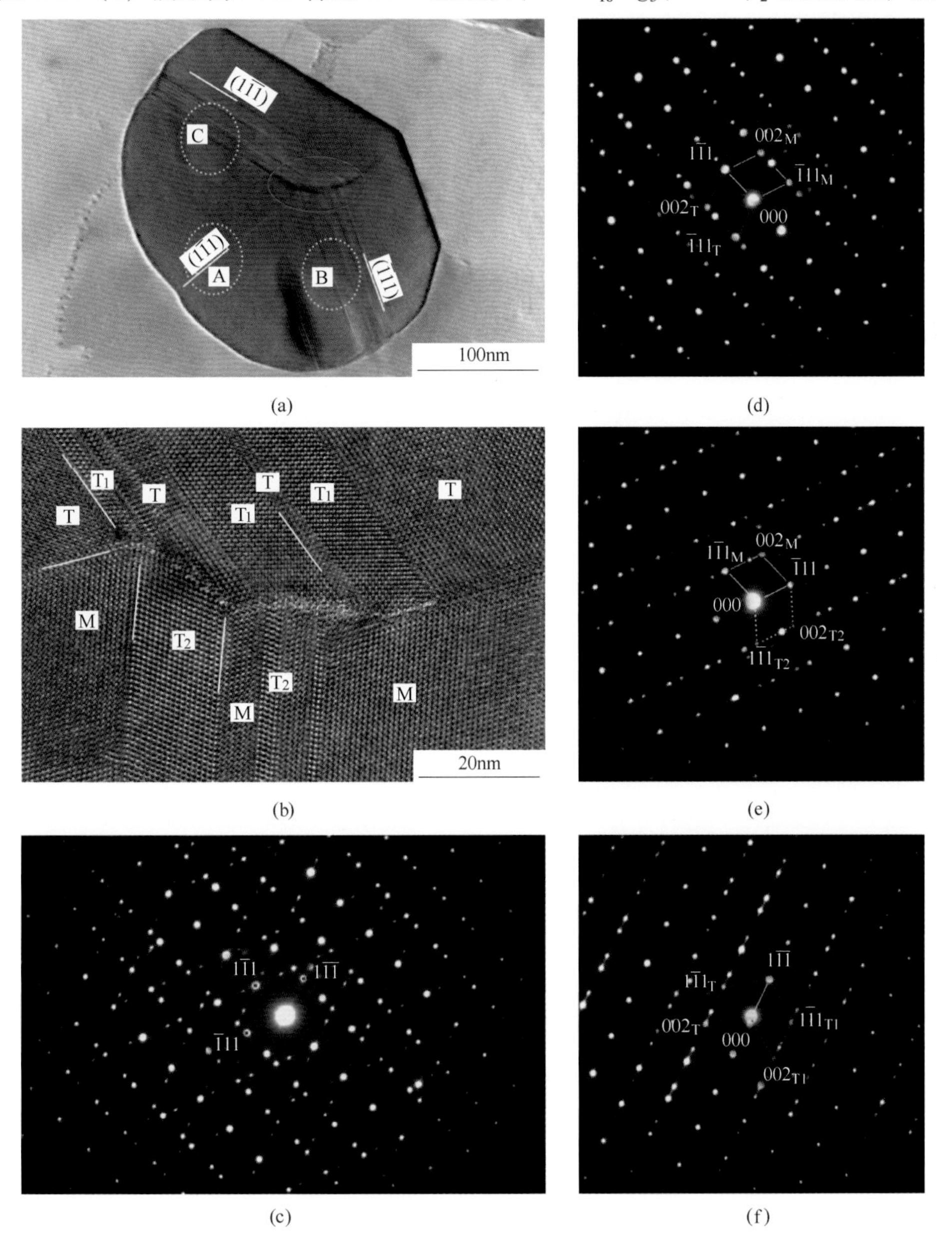

图 4.34　5083 合金 H116 态的组织

（a）E-$Al_{18}Mg_3(Mn\text{-}Cr)_2$ 相颗粒形态，$B=[110]$；（b）图(a)中间红线圆圈部分的放大像；（c）三重孪晶衍射花样，$B=[110]_M/[110]_T/[110]_{T1}/[110]_{T2}$；（d）区域 A 的孪晶衍射花样，$B=[110]_M/[110]_T$；（e）区域 B 的孪晶衍射花样，$B=[110]_M/[110]_{T2}$；（f）区域 C 的孪晶衍射花样，$B=[110]_T/[110]_{T1}$

部有 3 组条纹（白色线条所示）；图 4.34（b）所示为图 4.34（a）中间部位红色圆圈的放大像，显示孪晶 3 个变体的；图 4.34（c）所示为图 4.34（a）的衍射花样，初看起来，衍射花样十分复杂，事实上，该花样为$[110]_M/[110]_T$的三重孪晶花样；三重孪晶花样的分解如图 4.34（d）~（f）所示，孪晶面为$\{\bar{1}11\}$。

4.3.5.2　$Al_{13}Fe_4$ 相

据 X 射线衍射卡片 JCPDF#29-0042 介绍，$Al_{13}Fe_4$ 相为单斜结构，空间群为 *Cm*/2，单位晶胞有 100 个原子，晶格常数 $a=1.5489$nm，$b=0.8083$nm，$c=1.2476$，$\beta=107.7°$。图 4.35（a）所示为 5052 铝合金退火组织中 $Al_{13}Fe_4$ 相的形态，形状不规则；图 4.35（b）所示为其衍射花样，晶带轴 $B=[010]$；图 4.35（c）所示为图 4.35（a）中颗粒 1 的能量色散谱线，由 Al、Fe 和少量 Mn 元素组成，其元素原子比 $Al_{80.97}(Fe,Mn)_{19.03}$，与冶炼过程中产生反应的杂质化合物 $Al_{13}Fe_4$ 大致吻合；图 4.35（d）所示为图 4.35（a）中颗粒 2 的能量色散谱线，主要由 Al、Si、O 和 Mg 元素组成，考虑到铝基材因素，可能是冶炼过程中 SiO_2 的难溶杂质相。

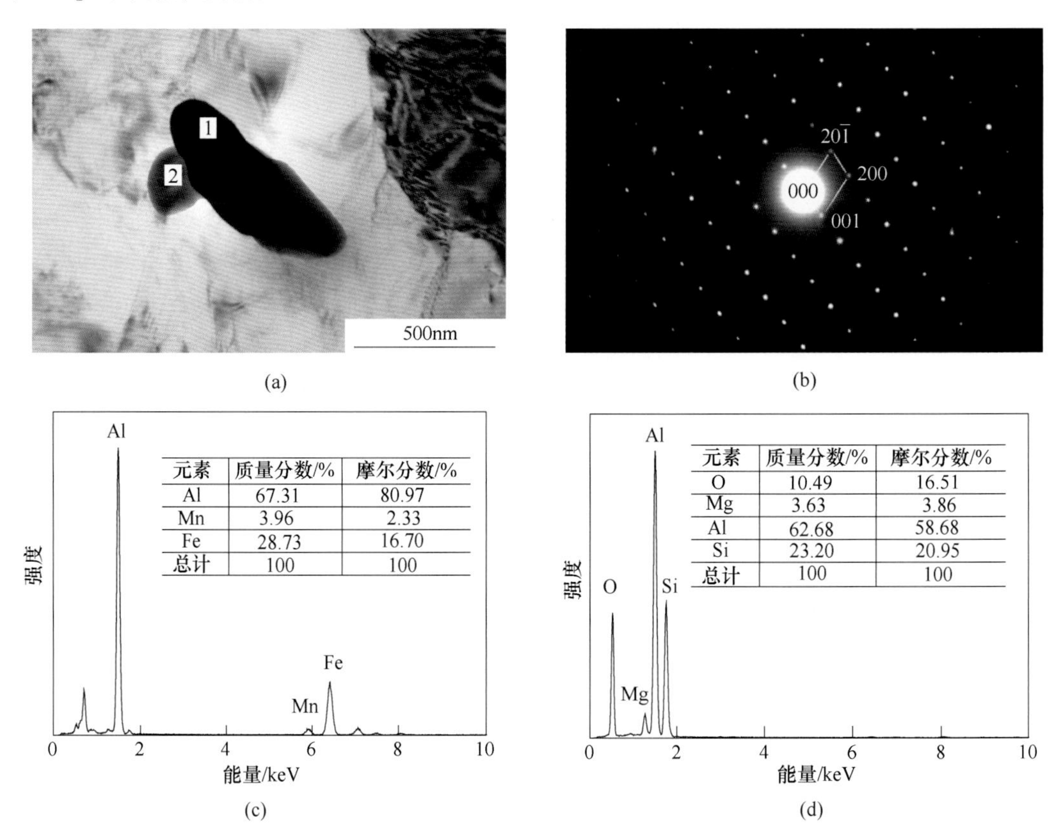

元素	质量分数/%	摩尔分数/%
Al	67.31	80.97
Mn	3.96	2.33
Fe	28.73	16.70
总计	100	100

元素	质量分数/%	摩尔分数/%
O	10.49	16.51
Mg	3.63	3.86
Al	62.68	58.68
Si	23.20	20.95
总计	100	100

图 4.35　5052 铝合金退火组织

（a）$Al_{13}Fe_4$ 相在$[010]$下的形态，$B=[010]$；（b）颗粒 1 的衍射花样，$B=Z=[010]$，$(001)\hat{}(200)=72.3°$，$(001)\hat{}(20\bar{1})=108.38°$；（c）颗粒 1 的 EDS 曲线；（d）颗粒 2 的 EDS 曲线

4.3.5.3 $Al_{12}Mn_3Si$ 相

5×××系铝合金组织中立方相 $Al_{12}Mn_3Si$ 的数量不多，一般出现在镁含量较低的 5××× 合金中，有球状或短棒状形态，尺寸约 100~400nm，形貌类似表 3.3 中所示。

4.4 常用 5×××系铝合金的电子金相图谱

常用 5×××系铝合金的电子金相图谱见表 4.14。

表 4.14 常用 5×××系铝合金的电子金相图谱

电子金相图

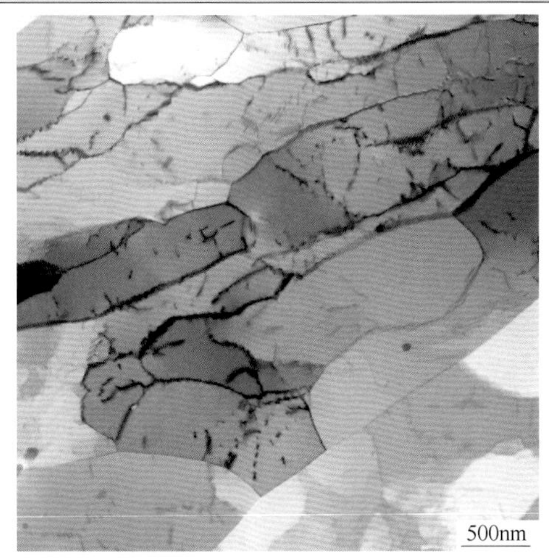

图 1 合金及状态：5052-O 态
组织特征：α-Al 基体的晶粒大小不一致，其间分布极少量的第二相颗粒

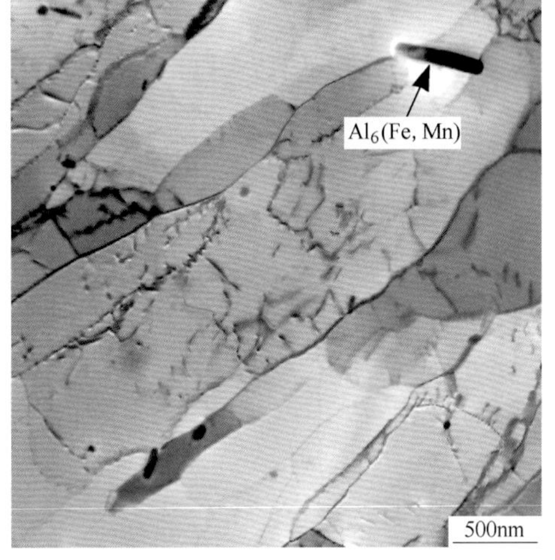

图 2 合金及状态：5052-O 态
组织特征：α-Al 基体的晶粒大小不一致，其间分布少量的第二相颗粒

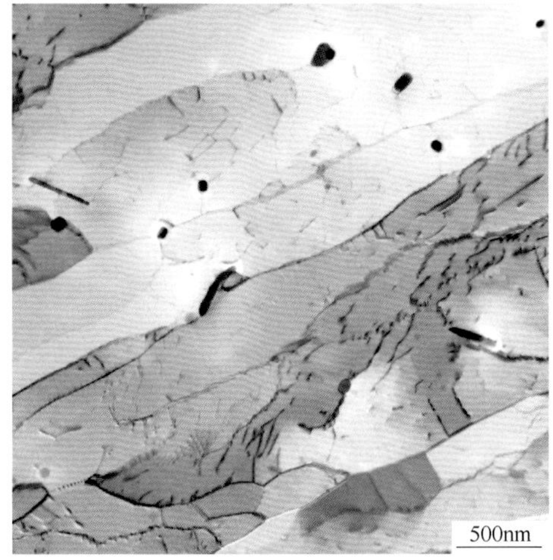

图 3 合金及状态：5052-O 态
组织特征：α-Al 基体的晶粒内和晶界上分布少量的第二相颗粒，铝基体的晶粒大小不一致

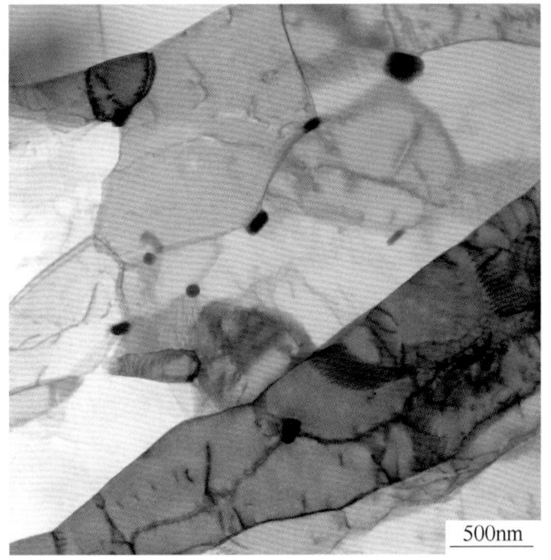

图 4 合金及状态：5052-O 态
组织特征：α-Al 基体的晶粒内和晶界上分布少量的第二相颗粒，铝基体的晶粒大小不一致

续表 4.14

电子金相图

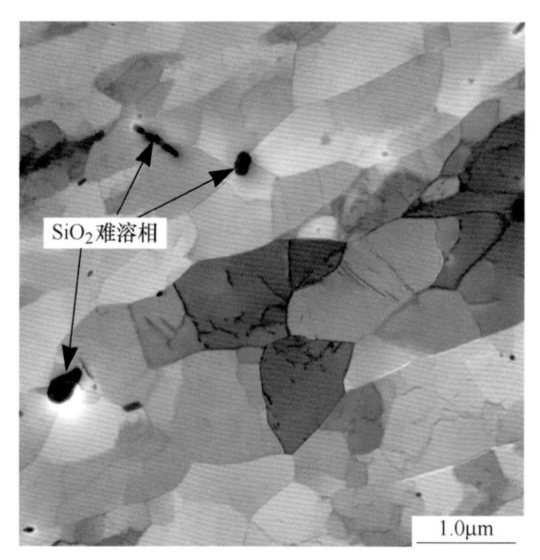

图 5　合金及状态：5052-O 态

组织特征：α-Al 基体的晶粒大小不一致，其间分布极少量的 SiO_2 难溶相，其 EDS 谱线与图 4.35（d）相似

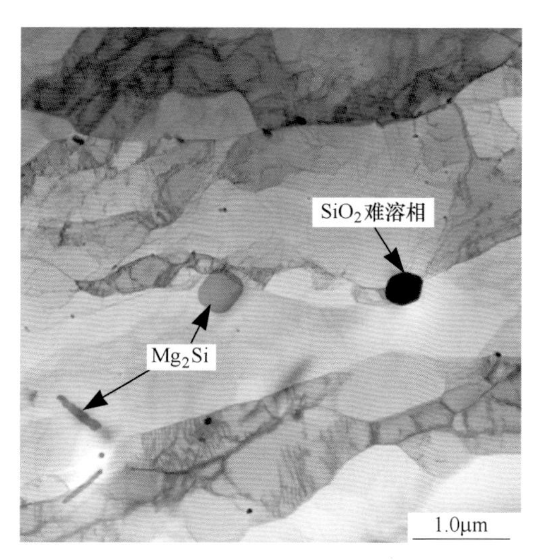

图 6　合金及状态：5052-O 态

组织特征：α-Al 基体的晶粒内和晶界上分布少量的第二相颗粒，铝基体的晶粒大小不一致

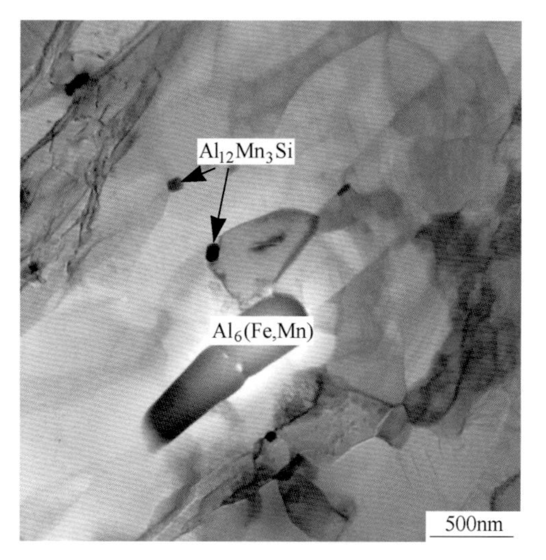

图 7　合金及状态：5052-O 态

组织特征：α-Al 基体中分布少量粗大的 $Al_6(Fe,Mn)$ 相和球状 $Al_{12}Mn_3Si$ 相颗粒，铝基体的晶粒大小不一致

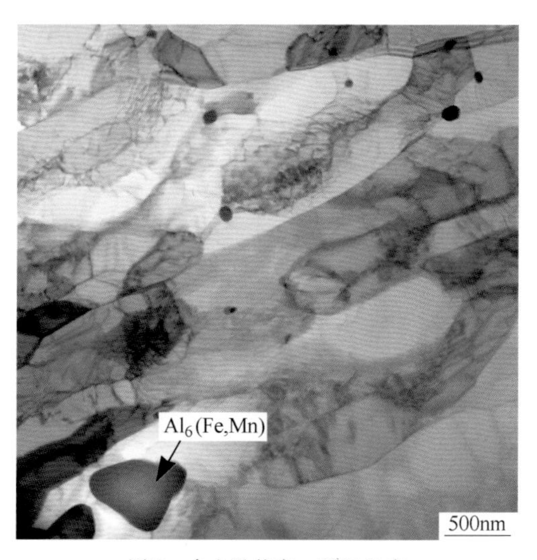

图 8　合金及状态：5052-R 态

组织特征：α-Al 基体的晶粒内和晶界上分布少量的第二相颗粒，铝基体的晶粒大小不一致

续表 4.14

电子金相图

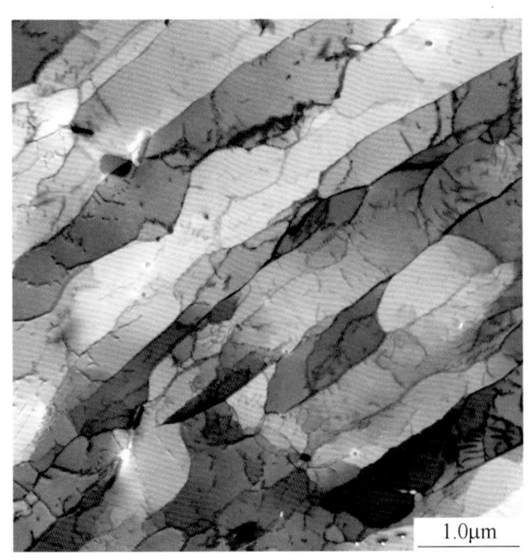

图 9　合金及状态：5052-R 态

组织特征：α-Al 基体的晶粒大小不一致，似带状组织，其间分布极少量的第二相颗粒

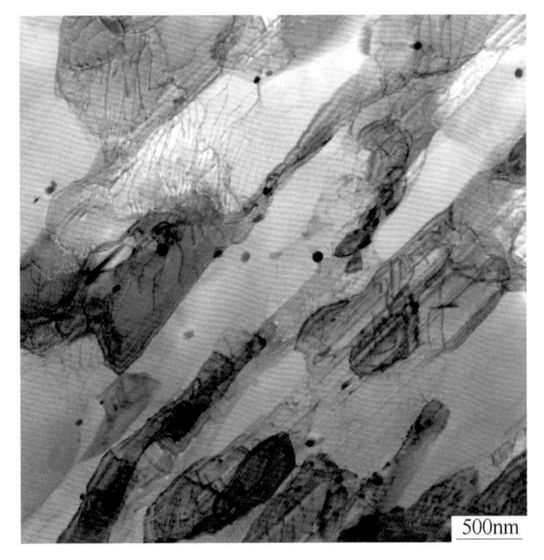

图 10　合金及状态：5052-R 态

组织特征：α-Al 基体的晶粒大小不一致，似带状组织，其间分布少量第二相颗粒，似球状或短棒状，形状不规则

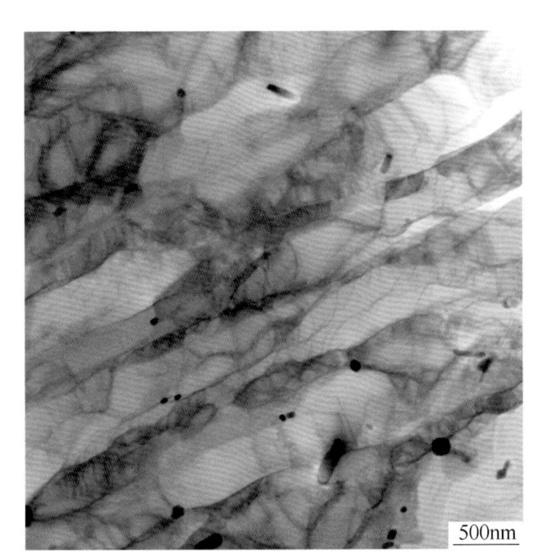

图 11　合金及状态：5052-R 态

组织特征：α-Al 基体的晶粒大小不一致，似带状组织，其间分布少量的第二相颗粒

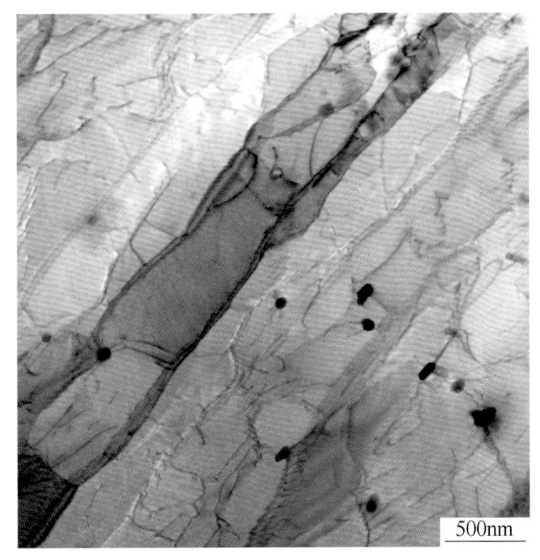

图 12　合金及状态：5052-R 态

组织特征：α-Al 基体的晶粒大小不一致，似带状组织，其间分布少量的第二相颗粒

续表 4.14

电子金相图

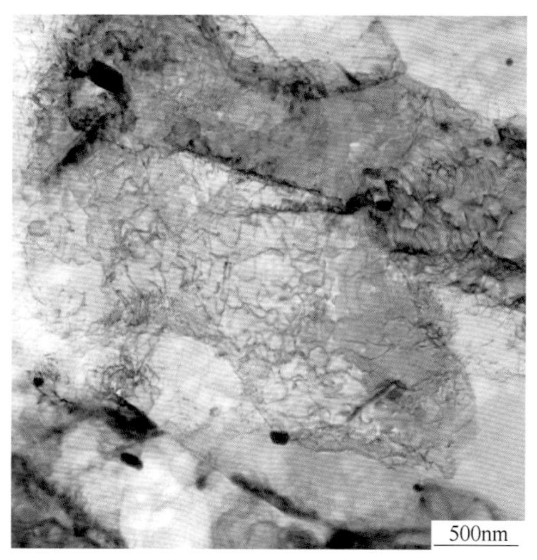

图 13　合金及状态：5052-R 态
组织特征：α-Al 基体的晶粒内位错线互相缠结，其间分布少量的第二相颗粒，似球状或短棒状，形状不规则

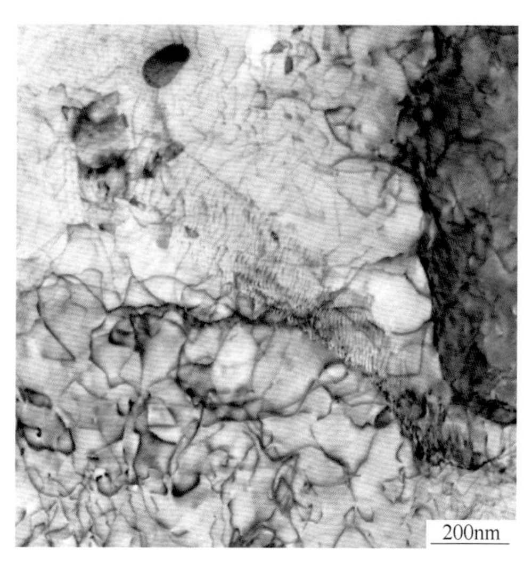

图 14　合金及状态：5052-R 态
组织特征：α-Al 基体的晶粒内位错线互相缠结，其间分布少量的第二相颗粒，似球状或短棒状，形状不规则

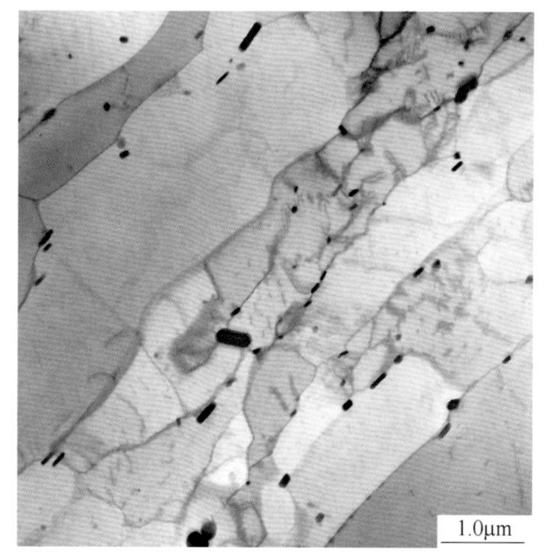

图 15　合金及状态：5083-O 态
组织特征：α-Al 基体的晶粒内和晶界上分布部分第二相颗粒，似球状或短棒状，形状不规则，铝基体的晶粒大小不一致

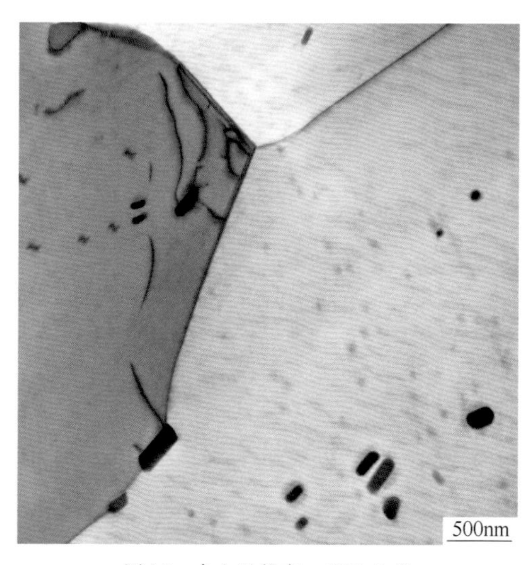

图 16　合金及状态：5083-O 态
组织特征：α-Al 基体的晶粒内和晶界上分布部分第二相颗粒，似球状或短棒状，形状不规则

续表4.14

电子金相图

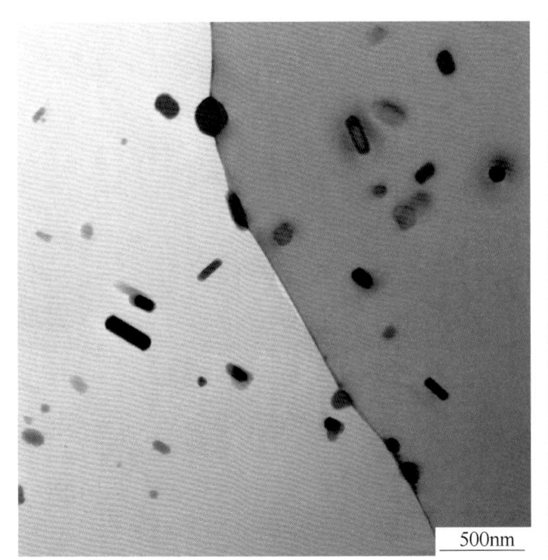

图17 合金及状态：5083-O态

组织特征：α-Al基体的晶粒内和晶界上分布棒状η-$Al_5(Mn,Cr)$相和球状θ-$Al_{45}(Mn,Cr)_7$相

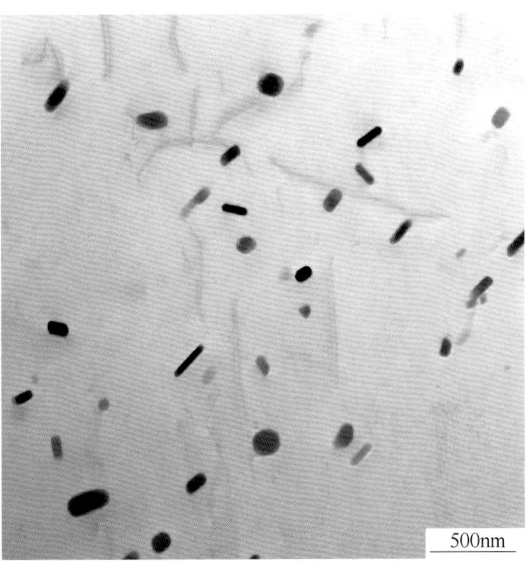

图18 合金及状态：5083-O态

组织特征：α-Al基体的晶粒内分布棒状η-$Al_5(Mn,Cr)$相和少量球状的θ-$Al_{45}(Mn,Cr)_7$相

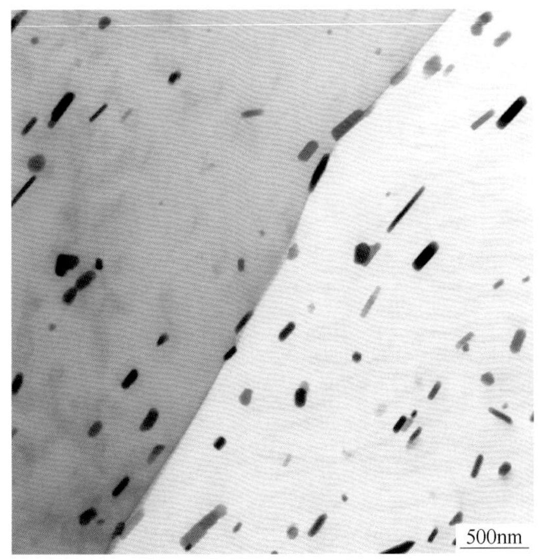

图19 合金及状态：5083-O态

组织特征：α-Al基体的晶粒内和晶界上分布棒状η-$Al_5(Mn,Cr)$相和球状θ-$Al_{45}(Mn,Cr)_7$相

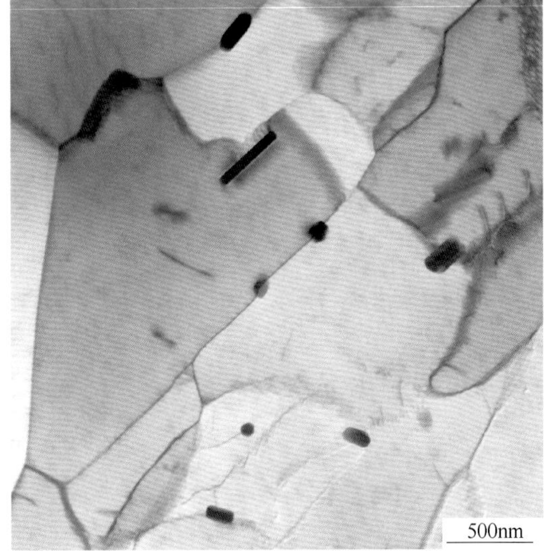

图20 合金及状态：5083-O态

组织特征：α-Al基体的晶粒内和晶界上分布棒状η-$Al_5(Mn,Cr)$相和球状θ-$Al_{45}(Mn,Cr)_7$相，铝基体的晶粒大小不一致

续表 4.14

电子金相图

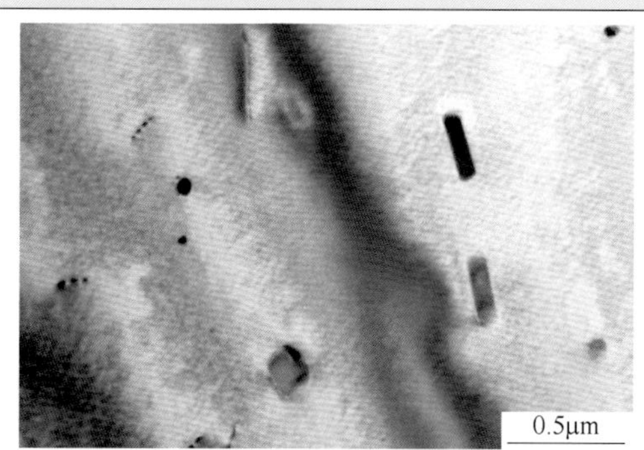

图 21　合金及状态：5083-O 态

组织特征：α-Al 基体中分布棒状 η-Al_5(Mn,Cr)相和球状 θ-Al_{45}(Mn,Cr)$_7$ 相

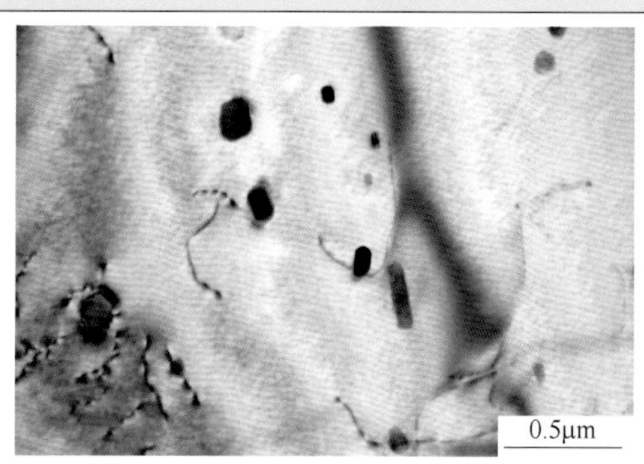

图 22　合金及状态：5083-O 态

组织特征：α-Al 基体中分布球状 θ-Al_{45}(Mn,Cr)$_7$ 相和条状 η-Al_5(Mn,Cr)相

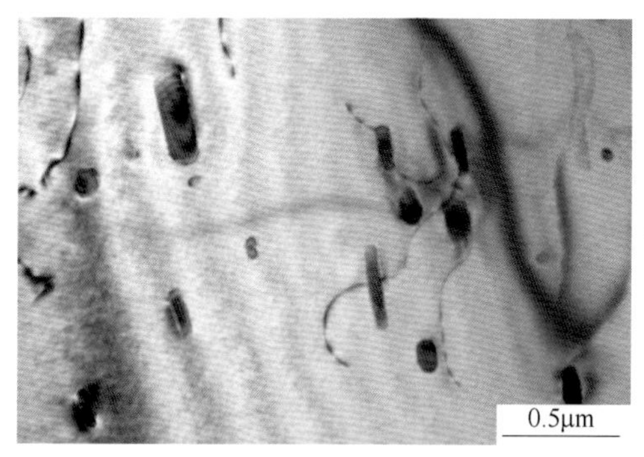

图 23　合金及状态：5083-O 态

组织特征：α-Al 基体中分布棒状 η-Al_5(Mn,Cr)相和球状 θ-Al_{45}(Mn,Cr)$_7$ 相

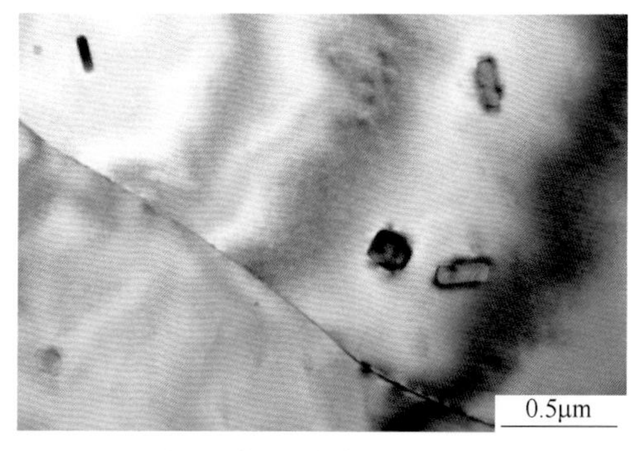

图 24　合金及状态：5083-O 态

组织特征：α-Al 基体中分布球状 θ-Al_{45}(Mn,Cr)$_7$ 相和条状 η-Al_5(Mn,Cr)相

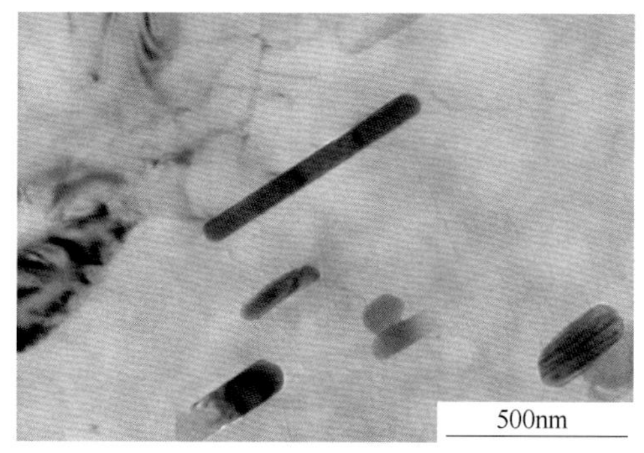

图 25　合金及状态：5083-H112 态

组织特征：α-Al 基体中分布棒状 η-Al_5(Mn,Cr)相和球状 θ-Al_{45}(Mn,Cr)$_7$ 相

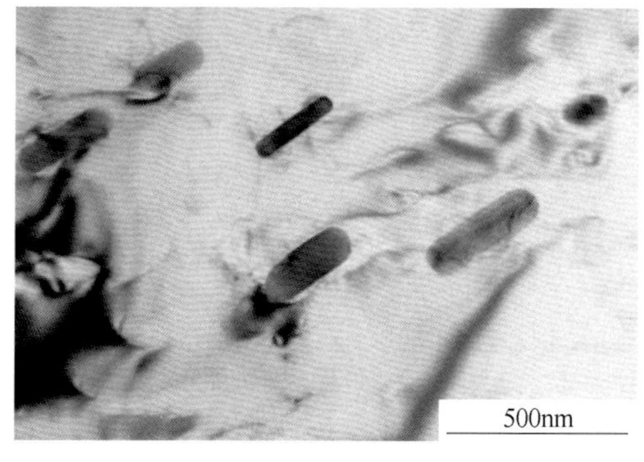

图 26　合金及状态：5083-H112 态

组织特征：α-Al 基体中分布棒状 η-Al_5(Mn,Cr)相和球状 θ-Al_{45}(Mn,Cr)$_7$ 相

续表 4.14

电子金相图

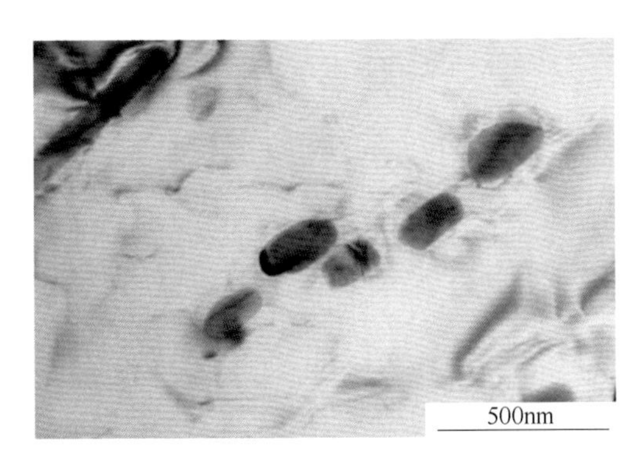

图 27 合金及状态：5083-H112 态
组织特征：α-Al 基体中分布球状或短棒状 θ-Al_{45}(Mn,Cr)$_7$ 相

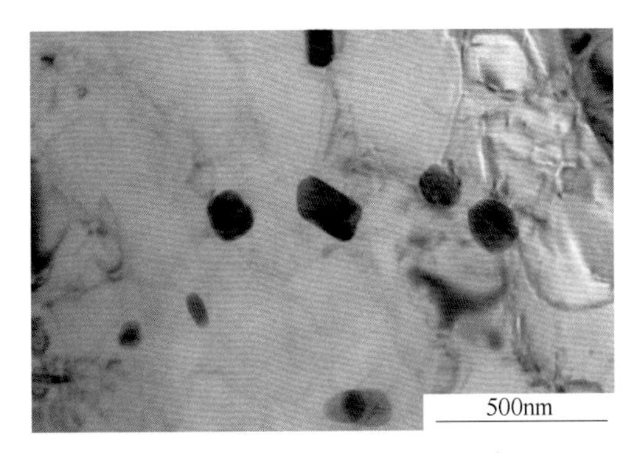

图 28 合金及状态：5083-H112 态
组织特征：α-Al 基体中分布球状 θ-Al_{45}(Mn,Cr)$_7$ 相

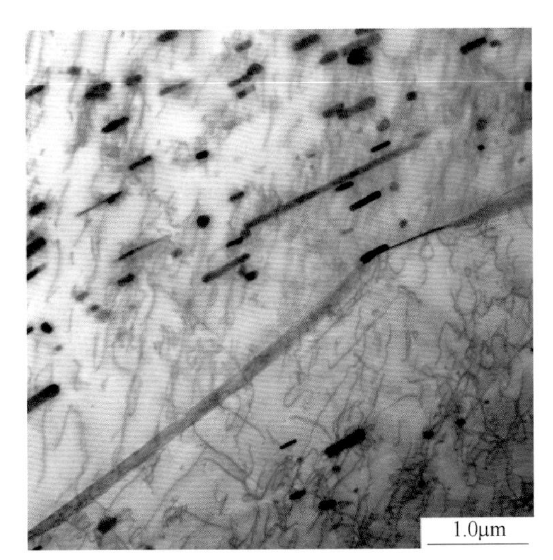

图 29 合金及状态：5083-H112 态
组织特征：α-Al 基体中分布棒状 η-Al_5(Mn,Cr)相和球状 θ-Al_{45}(Mn,Cr)$_7$ 相，隐约可见相互缠结的位错线

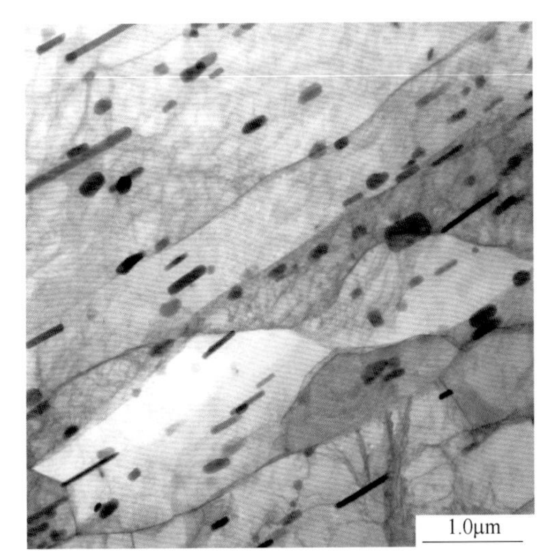

图 30 合金及状态：5083-H112 态
组织特征：α-Al 基体的晶粒大小不一致，似带状组织，其间分布棒状 η-Al_5(Mn,Cr)相和球状 θ-Al_{45}(Mn,Cr)$_7$ 相，隐约可见相互缠结的位错线

续表 4.14

电子金相图

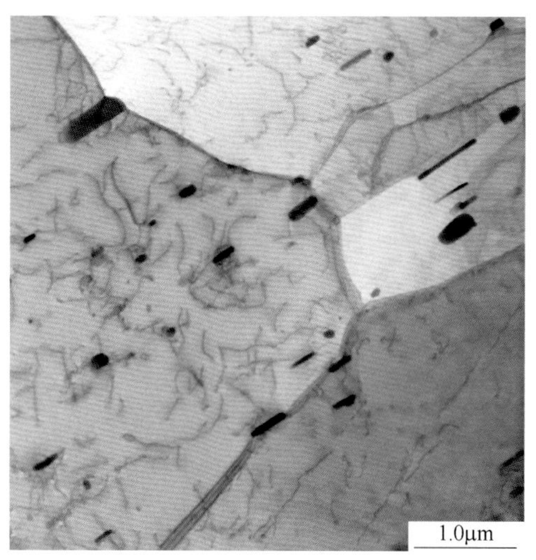

图 31　合金及状态：5083-H112 态

组织特征：α-Al 基体中分布棒状 η-$Al_5(Mn,Cr)$ 相和球状 θ-$Al_{45}(Mn,Cr)_7$ 相，隐约可见部分位错线

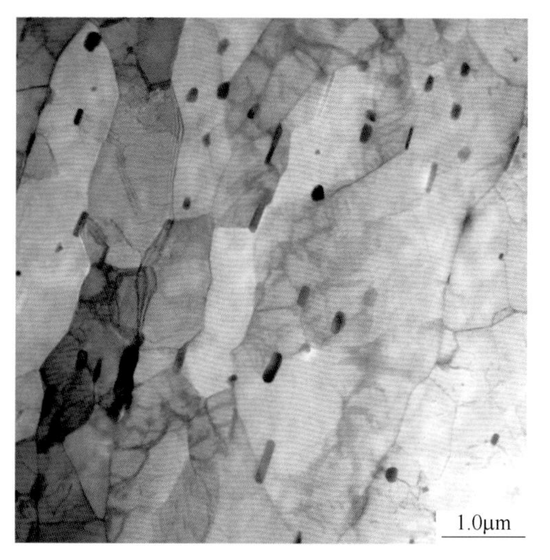

图 32　合金及状态：5083-H112 态

组织特征：α-Al 基体中分布棒状 η-$Al_5(Mn,Cr)$ 相和球状 θ-$Al_{45}(Mn,Cr)_7$ 相，铝基体晶粒大小不一致

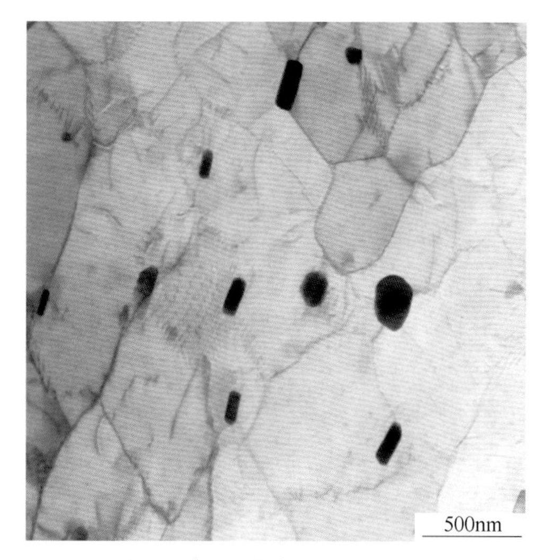

图 33　合金及状态：5083-H112 态

组织特征：α-Al 基体中分布短棒状 η-$Al_5(Mn,Cr)$ 相和球状 θ-$Al_{45}(Mn,Cr)_7$ 相，铝基体晶粒大小不一致

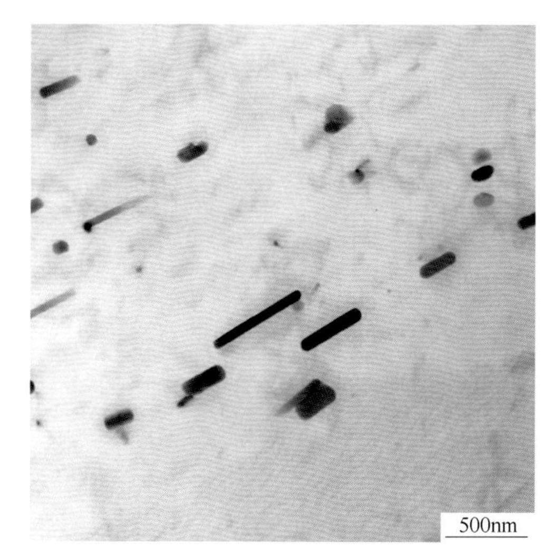

图 34　合金及状态：5083-H112 态

组织特征：α-Al 基体的晶粒内分布棒状 η-$Al_5(Mn,Cr)$ 相和少部分球状 θ-$Al_{45}(Mn,Cr)_7$ 相

续表 4.14

电子金相图

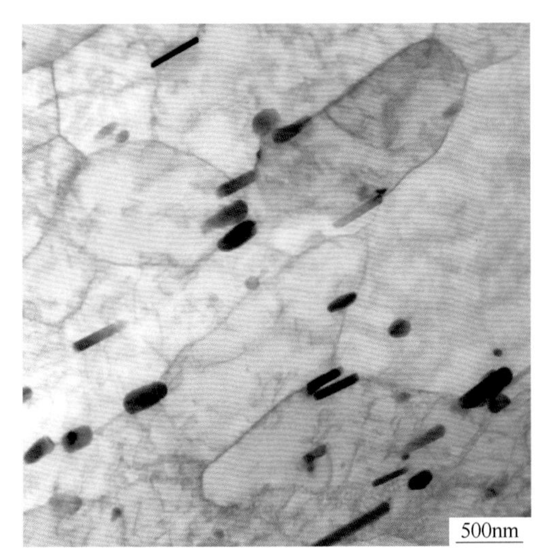

图 35 合金及状态：5083-H112 态

组织特征：α-Al 基体的晶粒大小不一致，其间分布棒状 η-$Al_5(Mn,Cr)$相和球状 θ-$Al_{45}(Mn,Cr)_7$ 相

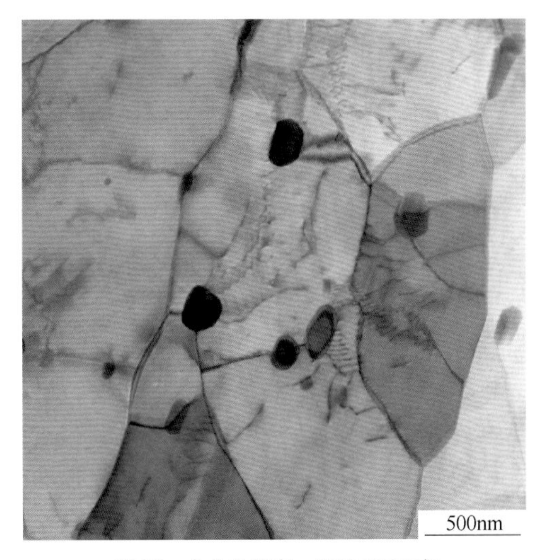

图 36 合金及状态：5083-H112 态

组织特征：α-Al 基体晶粒大小不一致，其间分布球状 θ-$Al_{45}(Mn,Cr)_7$ 相，隐约可见位错线痕迹

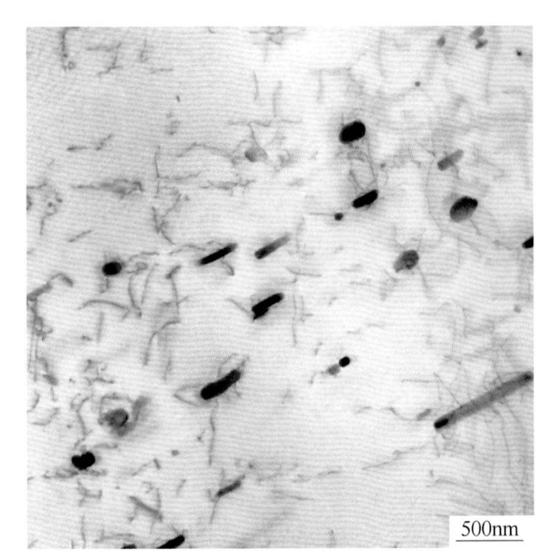

图 37 合金及状态：5083-H112 态

组织特征：α-Al 基体的晶粒内分布棒状或短棒状 η-$Al_5(Mn,Cr)$相以及少部分球状 θ-$Al_{45}(Mn,Cr)_7$ 相，隐约可见位错线痕迹

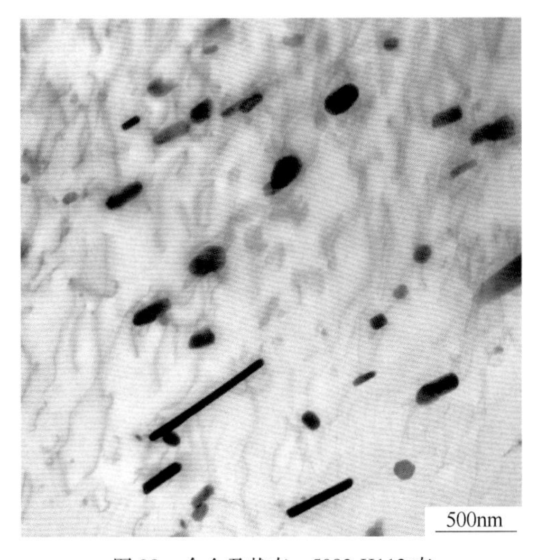

图 38 合金及状态：5083-H112 态

组织特征：α-Al 基体的晶粒内分布棒状或短棒状 η-$Al_5(Mn,Cr)$相以及球状 θ-$Al_{45}(Mn,Cr)_7$ 相，隐约可见位错线痕迹

续表 4.14

电子金相图

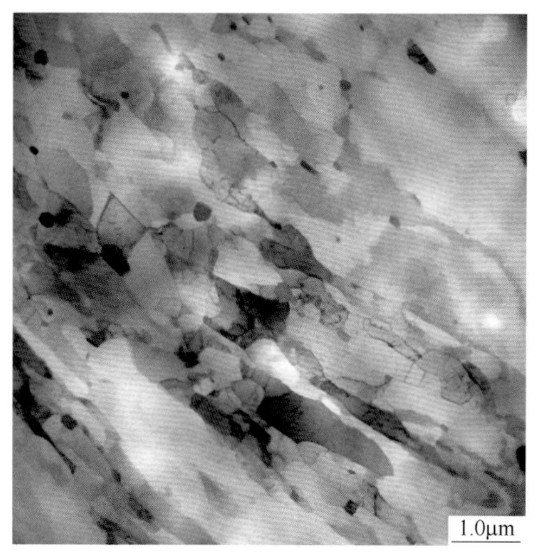

图 39 合金及状态：5083-H116 态（国外某企业）
组织特征：α-Al 基体的晶粒大小不一致，似带状组织，
其间分布少量球状 θ-$Al_{45}(Mn,Cr)_7$ 相

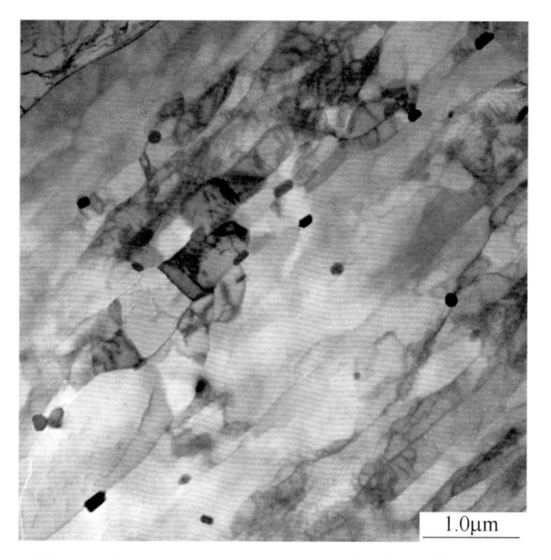

图 40 合金及状态：5083-H116 态（国外某企业）
组织特征：α-Al 基体的晶粒大小不一致，似带状
组织痕迹，其间分布少量球状 θ-$Al_{45}(Mn,Cr)_7$ 相

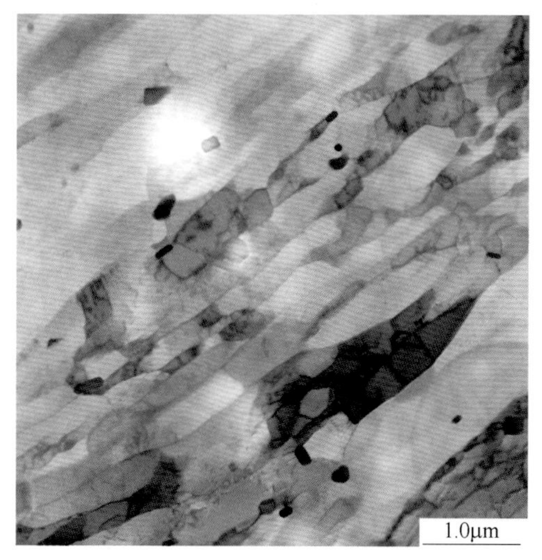

图 41 合金及状态：5083-H116 态（国外某企业）
组织特征：α-Al 基体的晶粒大小不一致，似带状组织，
其间分布少量球状 θ-$Al_{45}(Mn,Cr)_7$ 相

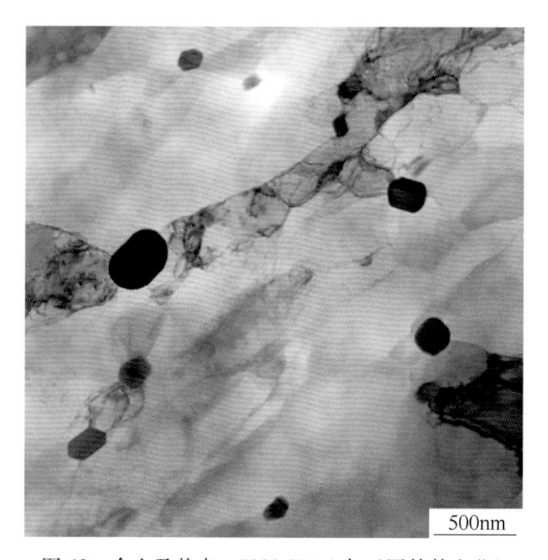

图 42 合金及状态：5083-H116 态（国外某企业）
组织特征：α-Al 基体的晶粒大小不一致，其间
分布球状 θ-$Al_{45}(Mn,Cr)_7$ 相

续表 4.14

电子金相图

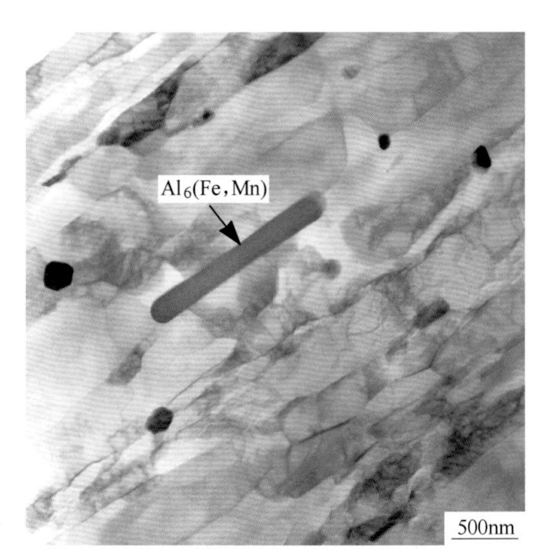

图 43 合金及状态：5083-H116 态（国外某企业）
组织特征：α-Al 基体的晶粒大小不一致，
出现带状组织痕迹，其间分布少量球状 θ-Al_{45}(Mn,Cr)$_7$
相和较粗大的 Al_6(Fe,Mn)相

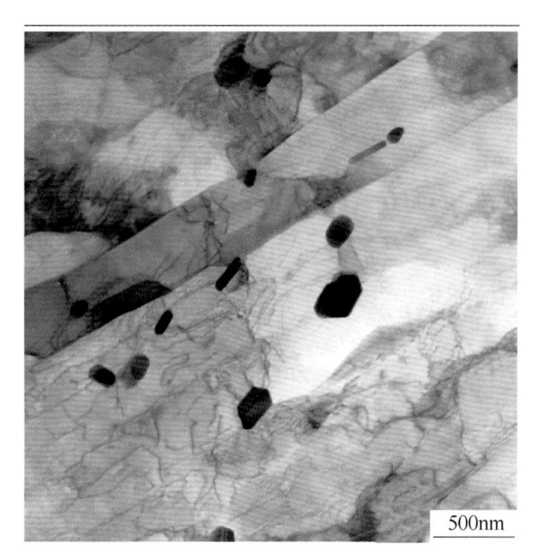

图 44 合金及状态：5083-H116 态（国外某企业）
组织特征：α-Al 基体的晶粒大小不一致，其间分布球状
θ-Al_{45}(Mn,Cr)$_7$ 相和短棒状 η-Al_5(Mn,Cr)相

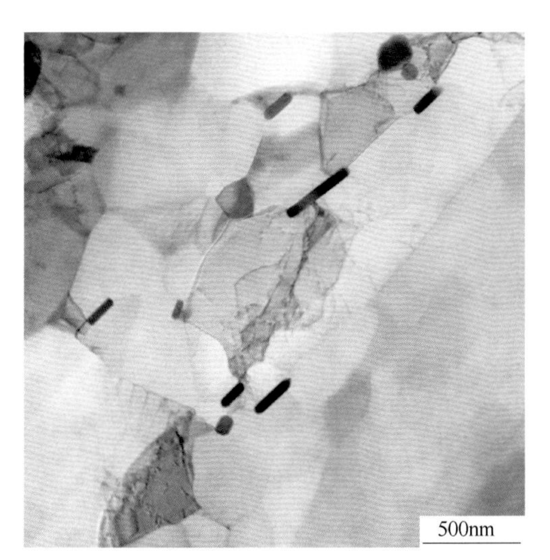

图 45 合金及状态：5083-H116 态（国外某企业）
组织特征：α-Al 基体的晶粒内和晶界上分布球状
θ-Al_{45}(Mn,Cr)$_7$ 相和棒状 η-Al_5(Mn,Cr)相

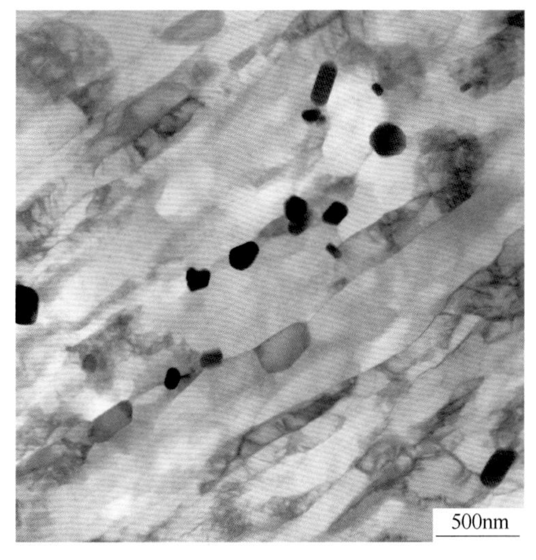

图 46 合金及状态：5083-H116 态（国外某企业）
组织特征：α-Al 基体的晶粒大小不一致，似带状组织，
其间分布球状 θ-Al_{45}(Mn,Cr)$_7$ 相

续表 4.14

电子金相图

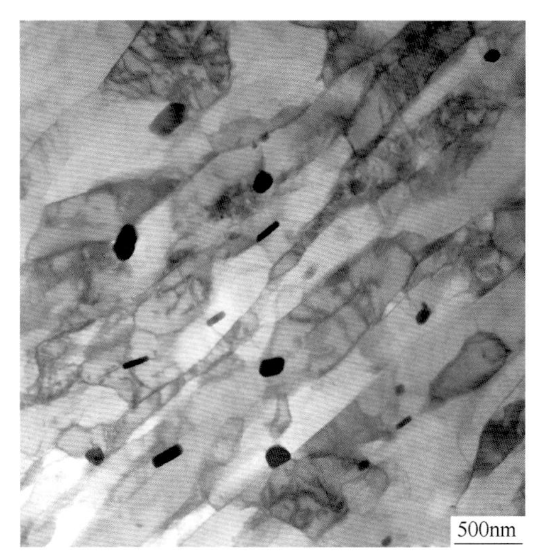

图 47　合金及状态：5083-H116 态（国外某企业）
组织特征：α-Al 基体的晶粒大小不一致，似带状组织，其间分布球状 θ-$Al_{45}(Mn,Cr)_7$ 相和棒状 η-$Al_5(Mn,Cr)$ 相

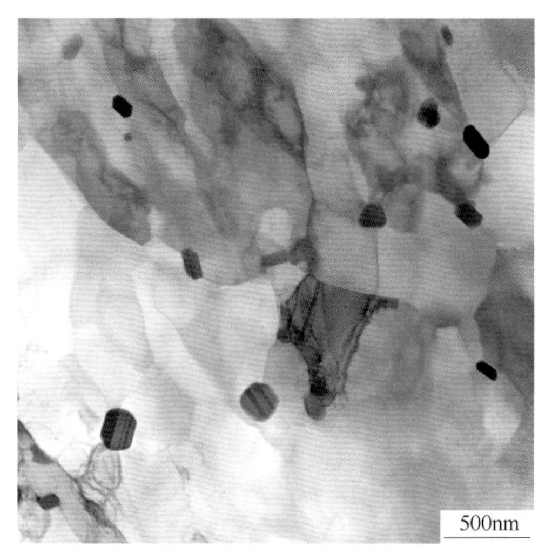

图 48　合金及状态：5083-H116 态（国外某企业）
组织特征：α-Al 基体的晶粒内和晶界上分布球状 θ-$Al_{45}(Mn,Cr)_7$ 相

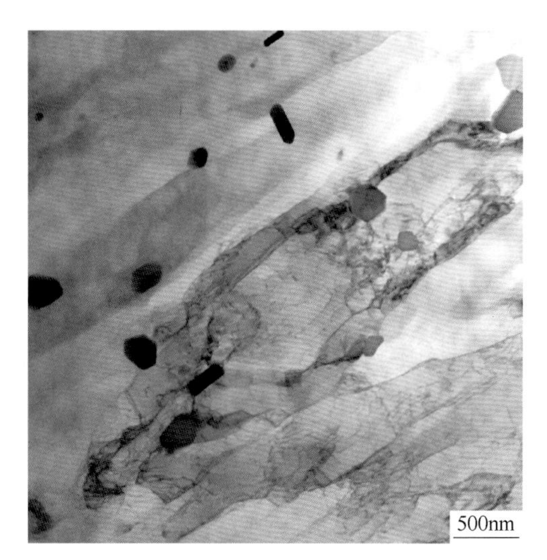

图 49　合金及状态：5083-H116 态（国外某企业）
组织特征：α-Al 基体的晶粒内和晶界上分布球状 θ-$Al_{45}(Mn,Cr)_7$ 相和棒状 η-$Al_5(Mn,Cr)$ 相

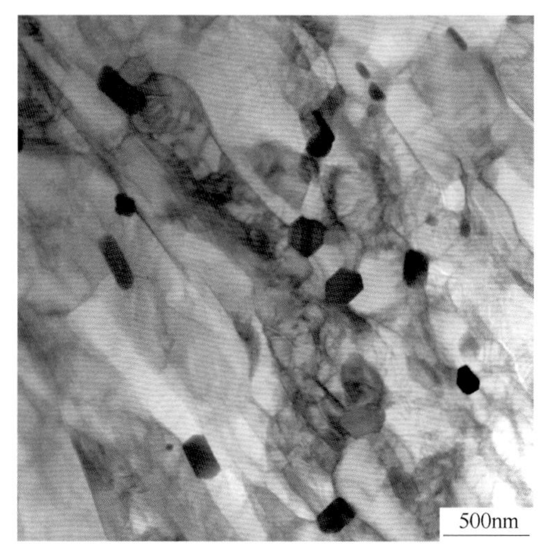

图 50　合金及状态：5083-H116 态（国外某企业）
组织特征：α-Al 基体的晶粒大小不一致，似带状组织，其间分布球状 θ-$Al_{45}(Mn,Cr)_7$ 相和棒状 η-$Al_5(Mn,Cr)$ 相

续表 4.14

电子金相图

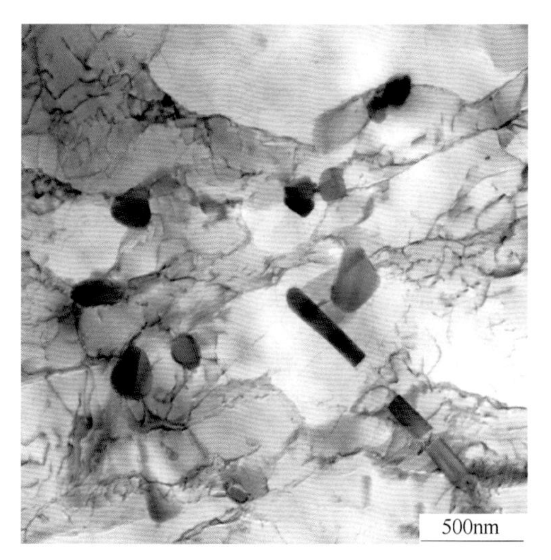

图 51 合金及状态：5083-H116 态（国外某企业）
组织特征：α-Al 基体中分布球状 θ-$Al_{45}(Mn,Cr)_7$ 相和棒状 η-$Al_5(Mn,Cr)$ 相

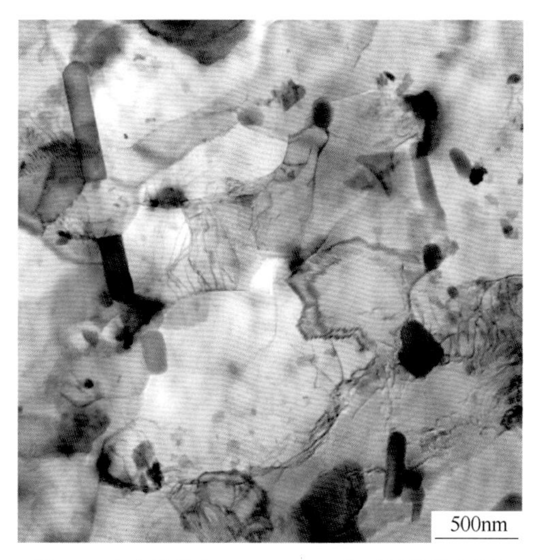

图 52 合金及状态：5083-H116 态（国外某企业）
组织特征：α-Al 基体中分布球状 θ-$Al_{45}(Mn,Cr)_7$ 相和棒状 η-$Al_5(Mn,Cr)$ 相

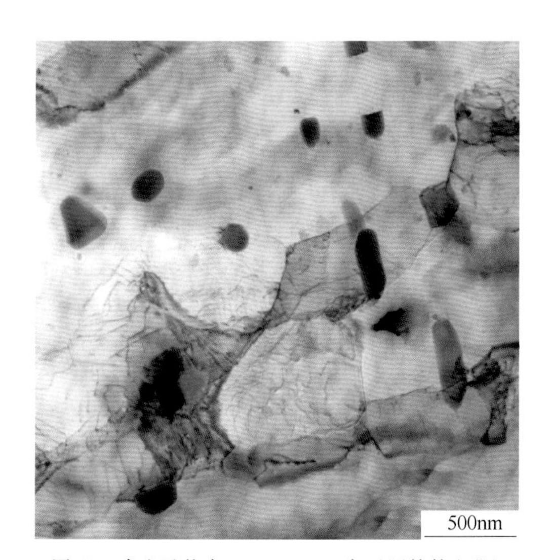

图 53 合金及状态：5083-H116 态（国外某企业）
组织特征：α-Al 基体中分布球状或不规则的 θ-$Al_{45}(Mn,Cr)_7$ 相以及棒状 η-$Al_5(Mn,Cr)$ 相

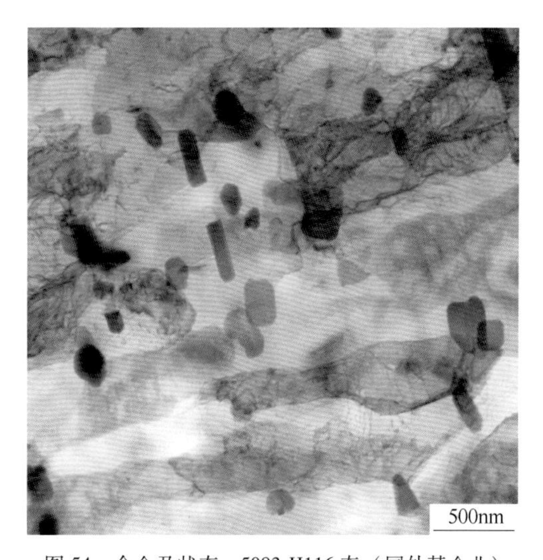

图 54 合金及状态：5083-H116 态（国外某企业）
组织特征：α-Al 基体中分布球状或不规则的 θ-$Al_{45}(Mn,Cr)_7$ 相以及棒状 η-$Al_5(Mn,Cr)$ 相

续表 4.14

电子金相图

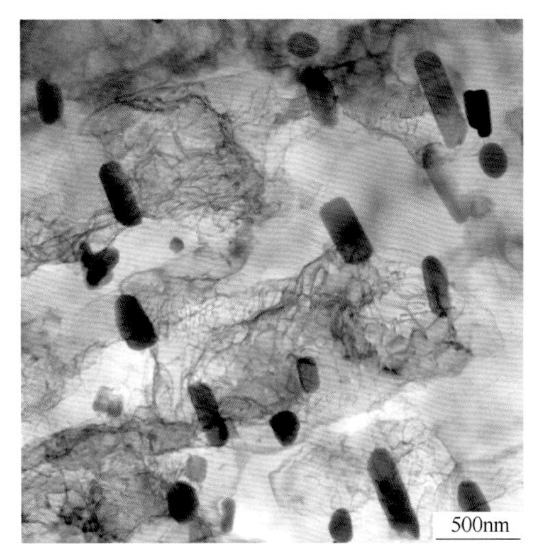

图 55　合金及状态：5083-H116 态（国外某企业）
组织特征：α-Al 基体中分布球状 θ-$Al_{45}(Mn,Cr)_7$ 相和棒状 η-$Al_5(Mn,Cr)$ 相

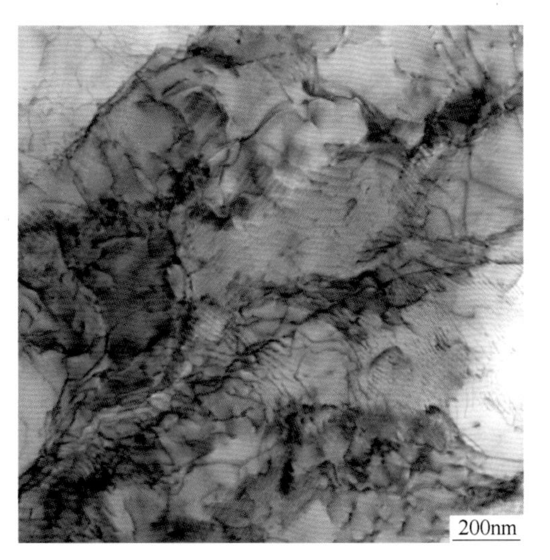

图 56　合金及状态：5083-H116 态（国外某企业）
组织特征：α-Al 基体的晶粒内位错线相互缠结

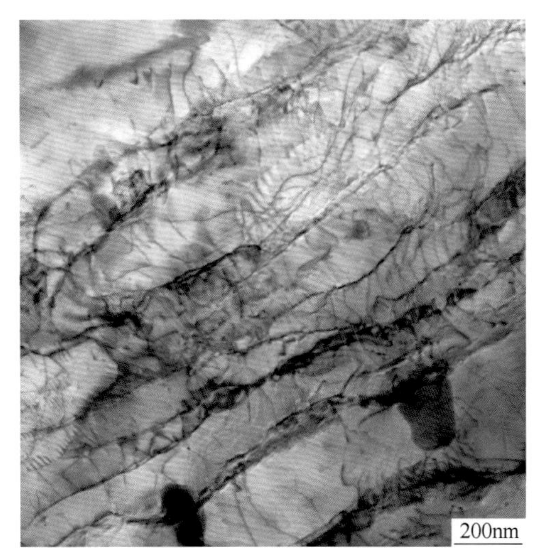

图 57　合金及状态：5083-H116 态（国外某企业）
组织特征：α-Al 基体的晶粒内位错线相互缠结

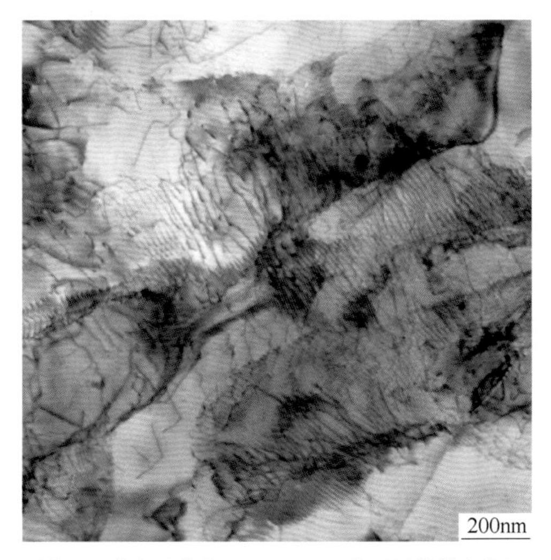

图 58　合金及状态：5083-H116 态（国外某企业）
组织特征：α-Al 基体的晶粒中分布大量位错线

续表 4.14

电子金相图

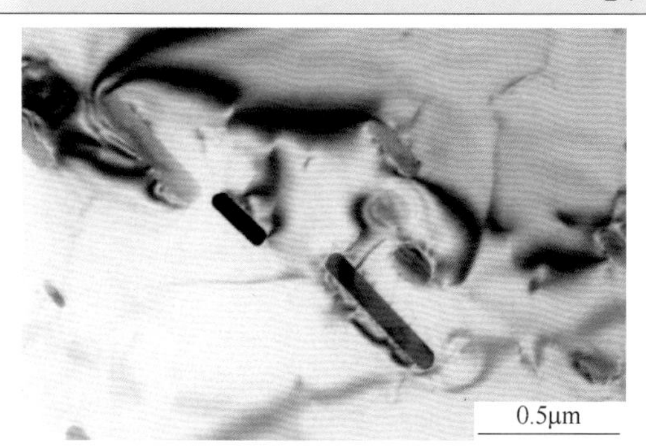

图 59 合金及状态：5083-R 态
组织特征：α-Al 基体中分布棒状 η-Al_5(Mn,Cr)相和球状 θ-Al_{45}(Mn,Cr)$_7$ 相

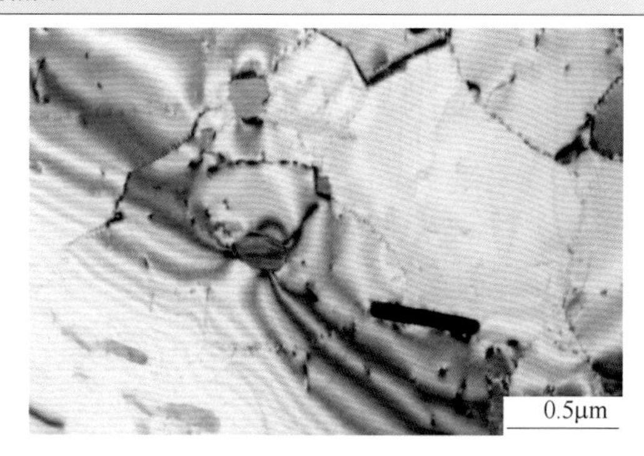

图 60 合金及状态：5083-R 态
组织特征：α-Al 基体中分布棒状 η-Al_5(Mn,Cr)相

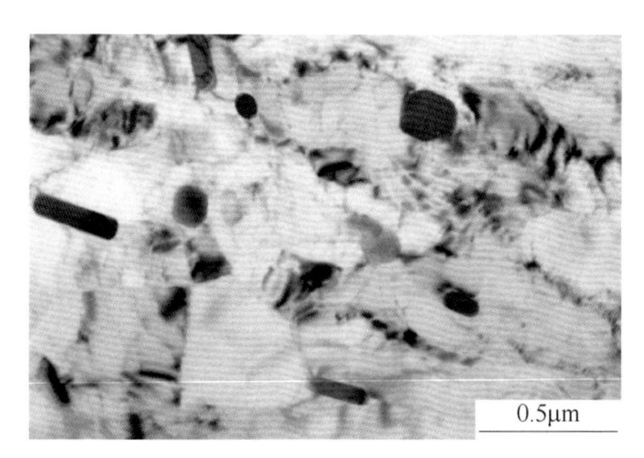

图 61 合金及状态：5083-H116 态
组织特征：α-Al 基体中分布棒状 η-Al_5(Mn,Cr)相和球状 θ-Al_{45}(Mn,Cr)$_7$ 相

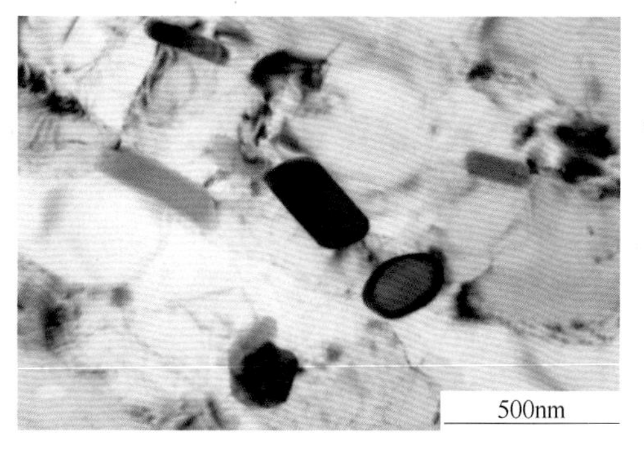

图 62 合金及状态：5083-H116 态
组织特征：α-Al 基体中分布棒状 η-Al_5(Mn,Cr)相和球状或不规则的 θ-Al_{45}(Mn,Cr)$_7$ 相

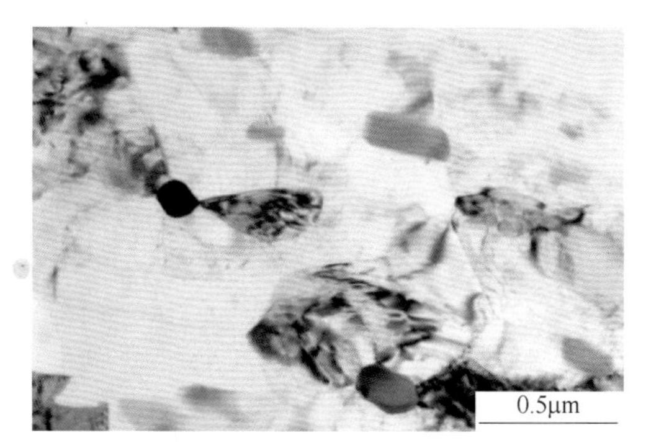

图 63 合金及状态：5083-H116 态
组织特征：α-Al 基体中分布棒状 η-Al_5(Mn,Cr)相和球状 θ-Al_{45}(Mn,Cr)$_7$ 相

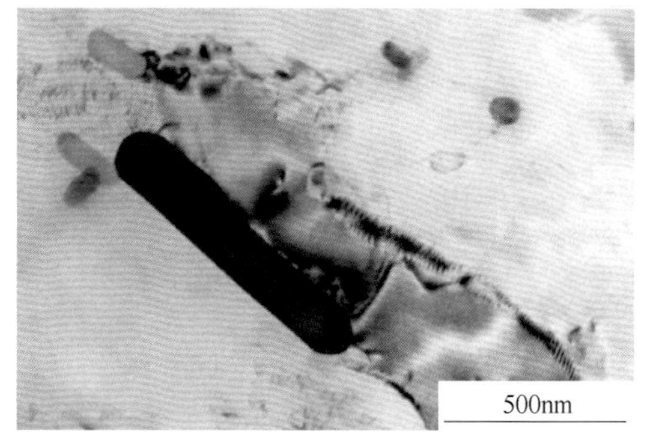

图 64 合金及状态：5083-R 态
组织特征：α-Al 基体中分布短棒状 η-Al_5(Mn,Cr)相、球状 θ-Al_{45}(Mn,Cr)$_7$ 相和粗大的 Al_6(Fe,Mn)相

续表 4. 14

电子金相图

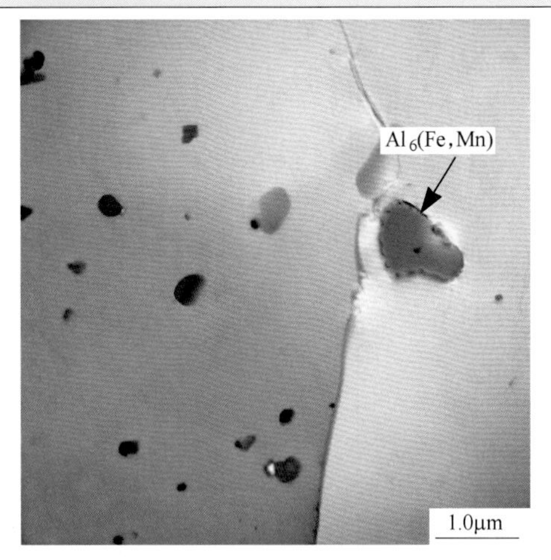

图 65 合金及状态：5056-O 态
组织特征：α-Al 基体中分布球状或不规则的 θ-Al_{45}(Mn,Cr)$_7$ 相和较粗的 Al_6Mn 相

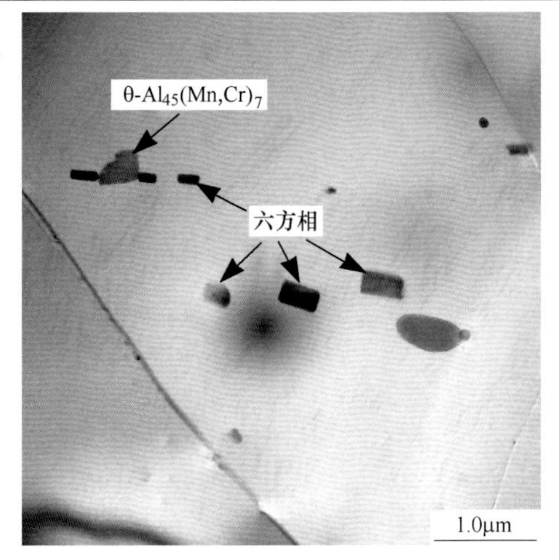

图 66 合金及状态：5056-O 态
组织特征：α-Al 基体中分布球状 θ-Al_{45}(Mn,Cr)$_7$ 相和矩形六方相

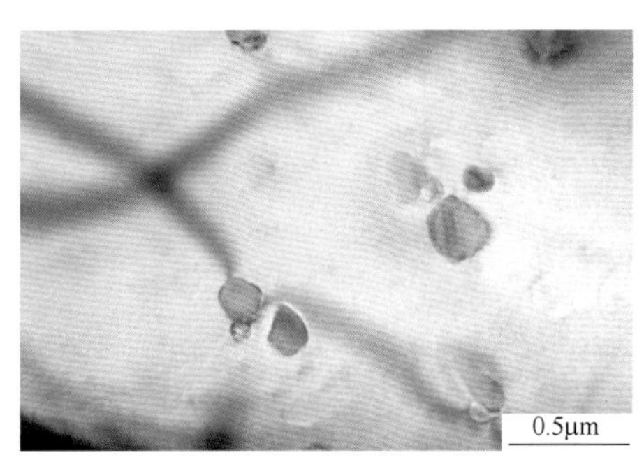

图 67 合金及状态：5056-O 态
组织特征：α-Al 基体中分布球状 θ-Al_{45}(Mn,Cr)$_7$ 相

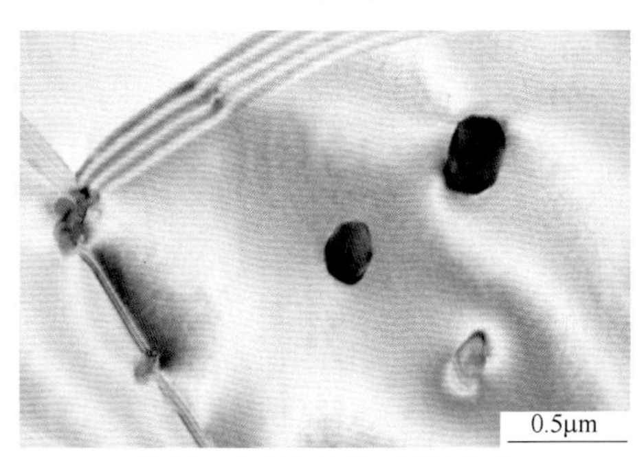

图 68 合金及状态：5056-O 态
组织特征：α-Al 基体中分布球状 θ-Al_{45}(Mn,Cr)$_7$ 相

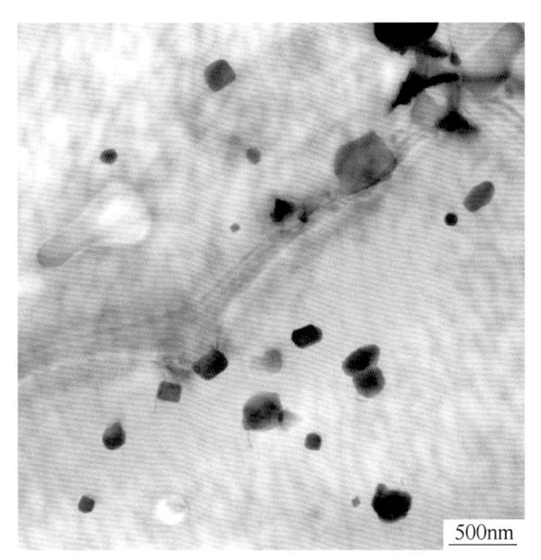

图 69 合金及状态：5056-O 态
组织特征：α-Al 基体中分布球状或不规则的 θ-Al_{45}(Mn,Cr)$_7$ 相

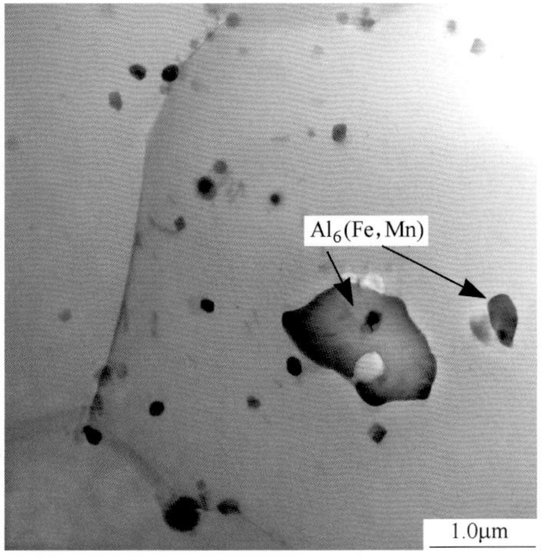

图 70 合金及状态：5056-O 态
组织特征：α-Al 基体中分布球状 θ-Al_{45}(Mn,Cr)$_7$ 相和较粗的 Al_6(Fe,Mn)相

续表 4.14

电子金相图

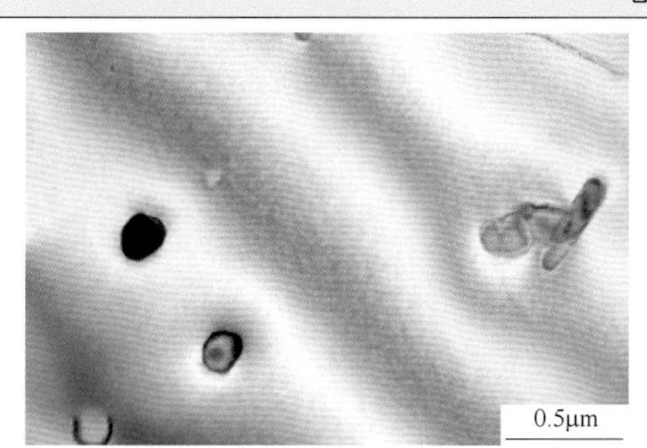

图 71　合金及状态：LF5M
组织特征：α-Al 基体中分布球状 θ-$Al_{45}(Mn,Cr)_7$ 相

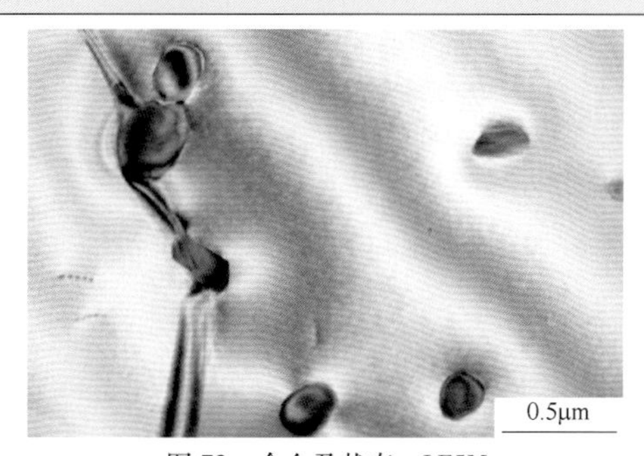

图 72　合金及状态：LF5M
组织特征：α-Al 基体中分布球状 θ-$Al_{45}(Mn,Cr)_7$ 相

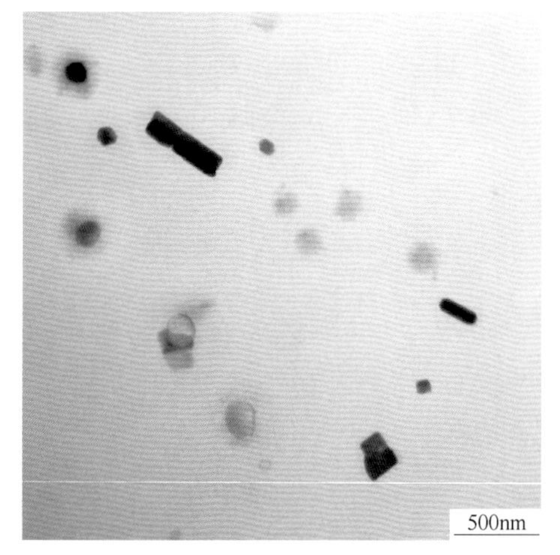

图 73　合金及状态：5056-O 态
组织特征：α-Al 基体中分布球状或不规则的 θ-$Al_{45}(Mn,Cr)_7$ 相、棒状 η-$Al_5(Mn,Cr)$ 相和矩形六方相

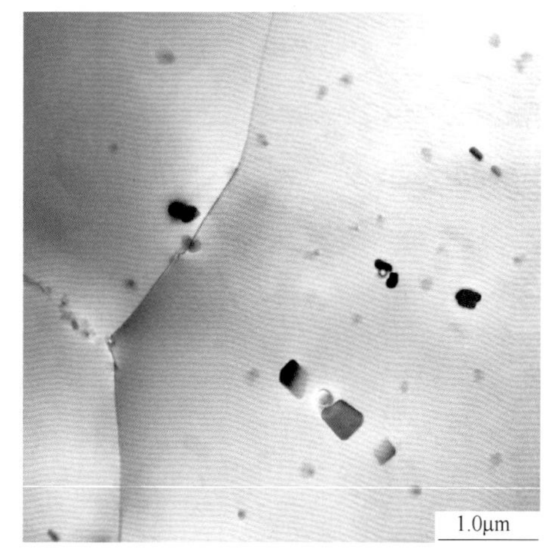

图 74　合金及状态：5056-O 态
组织特征：α-Al 基体中分布球状或不规则的 θ-$Al_{45}(Mn,Cr)_7$ 相

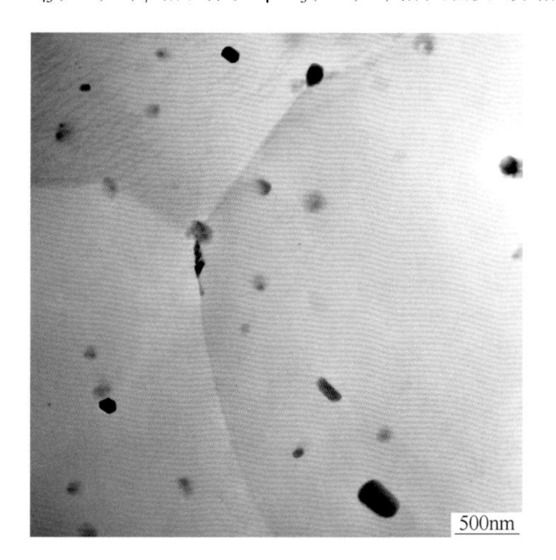

图 75　合金及状态：5056-O 态
组织特征：α-Al 基体中分布球状 θ-$Al_{45}(Mn,Cr)_7$ 相

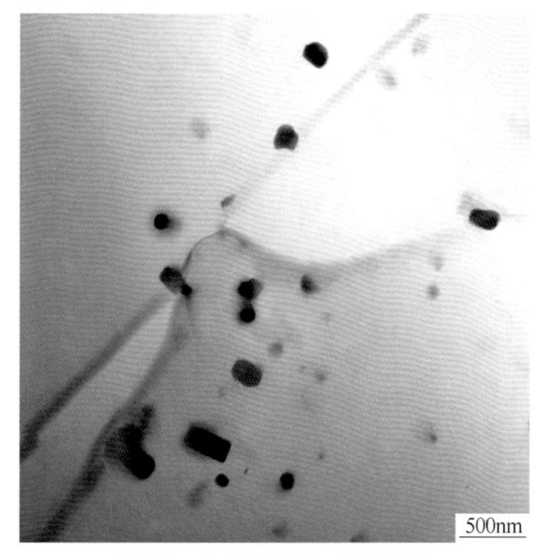

图 76　合金及状态：5056-R 态
组织特征：α-Al 基体中分布短棒状 η-$Al_5(Mn,Cr)$ 相和球状或不规则的 θ-$Al_{45}(Mn,Cr)_7$ 相

续表 4. 14

电子金相图

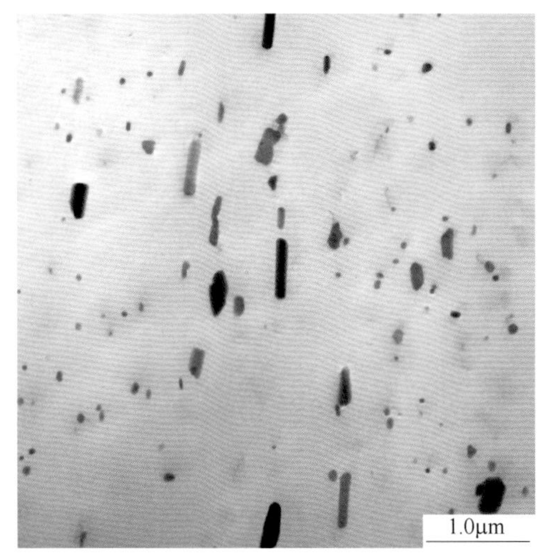

图 77 合金及状态：5056-R 态

组织特征：α-Al 基体中分布棒状或条状的 η-Al_5(Mn,Cr) 相以及球状或不规则的 θ-Al_{45}(Mn,Cr)$_7$ 相

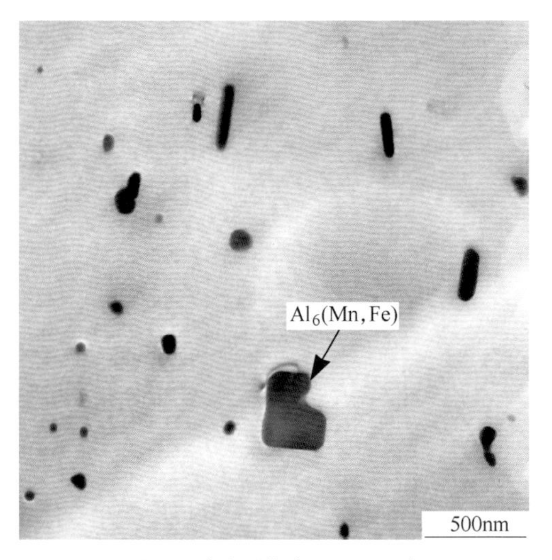

图 78 合金及状态：5056-R 态

组织特征：α-Al 基体中分布棒状或条状 η-Al_5(Mn,Cr) 相、球状 θ-Al_{45}(Mn,Cr)$_7$ 相和粗大的 Al_6(Mn,Fe) 相

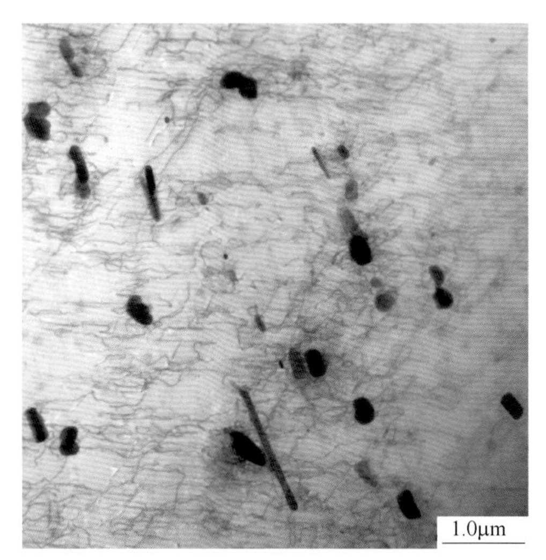

图 79 合金及状态：5056-R 态

组织特征：α-Al 基体中分布棒状或条状 η-Al_5(Mn,Cr) 相和球状或不规则的 θ-Al_{45}(Mn,Cr)$_7$ 相，晶粒内有大量位错线，部分位错线相互缠结，$B\approx[110]_\alpha$

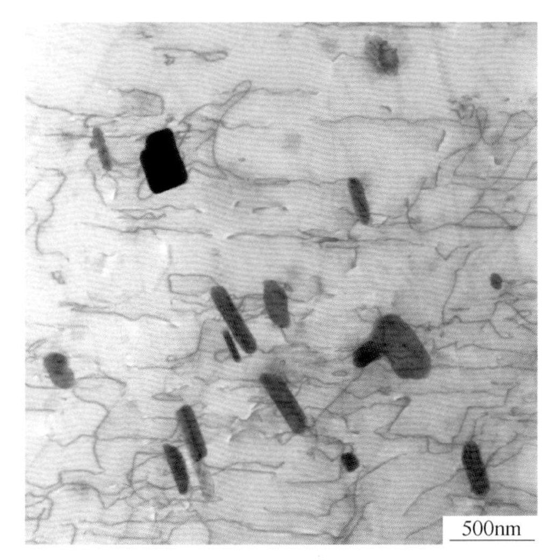

图 80 合金及状态：5056-R 态

组织特征：α-Al 基体中分布棒状 η-Al_5(Mn,Cr) 相、球状 θ-Al_{45}(Mn,Cr)$_7$ 相和矩形六方相，晶粒内有位错线，$B\approx[110]_\alpha$

续表4.14

电子金相图

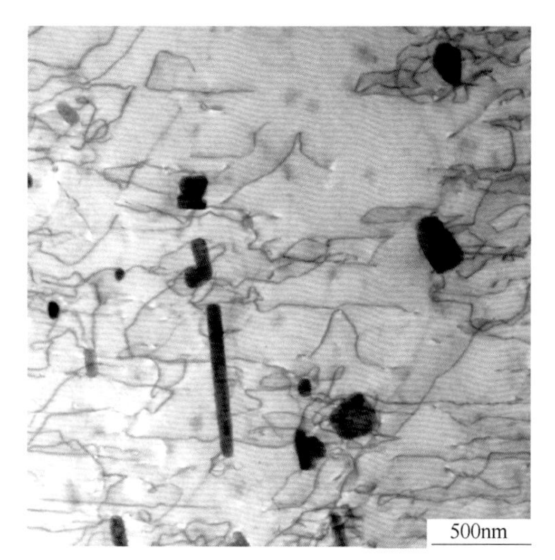

图81　合金及状态：5056-R态
组织特征：α-Al基体中分布棒状η-$Al_5(Mn,Cr)$相和球状θ-$Al_{45}(Mn,Cr)_7$相，晶粒内有大量位错线，部分位错线相互缠结，$B\approx[110]_\alpha$

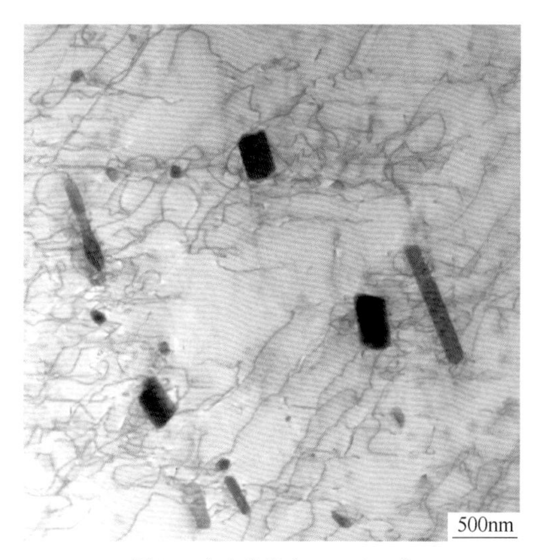

图82　合金及状态：5056-R态
组织特征：α-Al基体中分布棒状η-$Al_5(Mn,Cr)$相和球状θ-$Al_{45}(Mn,Cr)_7$相，晶粒内有大量位错线，部分位错线相互缠结，$B\approx[110]_\alpha$

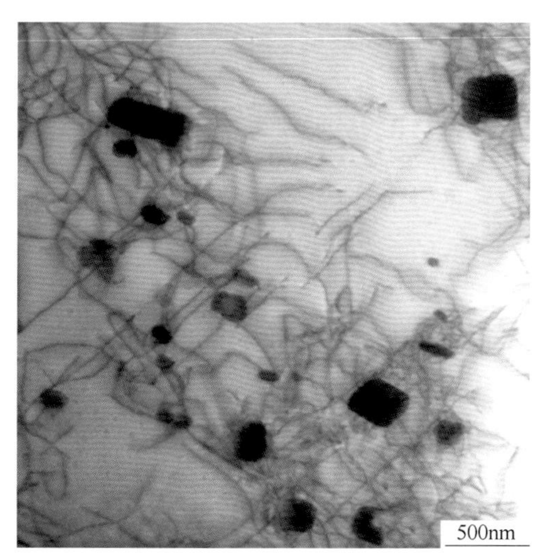

图83　合金及状态：5056-R态
组织特征：α-Al基体中分布棒状η-$Al_5(Mn,Cr)$相和球状θ-$Al_{45}(Mn,Cr)_7$相，晶粒内有大量位错线，部分位错线相互缠结，$B\approx[110]_\alpha$

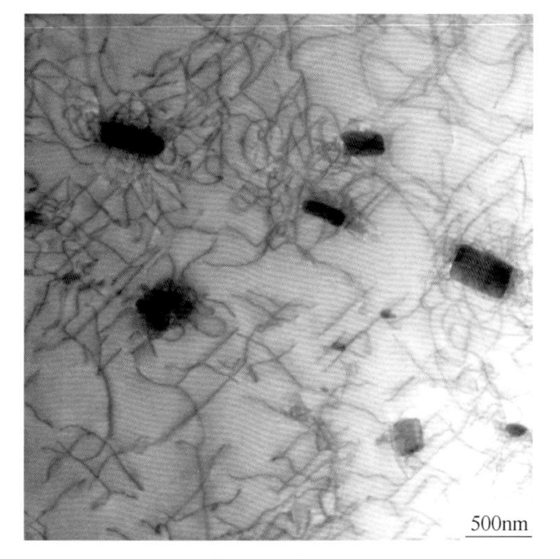

图84　合金及状态：5056-R态
组织特征：α-Al基体中分布棒状η-$Al_5(Mn,Cr)$相、球状θ-$Al_{45}(Mn,Cr)_7$相和矩形的六方相，晶粒内有大量位错线，部分位错线相互缠结，$B\approx[110]_\alpha$

参 考 文 献

[1] 李雪朝，等．铝合金材料组织与金相图谱［M］．北京：冶金工业出版社，2010.

[2] 王祝堂，田荣璋．铝合金及其加工手册［M］．长沙：中南大学出版社，2005.

[3] Raghavan V. Aluminum-Chromium-Manganese［J］. J Phase Equilib Diffus.，2009，30：620~623.

[4] Raghavan V. Aluminum-magnesium-Manganese［J］. J Phase Equilib Diffus.，2010，31：46.

[5] Grushko B，Kowalski W，Pavlyuchkov D，et al. On the constitution of the Al-rich part of the Al-Cr-Mn system［J］. J. Alloys Compd.，2009，468：87~95.

[6] Sheppard T，Tutcher M. Development of duplex deformation substructure during extrusion of a commercial Al-5Mg-0.8Mn alloy［J］. Met Sci.，1980，14：579~590.

[7] Kong B O，Suk J I，Nam S W. Identification of Mn-dispersoid in Al-Zn-Mg-Mn alloy［J］. J. Mater Sci Let.，1996，15：763~766.

[8] Radetić T，Popović M，Romhanji E. Microstructure evolution of a modified AA5083 aluminum alloy during a multistage homogenization treatment［J］. Mater Char.，2012，65：16~27.

[9] Lee S L，Wu S T. Identification of second phase in Al-Mg alloys containing Mn［J］. Metall Trans. A，1987，18：1353~1357.

[10] Goswami R，Spanos G，Pao P，et al. Precipitation behavior of the β phase in Al-5083Mater［J］. Sci. Eng. A，2010，527：1089~1095.

[11] Engler O，Miller S. Control of second-phase particles in the Al-Mg-Mn alloy AA5083［J］. J. Alloys Compd.，2016，689：998~1010.

[12] Li Y J，Zhang W Z，Marthinsen K. Precipitation crystrallography of plate-shaped Al_6(Mn,Fe) second phase in AA5182 alloy［J］. Acta Metall.，2012，60：5963~5974.

[13] 肖晓玲，刘宏伟，詹浩，等．5083铝合金中第二相的形态及微观结构［J］．中国有色金属学报，2018，28：2441.

[14] Xiao X L，Liu H W，Chen W L，et al. Morphology of dispersoids in an annealed Al-Mg Alloys［J］. Material Science Forum，2021，1035：72~82.

[15] McQueen H J. Hot working and forming processes［J］. J. Met.，1980，32：17~26.

[16] Humphreys F. The nucleation of recrystallization at second phase particles in deformed aluminium［J］. Acta Metall.，1977，25：1323~1344.

[17] Grushko B，Przepiórzyński B，Pavlyuchkov D. On the constitution of the high-Al region of the Al-Cr alloy system［J］. J. Alloys Compd.，2008，454：214~220.

[18] Audier M，Durand C M，Laclau E，et al. Phase equilibria in the Al-Cr system［J］. J. Alloys Compd.，1995，220：225~230.

[19] Edington J W. Practical electron microscopy in materials science［M］. New York：Van Nostrand Reinhold Co.，1976：282.

[20] 肖晓玲，刘宏伟，陈文龙，等．5083铝合金中θ-Al_{45}(Mn，Cr)$_7$相的孪晶现象［J］．中国有色金属学报，2019，29：684.

[21] Xiao X L，Liu H W，Vogel F. Twinning and orientation of monoclinic θ-Al_{45}(Mn，Cr)$_7$ phase in Al-Mg Alloy containing Mn［J］. Intermetallics，2021，132：107152（1~12）.

[22] 曹宝宝，郭可信．单斜η-$Al_{11}Cr_2$的确定［J］．电子显微学报，2007，26：270.

[23] Nagahama K，Takahashi M，Miki I. Precipitation during recrystallization of Al-Mn alloys［J］. Light Metal Jpn.，1971，21：444.

[24] Ratchev P, Verlinden B, Van Houtte P. Effect of preheat temperature on the orientation relationship of (Mn, Fe)Al_6 precipitates in an AA 5182 Aluminium-Magnesium alloy [J]. Acta Metall. Mater., 1995, 43: 621~629.

[25] Yang P, Engler O, Klaar H J. Orientation relationship between Al_6Mn precipitates and the Al matrix during continuous recrystallization in Al-1.3%Mn [J]. J Appl Cryst., 1999, 32: 1105~1118.

[26] Kusumoto K, Ohta M. On the precipitating process of manganese from solid solution of aluminium-manganese Alloys (Ⅰ) [J]. J. Jpn. Inst. Metal., 1954, 18: 466.

[27] 李茂华. Al-Zn-Mg-Cu 合金微观组织及析出行为研究 [D]. 西安：西北工业大学，2015.

5　6×××系铝合金

6×××系铝合金是 Al-Mg-Si 系铝合金在此基础上发展起来的 Al-Mg-Si-Cu 系铝合金，又称锻铝，属于热处理可强化铝合金。该系铝合金具有中等强度，优异的成型性、优良的腐蚀性和较低的密度，主要用于交通运输、建筑、桥梁、采矿设备、电子设备和电缆等产品。目前 Al-Mg-Si 系合金已经占有了世界铝合金市场的大部分比例，具有广阔的开发和应用前景。

5.1　化学成分及相组成

6×××系合金是以 Mg 和 Si 为主要添加元素的铝合金，Mg 和 Si 可以形成强化相 Mg_2Si，其平衡质量比 Mg：Si = 1.714：1。该系铝合金中 Mg 元素可以提高合金的抗蚀性和可焊性，但 Mg 含量过高，会降低 Mg_2Si 在固溶体中的溶解度，合金强化作用降低；Si 元素可以改善合金铸造和焊接的流动性及耐磨性。从强化角度考虑，合金中 Si 元素通常应该过剩。如果合金中还加入少量 Cu，不仅增加时效硬化作用，使合金强度更高，而且改善合金在热加工时的塑形，抑制挤压效应；但 Cu 含量过高，会降低合金抗蚀性。

另外在 Al-Mg-Si 系合金中往往还加入少量的 Mn 和 Cr 元素，它们不但可以细化再结晶晶粒，提高合金的耐蚀性和耐热性，还可以扩大淬火温度的上限，使合金强度提高。Mn 和 Cr 元素的加入还会在合金中产生一些弥散相，抑制合金的再结晶，产生弥散强化效果，使合金强度提高，性能得到改善。其中微量 Mn 元素在 Al-Mg-Si-Cu 合金中主要以 Al_6Mn 的形式存在，另一个重要作用就是能溶解杂质元素 Fe，形成 $Al_6(Fe,Mn)$ 相，减少 Fe 的有害作用。由于 Al_6Mn 相的电极电位与基体的电极电位基本相等（-0.85V），因此 Mn 元素的添加对合金抗蚀性能影响不大。在 660℃时 Cr 元素在 Al 中的溶解度为 0.8%（质量分数），室温时基本不溶解，主要以 $Al_7(Cr,Fe)$ 和 $Al_{12}(Cr,Mn)$ 等化合物存在，抑制 Mg_2Si 相在晶界处的析出，延缓合金的自然时效，提高人工时效后的强度；Cr 元素还可以细化晶粒，阻碍再结晶的形核和长大，对合金具有一定的强化作用，并改善合金的韧性和降低应力腐蚀开裂的敏感性。

杂质元素 Fe 一般会中和合金中的 Al 和 Si 而形成 AlFeSi 金属间化合物，如果处理不当，这些金属间化合物会对合金的挤压性能有害。因此，在 Al-Mg-Si-Cu 合金中正确控制杂质元素 Fe 的含量对提高合金的表面质量很重要。不同的 Fe 含量在氧化着色期间会造成色差，降低其导电系数。另外，合金中的 Mn、Cr、Fe 元素会与 Si 结合形成一些不溶的 Al(Fe,Mn,Cr)Si 相以及其他弥散相，它们会影响合金的型材组织，对材料的质量和性能产生重要影响。

根据强化相 Mg_2Si 的 Mg/Si 平衡质量比，Al-Mg-Si 系合金可以分为 3 种：当 Mg/Si 比接近 1.714 时，构成 Al-Mg-Si 伪二元合金；当 Mg/Si 小于 1.714 时，合金中的 Si 含量过剩，构成过剩 Si 型合金；当 Mg/Si 大于 1.714 时，合金中的 Mg 含量过剩，构成过剩 Mg 型合金。在伪二元合金中，随着 Mg_2Si 含量的增加，时效处理所获得的峰值硬度值也随之升高，到达峰值硬度的时间也加快。

根据添加合金元素的不同，具有中等强度的 Al-Mg-Si 系合金可分成 3 类：

（1）6063 和 6060 合金。这类合金除含 Mg、Si 元素外，基本上没有别的添加剂。

（2）6061 和 6082 合金。这类合金往往含有少量 Cu 和 Cr 或 Mn 元素，不仅可以显著地提高合金的强度，而且又不明显地降低其抗腐蚀性能。

（3）6011 和 6013 合金。这类合金中添加少量 Cu 元素形成 Al-Mg-Si-Cu 合金，固溶淬火以后，溶质原子 Mg、Si、Cu 形成共格原子集团，限制了溶质原子向位错线附近聚集，形成柯氏气团钉扎位错运动，故该系合金不仅具有良好的冲压成型性，而且塑性变形时不易形成存损构件表面质量的滑移线痕迹。在零件成型后的烤漆阶段，其性能会进一步提升，能满足汽车车身构件对强度的要求。因此，开发 6000 系汽车车身板材铝合金是目前的发展趋势。

图 5.1 所示为 Al-Mg-Si 系相图[1]，平衡相主要有 α-Al、Mg_2Si、Mg_2Al_3 和 Si 相等。

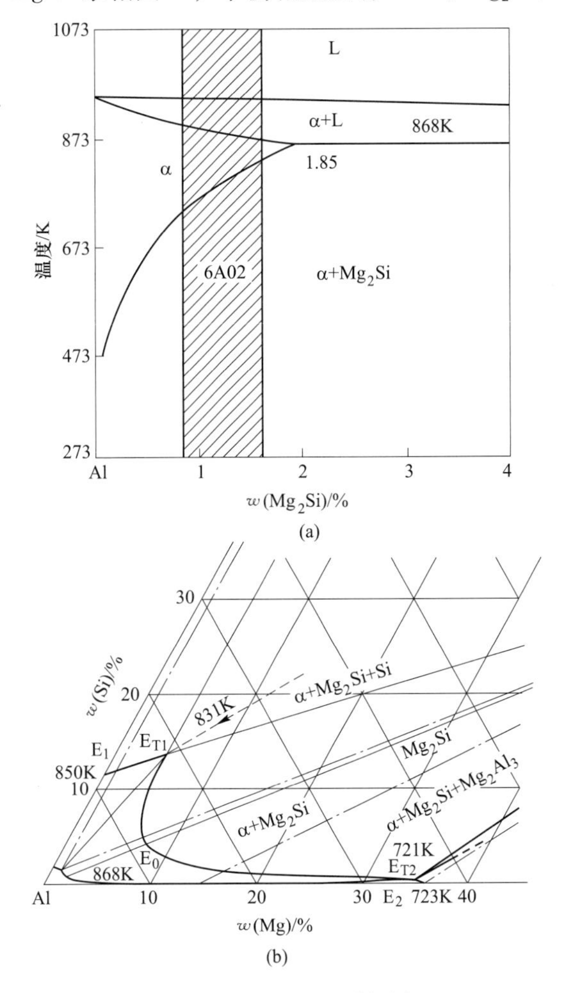

图 5.1 Al-Mg-Si 系相图

（a）$Al-Mg_2Si$ 伪二元平衡图；（b）Al-Mg-Si 三元相图富铝角部分

常用 6××× 系铝合金有：6061、6063、6082、6013 和 6060 等，它们的化学成分见表 5.1。

表 5.1 常用 Al-Mg-Si 系铝合金的化学成分（质量分数） （%）

合金牌号	Cu	Mg	Mn	Cr	Ti	Fe	Si	Zn
6060	0.016	0.36	0.024	0.0011	0.0045	0.16	0.41	0.0037
6063	0.0053	0.53	0.01	0.0028	0.018	0.11	0.40	0.0039
6082	0.12	0.76	0.68	0.25	0.10	0.51	1.04	0.020
6061	0.45	1.18	0.14	0.23	0.028	0.24	0.76	0.023
6013	0.87	0.99	0.27	0.0091	0.021	0.14	0.71	0.023

注：Al 为余量。

5.2 热处理特性

根据 Al-Mg_2Si 伪二元平衡相图，Mg_2Si 相在 α-Al 中固溶度随温度下降有明显变化，共晶温度 595℃ 下极限溶解度为 1.85%，在 500℃ 时仅有 1.05%，300℃ 时仅有 0.27%，因此 Al-Mg-Si 系合金属于可热处理强化的铝合金。该系铝合金有共同的强化相 Mg_2Si，淬火后既可自然时效，又可人工时效。由于强化相 Mg_2Si 在室温下析出缓慢，因此自然时效效果不大，必须经人工时效后，才有高的强化效果。另外这类合金有个共同的缺点，即淬火后在室温下的停留时间会降低随后的人工时效效果，即停放效应。

6061 合金加工工艺参数[2]：均匀化温度 550℃；热加工温度 350～500℃；固溶处理温度 528～530℃；人工时效：轧制和拉制产品，加热至 160℃，保温 18h；挤压或锻造产品，加热至 175℃，保温 8h。

6063 合金加工工艺参数[2]：均匀化温度 560℃；挤压温度 480～500℃；固溶处理温度 515～525℃；人工时效：加热至 160～200℃，保温 1～10h，视具体要求而定。

6082 合金加工工艺参数[2]：均匀化工艺：2.5h 升温至 580℃，保温 1h，然后降温至 570℃，保温 8h；挤压温度 470～500℃，挤压速度一般选择在 10～15m/min；固溶处理温度 530～570℃；人工时效：加热至 175～185℃，保温 6～7h。

6013 合金加工工艺参数[2]：固溶处理温度 560℃；人工时效：加热至 180℃，保温 1～10h。

5.3 6××× 系铝合金常见合金相的电子显微分析

5.3.1 时效析出相

Al-Mg-Si 系合金在沉淀时效过程中，不可避免会产生一些亚稳中间相，使其脱溶沉淀过程相当复杂。一般认为其主要析出顺序为[3~22]：α 过饱和固溶体（SSS）→原子团簇→GP 区（或 initial-β″相）→亚稳 β″相（pre-β″和针状 β″相，硬度达到峰值）→亚稳 β′相→平衡 β 相。图 5.2 所示为 Al-Mg-Si 系和 Al-Mg-Si-Cu 系铝合金时效过程析出序列示意图[3,4]。少量 Cu 元素或者过剩 Si 元素被加入 Al-Mg-Si 系合金中后，其时效析出序列又可描述为 SSS→原子团簇→GP 区（或 initial-β″相）→亚稳 β″相→亚稳 β′+U1+U2+β′/Q′相→平衡的 β+Q 相。pre-β″和 β″相主要在 180℃左右的时效温度下形成。而后期的 A 型、B 型、C 型和 β′相主要在 200℃和 300℃之间时效时后才会出现。而平衡相 β 相则往往在 300℃以上才有可能形成。后期这些相比较粗大，界面与基体不完全共格或者完全不共格，对合金的强化效果比较差。

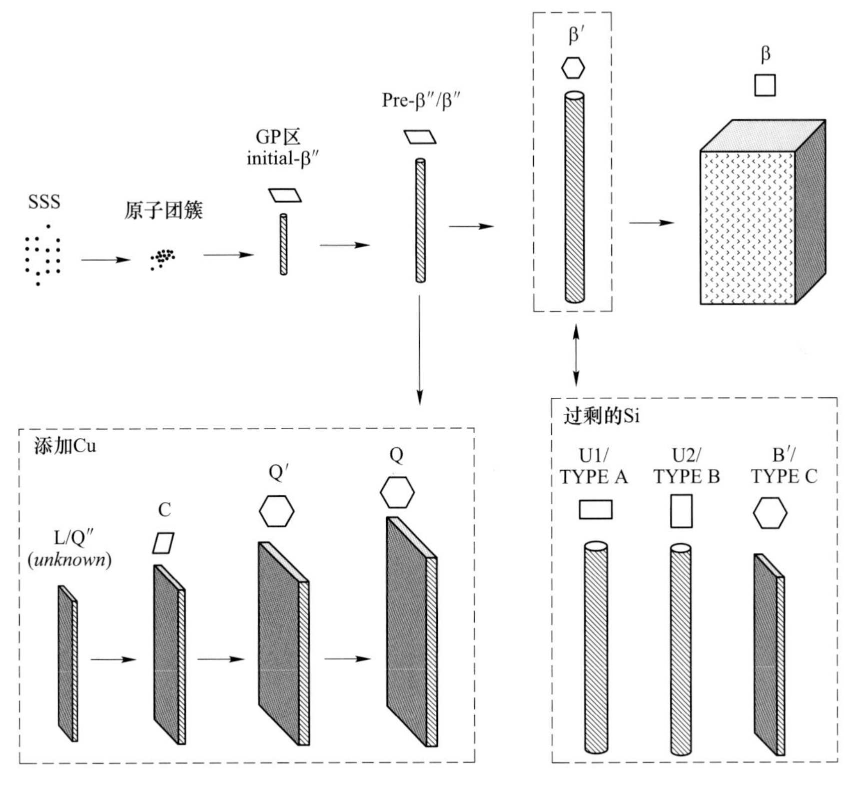

图 5.2　Al-Mg-Si(-Cu) 系铝合金时效过程析出序列示意图

表 5.2 和表 5.3 是 Al-Mg-Si 系和 Al-Mg-Si-Cu 系铝合金时效过程析出相的晶体结构数据[3~22]。

表 5.2　Al-Mg-Si 三元体系中实验测定的析出相晶体学数据

相型	形状	空间群	点阵参数	化学式	参考文献
原子团簇	片状	$P2/m$	$a=b=c=0.405\text{nm}$, $\beta=90°$	MgSi	[5]
Initial-β″	针状	单斜结构 Pm	$a=1.46\text{nm}$, $b=0.405\text{nm}$, $c=0.64\text{nm}$, $\beta=105.3°$	$Mg_2Al_6Si_3$	[3]
pre-β″	针状	单斜结构 $C2/m$	$a=1.478\text{nm}$, $b=0.405\text{nm}$, $c=0.674\text{nm}$, $\beta=106.8°$	$(Al+Mg)_5Si_6$	[6]
β″	针状	单斜结构 $C2/m$	$a=1.46\text{nm}$, $b=0.405\text{nm}$, $c=0.64\text{nm}$, $\beta=105.3°$	Mg_5Si_6	[7]
β′	棒状	六方结构 $P6_3/m$	$a=b=0.715\text{nm}$, $c=1.251\text{nm}$, $\gamma=120°$	Mg_9Si_5	[8]

续表 5.2

相型	形状	空间群	点阵参数	化学式	参考文献
U1（A 型）	针状	三角结构 $p\bar{3}m1$	$a=b=0.405\text{nm}$，$c=0.674\text{nm}$，$\gamma=120°$	$MgAl_2Si_2$	[9~11]
U2（B 型）	针状	正交结构 Pmma	$a=0.675\text{nm}$，$b=0.405\text{nm}$，$c=0.764\text{nm}$	$Mg_2Al_2Si_2$	[10~42]
B′（C 型）	板条状	六方结构 $P\bar{6}$	$a=b=1.04\text{nm}$，$c=0.405\text{nm}$，$\gamma=120°$	$Mg_9Al_3Si_7$	[6，11，13]
β	片状	立方结构 $Fm\bar{3}m$	$\alpha=0.635\text{nm}$	Mg_2Si	[6，14]

表 5.3　Al-Mg-Si-Cu 四元体系中实验测定的析出相晶体学数据

相	形状	空间群	点阵参数	化学式	参考文献
QP	针状	六方结构	$a=b=0.393\text{nm}$，$c=0.405\text{nm}$，	未知	[15，16]
QC	针形	六方结构	$a=b=0.670\text{nm}$，$c=0.405\text{nm}$	未知	[15，16]
C	板条状	单斜结构	$a=1.032\text{nm}$，$b=0.81\text{nm}$，$c=0.405\text{nm}$，$\beta=101°$	未知	[17]
L/Q″	板条状	未知	未知	未知	[18]
Q′	板条状	可能为 $P\bar{6}$	$a=b=1.032\text{nm}$，$c=0.405\text{nm}$，$\gamma=120°$	约为 $Al_3Cu_2Mg_9Si_7$	[19~21]
Q	板条状	$P\bar{6}$	$a=b=1.032\text{nm}$，$c=0.402\text{nm}$，$\gamma=120°$	约为 $Al_3Cu_2Mg_9Si_7$	[22]

5.3.1.1　团簇和 GP 区

Al-Mg-Si(-Cu)合金在固溶淬火后形成过饱和固溶体，时效过程中首先形成原子团簇。一般认为，团簇尺寸很小，大概在 1~2nm 之间，形貌呈球形，并和基体完全共格。在高分辨透射电子显微镜下观察也很难能看到团簇所引起的应变场衬度。GP 区在这些非常细小的溶质原子团簇上形核并且长大[4]，分早期的 GP Ⅰ 和后期的 GP Ⅱ 区，是该系铝合金早期强度的主要来源。

文献[3，4]通过高分辨透射电子显微镜和波函数重构模拟等手段，结合能量计算，研究了时效初期团簇和 GP 区到 β″相之间的结构演变过程。在这个演变过程中，非常早期的针状析出相结构是一种单斜晶体结构，单胞的成分近似为 $Mg_2Si_3Al_6$，是 pre-β″和 β″相的前驱相，称为 initial-β″。Initial-β″含有较高含量的 Al(约 60%)，单胞大小与铝点阵完美匹配，且原子排布位置与铝基体点阵原子位置基本相同，与铝基体共格关系非常好，可以认为是铝基体部分被 Mg 和 Si 取代形成。在原子取代演变形成变体结构中，均存在一个 Si_2 原子柱结构，这个 Si_2 原子柱的骨架结构相当稳定，而这些原子柱间的成分可变。正因为如此，Si 含量高的 Al-Mg-Si 合金可以更多、更快地形成 Si_2 原子柱结构，作为不同沉淀相中的共同成分和稳定成分。

5.3.1.2　pre-β″和 β″相

团簇和 GP 区之后，β″相将从 α-Al 基体中析出，在 3 个 $\{100\}_\alpha$ 面上沿 3 个 $\langle 100\rangle_\alpha$ 方

向生长，它们一般具有针状形貌，尺寸约 4nm×4nm×50nm。普遍认为 β″相是 Al-Mg-Si(-Cu)合金中硬化效果最好的析出相，Al-Mg-Si(-Cu) 合金硬度达到峰值主要是由单斜结构的 β″针状相时效析出。时效温度在 125~220℃之间都可以产生 β″相[23,24]。Cu 的添加促进了 GP 区或 pre-β″前驱相的析出[18,19]。

有关 β″相的研究主要集中在结构和成分方面。Andersen 认为 β″相具有 C-心单斜结构[7,24]，其成分为 Mg_5Si_6，包含 10 个 Mg 原子和 12 个 Si 原子，点阵参数为 a=1.516nm，b=0.405nm，c=0.674nm 和 β=105.3°，与 α-Al 基体之间位向关系为：$(010)_{\beta''}/\!/(001)_{\alpha\text{-Al}}$，$[001]_{\beta''}/\!/[\bar{3}10]_{\alpha\text{-Al}}$，$[100]_{\beta''}/\!/[230]_{\alpha\text{-Al}}$。Edwards[25] 则认为 β″相虽然具有 C-心单斜结构，但其点阵参数为 a=1.534nm，b=0.405nm，c=0.683nm 和 β=105.3°，与 Al 基体之间的位向关系为：$(010)_{\beta''}/\!/(001)_{\alpha\text{-Al}}$，$[001]_{\beta''}/\!/[310]_{\alpha\text{-Al}}$。而 Matsuda 等人[26] 则认为 β″相仅仅具有单斜结构，其点阵参数为 a=0.77nm，b=0.203nm，c=0.67nm 和 β=75°。图 5.3 所示为 Al-0.2%Fe-0.5%Mg-0.53%Si 合金在 185℃时效 5h 后的 β″相的 HRTEM 像、模拟高分辨像和傅里叶变换花样[7]。

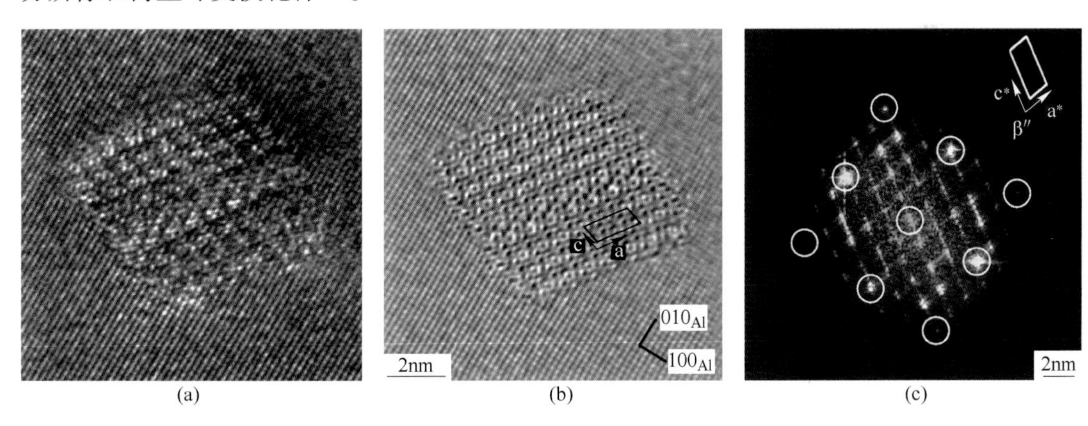

(a)　(b)　(c)

图 5.3 β″相的形态

(a) β″相的 HRTEM 像；(b) 模拟高分辨像；(c) 傅里叶变换花样

5.3.1.3 亚稳相 β′、U1、U2 和 Q′相

β′、U1、U2 和 Q′相是在 pre-β″/β″相之后从基体中析出，从形貌上看，它们基本均具有杆状或板状特征[11,19]。当 Mg/Si 比较小时，与 β′相同时出现的有 U1、U2 和 B′相，Matsuda 将 U1 和 U2 相又称之为 A 型和 B 型相，而 B′相被称为 C 型相，其晶体结构和点阵参数与 Q′相一致，只是 C 型相成分中并不存在 Cu 原子[11,20]。β′相也是 Al-Mg-Si 合金中的强化相之一，但 β′相较粗大，其硬化效果不及 β″相好。

Vissers 等人[8] 认为 β′相为六方结构，具有 Mg_9Si_6 的成分，空间群为 $P6_3/m$，点阵参数为 a=0.715nm，c=0.405nm，与 α-Al 基体之间存在位向关系为：$(001)_{\beta'}/\!/(001)_{\alpha\text{-Al}}$，$[100]_{\beta'}/\!/[310]_{\alpha\text{-Al}}$。图 5.4 (a) 所示为 Al-1.0$Mg_2Si$ 合金经 575℃固溶 1h +250℃时效 200min 后 β′相的 HRTEM 照片[13]，β′相的面间距 d=0.71nm。但 Matsuda[11] 认为 β′相虽然为六方结构，其空间群为 $P2/m$，点阵参数为 a=0.407nm，c=0.405nm，杆状形态的 β′相尺寸约 10nm×10nm×500nm，通常在人工时效后期出现，或高温（通常高于 200℃）时效状态下形成。

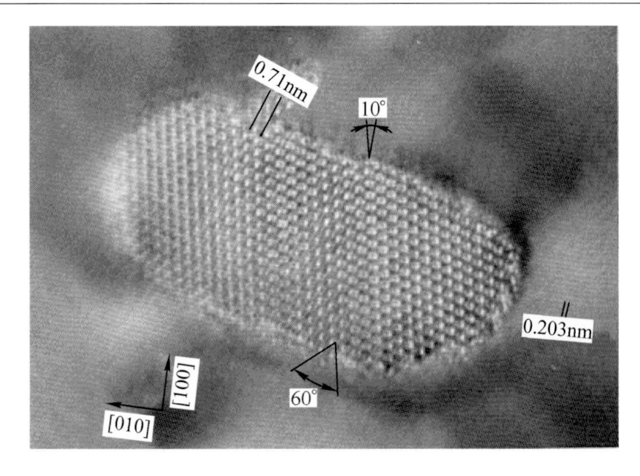

(a)

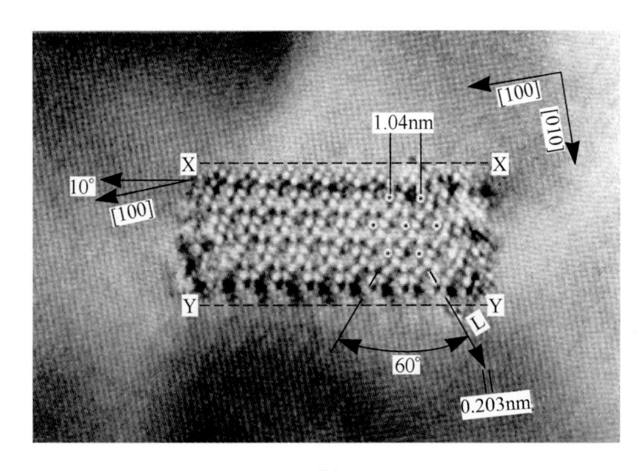

(b)

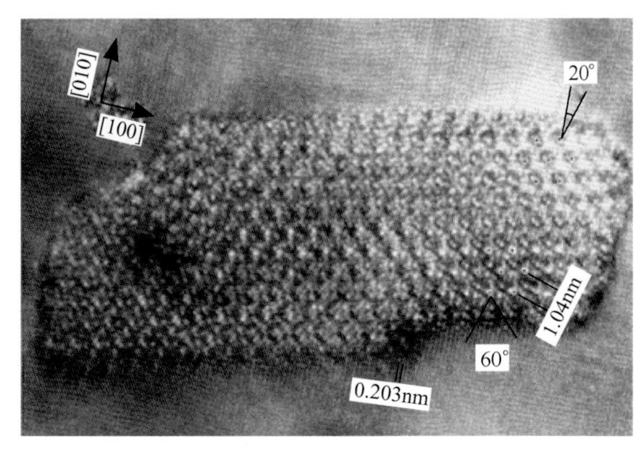

(c)

图 5.4 时效析出相的形态

(a) β′相的 HRTEM 像；(b) C 型相的形态；(c) Q′相的形态

对于U1和U2相，基本认为其分别具有六方结构和正交结构。其中U1相的化学成分为$MgAl_2Si_2$，空间群为$P\bar{3}m1$，点阵参数为$a=0.405$nm，$c=0.674$nm。U2相的化学成分为MgAlSi，空间群为$Pnma$，点阵参数为$a=0.675$nm，$b=0.405$nm，$c=0.794$nm。Andersen等人[9,12]还提出它们的位向关系可以分别表示为$(100)_{U1}//(001)_{\alpha\text{-Al}}$，$[120]_{U1}//[1\bar{3}0]_{\alpha\text{-Al}}$，$[001]_{U1}//[310]_{\alpha\text{-Al}}$；$(010)_{U2}//(001)_{\alpha\text{-Al}}$，$[100]_{U2}//[\bar{3}10]_{\alpha\text{-Al}}$，$[001]_{U2}//[130]_{\alpha\text{-Al}}$。图5.4（b）所示为Al-1.0$Mg_2$Si-0.5Si合金经575℃固溶1h +250℃时效100min后C型相的HRTEM照片[20]，其中C型相的面间距$d=1.04$nm。

对于Q′相，通常认为它是Q相的先驱组织，为典型的板状形貌，具有明显的六方结构特征，可能的空间群为$P\bar{6}$，点阵参数为$a=b=1.032$nm，$c=0.405$nm，并在基体的$(001)_{\alpha\text{-Al}}$面上沿着$\langle 510\rangle_{\alpha\text{-Al}}$方向生长[18]。图5.4（c）所示为Al-1.0Mg_2Si-0.5Cu合金经575℃固溶1h +250℃时效64min后Q′相的HRTEM照片[20]，其中Q′相面间距$d=1.04$nm与C型相一致。

5.3.1.4　稳定相β相和Q相

β相和Q相分别作为Al-Mg-Si合金和Al-Mg-Si-Cu合金的最终平衡相。β相的化学成分为Mg_2Si，具有CaF_2类型FCC结构，$a=0.635$nm，呈片状，尺寸约几微米，β相与α-Al基体之间存在的位向关系[14]为：$(001)_{\beta}//(001)_{\alpha\text{-Al}}$，$[110]_{\beta}//[100]_{\alpha\text{-Al}}$。Q相具有六方结构，常常在晶界处形成圆形或者椭圆形貌，化学成分为$Al_3Mg_9Si_7Cu_2$；点阵参数为$\alpha=1.039$nm，$c=0.402$nm[14,22]。Q相与Q′相的点阵参数存在轻微的差异，Q′相被认为与基体共格更好。

表5.4列出了常用6×××系铝合金中β″相的形貌。

表5.4　6×××系合金中β″相的形貌

β″相的形貌
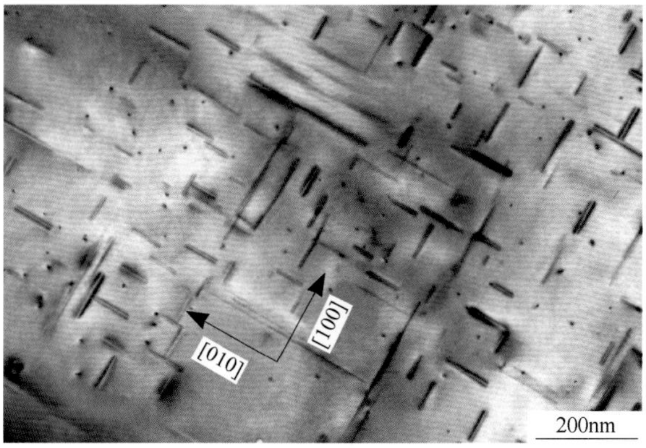 图1　合金及状态：6060-T6态 组织特征：α-Al基本的晶粒内弥散分布两种形态的析出相：一是针状β″相和少量杆状β′相，长度约30~150nm，分别沿α-Al基体的$[100]_{\alpha}$和$[010]_{\alpha}$方向垂直排列； 二是平行$[001]_{\alpha}$方向的析出相“端面”（图中的黑点，箭头所示）$B=[001]_{\alpha}$

续表 5.4

β″相的形貌

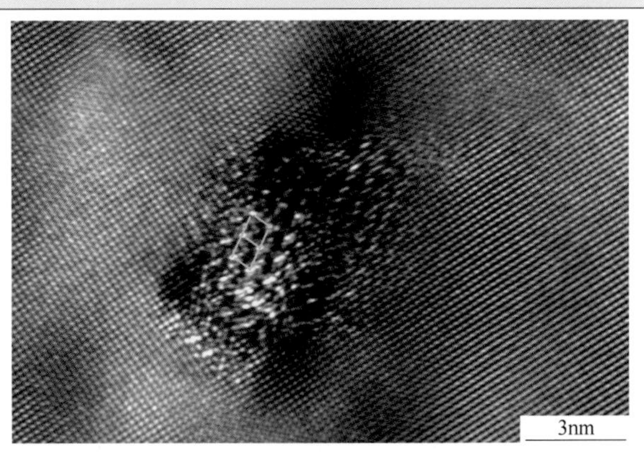

图 2 合金及状态：6060-T6 态

组织特征：α-Al 基体和 β″析出相的高分辨照片，β″相的晶格像与图 5.3(a)相似

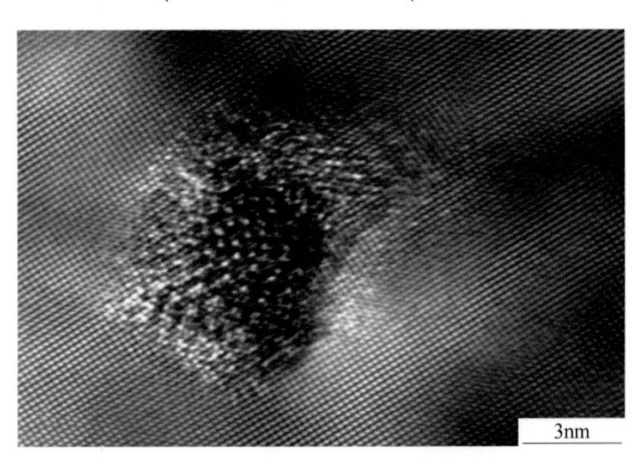

图 3 合金及状态：6060-T6 态

组织特征：α-Al 基体和 β″析出相的高分辨照片

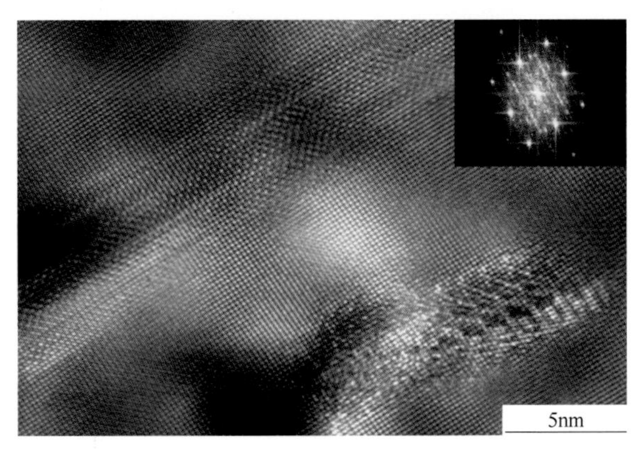

图 4 合金及状态：6060-T6 态

组织特征：α-Al 基体和针状析出相 β″的高分辨照片，

右上角插图为其 FFT 变换的衍射花样，与图 5.3(c)相似

续表 5.4

β″相的形貌

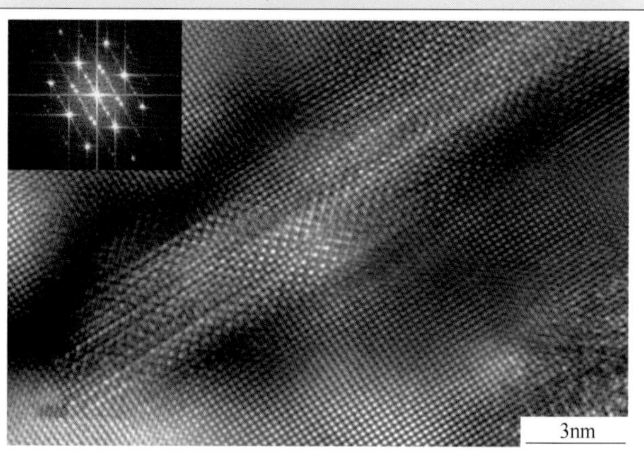

图 5　合金及状态：6060-T6 态

组织特征：α-Al 基体和针状 β″析出相的高分辨照片，

左上角插图为其 FFT 变换的衍射花样，与图 5.3(c)相似

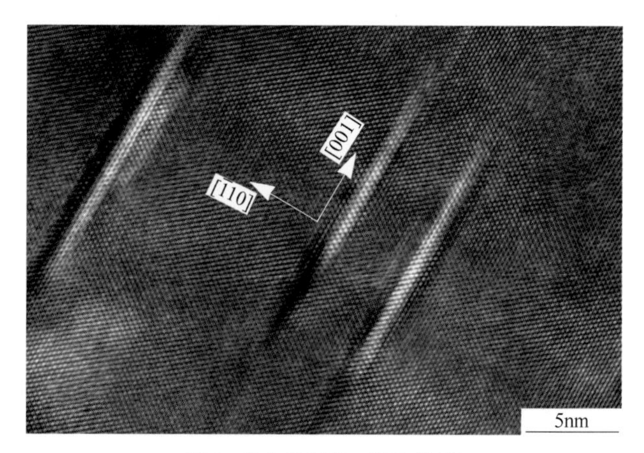

图 6　合金及状态：6061-T6 态

组织特征：针状析出相 β″在 $B=[110]_{\alpha}$ 位向下的形态

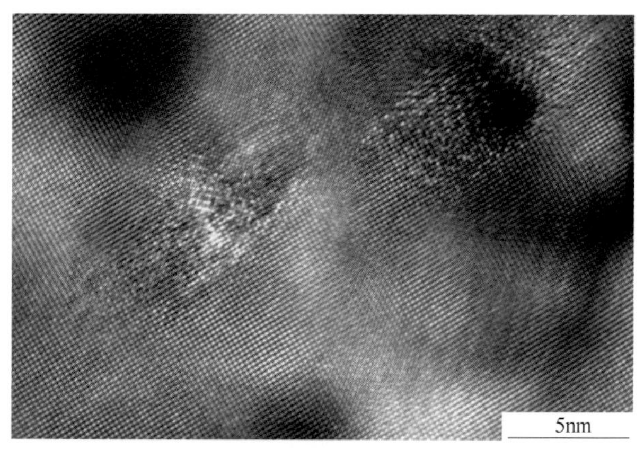

图 7　合金及状态：6063-T6 态

组织特征：α-Al 基体和 β″析出相的高分辨照片，$B=[001]_{\alpha}$

续表 5.4

β″相的形貌

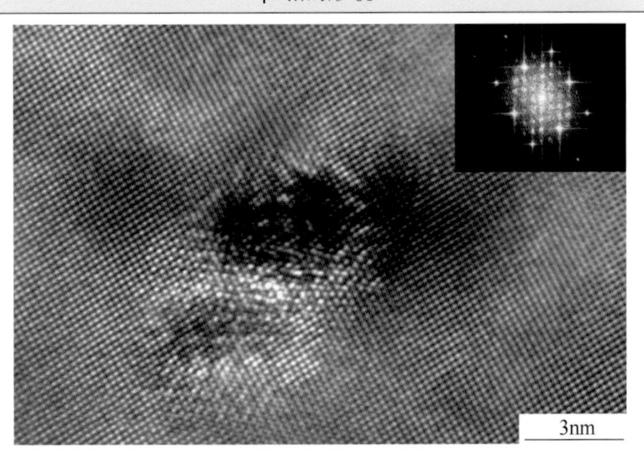

图 8 合金及状态：6063-T6 态

组织特征：α-Al 基体和 β″析出相的高分辨照片，

右上角插图为 FFT 变换的衍射花样，$B=[001]_{\alpha}$，与图 5.3(c)相似

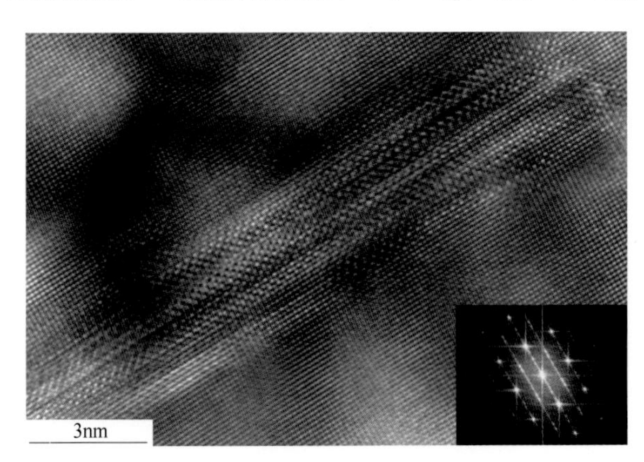

图 9 合金及状态：6063-T6 态

组织特征：α-Al 基体和针状 β″析出相的高分辨照片，

右下角插图为其 FFT 变换的衍射花样，与图 5.3(c)相似

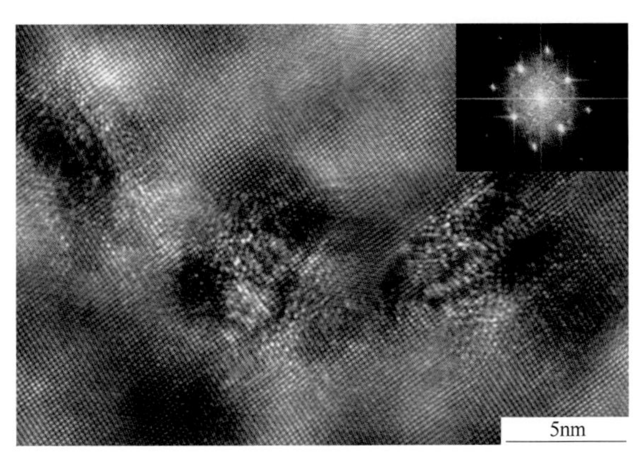

图 10 合金及状态：6013-T6 态

组织特征：α-Al 基体和 β″析出相的高分辨照片，右上角插图为其 FFT 变换的衍射花样

续表 5.4

β″相的形貌

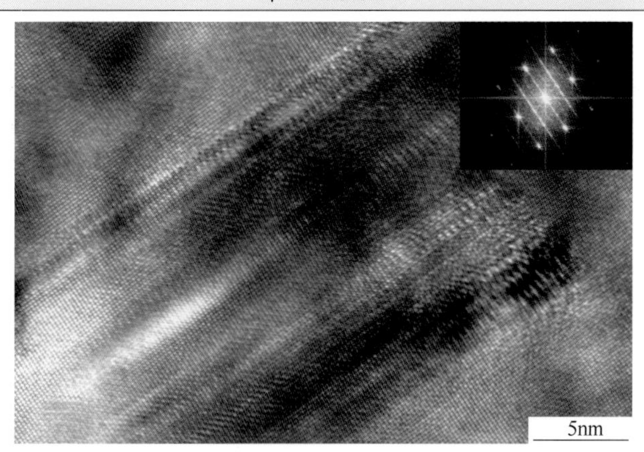

图 11　合金及状态：6013-T6 态

组织特征：α-Al 基体和杆状析出相 β″的高分辨照片，右上角插图为其 FFT 变换的衍射花样

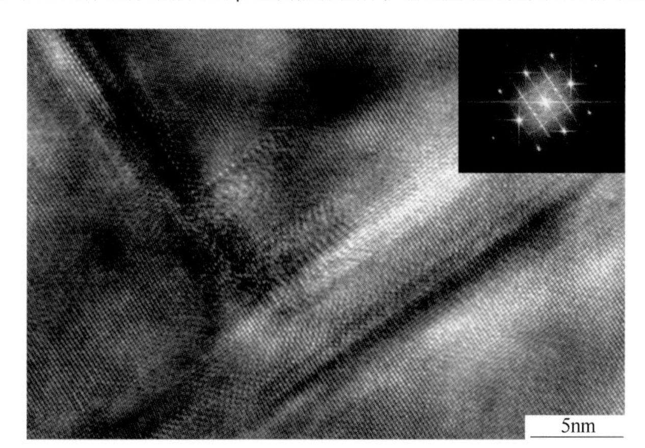

图 12　合金及状态：6013-T6 态

组织特征：α-Al 基体和杆状析出相 β″的高分辨照片，右上角插图为其 FFT 变换的衍射花样

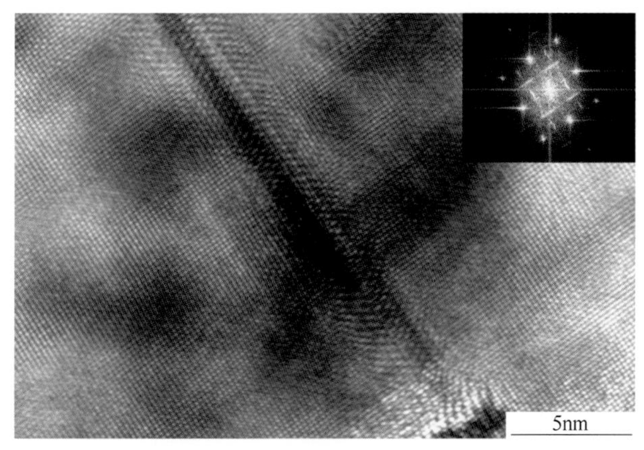

图 13　合金及状态：6013-T6 态

组织特征：α-Al 基体和杆状析出相 β″的高分辨照片，右上角插图为其 FFT 变换的衍射花样

5.3.2　$Al_{12}Mn_3Si$ 相

6×××系铝合金含有 Si 和少量 Mn 元素，在冶炼和加工过程中，Al 与 Si 和 Mn 能形成立方结构的 $Al_{12}Mn_3Si$ 化合物。表 5.5 列出了 $Al_{12}Mn_3Si$ 相在 6×××系合金组织中的形态，似球状或短棒状，分布于晶粒或晶界上，尺寸约 100~300nm（参考表 3.3 中该相的形态）。

表 5.5　6×××系铝合金中 $Al_{12}Mn_3Si$ 相的形态

$Al_{12}Mn_3Si$ 相的形态

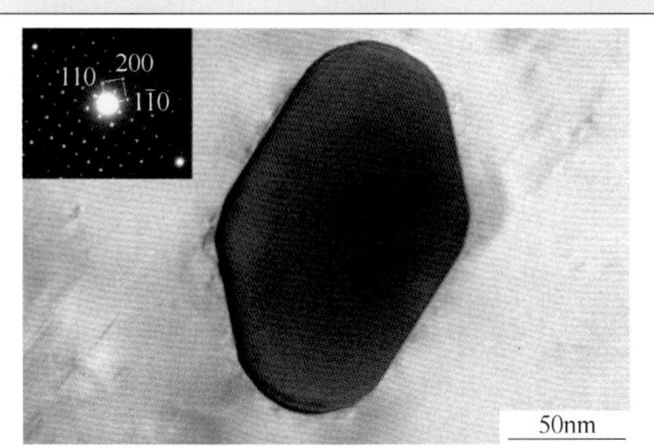

图 1　合金及状态：6013-T6 态
组织特征：菱形，界面平直，
左上角为其电子衍射花样，B=[001]

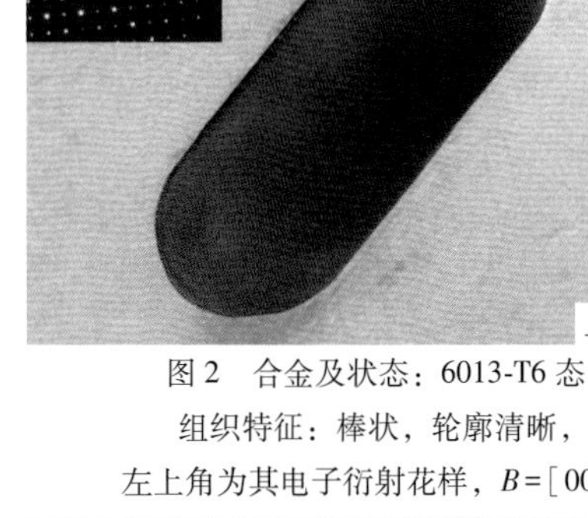

图 2　合金及状态：6013-T6 态
组织特征：棒状，轮廓清晰，
左上角为其电子衍射花样，B=[001]

图 3　合金及状态：6061-T6 态
组织特征：正方形，界面平直，B=[001]

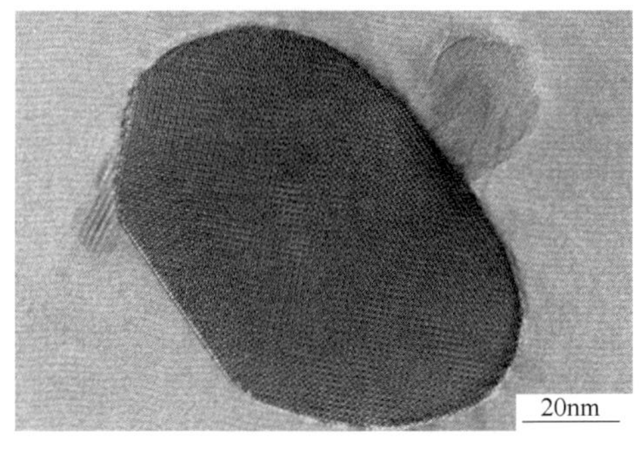

图 4　合金及状态：6061-T6 态
组织特征：似球状，轮廓清晰，B=[001]

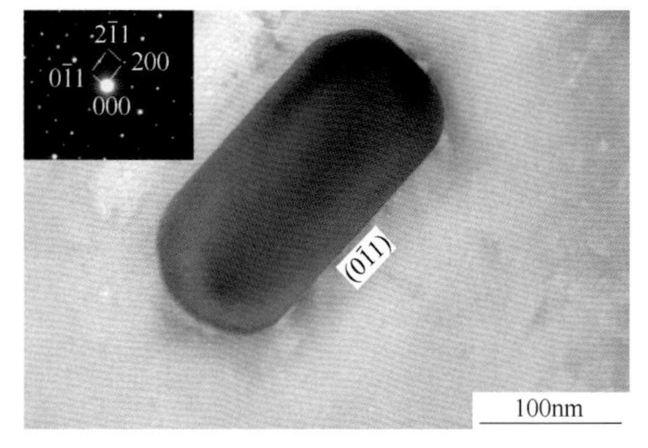

图 5　合金及状态：6013-T6 态
组织特征：似矩形，界面平直，
左上角为其电子衍射花样，B=[110]

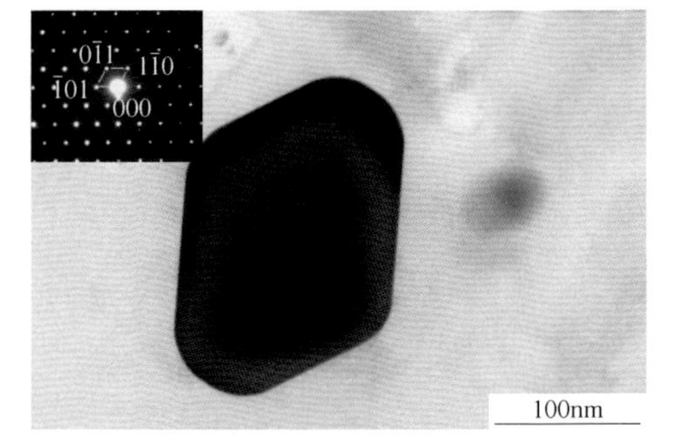

图 6　合金及状态：6013-T6 态
组织特征：似菱形，界面平直，
左上角为其电子衍射花样，B=[111]

注：表中 B=[uvw] 表示电子束方向，即 $Al_{12}Mn_3Si$ 相的晶带轴，也即观察方向。

5.4 常用 6×××系铝合金电子金相图谱

常用 6×××系铝合金电子金相图谱见表 5.6。

表 5.6 常用 6×××系铝合金电子金相图谱

电子金相图

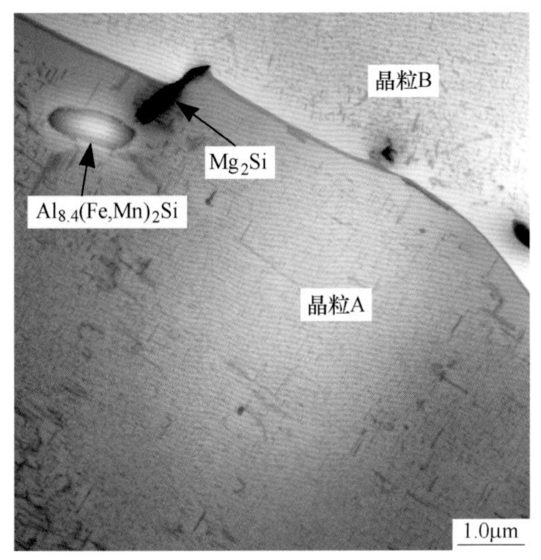

图 1 合金及状态：6060-T6 态（低倍）
组织特征：两个不同位向的 α-Al 晶粒相交，晶粒 A 的位向为〈001〉$_\alpha$，晶粒 B 的位向为〈112〉$_\alpha$。晶界上偶见 Mg_2Si 相，晶粒内有粗大的第二相，其 EDS 能谱分析为 $Al_{8.4}(Fe,Mn)_2Si$ 颗粒；晶粒内隐约可见时效析出相

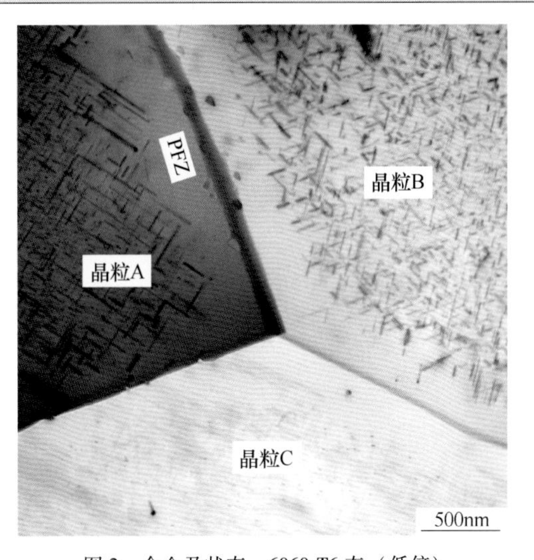

图 2 合金及状态：6060-T6 态（低倍）
组织特征：3 个不同位向的 α-Al 晶粒相交，晶粒 A 的位向为〈001〉$_\alpha$，晶粒 B 的位向为〈112〉$_\alpha$，晶界处较“干净”，出现无沉淀析出相带；晶粒内隐约可见时效析出相

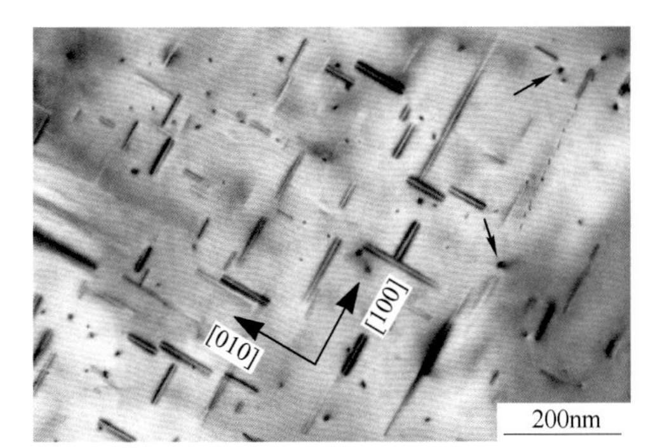

图 3 合金及状态：6060-T6 态
组织特征：α-Al 基体的晶粒内弥散分布着两种形态的析出相：一是针状 β″相和少量杆状 β′相，长度约 30～150nm，分别沿 α-Al 基体的 [100]$_\alpha$ 和 [010]$_\alpha$ 方向垂直排列；二是平行 [001]$_\alpha$ 方向的析出相“端面”，图中的黑点和箭头所示，B=[001]$_\alpha$

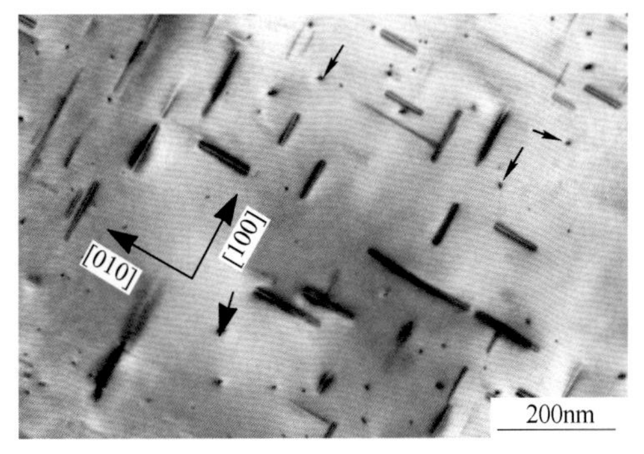

图 4 合金及状态：6060-T6 态
组织特征：α-Al 基体的晶粒内弥散分布着两种形态的析出相：一是针状 β″相和少量杆状 β′相，长度约 30～150nm，分别沿 α-Al 基体的 [100]$_\alpha$ 和 [010]$_\alpha$ 方向垂直排列；二是平行 [001]$_\alpha$ 方向的析出相“端面”，图中的黑点和箭头所示，B=[001]$_\alpha$

续表 5.6

电子金相图

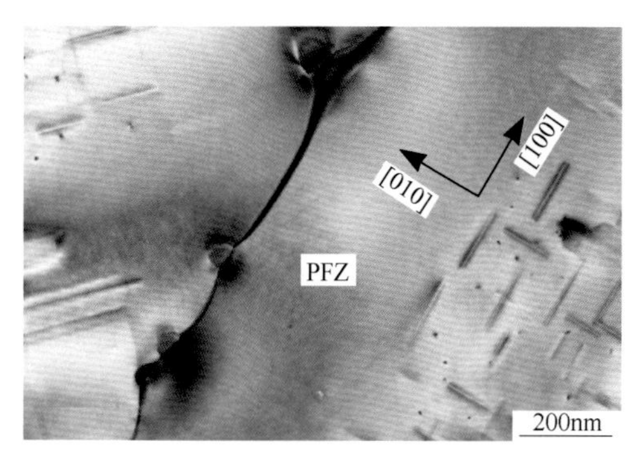

图 5　合金及状态：6060-T6 态
组织特征：α-Al 基体的晶界处出现无沉淀析出相带（PFZ），PFZ 的宽度约 250nm，同时分布少许富 Si 的第二相颗粒，晶粒内弥散分布着时效析出相，$B=[001]_{\alpha}$

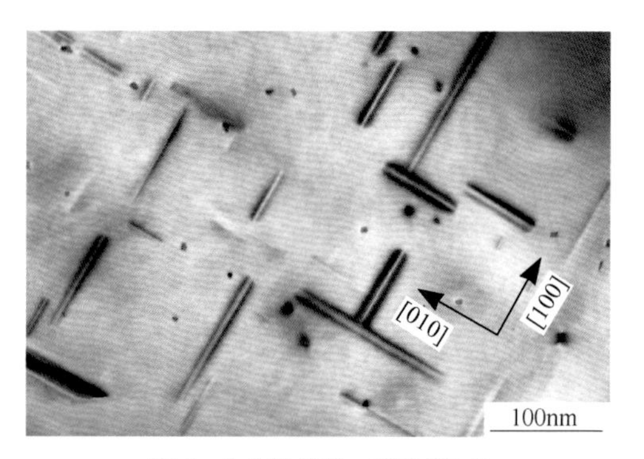

图 6　合金及状态：6060-T6 态
组织特征：α-Al 基体的晶粒内弥散分布着两种形态的析出相：一是针状 β″相和少量杆状 β′相，长度约 30~100nm，分别沿 α-Al 基体的［100］$_{\alpha}$和［010］$_{\alpha}$方向垂直排列；二是平行［001］$_{\alpha}$方向的析出相“端面”，如图中的黑点所示，$B=[001]_{\alpha}$

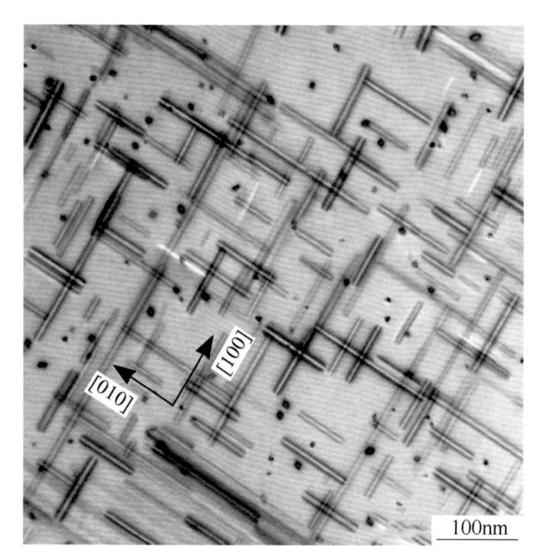

图 7　合金及状态：6060-T6 态
组织特征：α-Al 基体的晶粒内弥散分布着两种形态的析出相：一是针状 β″相和杆状 β′相，长度约 30~150nm，分别沿 α-Al 基体的［100］$_{\alpha}$和［010］$_{\alpha}$方向垂直排列；二是平行［001］$_{\alpha}$方向的析出相“端面”，如图中的黑点所示，$B=[001]_{\alpha}$

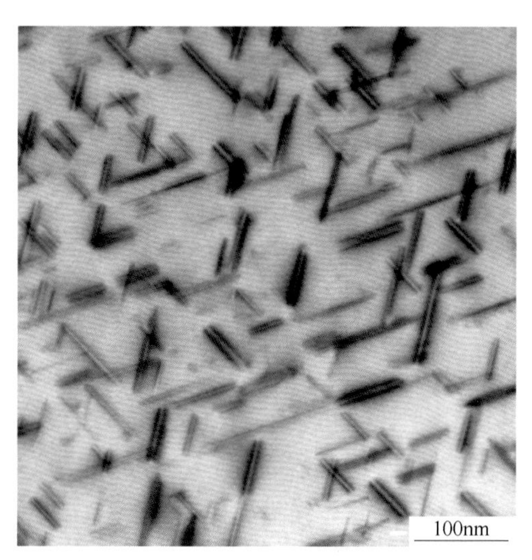

图 8　合金及状态：6060-T6 态
组织特征：α-Al 基体的晶粒内弥散分布着互成角度交叉排列的针状或杆状时效析出相，析出相长短不一致，约 30~100nm，$B=[112]_{\alpha}$

续表5.6

电子金相图

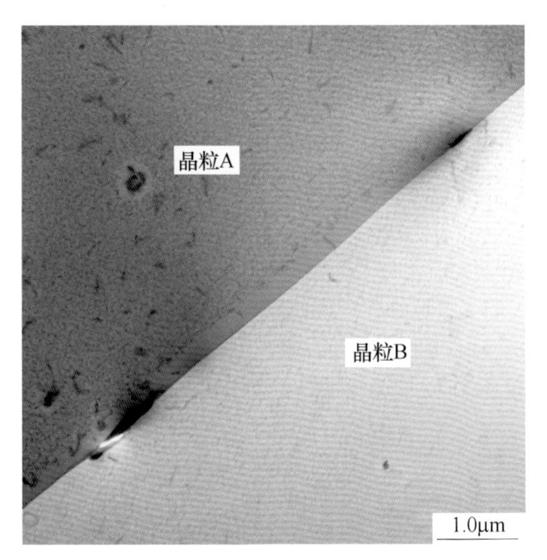

图9 合金及状态：6063-T6态
组织特征：两个不同位向的晶粒相交，晶粒A的位向为［112］$_{\alpha}$，晶粒内有少量呈短棒状的$Al_{12}(Mn,Fe)_3Si$第二相。晶界处隐约可见PFZ区域，同时分布少许无规则形状的富Si相，B=［112］$_{\alpha}$

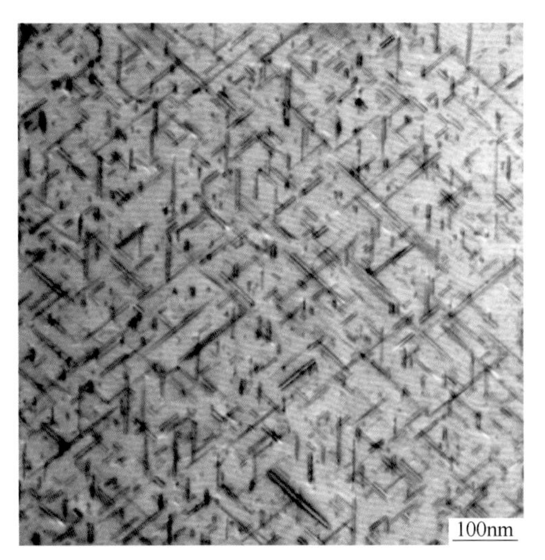

图10 合金及状态：6063-T6态
组织特征：α-Al基体的晶粒内弥散分布着互成角度规则排列的针状β″相和杆状的β′相，长度约30~150nm，B=［112］$_{\alpha}$

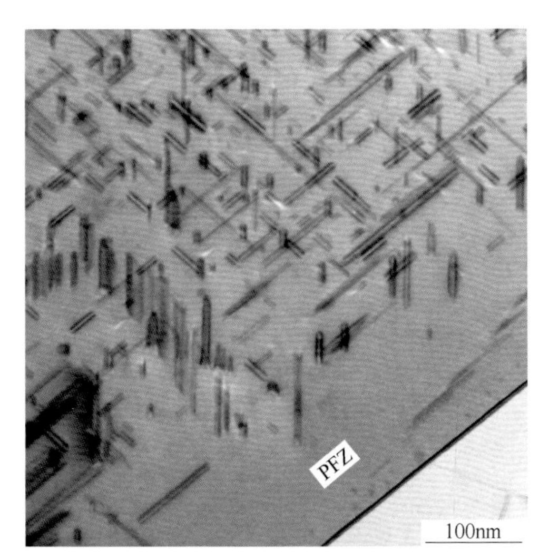

图11 合金及状态：6063-T6态
组织特征：α-Al基体的晶粒内弥散分布着互成角度规则排列的针状β″相和杆状的β′相，长度约30~150nm；晶界处出现无沉淀析出相带（PFZ），B=［112］$_{\alpha}$

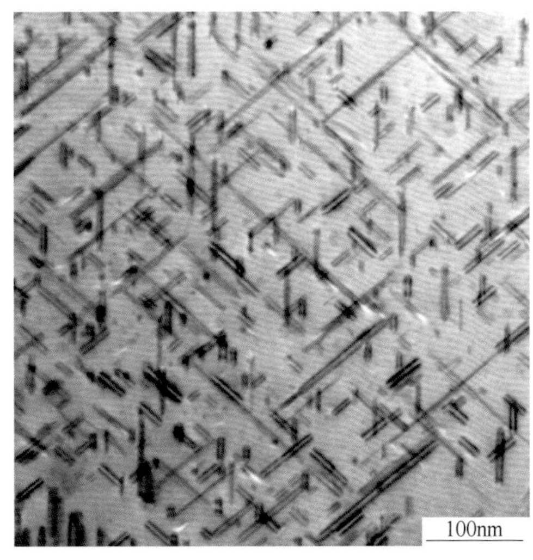

图12 合金及状态：6063-T6态
组织特征：α-Al基体的晶粒内弥散分布互成角度规则排列的针状β″相和杆状的β′相，长度约30~150nm，B=［112］

续表 5.6

电子金相图	
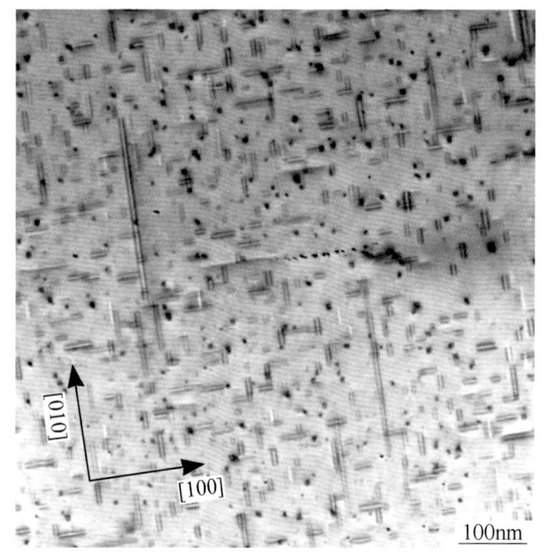 图 13　合金及状态：6063-T6 态 组织特征：α-Al 基体的晶粒内弥散分布两种形态的时效析出相：一是针状 β″相和少量杆状的 β′相，沿 α-Al 基体的［100］$_α$和［010］$_α$方向垂直排列；二是平行［001］$_α$方向的析出相“端面”，如图中的黑点所示，B=［001］$_α$	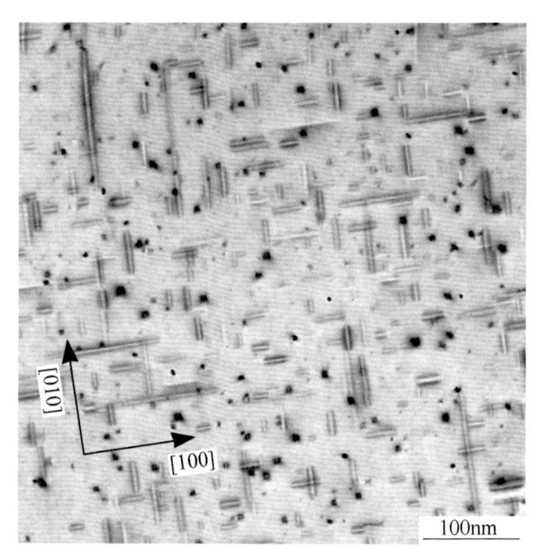 图 14　合金及状态：6063-T6 态 组织特征：α-Al 基体的晶粒内弥散分布两种形态的时效析出相：一是针状 β″相和少量杆状的 β′相，沿着 α-Al 基体的［100］$_α$和［010］$_α$方向垂直排列；二是平行［001］$_α$方向的析出相“端面”，如图中的黑点所示，B=［001］$_α$
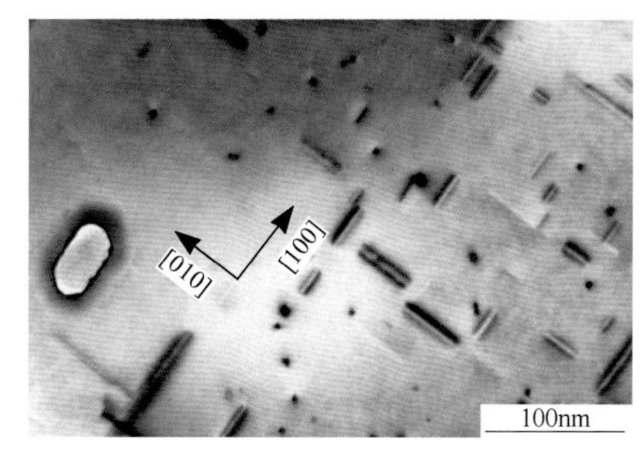 图 15　合金及状态：6063-T6 态 组织特征：α-Al 基体的晶粒内弥散分布两种形态的时效析出相：一是沿 α-Al 基体的［100］$_α$和［010］$_α$方向垂直排列针状 β″相；二是平行［001］$_α$方向的析出相“端面”，如图中的黑点所示；中间粗大颗粒为 $Al_{12}Mn_3Si$ 相，其周围出现 PFZ 现象，B=［001］	 图 16　合金及状态：6063-T6 态 组织特征：α-Al 基体的晶粒内弥散分布两种形态的时效析出相：一是长度约 10~50nm 的针状 β″相，沿 α-Al 基体的［100］$_α$和［010］$_α$方向垂直排列；二是平行［001］$_α$方向的析出相“端面”，如图中的黑点所示，直径约 3~5nm，B=［001］$_α$

续表 5.6

电子金相图	

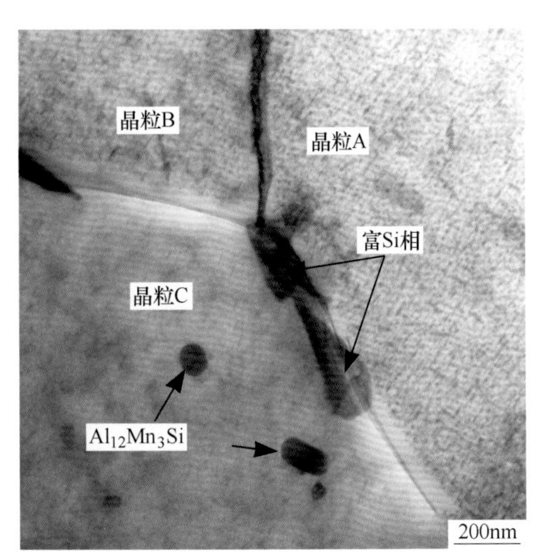

图 17 合金及状态：6061-T6-US（低倍）
组织特征：3 个不同位向的晶粒相交，
晶粒 A 的位向为 $\langle 110\rangle_{\alpha}$，晶内隐约可见互相垂直
排列的析出相，晶粒 B 的位向近似 $\langle 110\rangle_{\alpha}$，晶界处
出现 PFZ 带，其上分布少许无规则形状的富 Si 相，
晶粒内有少量呈短棒状或球状的第二相 $Al_{12}Mn_3Si$ 颗粒

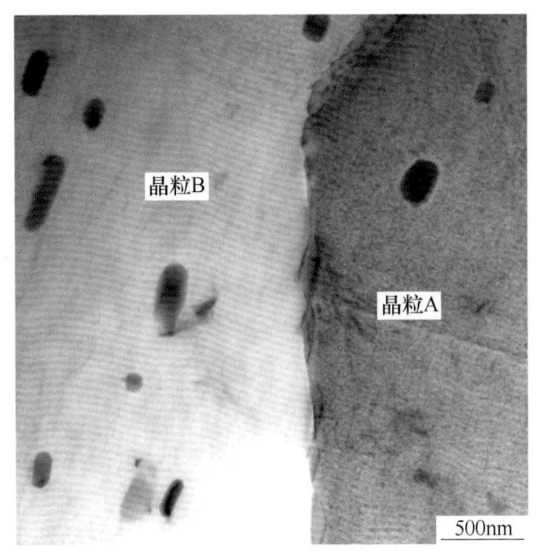

图 18 合金及状态：6061-T6-US（低倍）
组织特征：两个不同位向的晶粒相交，
晶粒内有少量呈短棒状的第二相 $Al_{12}Mn_3Si$ 颗粒，
其中晶粒 A 的位向为 $[110]_{\alpha}$

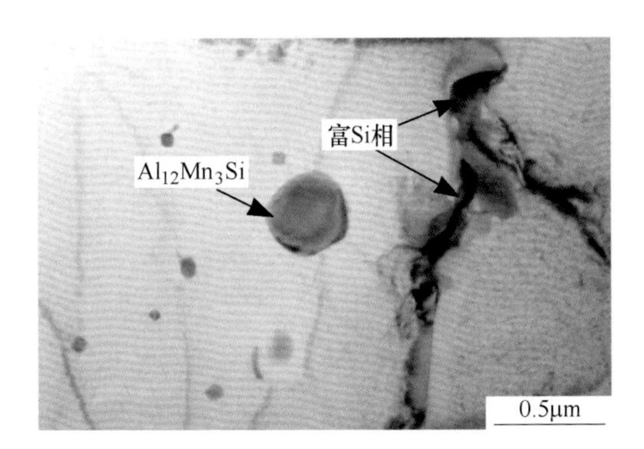

图 19 合金及状态：6061-T6 态
组织特征：α-Al 基体的晶粒内分布大小
不一的球状 $Al_{12}Mn_3Si$ 相颗粒，
晶界处分布形状不规则的富 Si 相

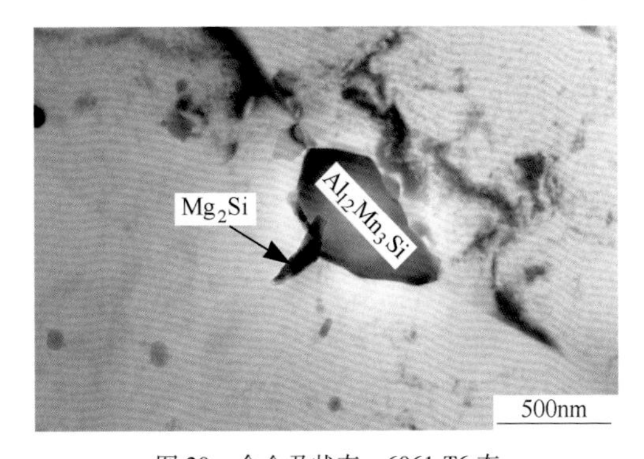

图 20 合金及状态：6061-T6 态
组织特征：α-Al 基体的晶粒内分布少量粗大
的形状不规则的第二相 $Al_{12}Mn_3Si$ 颗粒和
少量 Mg_2Si 相

续表 5.6

电子金相图

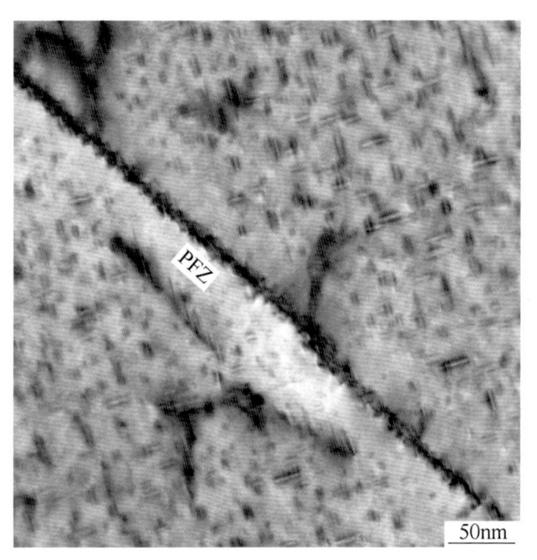

图 21 合金及状态：6061-T6 态
组织特征：α-Al 基体的晶粒内弥散分布大量互相垂直排列的针状 β″相，析出相长短不一，约 15~50nm，晶界处隐约可见 PFZ 带，$B=[110]_\alpha$

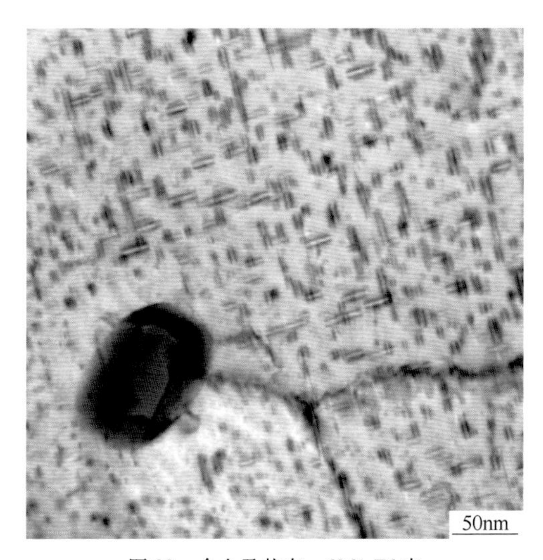

图 22 合金及状态：6061-T6 态
组织特征：α-Al 基体的晶粒内弥散分布大量互相垂直排列的针状 β″相，析出相长短不一，尺寸约 15~50nm；中间颗粒为 $Al_{12}Mn_3Si$ 相，$B=[110]_\alpha$

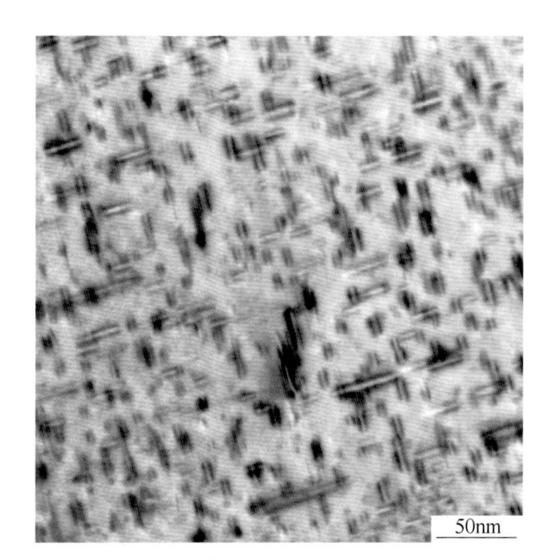

图 23 合金及状态：6061-T6 态
组织特征：α-Al 基体的晶粒内弥散分布大量互相垂直排列的针状 β″相，析出相长短不一，尺寸约 15~50nm，$B=[110]_\alpha$

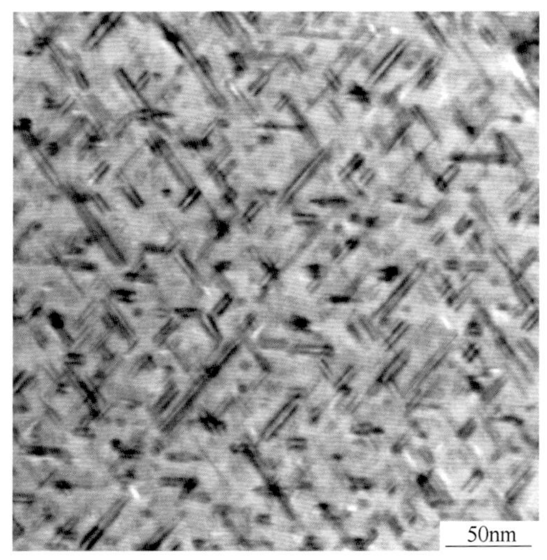

图 24 合金及状态：6061-T6 态
组织特征：α-Al 基体的晶粒内弥散分布大量互相角度且排列规则的针状 β″相，析出相长短不一，尺寸约 15~50nm，$B=[112]_\alpha$

续表 5.6

电子金相图

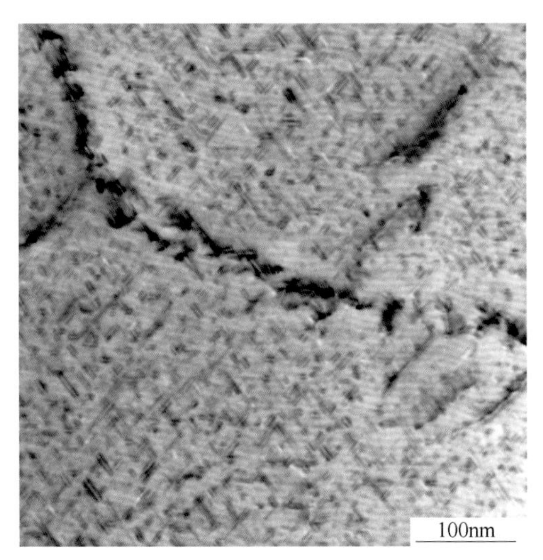

图 25 合金及状态：6061-T6 态

组织特征：α-Al 基体的晶粒内弥散分布大量互相角度排列规则的针状 β″相，析出相长短不一，约 15~50nm，亚晶界处有应变场衬度变化，$B=[112]_α$

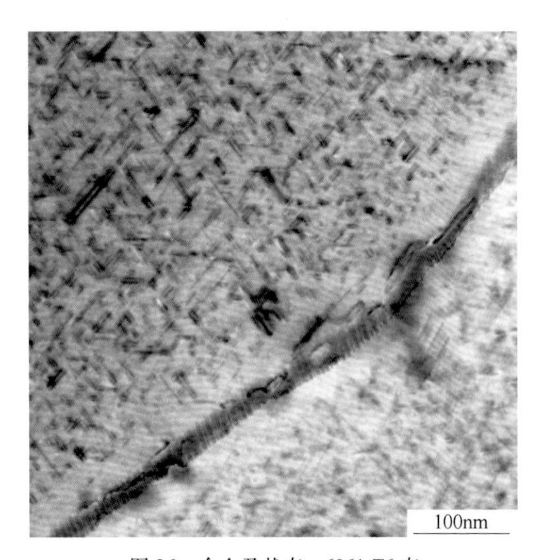

图 26 合金及状态：6061-T6 态

组织特征：α-Al 基体的晶粒内弥散分布大量互相角度排列规则的针状 β″相，析出相长短不一，约 15~50nm，晶界处 PFZ 带和应变场衬度变化，$B=[112]_α$

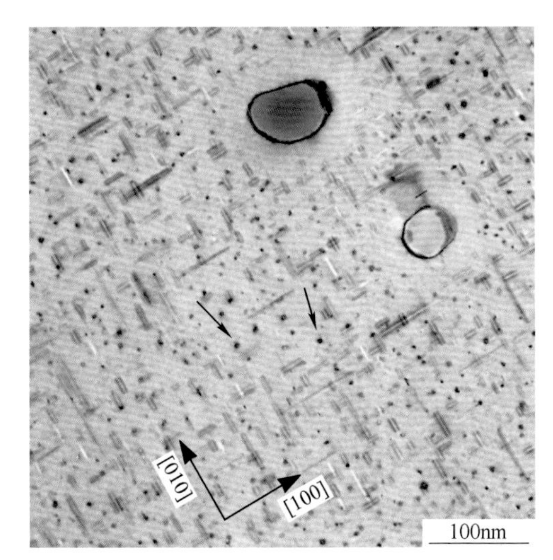

图 27 合金及状态：6061-T6 态

组织特征：α-Al 基体的晶粒内弥散分布两种形态的析出相：一是针状 β″相，沿 α-Al 基体的 $[100]_α$ 和 $[010]_α$ 方向排列；二是平行 $[001]_α$ 方向的析出相“端面”，如图中的黑点所示；中间粗大颗粒为 $Al_{12}Mn_3Si$ 相，其周围出现 PFZ 现象，$B=[001]_α$

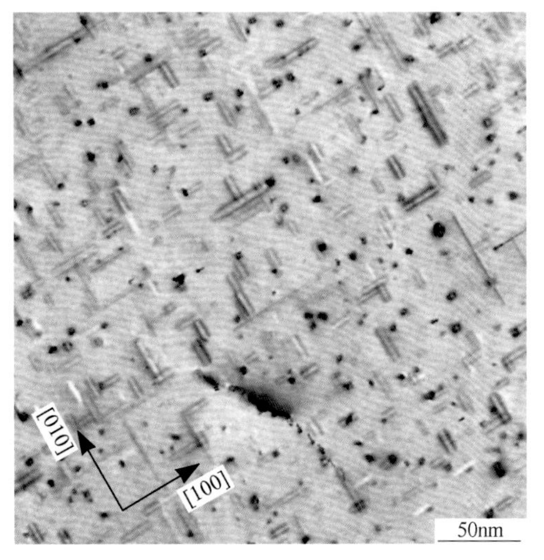

图 28 合金及状态：6061-T6 态

组织特征：α-Al 基体的晶粒内弥散分布两种形态的析出相：一是针状 β″相，沿 α-Al 基体的 $[100]_α$ 和 $[010]_α$ 方向垂直排列；二是平行 $[001]_α$ 方向的析出相“端面”，如图中的黑点所示，$B=[001]_α$

续表 5.6

电子金相图

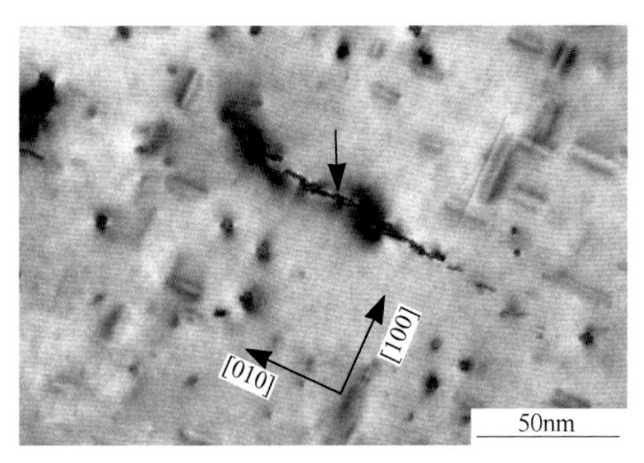

图 29　合金及状态：6061-T6 态

组织特征：α-Al 基体的晶粒内弥散分布两种形态的析出相：一是沿 α-Al 基体的［100］$_α$和［010］$_α$方向垂直排列的针状 β″相，二是平行［001］$_α$方向的析出相"端面"，如图中的黑点所示；有时析出相连续析出，如箭头所示，B=［001］$_α$

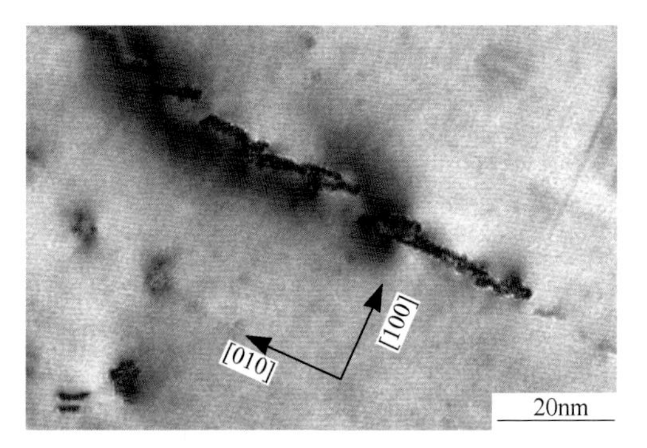

图 30　合金及状态：6061-T6 态

组织特征：图 29 箭头所指部位的放大像，连续析出相呈 zig-zag 方式排列

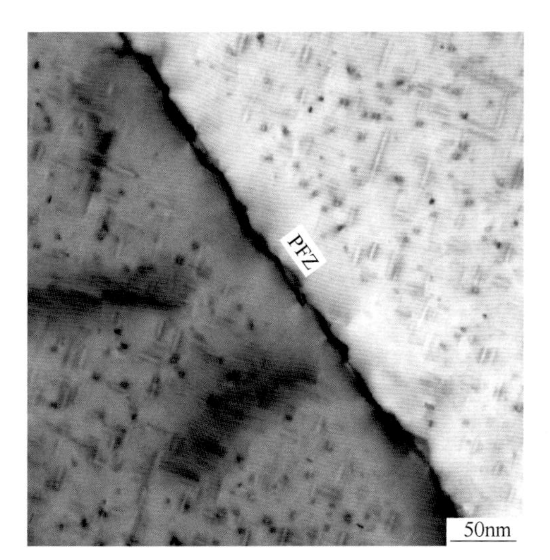

图 31　合金及状态：6061-T6 态

组织特征：α-Al 基体的晶粒内弥散分布两种形态的 β″相，晶界处有 PFZ 带，B=［001］$_α$

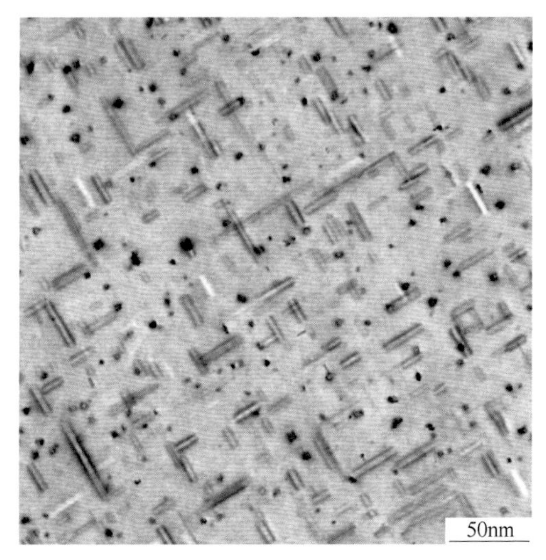

图 32　合金及状态：6061-T6 态

组织特征：α-Al 基体的晶粒内弥散分布两种形态的 β″相：一是沿 α-Al 基体的［100］$_α$和［010］$_α$方向垂直排列的针状 β″相；二是平行［001］$_α$方向的析出相"端面"，如图中的黑点所示，B=［001］$_α$

续表 5.6

电子金相图

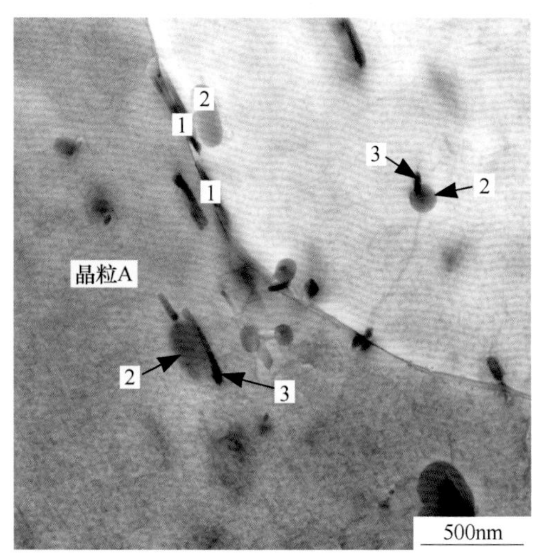

图 33 合金及状态：6082-T6 态（低倍）
组织特征：相邻晶粒的晶界及晶粒内存在部分第二相颗粒：1—形状不规则的 Mg_2Si 相；2—球状或短棒状的 $Al_{12}Mn_3Si$ 相；3—形状不规则似带状的富 Si 相，部分富 Si 相依附球状或短棒状的 $Al_{12}Mn_3Si$ 相旁，$B=[110]_\alpha$

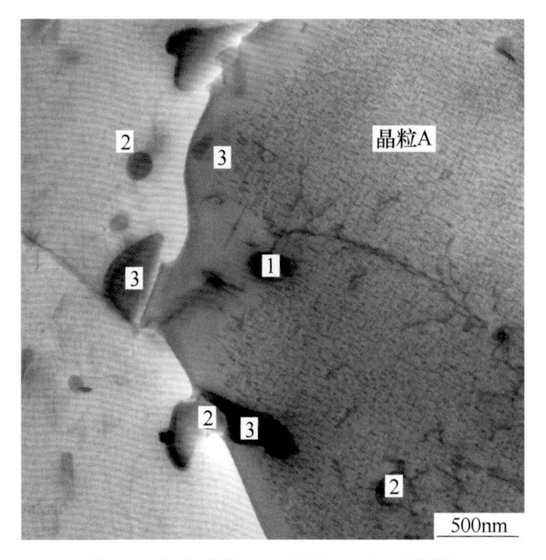

图 34 合金及状态：6082-T6 态（低倍）
组织特征：相邻晶粒的晶界及晶粒内存在部分第二相颗粒：1—形状无规则的 Mg_2Si 相；2—球状或短棒状的 $Al_{12}Mn_3Si$ 相；3—无规则似带状的富 Si 相，部分富 Si 相依附球状或短棒状的 $Al_{12}Mn_3Si$ 相旁，晶界处有 PFZ 带，$B=[110]_\alpha$

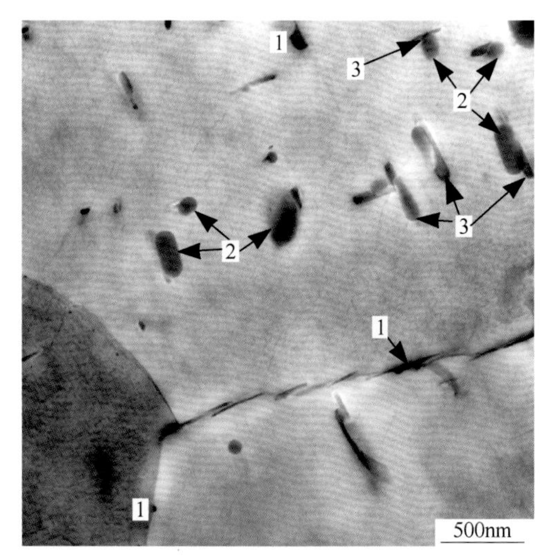

图 35 合金及状态：6082-T6 态（低倍）
组织特征：1—Mg_2Si 相；2—$Al_{12}Mn_3Si$ 相；3—形状不规则的富 Si 相，部分富 Si 相依附球状或短棒状的 $Al_{12}Mn_3Si$ 相旁

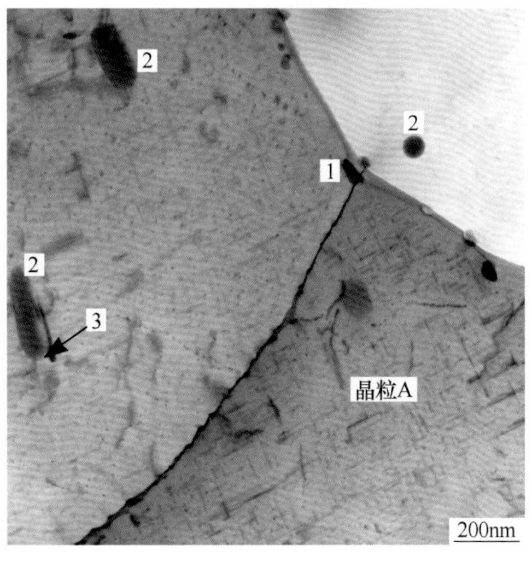

图 36 合金及状态：6082-T6 态（低倍）
组织特征：1—Mg_2Si 相；2—$Al_{12}Mn_3Si$ 相；3—形状不规则的富 Si 相，晶界处有 PFZ 带，$B=[001]_\alpha$

续表 5.6

电子金相图

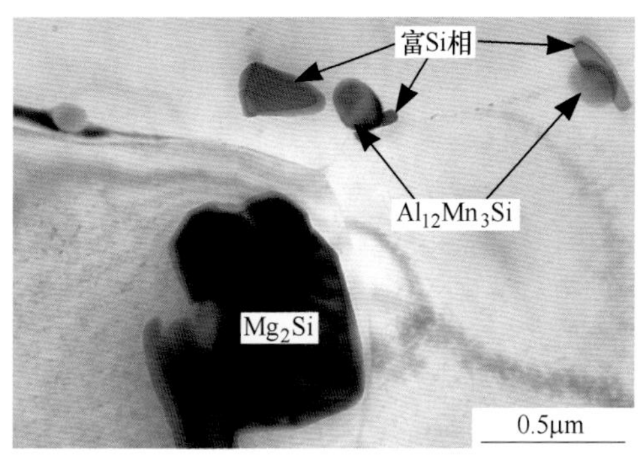

图 37 合金及状态：6082-T6 态

组织特征：相邻晶粒的晶界及晶粒内存在部分第二相，中间粗大的黑色颗粒是 Mg_2Si 相；球状或粒状是 $Al_{12}Mn_3Si$ 相；无规则或条状是富 Si 相，部分富 Si 相依附球状或短棒状的 $Al_{12}Mn_3Si$ 颗粒旁

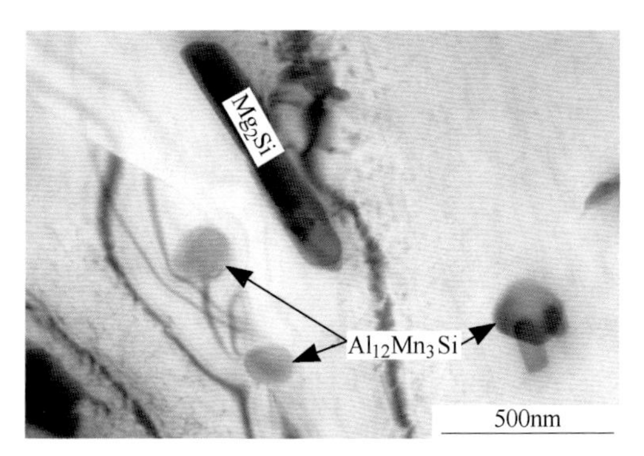

图 38 合金及状态：6082-T6 态

组织特征：α-Al 基体的晶粒内存在部分第二相，球状或粒状是 $Al_{12}Mn_3Si$ 相；粗大棒状颗粒为 Mg_2Si 相

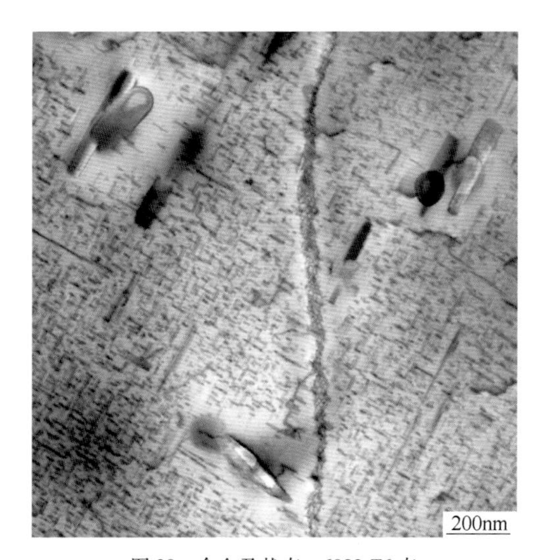

图 39 合金及状态：6082-T6 态

组织特征：α-Al 基体的晶粒内弥散分布大量细小垂直排列的析出相；晶粒内还出现球状或短棒状的第二相，$B=[110]_\alpha$

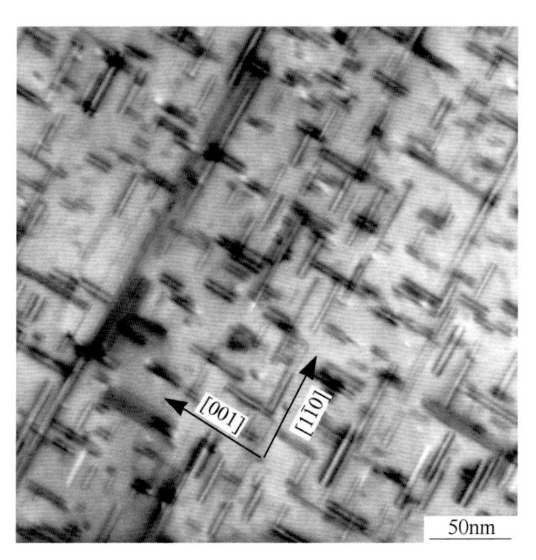

图 40 合金及状态：6082-T6 态

组织特征：α-Al 基体的晶粒内弥散分布大量互相垂直排列的针状 β″相，尺寸约 15~50nm，$B=[110]_\alpha$

续表5.6

电子金相图

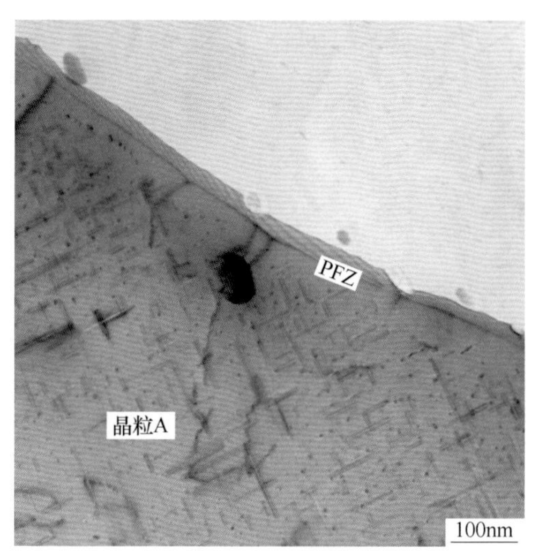

图41 合金及状态：6082-T6态

组织特征：α-Al基体的晶粒内弥散分布两种形态的析出相，一是沿α-Al基体的［100］$_α$和［010］$_α$方向垂直排列针状β″相；二是平行于［001］$_α$方向的析出相"端面"，如图中的黑点所示；晶界处有PFZ带，B=［001］$_α$

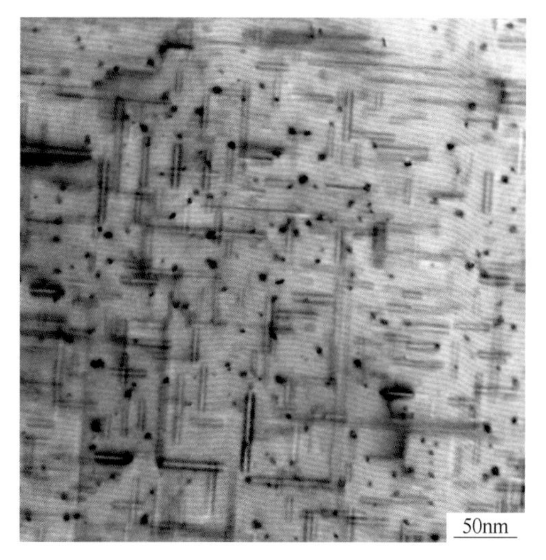

图42 合金及状态：6082-T6态

组织特征：α-Al基体的晶粒内弥散分布两种形态的析出相，一是沿α-Al基体的［100］$_α$和［010］$_α$方向垂直排列的针状β″相，二是平行［001］$_α$方向的析出相"端面"，如图中的黑点所示，B=［001］$_α$

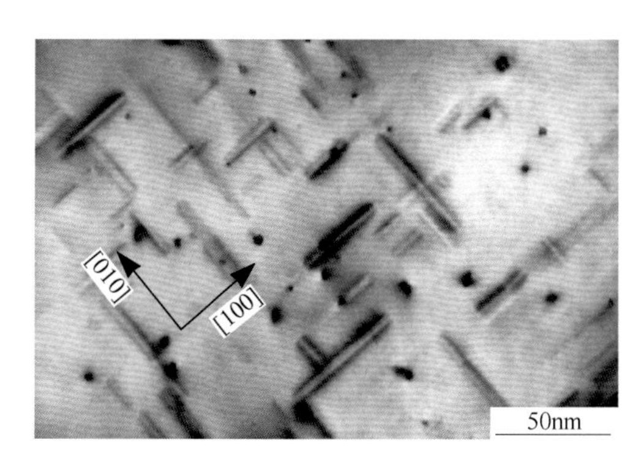

图43 合金及状态：6082-T6态

组织特征：α-Al基体的晶粒内弥散分布两种形态的析出相：一是长度约10~50nm的针状β″相，沿α-Al基体的［100］$_α$和［010］$_α$方向垂直排列；二是平行［001］$_α$方向的析出相"端面"，如图中的黑点所示，B=［001］$_α$

图44 合金及状态：6082-T6态

组织特征：α-Al基体的晶粒内弥散分布大量互成角度且规则排列的针状β″相，B=［112］$_α$

续表 5.6

电子金相图

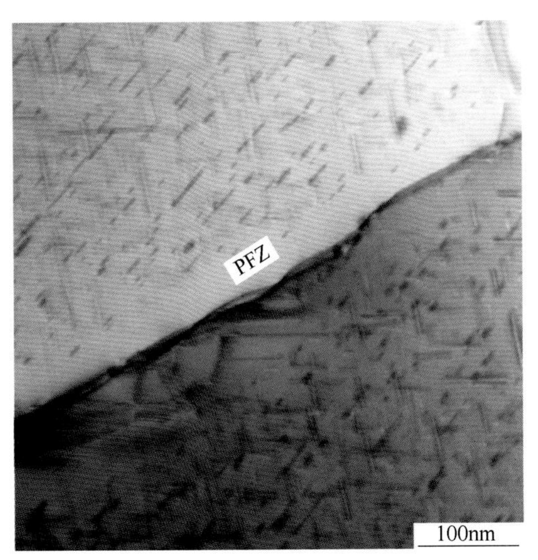

图 45 合金及状态：6082-T6 态
组织特征：α-Al 基体的晶粒内弥散分布大量互成角度且排列规则的针状 β″相，尺寸约 15~50nm，晶界处有 PFZ 带，$B=[112]_{\alpha}$

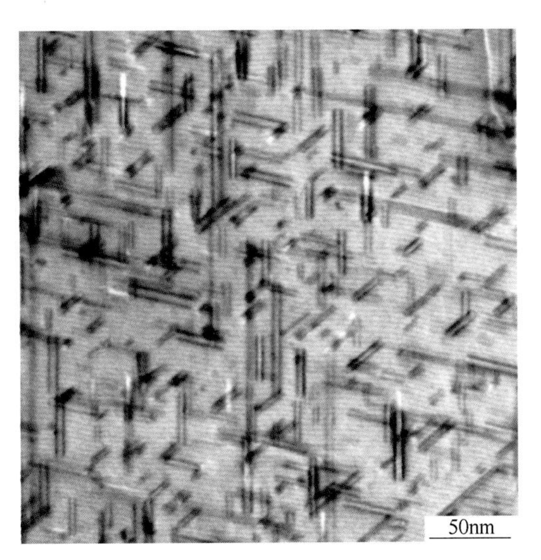

图 46 合金及状态：6082-T6 态
组织特征：α-Al 基体的晶粒内弥散分布大量互成角度且排列规则的针状 β″相，尺寸约 15~50nm，$B=[112]_{\alpha}$

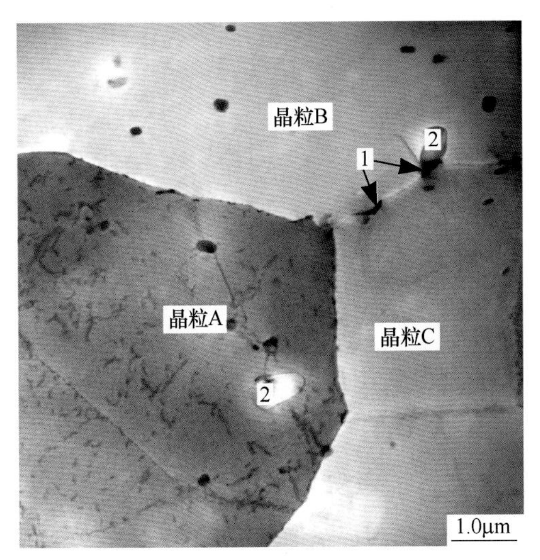

图 47 合金及状态：6013-T6 态（低倍）
组织特征：3 个 α-Al 晶粒相交，晶界及晶粒内存在部分第二相：1—形状不规则的 Mg_2Si 相；2—球状或短棒状的 $Al_{12}Mn_3Si$ 相，$B=[001]_{\alpha}$

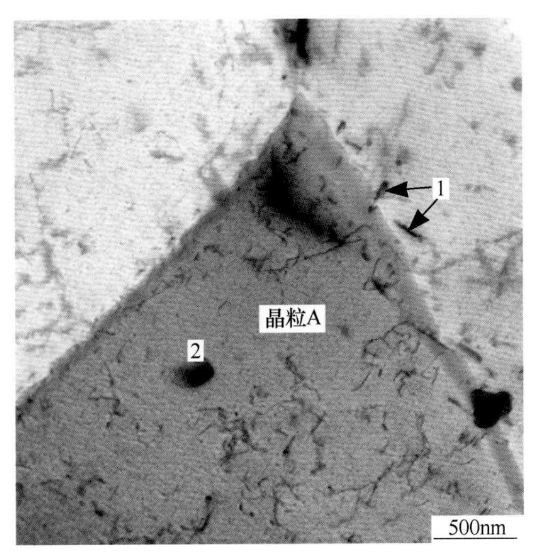

图 48 合金及状态：6013-T6 态（低倍）
组织特征：相邻两晶粒的晶界及晶粒内存在部分第二相：1—形状不规则的 Mg_2Si 相；2—球状或短棒状的 $Al_{12}Mn_3Si$ 相，$B=[001]_{\alpha}$

续表 5.6

电子金相图

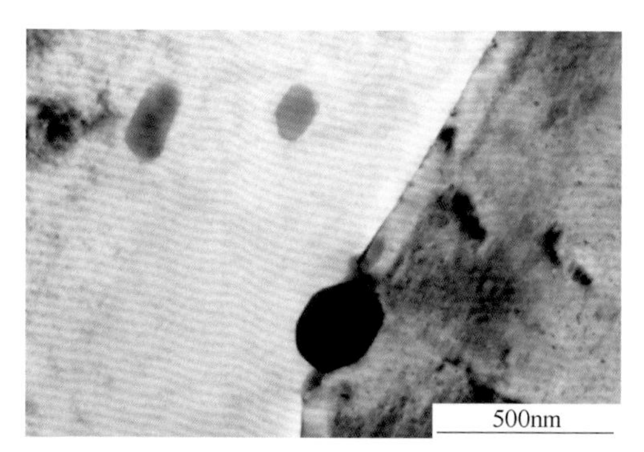

图 49 合金及状态：6013-T6 态（低倍）
组织特征：α-Al 基体的晶界及晶粒内分布少量 $Al_{12}Mn_3Si$ 相颗粒，尺寸约 100~300nm，$B=[001]_α$

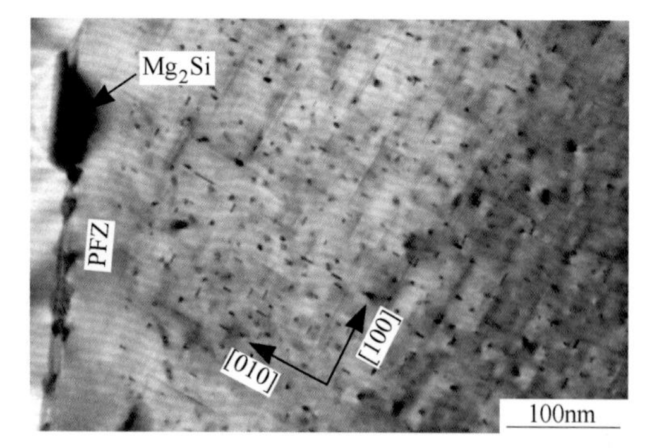

图 50 合金及状态：6013-T6 态
组织特征：α-Al 基体的晶粒内弥散分布两种形态的析出相，晶界处分布 Mg_2Si 相并出现 PFZ 带

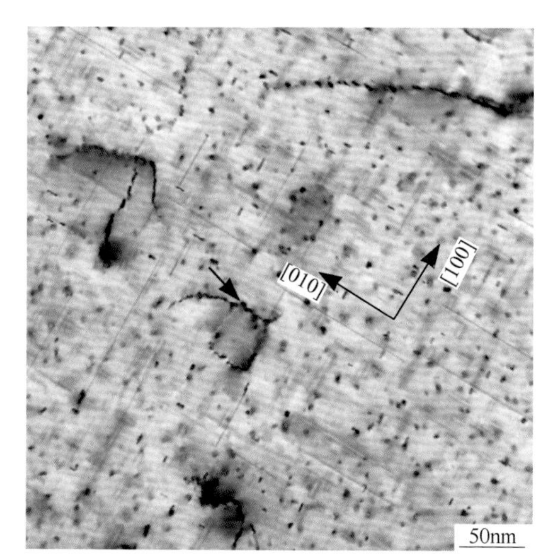

图 51 合金及状态：6013-T6 态
组织特征：α-Al 基体的晶粒内弥散分布两种形态的析出相：一是沿 α-Al 基体 $[100]_α$和 $[010]_α$ 方向垂直排列的针状析出相；二是平行 $[001]_α$ 方向的析出相“端面”，如图中的黑点所示；有时析出相连续析出，如箭头所示，$B=[001]_α$

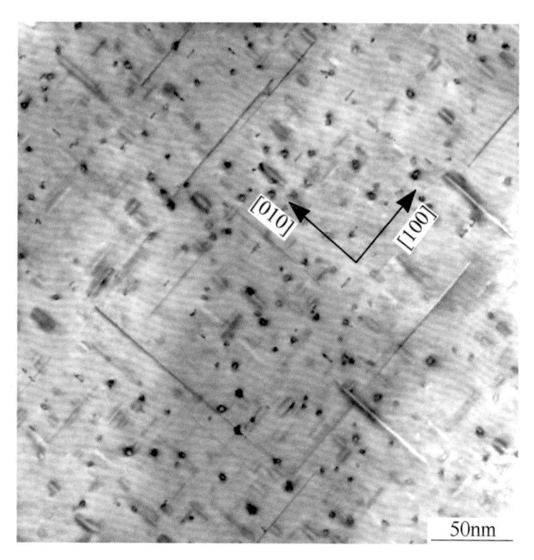

图 52 合金及状态：6013-T6 态
组织特征：α-Al 基体的晶粒内弥散分布两种形态的析出相：一是沿 α-Al 基体 $[100]_α$和 $[010]_α$方向排列的针状析出相；二是平行 $[001]_α$方向的析出相“端面”，如图中的黑点所示，$B=[001]_α$

续表 5.6

电子金相图

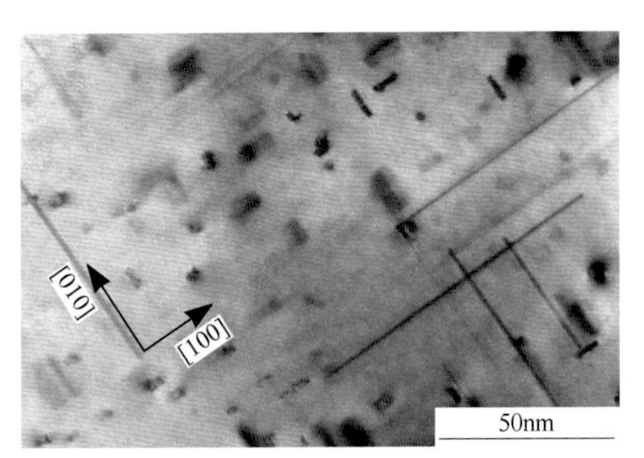

图 53 合金及状态：6013-T6 态

组织特征：α-Al 基体的晶粒内弥散分布两种形态的析出相：一是沿 $[100]_{\alpha}$ 和 $[010]_{\alpha}$ 方向垂直排列的杆状或针状析出相；二是平行 $[001]_{\alpha}$ 方向的析出相“端面”，如图中的黑点所示

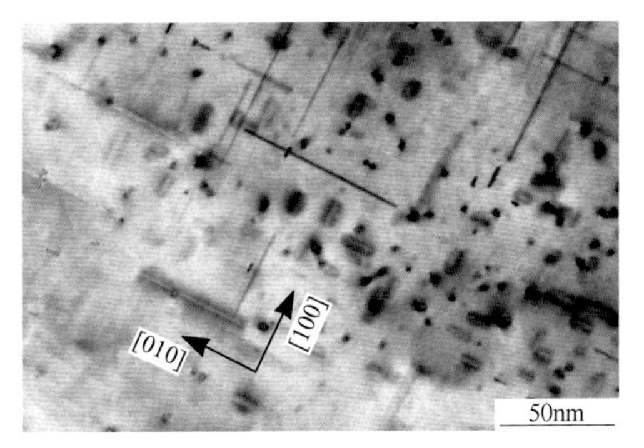

图 54 合金及状态：6013-T6 态

组织特征：α-Al 基体的晶粒内弥散分布两种形态的析出相：一是沿 $[100]_{\alpha}$ 和 $[010]_{\alpha}$ 方向垂直排列的杆状或针状析出相；二是平行 $[001]_{\alpha}$ 方向的析出相“端面”，如图中的黑点所示

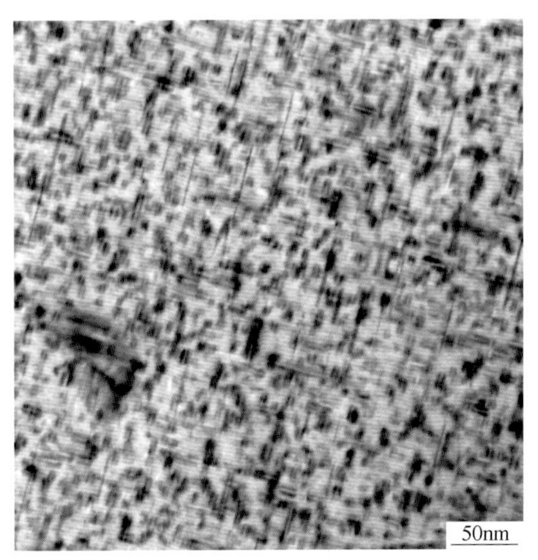

图 55 合金及状态：6013-T6 态

组织特征：α-Al 基体的晶粒内弥散分布大量互相垂直排列的针状时效析出相，$B=[110]_{\alpha}$

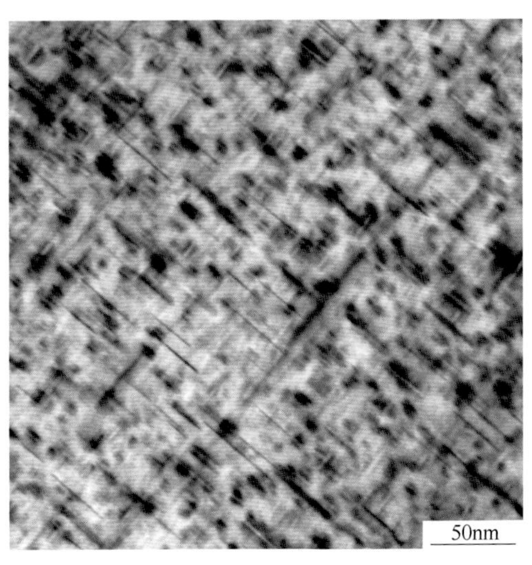

图 56 合金及状态：6013-T6 态

组织特征：α-Al 基体的晶粒内弥散分布大量互相垂直排列的针状时效析出相，$B=[110]_{\alpha}$

注：$B=[uvw]_{\alpha}$ 表示观察的电子束方向。

参 考 文 献

[1] 李雪朝，等．铝合金材料组织与金相图谱［M］．北京：冶金工业出版社，2010.

[2] 王祝堂，田荣璋．铝合金及其加工手册［M］．长沙：中南大学出版社，2005.

[3] Chen J H, Costan E, Van Huis M A, et al. Atomic Pillar-based nanoprecipitates strengthen AlMgSi alloys [J]. Science, 2006, 312: 416~419.

[4] 陈江华，刘春辉．AlMgSi(Cu) 合金中纳米析出相的结构演变［J］．中国有色金属学报，2011, 21 (10): 2352.

[5] Matsuda K, Gamada H, Fujii K, et al. High-resolution electron microscopy on the structure of Guinier-Preston zones in an Al-1.6Mg_2Si alloy [J]. Metallurgical and Materials Transactions A, 1998, 29: 1161~1167.

[6] Ravi C, Wolverton C. First-principles study of crystal structure and stability of Al-Mg-Si(Cu) precipitates [J]. Acta Materialia, 2004, 52: 4213~4227.

[7] Zandbergen H W, Andersen S J, Jansen J. Structure determination of Mg_5Si_6 particles in Al by dynamic electron diffraction studies [J]. Science, 1997, 277: 1221~1225.

[8] Vissers R, Van Huis M A, Jansen J, et al. The crystal structure of the β′ phase in Al-Mg-Si alloys [J]. Acta Materialia, 2007, 55: 3815~3823.

[9] Andersen S J, Marioara C D, Vissers R, et al. The structural relation between precipitates in Al-Mg-Si alloys, the Al-matrix and diamond silicon, with emphasis on the trigonal phase U1-$MgAl_2Si_2$ [J]. Materials Science and Engineering A, 2007, 444: 157~169.

[10] Frøseth A G, Høier R, Derlet P M, et al. Bonding in MgSi and Al-Mg-Si compounds relevant to Al-Mg-Si alloys [J]. Physical Review B, 2003, 67: 224106 (1~11).

[11] Matsuda K, Sakaguchi Y, Miyata Y, et al. Precipitation sequence of various kinds of metastable phases in Al-1.0mass%Mg_2Si-0.4mass%Si alloy [J]. J Mater Sci., 2000, 35: 179~189.

[12] Andersen S J, Marioara C D, Frøseth A G, et al. Crystal structure of the orthorhombic U2-$Al_4Mg_4Si_4$ precipitate in the Al-Mg-Si alloy system and its relation to the β′ and β″ phases [J]. Materials Science and Engineering A, 2005, 390: 127~138.

[13] Dumolt S D, Laughlin D E, Williams J C. Formation of a modified β′ phase in aluminum alloy 6061 [J]. Scripta Metallurgica, 1984, 18 (12): 1347~1350.

[14] Jacobs M H. The structure of the metastable precipitates formed during ageing of an Al-Mg-Si alloy [J]. Philos. Mag., 1972, 26: 1~13.

[15] Cayron C, Saglowic L, Beffort O, et al. Structural phase transition in Al-Cu-Mg-Si alloys by transmission electron microscopy study on an Al-4wt%Cu-1wt%Mg-Ag alloy reinforced by SiC particles [J]. Philos. Mag., 1999, 79 (11): 2833~2851.

[16] Cayron C, Buffta P A. Transmission electron microscopy study of the β′ phase (Al-Mg-Si alloys) and QC phase (Al-Cu-Mg-Si alloys): Ordering mechanism and crystallographic structure [J]. Acta Materialia, 2000, 48: 2639~2653.

[17] Marioara C D, Andersen S J, Stene T N, et al. The effect of Cu on precipitation in Al-Mg-Si alloys [J]. Philos. Mag., 2007, 87 (23): 3385~3413.

[18] Chakrabarti D J, Laughlin D E. Phase relations and precipitation in Al-Mg-Si alloys with Cu additions [J]. Progress in Materials Science, 2004, 49: 389~410.

[19] Miao W F, Laughlin D E. Effects of Cu content and pre-aging on precipitation characteristics in aluminum

alloy 6022 [J]. Metallurgical and Materials Transactions A, 2000, 31: 361~371.

[20] Matsuda K, Uetani Y, Sato T, et al. Metastable phases in an Al-Mg-Si alloy containing copper [J]. Metallurgical and Materials Transactions A, 2001, 32A: 1293~1299.

[21] Wolverton C. Crystal structure and stability of complex precipitate phases in Al-Cu-Mg- (Si) and Al-Zn-Mg alloys [J]. Acta Materialia, 2001, 49: 3129~3142.

[22] Arnberg L, Aurivilius B. The crystal structure of $Al_xCu_2Mg_{12-x}Si_7$ (h-AlCuMgSi) [J]. Acta Chemica Scandinavica A, 1980, 34: 1~5.

[23] Gupta A K, Lioyd D J, Court S A, Precipitation hardening in Al-Mg-Si alloys with and without excess Si [J]. Materials Science and Engineering A, 2001, 316: 11~17.

[24] Andersen S J, Zandbergen H W, Jansen J, et al. The crystal structure of the β'' phase in Al-Mg-Si alloys [J]. Acta Materialia, 1998, 46: 3283~3298.

[25] Edwards G A, Stiller K, Dunlop G L, et al. The precipitation sequence in Al-Mg-Si alloys [J]. Acta Materialia, 1998, 46: 3893~3904.

[26] Matsuda K, Naoi T, Fujii K, et al. Crystal structure of the β'' phase in an Al-1.0mass%Mg_2Si-0.4mass%Si alloy [J]. Materials Science and Engineering A, 1999, 262: 232~237.

6　7×××系铝合金

7×××系铝合金是目前室温强度最高的一类铝合金，强度可达 700～720MPa，超过硬铝（2×××系铝合金）的强度，也称超强铝合金。这类铝合金除强度高外，在相同水平下，断裂韧性也优于硬铝；此外它还具有高的比强度和比刚度、优良的加工性能以及焊接性能等优点，可加工成板、棒、线、管材及锻件等半成品，被广泛用于航空航天、兵器装备和交通运输等领域，尤其在航空航天领域中占有非常重要的地位，是该领域最重要的结构材料之一。7×××系铝合金主要缺点是抗疲劳性能较差，对应力集中敏感，有明显的应力腐蚀倾向，耐热性也低于硬铝。

目前该系铝合金的研发基本上是沿着高强度、低韧性→高强度、高韧性→高强度、高韧性、耐腐蚀的趋势发展；相关的热处理制度研发则是沿着 T6→T73→T76→T736→T77 →T7751 的方向开展，其中 T77 和 T7751 热处理工艺保密，至今仍没有详细报道。合金设计方面的研发趋势为 Fe、Si 等杂质含量的控制越来越低，合金化程度越来越高，同时微量元素的添加越来越趋于优化，使得合金强度得到大幅提高的同时又能保证优良的综合性能。因此从生产能力和加工工艺的角度上看，超强铝合金的研发和制备水平代表国家铝工业的整体水平，它的开发和应用成为当今铝合金领域的发展趋势。

6.1　化学成分及相组成

7×××系铝合金有 Al-Zn-Mg 系和 Al-Zn-Mg-Cu 系两类，主要合金元素为 Zn 和 Mg，其含量（质量分数）一般不大于 7.5%，在合金中形成强化相 $MgZn_2$。增加合金中 Zn 和 Mg 的浓度，同时提高合金淬火效应和时效强化效应，使其合金的强度提高，但延伸率降低，合金的抗应力腐蚀性能也降低。合金的应力腐蚀倾向与 Zn 和 Mg 含量的总和有关，高 Mg 低 Zn 或高 Zn 低 Mg 合金，Zn 和 Mg 含量之和不大于 7%，合金就具有较好的耐应力腐蚀性能。合金的焊接裂纹倾向随 Mg 含量增加而降低。另外，Zn/Mg 比值对 7×××系合金的时效析出有较大影响，一般来说 Zn/Mg 比值为 2.7～2.9 时，合金综合性能最好[1,2]。

添加 Mn 和 Cr 能增加合金在淬火状态下的强度和人工时效效果，同时还能改善其抗应力腐蚀性能。Zr 能显著提高 Al-Zn-Mg 系合金的可焊性，降低焊接裂纹，还能取代淬火敏感性高的 Cr 元素，提高 7×××系铝合金淬火性能和合金的再结晶温度。另外这类合金中，Fe 和 Si 都是有害的杂质。Fe 能降低合金的耐蚀性和力学性能，尤其对 Mn 含量较高的合金更为明显，Fe 与 Mn 形成难溶的复杂化合物；Si 与 Mg 生成 Mg_2Si，从而减少合金中主要强化相 $MgZn_2$ 和 T-$Mg_3Zn_3Al_2$ 的数量，降低合金强度，并使焊接裂纹倾向增加。

添加一定含量（2%～3%）的铜，能提高 Al-Zn-Mg-Cu 系合金的力学性能和改善其抗蚀性，但合金的可焊性有所下降。

图 6.1 所示为 Al-Zn-Mg 三元合金相图[3]，平衡相主要有 α-Al、η-$MgZn_2$、T-$Mg_3Zn_3Al_2$ 及 S-Al_2CuMg 相，此外还有少量的 Mg_2Si、AlMnFeSi 及 Al_6(Fe,Mn)相等。铝合金淬火过程中，这几种平衡相都有可能析出。图 6.2 所示为 Al-Zn-Mg-Cu 系合金平衡相图中的变温截面[1]，其化学成分为质量分数为 5%(Cu+Mg)和 6%Zn。由 α-Al、η-$MgZn_2$、T-$Mg_3Zn_3Al_2$、S-Al_2CuMg 和 θ-$MgZn_5$ 等构成合金的主要相。工业生产应用的 Al-Zn-Mg-Cu 系合金，其相成分通常处在 α+T、α+η+T、α+T+S 或 α+η+T+S 这 4 相区的交界附近。

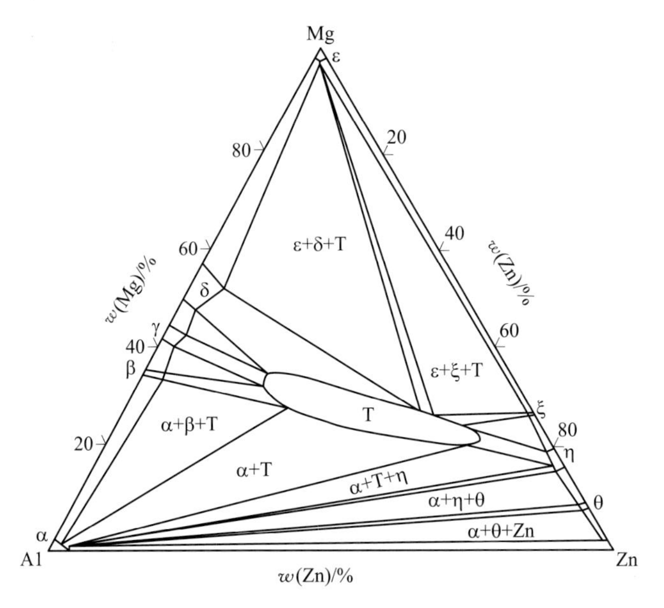

图 6.1 Al-Zn-Mg 三元合金相图

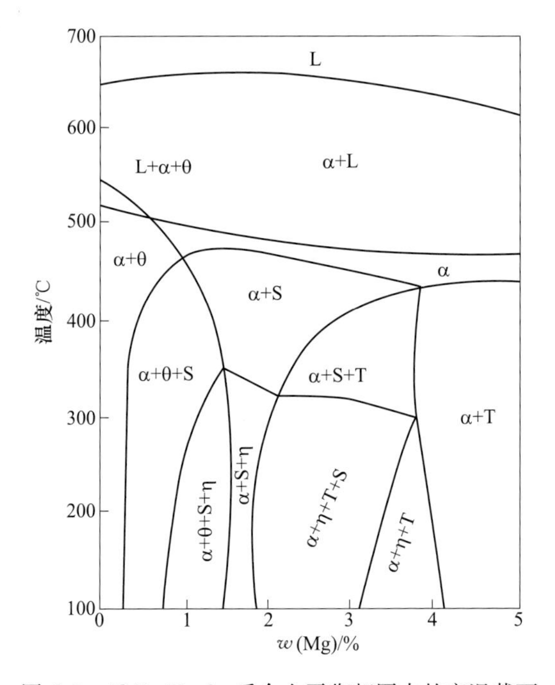

图 6.2 Al-Zn-Mg-Cu 系合金平衡相图中的变温截面

常用 7×××系铝合金有：7003（LC12）、7005、7050（LC4）、7055（LC5）和 7075（LC9）等合金，它们的化学成分见表 6.1。表 6.2 列出了这些常用铝合金中可能的相及相结构。

表 6.1 常用 Al-Zn-Mg-Cu 系铝合金的化学成分（质量分数） （%）

合金牌号	Zn	Mg	Cu	Mn	Cr	Ti	Fe	Si	Zr
7003	5.8	0.88	0.20	0.003	0.0058	0.021	0.091	0.030	—
7005	4.93	1.36	—	0.3	0.12	0.02	0.075	0.059	0.14
7050	6.12	1.93	1.92	0.0083	0.0051	0.031	0.081	0.033	0.13
7055	7.15	1.71	1.86	0.014	0.0063	0.018	0.037	0.02	0.12
7055-国外	8.03	1.78	2.09	0.007	0.0038	0.026	0.11	0.073	0.12
7075	6.09	2.57	1.74	0.012	0.18	0.013	0.14	0.039	—

注：Al 为余量。

表 6.2 常用 7×××系铝合金中可能出现的相及相结构

合金牌号	可能相	结构	杂质相	结构
7003(7005)	α-Al、η-$MgZn_2$	面心立方、密排六方	Al_6(Mn,Fe)、AlMnFeSi	正交
7050	α-Al、η-$MgZn_2$、T-$Mg_3Zn_3Al_2$、S-Al_2CuMg	面心立方、密排六方、正交	Mg_2Si、Al_6(Mn,Fe)、AlMnFeSi	面心立方、正交
7055	α-Al、η-$MgZn_2$、T-$Mg_3Zn_3Al_2$、S-Al_2CuMg	面心立方、密排六方、正交	Mg_2Si、Al_6(Mn,Fe)、AlMnFeSi	面心立方、正交
7075	α-Al、η-$MgZn_2$、T-$Mg_3Zn_3Al_2$、S-Al_2CuMg	面心立方、密排六方、正交	Mg_2Si、Al_6(Mn,Fe)、AlMnFeSi	面心立方、正交

6.2 热处理特性

7×××系铝合金属于热处理可强化铝合金。常见的工艺包括：均匀化、固溶处理、时效处理。其中，固溶处理和时效处理对 7×××系铝合金强度、韧性以及抗应力腐蚀敏感性（SCC）性能的影响较大[3]。

7×××系铝合金与 6×××系、2×××系铝合金相比，固溶处理温度范围较宽。7×××系铝合金存在两个过烧温度，随合金中 Mg 和 Zn 含量上下波动，分别为 478℃和 496℃，前者为含有 Al-Zn-Mg-Cu 共晶相过烧温度，后者为含有 S-Al_2CuMg 共晶相的过烧温度，因此为避免过烧，一般情况下可在 450~470℃之间进行固溶处理。典型的固溶工艺有：常规固溶、强化固溶、多级固溶和高温预析出固溶等。

Al-Zn-Mg 系合金对淬火冷却速度敏感性较小；Al-Zn-Mg-Cu 系合金由于含有 Cu、Mn 及 Cr 等元素，增大了对淬火冷却速度的敏感性，因此合金在淬火时应尽量缩短淬火转移时间。近年来，新型 Al-Zn-Mg-Cu 合金采用 Zr 代替 Mn 和 Cr，明显改善了该系合金的淬火敏感性。

7×××系铝合金时效处理的目的是从过饱和固溶体中析出第二相以达到对合金基体的强化作用。析出相的大小、数量和分布等决定了合金的强度、韧性以及抗应力腐蚀（SCR）性能。典型的时效工艺有：单级时效（T6）、双级时效和回归再时效（RRA）等。

（1）单级时效。它是最常见的时效工艺，时效后其主要强化相是 GP 区和少量过渡 η′相，强度可以达到峰值，但晶界分布较细小的连续链状质点，这种晶界组织对应力腐蚀和剥落腐蚀十分敏感。7×××系铝合金的 T6 状态时效温度一般为 100~140℃，保温时间一般为 8~36h。合金经过该工艺处理后，虽然强度达到峰值，但抗 SCC 性能较差。因此，在很大程度上限制了其在工业中的应用。

（2）双级时效。它对固溶处理后的合金在不同温度进行两次时效处理。常规的双级处理是先在低温进行预时效，然后再进行高温时效。低温预时效相当于成核阶段，高温时效为稳定化阶段，这种双级过时效使晶界上的 η′相和 η 相质点球化，打破了晶界析出相的连续性，使组织得到改善，减少应力腐蚀和剥落腐蚀敏感性，也提高了断裂韧性，与此同时，由于晶粒内质点发生粗化，使合金强度大约下降 10%~15%，同时，也导致了塑性和韧性不同程度的下降。7×××系铝合金的 T73、T74 和 T76 就属于这种制度。T73 减少了应力腐蚀和剥落腐蚀敏感性，提高了断裂韧性，但强度损失 10%~15%；T76 提高了材料的抗剥落腐蚀能力，时效程度比 T73 弱，强度损失约 9%~12%；T736 的时效程度介于 T76 与 T73 之间，能保证在强度损失不大的情况下得到较好的抗应力腐蚀能力[3]。7×××系铝合金双级时效制度一般为：温度 100~125℃，时间 8~24h + 温度 155~175℃，时间 8~30h。

（3）回归再时效处理包括 4 个基本步骤：1）正常状态的固溶处理；2）进行峰值时效，显微组织与上述单级时效的状态相同；3）在高于 T6 状态的处理温度而低于固溶处理温度下进行短时加热，即回归处理。经回归处理后，晶内的 η′相又都溶解到固溶体内，晶界上连续链状析出相合并和集聚，不再连续分布。这种晶界组织提高了 SCR 和抗剥落腐蚀性能，但是晶内 η′相的溶解大大降低了合金的强度；4）再进行 T6 状态时效，达到峰值强度，晶内重新析出细小弥散的部分共格 η′相，晶界仍为不连续的非共格析出相。此时合金晶内组织与峰值时效的晶内组织相似；晶界组织与双级时效后的晶界组织相似。这种组织综合了峰值时效和双级时效的优点，经过 RRA 处理后，合金在保持 T6 状态强度的同时拥有 T73 状态的抗 SCC 性能[3]。

6.3 7×××系铝合金常见合金相的电子显微分析

6.3.1 时效析出相

7×××系铝合金的时效析出顺序为：过饱和固溶体（SSS）→ GP 区→ η′亚稳相（或 η 前驱相）→ η 平衡相（$MgZn_2$）[4,5]，这一沉淀过程是连续变化的。而沉淀序列的完整性取决于时效温度。在较低温度下（20~100℃），过饱和固溶体主要析出 GP 区；在较高温度下（120~150℃），时效早期以 GP 区为主，随后以 η′相为主；更高温度下（大于 160℃）时效时各个相相继出现，充分时效后以粗化的 η 相为主。

6.3.1.1 GP 区

GP（Guinier preston）区是时效早期出现的主要析出相，与 Al 基体完全共格。GP 区有 GPⅠ区和 GPⅡ区两种类型[6]。GPⅠ区通常被认为呈球形[7]，因基体中成分起伏引起 Zn 和 Mg 原子在基体｛100｝面上偏聚而形成原子团簇[8]，尺寸十分细小，大约 1~5nm。GPⅠ 区的形成温度范围较广，从室温到 140~150℃均可形成，且不依赖淬火温度。GPⅡ

区呈层片状或板条状，与富空位团簇（vacancy rich cluster，VRC）有关，一般认为它由$\{111\}_{Al}$面上一个或者几个富Zn的原子层组成，具有一定长径比。GPⅡ区常常在淬火温度高于450℃和高于70℃时效或低于70℃长时间时效的条件下才能析出。图6.3所示为GPⅠ区和GPⅡ区的高分辨像[1]，其中图6.3（a）的图像衬度效应展示GPⅠ区的球形形貌，最佳观察方向为$\langle 001\rangle_{\alpha}$，而GPⅡ区最佳观察方向为$\langle 110\rangle_{\alpha}$和$\langle 112\rangle_{\alpha}$。有关GP区的种类、成分组成、热稳定性和对后续析出到底起何作用还不是十分清楚，是目前研究的热点。

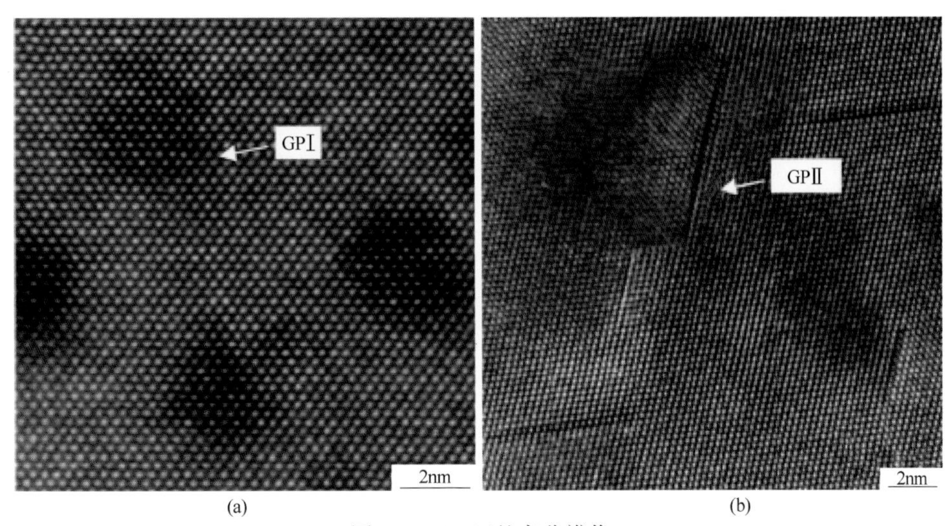

图6.3 GP区的高分辨像

（a）GPⅠ区；（b）GPⅡ区

是否形成GP区也可从选区电子衍射花样判定，如图6.4所示[2]。GPⅠ区的衍射判定：从$[001]_{\alpha\text{-}Al}$方向观察时，在$\{1,(2n+1)/4,0\}$（n取整数）处出现衍射斑点。GPⅡ区的衍射判定：（1）从$[112]_{\alpha\text{-}Al}$方向观察时，在$1/2\{311\}_{\alpha\text{-}Al}$出现衍射斑点以及$\{111\}$晶面出现条纹；（2）从$[111]_{\alpha\text{-}Al}$方向观察时，在$1/3\{422\}_{\alpha\text{-}Al}$处出现斑点。

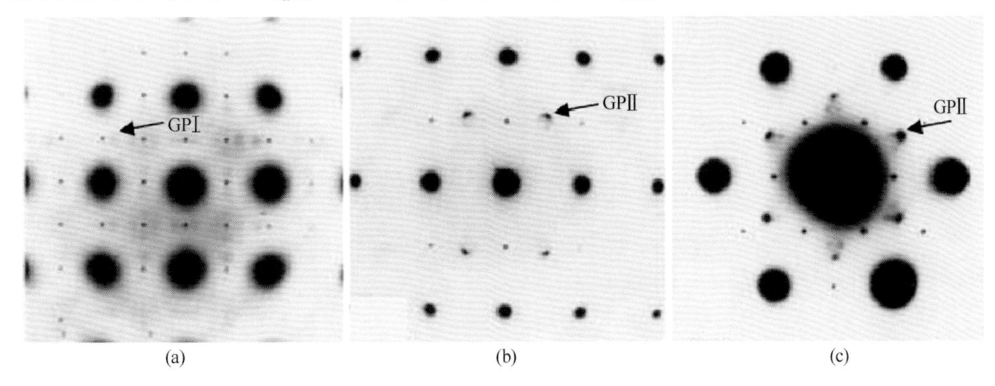

图6.4 GP区的SADP图谱

（a）GPⅠ区，$B=[001]$；（b）GPⅡ区，$B=[112]$；（c）GPⅡ区，$B=[111]$

6.3.1.2 η′-$MgZn_2$相

η′-$MgZn_2$相作为Al-Zn-Mg-Cu合金中的亚稳相和主要时效强化相[9]。一般认为η′-$MgZn_2$

相主要由 GP 区演变而来，部分也可由基体直接演变而来。η′相由 Mg 和 Zn 两种元素组成，其成分随着时效的进行而发生变化；在形貌和结构上 η′相与 GP Ⅱ 区非常相似，呈板条状或盘状，尺寸较小，厚度为3~4nm，长度或直径约为10~20nm，只有在高分辨电镜（HR-TEM）下才能观察到。

η′-$MgZn_2$ 相具有六方结构，其点阵参数 $a=0.505$nm，$c=6d_{(111)Al}=1.402$nm[10]，η′相与铝基体呈半共格关系，其位向关系：$(0001)_{\eta'}$ // $(111)_{\alpha}$，$(1\bar{2}10)_{\eta'}$ // $(11\bar{2})_{\alpha}$，$[10\bar{1}0]_{\eta'}$ // $[\bar{1}10]_{\alpha}$。η′-$MgZn_2$ 相常见的低指数晶面间距见表 6.3。

表 6.3　η′-$MgZn_2$ 相常见的晶面面间距

晶面（*hkil*）	晶面间距 *d*/nm	晶面（*hkil*）	晶面间距 *d*/nm
(0002)	0.701	$(10\bar{1}0)$	0.4373
$(10\bar{1}1)$	0.4175	$(10\bar{1}2)$	0.3715
$(11\bar{2}0)$	0.2525	$(11\bar{2}1)$	0.2485
$(11\bar{2}2)$	0.2376	$(21\bar{3}0)$	0.1650
$(21\bar{3}1)$	0.1642	$(21\bar{3}2)$	0.1609

图 6.5 所示为在不同位向下 η′-$MgZn_2$ 相的 HRTEM 形貌[11,12]。在 $\langle 001\rangle_{\alpha\text{-Al}}$ 晶带轴附近观察时 η′相呈球状或盘状；在 $\langle 110\rangle_{\alpha\text{-Al}}$ 晶带轴附近观察时 η′相呈竿状或椭圆状；在 $\langle 112\rangle_{\alpha\text{-Al}}$ 晶带轴附近观察时 η′相呈条状。图 6.6 所示为不同晶带轴下的 SADP，在 1/3$\{220\}_{\alpha\text{-Al}}$ 和 2/3$\{220\}_{\alpha\text{-Al}}$ 出现漫散衍射斑点，表明 η′相的存在[13~16]。

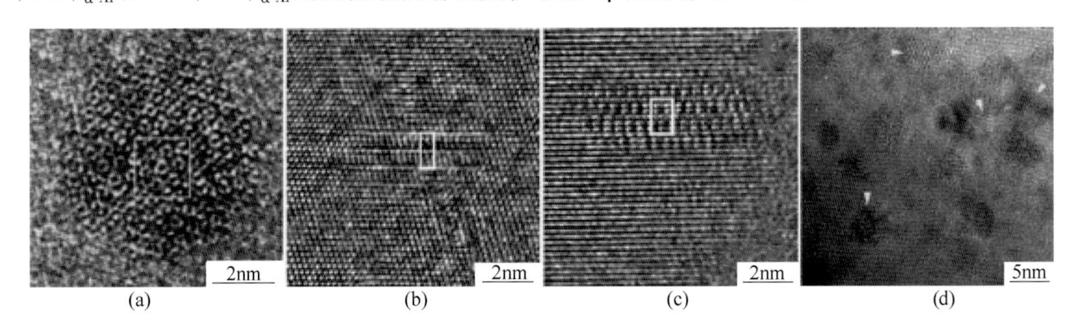

图 6.5　η′亚稳相的 HRTEM 形貌

(a) ⟨100⟩；(b) ⟨110⟩；(c) ⟨112⟩；(d) ⟨111⟩

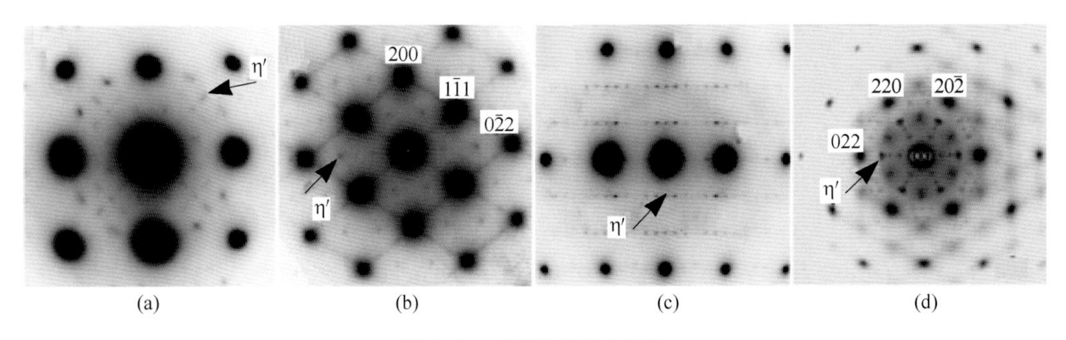

图 6.6　η′亚稳相的 SADP

(a) ⟨100⟩；(b) ⟨110⟩；(c) ⟨112⟩；(d) ⟨111⟩

6.3.1.3　η-$MgZn_2$ 相

η-$MgZn_2$ 相是 Al-Zn-Mg-Cu 合金时效过程中主要的平衡相，它对合金强度的贡献要远小于 GP 区和 η′亚稳相，常在位错、晶界以及相界处形成。η-$MgZn_2$ 相具有密排六方结构，空间群为 $p63/mmc$，单位晶胞有 12 个原子，点阵参数在一定范围内变动：$a=0.516\sim0.522$nm，$c=0.849\sim0.855$nm[17]。表 6.4 为 η-$MgZn_2$ 相常见的低指数晶面面间距，图 6.7 所示为 η′相、η 相和 α-Al 基体的 SADP。在 1/3{220}$_{α\text{-}Al}$ 和 2/3{220}$_{α\text{-}Al}$ 出现明锐衍射斑点，表明 η 相存在[4,11]。

表 6.4　η-$MgZn_2$ 相常见的晶面面间距

晶面（$hkil$）	晶面间距 d/nm	晶面（$hkil$）	晶面间距 d/nm
$(10\bar{1}0)$	0.4469	(0002)	0.426
$(10\bar{1}1)$	0.3957	$(10\bar{1}2)$	0.3083
$(11\bar{2}0)$	0.258	$(11\bar{2}1)$	0.2469
$(11\bar{2}2)$	0.2207	$(21\bar{3}0)$	0.1689

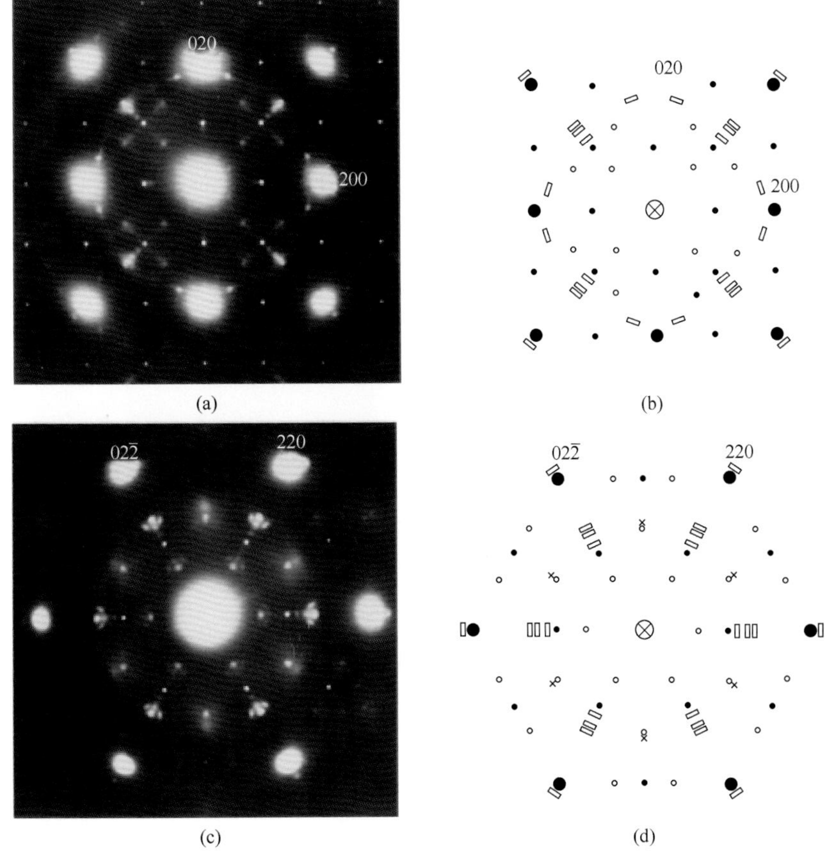

∘η′相；▭η 相；+ GP Ⅱ区

图 6.7　η′相和 η 相的 SADP 和衍射斑点模拟示意图

(a) SADP，$B=[001]$；(b) SADP，$B=[\bar{1}11]$；(c) 衍射斑点示意图，$B=[001]$，(d) 衍射斑点示意图，$B=[\bar{1}11]$

η 相存在多种变体，由于观察位向不同，形貌也不一样，有片状、圆盘状和棒状 3 种形态，尺寸比 η′亚稳相稍大，直径大约为 50～60nm，厚度约 10～20nm。表 6.5 为常用 7×××系铝合金中 GP 区、η′相和 η 相的形貌。

表 6.5　7×××系合金中 GP 区、η′相和 η 相的形貌

GP 区、η′相和 η 相的形貌

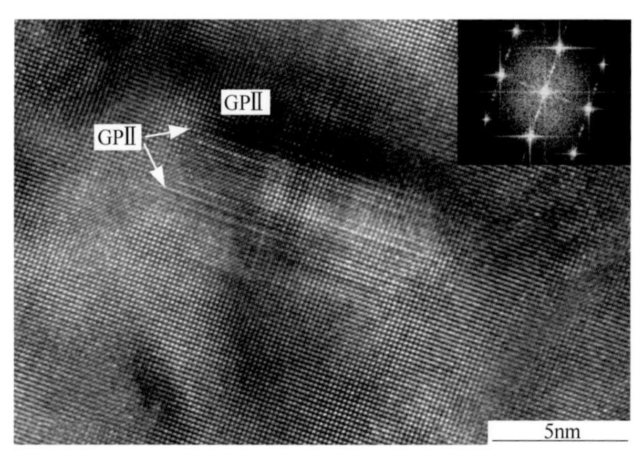

图 1　合金及状态：7003-T6 态

组织特征：GPⅠ区和 GPⅡ区的形态，右上角插图为其 FFT 变换的衍射花样，$B=[001]_{\alpha}$，类似于图 6.4(a)

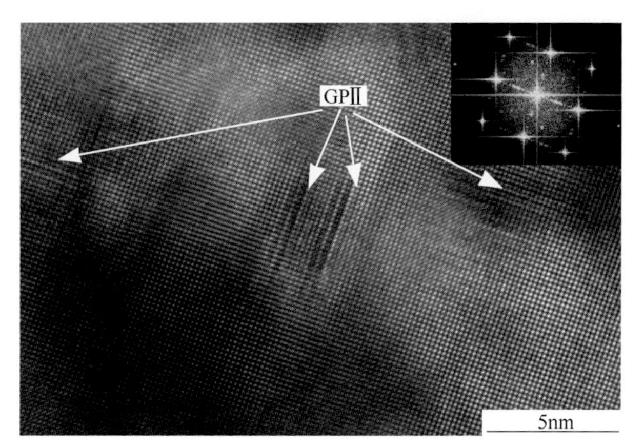

图 2　合金及状态：7003-T6 态

组织特征：GPⅡ区的形态，层片状，右上角插图为其 FFT 变换的衍射花样，$B=[001]_{\alpha}$，类似于图 6.4(a)

续表 6.5

GP 区、η′相和 η 相的形貌

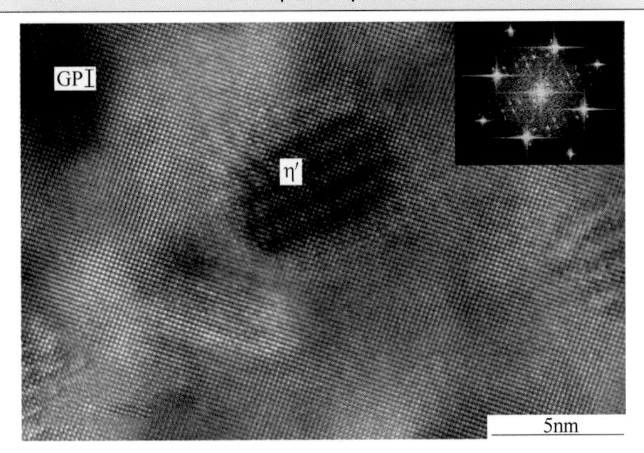

图 3　合金及状态：7003-T6 态

组织特征：球状 GPⅠ区和盘状 η′相的形态，右上角插图为其 FFT 变换的衍射花样，$B=[001]_{\alpha}$，类似于图 6.6(a)

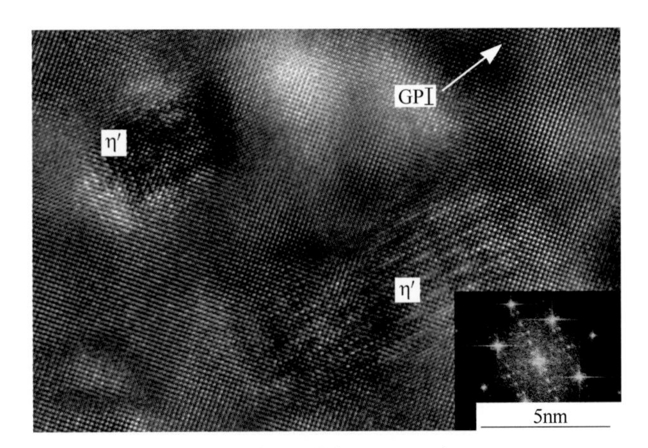

图 4　合金及状态：7003-T6 态

组织特征：球状 GPⅠ区和盘状 η′相的形态，右下角插图为其 FFT 变换的衍射花样，$B=[001]_{\alpha}$，类似于图 6.6(a)

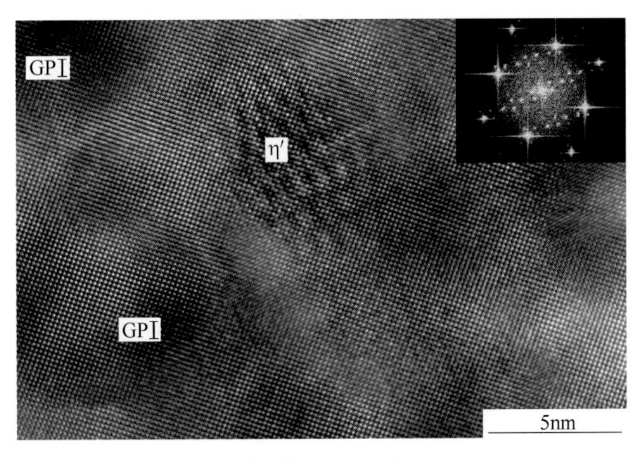

图 5　合金及状态：7003-T6 态

组织特征：GPⅠ区和 η′相的球状形态，右上角插图为其 FFT 变换的衍射花样，$B=[001]_{\alpha}$，类似于图 6.6(a)

续表 6.5

GP 区、η′相和 η 相的形貌

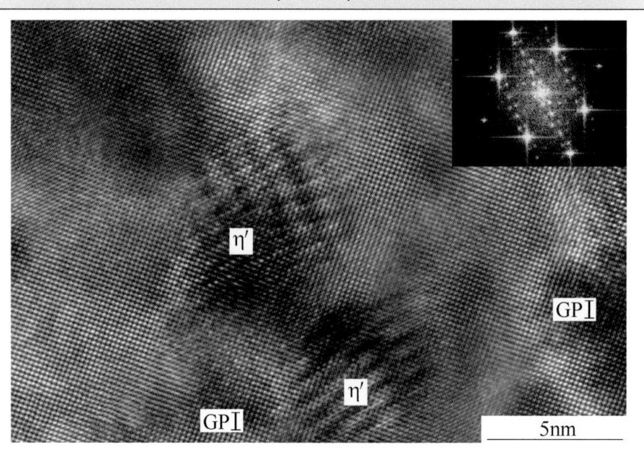

图 6　合金及状态：7003-T6 态

组织特征：GPⅠ区和 η′相的球状形态，右上角插图为其 FFT 变换的衍射花样，$B=[001]_\alpha$，类似于图 6.6(a)

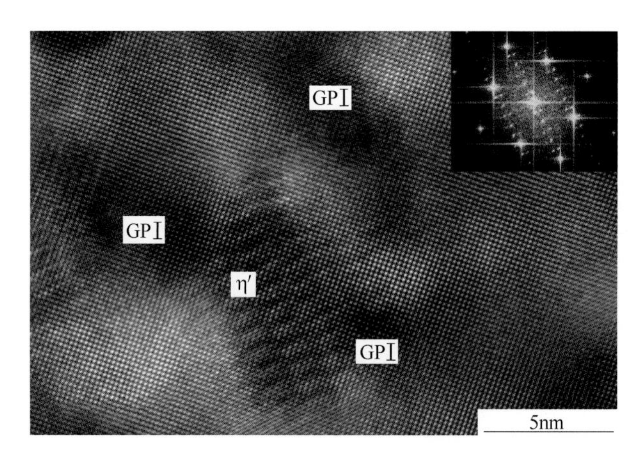

图 7　合金及状态：7003-T6 态

组织特征：球状的 GPⅠ区和盘状的 η′相形态，右上角插图为其 FFT 变换的衍射花样，$B=[001]_\alpha$，类似于图 6.6(a)

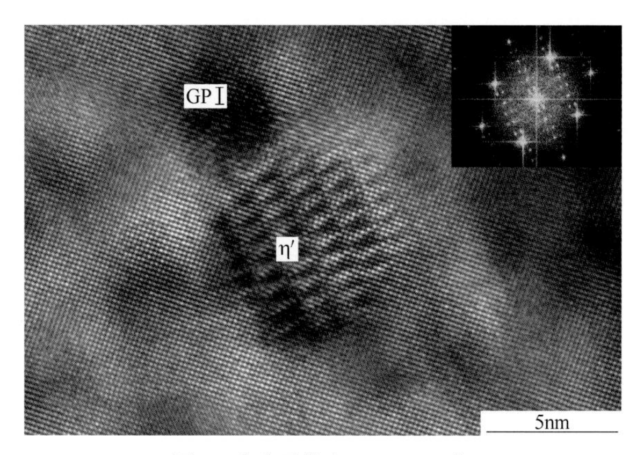

图 8　合金及状态：7003-T6 态

组织特征：GPⅠ区和 η′相的球状形态，右上角插图为其 FFT 变换的衍射花样，$B=[001]_\alpha$，类似于图 6.6(a)

续表 6.5

GP 区、η′相和 η 相的形貌

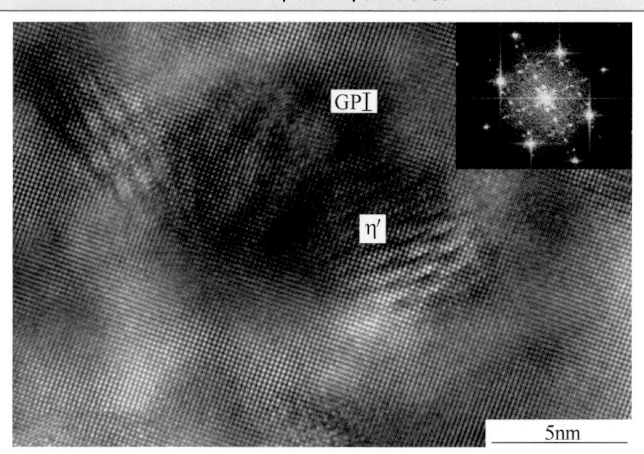

图 9　合金及状态：7003-T6 态

组织特征：GPⅠ区和 η′相的球状形态，右上角插图为其 FFT 变换的衍射花样，$B=[001]_\alpha$，类似于图 6.6(a)

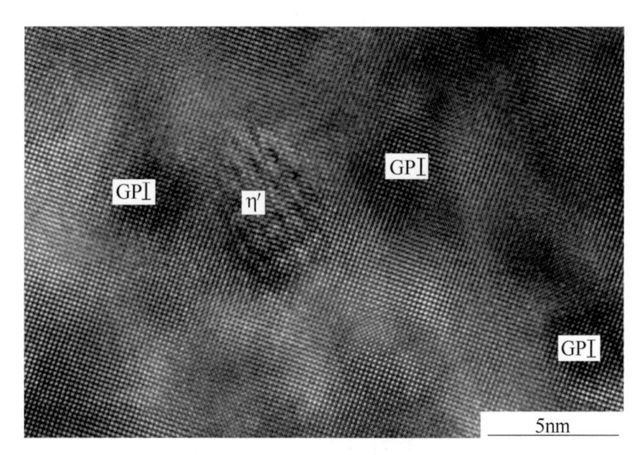

图 10　合金及状态：7003-T6 态

组织特征：GPⅠ区和 η′相的形态，$B=[001]_\alpha$

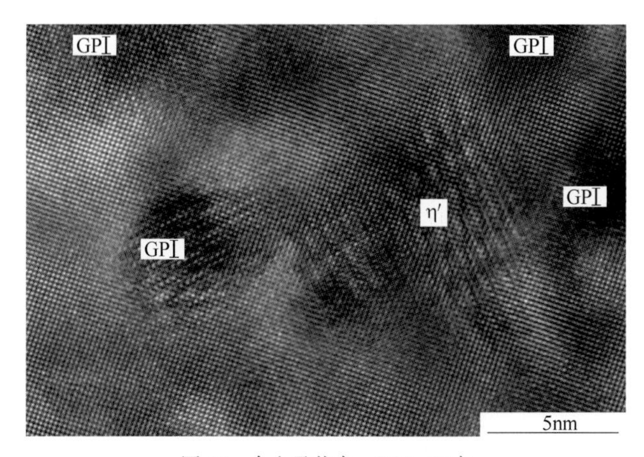

图 11　合金及状态：7003-T6 态

组织特征：GPⅠ区和 η′相的形态，$B=[001]_\alpha$

续表 6.5

GP 区、η′相和 η 相的形貌

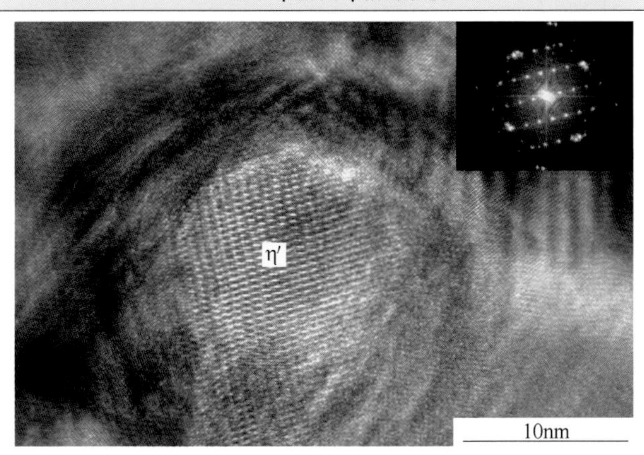

图 12　合金及状态：7050-O 态

组织特征：盘状的 η′相的形态，右上角插图为其 FFT 变换的衍射花样，$B=[001]_\alpha$

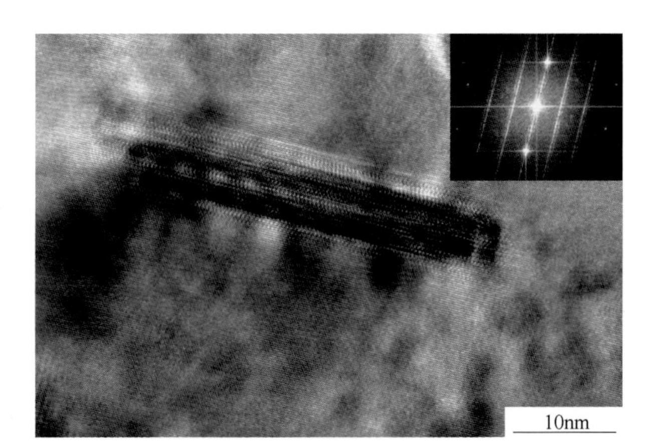

图 13　合金及状态：7050-O 态

组织特征：层片状的 η′相的形态，右上角插图为其 FFT 变换的衍射花样，$B=[112]_\alpha$，类似于图 6.6(c)

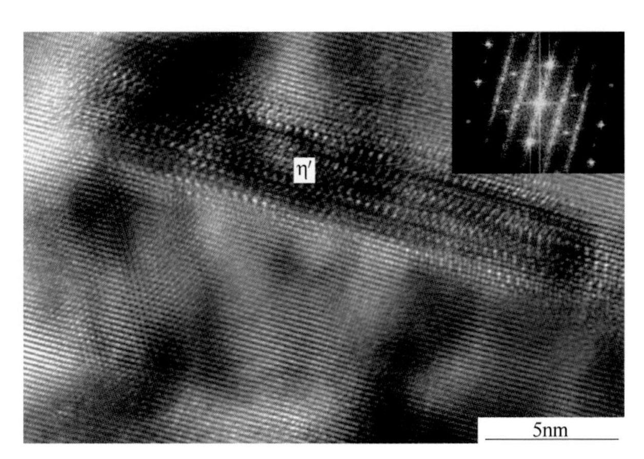

图 14　合金及状态：7055-T7751 态

组织特征：片状的 η′相形态，右上角插图为其 FFT 变换的衍射花样，$B=[112]_\alpha$，类似于图 6.6(c)

续表 6.5

GP 区、η′相和 η 相的形貌

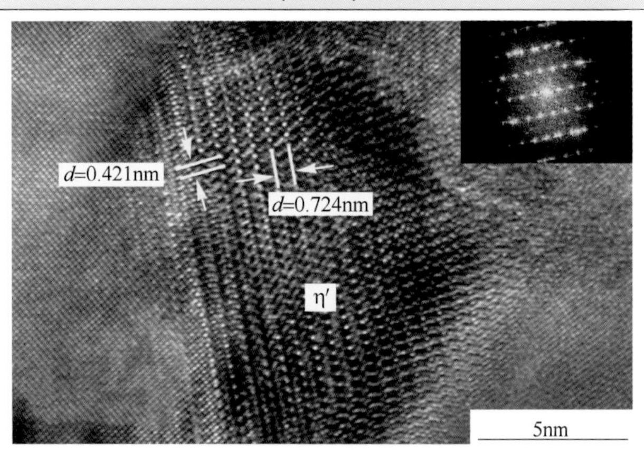

图 15　合金及状态：7050-O 态

组织特征：盘状 η′相的形态，右上角插图为其 FFT 变换的衍射花样，$B=[001]_{\alpha} // [2\bar{1}\bar{1}0]_{\eta'}$

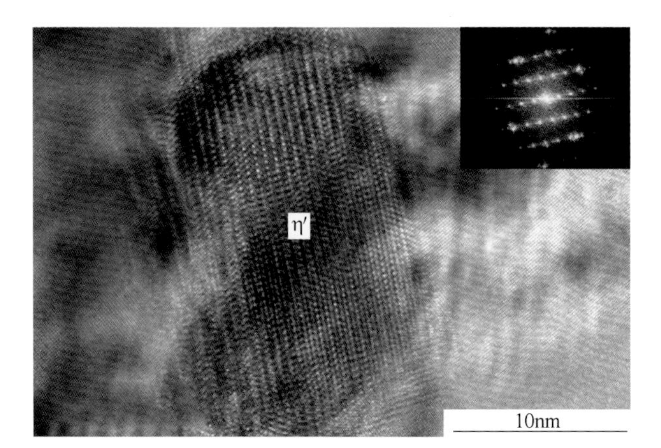

图 16　合金及状态：7050-O 态

组织特征：盘状 η′相的形态，右上角插图为其 FFT 变换的衍射花样，$B=[001]_{\alpha} // [2\bar{1}\bar{1}0]_{\eta'}$

(a)

续表 6.5

GP 区、η′相和 η 相的形貌

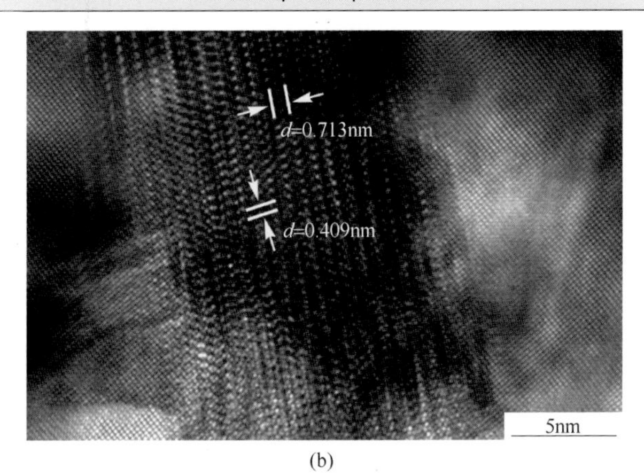

(b)

图 17 合金及状态：7050-O 态

（a）组织特征：板条状 η′相的形态，长度约 35nm，厚度约 8nm，右上角为其 FFT 变换的衍射花样，$B=[001]_{\alpha} // [2\bar{1}\bar{1}0]_{\eta'}$；（b）图(a)圆圈部位的放大像，图中所示的晶面间距分别为 0.713nm 和 0.409nm，$B=[001]_{\alpha} // [2\bar{1}\bar{1}0]_{\eta'}$

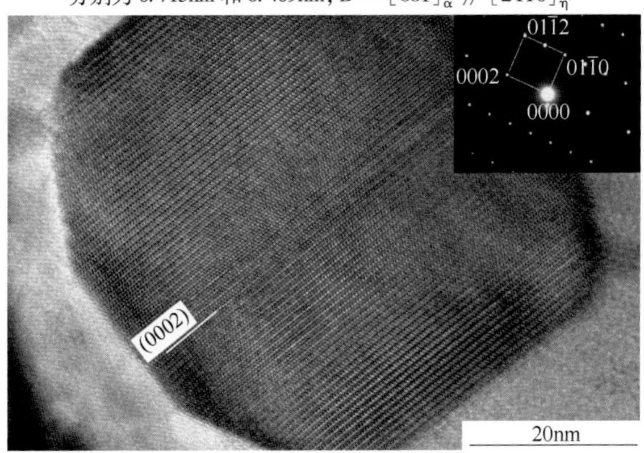

图 18 合金及状态：7055-O 态

组织特征：盘状 η 相的形态，右上角插图为其电子衍射花样，$B=[2\bar{1}\bar{1}0]_{\eta}$

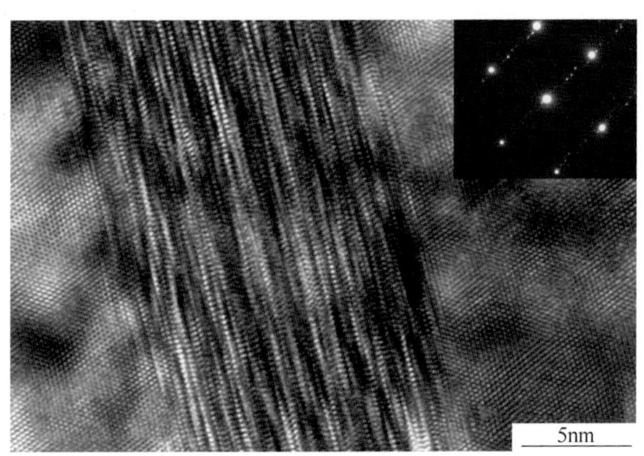

图 19 合金及状态：7055-O 态

组织特征：η 相的板条状形态，右上角插图为其电子衍射花样，$B=[110]_{\alpha}//[01\bar{1}0]_{\eta}$，与图 6.10 类似

续表 6.5

GP 区、η′相和 η 相的形貌

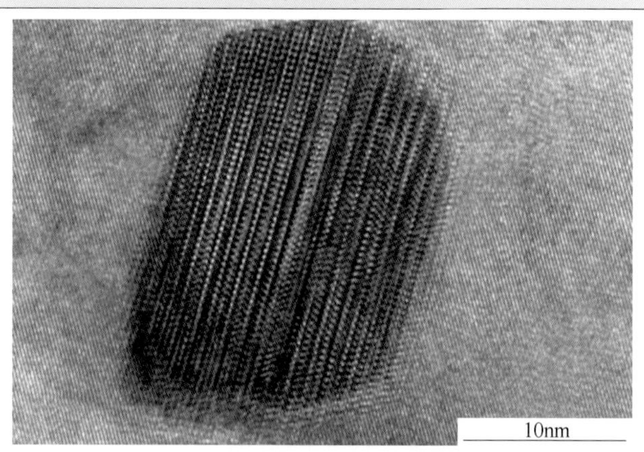

图 20 合金及状态：7055-O 态

组织特征：η 相在 $B=[1\bar{2}13]_{\eta}$ 位向下的形态

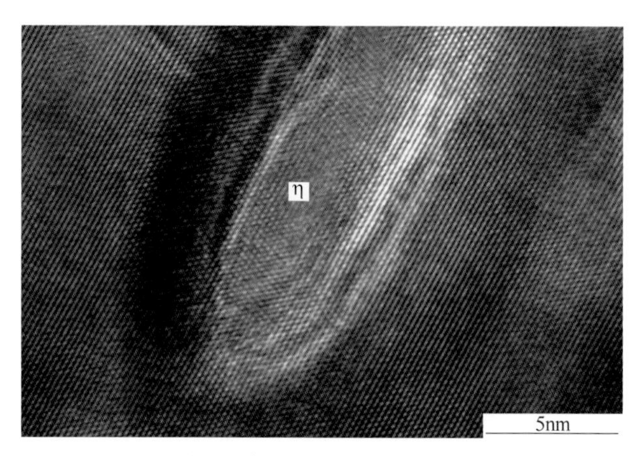

图 21 合金及状态：7055-T7751

组织特征：片状 η 相被腐蚀后的痕迹，$B=[110]_{\alpha}$

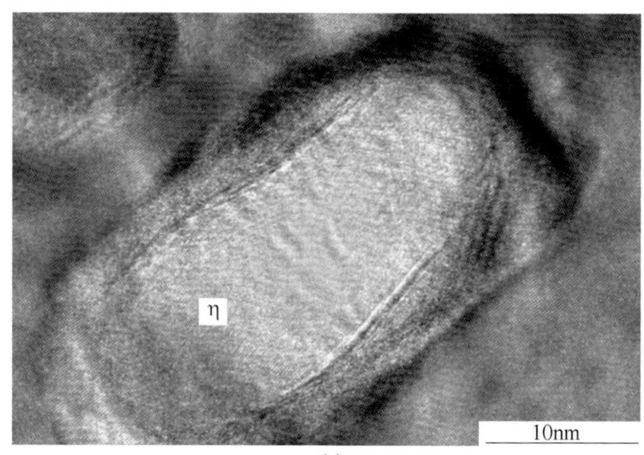

(a)

续表 6.5

GP 区、η′相和 η 相的形貌

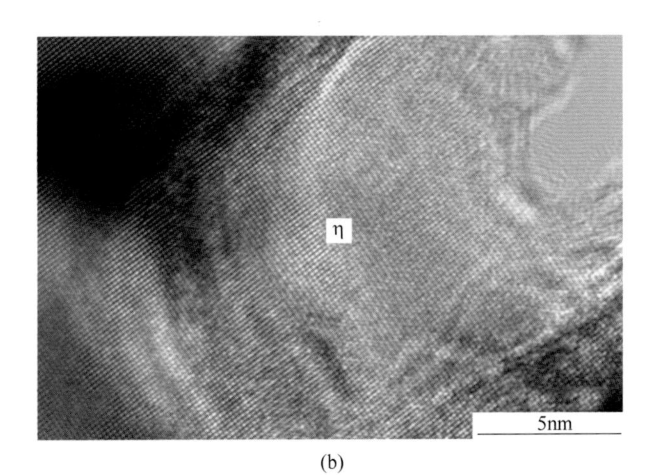

(b)

图 22 合金及状态：7050-O 态

(a) 组织特征：η 相被腐蚀的痕迹，$B=[001]_{\alpha}$；(b) 图(a)的放大像，可见 α-Al 基体的晶格条纹，$B=[001]_{\alpha}$

6.3.1.4 η 相与 α-Al 基体之间的位向关系

虽然 η 相与 α-Al 基体不共格，但二者之间存在多种位向关系[17~19]（至少有 11 种位向关系）。通常这些与 α-Al 基体具有不同位向关系的 η 相被认为是它的多种变体，其中最常见的是 η1、η2 和 η4，它们与基体的位向关系为：

$$\eta 1\ (\text{OR-Ⅰ}):[0001]_{\eta}\ /\!/\ [001]_{\alpha},\ (01\bar{1}0)_{\eta}\ /\!/\ (010)_{\alpha}$$

$$\eta 2\ (\text{OR-Ⅱ}):[0001]_{\eta}\ /\!/\ [1\bar{1}\bar{1}]_{\alpha},\ (10\bar{1}0)_{\eta}\ /\!/\ (110)_{\alpha}$$

$$\eta 4\ (\text{OR-Ⅲ}):[0001]_{\eta}\ /\!/\ [110]_{\alpha},\ (1\bar{2}10)_{\eta}\ /\!/\ (\bar{1}11)_{\alpha}$$

图 6.8（a）所示为 7050 铝合金退火组织中 η 相的形态，似盘状或球状，约 20nm，右上角插入的 FFT 变换的衍射花样标定如图 6.8（b）所示，即 η 相的$(01\bar{1}0)_{\eta}$衍射矢量平行基体 α-Al 的 $(020)_{\alpha}$衍射矢量，η 相的$(0002)_{\eta}$衍射矢量平行基体 α-Al 的 $(002)_{\alpha}$衍射矢量，晶带轴为 $B=[2\bar{1}\bar{1}0]_{\eta}/\!/[100]_{\alpha}$。图 6.8（c）所示为另一 η 相和基体 α-Al 的高分辨像，二者的晶格条纹相互平行；η 相呈球状，尺寸较小，约 10nm，其中互相垂直的晶格条纹间距 d 分别为 0.405nm 和 0.4475nm，即为 η 相的$(01\bar{1}0)_{\eta}$和$(0002)_{\eta}$晶面间距，它们分别与基体的 $(020)_{\alpha}$和 $(002)_{\alpha}$晶面平行，二者的位向关系可描述：

$$[2\bar{1}\bar{1}0]_{\eta}\ /\!/\ [100]_{\alpha},\ (01\bar{1}0)_{\eta}\ /\!/\ (020)_{\alpha},\ (0002)_{\eta}\ /\!/\ (002)_{\alpha}$$

此位向关系与上述 OR-Ⅰ是等价的。

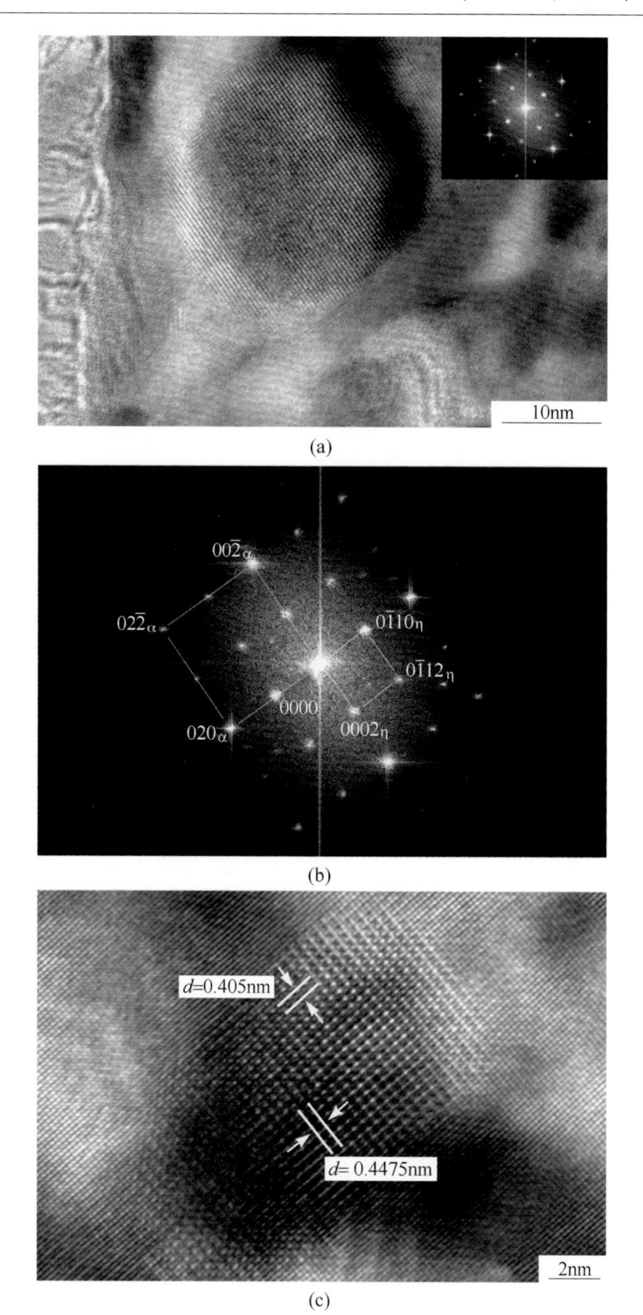

图 6.8　7050 铝合金形态

(a) η-$MgZn_2$ 相的形态；(b) FFT 变换的衍射花样，$B=[2\bar{1}\bar{1}0]_\eta//[100]_\alpha$；

(c) 另一 η-$MgZn_2$ 相的高分辨像，$B=[100]_\alpha/[2\bar{1}\bar{1}0]_\eta$

图 6.9 所示为$[0001]_{\eta}//[001]_{\alpha}$复合极射投影图，描述了该 η 相与母相 α-Al 之间的第一种位向关系（OR-Ⅰ），极射投影图中位置 A 和 B 等价。

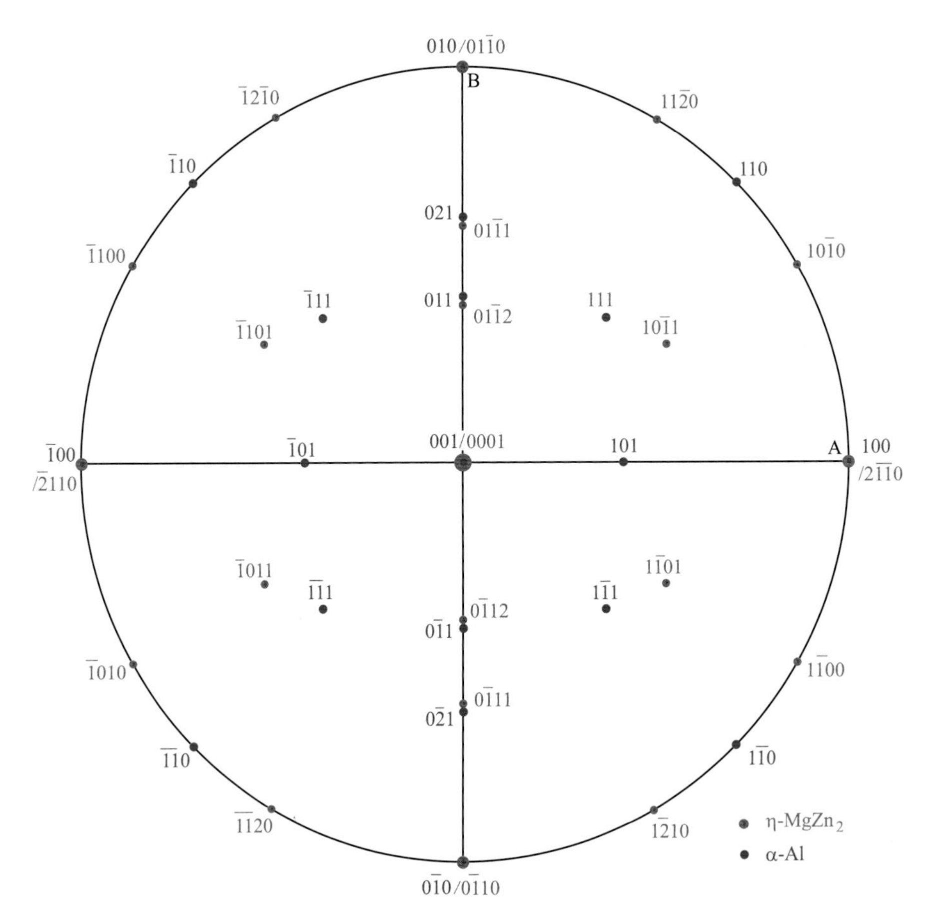

图 6.9　η 相与 α-Al 基体 OR-Ⅰ的复合极射投影图

图 6.10（a）所示为 7055 铝合金退火组织中板条状 η 相的形态，长度约 20nm；图 6.10（b）所示为相对应的放大像，二者的晶格条纹清晰可见；图 6.10（c）所示为二者的复合选区电子衍射花样（图像与衍射花样约 30°的磁转角偏差），η 相的$(0002)_{\eta}$衍射矢量平行基体 α-Al 的$(1\bar{1}\bar{1})_{\alpha}$衍射矢量，其晶带轴为$B=[01\bar{1}0]_{\eta}//[110]_{\alpha}$，二者的位向关系描述为：$[10\bar{1}0]_{\eta}//[110]_{\alpha}$，$(0002)_{\eta}//(1\bar{1}\bar{1})_{\alpha}$。此位向关系与 OR-Ⅱ一致。

图 6.11（a）和（b）是 7055 合金退火组织中板条状 η 相的明场和暗场像，长度约 70nm；图 6.11（c）所示为该 η 相颗粒与基体 α-Al 的复合选区电子衍射花样（图像与衍射花样约 30°的磁转角偏差），η 相的$(10\bar{1}0)_{\eta}$衍射矢量平行基体 α-Al 的$(02\bar{2})_{\alpha}$衍射矢量，其晶带轴为 $B=[1\bar{2}1\bar{3}]_{\eta}//[011]_{\alpha}$，二者的位向关系可描述为：$[1\bar{2}1\bar{3}]_{\eta}//[011]_{\alpha}$，$(10\bar{1}0)_{\eta}//(02\bar{2})_{\alpha}$，$(1\bar{2}12)_{\eta}//(200)_{\alpha}$。此位向关系有别于上述 3 种位向关系。因此 η 相与 α-Al 基体之间的位向关系具有多样性。

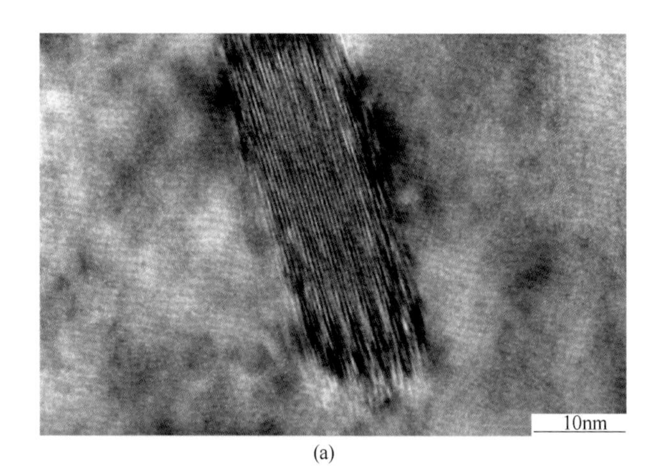

(a)

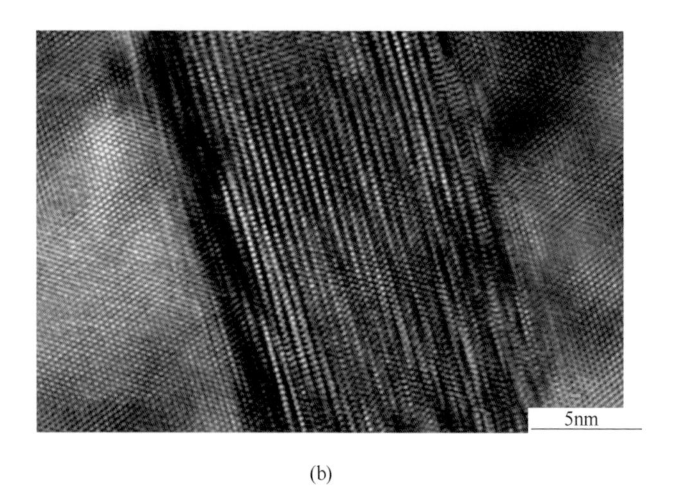

(b)

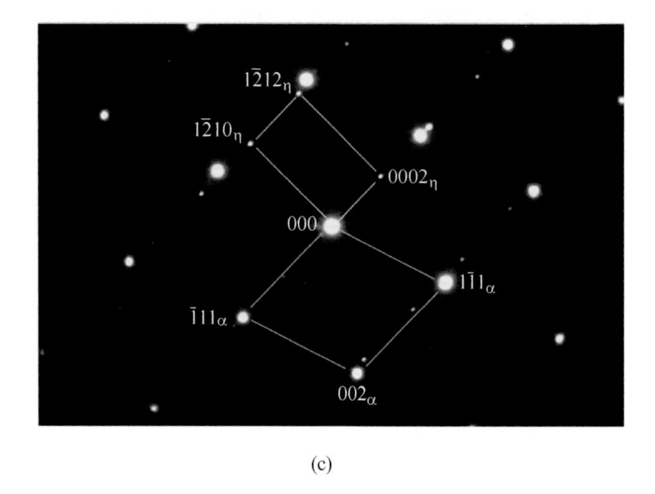

(c)

图 6.10　7055 铝合金退火组织

（a）η-$MgZn_2$ 相的形态；（b）放大像；（c）SADP

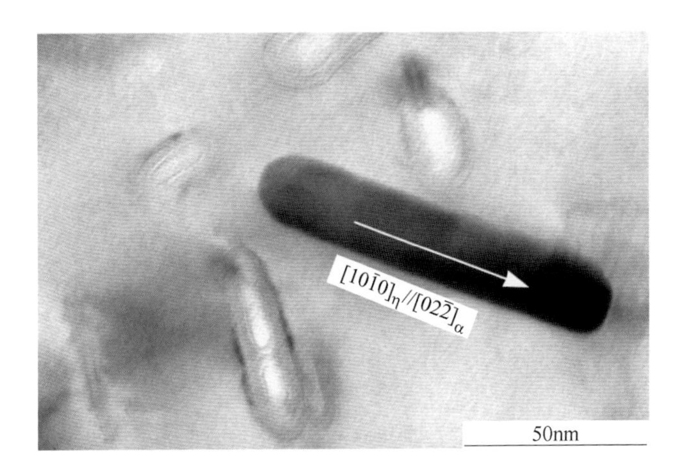

(a)

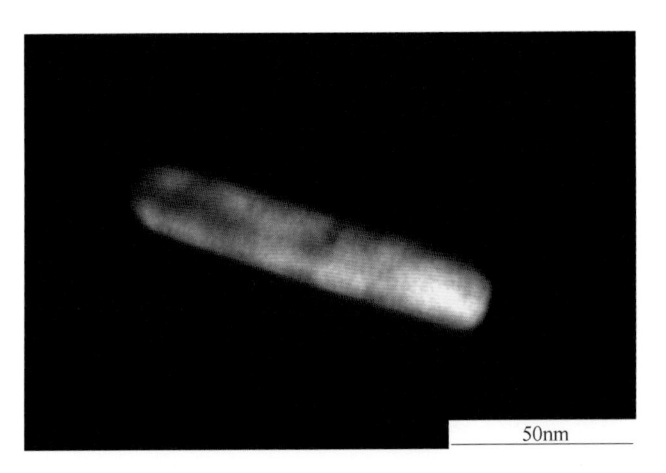

(b)

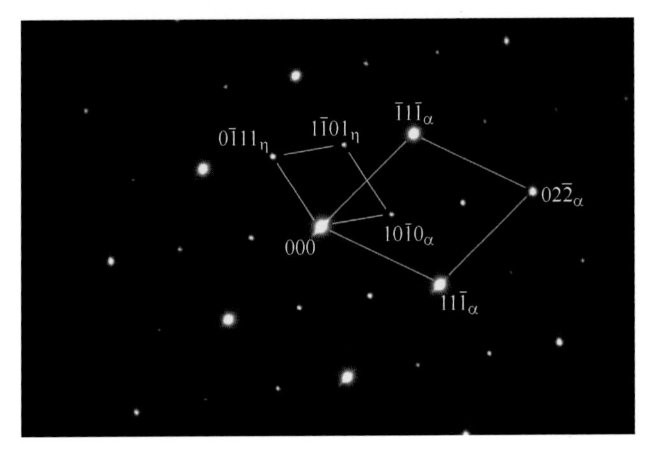

(c)

图 6.11 7055 合金退火组织

（a）η-$MgZn_2$ 相的明场像；（b）η-$MgZn_2$ 相的暗场像；（c）SADP

6.3.2　Al_3Zr 相

7005、7055 和 7050 铝合金中含有少量 Zr 元素。在冶炼和加工过程中，Al 与 Zr 能形成 Al_3Zr 金属间化合物，此金属间化合物有两种类型：一种是在铸造均匀化过程中析出的弥散相，呈球状，能强烈抑制热加工过程中的再结晶；另一种是从熔体中直接析出四方结构的 Al_3Zr 相，可以细化铸态晶粒。

Al_3Zr 相具有四方晶体结构，空间群为 $I4/mmm$，点阵参数为 $a=b=0.4009$nm，$c=1.728$nm。根据四方晶体结构面间距公式（2.1），Al_3Zr 相常见的低指数晶面的面间距见表 6.6。

表 6.6　Al_3Zr 相常见晶面的面间距

晶面（hkl）	晶面间距 d/nm	晶面（hkl）	晶面间距 d/nm
(002)	0.864	(010)、(100)	0.4009
(011)、(101)	0.3905	(012)、(102)	0.3637
(013)、(103)	0.3290	(014)、(104)	0.2938
(110)	0.2835	(111)	0.2797
(112)	0.2694	(113)	0.2543
(114)	0.2370	(116)	0.2020
(021)	0.1991	(121)、(211)	0.1783

图 6.12（a）所示为 7055 合金经 T7751 处理后的组织形貌，中间球形颗粒为 Al_3Zr 相；图 6.12（b）所示为其 EDS 分析结果，除基体成分 Al、Zn、Cu 外，含有一定数量的 Zr。

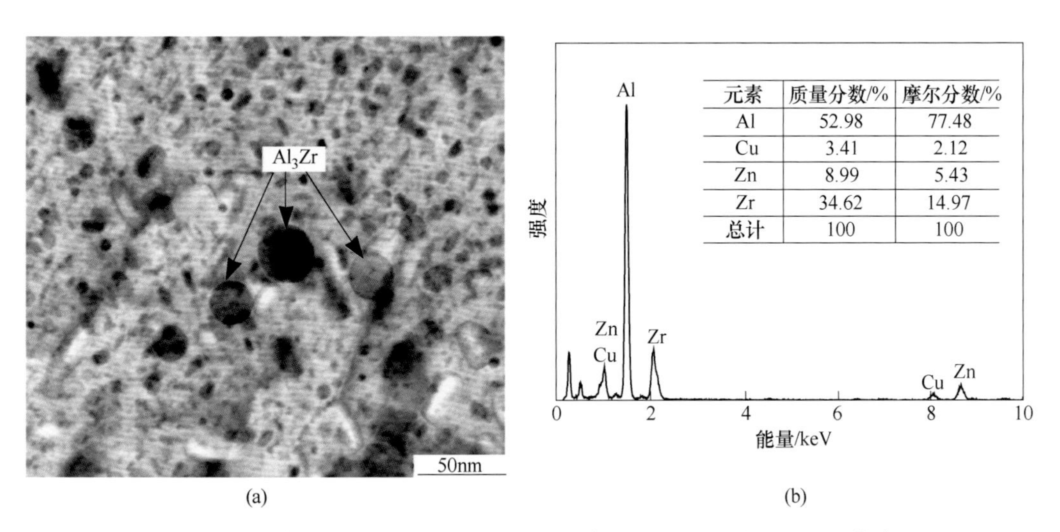

元素	质量分数/%	摩尔分数/%
Al	52.98	77.48
Cu	3.41	2.12
Zn	8.99	5.43
Zr	34.62	14.97
总计	100	100

图 6.12　7055 合金经 T7751 处理后的组织形貌(a)和 Al_3Zr 颗粒的 EDS 曲线(b)

图 6.13（a）所示为 7055 合金经 RRA 处理后的组织形貌，中间正方形颗粒为 Al_3Zr 相，右上角插图为其低倍的形貌；图 6.13（b）所示为相对应的复合选区电子衍射花样，晶带轴为 $B=[001]_{\alpha}//[001]_{Al_3Zr}$，α-Al 基体 {200} 晶面的面间距 $d_{\{200\}}=0.2005$nm，Al_3Zr 相的（100）晶面面间距 $d_{(100)}=0.4009$nm，$2d_{\{200\}\ \alpha\text{-Al}}=d_{(100)\ Al_3Zr}$，表明具有正方形态的 Al_3Zr 相与基体 α-Al 的位向关系为：$[001]_{\alpha}//[001]_{Al_3Zr}$，$(200)_{\alpha}//(200)_{Al_3Zr}$。

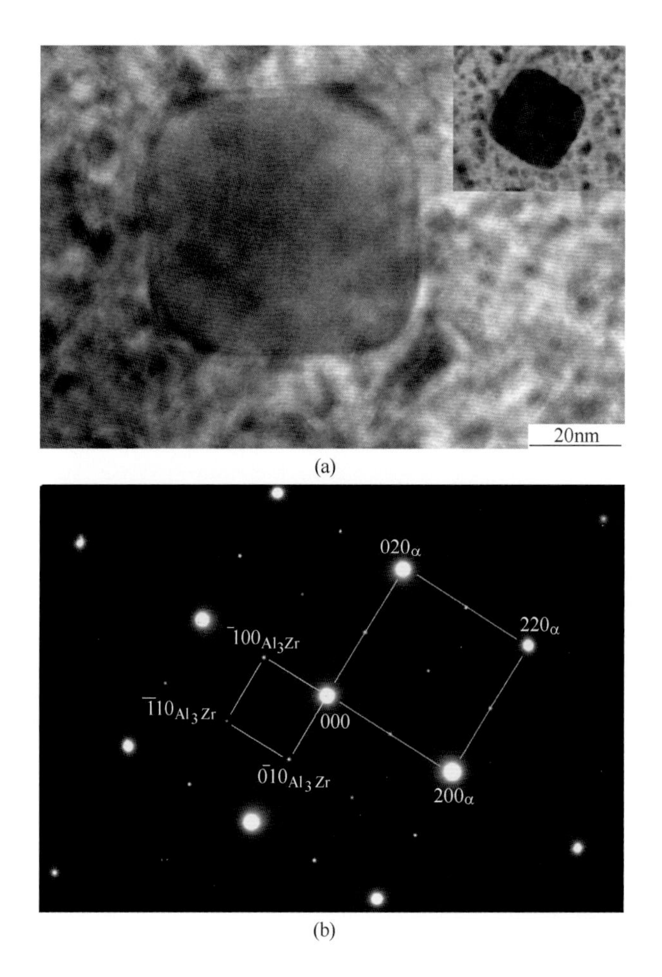

图 6.13　7055 合金经 RRA 处理后的组织形貌(a)和其 SADP(b)

6.3.3　E-$Al_{18}Mg_3(Zn\text{-}Cr)_2$ 相

7075 和 7005 铝合金中含有少量 Mn 和 Cr，在冶炼和加工过程中，Al 与 Cr 或 Mn 能形成类似 E-$Al_{18}Mg_3(Mn\text{-}Cr)_2$ 相的化合物。图 6.14（a）所示为 7075 铝合金 465℃固溶处理+120℃时效 24h 后的组织形貌，其中颗粒 1 的 EDS 谱线如右下角插图所示，由 Al、Mg 和少量 Cr 、Zn 元素组成，其元素原子比为 $Al_{94.3}Mg_{0.76}Cr_{2.34}Zn_{2.6}$；图 6.14（b）所示为颗粒 1 的放大像，隐约可见晶格像和孪晶条纹，相对应的衍射花样如图 6.14（c）所示，晶带轴 $B=[1\bar{1}0]$，与第 4 章的图 4.34（a）相似，视为 E 相。

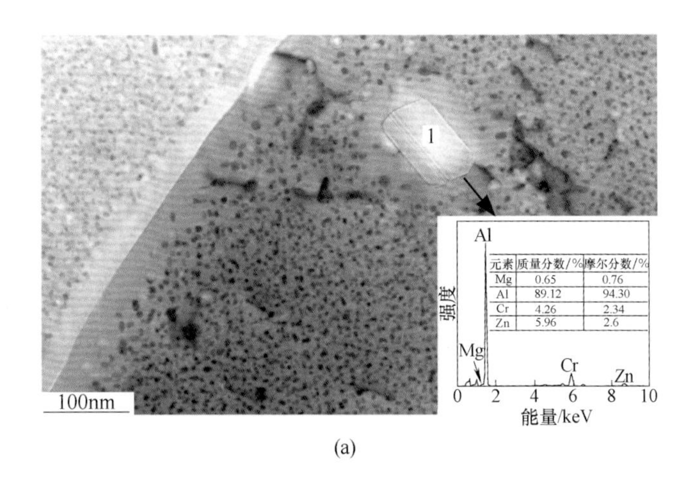

(a)

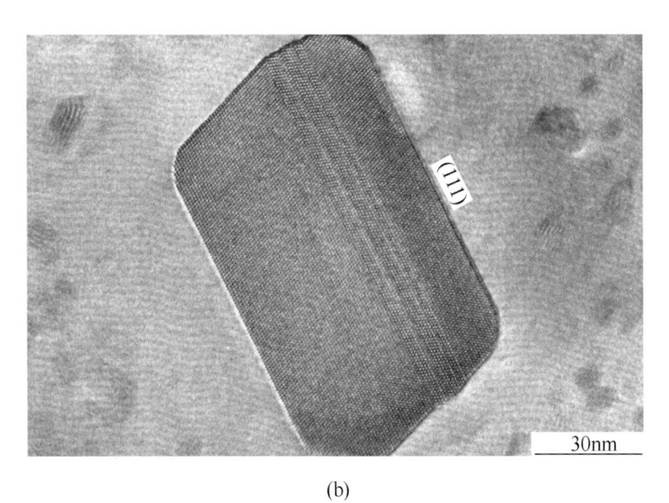

(b)

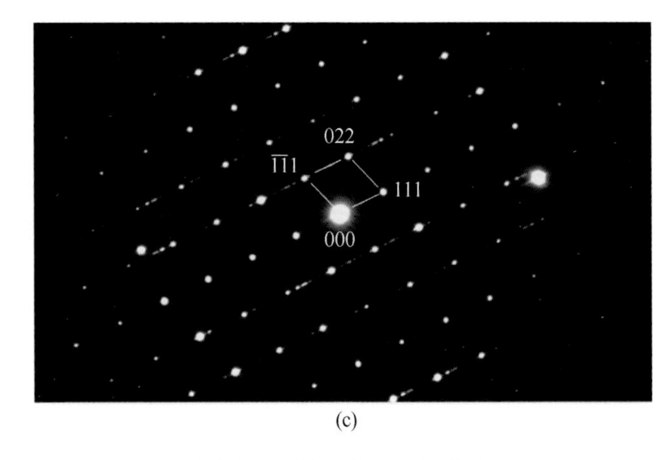

(c)

图 6.14 7075 铝合金的形貌

（a）7075 铝合金时效后的组织形貌；（b）颗粒 1 的放大像；（c）颗粒 1 的衍射花样

6.4 常用 7×××系铝合金的电子金相图谱

常用 7×××系铝合金的电子金相图谱见表 6.7。

表 6.7 常用 7×××系铝合金的电子金相图谱

电子金相图

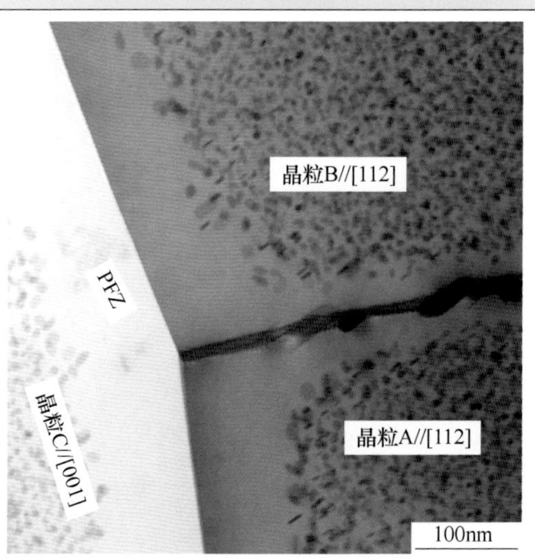

图 1 合金及状态：7003-T6 态
组织特征：α-Al 基体的晶粒 A、B 和 C 内
弥散分布大量析出相，晶界处出现
无沉淀析出相带（PFZ）

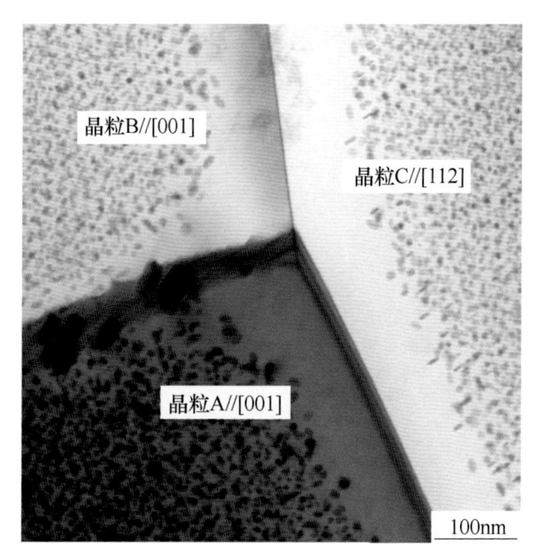

图 2 合金及状态：7003-T6 态
组织特征：α-Al 基体的晶粒 A、B 和 C 内
弥散分布大量析出相，晶界处出现
无沉淀析出相带（PFZ）

续表 6.7

电子金相图

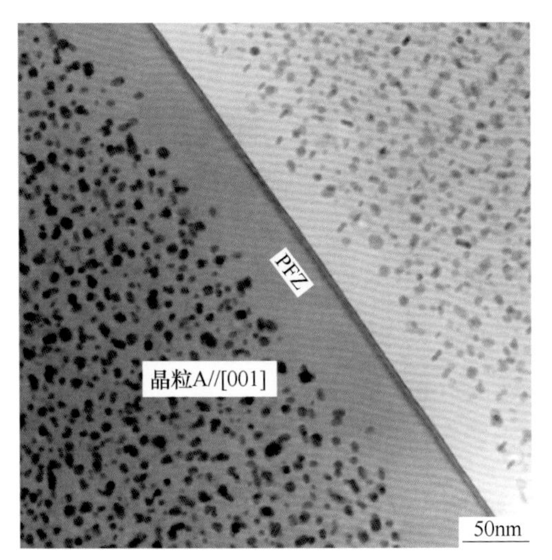

图 3 合金及状态：7003-T6 态
组织特征：α-Al 基体的晶粒内弥散分布部分细小的盘状 GP Ⅰ 区和大量球状 η′相，晶界处出现无沉淀析出相带（FPZ）

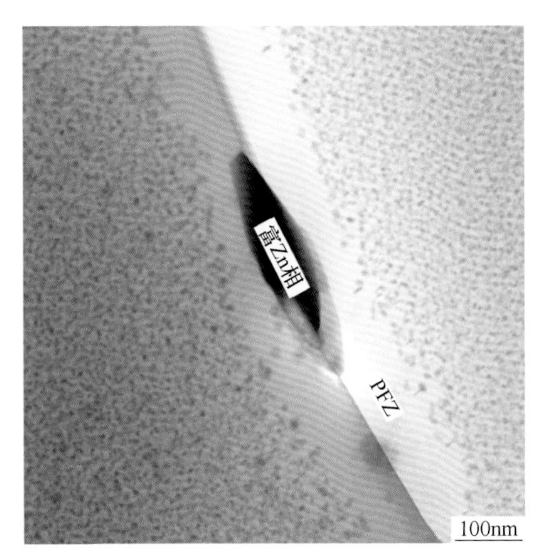

图 4 合金及状态：7003-T6 态
组织特征：α-Al 基体的晶粒内弥散分布大量细小的析出相，晶界处出现无沉淀析出相带（FPZ）和富 Zn 的杂质相，$B=[001]_\alpha$

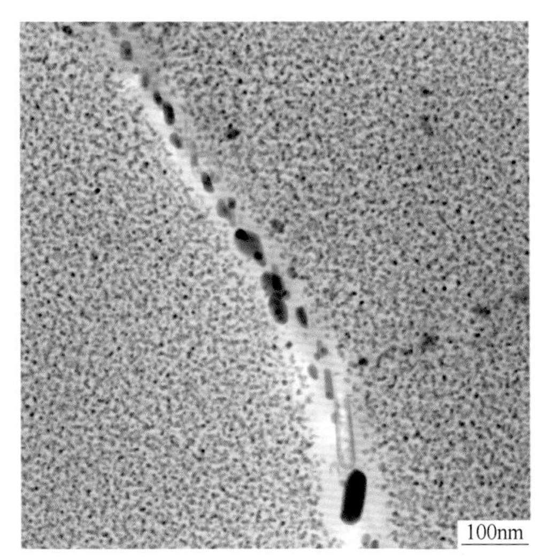

图 5 合金及状态：7003-T6 态
组织特征：α-Al 基体的晶粒内弥散分布大量析出相，亚晶界处出现较粗的 η 相和无沉淀析出相带（FPZ），$B=[001]_\alpha$

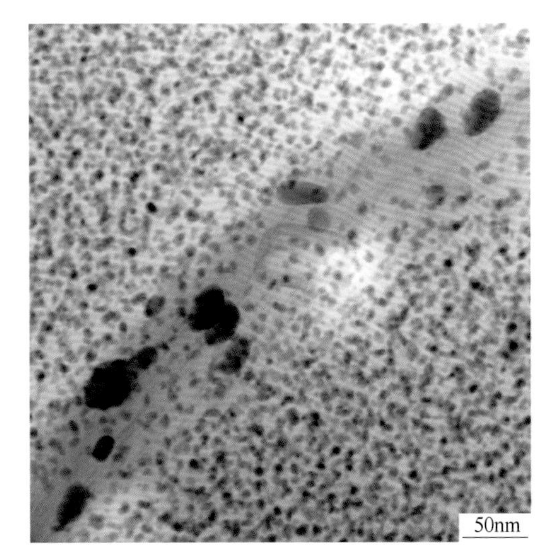

图 6 合金及状态：7003-T6 态
组织特征：α-Al 基体的晶粒内弥散分布部分细小的盘状 GP Ⅰ 区、大量球状 η′相，以及部分较粗的球状 η 相，$B=[001]_\alpha$

续表 6.7

电子金相图

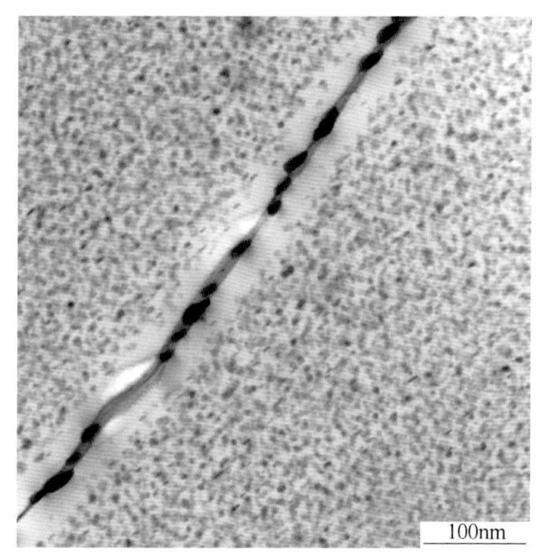

图 7 合金及状态：7003-T6 态
组织特征：α-Al 基体的晶粒内弥散
分布大量析出相，晶界处出现较粗的 η 相和
无沉淀析出相带（FPZ），$B=[112]_{\alpha}$

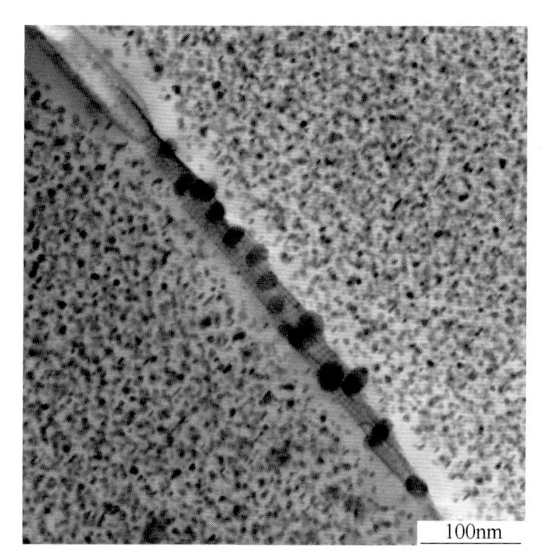

图 8 合金及状态：7003-T6 态
组织特征：α-Al 基体的晶粒内弥散
分布大量析出相，亚晶界处出现较粗的 η 相和
无沉淀析出相带（FPZ），$B=[112]_{\alpha}$

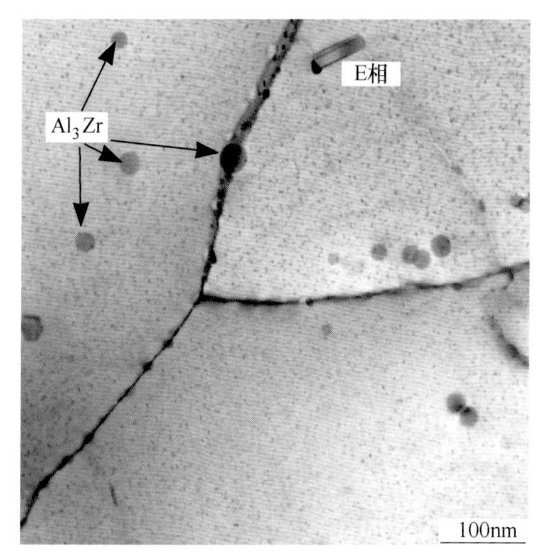

图 9 合金及状态：7005-T6 态
（475℃固溶 1h+120℃时效 24h）
组织特征：α-Al 基体的晶粒内弥散分布
大量细小的析出相、部分球状 Al_3Zr 相和较粗
的条状 E 相，$B=[112]_{\alpha}$

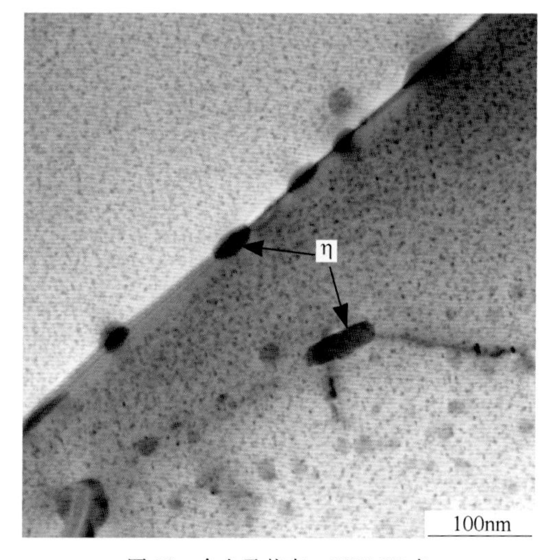

图 10 合金及状态：7005-T6 态
组织特征：α-Al 基体的晶粒内弥散分布大量细小
的析出相、部分球状 Al_3Zr 相颗粒和较粗的
棒状 η 相；晶界处出现 PFZ 带，其上分布
球状 η 相，$B=[112]_{\alpha}$

续表 6.7

电子金相图

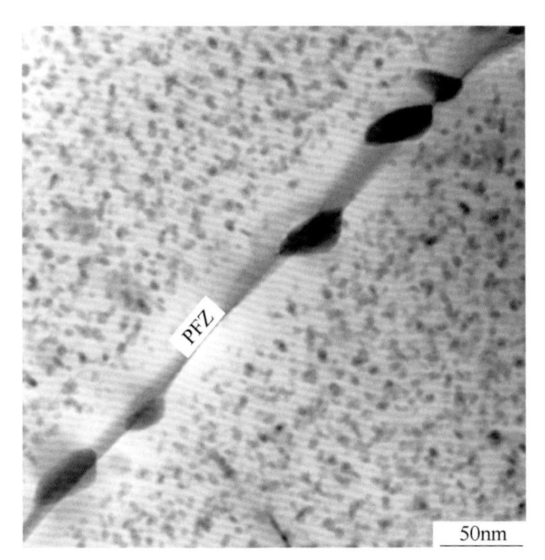

图 11 合金及状态：7005-T6 态
组织特征：α-Al 基体的晶粒内弥散分布
细小的盘状 GP Ⅰ区和部分球状 η′相，晶界处
出现 PFZ 带，其上分布较粗大的 η 相颗粒，$B=[001]_{\alpha}$

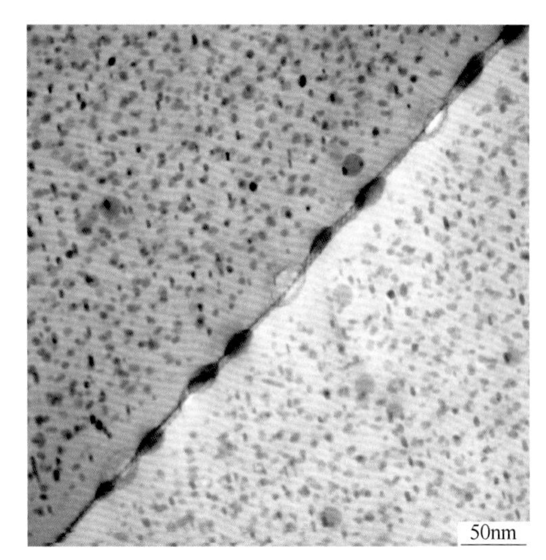

图 12 合金及状态：7005-T6 态
组织特征：α-Al 基体的晶粒内弥散分布
细小的盘状 GP Ⅰ区和部分条状或椭圆状 η′相，
晶界处出现 PFZ 带，其上分布较粗大的
η 相颗粒，$B=[112]_{\alpha}$

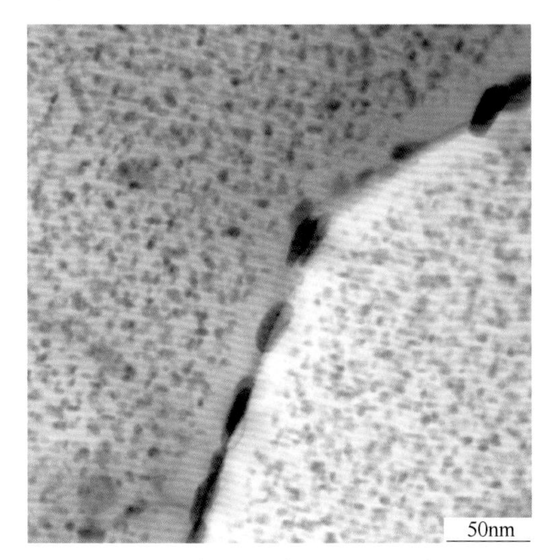

图 13 合金及状态：7005-RRA 态
组织特征：α-Al 基体的晶粒内弥散分布
大量盘状 GP Ⅰ区和部分椭圆状 η′相，晶界处出现 PFZ 带，
其上分布较粗大的 η 相颗粒，$B=[110]_{\alpha}$

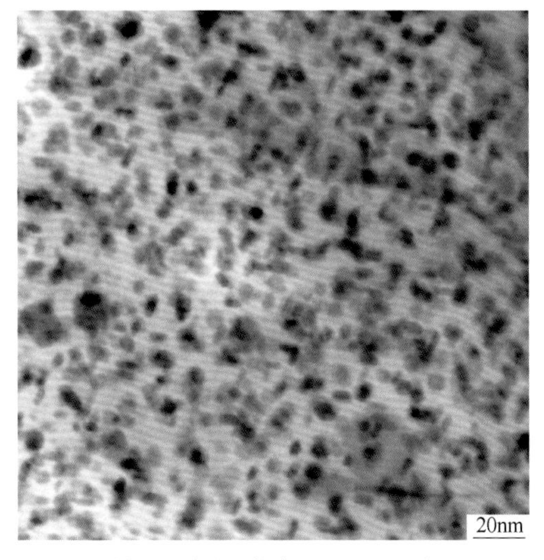

图 14 合金及状态：7005-RRA 态
组织特征：α-Al 基体的晶粒内弥散分布
大量盘状 GP Ⅰ区和部分椭圆状 η′相，
$B=[110]_{\alpha}$

续表 6.7

电子金相图

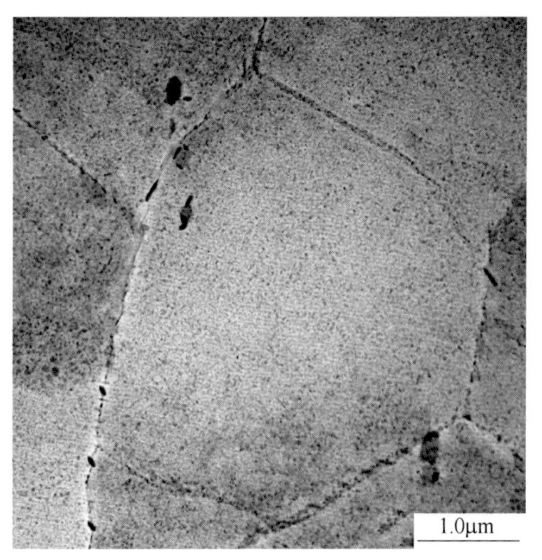

图 15　合金及状态：7050-退火态（低倍）
组织特征：α-Al 基体的晶粒内和晶界处弥散分布大量尺寸较小的第二相以及少量尺寸较大且呈黑色的第二相

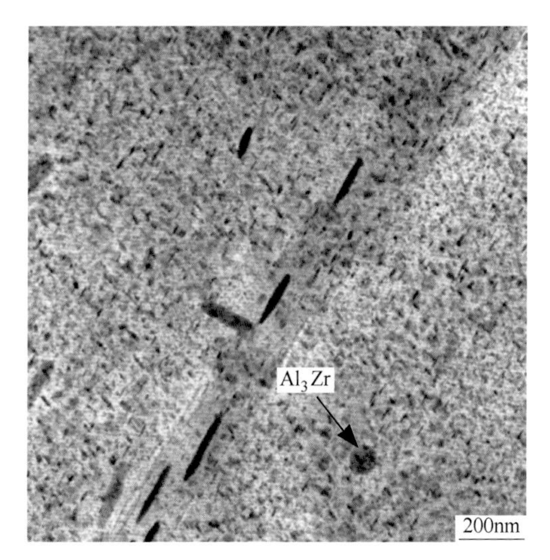

图 16　合金及状态：7050-退火态（低倍）
组织特征：α-Al 基体的晶粒内弥散分布大量细小的第二相、部分棒状 η 相以及少量球状的 Al_3Zr 相

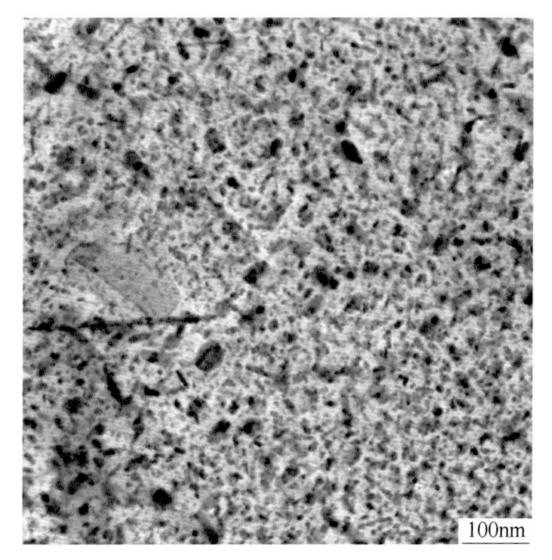

图 17　合金及状态：7050-退火态
组织特征：α-Al 基体的晶粒内弥散分布大量球状或棒状第二相，尺寸大小不一致

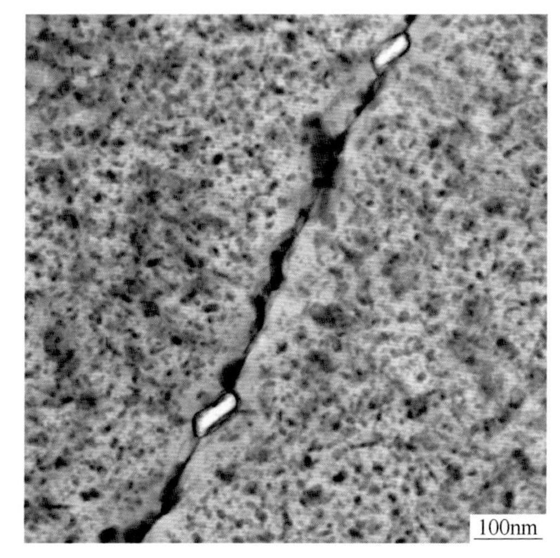

图 18　合金及状态：7050-退火态
组织特征：α-Al 基体的晶粒内弥散分布大量球状或棒状第二相，晶界处有部分较粗的球状或棒状 η 相，部分 η 相已被腐蚀，呈白色

续表 6.7

电子金相图

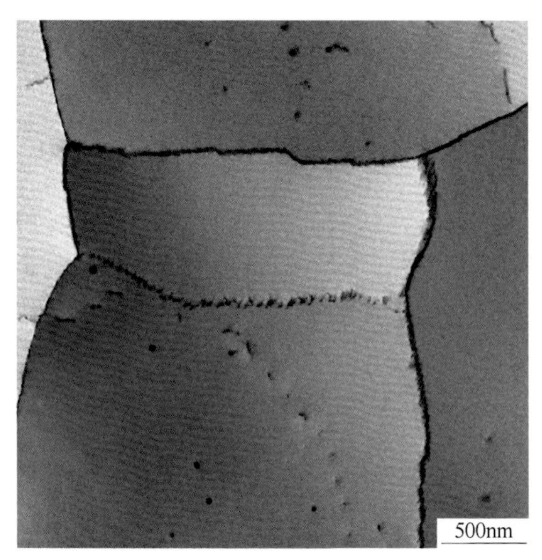

图 19 合金及状态：7050-T6 态
（475℃固溶 1h+120℃时效 24h，低倍）
组织特征：α-Al 基体的晶界上分布着连续和
不连续颗粒，晶粒内有少量第二相颗粒，$B=[110]_{\alpha}$

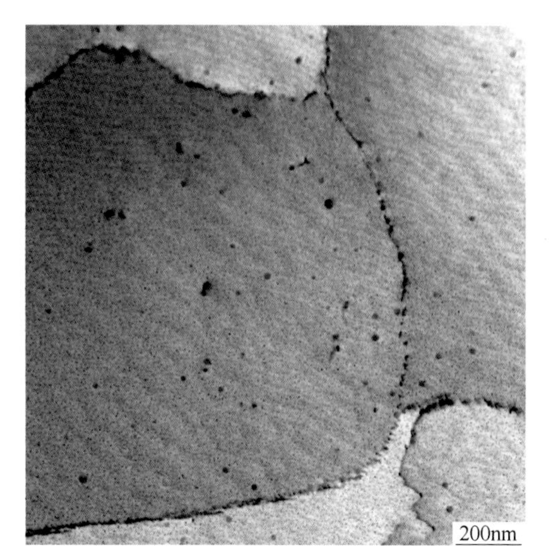

图 20 合金及状态：7050-T6 态（低倍）
组织特征：α-Al 基体的晶界上分布着连续和
不连续颗粒，晶粒内有少量黑色球状颗粒，
$B=[112]_{\alpha}$

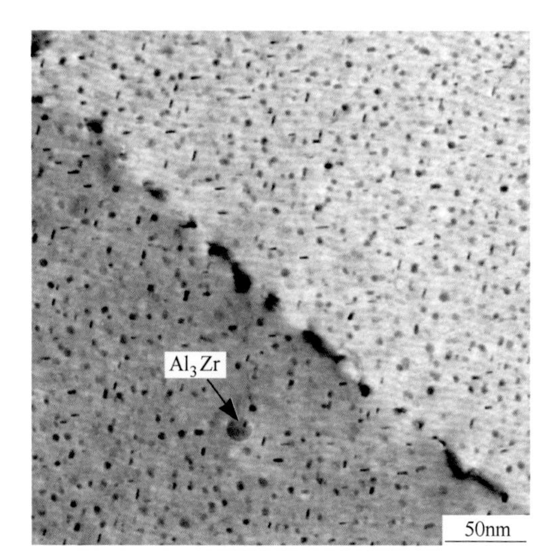

图 21 合金及状态：7050-T6 态
组织特征：α-Al 基体的晶粒内弥散分布细小的
盘状 GP Ⅰ区、椭圆状或杆状 η′相，少量球状 Al_3Zr
相颗粒，亚晶界处分布部分不连续的黑色棒状
或球状 η 相，$B=[110]_{\alpha}$

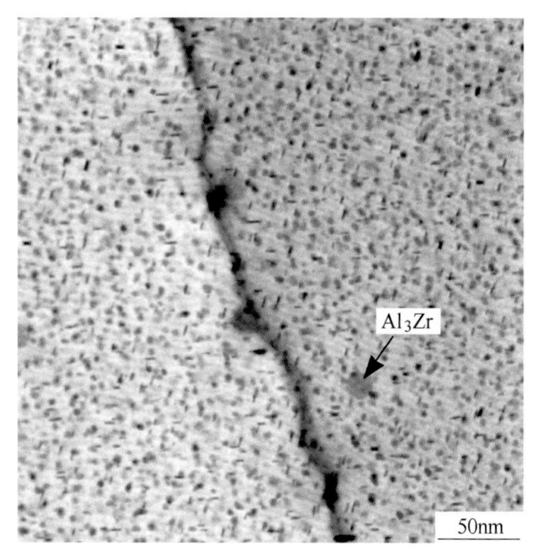

图 22 合金及状态：7050-T6 态
组织特征：α-Al 基体的晶粒内弥散分布细小的
盘状 GP Ⅰ区、椭圆状或杆状的 η′相，少量较粗的球状
Al_3Zr 相，较粗的黑色 η 相颗粒沿应变场衬度线分布，
$B=[110]_{\alpha}$

续表 6.7

电子金相图

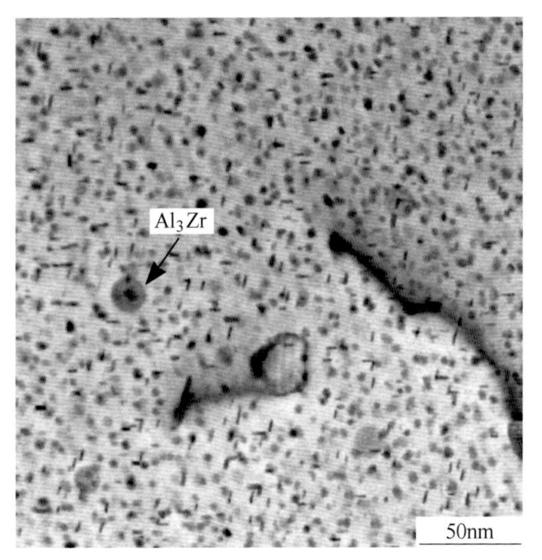

图 23 合金及状态：7050-T6 态

组织特征：α-Al 基体的晶粒内弥散分布细小的盘状 GP Ⅰ区、椭圆状或杆状 η′相，少量球状 Al_3Zr 相颗粒，$B=[110]_\alpha$

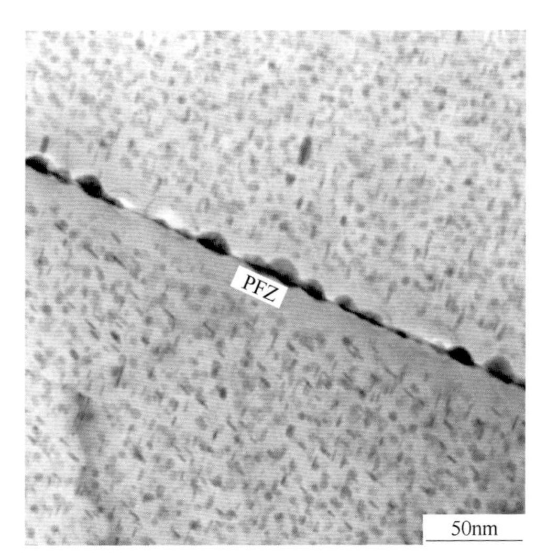

图 24 合金及状态：7050-T6 态

组织特征：α-Al 基体的晶粒内弥散分布细小的盘状 GP Ⅰ区、大量条状或椭圆状 η′相，晶界处出现较粗的球状 η 相和 PFZ 带，$B=[112]_\alpha$

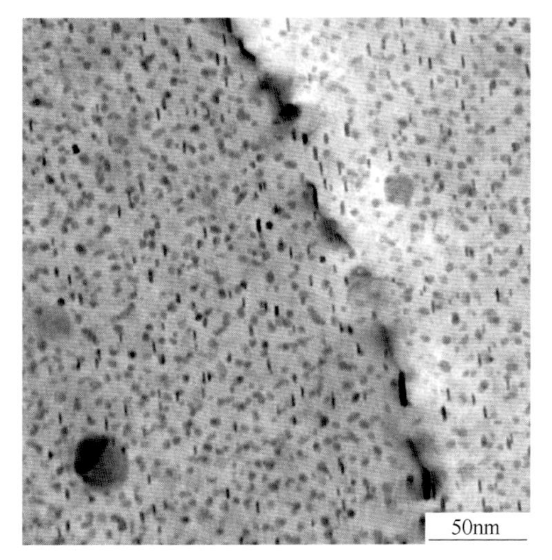

图 25 合金及状态：7050-T6 态

组织特征：α-Al 基体的晶粒内弥散分布大量条状或椭圆状 η′相，少量较粗的球状 Al_3Zr 相，亚晶界处有较粗的 η 相，$B=[112]_\alpha$

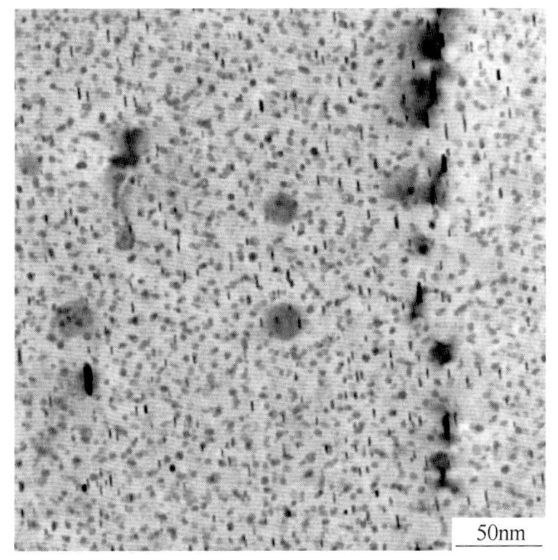

图 26 合金及状态：7050-T6 态

组织特征：α-Al 基体的晶粒内弥散分布大量条状或椭圆状 η′相，少量较粗的球状 Al_3Zr 相，亚晶界处有较粗的棒状 η 相，$B=[112]_\alpha$

续表 6.7

电子金相图

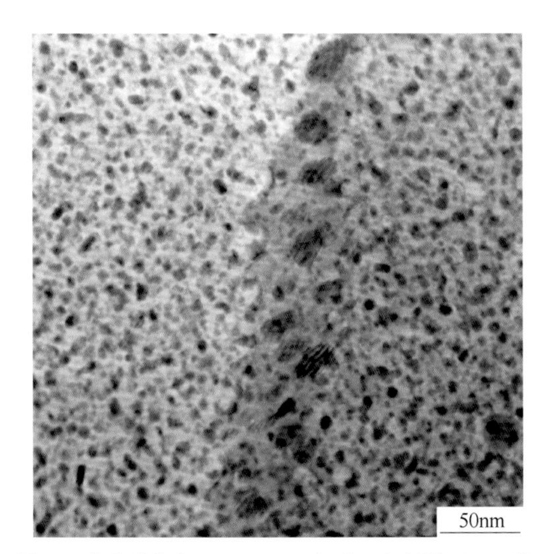

图 27 合金及状态：7050-RRA 态（475℃固溶 2h+120℃时效 24h + 200℃时效 10min+120℃时效 24h）
组织特征：α-Al 基体的晶粒内弥散分布部分细小的盘状 GPⅠ区、大量球状 η′相和部分球状 η 相，$B=[001]_\alpha$

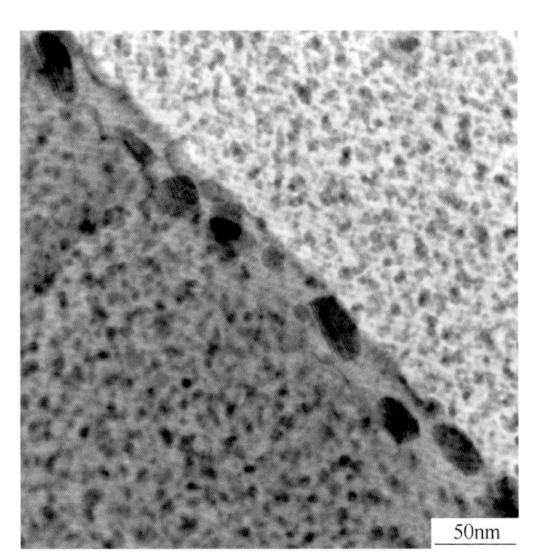

图 28 合金及状态：7050-RRA 态
组织特征：α-Al 基体的晶粒内弥散分布部分细小的盘状 GPⅠ区、大量球状 η′相和部分球状 η 相，晶界处出现较粗的断续球状 η 相，$B=[001]_\alpha$

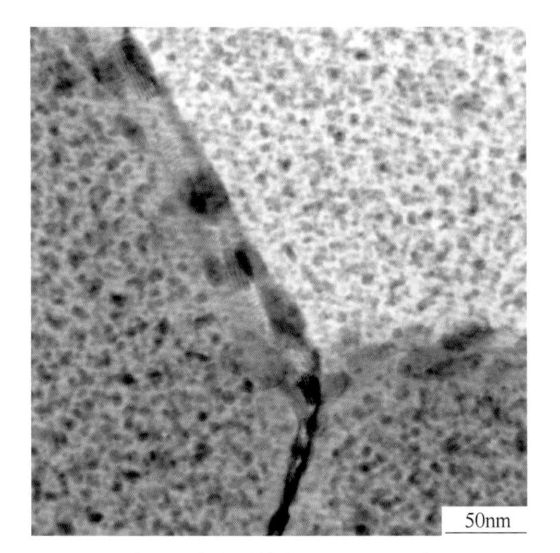

图 29 合金及状态：7050-RRA 态
组织特征：α-Al 基体的晶粒内弥散分布部分细小的盘状 GPⅠ区、大量球状 η′相和部分球状 η 相，晶界处出现较粗的断续球状 η 相，$B=[001]_\alpha$

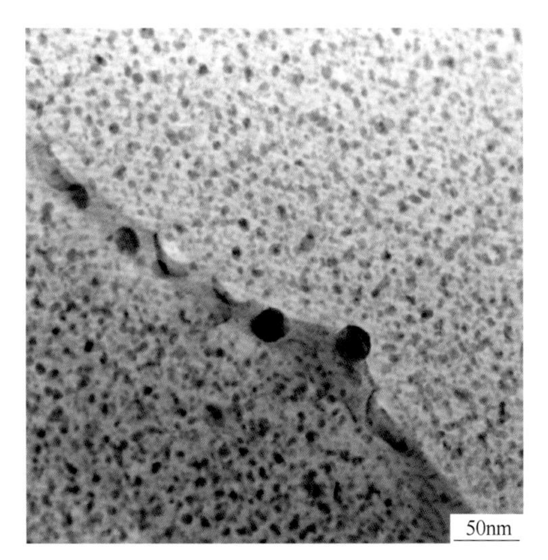

图 30 合金及状态：7050-RRA 态
组织特征：α-Al 基体的晶粒内弥散分布部分细小的盘状 GPⅠ区、大量球状 η′相和部分球状 η 相，晶界处出现较粗的断续球状 η 相，$B=[001]_\alpha$

续表 6.7

电子金相图

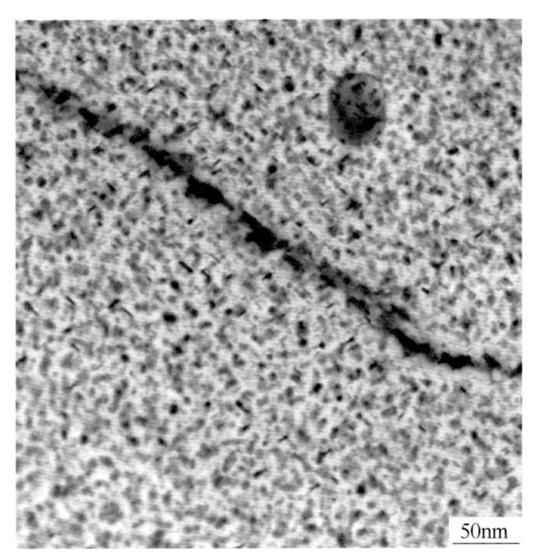

图 31 合金及状态：7050-RRA 态
组织特征：α-Al 基体的晶粒内弥散分布部分细小的盘状 GP Ⅰ区、杆状或椭圆状 η′相、少量较粗的球状 Al_3Zr 相和沿应变场衬度线分布的棒状 η 相，$B=[110]_{\alpha}$

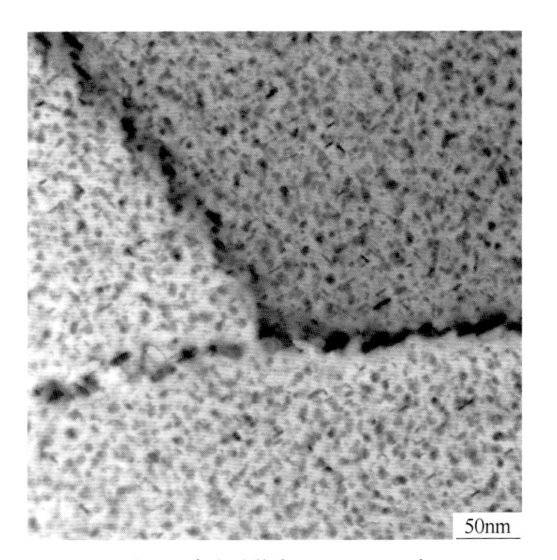

图 32 合金及状态：7050-RRA 态
组织特征：α-Al 基体的晶粒内弥散分布部分细小的盘状 GP Ⅰ区、杆状或椭圆状 η′相，晶界及亚晶界处出现较粗的断续棒状 η 相，$B=[110]_{\alpha}$

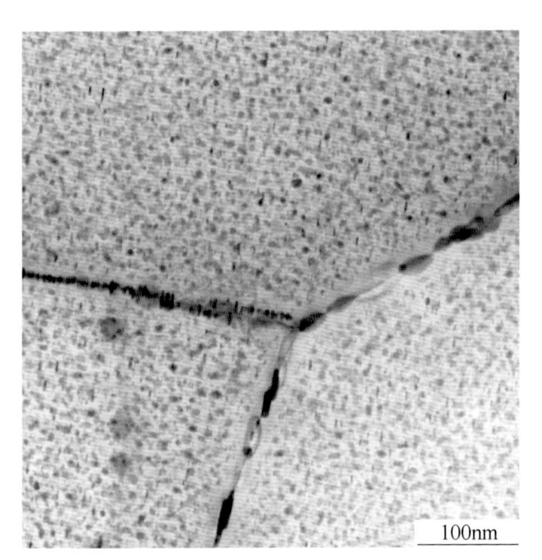

图 33 合金及状态：7050-RRA 态
组织特征：α-Al 基体的晶粒内弥散分布部分细小的盘状 GP Ⅰ区、条状或椭圆状 η′相和少量较粗的球状 Al_3Zr 相，晶界处有较粗的棒状 η 相和 PFZ 带，$B=[112]_{\alpha}$

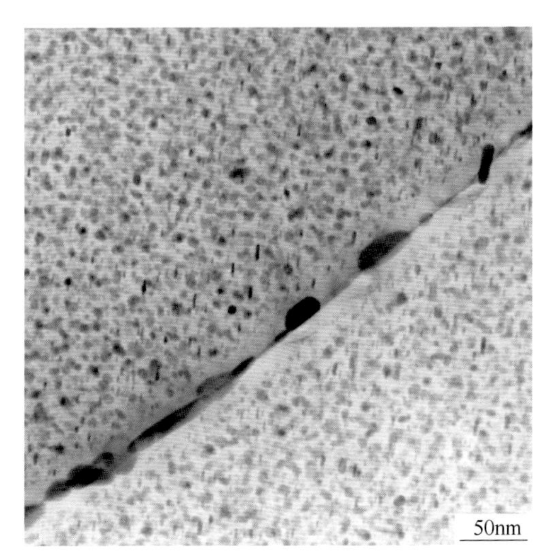

图 34 合金及状态：7050-RRA 态
组织特征：α-Al 基体的晶粒内弥散分布部分细小的盘状 GP Ⅰ区、条状或椭圆状 η′相，晶界处出现断续且较粗的棒状 η 相和 PFZ 带，$B=[112]_{\alpha}$

续表 6.7

电子金相图

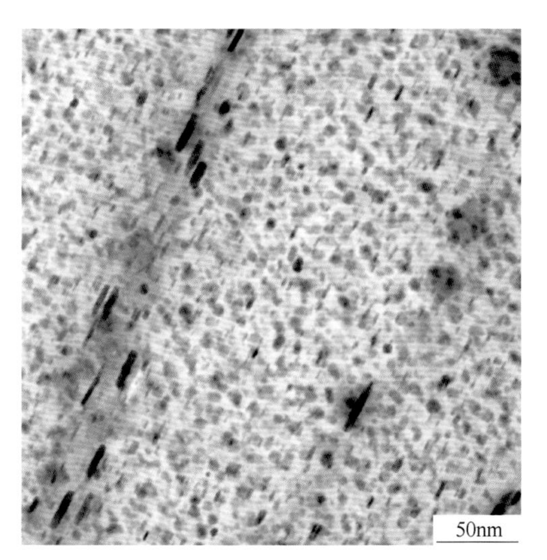

图 35 合金及状态：7050-RRA 态
组织特征：α-Al 基体的晶粒内弥散分布部分细小的盘状 GP Ⅰ区、条状或椭圆状 η′相和少量较粗的黑色棒状 η 相，$B=[112]_{\alpha}$

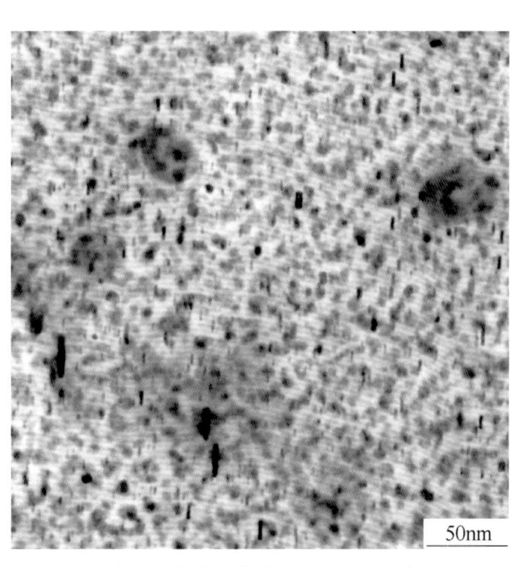

图 36 合金及状态：7050-RRA 态
组织特征：α-Al 基体的晶粒内弥散分布部分细小的盘状 GP Ⅰ区、条状或椭圆状 η′相、少量较粗的黑色棒状 η 相和球状 Al_3Zr 相，$B=[112]_{\alpha}$

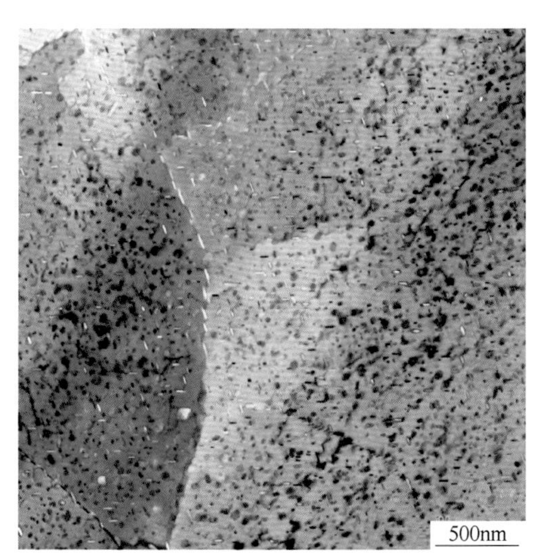

图 37 合金及状态：7055-退火态（低倍）
组织特征：α-Al 基体的晶粒内及晶界处弥散分布大量球状或棒状 η 相，部分 η 相已被腐蚀，呈白色，$B=[110]_{\alpha}$

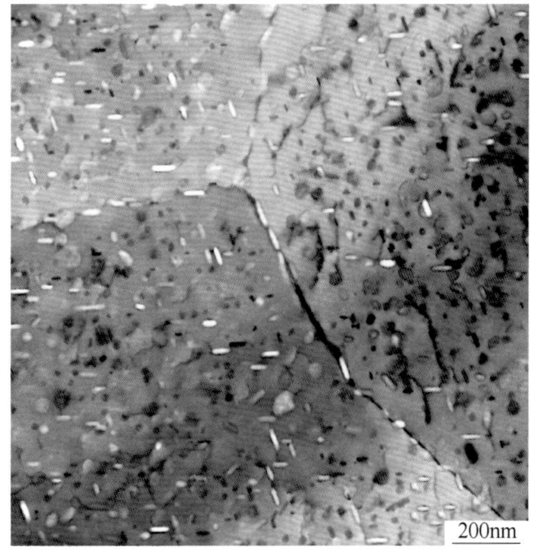

图 38 合金及状态：7055-退火态
组织特征：α-Al 基体的晶粒内及晶界处弥散分布大量球状或棒状 η 相，部分 η 相已被腐蚀，呈白色，$B=[110]_{\alpha}$

续表 6.7

电子金相图

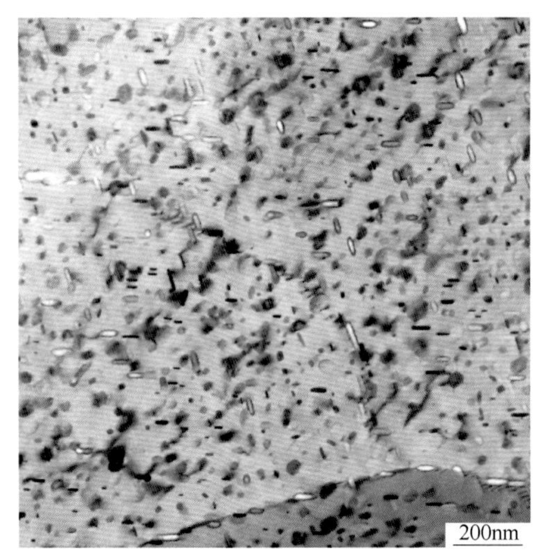

图 39　合金及状态：7055-退火态
组织特征：α-Al 基体的晶粒内及晶界处弥散分布大量球状或棒状 η 相，部分 η 相已被腐蚀，呈白色，$B=[110]_{\alpha}$

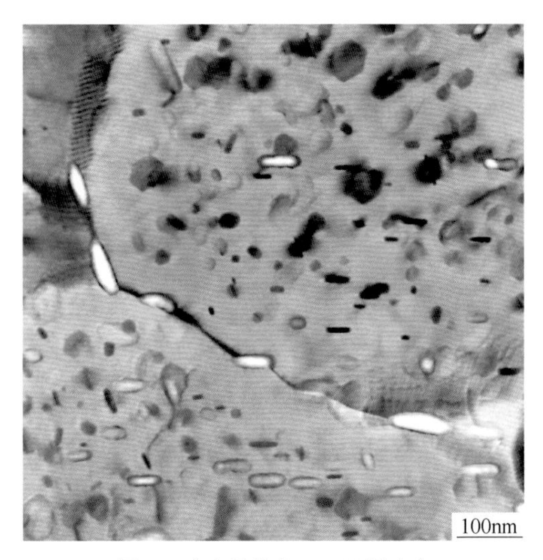

图 40　合金及状态：7055-退火态
组织特征：α-Al 基体的晶粒内及晶界处弥散分布大量球状或棒状 η 相，部分 η 相已被腐蚀，呈白色棒状痕迹，$B=[110]_{\alpha}$

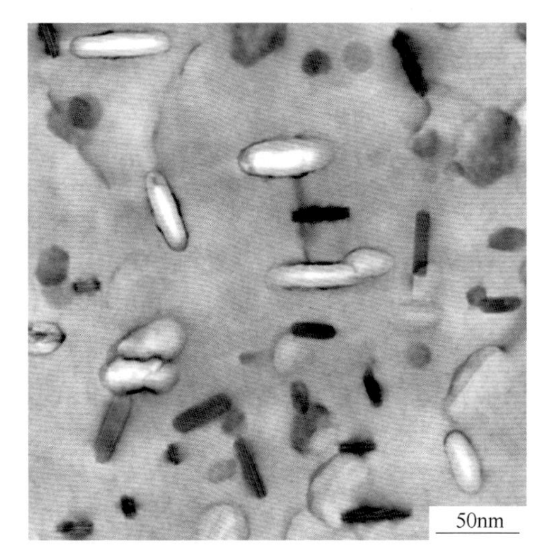

图 41　合金及状态：7055-退火态
组织特征：α-Al 基体的晶粒内弥散分布大量球状或棒状 η 相，部分 η 相已被腐蚀，呈白色棒状痕迹，$B=[110]_{\alpha}$

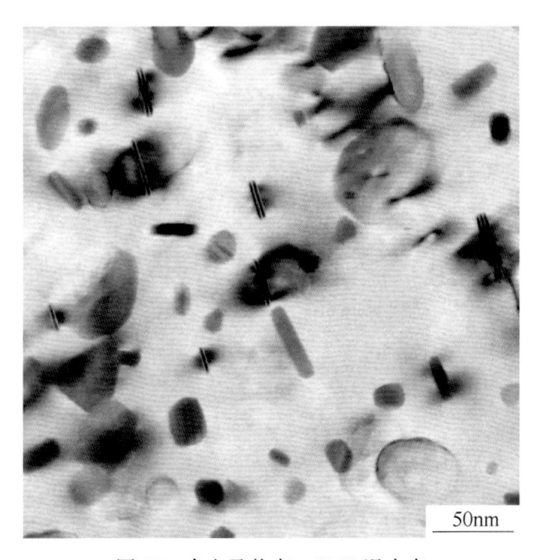

图 42　合金及状态：7055-退火态
组织特征：α-Al 基体的晶粒内弥散分布大量球状或棒状 η 相，$B=[110]_{\alpha}$

续表 6.7

电子金相图

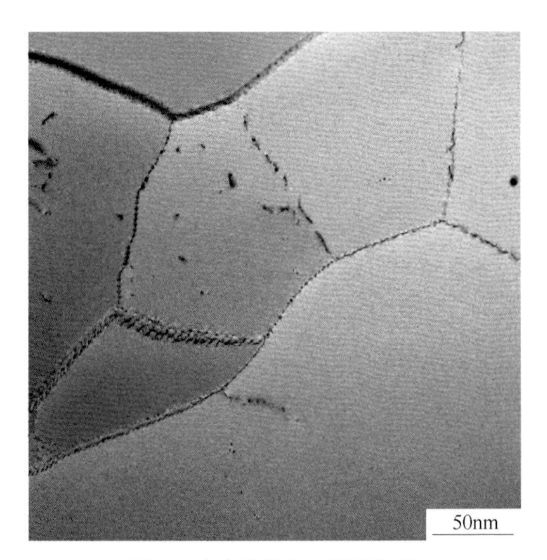

图 43 合金及状态：7055-T6 态
（475℃固溶 1h+120℃时效 24h，低倍）
组织特征：α-Al 基体的晶粒大小不一，
晶界上分布着连续和不连续颗粒，
晶粒内有少量黑色颗粒，$B=[110]_{\alpha}$

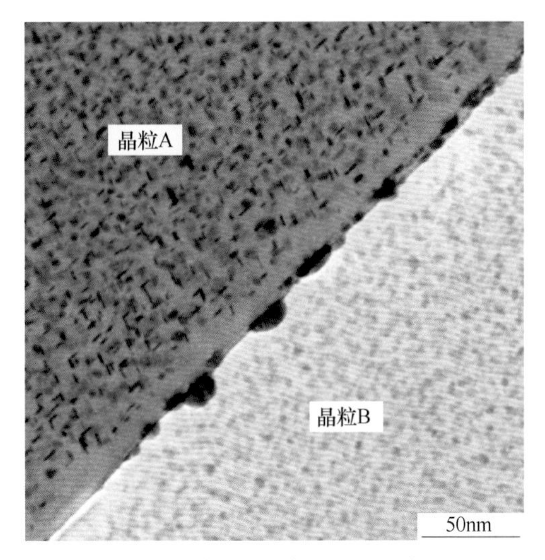

图 44 合金及状态：7055-T6 态
组织特征：α-Al 基体的晶粒内弥散分布大量球状
或杆状 η′相，晶界处有较粗的球状 η 相和
PFZ 带，晶粒 A 的位向 $B=[110]_{\alpha}$，
晶粒 B 的位向 $B=[001]_{\alpha}$

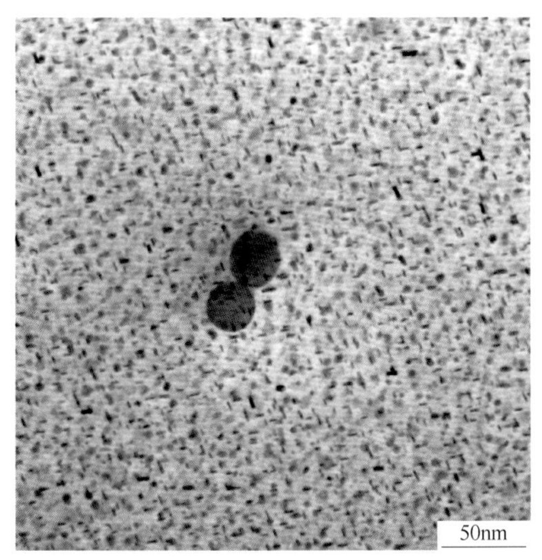

图 45 合金及状态：7055-T6 态
组织特征：α-Al 基体的晶粒内弥散分布大量
球状或杆状 η′相，少量较粗的球状 Al_3Zr 相，
$B=[110]_{\alpha}$

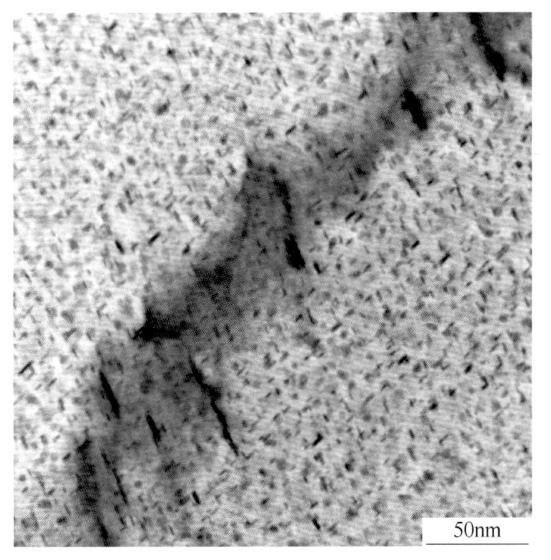

图 46 合金及状态：7055-T6 态
组织特征：α-Al 基体的晶粒内弥散分布大量
球状或杆状 η′相，少量较粗的杆状 η 相，
$B=[110]_{\alpha}$

续表 6.7

电子金相图

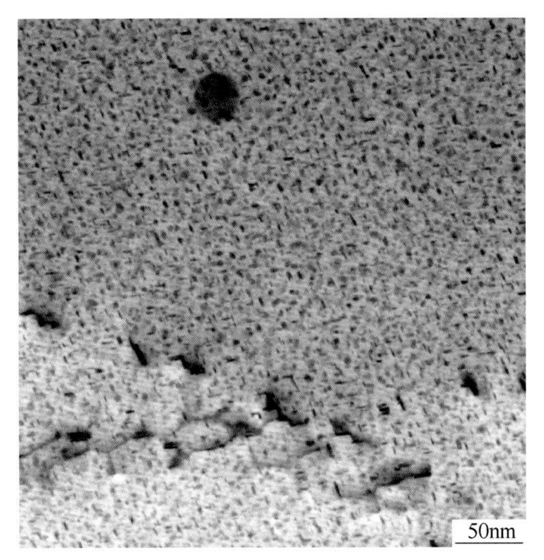

图 47 合金及状态：7055-T6 态
组织特征：α-Al 基体的晶粒内弥散分布大量球状或杆状 η′相，少量较粗的 η 相和球状 Al_3Zr 相，$B=[110]_\alpha$

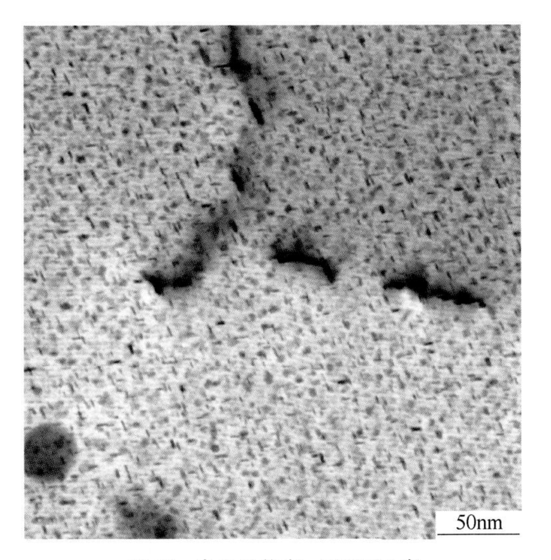

图 48 合金及状态：7055-T6 态
组织特征：α-Al 基体的晶粒内弥散分布大量球状或杆状 η′相，少量较粗大的 η 相和球状 Al_3Zr 相颗粒，$B=[110]_\alpha$

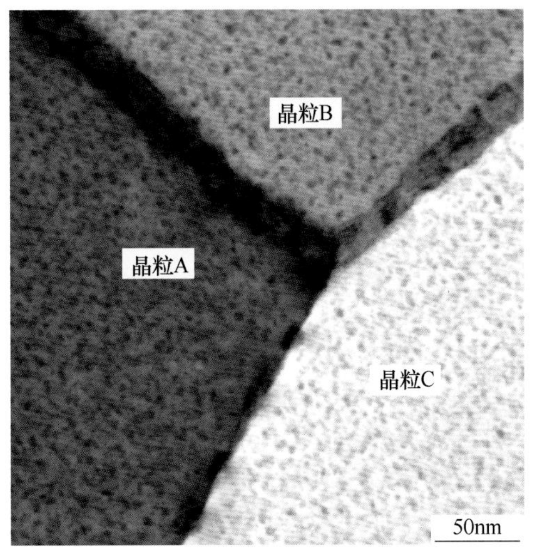

图 49 合金及状态：7055-T6 态
组织特征：α-Al 基体的 3 个晶粒相交，晶粒内弥散分布大量细小的 η′相，晶界处有较粗的球状 η 相和 PFZ 带，晶粒 A 的位向 $B=[001]_\alpha$

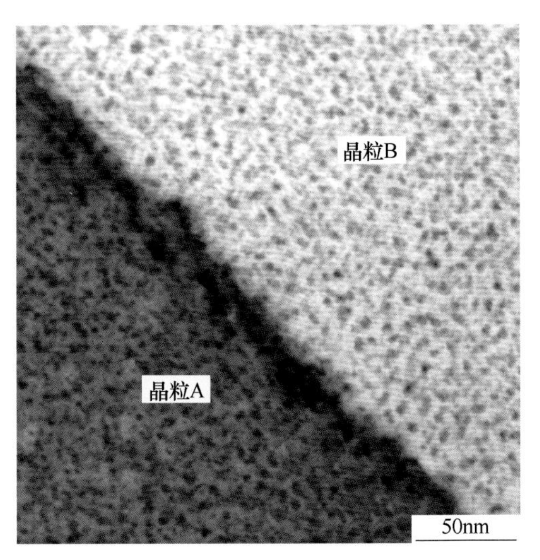

图 50 合金及状态：7055-T6 态
组织特征：α-Al 基体的晶粒内弥散分布大量细小的 η′相，晶界处有较粗的球状 η 相，晶粒 A 的位向 $B=[001]_\alpha$

续表 6.7

电子金相图

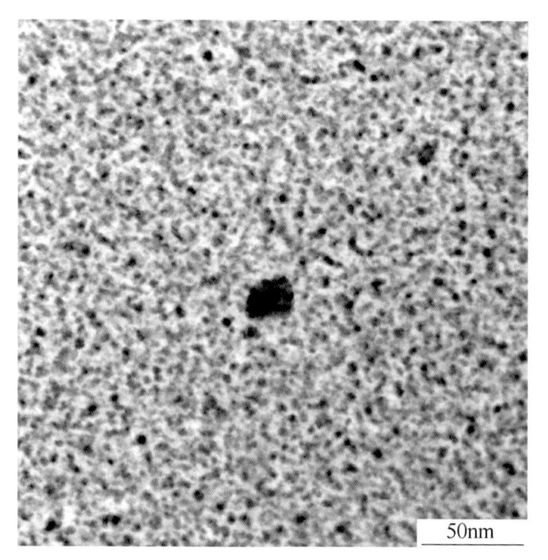

图 51 合金及状态：7055-T6 态
组织特征：α-Al 基体的晶粒内弥散分布大量细小的球状 η′相，中间较粗的颗粒为 Al_3Zr 相，$B=[001]_α$

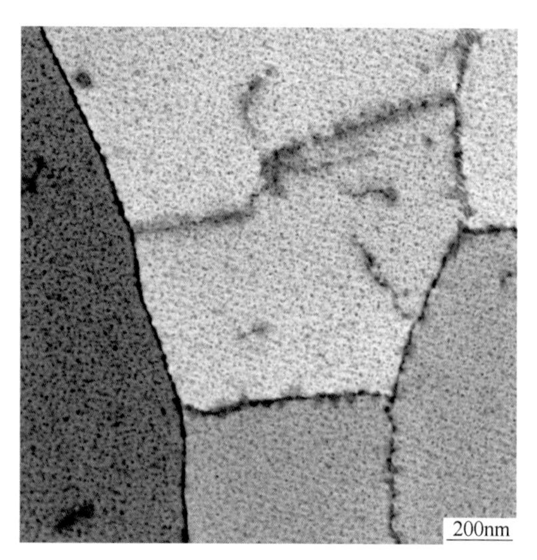

图 52 合金及状态：7055-RRA 态（475℃固溶 2h+120℃时效 2h+200℃时效 24h+120℃时效 10min）
组织特征：α-Al 基体的晶粒内弥散分布大量细小的 η′相和少部分黑色颗粒，晶界处有连续和断续分布的 η 相，$B=[001]_α$

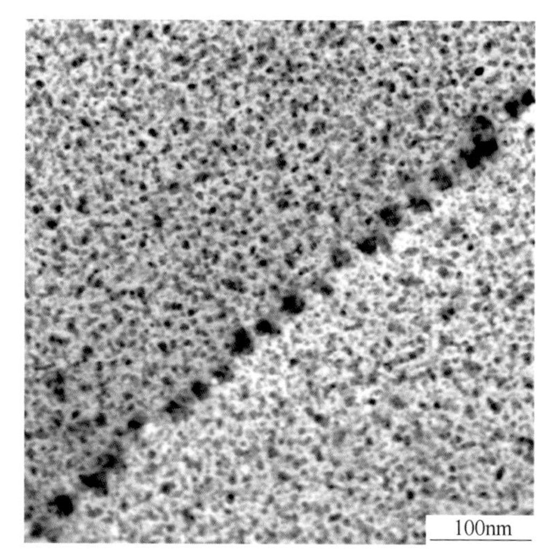

图 53 合金及状态：7055-RRA 态
组织特征：α-Al 基体的晶粒内弥散分布大量球状 η′相和较粗的球状 η 相，$B=[001]_α$

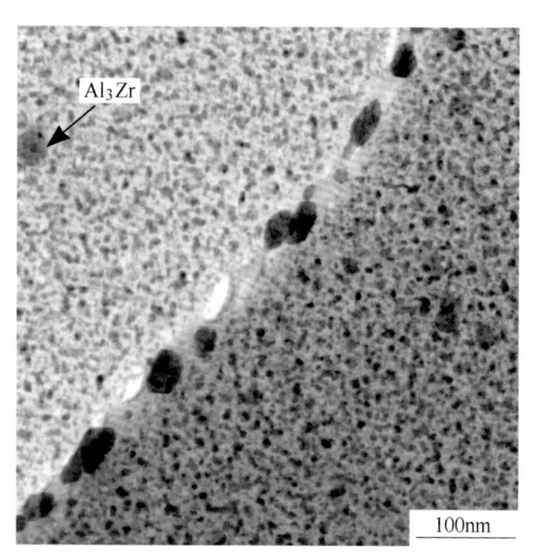

图 54 合金及状态：7055-RRA 态
组织特征：α-Al 基体的晶粒内弥散分布大量球状 η′相，少量较粗的球状 Al_3Zr 颗粒；亚晶界处有球状或短棒状的 η 相，$B=[001]_α$

续表 6.7

电子金相图	
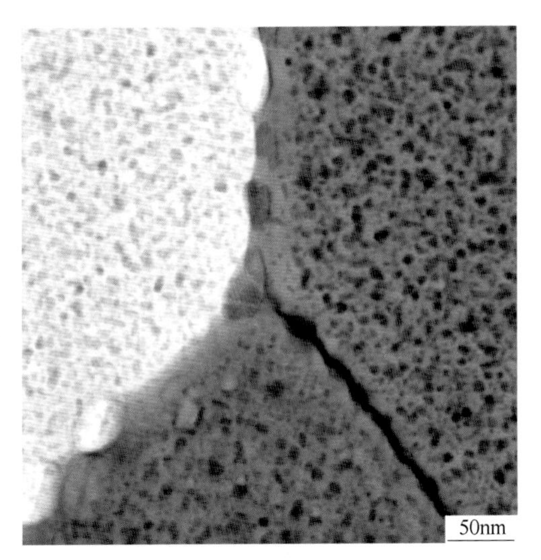 图 55　合金及状态：7055-RRA 态 组织特征：α-Al 基体的晶粒内弥散分布细小的盘状 GPⅠ区、球状 η′相，亚晶界处有球状 η 相和 PFZ 带，$B=[001]_{\alpha}$	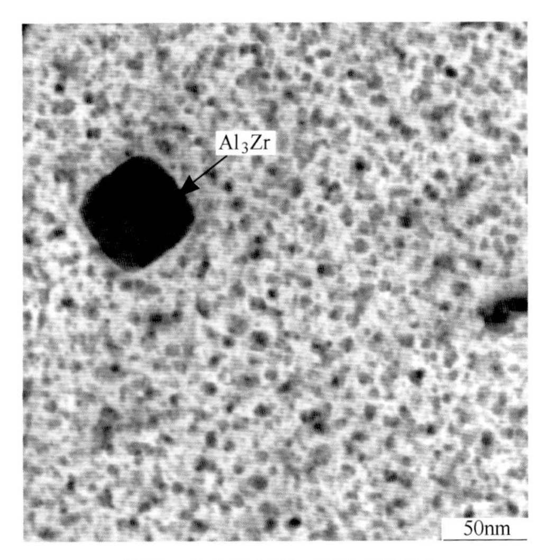 图 56　合金及状态：7055-RRA 态 组织特征：α-Al 基体的晶粒内弥散分布部分细小的盘状 GPⅠ区、球状 η′相和少量较粗的方块状 Al_3Zr 颗粒，$B=[001]_{\alpha}$
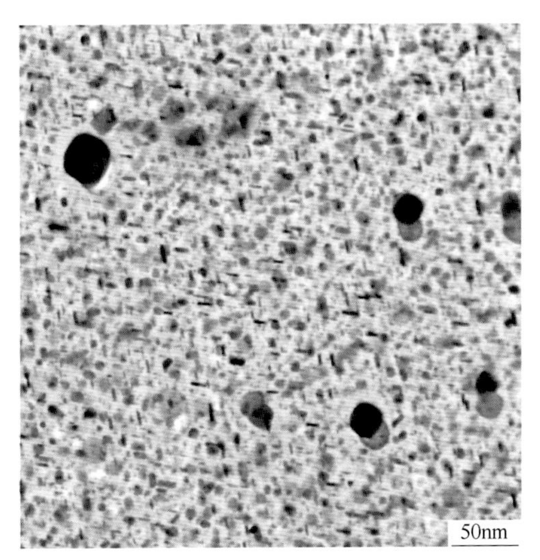 图 57　合金及状态：7055-RRA 态 组织特征：α-Al 基体的晶粒内弥散分布部分细小的盘状 GPⅠ区、杆状或椭圆状 η′相和少量较粗的球状 Al_3Zr 颗粒，$B=[110]_{\alpha}$	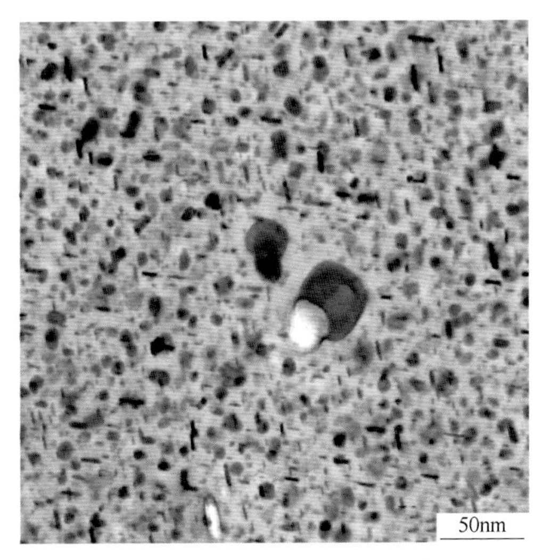 图 58　合金及状态：7055-RRA 态 组织特征：α-Al 基体的晶粒内弥散分布部分细小的盘状 GPⅠ区、杆状或椭圆状 η′相和少量较粗的球状 Al_3Zr 颗粒，$B=[110]_{\alpha}$

续表 6.7

电子金相图

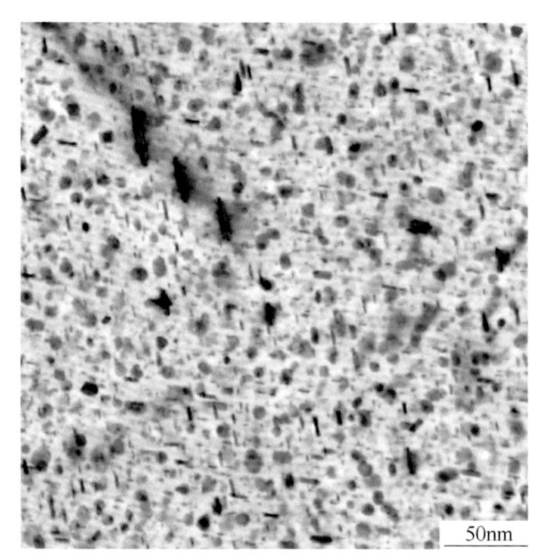

图 59 合金及状态：7055-RRA 态
组织特征：α-Al 基体的晶粒内弥散分布部分细小的盘状 GPⅠ区、杆状或椭圆状 η′相和少量黑色较粗的 η 相，$B=[110]_{\alpha}$

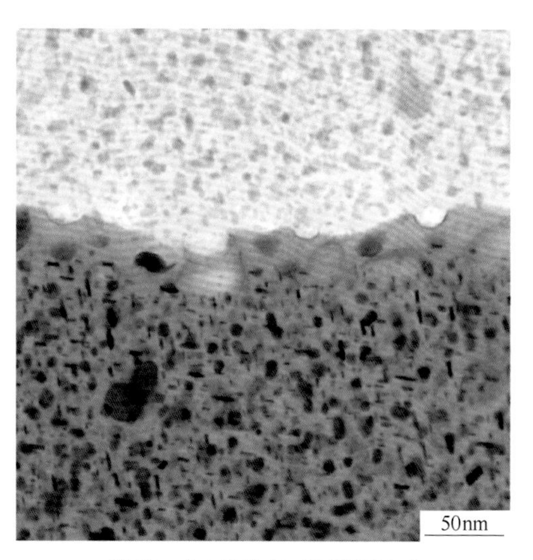

图 60 合金及状态：7055-RRA 态
组织特征：α-Al 基体的晶粒内弥散分布部分细小的盘状 GPⅠ区、杆状或椭圆状 η′相和少量较粗的球状 Al_3Zr 颗粒，晶界处有 PFZ 带和 η 相，$B=[110]_{\alpha}$

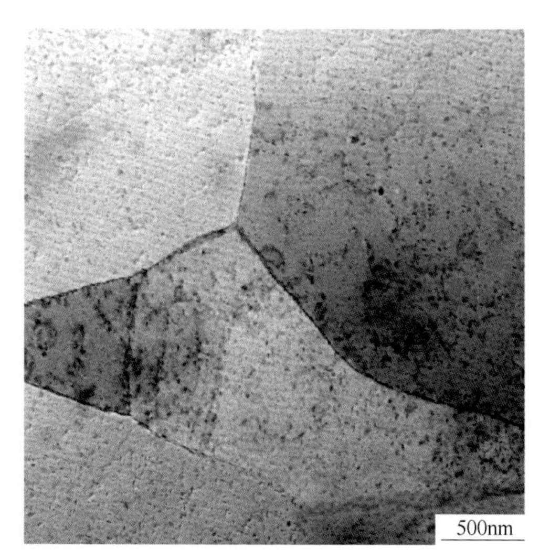

图 61 合金及状态：7055-T7751（国外某企业）
组织特征：α-Al 基体的晶粒大小不一，晶粒内和晶界上分布细小的第二相，$B=[110]_{\alpha}$

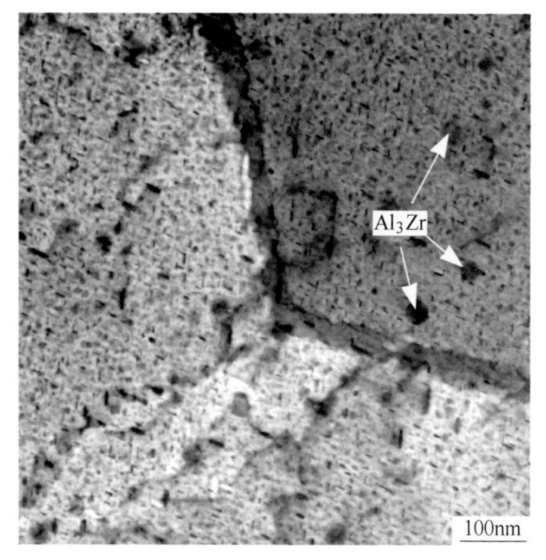

图 62 合金及状态：7055-T7751（国外某企业）
组织特征：α-Al 基体的晶粒内和晶界上弥散分布大量细小的析出相和少量球状 Al_3Zr 相颗粒，$B=[110]_{\alpha}$

续表 6.7

电子金相图

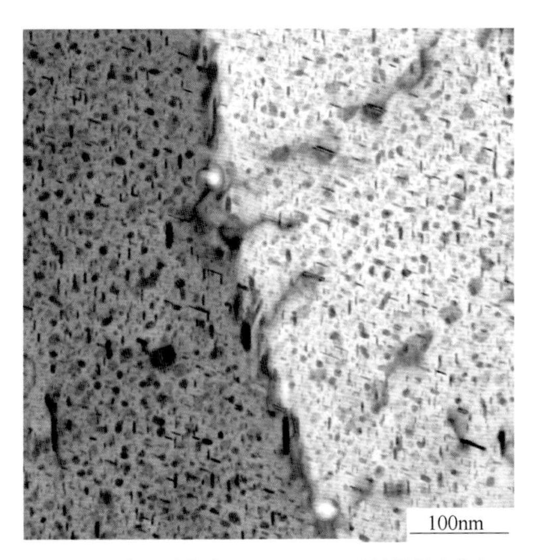

图 63　合金及状态：7055-T7751（国外某企业）
组织特征：α-Al 基体的晶粒内弥散分布杆状或椭圆状 η′相和少量球状 Al_3Zr 相颗粒；晶界不平直，其上有较粗的棒状 η 相，$B=[110]_α$

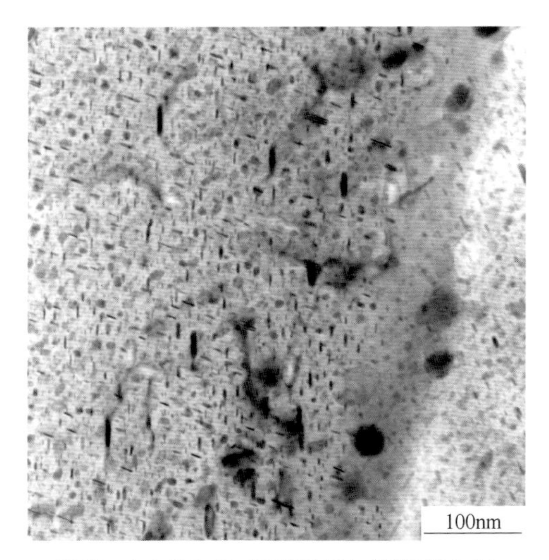

图 64　合金及状态：7055-T7751（国外某企业）
组织特征：α-Al 基体的晶粒内弥散分布大量杆状或椭圆状 η′相，部分较粗的杆状 η 相和少量球状 Al_3Zr 相颗粒，$B=[110]_α$

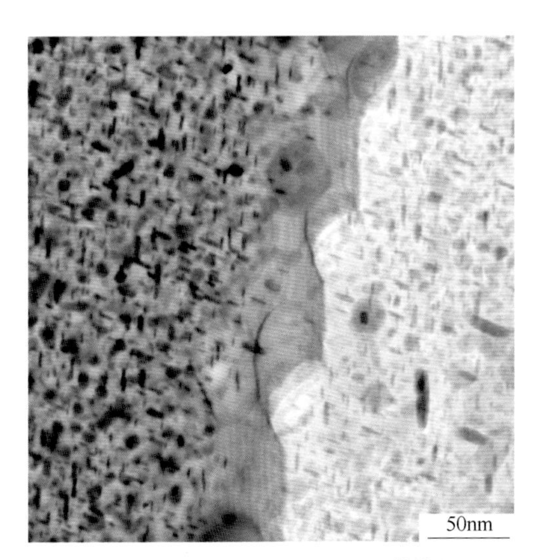

图 65　合金及状态：7055-T7751（国外某企业）
组织特征：α-Al 基体的晶粒内弥散分布杆状或椭圆状 η′相，少量较粗的黑色棒状 η 相和球状 Al_3Zr 相；晶界不平直，呈锯齿状，出现 PFZ 带，$B=[110]_α$

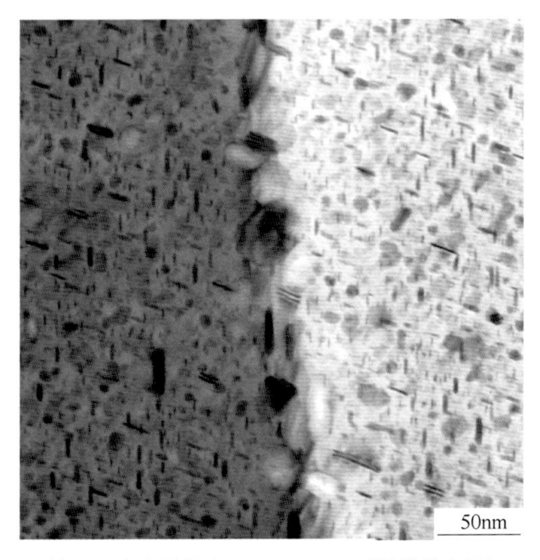

图 66　合金及状态：7055-T7751（国外某企业）
组织特征：α-Al 基体的晶粒内弥散分布大量杆状或椭圆状 η′相，少量较粗的黑色棒状 η 相和球状 Al_3Zr 相；晶界不平直，呈锯齿状，有 PFZ 痕迹，$B=[110]_α$

续表 6.7

电子金相图

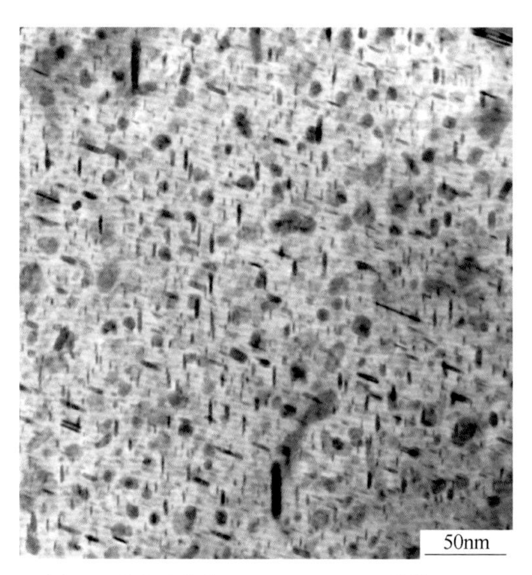

图 67 合金及状态：7055-T7751（国外某企业）
组织特征：α-Al 基体的晶粒内弥散分布杆状或椭圆状 η′相，少量较粗的黑色棒状 η 相，$B=[110]_{\alpha}$

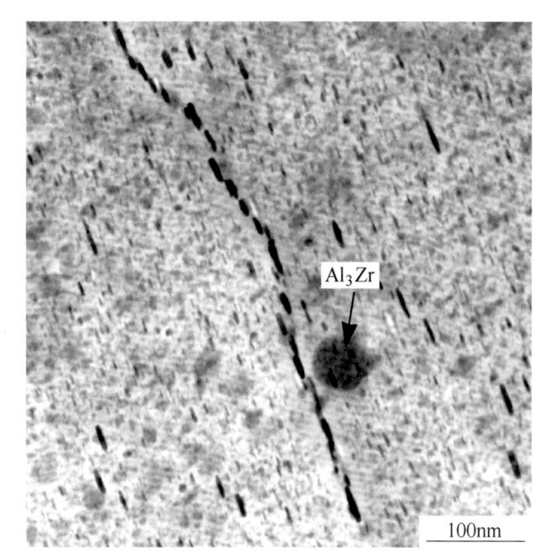

图 68 合金及状态：7055-T7751（国外某企业）
组织特征：α-Al 基体的晶粒内弥散分布条状或椭圆状 η′相，部分较粗的黑色棒状 η 相，以及少量粗大的球状 Al_3Zr 相颗粒，亚晶界上有较粗的棒状 η 相，$B=[112]_{\alpha}$

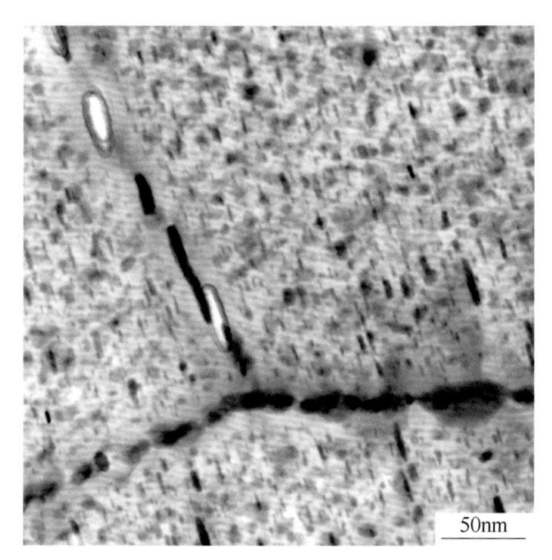

图 69 合金及状态：7055-T7751（国外某企业）
组织特征：α-Al 基体的晶粒内弥散分布条状或椭圆状 η′相，部分黑而较粗的棒状 η 相；亚晶界上有较粗大的棒状 η 相，部分 η 相已被腐蚀，呈白色棒状痕迹，$B=[112]_{\alpha}$

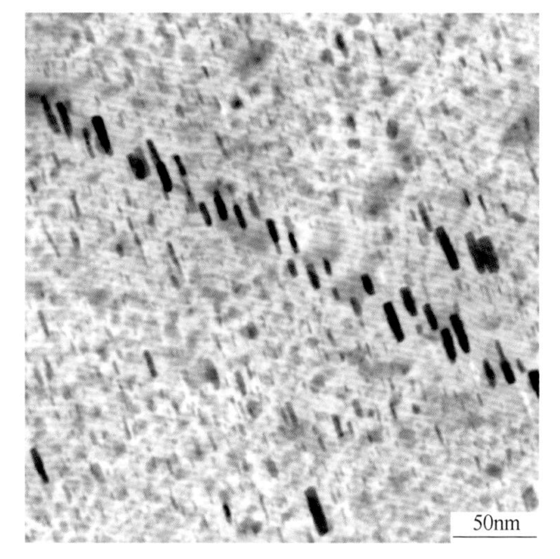

图 70 合金及状态：7055-T7751（国外某企业）
组织特征：α-Al 基体的晶粒内弥散分布大量条状或椭圆状 η′相，部分黑而较粗的棒状 η 相规则排列，$B=[112]_{\alpha}$

续表 6.7

电子金相图

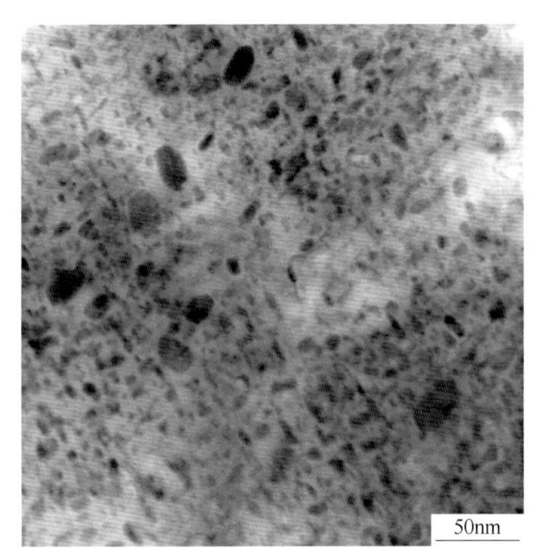

图 71 合金及状态：7055-T7751（国外某企业）
组织特征：α-Al 基体的晶粒内弥散分布
大量盘状 η′相和 η 相，$B=[001]_{\alpha}$

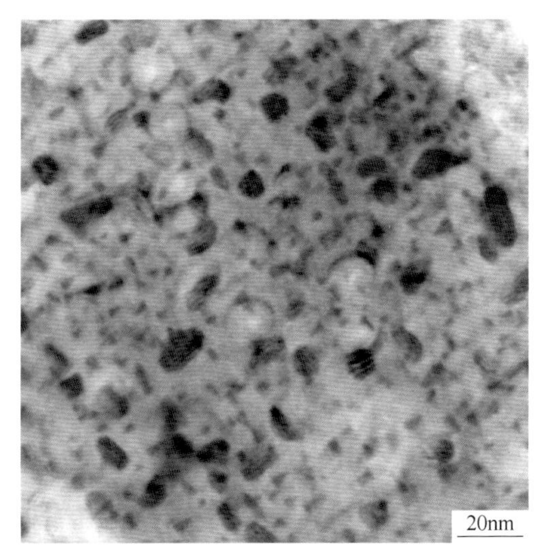

图 72 合金及状态：7055-T7751（国外某企业）
组织特征：α-Al 基体的晶粒内弥散分布大量
盘状或椭圆状 η′相和 η 相，$B=[001]_{\alpha}$

图 73 合金及状态：7055-T7751（国内某企业）
组织特征：α-Al 基体的晶粒大小不一，晶粒
内和晶界上分布细小的第二相，$B=[111]_{\alpha}$

图 74 合金及状态：7055-T7751（国内某企业）
组织特征：α-Al 基体的晶粒内弥散分布杆状
或球状 η′相和 η 相，亚晶界上有较粗的
棒状 η 相，$B=[110]_{\alpha}$

续表 6.7

电子金相图

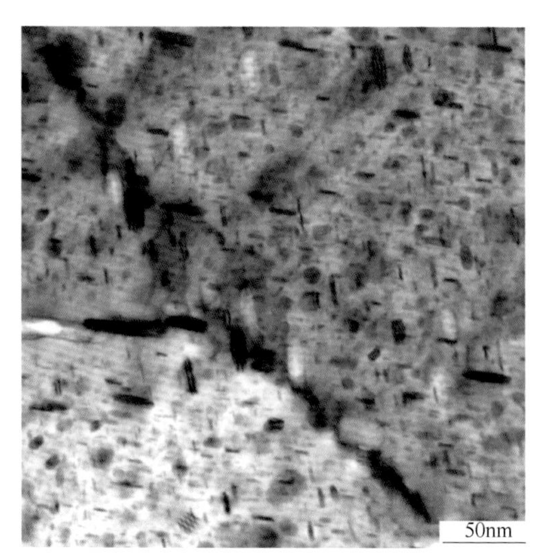

图 75 合金及状态：7055-T7751（国内某企业）
组织特征：α-Al 基体的晶粒内弥散分布杆状或椭圆状 η′相和 η 相，晶界上分布较粗的 η 相，部分 η 相已被腐蚀，呈白色杆状痕迹，$B=[110]_{\alpha}$

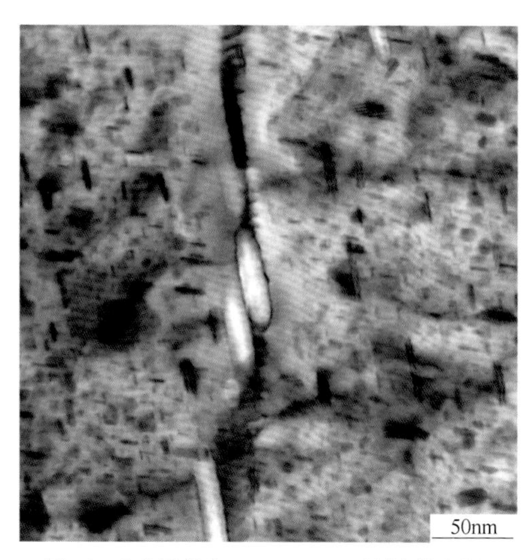

图 76 合金及状态：7055-T7751（国内某企业）
组织特征：α-Al 基体的晶粒内弥散分布杆状或椭圆状 η′相和 η 相；晶界处有 PFZ 带，其上分布较粗大的 η 相，部分 η 相已被腐蚀，呈白色杆状痕迹，$B=[110]_{\alpha}$

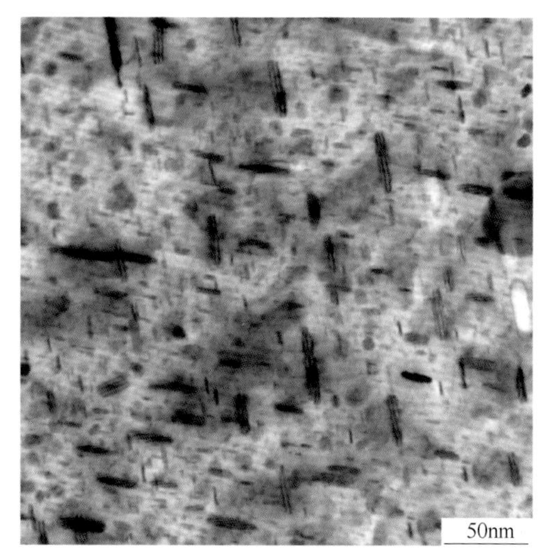

图 77 合金及状态：7055-T7751（国内某企业）
组织特征：α-Al 基体的晶粒内弥散分布杆状或椭圆状 η′相和 η 相，$B=[110]_{\alpha}$

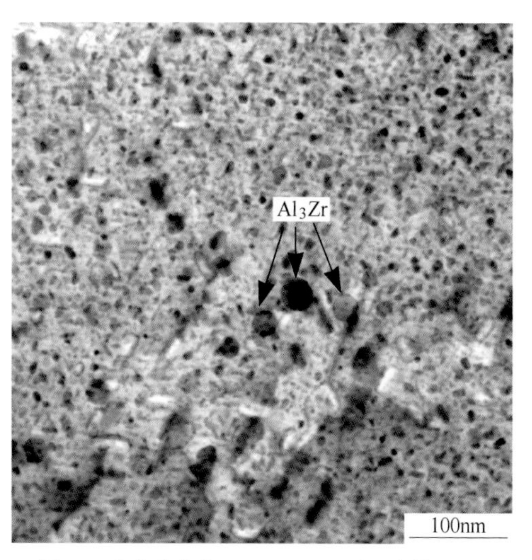

图 78 合金及状态：7055-T7751（国内某企业）
组织特征：α-Al 基体的晶粒内弥散分布球状 η′相和 η 相，以及少量粗大的球状 Al_3Zr 相颗粒，$B=[111]_{\alpha}$

续表 6.7

电子金相图

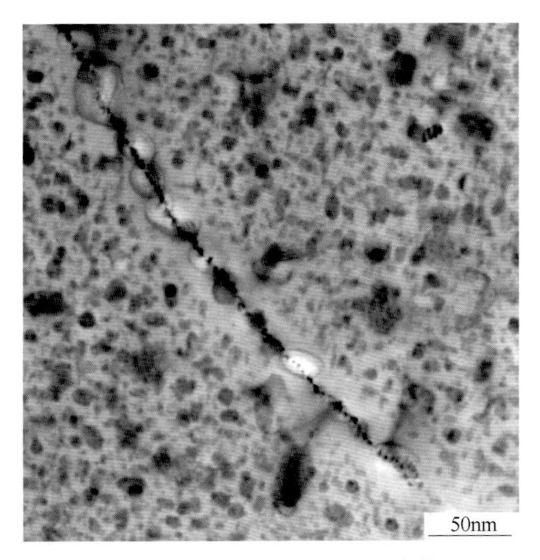

图 79　合金及状态：7055-T7751（国内某企业）
组织特征：α-Al 基体的晶粒内弥散分布大量盘状 η′相和 η 相，晶界上有 PFZ 痕迹，且分布较多球状 η 相，部分 η 相已被腐蚀，呈白色，$B=[001]_α$

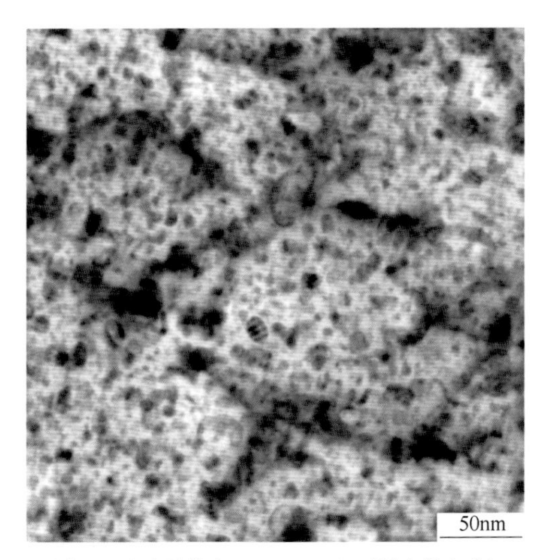

图 80　合金及状态：7055-T7751（国内某企业）
组织特征：α-Al 基体的晶粒内弥散分布大量盘状 η′相和 η 相，$B=[001]_α$

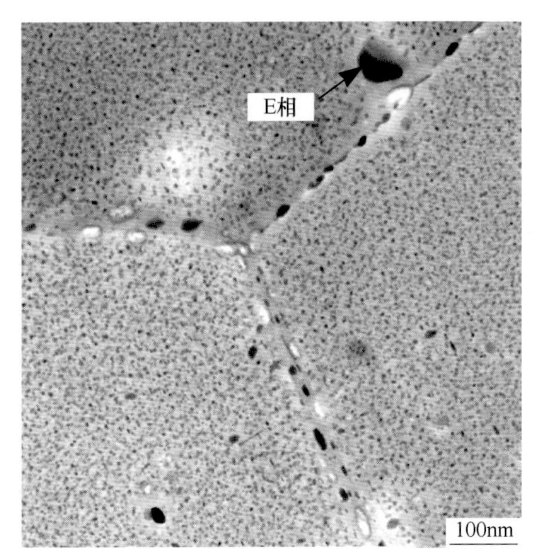

图 81　合金及状态：7075-T6 态
组织特征：α-Al 基体的晶粒内弥散分布大量细小的 η′相和 η 相，以及少量较粗的 E 相，晶界处有较粗的 η 相和 PFZ 带，$B=[001]_α$

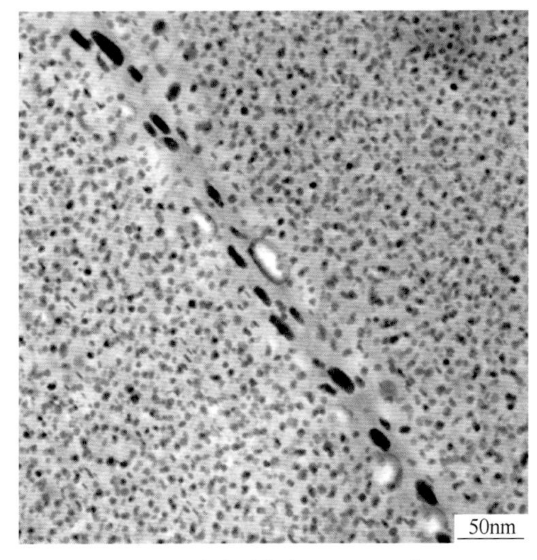

图 82　合金及状态：7075-T6 态
组织特征：α-Al 基体的晶粒内弥散分布细小的 GPⅠ区、球状 η′相和 η 相，亚晶界处有较粗的 η 相，$B=[001]_α$

续表 6.7

电子金相图

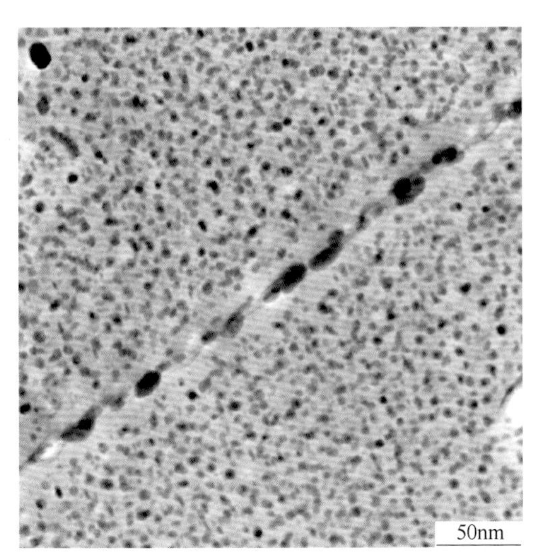

图 83 合金及状态：7075-T6 态
组织特征：α-Al 基体的晶粒内弥散分布部分细小的 GPⅠ区、大量球状 η′相和 η 相，亚晶界处有较粗的 η 相和 PFZ 带，$B=[001]_{\alpha}$

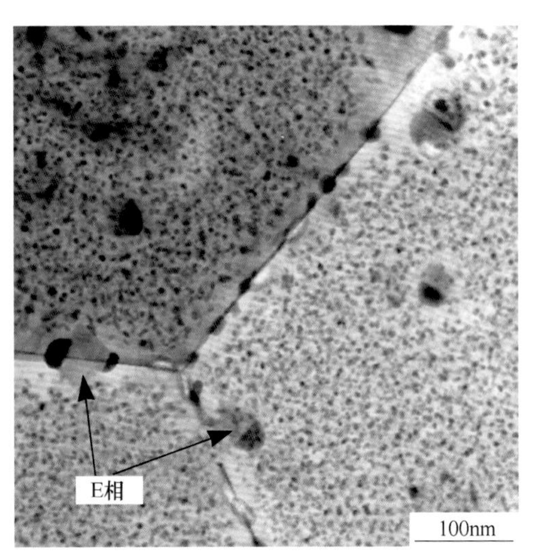

图 84 合金及状态：7075-T6 态
组织特征：α-Al 基体的晶粒内弥散分布部分细小的 GPⅠ区、球状 η′相和 η 相，以及少量较粗的 E 相，晶界处有较粗的 η 相和 PFZ 带，$B=[111]_{\alpha}$

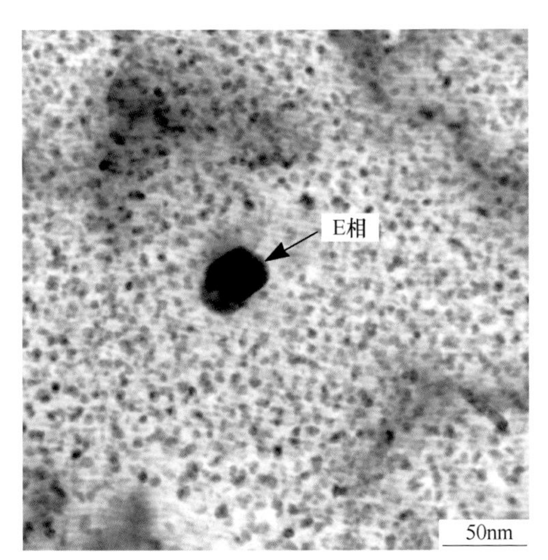

图 85 合金及状态：7075-T6 态
组织特征：α-Al 基体的晶粒内弥散分布部分细小的 GPⅠ区、球状 η′相和 η 相，以及少量较粗的 E 相，$B=[111]_{\alpha}$

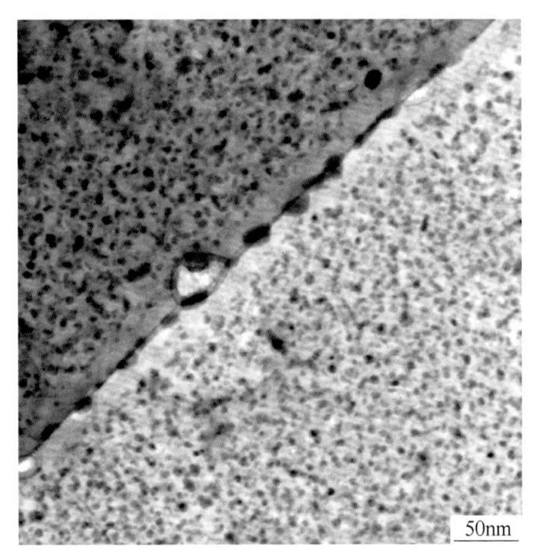

图 86 合金及状态：7075-T6 态
组织特征：α-Al 基体的晶粒内弥散分布部分细小的 GPⅠ区、大量球状的 η′相和 η 相，晶界处有较粗的 η 相和 PFZ 带，$B=[111]_{\alpha}$

续表 6.7

电子金相图

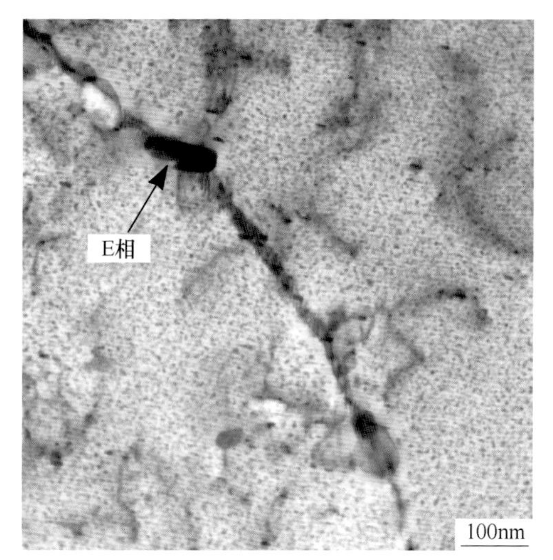

图 87 合金及状态：7075-T6 态
组织特征：α-Al 基体的晶粒内弥散分布大量细小的析出相，以及少量较粗的 E 相，晶界处有较粗的 η 相和应变场衬度变化现象，$B=[112]_{\alpha}$

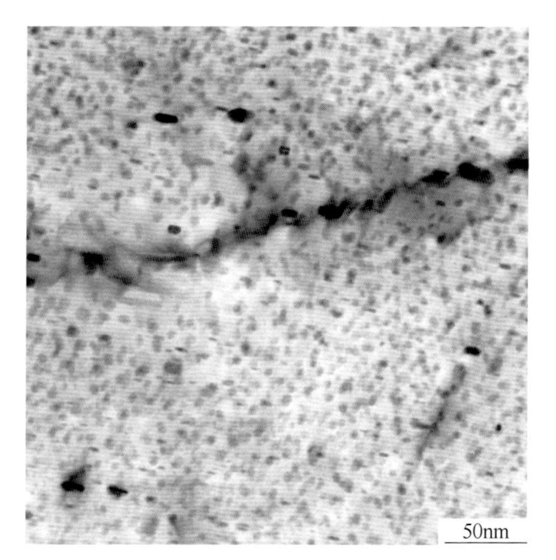

图 88 合金及状态：7075-T6 态
组织特征：α-Al 基体的晶粒内弥散分布细小的 GP Ⅰ区、条状或椭圆状 η′相和 η 相，晶界处有较粗的 η 相和应变场衬度变化现象，$B=[112]_{\alpha}$

注：表中 $B=[uvw]_{\alpha}$ 表示电子束方向。

参考文献

[1] Maloney S K, Hono K, Polmear I L, et al. The Chemistry of Precipitates in an aged Al-2. 1%Zn-1. 7%Mg alloy [J]. Script Materilia, 1999, 41 (10): 1031~1038.

[2] Stiller K, Warren P J, Hansen V, et al. Investigation of precipitation in an Al-Zn-Mg alloy after two-step ageing treatment at 100° and 150°C [J]. Mater. Sci. Eng. A, 1999, 270: 55~63.

[3] 李雪朝，等．铝合金材料组织与金相图谱 [M]. 北京：冶金工业出版社，2010.

[4] Löffler H, Kovács I, Lendvai J. Decomposition processes in Al-Zn-Mg alloys [J]. J. Mater. Sci., 1983, 18 (8): 2215~2240.

[5] Ferragut R, Somoza A, Tolley A. Microstructural evolution of 7012 alloy during the early stages of artificial ageing [J]. Acta Materialia, 1999, 47 (17): 4355~4364.

[6] Berg L, Gjonnes J, Hansen V, et al. GP-zones in Al-Zn-Mg alloys and their role in artificial aging [J]. Acta Materialia, 2001, 49 (17): 3443~3451.

[7] Mukhopadhyay A K. GP-zones in a high-purity Al-Zn-Mg alloy [J]. Phil. Mag. Let., 1994, 70 (3): 135~140.

[8] Sha G, Cerezo A. Early-stage precipitation in Al-Zn-Mg-Cu alloy (7050) [J]. Acta materialia, 2004, 52 (15): 4503~4516.

[9] Muddle B C, Ringer S P, Polmear I J. High strength microalloyed aluminium alloys [J]. Trans. Mater. Soc. Japan., 1994, 19B: 999~1023.

[10] Auld J H, Cousland S M. Structure of metastable N phase in aluminum zinc magnesium alloys [J]. J. Aust. Inst. Metals, 1974, 19: 194~199.

[11] Liu J Z, Chen J H, Yang X B, et al. Revisiting the precipitation sequence in Al-Zn-Mg-based alloys by high-resolution transmission electron microscopy [J]. Scripta Materialia, 2010, 63 (11): 1061~1064.

[12] Li X Z, Hansen V, Gjonnes J, et al. HREM study and structure modeling of the η′ phase, the hardening precipitates in commercial Al-Zn-Mg alloys [J]. Acta mater., 1999, 47 (9): 2651~2659.

[13] 陈军洲. AA7055 铝合金的时效析出行为与力学性能 [D]. 哈尔滨：哈尔滨工业大学，2008.

[14] Buha J, Lumley R N, Crosky A G. Secondary ageing in an aluminium alloy 7050 [J]. Mater. Sci. Eng. A, 2008, 492 (1): 1~10.

[15] Kverneland A, Hansen V, Vincent R, et al. Structure analysis of embedded nano-sized particles by precession electron diffraction. η′-precipitate in an Al-Zn-Mg alloy as example [J]. Ultramicroscopy, 2006, 106 (6): 492~502.

[16] Komura Y, Tokunaga K. Structural studies of stacking variants in Mg-base friauf-laves phases [J]. Acta Crystallographica B, 1980, 36 (7): 1548~1554.

[17] Deschamps A, Brechet Y. Nature and distribution of quench-induced precipitation in an Al-Zn-Mg-Cu Alloy [J]. Scripta Materialia, 1998, 39 (11): 1517~1522.

[18] Degischer H P, Lacom W, Zahra A, et al. Decomposition processes in an Al-5%Zn-1%Mg alloy Ⅱ: Electronmicroscopic investigation [J]. Zeitschrift fur Metallkd., 1980, 71: 231~238.

[19] Deschamps A, Bréchet Y, Guyot P. On the influence of dislocations on precipitation in an Al-Zn-Mg alloy [J]. Zeitschrift fur. Metallkd., 1997, 88: 601~606.